土建工程造价

（工程量清单与基础定额）

许焕兴　编著

中国建筑工业出版社

图书在版编目（CIP）数据

土建工程造价（工程量清单与基础定额）/许焕兴编著.
北京：中国建筑工业出版社，2005
ISBN 978-7-112-07319-1

Ⅰ.土...　Ⅱ.许...　Ⅲ.建筑工程-工程造价
Ⅳ.TU723.3

中国版本图书馆CIP数据核字（2005）第027572号

土建工程造价

（工程量清单与基础定额）

许焕兴　编著

*

中国建筑工业出版社出版、发行（北京西郊百万庄）
各地新华书店、建筑书店经销
北京云浩印刷有限责任公司印刷

*

开本：787×1092毫米　1/16　印张：31　字数：752千字
2005年6月第一版　2010年4月第六次印刷
印数：9501—10700册　定价：**64.00**元
ISBN 978-7-112-07319-1
（13273）

本书不仅全面介绍了与土建工程造价相关的新工艺、新技术、新材料和新机具的基本知识，还以现行的最新规范、法规、标准和定额为依据，尤其是以《全国统一建筑工程基础定额》、《建设工程工程量清单计价规范》为基本依据，按照“政府宏观控制、市场竞争形成价格”的指导思想，全面深入地阐明了定额工程量和清单工程量的计算规则和计算方法，为在全国推行和贯彻“工程量清单计价”奠定了坚实的基础。

本书覆盖面广、内容丰富、深入浅出、循序渐进、图文并茂、案例经典、通俗易懂。因此，本书既可作为高等院校相关专业的教材，又可作为社会相关行业的培训教材，还可用作建设主管部门、司法部门、审计部门、财务部门、建设单位、开发单位、施工单位、勘察设计单位、工程咨询单位、工程监理单位、招标代理机构的工程师、经济师、会计师、造价师、估价工程师、监理工程师、高层经营管理及决策人员的常备参考书。

* * *

责任编辑：俞辉群
责任设计：崔兰萍
责任校对：李志瑛

前 言

我国加入世界贸易组织（WTO）以后，形势要求我们必须尽快建立起符合国情的、与国际惯例接轨的工程造价管理体制和计价模式；必须尽快培养出一批工程造价管理领域具有扎实的理论基础和较强的实际工作能力的第一线急需的人才。因此，本书在编写过程中十分注重工程造价基本理论的研究和探索，同时也十分注重理论与实际相结合。本书不仅全面介绍了与工程造价相关的新工艺、新技术、新材料和新机具的基本知识，还以现行的最新规范、法规、标准和定额为依据，尤其是以《全国统一建筑工程基础定额》、《建设工程工程量清单计价规范》为基本依据按照“政府宏观控制、市场竞争形成价格”的指导思想全面深入地阐明了定额工程量和清单工程量的计算规则和方法，为在全国推行和贯彻“工程量清单计价”奠定了坚实的基础。

本书编写时始终关注最新动态和未来趋向，注意博采众家之长，阐述作者多年的教学和实际工作经验，因而本书具有一定的超前性并具有很强的针对性、适用性和可操作性。本书覆盖面广、内容丰富、深入浅出、循序渐进、图文并茂、以图代言、案例经典、通俗易懂，有望成为广大实际工作者的“常备图书”。因此，本书既可作为高等院校相关专业的教材，又可作为社会相关行业的培训教材，还可成为建设主管部门、司法部门、审计部门、财务部门、建设单位、开发单位、施工单位、勘察设计单位、工程咨询单位、工程监理单位、招标代理机构以及工程师、经济师、会计师、造价师、估价工程师、监理工程师、高层经营管理及决策人员的常备参考书。

本书在编写过程中参阅和借鉴了许多优秀教材、专著和有关文献资料，在此一并致谢。

由于作者的学识水平和实践经验所限，书中不当之处，恳请批评指正。

目　　录

第一章　工程造价概论

第一节　工程建设程序

一、工程建设基本程序

建设程序是指建设项目从设想、选择、评估、决策、设计、施工到竣工验收、投入生产等的整个建设过程中，各项工作必须遵循的先后次序的法则。这个法则是人们在认识客观规律的基础上制定出来的，是建设项目科学决策和顺利进行的保证，按照建设项目发展的内在联系和发展过程，建设程序分为若干阶段，这些发展阶段有严格的先后次序，不能任意颠倒而违反它的规律，见图 1-1。

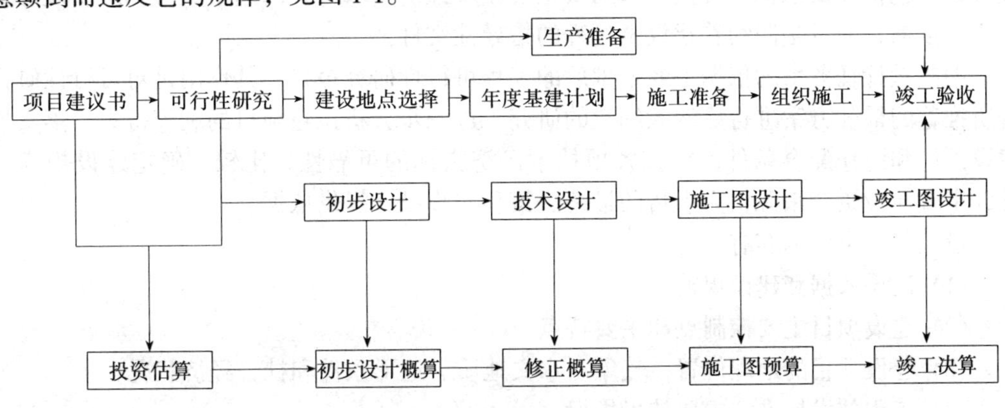

图 1-1　工程建设程序示意图

（一）项目建议书阶段

项目建议书是要求建设某一项具体项目的建议文件，是项目建设程序中最初阶段的工作，是投资决策前对拟建项目的轮廓设想。项目建议书的主要作用是为了推荐一个拟进行建设的项目的初步说明，论述它的建设必要性、条件的可行性和获利的可能性，供建设管理部门选择并确定是否进行下一步工作。

项目建议书的内容视项目的不同情况而有繁有简，但一般应包括以下几个方面：

1. 建设项目提出的必要性和依据；
2. 产品方案、拟建规模和建设地点的初步设想；
3. 资源情况、建设条件、协作关系等的初步分析；
4. 投资估算和资金筹措设想；
5. 经济效益和社会效益的估计。

（二）可行性研究报告阶段

1. 可行性研究。项目建议书一经批准，即可着手进行可行性研究，对项目在技术上是否可行、经济上是否合理进行科学分析和论证。我国从 20 世纪 80 年代初将可行性研究正式纳入基本建设程序和前期工作计划，规定大中型项目、利用外资项目、引进技术和设备进口项目都要进行可行性研究，其他项目有条件的也要进行可行性研究。

2. 可行性研究报告的编制。可行性研究报告是确定建设项目、编制设计文件的重要依据。所有基本建设都要在可行性研究通过的基础上，选择经济效益最好的方案编制可行性研究报告。由于可行性研究报告是项目最终决策和进行初步设计的重要文件，因此，要求它有相当的深度和准确性。在 20 世纪 80 年代中期推行的财务评价和国民经济评价方法，已是可行性研究报告中的重要部分。

3. 可行性研究报告审批。1988 年国务院颁布的投资管理体制的近期改革方案，对可行性研究报告的审批权限做了新的调整。文件规定，属中央投资、中央和地方合资的大中型和限额以上（总投资 2 亿以上）项目的可行性研究报告要送国家计委审批。可行性研究报告批准后，不得随意修改和变更。如果在建设规模、产品方案、建设地区、主要协作关系等方面有变动以及突破投资控制数时，应经原批准机关同意。

4. 设计任务书（即计划任务书）。设计任务书是工程建设大纲，是确定建设项目和建设方案（包括建设依据、规模、布局及主要技术经济要求等）的基本文件和编制设计文件的主要依据，而且是制约着建设全过程的指导性文件。

编制设计任务书的依据是经审批后的工程可行性研究报告，其作用是对可行性研究报告所推荐的最佳方案进行更深入细致的研究，进一步分析拟建项目的利弊得失，落实各项建设条件和协作配合条件，审核各项技术经济指标的可靠性，比较、确定建设规模、标准，审查建设资金来源，为项目的最终决策和初步设计提供依据。

设计任务书的内容有：

（1）建设依据和建设规模；

（2）建设项目主要控制点和主要特点；

（3）建设项目的地理位置，气象、水文地质、地形条件和社会经济状况；

（4）工程技术标准和主要技术指标；

（5）设计阶段和完成设计时间；

（6）环境保护、城市规划、防震、防洪、防空、文物保护等要求和采用的相应措施方案；

（7）投资估算和资金筹措，包括主体工程和辅助配套工程所需的投资，资金来源、筹措方式及贷款的偿付方式；

（8）经济效益和社会效益；

（9）建设工期和实施方案；

（10）施工力量的初步安排意见。

设计任务书经审批后，该建设项目才算成立，才能据此进行工程设计和其他准备工作。

在工程可行性研究阶段需要编制相应的工程投资估算。投资估算是可行性研究报告中的一项重要内容，是控制整个建设项目投资额的依据，关系到整个建设项目的成功与否，必须引起足够的重视。

（三）建设地点的选择阶段

建设地点的选择，按照隶属关系，由主管部门组织勘察设计等单位和所在地部门共同进行。凡在城市辖区内选点的，要取得城市规划部门的同意，并且要有协议文件。

选择建设地点主要考虑3个问题：一是工程地质、水文地质等自然条件是否可靠；二是建设时所需水、电、运输条件是否落实；三是项目建成投产后原材料、燃料等是否具备，同时对生产人员生活条件、生产环境等也应全面考虑。

（四）设计阶段

基本建设项目一般采用两阶段设计，即初步设计和施工图设计。对于技术复杂而又缺乏经验的建设项目，如特殊大桥，经主管部门同意可增加技术设计阶段，即按照初步设计、技术设计和施工图设计3个阶段进行。当采用两阶段设计的初步设计深度达到技术设计时，此时的初步设计也称为扩大初步设计。对于技术简单、方案明确的小型建设项目，可采用一阶段施工图设计。

1. 初步设计

初步设计是根据已批准的设计任务书和初测资料编制的，指根据设计任务书的要求，拟定修建原则，选定方案，计算主要工程数量，提出施工方案的意见，提供文字说明及图表资料。在初步设计阶段需由设计单位编制工程设计概算。设计概算一定要严格按照设计方案及其相应的施工方法进行编制，而且编制出的设计概算不允许突破投资估算允许幅度范围，即概算与投资估算的出入不得大于10%。否则必须说明充分的理由，上报有关部门认可。不然，应需修改设计方案，调整设计概算。

经批准的初步设计可作订购或调拨主要材料（如机具设备）、征用土地、控制基本建设投资、编制施工组织设计和施工图设计的依据。

当采用三阶段设计时，批准的初步设计亦作为编制技术设计文件的依据。

2. 技术设计

技术设计应根据批准的初步设计及审批意见，对重大、复杂的技术问题通过科学试验、专题研究、加深勘探调查及分析比较，解决初步设计中未能解决的问题，落实技术方案，计算工程数量，提出修正的施工方案，修正设计概算。批准后则作为编制施工图和施工图预算的依据。

3. 施工图设计

施工图设计应根据已批准的初步设计或技术设计进一步对所审定的修建原则、设计方案、技术决定，加以具体和深化，最终确定各项工程数量，提出文字说明和适应施工需要的图表资料，以及施工组织设计，并且编制相应的施工图预算。编制出的施工图预算要控制在设计概算以内，否则需要分析超概算的原因，并调整预算。

（五）编制年度基本建设投资计划阶段

建设项目要根据经过批准的总概算和工期，合理地安排分年度投资。年度计划投资的安排，要与长远规划的要求相适应，保证按期建成。年度计划安排的建设内容，要和当年分配的投资、材料、设备相适应。配套项目要同时安排，相互衔接。

（六）施工准备阶段

项目在开工建设之前要切实做好各项准备工作。本阶段主要工作由项目法人担负，主要包括：完成征地拆迁工作；完成施工用水、电、路和场地平整等工程，即三通一平；组织设备、材料订货；工程建设项目报建；委托建设监理；实行工程招投标，择优选定施工单位；办理施工许可证等内容。

（七）组织施工阶段

施工阶段的工作主要由施工单位来实施，其主要工作有以下几项：

1. 前期准备工作

前期的准备工作主要指为使整个建设项目能顺利进行所必须做好的工作，如：临时设施、落实材料、机具设备、施工力量及与有关部门的协调工作。

2. 施工组织设计

施工单位要遵照施工程序合理组织施工，按照设计要求和施工规范，制定各个施工阶段的施工方案和机具、人力配备及全过程的施工计划。

3. 施工组织管理

组织管理工作在整个施工过程中起着至关重要的作用，组织管理的水平反映了该施工单位整体水平的高低。特别是在建设市场竞争激烈的情况下，若组织管理得好，可节约工程投资、降低工程造价、提高本企业的经济效益。

（八）生产准备阶段

建设单位要根据建设项目或主要单项工程生产技术特点及时组成专门班子或机构，有计划地抓好生产准备工作，保证项目或工程建成后能及时投产。

生产准备的内容很多，各种不同的工业企业对生产准备的要求也各不相同，从总的方面看，生产准备的主要内容是：

1. 招收和培训人员。大型工程项目往往自动化水平高，相互关联性强，操作难度大，工艺条件要求严格，而新招收的职工大多数可能以前并没有生产的实践经验，解决这一矛盾的主要途径就是人员培训，通过多种方式培训并组织生产人员参加设备的安装调试工作，掌握好生产技术和工艺流程。

2. 生产组织准备。生产组织是生产厂为了按照生产的客观要求和有关企业法规定的程序进行的，主要包括生产管理机构设置、管理制度的制订、生产人员配备等内容。

3. 生产技术准备。主要包括国内装置设计资料的汇总，有关的国外技术资料的翻译、编辑，各种开工方案、岗位操作法的编制以及新技术的准备。

4. 生产物资的准备。主要是落实原材料、协作产品、燃料、水、电、气等的来源和其他需协作配合条件，组织工装、器具、备品、备件等的制造和订货。

（九）竣工验收阶段

竣工验收是工程建设过程的最后一环，是全面考核基本建设成果、检验设计和工程质量的重要步骤，也是基本建设转入生产或使用的标志。通过竣工验收，一是检验设计和工程质量，保证项目按设计要求的技术经济指标正常生产；二是有关部门和单位可以总结经验教训；三是建设单位对经验收合格的项目可以及时移交固定资产，使其由基建系统转入生产系统或投入使用。

（十）后评价阶段

建设项目后评价是工程项目竣工投产、生产运营一段时间后，再对项目的立项决策、设计施工、竣工投产、生产运营等全过程进行系统评价的一种技术经济活动，是固定资产投资管理的一项重要的内容，也是固定资产投资管理的最后一个环节。通过建设项目后评价以达到肯定成绩、总结经验、研究问题、吸取教训、提出建议、改进工作、不断提高项目决策水平和投资效果的目的。

二、工程建设各阶段的造价形式

建设概预算，包括初步设计概算和施工图预算，都是确定拟建工程预期造价的文件。而在建设项目完全竣工后，为反映项目的实际造价和投资效果，还必须编制竣工决算。正如我国基本建设制度所规定的："初步设计要有概算，施工图设计要有预算，工程竣工要有决算"，简称为"三算"。除此之外在基本建设全过程中，根据建设程序的要求和国家有关文件规定，还要编制其他有关的经济文件。按工程建设阶段划分，它们的内容与作用如下：

（一）投资估算造价

投资估算是在项目建议书阶段建设单位向国家或主管部门申请拟立建设项目时，为确定建设项目的投资总额而编制的经济文件。它是根据估算指标、概算指标等资料进行编制的。

投资估算的主要作用是：

1. 它是国家或主管部门审批项目建议书，确立投资计划的重要依据，因此是决策性质的经济文件。

2. 已批准的投资估算作为设计任务书下达的投资限额，对设计概算起控制作用。

3. 投资估算也可作为项目资金筹措及制定贷款计划的依据。

4. 它也是国家编制中长远规划，保持合理投资比例和投资结构的重要依据。

（二）设计概算造价

设计概算是在初步设计或扩大初步设计阶段由设计单位以投资估算为目标，根据初步设计或扩大初步设计图纸、概算定额或概算指标、设备预算价格、各项费用定额或取费标准及建设地区的自然条件和技术经济条件等资料，计算编制的建设项目费用的文件。

设计概算是设计文件的重要组成部分。它的作用有：

1. 设计概算是国家确定和控制基本建设投资额、编制基本建设计划的依据，每个建设项目只有在初步设计和概算文件被批准之后，才能真正列入基本建设计划，也才能进行下一步的设计。如由于设计变更等原因，建设费用超过原概算时，必须重新审查批准。

2. 设计概算是评价设计方案是否经济合理，以便选择最优设计的重要依据。

3. 它是实行建设项目投资大包干的依据，其包干指标必须控制在设计概算额以内。

4. 它是控制基建拨款或贷款的依据。

5. 设计概算还是控制施工图预算造价，并进行"三算"对比，以考核建设成果的基础。

（三）修正概算造价

修正概算是当采用三阶段设计时，在技术设计阶段，随着对初步设计内容的深化，对建设规模、结构性质、设备类型和数量等内容可能进行修改和变动，因此对初步设计总概算应作相应的修正而形成的概算文件。一般情况下修正概算不能超过原已批准的概算投资额。修正概算的作用与设计概算的作用基本相同。

（四）施工图预算造价

施工图预算是当设计工作完成之后，在工程开工之前，根据施工图纸、施工组织设计（或施工方案）、国家及地方颁发的工程预算定额和取费标准等有关规定、建设地区的自然和技术经济条件等资料，详细计算编制的单位工程或单项工程建设费用的文件。

施工图预算的主要作用是：

1. 它是基本建设投资管理的具体文件。由于它比设计概算更具体和切合实际，因此可据此落实和调整年度投资计划。

2. 它是施工单位与建设单位签订工程承包合同的依据，也是双方进行工程结算的依据。

3. 它是建设单位在施工期间拨付工程款的依据。

4. 它是施工企业加强经营管理的基础，企业可依据施工图预算编制施工计划，进行施工准备活动。

5. 它是施工企业加强经济责任制的基础。企业必须在施工图预算造价范围内加强经济核算，降低成本，才能增加盈利。

6. 它是实行工程招标、投标的重要依据。施工图预算一方面是建设单位编制标底的依据，另一方面也是施工企业投标报价的依据。

（五）工程结算造价

工程结算是在一个单项工程、单位工程、分部工程或分项工程完工，并经建设单位及有关部门验收后，由施工单位以施工图预算为依据，并根据设计变更通知书、现场签证、预算定额、材料预算价格和取费标准及有关结算凭证等资料，按规定编制向建设单位办理结算工程价款的文件。

工程结算一般有定期结算（如按月结算）、工程阶段结算（即按工程形象进度结算）和竣工结算等方式。竣工结算是反映工程全部造价的经济文件，施工单位以它为依据，向建设单位办理最后的工程价款结算。竣工结算也是编制竣工决算的依据。

（六）竣工决算造价

1. 建设项目竣工决算

建设项目竣工决算是在建设项目全部竣工并经过验收后，由建设单位编制的从项目筹建到建成投产或使用的全过程中，实际支付的全部建设费用的技术经济文件。它是基本建设项目实际投资额和投资效果的反映；是作为核定新增固定资产和流动资产价值，国家或主管部门验收与交付使用的重要财务成本依据。

2. 单位工程竣工成本决算

单位工程竣工成本决算是施工企业以工程竣工结算为依据编制的从施工准备到竣工验收的全部实际成本费用的文件。它用于企业内部进行工程成本分析，核算预算成本、实际成本和成本降低额，作为反映经营效果，总结经验以提高企业的经营管理水平的手段。

第二节 工程造价原理

工程造价，本质上属于价格范畴，要掌握工程造价的基本理论和方法，必须先了解商品价格的基本原理。

一、价格形成

价格是以货币形式表现的商品价值。在商品交换中，同一商品价格会经常发生变动；不同的商品会有不同的价格。引起商品价格变化的原因固然多样，但影响价格的决定因素是商品内涵的价值，尽管在社会经济发展的不同阶段，价值有着不同的转化形态。

（一）价值是价格形成的基础

商品的价值是凝结在商品中的人类无差别的劳动。因此、商品的价值量是由社会必要劳动时间来计量的。商品生产中社会必要劳动时间消耗越多，商品中所含的价值量就越大；反之，商品中凝结的社会必要劳动时间越少，商品的价值量就越低。

商品价值由两部分构成。一是商品生产中消耗掉的生产资料价值，二是生产过程中活劳动所创造出的价值。活劳动所创造的价值又由两部分组成，一部分是补偿劳动力的价值——劳动者为自己创造的价值；另一部分是剩余价值，在社会主义条件下，是劳动者为社会创造的价值。价值构成与价格形成有着内在的联系，同时也存在直接的对应关系。

生产中消耗的生产资料的价值 C，在价格中表现为物质资料耗费的货币支出；劳动者为自己创造的价值 V，表现为价格中的劳动报酬货币支出；劳动者为社会创造的价值 m，在价格中表现为盈利。前两部分货币支出形成商品价格中的成本。可见，价格形成的基础是价值。

我国工程造价形成的基础，由于经济体制的变化，也经历了变化发展的过程。建国后的一段时期，在计划经济的体制下，商品经济不发达，工程造价的形成基础是平均成本加上按政府法定利润率计算的法定利润。它低于平均成本和平均利润。工程造价的这一形成基础，虽然受经济体制和政府投资政策的影响，但毫无疑问，它也是价值的特殊转化形态。1958 年以后的 20 年期间，为避免“资金空转”，取消了工程造价中的法定利润，使工程造价的形成基础变为成本价格，即价格中只反映价值构成中的 C 和 V，而不反映 m。这样，劳动者为社会创造的那部分价值，就无偿地转移到国民经济其他部门。这时工程造价虽然仍以价值为基础，但它是不完全的价值。1980 年以后，随着经济体制改革的开始，工程造价中计入了利润；1987 年开始，又计入了税金。同时，利润率水平也与国民经济其他部门逐渐趋于平均化。工程造价的形成基础由价值逐步转化为生产价格。

（二）价格形成中的成本

1. 成本的经济性质。成本，是商品在生产和流通中所消耗的各项费用的总和。它属补偿价值的性质，是商品价值中 C 和 V 的货币表现。生产领域的成本称生产成本，流通领域成本称流通成本。

价格形成中的成本是社会平均成本。但企业的个别成本确系形成社会成本的基础。社会成本是反映企业必要的物质消耗支出和工资报酬支出，是各个企业成本开支的加权平均数。企业只能以社会成本作为商品定价的基本依据，以社会成本作为衡量经营管理水平的指标。

2. 成本在价格形成中的地位。

（1）成本是价格形成中的最重要的因素。成本反映价格中的 C 和 V，在价值构成中占的比例很大。这是因为：一般情况下商品中凝结的劳动，总是转移劳动的价值量较大，再加劳动者为自己所创造的那部分价值，当然比重很大；迅猛发展的现代科学技术使资本的有机构成和技术构成不断提高，更会增加“C”在价值中的比重。

（2）成本是价格最低的经济界限。C 和 V 货币表现为成本。成本是维持商品简单再生产的最起码条件。如果价格不能补偿 C 和 V 的劳动消耗，商品的简单再生产就会中断，更不要侈谈为保证社会经济的发展而需要进行扩大再生产。

（3）成本的变动在很大程度上影响价格。成本是价格中最重要的因素，成本变动必然导致价格变动。

3. 价格形成中的成本是正常成本。所谓正常成本，从理论上说是反映社会必要劳动时间消耗的成本，也即商品价值中的 C 和 V 的货币表现。

非正常成本一般是指：新产品试制成本；小批量生产成本；其他非正常因素形成的成本。在价格形成中不能考虑非正常成本的影响。

（三）价格形成中的盈利

价格形成中的盈利是价值构成中的“m”的货币表现。它由企业利润和税金两部分组成。

盈利在价格形成中虽然所占份额不大，远低于成本。但它是社会扩大再生产的资金来源，对社会经济的发展具有十分重要的意义。价格形成中没有盈利，再生产就不可能在扩大的规模上进行，社会也就不可能发展。

价格形成中盈利的多少在理论上取决于劳动者为社会创造的价值量，但要准确地计算是相当困难的。一般说来，在市场经济条件下，盈利是通过竞争形成的，但从宏观调控和微观管理的角度出发，在制定商品价格时要计算平均利润。

（四）影响价格形成的其他因素

价格的形成除取决于它的价值基础之外，还受到币值和供求的影响。

1. 供求对价格形成的影响。商品供求状况对价格形成的影响，是通过价格波动对生产的调节来实现的。价格首先取决于价值，价格作为市场最主要的也是最重要的信号以其波动调节供需，然后供需又影响价格，价格又影响供需。两者是相互影响、相互制约的。从短时期看，供求决定价格；而从长时期看，则是价格通过对生产的调节决定供求，使供求趋于平衡。

2. 币值对价格形成的影响。价格是以货币形式表现的价值。这就决定影响价格变动的内在因素有二：一是商品的价值量，二是货币的价值量。在币值不变的条件下，商品的价值量增加，必导致价格的上升；反之价格就会下降。在价值量不变的条件下，货币的价值量增加，价格就会下降；反之价格则会上升。所以币值稳定，价格也会稳定。

除币值和供求对价格形成产生影响之外，土地的级差收益和汇率等也会在一定的条件下对商品价格的形成产生影响，甚至一定时期的经济政策也会在一定的程度上影响价格的形成。

二、价格的职能

所谓价格职能，是指在商品经济条件下价格在国民经济中所具有的功能作用。

商品价格职能，就其生成机制来看，可以分基本职能和派生职能。

（一）价格的基本职能

1. 表价职能。价格的最基本职能就是表现商品价值的职能。表价职能是价格本质的反映，它用货币形式把商品内涵的社会价值量表现了出来，从而使交换行为得以顺利地实现，也向商品市场的主体（买者和卖者）提供和传递了信息。商品交换和市场经济越发达，价格的表价职能越能得到充分体现，也越能显示出它的重要性。

2. 调节职能。如果说价格的表价职能是价格本质的反映，那就应该说价格的调节职能是价格本质的要求，是价值规律作用的表现。

所谓价格的调节职能，是指它在商品交换中承担着经济调节者的职能。一方面它使生产者确切地而不是模糊地，具体地而不是抽象地了解了自己商品个别价值和社会价值之间的差别；了解了商品价值实现的程度，也即商品在市场上的供求状况。当商品生产者的个别价值低于社会价值时，则可以获得补偿其劳动耗费以外的额外收入；反之，生产者的劳动耗费就不能得到完全补偿，甚至会发生亏损。这就促使以追求价值实现和更多利润为目的的生产者去适应科学技术和管理水平的发展，降低自己的个别价值；适应市场的需求，不断调整产品结构、产品规模和投资方向。另一方面，价格的调节职能对消费者既能刺激需求，也能抑制需求。消费者在购买商品时所追求的是其使用价值的高效和多功能，同时也追求价格的低廉，并在商品的功能和价格比较中作出选择。在商品功能一定的条件下，价格则是消费者进行购买决策的主要依据。当然，这里的需求均只指有效需求。在有效需求一定时，价格高则需求降低，价格低则需求增加。由此可见，价格对生产和消费的双向调节的职能的宏观性，而这种调节职能是通过调节收益的分配实现的。价格调节收益分配，从而调节生产和消费的职能，促使资源的合理配置、经济结构的优化和社会再生产的顺利进行。

（二）商品价格的派生职能

商品价格的派生职能是从上述两项基本职能派生延伸出来的，其中包括价格的核算职能和国民收入再分配的职能。

1. 核算职能。商品价格的核算职能是指通过价格对商品生产中企业乃至部门和整个国民经济的劳动投入进行核算、比较和分析的职能。价格的核算职能是以表价职能为基础的。

2. 分配职能。价格的分配职能是由价格的表价职能和调节职能所派生延伸的。所谓价格的分配职能是指它对国民收入有再分配的职能。国民收入再分配可以通过税收、保险、国家预算等手段实现，也可以通过价格这一经济杠杆来实现。当价格实现调节职能时，它同时也已承担了国民收入在企业和部门间再次分配的职能。

以上所述，说明了价格的基本职能和派生职能之间的密切关系，也说明了价格职能的客观性质。

（三）价格职能的实现

价格职能的实现是发挥价格作用的前提，是社会经济发展的客观要求，对此必须有明确认识。但是要使价格职能得以实现，应了解不同价格职能之间的关系，同时也应了解实现价格职能应具备的条件。

1. 不同价格职能的统一性和矛盾性。不同的价格职能是统一于价格之中的，同一商品价格总是同时具有价格的两项基本职能，而且缺一不可。没有表价的职能就不可能有调节的职能；而没有调节的职能，表价职能就没有实际意义。所以不存在只有一种基本职能的价格。同时，商品价格的派生职能也共生于同一商品的同一价格之中。只有存在表价职能，才必然派生出核算职能；只有存在表价和调节职能，才必然派生出国民收入再分配的职能。如果没有派生职能，价格的两项基本职能也不能得到充分实现。因此，在认识上不能把价格的诸职能割裂开来，不能强调某一职能忽视甚至否认另一职能，更不能基于这种认识去指导实践。

2. 价格职能实现的条件。实现价格职能需要一个市场机制发育良好的客观条件。一般说来，商品经济的高度发展必然要求全面实现价格的职能，同时商品经济的高度发展也为价格职能的实现创造了条件。

竞争虽然是价格职能实现的最主要条件，但市场的自发性和盲目性仍然会造成价格扭曲。因此，适当的宏观调控对价格职能的实现也是不可或缺的条件。

（四）价格的作用

实现价格职能对国民经济所产生的效果就是价格的作用。价格作用是指价格职能的外化，它主要表现在以下方面：

1. 价格是实现交换的纽带。

2. 价格是衡量商品和货币比值的手段。

3. 价格是市场信息的感应器和传导器。

4. 价格是调节经济利益和市场供需的经济手段。

总之，价格在国民经济的发展中起着重要的经济杠杆的作用。

三、价格构成

（一）价格构成与价值构成的关系

价格构成是指构成商品价格的组成部分及其状况。商品价格一般由4个因素构成，即生产成本、流通费用、利润和税金。

价格构成以价值构成为基础，是价值构成的货币表现。价格构成中的成本和流通费用，是价值中 $C+V$ 的货币表现；价格构成中的税金和利润，是价值中 m 的货币表现。

（二）生产成本

1. 价格构成中成本的内容。生产成本按经济内容主要包括以下几个部分：

（1）原材料和燃料费；

（2）折旧费；

（3）工资及工资附加；

（4）其他，如利息支出、电信、交通差旅费等。

2. 企业财务成本。它比价格构成中成本内容广泛，包括以下成本开支范围：

（1）原材料、辅助材料、备品配件、外购半成品、燃料、动力、包装物、低值易耗品的原价和运输、装卸、整理费；

（2）固定资产折旧费、计提的更新改造资金、租赁费和维修费；

（3）科学研究、技术开发和新产品试制，购置样品样机和一般测试仪器的费用；

（4）职工工资、福利费和原材料节约、改进技术奖；

（5）工会经费和职工教育经费；

（6）产品包修、包装、包退费用，废品修复或报废损失，停工工资、福利费、设备维护费和管理费，削价损失和坏账损失；

（7）财产和运输保险费，契约、合同公证费和鉴证费，咨询费，专有技术使用费及应列入成本的排污费；

（8）流动资金贷款利息；

（9）商品运输费、包装费、广告费和销售机构管理费；

（10）办公费、差旅费、会议费、劳动保护用品费、取暖费、消防费、检验费、仓库经费、商标注册费、展览费等管理费；

（11）其他费用。

不同产业部门企业成本开支范围，因其生产特点和产品形态不同而存在一定差异。

财务成本和价格构成中的成本性质不同，前者反映的是企业在商品生产中的实际开支，是后者的计算基础。

（三）流通费用

流通费用是指商品在流通过程中所发生的费用。它包括由产地到销地的运输、保管、分类、包装等费用，也包括商品促销和管理费用。它是商品一部分价值的货币表现。

对流通费用可以按不同方法分类。

1. 按经济性质分类，可分为生产性流通费用和纯粹流通费用。生产性流通费用，是由商品的物理运动引起的费用，如运输费、保管费、包装费等，它们是生产过程在流通领域的延续。纯粹流通费用是与商品的销售活动有关的费用，如广告费、商业人员的工资、销售活动发生的其他一些费用。

2. 按和商品流转额关系分类，可分为直接费用和间接费用。直接费用随商品流转额增加而增加，如运输费、保管费等；间接费用的发生与商品流转额没有直接关系，绝对额的发生比较稳定，所以商品流转额上升会使间接费相对下降，反之则会上升。

3. 按计入价格的方法不同分类，可分为从量费用和从值费用。从量费用就是以单位商品的量作为计算流通费用的依据，直接计入价格，如运杂费、包装费等。从值费用就是以单位商品的值，如销售价或销价中的部分金额，作为计算流通费用的依据，计算时一般按规定费率通过一定公式计入价格。

在市场经济条件下，由于竞争的日益激烈和商品流通环节的增加、市场规模的扩大，流通费用在价格中所占份额呈现增加的趋势。

（四）价格构成中的利润和税金

1. 利润。利润是盈利中的一部分，是价格与生产成本、流通费用和税金之间的差额。价格中的利润可分为生产利润和商业利润两部分。

（1）生产利润。生产利润包括工业利润和农业利润两部分。工业利润是工业企业销售价格和除生产成本和税金后的余额。农业利润也称为农业纯收益，是农产品出售价格扣除生产成本和农业税后的余额。

（2）商业利润。商业利润是商业销售价格扣除进货价格、流通费用和税金以后的余额。包括批发价格中的商业利润和零售价格中的商业利润。

2. 税金。税金是国家根据税法向纳税人无偿征收的一部分财政收入。它反映国家对社会剩余产品进行分配的一种特定关系。税金的种类很多，但从它和商品价格的关系来看，可分为价内税和价外税。价外税一般以收益额为课税对象，不计入商品价格，如所得税等。价内税一般以流转额为课税对象，计入商品价格。

价内税是价格构成中的一个独立要素。由于商品的价格种类很多，价内税的种类也很多。主要有：

（1）产品税。它以生产领域的商品流转额为课税对象。

（2）增值税。它以商品的增值额为课税对象。

（3）营业税。它以营业额为课税对象。

（4）关税。它包括进口税和出口税。它以进出口商品为课税对象，以完税价格为计税依据。

第三节　工程造价的基本概念

一、工程造价的含义和特点

(一) 工程造价的含义

工程造价的直意就是工程的建造价格。工程，是泛指一切建设工程，它的范围和内涵具有很大的不确定性。

工程造价有两种含义，但都离不开市场经济的大前提。

第一种含义：工程造价是指建设一项工程预期开支或实际开支的全部固定资产投资费用。也就是一项工程通过建设形成相应的固定资产、无形资产所需用一次性费用的总和。显然，这一含义是从投资者——业主的角度来定义的。投资者选定一个投资项目，为了获得预期的效益，就要通过项目评估进行决策，然后进行设计招标、工程招标，直至竣工验收等一系列投资管理活动。在投资活动中所支付的全部费用形成了固定资产和无形资产。所有这些开支就构成了工程造价。从这个意义上说，工程造价就是工程投资费用，建设项目工程造价就是建设项目固定资产投资。

第二种含义：工程造价是指工程价格。即为建成一项工程，预计或实际在土地市场、设备市场、技术劳务市场，以及承包市场等交易活动中所形成的建筑安装工程的价格和建设工程总价格。显然，工程造价的第二种含义是以社会主义商品经济和市场经济为前提的。它以工程这种特定的商品形式作为交易对象，通过招投标、承发包或其他交易方式，在进行多次性预估的基础上，最终由市场形成的价格。

通常是把工程造价的第二种含义只认定为工程承发包价格。应该肯定，承发包价格是工程造价中一种重要的，也是最典型的价格形式。它是在建筑市场通过招投标，由需求主体投资者和供给主体建筑商共同认可的价格。

所谓工程造价的两种含义是以不同角度把握同一事物的本质。从建设工程的投资者来说，面对市场经济条件下的工程造价就是项目投资，是“购买”项目要付出的价格；同时也是投资者在作为市场供给主体时“出售”项目时订价的基础。对于承包商来说，对于供应商和规划、设计等机构来说，工程造价是他们作为市场供给主体出售商品和劳务的价格的总和，或是特指范围的工程造价，如建筑安装工程造价。

区别工程造价的两种含义的理论意义在于，为投资者和以承包商为代表的供应商在工程建设领域的市场行为提供理论依据。当政府提出降低工程造价时，是站在投资者的角度充当着市场需求主体的角色；当承包商提出要提高工程造价、提高利润率，并获得更多的实际利润时，他是要实现一个市场供给主体的管理目标。这是市场运行机制的必然。不同的利益主体绝不能混为一谈。同时，两种含义也是对单一计划经济理论的一个否定和反思。区别两重含义的现实意义在于，为实现不同的管理目标，不断充实工程造价的管理内容，完善管理方法，更好地为实现各自的目标服务，从而有利于推动全面的经济增长。

(二) 工程造价的特点

由于工程建设的特点，工程造价有以下特点：

1. 工程造价的大额性。能够发挥投资效用的任一项工程，不仅实物形体庞大，而且造价高昂。动辄数百万、数千万、数亿、数十亿，特大的工程项目造价可达百亿、千亿元人民币。工程造价的大额性使它关系到有关各方面的重大经济利益，同时也会对宏观经济产生重大影响。这就决定了工程造价的特殊地位，也说明了造价管理的重要意义。

2. 工程造价的个别性、差异性。任何一项工程都有特定的用途、功能、规模。因此对每一项工程的结构、造型、空间分割、设备配置和内外装饰都有具体的要求，所以工程内容和实物形态都具有个别性、差异性。产品的差异性决定了工程造价的个别性差异。同时每项工程所处地区、地段都不相同，使这一特点得到强化。

3. 工程造价的动态性。任一项工程从决策到竣工交付使用，都有一个较长的建设期间，而且由于不可控因素的影响，在预计工期内，许多影响工程造价的动态因素，如工程变更，设备材料价格，工资标准以及费率、利率、汇率会发生变化。这种变化必然会影响到造价的变动。所以，工程造价在整个建设期中处于不确定状态，直至竣工决算后才能最终确定工程的实际造价。

4. 工程造价的层次性。造价的层次性取决于工程的层次性。一个工程项目往往含有多项能够独立发挥设计效能的单项工程（车间、写字楼、住宅楼等）。一个单项工程又是由能够各自发挥专业效能的多个单位工程（土建工程、电气安装工程等）组成。与此相适应，工程造价有3个层次：建设项目总造价、单项工程造价和单位工程造价。如果专业分工更细，单位工程（如土建工程）的组成部分——分部分项工程也可以成为交换对象，如大型土方工程、基础工程、装饰工程等，这样工程造价的层次就增加分部工程和分项工程而成为5个层次。即使从造价的计算和工程管理的角度看，工程造价的层次性也是非常突出的。

5. 工程造价的兼容性。造价的兼容性首先表现在它具有两种含义，其次表现在造价构成因素的广泛性和复杂性。在工程造价中，首先说成本因素非常复杂。其中为获得建设工程用地支出的费用、项目可研和规划设计费用、与政府一定时期政策（特别是产业政策和税收政府）相关的费用占有相当的份额。再次，盈利的构成也较为复杂，资金成本较大。

（三）工程造价的职能

工程造价的职能既是价格职能的反映，也是价格职能在这一领域的特殊表现。

工程造价的职能除一般商品价格职能以外，它还有自己特殊的职能。

1. 预测职能。工程造价的大额性和多变性，无论投资者或建筑商都要对拟建工程进行预先测算。投资者预先测算工程造价不仅作为项目决策依据，同时也是筹集资金、控制造价的依据。承包商对工程造价的测算，既为投标决策提供依据，也为投标报价和成本管理提供依据。

2. 控制职能。工程造价的控制职能表现在两方面：一方面是它对投资的控制，即在投资的各个阶段，根据对造价的多次性预估，对造价进行全过程多层次的控制；另一方面，是对以承包商为代表的商品和劳务供应企业的成本控制。在价格一定的条件下，企业实际成本开支决定企业的盈利水平。成本越高盈利越低，成本高于价格就危及企业的生存。所以企业要以工程造价来控制成本，利用工程造价提供的信息资料作为控制成本的依据。

3. 评价职能。工程造价是评价总投资和分项投资合理性和投资效益的主要依据之一。在评价土地价格、建筑安装产品和设备价格的合理性时，就必须利用工程造价资料；在评价建设项目偿贷能力、获利能力和宏观效益时，也可依据工程造价。工程造价也是评价建筑安装企业管理水平和经营成果的重要依据。

4. 调控职能。工程建设直接关系到经济增长，也直接关系到国家重要资源分配和资金流向，对国计民生都产生重大影响。所以国家对建设规模、结构进行宏观调控是在任何条件下都不可缺的，对政府投资项目进行直接调控和管理也是非常必需的。这些都要用工程造价作为经济杠杆，对工程建设中的物质消耗水平、建设规模、投资方向等等进行调控和管理。

（四）工程造价的作用

工程造价涉及到国民经济各部门、各行业，涉及社会再生产中的各个环节，也直接关系到人民群众的生活和城镇居民的居住条件，所以它的作用范围和影响程度都很大。其作用主要有以下几点：

1. 建设工程造价是项目决策的工具。建设工程投资大、生产和使用周期长等特点决定了项目决策的重要性。工程造价决定着项目的一次投资费用。投资者是否有足够的财务能力支付这笔费用，是否认为值得支付这项费用，是项目决策中要考虑的主要问题。财务力是一个独立的投资主体必须首先要解决的。如果建设工程的价格超过投资者的支付能力，就会迫使他放弃拟建的项目；如果项目投资的效果达不到预期目标，他也会自动放弃拟建的工程。因此在项目决策阶段，建设工程造价就成为项目财务分析和经济评价的重要依据。

2. 建设工程造价是制定投资计划和控制投资的有效工具。投资计划是按照建设工期、工程进度和建设工程价格等逐年分月加以制定的。正确的投资计划有助于合理和有效地使用资金。

工程造价在控制投资方面的作用非常明显。工程造价是通过多次性预估，最终通过竣工决算确定下来的。每一次预估的过程就是对造价的控制过程；而每一次估算对下一次估算又都是对造价严格的控制，具体说后一次估算不能超过前一次估算的一定幅度。这种控制是在投资者财务能力的限度内为取得既定的投资效益所必需的。建设工程造价对投资的控制也表现在利用制定各类定额、标准和参数，对建设工程造价的计算依据进行控制。在市场经济利益风险机制的作用下，造价对投资控制作用成为投资的内部约束机制。

3. 建设工程造价是筹集建设资金的依据。投资体制的改革和市场经济的建立，要求项目的投资者必须有很强的筹资能力，以保证工程建设有充足的资金供应。工程造价基本决定了建设资金的需要量，从而为筹集资金提供了比较准确的依据。当建设资金来源于金融机构的贷款时，金融机构在对项目的偿贷能力进行评估的基础上，也需要依据工程造价来确定给予投资者的贷款数额。

4. 建设工程造价是合理利益分配和调节产业结构的手段。工程造价的高低，涉及到国民经济各部门和企业间的利益分配。在计划经济体制下，政府为了用有限的财政资金建成更多的工程项目，总是趋向于压低建设工程造价，使建设中的劳动消耗得不到完全补偿，价值不能得到完全实现。而未被实现的部分价值则被重新分配到各个投资部门，为项目投资者所占有。这种利益的再分配有利各产业部门按照政府的投资导向加速发展，也有利于按宏观经济的要求调整产业结构。但是也会严重损害建筑等企业的利益，造成建筑业萎缩和建筑企业长期亏损的后果。从而使建筑业的发展长期处于落后状态，和整个国民经济发展不相适应。在市场经济中，工程造价也无例外地受供求状况的影响，并在围绕价值的波动中实现对建设规模、产业结构和利益分配的调节。加上政府正确的宏观调控和价格政策导向，工程造价在这方面的作用会充分发挥出来。

5. 工程造价是评价投资效果的重要指标。建设工程造价是一个包含着多层次工程造价的体系，就一个工程项目来说，它既是建设项目的总造价，又包含单项工程的造价和单位工程的造价，同时也包含单位生产能力的造价，或一个平方米建设面积的造价等等。所有这些，使工程造价自身形成了一个指标体系。所以它能够为评价投资效果提供出多种评价指标，并能够形成新的价格信息，为今后类似项目的投资提供参照系。

二、工程造价相关概念

(一) 静态投资与动态投资

静态投资是以某一基准年、月的建设要素的价格为依据所计算出的建设项目投资的瞬时值。但它含因工程量误差而引起的工程造价的增减。静态投资包括：建筑安装工程费，设备和工、器具购置费，工程建设其他费用，基本预备费。

动态投资是指为完成一个工程项目的建设，预计投资需要量的总和。它除了包括静态投资所含内容之外，还包括建设期贷款利息、投资方向调节税、涨价预备金、新开征税费，以及汇率变动部分。动态投资适应了市场价格运动机制的要求，使投资的计划、估算、控制更加符合实际，符合经济运动规律。

静态投资和动态投资虽然内容有所区别，但两者有密切联系。动态投资包含静态投资，静态投资是动态投资最主要的组成部分，也是动态投资的计算基础。并且这两个概念的产生都和工程造价的确定直接相关。

(二) 建设项目总投资

建设项目总投资是投资主体为获取预期收益，在选定的建设项目上投入所需全部资金的经济行为。所谓建设项目，一般是指在一个总体规划和设计的范围内，实行统一施工、统一管理、统一核算的工程，它往往由一个或数个单项工程所组成。建设项目按用途可分为生产性项目和非生产性项目。生产性建设项目总投资包括固定资产投资和包含铺底流动资金在内的流动资产投资两部分。而非生产性建设项目总投资只有固定资产投资，不含上述流动资产投资。建设项目总造价是项目总投资中的固定资产投资总额。

(三) 固定资产投资

固定资产投资是投资主体为了特定的目的，以达到预期收益（效益）的资金垫付行为。在我国，固定资产投资包括基本建设投资、更新改造投资和房地产开发投资和其他固定资产投资4部分。其中基本建设投资是用于新建、改建、扩建和重建项目的资金投入行为，是形成固定资产的主要手段，在固定资产投资中占的比重最大，约占全社会固定资产投资总额的50%～60%。更新改造投资是在保证固定资产简单再生产的基础上，通过以先进科学技术改造原有技术以实现以内涵为主的，固定资产扩大化再生产的资金投入行为，约占全社会固定资产投资总额的20%～30%，是固定资产再生产的主要方式之一。房地产开发投资是房地产企业开发厂房、宾馆、写字楼、仓库和住宅等房屋设施和开发土地的资金投入行为，目前在固定资产投资中已占20%左右。其他固定资产投资，是按规定不纳入投资计划和用专项资金进行基本建设和更新改造的资金投入行为。它在固定资产投资中占的比重较小。

（四）建筑安装工程造价

建筑安装工程造价，亦称建筑安装产品价格。它是建筑安装产品价值的货币表现。在建筑市场，建筑安装企业所生产的产品作为商品既有使用价值也有价值。和一般商品一样，它的价值是由 $C+V+m$ 构成。所不同的只是由于这种商品所具有的技术经济特点，使它的交易方式、计价方法、价格的构成因素、以至付款方式都存在许多特点。

三、工程造价的计价特征

工程造价的特点，决定了工程造价的计价特征。了解这些特征，对工程造价的确定与控制是非常必要的。它也涉及到与工程造价相关的一些概念。

（一）单件性计价特征。产品的个体差别性决定每项工程都必须单独计算造价。

（二）多次性计价特征。建设工程周期长、规模大、造价高，因此按建设程序要分阶段进行，相应地也要在不同阶段多次性计价，以保证工程造价确定与控制的科学性。多次性计价是个逐步深化、逐步细化和逐步接近实际造价的过程。其过程如图 1-2 所示：

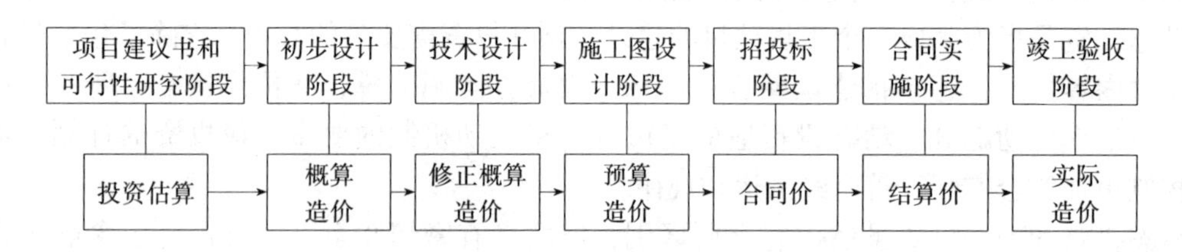

图 1-2　工程多次性计价示意图

注：联线表示对应关系，箭头表示多次计价流程及逐步深化过程。

（三）组合性特征。工程造价的计算是分部组合而成，这一特征和建设项目的组合性有关。一个建设项目是一个工程综合体，这个综合体可以分解为许多有内在联系的独立和不能独立工程。从计价和工程管理的角度，分部分项工程还可以分解。由上可以看出，建设项目的这种组合性决定了计价的过程是一个逐步组合的过程。这一特征在计算概算造价和预算造价时尤为明显，所以也反映到合同价和结算价。其计算过程和计算顺序是：分部分项工程单价→单位工程造价→单项工程造价→建设项目总造价。

（四）方法的多样性特征。适应多次性计价有各不相同计价依据，以及对造价的不同精确度要求，计价方法有多样性特征。计算和确定概、预算造价有两种基本方法，即单价法和实物法。计算和确定投资估算的方法有设备系数法、生产能力指数估算法等。不同的方法利弊不同，适应条件也不同，所以计价时要加以选择。

（五）依据的复杂性特征。由于影响造价的因素多、计价依据复杂，种类繁多。主要可分为 8 类：

1. 计算设备和工程量依据。包括项目建议书、可行性研究报告、设计文件等。

2. 计算人工、材料、机械等实物消耗量依据。包括投资估算指标、概算定额、预算定额等。

3. 计算工程单价的价格依据。包括人工单价、材料价格、材料运杂费、机械台班费等。

4. 计算设备单价依据。包括设备原价、设备运杂费、进口设备关税等。

5. 计算直接费、间接费、利润、税金和工程建设其他费用依据。

6. 工程量清单计价规范。

7. 政府规定的税、费。

8. 物价指数和工程造价指数。

依据的复杂性不仅使计算过程复杂，而且要求计价人员熟悉各类依据，并加以正确利用。

第四节 建设工程项目的划分及概预算文件的组成

一、建设工程项目的划分

(一) 建设工程项目划分的意义

编制项目概预算确定工程造价，必须根据设计资料，按造价构成因素分别计算并汇总起来才能求得。在整个建设工程中，设备、工具和器具预算价值的确定比较容易，因为它只是一种价值的转移；"其他费用"的确定也比较方便，它可以根据国家和地方主管部门的规定，或根据调查资料进行计算。但是，对建设工程造价主要组成部分——建筑及安装工程造价的计算，却是一件较为复杂的工作。因为，建筑及设备安装工程的施工是一种生产活动，是一种创造价值和转移价值的过程，要对一个庞大、复杂的建筑及设备安装工程整体进行工料分析，求出全部工料消耗后，再计算其价值及各种费用、利润、税金，这是很困难的。因此，我们必须对基本建设工程项目进行科学的分析、分解，找到便于精确计算工料消耗的各种基本构造因素——一种简单的建筑及设备安装工程产品，先求出每一基本构造要素的工料消耗量及其价值，再根据设计资料计算工程量和分别计算各种工程量的直接费，然后层层汇总和计算有关费用，求出建筑及设备安装工程费用，再通过进一步汇总计算，就能求出整个建设工程的全部费用。

(二) 项目的划分

一个典型的建设工程项目可划分为：

1. 建设项目

建设项目一般是指具有设计任务书和总体设计、经济上实行独立核算、行政上具有独立组织形式的基本建设单位。在工业建设中，一般是以一个工厂为建设项目；在民用建设中，一般以一个事业单位，如一所学校、一家医院等为建设项目。一个建设项目中，可以有几个单项工程，也可能只有一个单项工程。不得把不属于一个设计文件内的、经济上分别核算、行政上分开管理的几个项目捆在一起作为一个建设项目，也不能把总体设计内的工程，按地区或施工单位划分为几个建设项目。在一个设计任务书范围内，规定分期进行建设时，仍为一个建设项目；反之，同一施工现场上包括几个总体设计任务书，则可按总体设计分为几个建设项目，应根据情况分别处理。例如，大型钢铁联合企业，应按编制总体设计文件的炼铁厂、炼焦厂、初轧厂、钢板厂等工程作为建设项目，联合企业作为建设单位。

2. 单项工程

单项工程（也称作工程项目）是一个建设单位中，具有独立的设计文件，竣工后可以独立发挥生产能力或工程效益的工程，它是建设项目的组成部分。例如：工业企业建设中的各个生产车间、办公楼、食堂、住宅等等；民用工程中，学校的教学楼、图书馆、食堂、学生宿舍、职工住宅等等，都是具体的工程项目。在基本建设中，工程项目按建成后所起作用划分为许多种类，例如工业建设中有主要工程项目、附属生产服务项目等等。

有时比较单纯的建设项目，就是一个单项工程，特别是扩建、改建的建设项目。

工程项目是具有独立存在意义的一个完整工程，也是一个极为复杂的综合体，它是由许多单位工程所组成，如一个新建车间，不仅有厂房，还有设备安装等工程。

3. 单位工程

单位工程是指具有单独设计，可以独立组织施工的工程。一个单项工程。按照它的构成，可以把它分解为建筑工程、设备及其安装工程。

建筑工程还可以根据其中各个组成部分的性质、作用做以下分类：

一般土建工程：包括建筑物与构筑物的各种结构工程。

特殊构筑物工程：包括各种设备的基础、烟囱、桥涵、隧道等工程。

工业管道工程：包括蒸汽、压缩空气、煤气、输油管道等工程。

卫生工程：包括上下水管、采暖、通风、民用煤气管道敷设。

电气照明工程：包括室内外照明设备安装、线路敷设、变电与配电设备的安装工程等。

设备与安装工程：设备与安装工程两者有着密切的联系。所以在建设预算上是把设备购置与其安装工程结合起来组成为设备及其安装工程。设备及其安装工程又可分解为机构设备、电气设备、送电线路、通信设备、通信线路、自动化控制装置和仪表、热力设备和化学工业设备等等工程。

上述各种建筑工程、设备及其安装工程中的每一类，称为单位工程。这些单位工程是工程项目的组成部分。

每一个单位工程仍然是一个较大的组成部分，它本身仍然是由许多的结构或更小的部分组成的，所以对单位工程还需要进一步的分解。

4. 分部工程

分部工程是按工程部位、设备种类和型号、使用的材料和工种等的不同所作的分类，是单位工程的组成部分。如一般土建工程的房屋，按其结构可分为基础、地面、墙壁、楼板、门窗、屋面、装修等部分。由于每一部分都是由不同工种的工人，利用不同的工具和材料完成的，在编制基本建设预算时，为了计算工料方便，在作上述划分时，还要照顾到不同的工种和不同的材料结构。因此，一般土建工程大致可以划分为以下几部分：土石方工程、打桩工程、砌筑工程、脚手架工程、混凝土及钢筋混凝土工程、木结构工程、金属结构工程、楼地面工程、屋面工程、耐酸防腐工程、装饰工程、构筑物工程。其中的每一部分，称之为分部工程。

在分部工程中影响工料消耗大小的因素仍然很多。例如，同样都是土方工程，由于土壤类别（普通土、坚土、砂砾坚土）不同，挖土的深度不同，施工方法不同，则每单位土方工程所消耗的工料差别就很大。所以，还必须把分部工程按照不同的施工方法、不同的材料、不同的规格等等，作进一步的分类。

5. 分项工程

分项工程指通过较为简单的施工过程就能生产出来，并且可以用适当计量单位计算的建筑或设备安装工程产品。例如每立方米砖基础工程、一台某型号机床的安装等等。这种分项工程与工程项目那样完整的工程不同，与一般工业产品也不同。一般说，它的独立存在是没有意义的，它只是建筑或安装工程的一种基本的构成因素，是为了确定建筑及设备安装工程造价而划分出来的一种假定产品。这种假定产品——分项工程的表现形式和工料标准，就是概预算定额。

（三）建设工程项目划分示意图

为了便于理解建设工程项目划分，现以框图示意如下（见图1-3）：

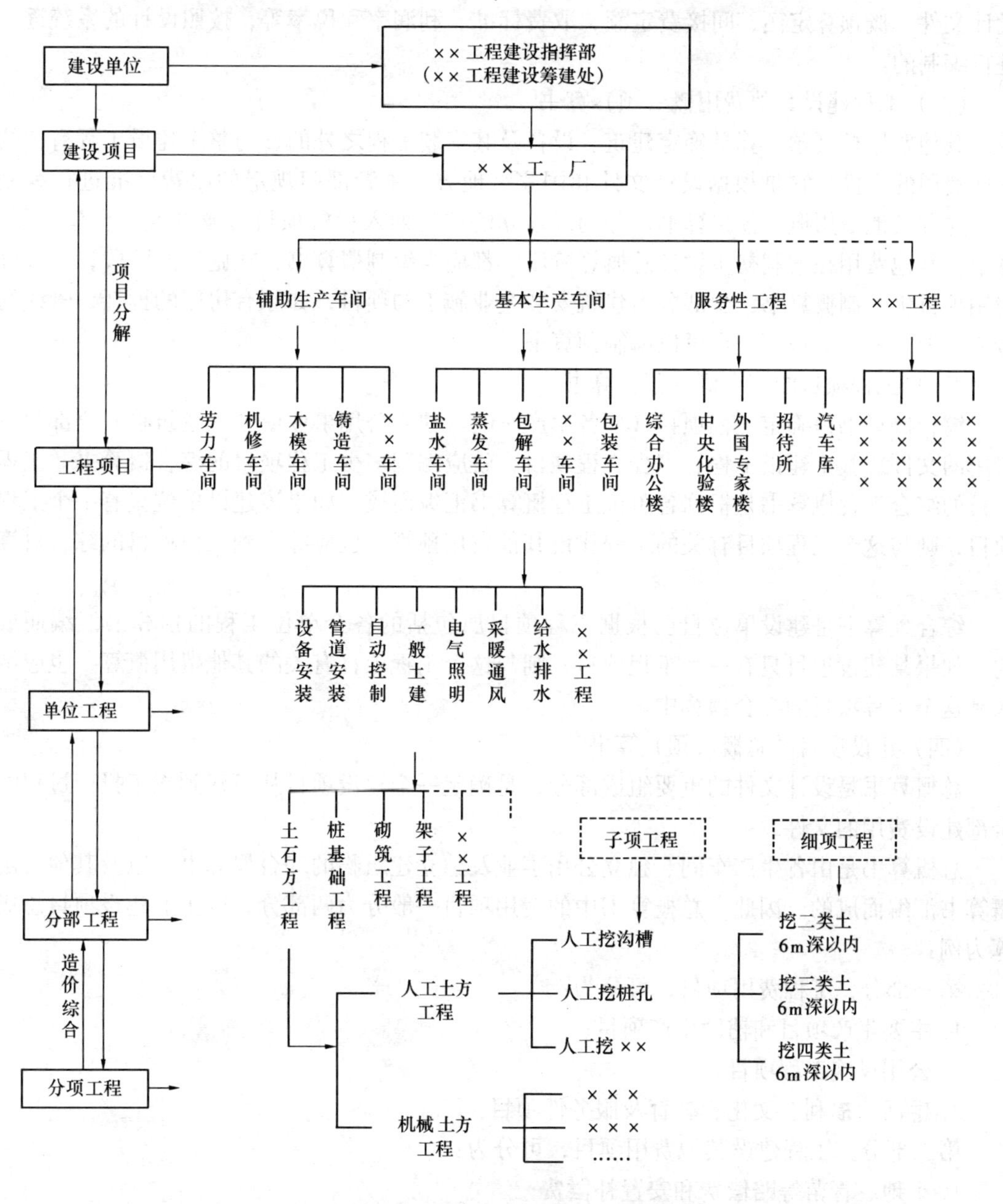

图1-3　建设工程项目划分示意图

二、建设工程概预算文件的组成

根据投资项目划分，为了准确计算和确定建设工程造价，投资项目概预算应由以下一系列概预算书组成。

（一）单位工程概（预）算书

单位工程概（预）算书是确定各生产车间，独立公用事业，或独立建筑物中的一般土建工程、卫生工程、工业管道工程、特殊构筑物工程、电气照明工程、机械设备及安装工程、电气设备及安装工程等单位工程建设费用的文件。

单位工程概（预）算书是投资项目概预算文件的最基本的概（预）算文件。它是根据设计文件、概预算定额、间接费定额、取费标准、利润率和税率等，按照设计的系统逐一进行编制的。

（二）工程建设其他费用概（预）算书

其他费用概（预）算是确定建筑、设备及其安装工程之外的、与整个建设工程有关的其他费用的文件。它是根据设计文件和国家、地方、主管部门规定的取费标准进行编制的。这种其他费用概（预）算书，分别以独立的项目列入投资项目总概算或综合概（预）算中。其他费用在编制初步设计总概算阶段，都应当编制概算书；在施工图阶段，大部分费用项目仍编制概算书，少部分由建筑安装企业施工的项目，如原有房屋的拆迁，管线的转移，地下物的处理等，也可以编制预算书。

（三）工程项目的综合概（预）算书

综合概算书是确定工程项目（如各生产车间、独立公用事业或独立建筑物）全部建设费用的文件。整个建设工程有多少工程项目，就应编制多少工程项目的综合概算书。工程项目的综合工程概算书是根据各单位工程概算书汇编而成。如果该建设单位只有一个工程项目，则与这个工程项目有关的工程建设其他费用预算，也应综合到工程项目的综合概算中。

综合预算书是建设单位自己根据工程项目所包括的各个单位工程的预算书汇编而成的。如果某建设项目只有一个工程项目，则与这个工程项目有关的其他费用概算，也应纳入到这个工程项目的综合预算中。

（四）建设项目的总概（预）算书

总概算书是设计文件的重要组成部分，是确定一个建设项目从筹建到竣工投产过程的全部建设费用的文件。

总概算书是由各生产车间、独立公用事业及独立建筑物的综合概算书，以及其他费用概算书汇编而成的。因此，总概算书中的费用项目一般分为两部分，以工业建设项目总概算为例：

第一部分，工程费用项目，可分为：

1. 主要生产项目和辅助生产项目；

2. 公用设施工程项目；

3. 生活、福利、文化、教育及服务性项目。

第二部分，工程建设其他费用项目，可分为：

1. 土地、青苗等赔偿费和安置补偿费；

2. 建设单位管理费；

3. 研究试验费；

4. 生产职工培训费；

5. 办公和生活家具购置费；

6. 联合试运转费；

7. 勘察设计费；

8. 供电贴费；

9. 施工机构迁移费；

……

在第一部分和第二部分费用项目的合计之后，应列出预备费。

在总概算书的末尾还应列出可以回收的金额。

总预算书是建设单位自己根据建设项目所包括的各个工程项目的综合预算书以及该建设项目的其他费用预算书汇编而成的。在这里需要指出的是，当前，总预算编制工作还不够健全，很多单位不编总预算，可是总预算是精确计算工程造价，进而精确计算建设成本，进行投资效果分析等的基础。因此，为了全面搞好基本建设核算工作，提高投资效果，应努力创造条件，逐步编好总预算。

■ 关键概念

建设程序　工程造价　建设项目　单项工程　单位工程　分部工程　分项工程

■ 复 习 思 考 题

1. 工程建设基本程序包括哪几个阶段？它们的主要内容是什么？
2. 对应于工程建设各个阶段的造价形式有哪些？
3. 怎样理解工程造价特殊的计价程序？
4. 如何理解工程造价的两种涵义？
5. 工程造价的计价有哪些特征？
6. 建设工程的项目是如何划分的？
7. 工程造价由哪几类文件所组成？

第二章　工程造价的构成

第一节　工程造价的组成

建设项目，无论是生产性或非生产性的，无论是新建、扩建或改建的，其费用通常都由以下 5 部分组成：建筑工程费用，设备安装工程费用，设备购置费用，工、器具及生产家具购置费用，工程建设其他费用。

工程造价的组成框图见图 2-1。

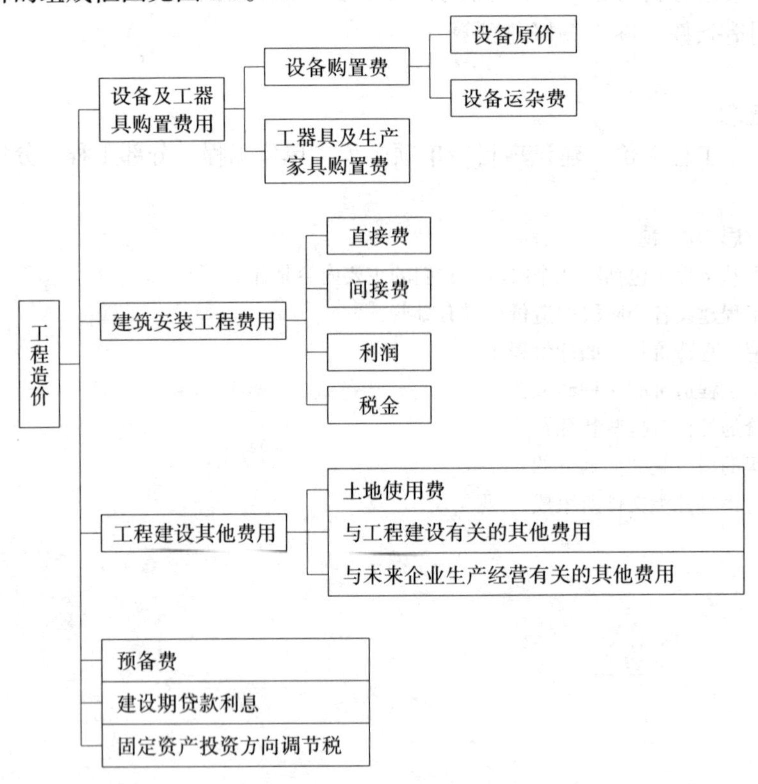

图 2-1　工程造价组成框图

一、建筑工程费用

建筑工程费用包括有：

（一）一般土建工程费用：指生产项目的各种厂房、辅助和公用设施的厂房，以及非生产性的住宅、商店、机关、学校、医院等等工程中的房屋建设费用，房屋及构筑物的金属结构工程费用。

（二）卫生工程费用：是生产性和非生产性工程项目中的室内外给排水、采暖、通风、民用煤气管道工程费用。

（三）工业管道工程费用：指工业生产用的蒸汽、煤气、生产用水、压缩空气和工艺物料输送管道工程等费用。

（四）各种工业炉的砌筑工程费用：如锅炉、高炉、平炉、加热炉、石灰窑等砌筑工程费用。

（五）特殊构筑物工程费用：包括设备基础、烟囱和烟道、栈桥皮带通廊、漏斗、贮仓、桥梁、涵洞等工程费用。

（六）电气照明工程费用：包括室内电气照明、室外电气照明及线路、照明变配电工程费用。

（七）大规模平整场地和土石方工程、围墙大门、广场、道路、绿化工程等费用。

（八）采矿的井巷掘进及剥离工程等费用。

（九）特殊工程费用：如人防工程及地下通道工程等费用。

二、设备安装工程费用

建设工程中大部分设备需要将其整个或部分装配起来，并安装在其基础或支架上才能发挥其效能，在安装这些设备过程中所支出的费用称之为设备安装工程费用。

设备安装工程费用包括动力、电信、起重、运输、医疗、实验等设备本体的安装工程，与设备相连的工作台、梯子等的装设工程，附属于被安装设备的管线敷设工程，被安装设备的绝缘、保温和油漆工程，为测定设备安装工程质量对单个设备进行无负荷试车的费用等。

三、设备购置费

设备购置费是指为建设项目购置或自制的达到固定资产标准的各种国产或进口设备、工具、器具的购置费用。

在建设工程施工中，一切需要安装或不需要安装的设备，必须经过建设单位采购，才能把工业部门生产的产品转为建设单位所有，并用于工程建设上。建设单位采购这些设备支出的费用称之为设备采购费。

设备购置费包括：各工程项目工艺流程中需要安装的和不需要安装的各种设备购置。例如，生产、动力、起重、运输、通讯设备，矿山机械、破碎、研磨、筛选设备，机械维修设备，化工设备，试验设备，产品专用模型设备和自控设备等的购置费。

设备购置费还包括：一切备用设备的购置费；实验室及医疗室设备的购置费；利用旧有设备时，设备部件的修配与改造费用；有关设备本体需要的材料，如卷扬机的钢丝绳、球磨机的钢球等的购置费。

四、工、器具及生产家具购置费用

工、器具及生产家具购置费用是指为保证企业第一个生产周期正常生产所必须购置的不够固定资产标准的工具、器具和生产家具所支出的费用。

工具一般是指钳工及锻工工具，冷冲及热冲模具，切削工具，磨具量具，工作台，翻砂用模型等。

器具一般是指车间和试验室等所应配备的各种物理仪器、化学仪器、测量仪器、绘图仪器等。

生产家具一般是指为保障生产正常进行而配备的各种生产用及非生产用的家具。如踏脚板、工具柜、更衣箱等。

工、器具及生产家具购置费用中不包括备品备件的购置费，该费应随同有关设备列在设备购置费用中。

五、工程建设其他费用

工程建设其他费用，是指从工程筹建起到工程竣工验收交付使用止的整个建设期间，除建筑安装工程费用和设备及工、器具购置费用以外的，为保证工程建设顺利完成和交付使用后能够正常发挥效用而发生的各项费用。

工程建设其他费用，按其内容大体可分为三类。第一类指土地使用费；第二类指与工程建设有关的其他费用；第三类指与未来企业生产经营有关的其他费用。另外，建设项目总投资中还包括预备费、建设期贷款利息、固定资产投资方向调节税。

第二节　工程费用的分类及其内容

在建设过程中，有生产活动，有一般购置活动，还有属于为建设和未来工业生产等而进行的准备活动。各类活动性质不一样，因而其费用性质、费用内容也不一致。为了正确计算整个建设工程费用，必须对建设工程各类费用按性质进行分类，进而分析其组成内容。对上述建设工程的五类费用，按其性质可归并成3类：

首先，建筑工程施工和设备安装工程施工都是一种物质生产活动，建筑工程费用和设备安装工程费用都是在生产活动中支出的费用。既然这两类工程费用性质相同，我们就把这两部分费用归为一类，称之为建筑及设备安装工程费用（简称建筑安装工程费用）。

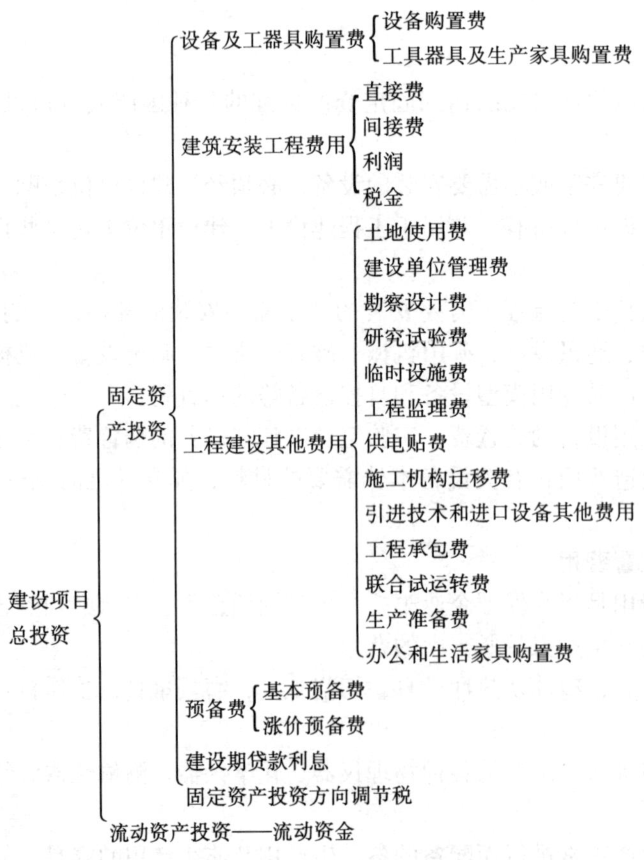

图2-2　建设项目总投资的构成

其次，设备购置和工、器具及生产家具购置都是一种转移价值的活动，其费用都是在流通领域中支出的费用，因此，可以把这两部分费用归为一类，称之为设备及工具、器具购置费用。

最后，就工程建设其他费用来说，它是为整个工程建设而支出的，但又不包括在其他四部分费用之内的费用。由于这部分费用在支出的性质上与其他4部分费用不同。因此，把它单独作为一类，称之为工程建设其他费用。

建设项目总投资的构成见

图 2-2。

一、建筑及设备安装工程费用

前面已经讲过，在我国社会主义市场经济条件下，建筑及设备安装工程是商品，它的价值构成必须符合马克思所阐明的商品价值构成的基本原理，即商品价值也是由 $C+V+m$ 组成。C：是生产资料价值在建筑安装施工过程中实现的价值转移，如为了建造房屋、

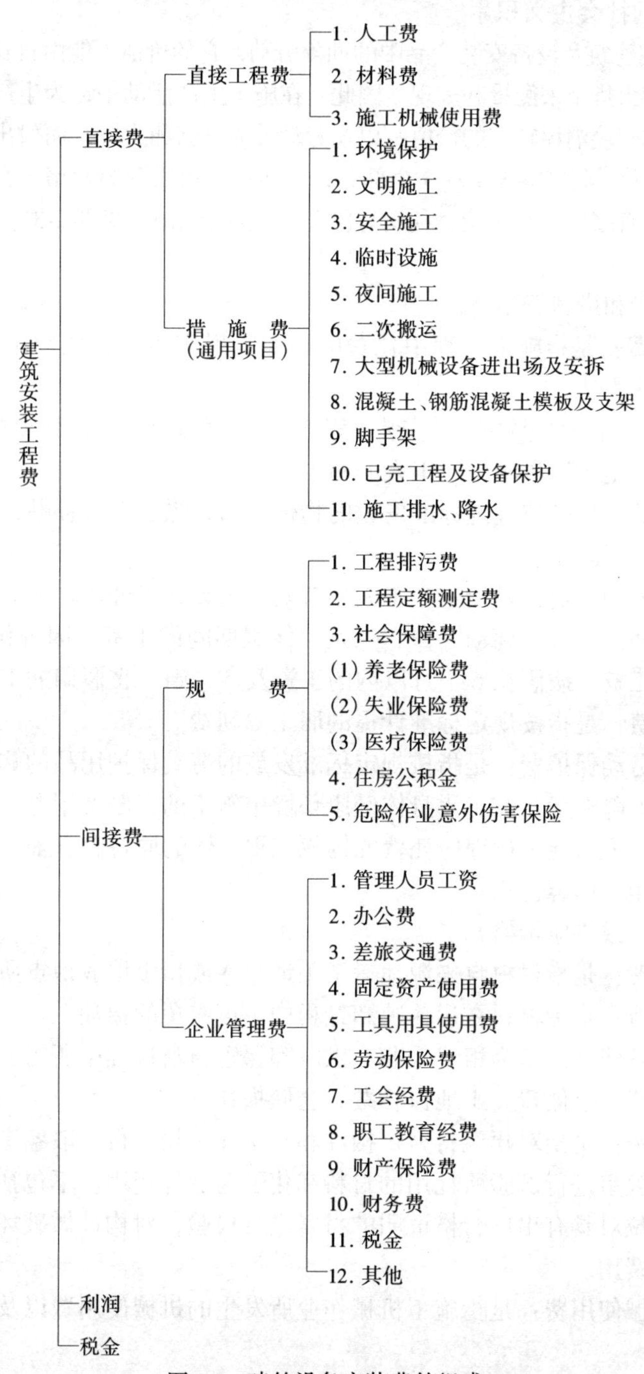

图 2-3 建筑设备安装费的组成

安装各种设备以及为施工工人服务等，直接和间接发生的施工机械设备、工具、建筑物和周转使用材料等劳动手段的耗费，转移到建筑安装工程上的价值，所耗费的主要材料和其他材料，转移到建筑安装工程上的价值。V：是劳动者在建筑安装施工过程中耗费必要劳动所创造的价值，即劳动者为自己所新创造的价值，它要根据社会主义按劳分配原则以工资形式付给工人。m：是劳动者用剩余劳动为社会创造的价值，包括税金和利润，这是劳动者为国家提供的社会主义积累。

价值是凝结在建筑及设备安装产品中的抽象劳动，它的价值不能由自身得到表现，在商品货币经济中，只能由货币来衡量和表现。因此，在施工生产活动中，为生产建筑及设备安装产品所发生的直接和间接消耗转移的价值，以及劳动者为自己和为社会而付出的必要劳动和剩余劳动所新创造的价值，即 $C+V+m$ 3个部分，应通过货币表现为价格。在我国，建筑及设备安装产品价格，由直接费、间接费、利润与税金4个部分组成（见图2-3）。

（一）直接费

由直接工程费和措施费组成。

1.直接工程费：是指施工过程中耗费的构成工程实体的各项费用，包括人工费、材料费、施工机械使用费。

（1）人工费：是指直接从事建筑安装工程施工的生产工人开支的各项费用，内容包括：

①基本工资：是指发放给生产工人的基本工资。

②工资性补贴：是指按规定标准发放的物价补贴，煤、燃气补贴，交通补贴，住房补贴，流动施工津贴等。

③生产工人辅助工资：是指生产工人年有效施工天数以外非作业天数的工资，包括职工学习、培训期间的工资，调动工作、探亲、休假期间的工资，因气候影响的停工工资，女工哺乳时间的工资，病假在6个月以内的工资及产、婚、丧假期的工资。

④职工福利费：是指按规定标准计提的职工福利费。

⑤生产工人劳动保护费：是指按规定标准发放的劳动保护用品的购置费及修理费，徒工服装补贴，防暑降温费，在有碍身体健康环境中施工的保健费用等。

（2）材料费：是指施工过程中耗费的构成工程实体的原材料、辅助材料、构配件、零件、半成品的费用。内容包括：

①材料原价（或供应价格）。

②材料运杂费：是指材料自来源地运至工地仓库或指定堆放地点所发生的全部费用。

③运输损耗费：是指材料在运输装卸过程中不可避免的损耗。

④采购及保管费：是指为组织采购、供应和保管材料过程中所需要的各项费用。

包括：采购费、仓储费、工地保管费、仓储损耗。

⑤检验试验费：是指对建筑材料、构件和建筑安装物进行一般鉴定、检查所发生的费用，包括自设试验室进行试验所耗用的材料和化学药品等费用。不包括新结构、新材料的试验费和建设单位对具有出厂合格证明的材料进行检验，对构件做破坏性试验及其他特殊要求检验试验的费用。

（3）施工机械使用费：是指施工机械作业所发生的机械使用费以及机械安拆费和场外运费。

施工机械台班单价应由下列7项费用组成：

①折旧费：指施工机械在规定的使用年限内，陆续收回其原值及购置资金的时间价值。

②大修理费：指施工机械按规定的大修理间隔台班进行必要的大修理，以恢复其正常功能所需的费用。

③经常修理费：指施工机械除大修理以外的各级保养和临时故障排除所需的费用。包括为保障机械正常运转所需替换设备与随机配备工具附具的摊销和维护费用，机械运转中日常保养所需润滑与擦拭的材料费用及机械停滞期间的维护和保养费用等。

④安拆费及场外运费：安拆费指施工机械在现场进行安装与拆卸所需的人工、材料、机械和试运转费用以及机械辅助设施的折旧、搭设、拆除等费用；场外运费指施工机械整体或分体自停放地点运至施工现场或由一施工地点运至另一施工地点的运输、装卸、辅助材料及架线等费用。

⑤人工费：指机上司机（司炉）和其他人员的工作日人工费及上述人员在施工机械规定的年工作台班以外的人工费。

⑥燃料动力费：指施工机械在运转作业中所消耗的固体燃料（煤、木柴）、液体燃料（汽油、柴油）及水、电等。

⑦养路费及车船使用税：指施工机械按照国家规定和有关部门规定应缴纳的养路费、车船使用税、保险费及年检费等。

2. 措施费：是指为完成工程项目施工，发生于该工程施工前和施工过程中非工程实体项目的费用。

包括内容：

（1）环境保护费：是指施工现场为达到环保部门要求所需要的各项费用。

（2）文明施工费：是指施工现场文明施工所需要的各项费用。

（3）安全施工费：是指施工现场安全施工所需要的各项费用。

（4）临时设施费：是指施工企业为进行建筑工程施工所必须搭设的生活和生产用的临时建筑物、构筑物和其他临时设施费用等。

临时设施包括：临时宿舍、文化福利及公用事业房屋与构筑物等临时设施和仓库、办公室、加工厂以及规定范围内道路、水、电、管线等小型临时设施。

临时设施费用包括：临时设施的搭设、维修、拆除费或摊销费。

（5）夜间施工费：是指因夜间施工所发生的夜班补助费、夜间施工降效、夜间施工照明设备摊销及照明用电等费用。

（6）二次搬运费：是指因施工场地狭小等特殊情况而发生的二次搬运费用。

（7）大型机械设备进出场及安拆费：是指机械整体或分体自停放场地运至施工现场或由一个施工地点运至另一个施工地点，所发生的机械进出场运输及转移费用及机械在施工现场进行安装、拆卸所需的人工费、材料费、机械费、试运转费和安装所需的辅助设施的费用。

（8）混凝土、钢筋混凝土模板及支架费：是指混凝土施工过程中需要的各种钢模板、木模板、支架等的支、拆、运输费用及模板、支架的摊销（或租赁）费用。

（9）脚手架费：是指施工需要的各种脚手架搭、拆、运输费用及脚手架的摊销（或租赁）费用。

（10）已完工程及设备保护费：是指竣工验收前，对已完工程及设备进行保护所需费用。

（11）施工排水、降水费：是指为确保工程在正常条件下施工，采取各种排水、降水措施所发生的各种费用。

（二）间接费

由规费、企业管理费组成。

1. 规费：是指政府和有关权力部门规定必须缴纳的费用（简称规费）。包括：

（1）工程排污费：是指施工现场按规定缴纳的工程排污费。

（2）工程定额测定费：是指按规定支付工程造价（定额）管理部门的定额测定费。

（3）社会保障费

①养老保险费：是指企业按规定标准为职工缴纳的基本养老保险费。

②失业保险费：是指企业按照国家规定标准为职工缴纳的失业保险费。

③医疗保险费：是指企业按照规定标准为职工缴纳的基本医疗保险费。

（4）住房公积金：是指企业按规定标准为职工缴纳的住房公积金。

（5）危险作业意外伤害保险：是指按照建筑法规定，企业为从事危险作业的建筑安装施工人员支付的意外伤害保险费。

2. 企业管理费：是指建筑安装企业组织施工生产和经营管理所需费用。

内容包括：

（1）管理人员工资：是指管理人员的基本工资、工资性补贴、职工福利费、劳动保护费等。

（2）办公费：是指企业管理办公用的文具、纸张、账表、印刷、邮电、书报、会议、水电、烧水和集体取暖（包括现场临时宿舍取暖）用煤等费用。

（3）差旅交通费：是指职工因公出差、调动工作的差旅费、住勤补助费，市内交通费和误餐补助费，职工探亲路费，劳动力招募费，职工离退休、退职一次性路费，工伤人员就医路费，工地转移费以及管理部门使用的交通工具的油料、燃料、养路费及牌照费。

（4）固定资产使用费：是指管理和试验部门及附属生产单位使用的属于固定资产的房屋、设备仪器等的折旧、大修、维修或租赁费。

（5）工具用具使用费：是指管理使用的不属于固定资产的生产工具、器具、家具、交通工具和检验、试验、测绘、消防用具等的购置、维修和摊销费。

（6）劳动保险费：是指由企业支付离退休职工的易地安家补助费、职工退职金、6个月以上的病假人员工资、职工死亡丧葬补助费、抚恤费、按规定支付给离休干部的各项经费。

（7）工会经费：是指企业按职工工资总额计提的工会经费。

（8）职工教育经费：是指企业为职工学习先进技术和提高文化水平，按职工工资总额计提的费用。

（9）财产保险费：是指施工管理用财产、车辆保险。

（10）财务费：是指企业为筹集资金而发生的各种费用。

（11）税金：是指企业按规定缴纳的房产税、车船使用税、土地使用税、印花税等。

（12）其他：包括技术转让费、技术开发费、业务招待费、绿化费、广告费、公证费、法律顾问费、审计费、咨询费等。

（三）利润

是指施工企业完成所承包工程获得的盈利。

（四）税金

建筑安装工程税金是指国家税法规定的应计入建筑安装工程造价内的营业税、城市维护建设税及教育费附加等。

1. 营业税

营业税是按营业额乘以营业税税率确定。其中建筑安装企业营业税税率为3%。

营业额是指从事建筑、安装、修缮、装饰及其他工程作业收取的全部收入，还包括建筑、修缮、装饰工程所用原材料及其他物资和动力的价款。当安装的设备的价值作为安装工程产值时，亦包括所安装设备的价款。但建筑安装工程总承包方将工程分包或转包给他人的，其营业额中不包括付给分包或转包方的价款。

2. 城市维护建设税

城市维护建设税原名城市维护建设税，它是国家为了加强城市的维护建设，稳定和扩大城市、乡镇维护建设的资金来源，而对有经营收入的单位和个人征收的一种税。城市维护建设税是按应纳营业税额乘以适用税率确定。

城市维护建设税的纳税地点在市区的企业，其适用税率为营业税的7%；纳税地点在县城、镇的企业，其适用税率为营业税的5%；纳税地点不在市区、县城、镇的企业，其适用税率为营业税的1%。

3. 教育费附加

教育费附加是按应交纳营业税额乘以适用税率确定。

建筑安装企业的教育费附加要与其营业税同时缴纳。即使办有职工子弟学校的建筑安装企业，也应当先缴纳教育费附加，教育部门可根据企业的办学情况，酌情返还给办学单位，作为对办学经费的补助。

二、设备及工器具购置费用

设备及工具、器具是工业部门的产品，购置设备及工具、器具的过程是一种转移价值的活动。国家规定，设备及工器具购置费用由原价、供销部门手续费、包装费、运输费和采购及保管费5个部分组成。

在未来生产中，设备可以增加生产能力，而工具和器具则做不到这一点。因此，在设备及工具、器具购置费用中，应尽量扩大设备购置费用所占比重，以便提高投资效益。

三、工程建设其他费用

（一）土地使用费

任何一个建设项目都固定于一定地点与地面相连接，必须占用一定量的土地，也就必然要发生为获得建设用地而支付的费用，这就是土地使用费。它是指通过划拨方式取得土地使用权而支付的土地征用及迁移补偿费，或者通过土地使用权出让方式取得土地使用权而支付的土地使用权出让金。

1. 土地征用及迁移补偿费

土地征用及迁移补偿费，是指建设项目通过划拨方式取得无限期的土地使用权，依照《中华人民共和国土地管理法》等规定所支付的费用。

2. 土地使用权出让金

土地使用权出让金，指建设项目通过土地使用权出让方式，取得有限期的土地使用权，依照《中华人民共和国城镇国有土地使用权出让和转让暂行条例》规定，支付土地使用权出让金。

国家是城市土地的惟一所有者，并分层次、有偿、有限期地出让、转让城市土地。第一层次是城市政府将国有土地使用权出让给用地者，该层次由城市政府垄断经营。出让对象可以是有法人资格的企事业单位，也可以是外商。第二层次及以下层次的转让则发生在使用者之间。

（二）与工程建设有关的其他费用

1. 建设单位管理费

建设单位管理费是指建设项目从立项、筹建、建设、联合试运转、竣工验收交付使用及后评估等全过程管理所需费用。内容包括：

（1）建设单位开办费。指新建项目为保证筹建和建设工作正常进行所需办公设备、生活家具、用具、交通工具等购置费用。

（2）建设单位经费。包括工作人员的基本工资、工资性补贴、职工福利费、劳动保护费、劳动保险费、办公费、差旅交通费、工会经费、职工教育经费、固定资产使用费、工具用具使用费、技术图书资料费、生产人员招募费、工程招标费、合同契约公证费、工程质量监督检测费、工程咨询费、法律顾问费、审计费、业务招待费、排污费、竣工交付使用清理及竣工验收费、后评估等费用。不包括应计入设备、材料预算价格的建设单位采购及保管设备材料所需的费用。

2. 勘察设计费

勘察设计费是指为本建设项目提供项目建议书、可行性研究报告及设计文件等所需费用，内容包括：

（1）编制项目建议书、可行性研究报告及投资估算、工程咨询、评价以及为编制上述文件所进行勘察、设计、研究试验等所需费用；

（2）委托勘察、设计单位进行初步设计、施工图设计及概预算编制等所需费用；

（3）在规定范围内由建设单位自行完成的勘察、设计工作所需费用。

3. 研究试验费

研究试验费是指为建设项目提供和验证设计参数、数据、资料等所进行的必要的试验费用以及设计规定在施工中必须进行试验、验证所需费用。包括自行或委托其他部门研究试验所需人工费、材料费、试验设备及仪器使用费等。

4. 建设单位临时设施费

建设单位临时设施费是指建设期间建设单位所需临时设施的搭设、维修、摊销费用或租赁费用。

临时设施包括临时宿舍、文化福利及公用事业房屋与构筑物、仓库、办公室、加工厂以及规定范围内的道路、水、电、管线等临时设施和小型临时设施。

5. 工程监理费

工程监理费是指建设单位委托工程监理单位对工程实施监理工作所需费用。

6. 工程保险费

工程保险费是指建设项目在建设期间根据需要实施工程保险所需的费用。包括以各种建筑工程及其在施工过程中的物料、机器设备为保险标的的建筑工程一切险，以安装工程中的各种机器、机械设备为保险标的的安装工程一切险，以及机器损坏保险等。

7. 供电贴费

供电贴费是指建设项目按照国家规定应交付的供电工程贴费、施工临时用电贴费，是解决电力建设资金不足的临时对策。供电贴费是用户申请用电时，由供电部门统一规划并负责建设的110kV以下各级电压外部供电工程的建设、扩充、改建等费用的总称。供电贴费只能用于为增加或改善用户用电而必须新建、扩建和改善的电网建设以及有关的业务支出，由建设银行监督使用，不得挪作他用。

8. 施工机构迁移费

施工机构迁移费是指施工机构根据建设任务的需要，经有关部门决定成建制地（指公司或公司所属工程处、工区）由原驻地迁移到另一个地区的一次性搬迁费用。费用内容包括：职工及随同家属的差旅费，调迁期间的工资和施工机械、设备、工具、用具、周转性材料的搬运费。

9. 引进技术和进口设备其他费用

引进技术及进口设备其他费用，包括出国人员费用、国外工程技术人员来华费用、技术引进费、分期或延期付款利息、担保费以及进口设备检验鉴定费。

(1) 出国人员费用。指为引进技术和进口设备派出人员在国外培训和进行设计联络，设备检验等的差旅费、制装费、生活费等。

(2) 国外工程技术人员来华费用。指为安装进口设备，引进国外技术等聘用外国工程技术人员进行技术指导工作所发生的费用。包括技术服务费、外国技术人员的在华工资、生活补贴、差旅费、医药费、住宿费、交通费、宴请费、参观游览等招待费用。

(3) 技术引进费。指为引进国外先进技术而支付的费用。包括专利费、专有技术费(技术保密费)、国外设计及技术资料费、计算机软件费等。

(4) 分期或延期付款利息。指利用出口信贷引进技术或进口设备采取分期或延期付款的办法所支付的利息。

(5) 担保费。指国内金融机构为买方出具保函的担保费。

(6) 进口设备检验鉴定费用。指进口设备按规定付给商品检验部门的进口设备检验鉴定费。

10. 工程承包费

工程承包费是指具有总承包条件的工程公司，对工程建设项目从开始建设至竣工投产全过程的总承包所需的管理费用。具体内容包括组织勘察设计、设备材料采购、非标设备设计制造与销售、施工招标、发包、工程预决算、项目管理、施工质量监督、隐蔽工程检查、验收和试车直至竣工投产的各种管理费用。

（三）与未来企业生产经营有关的其他费用

1. 联合试运转费

联合试运转费是指新建企业或新增加生产工艺过程的扩建企业在竣工验收前，按照设计规定的工程质量标准，进行整个车间的负荷或无负荷联合试运转发生的费用支出大于试运转收入的亏损部分。费用内容包括：试运转所需的原料、燃料、油料和动力的费用，机械使用费用，低值易耗品及其他物品的购置费用和施工单位参加联合试运转人员的工资等。试运转收入包括试运转产品销售和其他收入，不包括应由设备安装工程费项下开支的单台设备调试费及试车费用。

2. 生产准备费

生产准备费是指新建企业或新增生产能力的企业，为保证竣工交付使用进行必要的生产准备所发生的费用。费用内容包括：

(1) 生产人员培训费，包括自行培训、委托其他单位培训的人员的工资、工资性补贴、职工福利费、差旅交通费、学习资料费、学习费、劳动保护费等。

(2) 生产单位提前进厂参加施工、设备安装、调试等以及熟悉工艺流程及设备性能等人员的工资、工资性补贴、职工福利费、差旅交通费、劳动保护费等。

3. 办公和生活家具购置费

办公和生活家具购置费是指为保证新建、改建、扩建项目初期正常生产、使用和管理所必须购置的办公和生活家具、用具的费用。改、扩建项目所需的办公和生活用具购置费，应低于新建项目。其范围包括办公室、会议室、资料档案室、阅览室、文娱室、食堂、浴室、理发室、单身宿舍和设计规定必须建设的托儿所、卫生所、招待所、中小学校等家具用具购置费。

(四) 预备费

按我国现行规定，包括基本预备费和涨价预备费。

1. 基本预备费

基本预备费是指在初步设计及概算内难以预料的工程费用，费用内容包括：

(1) 在批准的初步设计范围内，技术设计、施工图设计及施工过程中所增加的工程费用；设计变更、局部地基处理等增加的费用。

(2) 一般自然灾害造成的损失和预防自然灾害所采取的措施费用。实行工程保险的工程项目费用应适当降低。

(3) 竣工验收时为鉴定工程质量对隐蔽工程进行必要的挖掘和修复费用。

2. 涨价预备费

涨价预备费是指建设项目在建设期间内由于价格等变化引起工程造价变化的预测预留费用。费用内容包括：人工、设备、材料、施工机械的价差费，建筑安装工程费及工程建设其他费用调整，利率、汇率调整等增加的费用。

(五) 建设期贷款利息

建设期贷款利息是指包括向国内银行和其他非银行金融机构贷款、出口信贷、外国政府贷款、国际商业银行贷款以及在境内外发行的债券等在建设期间内应偿还的借款利息。

(六) 固定资产投资方向调节税

为了贯彻国家产业政策，控制投资规模，引导投资方向，调整投资结构，加强重点建设，促进国民经济持续稳定协调发展，对在我国境内进行固定资产投资的单位和个人（不含中外合资经营企业、中外合作经营企业和外商独资企业）征收固定资产投资方向调节税（简称投资方向调节税）。

第三节　工程造价中各类费用的计算方法

一、建筑安装工程费用的计算

计算公式：

$$建筑安装工程费用=直接费+间接费+利润+税金$$

(一) 直接费

计算公式：

$$直接费=直接工程费+措施费$$

1. 直接工程费=人工费+材料费+施工机械使用费

(1) 人工费

$$人工费=\Sigma（工日消耗量\times日工资单价）$$

$$日工资单价（G）=\Sigma_1^5 G$$

①基本工资

$$基本工资(G_1)=\frac{生产工人平均月工资}{年平均每月法定工作日}$$

②工资性补贴

$$工资性补贴(G_2)=\frac{\Sigma 年发放标准}{全年日历日-法定假日}+\frac{\Sigma 月发放标准}{年平均每月法定工作日}+每工作日发放标准$$

③生产工人辅助工资

$$生产工人辅助工资(G_3)=\frac{全年无效工作日\times(G_1+G_2)}{全年日历日-法定假日}$$

④职工福利费

$$职工福利费(G_4)=(G_1+G_2+G_3)\times福利费计提比例(\%)$$

⑤生产工人劳动保护费

$$生产工人劳动保护费(G_5)=\frac{生产工人年平均支出劳动保护费}{全年日历日-法定假日}$$

(2) 材料费

计算公式：

$$材料费=\Sigma(材料消耗量\times材料基价)+检验试验费$$

①材料基价

$$材料基价=[(供应价格+运杂费)\times(1+运输损耗率)]\times(1+采购保管费率)$$

②检验试验费

$$材料检验费=\Sigma(单位材料量检验试验费\times材料消耗量)$$

(3) 施工机械使用费

$$施工机械使用费=\Sigma(施工机械台班消耗量\times机械台班单价)$$

机械台班单价

$$台班单价=台班折旧费+台班大修费+台班经常修理费+台班安拆费及场外运费+台班人工费+台班燃料动力费+台班养路费及车船使用税$$

2. 措施费

本规则中只列通用措施费项目的计算方法，各专业工程的专用措施费项目的计算方法由各地区或国务院有关专业主管部门的工程造价管理机构自行制定。

（1）环境保护

环境保护费 = 直接工程费 × 环境保护费费率（%）

$$环境保护费费率(\%) = \frac{本项费用年度平均支出}{全年建安产值 \times 直接工程费占总造价比例(\%)}$$

（2）文明施工

$$文明施工费 = 直接工程费 \times 文明施工费费率(\%)$$

$$文明施工费费率(\%) = \frac{本项费用年度平均支出}{全年建安产值 \times 直接工程费占总造价比例(\%)}$$

（3）安全施工

$$安全施工费 = 直接工程费 \times 安全施工费费率(\%)$$

$$安全施工费费率(\%) = \frac{本项费用年度平均支出}{全年建安产值 \times 直接工程费占总造价比例(\%)}$$

（4）临时设施费

临时设施费有以下 3 部分组成：

①周转使用临建（如活动房屋）

②一次性使用临建（如简易建筑）

③其他临时设施（如，临时管线）

$$临时设施费 = (周转使用临建费 + 一次性使用临建费) \times (1 + 其他临时设施所占比例(\%))$$

其中：

周转使用临建费

$$周转使用临建费 = \Sigma\left[\frac{临建面积 \times 每平方米造价}{使用年限 \times 365 \times 利用率(\%)} \times 工期(d)\right] + 一次性拆除费$$

一次性使用临建费

$$一次性使用临建费 = \Sigma 临建面积 \times 每平方米造价 \times [1 - 残值率(\%)] + 一次性拆除费$$

其他临时设施在临时设施费中所占比例，可由各地区造价管理部门依据典型施工企业的成本资料经分析后综合测定。

（5）夜间施工增加费

$$夜间施工增加费 = \left(1 - \frac{合同工期}{定额工期}\right) \times \frac{直接工程费中的人工费合计}{平均日工资单价} \times 每工日夜间施工费开支$$

（6）二次搬运费

$$二次搬运费 = 直接工程费 \times 二次搬运费费率(\%)$$

$$二次搬运费费率(\%) = \frac{年平均二次搬运费开支额}{全年建安产值 \times 直接工程费占总造价比例(\%)}$$

（7）大型机械进出场及安拆费

$$大型机械进出场及安拆费 = \frac{一次进出场及安拆费 \times 年平均安拆次数}{年工作台班}$$

（8）混凝土、钢筋混凝土模板及支架

①模板及支架费 = 模板摊销量 × 模板价格 + 支、拆、运输费

$$摊销量 = 一次使用量 \times (1 + 施工损耗) \times [1 + (周转次数 - 1) \times 补损率 / 周转次数 - (1 - 补损率)50\% / 周转次数]$$

②租赁费 = 模板使用量 × 使用日期 × 租赁价格 + 支、拆、运输费

(9) 脚手架搭拆费

①脚手架搭拆费 = 脚手架摊销量 × 脚手架价格 + 搭、拆、运输费

$$脚手架摊销量 = \frac{单位一次使用量 \times (1 - 残值率)}{耐用期 \div 一次使用期}$$

②租赁费 = 脚手架每日租金 × 搭设周期 + 搭、拆、运输费

(10) 已完工程及设备保护费

已完工程及设备保护费 = 成品保护所需机械费 + 材料费 + 人工费

(11) 施工排水、降水费

排水降水费 = ∑排水降水机械台班费 × 排水降水周期 + 排水降水使用材料费、人工费

(二) 间接费

间接费的计算方法按取费基数的不同分为以下3种:

1. 以直接费为计算基础

间接费 = 直接费合计 × 间接费费率(%)

2. 以人工费和机械费合计为计算基础

间接费 = 人工费和机械费合计 × 间接费费率(%)

间接费费率(%) = 规费费率(%) + 企业管理费费率(%)

3. 以人工费为计算基础

间接费 = 人工费合计 × 间接费费率(%)

(1) 规费费率

根据本地区典型工程发承包价的分析资料综合取定规费计算中所需数据:

①每万元发承包价中人工费含量和机械费含量;

②人工费占直接费的比例;

③每万元发承包价中所含规费缴纳标准的各项基数。

规费费率的计算公式

Ⅰ以直接费为计算基础

$$规费费率(\%) = \frac{\Sigma 规费缴纳标准 \times 每万元发承包价计算基数}{每万元发承包价中的人工费含量} \times 人工费占直接费的比例(\%)$$

Ⅱ以人工费和机械费合计为计算基础

$$规费费率(\%) = \frac{\Sigma 规费缴纳标准 \times 每万元发承包价计算基数}{每万元发承包价中的人工费含量和机械费含量} \times 100\%$$

Ⅲ以人工费为计算基础

$$规费费率(\%) = 和\frac{\Sigma 规费缴纳标准 \times 每万元承发包价计算基数}{每万元承发包价中的人工费含量} \times 100\%$$

(2) 企业管理费费率

企业管理费费率

Ⅰ以直接费为计算基础

$$企业管理费费率(\%) = \frac{生产工人年平均管理费}{年有效施工天数 \times 人工单价} \times 人工费占直接费比例(\%)$$

Ⅱ以人工费和机械费合计为计算基础

$$企业管理费费率(\%) = \frac{生产工人年平均管理费}{年有效施工天数 \times (人工单价 + 每一工日机械使用费)} \times 100\%$$

Ⅲ以人工费为计算基础

$$企业管理费费率(\%) = \frac{生产工人年平均管理费}{年有效施工天数 \times 人工单价} \times 100\%$$

（三）利润

计算公式：

1. 土建工程

利润 = (直接费 + 间接费) × 利润率

(有的地区:利润 = 直接工程费 × 利润率)

2. 安装工程

利润 = 人工费 × 利润率

[有的地区:利润 = (人工费 + 机械费) × 利润率]

（四）税金

1. 纳税的规定

第一，国有、集体和个体建筑安装企业承包工程和修缮业务取得的收入，均应缴纳税金。外地前来施工的单位应在承包工程所在地缴纳税金。

第二，分包和转包建筑安装工程收入应纳的税金，由总承包人统一缴纳。对于其转包给国外企业、外资企业、中外合资经营企业、中外合作经营企业的部分，在计算缴纳税金时，可以扣除。

第三，对企事业单位所属的建筑修缮单位，承包本单位建筑工程、安装工程和修缮业务所取得的收入，免征营业税（本单位的范围：只限于从事建筑安装和修缮业务的企业单位本身，不能扩大到本部门、本系统内各个企业之间）。

第四，建筑安装企业向建设单位收取的临时设施费、劳动保险基金和施工机构迁移费直接列入专用基金，不征税。

第五，实行招标投标的建筑安装工程，标底价格和投标报价的编制，均应包含税金。

第六，城市维护建设税和教育费附加均以营业税为计征依据，并同时缴纳。

2. 纳税税率

(1) 营业税的税率。国家规定，营业税的税率为3%。

(2) 城市维护建设税的税率。国家规定，城市维护建设税的税率要根据纳税人纳税地点的不同分3种情况予以确定。

①纳税地点在市区的企业，为营业税的7%，即：

$$3\% \times 7\% = 0.21\%$$

②纳税地点在县城、镇的企业，为营业税的5%，即：

$$3\% \times 5\% = 0.15\%$$

③纳税地点不在市区、县城或镇的企业，为营业税的1%，即：

$$3\% \times 1\% = 0.03\%$$

（3）教育费附加的税率。过去，国家规定教育费附加的税率为营业税的1%，目前有些地区有所变动，例如某省某市将教育费附加的税率由营业税的1%提高到3%，即：$3\% \times 3\% = 0.09\%$。

（4）纳税税率的确定。将上述3项税率分别汇总，即可确定纳税税率。

①纳税地点在市区者的税率为：

$$3\% + 0.21\% + 0.09\% = 3.30\%$$

②纳税地点在县城、镇者的税率为：

$$3\% + 0.15\% + 0.09\% = 3.24\%$$

③纳税地点不在市区、县城或镇者的税率为：

$$3\% + 0.03\% + 0.09\% = 3.12\%$$

3. 纳税计算公式

建筑安装企业在向税务机关交税时，应按下列公式计算：

$$\text{应纳税额} = \text{含税工程造价} \times \text{纳税税率}$$

式中：

含税工程造价，是指已经包含税金在内的工程造价。

4. 计税标准

在确定工程造价时，税金的计取是在最后，所以在计算税金时，只存在不含税工程造价，不存在含税工程造价，不能用纳税计算公式来计取税金，而必须把公式中的含税工程造价换成不含税工程造价。由于计算基数减少了，所以应把纳税税率变成计税标准，很显然，如果要保持应计税额与应纳税额相等，则计税标准必定大于纳税税率。

计算含税工程造价的公式可表述如下：

$$\text{含税工程造价} = \frac{\text{不含税工程造价}}{1 - \text{纳税税率}}$$

将该式代入纳税计算公式中，可得：

$$\text{应纳税额} = \text{不含税工程造价} \times \frac{\text{纳税税率}}{1 - \text{纳税税率}}$$

我们把公式中的分式称为计税标准的计算公式，即：

$$\text{计税标准} = \frac{\text{纳税税率}}{1 - \text{纳税税率}}$$

根据纳税地点不同，计税标准确定如下：

（1）纳税地点在市区者的标准为：

$$\frac{3.30\%}{1 - 3.30\%} \approx 3.413\%$$

（2）纳税地点在县城、镇者的标准为：

$$\frac{3.24\%}{1 - 3.24\%} \approx 3.348\%$$

（3）纳税地点不在市区、县城或镇者的标准为：

$$\frac{3.12\%}{1 - 3.12\%} \approx 3.220\%$$

5. 计税计算公式

在编制概预算计取税金时，应按下列公式计算。

应计税额（即应纳税额）= 不含税工程造价 × 计税标准

（五）建筑安装工程计价程序

根据建设部第107号部令《建设工程施工发包与承包计价管理办法》的规定，发包与承包价的计算方法分为工料单价法和综合单价法，程序为：

1. 工料单价法计价程序

工料单价法是以分部分项工程量乘以单价后的合计为直接工程费，直接工程费以人工、材料、机械的消耗量及其相应价格确定。直接工程费汇总后另加间接费、利润、税金生成工程承包价，其计算程序分为3种：

（1）以直接费为计算基础

序号	费 用 项 目	计 算 方 法	备 注
1	直接工程费	按预算表	
2	措 施 费	按规定标准计算	
3	小 计	（1）+（2）	
4	间 接 费	（3）×相应费率	
5	利 润	[（3）+（4）]×相应利润率	
6	合 计	（3）+（4）+（5）	
7	含 税 造 价	（6）×（1+相应税率）	

（2）以人工费和机械费为计算基础

序号	费 用 项 目	计 算 方 法	备 注
1	直接工程费	按预算表	
2	其中人工费和机械费	按预算表	
3	措施费	按规定标准计算	
4	其中人工费和机械费	按规定标准计算	
5	小 计	（1）+（3）	
6	人工费和机械费小计	（2）+（4）	
7	间接费	（6）×相应费率	
8	利 润	（6）×相应利润率	
9	合 计	（5）+（7）+（8）	
10	含税造价	（9）×（1+相应税率）	

（3）以人工费为计算基础

序号	费 用 项 目	计 算 方 法	备 注
1	直接工程费	按预算表	
2	直接工程费中人工费	按预算表	
3	措施费	按规定标准计算	

续表

序号	费 用 项 目	计 算 方 法	备 注
4	措施费中人工费	按规定标准计算	
5	小 计	(1) + (3)	
6	人工费小计	(2) + (4)	
7	间接费	(6) ×相应费率	
8	利 润	(6) ×相应利润率	
9	合 计	(5) + (7) + (8)	
10	含税造价	(9) × (1+相应税率)	

2. 综合单价法计价程序

综合单价法是分部分项工程单价为全费用单价，全费用单价经综合计算后生成，其内容包括直接工程费、间接费、利润和税金（措施费也可按此方法生成全费用价格）。

各分项工程量乘以综合单价的合价汇总后，生成工程发承包价。

由于各分部分项工程中的人工、材料、机械含量的比例不同，各分项工程可根据其材料费占人工费、材料费、机械费合计的比例（以字母“C”代表该项比值）在以下3种计算程序中选择一种计算其综合单价。

(1) 当 $C > C_0$（C_0 为本地区原费用定额测算所选典型工程材料费占人工费、材料费和机械费合计的比例）时，可采用以人工费、材料费、机械费合计为基数计算该分项的间接费和利润。

以直接费为计算基础

序号	费 用 项 目	计 算 方 法	备 注
1	分项直接工程费	人工费+材料费+机械费	
2	间接费	(1) ×相应费率	
3	利 润	[(1) + (2)] ×相应利润率	
4	合 计	(1) + (2) + (3)	
5	含税造价	(4) × (1+相应税率)	

(2) 当 $C < C_0$ 值的下限时，可采用人工费和机械费合计为基数计算该分项的间接费和利润。

以人工费和机械费为计算基础

序号	费 用 项 目	计 算 方 法	备 注
1	分项直接工程费	人工费+材料费+机械费	
2	其中人工费和机械费	人工费+机械费	
3	间接费	(2) ×相应费率	
4	利 润	(2) ×相应利润率	
5	合 计	(1) + (3) + (4)	
6	含税造价	(5) × (1+相应税率)	

(3) 如该分项的直接费仅为人工费，无材料费和机械费时，可采用以人工费为基数计算该分项的间接费和利润。

以人工费为计算基础

序号	费 用 项 目	计 算 方 法	备 注
1	分项直接工程费	人工费＋材料费＋机械费	
2	直接工程中人工费	人工费	
3	间接费	(2) ×相应费率	
4	利润	(2) ×相应利润率	
5	合计	(1) ＋ (3) ＋ (4)	
6	含税造价	(5) × (1＋相应税率)	

二、设备及工、器具购置费用的计算

计算公式：

设备及工、器具购置费用＝设备购置费＋工具、器具及生产家具购置费

(一) 设备购置费

计算公式：

设备购置费＝设备原价＋设备运杂费

上式中，设备原价指国产设备或进口设备的原价；设备运杂费指除设备原价之外的关于设备采购、运输、途中包装及仓库保管等方面支出费用的总和。

1. 国产设备原价

国产设备原价一般指的是设备制造厂的交货价，即出厂价，或订货合同价。它一般根据生产厂或供应商的询价、报价、合同价确定，或采用一定的方法计算确定。国产设备原价分为国产标准设备原价和国产非标准设备原价。

(1) 国产标准设备原价。国产标准设备是指按照主管部门颁布的标准图纸和技术要求，由我国设备生产厂批量生产的，符合国家质量检测标准的设备。有的国产标准设备原价有两种，即带有备件的原价和不带有备件的原价。在计算时，一般采用带有备件的原价。

(2) 国产非标准设备原价。国产非标准设备是指国家尚无定型标准，各设备生产厂不可能在工艺过程中采用批量生产，只能按一次订货，并根据具体的设计图纸制造的设备。非标准设备原价有多种不同的计算方法，如成本计算估价法、系列设备插入估价法、分部组合估价法、定额估价法等。但无论采用哪种方法都应该使非标准设备计价接近实际出厂价，并且计算方法要简便。按成本计算估价法，非标准设备的原价由以下各项组成。

①材料费。其计算公式如下：

材料费＝材料净重× (1＋加工损耗系数) ×每吨材料综合价

②加工费：包括生产工人工资和工资附加费、燃料动力费、设备折旧费、车间经费等。其计算公式如下：

加工费＝设备总重量 (t) ×设备每吨加工费

③辅助材料费（简称辅材费）。包括焊条、焊丝、氧气、氩气、氮气、油漆、电石等

费用。其计算公式如下：

辅助材料费 = 设备总重量 × 辅助材料费指标

④专用工具费。按①—③项之和乘以一定百分比计算。

⑤废品损失费。按①—④项之和乘以一定百分比计算。

⑥外购配套件费。按设备设计图纸所列的外购配套件的名称、型号、规格、数量、重量，根据相应的价格加运杂费计算。

⑦包装费。按以上①—⑥项之和乘以一定百分比计算。

⑧利润。可按①—⑤项加第⑦项之和乘以一定利润率计算。

⑨税金。主要指增值税。计算公式为：

增值税 = 当期销项税额 - 进项税额

当期销项税额 = 销售额 × 适用增值税率

⑩非标准设备设计费：按国家规定的设计费收费标准计算。

综上所述，单台非标准设备原价可用下面的公式表达：

单台非标准设备原价 = {[（材料费 + 加工费 + 辅助材料费）×（1 + 专用工具费率）×（1 + 废品损失费率）+ 外购配套件费]×（1 + 包装费率）- 外购配套件费}×（1 + 利润率）+ 增值税 + 非标准设备设计费 + 外购配套件费

2. 进口设备原价

进口设备的原价是指进口设备的抵岸价，即抵达买方边境港口或边境车站，且交完关税为止形成的价格。

(1) 进口设备的交货类别。可分为内陆交货类、目的地交货类、装运港交货类。

内陆交货类，即卖方在出口国内陆的某个地点交货。在交货地点，卖方及时提交合同规定的货物和有关凭证，并负担交货前的一切费用和风险；买方按时接受货物，交付货款，负担接货后的一切费用和风险，并自行办理出口手续和装运出口。货物的所有权也在交货后由卖方转移给买方。

目的地交货类，即卖方在进口国的港口或内地交货，有目的港船上交货价、目的港船边交货价（FOS）和目的港码头交货价（关税已付）及完税后交货价（进口国的指定地点）等几种交货价。它们的特点是，买卖双方承担的责任、费用和风险是以目的地约定交货点为分界线，只有当卖方在交货点将货物置于买方控制下才算交货，才能向买方收取货款。这种交货类别对卖方来说承担的风险较大，在国际贸易中卖方一般不愿采用。

装运港交货类，即卖方在出口国装运港交货，主要有装运港船上交货价（FOB），习惯称离岸价格；运费在内价（C&F）和运费、保险费在内价（CIF），习惯称到岸价格。它们的特点是卖方按照约定的时间在装运港交货，只要卖方把合同规定的货物装船后提供货运单据便完成交货任务，可凭单据收回货款。

装运港船上交货价（FOB）是我国进口设备采用最多的一种货价。采用船上交货价时卖方的责任是在规定的期限内，负责在合同规定的装运港口将货物装上买方指定的船只，并及时通知买方；负担货物装船前的一切费用和风险；负责办理出口手续；提供出口国政府或有关方面签发的证件；负责提供有关装运单据。买方的责任是：负责租船或订舱、支付运费，并将船期、船名通知卖方；负担货物装船后的一切费用和风险；负责办理保险及支付保险费，办理在目的港的进口和收货手续；接受卖方提供的有关装运单据，并按合同规定支付货款。

(2) 进口设备抵岸价的构成及计算。进口设备抵岸价的构成可概括为：

进口设备抵岸价 = 货价 + 国际运费 + 运输保险费 + 银行财务费 + 外贸手续费 + 关税 + 增值税 + 消费税 + 海关监管手续费 + 车辆购置附加费

①货价。一般指装运港船上交货价（FOB）。设备货价分为原币货价和人民币货价，原币货价一律折算为美元表示，人民币货价按原币货价乘以外汇市场美元兑换人民币中间价确定。进口设备货价按有关生产厂商询价、报价、订货合同价计算。

②国际运费。即从装运港（站）到达我国抵达港（站）的运费。我国进口设备大部分采用海洋运输，小部分采用铁路运输，个别采用航空运输。进口设备国际运费计算公式为：

$$\text{国际运费(海、陆、空)} = \text{原币货价(FOB价)} \times \text{运费率}$$

$$\text{国际运费(海、陆、空)} = \text{运量} \times \text{单位运价}$$

其中，运费率或单位运价参照有关部门或进出口公司的规定执行。

③运输保险费。对外贸易货物运输保险是由保险人（保险公司）与被保险人（出口人或进口人）订立保险契约，在被保险人交付议定的保险费后，保险人根据保险契约的规定对货物在运输过程中发生的承保责任范围内的损失给予经济上的补偿。这是一种财产保险。计算公式为：

$$\text{运输保险费} = \frac{\text{原币货价(FOB价)} + \text{国外运费}}{1 - \text{保险费率}} \times \text{保险费率}$$

其中，保险费率按保险公司规定的进口货物保险费率计算。

④银行财务费。一般是指中国银行手续费，可按下式简化计算：

银行财务费 = 人民币货价（FOB价）×银行财务费率（一般为0.4%～0.5%）

⑤外贸手续费。指按对外经济贸易部规定的外贸手续费率计取的费用，外贸手续费率一般取1.5%。计算公式为：

外贸手续费 = （装运港船上交货价（FOB价）+国际运费 + 运输保险费）×外贸手续费率

⑥关税。由海关对进出国境或关境的货物和物品征收的一种税。计算公式为：

关税 = 到岸价格（CIF价）×进口关税税率

其中，到岸价格（CIF价）包括离岸价格（FOB价）、国际运费、运输保险费等费用，它作为关税完税价格。进口关税税率分为优惠和普通两种。优惠税率适用于与我国签订有关税互惠条款的贸易条约或协定的国家的进口设备；普通税率适用于与我国未订有关税互惠条款的贸易条约或协定的国家的进口设备。进口关税税率按我国海关总署发布的进口关税税率计算。

⑦增值税。是对从事进口贸易的单位和个人，在进口商品报关进口后征收的税种。我国增值税条例规定，进口应税产品均按组成计税价格和增值税税率直接计算应纳税额。即：

$$\text{进口产品增值税额} = \text{组成计税价格} \times \text{增值税税率}$$

$$组成计税价格 = 关税完税价格 + 关税 + 消费税$$

增值税税率根据规定的税率计算，目前进口设备适用税率为17%。

⑧消费税。对部分进口设备（如轿车、摩托车等）征收，一般计算公式为：

$$应纳消费税额 = \frac{到岸价 + 关税}{1 - 消费税税率} \times 消费税税率$$

其中，消费税税率根据规定的税率计算。

⑨海关监管手续费。指海关对进口减税、免税、保税货物实施监督、管理、提供服务的手续费。对于全额征收进口关税的货物不计本项费用。其公式如下：

$$海关监管手续费 = 到岸价 \times 海关监管手续费率（一般为0.3\%）$$

⑩车辆购置附加费：进口车辆需缴进口车辆购置附加费。其公式如下：

$$进口车辆购置附加费 = （到岸价 + 关税 + 消费税 + 增值税）\times 进口车辆购置附加费率$$

3. 设备运杂费

(1) 设备运杂费的构成。设备运杂费通常由下列各项构成：

①运费和装卸费。国产设备由设备制造厂交货地点起至工地仓库（或施工组织设计指定的需要安装设备的堆放地点）止所发生的运费和装卸费；进口设备则由我国到岸港口或边境车站起至工地仓库（或施工组织设计指定的需安装设备的堆放地点）止所发生的运费和装卸费。

②包装费。在设备原价中没有包含的，为运输而进行的包装支出的各种费用。

③设备供销部门的手续费。按有关部门规定的统一费率计算。

④采购与仓库保管费。指采购、验收、保管和收发设备所发生的各种费用，包括设备采购人员、保管人员和管理人员的工资、工资附加费、办公费、差旅交通费，设备供应部门办公和仓库所占固定资产使用费、工具用具使用费、劳动保护费、检验试验费等。这些费用可按主管部门规定的采购与保管费费率计算。

(2) 设备运杂费的计算。设备运杂费按设备原价乘以设备运杂费率计算，其公式为：

$$设备运杂费 = 设备原价 \times 设备运杂费率$$

其中，设备运杂费率按各部门及省、市等的规定计取。

（二）工具、器具及生产家具购置费

工具、器具及生产家具购置费，是指新建或扩建项目初步设计规定的，保证初期正常生产必须购置的没有达到固定资产标准的设备、仪器、工卡模具、器具、生产家具和备品备件等的购置费用。一般以设备购置费为计算基数，按照部门或行业规定的工具、器具及生产家具费率计算。计算公式为：

$$工具、器具及生产家具购置费 = 设备购置费 \times 定额费率$$

三、工程建设其他费用的计算

（一）土地使用费

1. 土地征用及迁移补偿费

土地征用及迁移补偿费，其总和一般不得超过被征土地年产值的30倍，土地年产值则按该地被征用前3年的平均产量和国家规定的价格计算。

(1) 土地补偿费。征用耕地的补偿标准，为该耕地年产值的3~6倍，具体补偿标准由省、自治区、直辖市人民政府在此范围内制定。征用园地、鱼塘、藕塘、苇塘、宅基地、林地、牧场、草原等的补偿标准，由省、自治区、直辖市人民政府制定。征收无收益的土地，不予补偿。

土地补偿费的计算公式：

$$B = J \cdot L \cdot N$$

式中 B——每亩耕地补偿费（元/亩）；

J——每公斤农产品国家牌价（元/kg）；

L——征用前3年平均年产量（kg/亩）；

N——补偿倍数。

广西壮族自治区制定的计算土地征用补偿费用规定为：

①征用水田，按其被征用前3年平均年产值的6倍补偿；征用菜地、鱼塘、藕塘，按其被征用前三年平均年产值的5倍补偿。

②征用旱地，按其被征用前3年平均年产值的4倍补偿。

③征用荒地、轮歇地、草地及其他土地，按当地旱地被征用前3年平均产值的1~2倍补偿。

④征用用材林、经济林、薪炭林、特种用途林等林地，已有收获的按被征用林地年产值的5~10倍补偿；未有收获的，按长势参照邻近同类树种年产值的5倍补偿。年产值的计算，以当地基层统计年报单价为基础，由有关部门协商核定。对收获有大小年区分的经济林地的年产值，按征用前两年的平均年产值计算。

防护林地不得征用。确因特殊情况需要征用的，应报自治区人民政府批准，并按该林种实际价值的10倍补偿。

（2）青苗补偿费和被征用土地上的房屋、水井、树木等附着物补偿费。这些补偿费的标准由省、自治区、直辖市人民政府制定。征用城市郊区的菜地时，还应按照有关规定向国家缴纳新菜地开发建设基金。

（3）安置补助费。征用耕地、菜地的，每个农业人口的安置补助费，为该地每亩年产值的2~3倍，每亩耕地的安置补助费最高不得超过其年产值的10倍。

（4）缴纳的耕地占用税或城镇土地使用税、土地登记费及征地管理费等。县市土地管理机关从征地费中提取土地管理费的比率，要按征地工作量大小，视不同情况，在1%~4%幅度内提取。

（5）征地动迁费。包括征用土地上的房屋及附属构筑物、城市公共设施等拆除、迁建补偿费，搬迁运输费，企业单位因搬迁造成的减产、停工损失补贴费，拆迁管理费等。

计算征地动迁费时，应核实需拆除的建筑物、构筑物数量、层数、主要结构情况、已建年限等。拆除工程概算的编制有两种方法：第一，按照拆除工程定额编制概算；第二，根据应拆除建筑物的新旧程度按每项结构构件的新价值的百分比或占整个工程新建价值的百分比估算拆除工程价值。拆除旧有房屋或金属结构构筑物还应计算回收金额。参考指标见表2-1。

对于动迁居民，建设单位调拨住房或新建住宅给予安置。市区新建住房应根据当地统建部门规定承担动迁安置指标计算。如无规定则按新建标准和省、市级规定的单位造价指标计算。

拆除费参考指标 **表 2-1**

序号	项目	拆除费用	残余价值
1	一般砖木结构	新建价值的 5%	新建价值的 15%
2	混合结构	新建价值的 15%	新建价值的 5%
3	钢筋混凝土结构	新建价值的 20%	不计算
4	临时房屋简易农村房屋	新建价值的 6%	新建价值的 10%
5	金属结构（能利用的）	直接费减材料费的 75%	材料费的 50%
6	金属结构（不能利用的）	直接费减材料费的 50%	材料费的 25%
7	卫生工程及工业管道	按具体情况而定	按具体情况而定
8	机电设备及线路	直接费减材料费的 50%	按具体情况而定

注：1. 拆除费包括清理费及场内外运输费等。
2. 回收价值 = 残余价值 - 拆除费。
3. 补偿费 = 新建价值 - 回收价值。

(6) 水利水电工程水库淹没处理补偿费。包括农村移民安置迁建费，城市迁建补偿费，库区工矿企业、交通、电力、通信、广播、管网、水利等的恢复、迁建补偿费，库底清理费，防护工程费，环境影响补偿费用等。

2. 土地使用权出让金

(1) 城市土地的出让和转让可采用协议、招标、公开拍卖等方式。

①协议方式是由用地单位申请，经市政府批准同意后双方洽谈具体地块及地价。该方式适用于市政工程、公益事业用地以及需要减免地价的机关、部队用地和需要重点扶持、优先发展的产业用地。

②招标方式是在规定的期限内，由用地单位以书面形式投标，市政府根据投标报价、所提供的符合规划方案的建设用地。在多个单位竞争时，要根据企业信誉等综合考虑，择优而取。该方式适用于一般工程建设用地。

③公开拍卖是指在指定的地点和时间，由申请用地者叫价应价，价高者得。这完全是由市场竞争决定，适用于盈利高的行业用地。

(2) 在有偿出让和转让土地时，政府对地价不作统一规定，但应坚持以下原则：

①地价对目前的投资环境不产生大的影响；

②地价与当地的社会经济承受能力相适应；

③地价要考虑已投入的土地开发费用、土地市场供求关系、土地用途和使用年限。

(3) 关于政府有偿出让土地使用权的年限，各地可根据时间、区位等各种条件作不同的规定，一般可在 30 ~ 90 年之间。按照地面附属建筑物的折旧年限来看，以 50 年为宜。

(4) 土地有偿出让和转让，土地使用者和所有者要签约，明确使用者对土地享有的权利和对土地所有者应承担的义务。

①有偿出让和转让使用权，要向土地受让者征收契税；

②转让土地如有增值，要向转让者征收土地增值税；

③在土地转让期间，国家要区别不同地段，不同用途向土地使用者收取土地占用费。

（二）与工程建设有关的其他费用

1. 建设单位管理费

(1) 建设单位开办费

办公和生活家具购置费，一般按综合费用定额计算。计算公式：

$$J = N \cdot K$$

式中 J——办公和生活家具购置费（元）；

N——工作人数（人）；

K——综合费用指标（元）。

(2) 建设单位经费

编制方法：以“单项工程费用”总和为基础，按照工程项目的不同规模分别制定的建设单位经费费率计算；或以经费金额总数表示。对于改扩建项目应适当降低费率。

①按管理人员月数计算：

$$S = N \cdot T(K_1 + K_2)$$

式中 S——建设单位经费（元）；

N——建设单位管理定员数（人）；

T——建设期限（月）；

K_1——每人每月平均工资（元）；

K_2——管理费用指标（元/（每人·月））。

②按全工程费用百分比计算：

建设单位经费 = 全工程费用总额 × 取费标准（%）

③按设计生产能力规定指标计算：

如煤炭工业矿山建设单位经费，按设计生产能力（万 t/a）规定取费指标（万元）。

建设单位管理费的以上两项费用也可合并编制，新建项目根据投资规模，可按建设单位管理费指标计算，见表 2-2。

建设单位管理费指标 **表 2-2**

序号	建设总投资（万元）	计算基础	费用指标（%）	序号	建设总投资（万元）	计算基础	费用指标（%）
1	500 以下	工程费用	3.0	4	5001 ~ 10000	工程费用	2.1
2	501 ~ 1000	工程费用	2.7	5	10001 ~ 50000	工程费用	1.8
3	1001 ~ 5000	工程费用	2.4	6	50000 以上	工程费用	1.5

注：1. 改、扩建项目不超过新建项目的 60% 计算。

2. 三资企业可视项目需要，适当提高指标费率。

2. 勘察设计费

(1) 项目建议书、可行性研究报告费

工程咨询收费根据不同工程咨询项目的性质、内容，采取以下方法计取费用：

①按建设项目估算投资额，分档计算工程咨询费用（见表 2-3、表 2-4）。

按建设项目估算投资额分档收费标准　　单位：万元　**表 2-3**

咨询评估项目＼估算投资额	3000万元～1亿元	1亿元～5亿元	5亿元～10亿元	10亿元～50亿元	50亿元以上
一、编制项目建议书	6～14	14～37	37～55	55～100	100～125
二、编制可行性研究报告	12～28	28～75	75～110	110～200	200～250
三、评估项目建议书	4～8	8～12	12～15	15～17	17～20
四、评估可行性研究报告	5～10	10～15	15～20	20～25	25～35

注：1. 建设项目估算投资额是指项目建议书或者可行性研究报告的估算投资额。
2. 建设项目的具体收费标准，根据估算投资额在相对应的区间内用插入法计算。
3. 根据行业特点和各行业内部不同类别工程的复杂程度，计算咨询费用时可分别乘以行业调整系数和工程复杂程度调整系数（见表 2-4）。

按建设项目估算投资额分档收费的调整系数　　**表 2-4**

行　　业	调整系数（以表 2-3 所列收费标准为 1）
一、行业调整系数	
1. 石化、化工、钢铁	1.3
2. 石油、天然气、水利、水电、交通（水运）、化纤	1.2
3. 有色、黄金、纺织、轻工、邮电、广播电视、医药、煤炭、火电（含核电）、机械（含船舶、航空、航天、兵器）	1.0
4. 林业、商业、粮食、建筑	0.8
5. 建材、交通（公路）、铁道、市政公用工程	0.7
二、工程复杂程度调整系数	0.8～1.2

注：工程复杂程度具体调整系数由工程咨询机构与委托单位根据各类工程情况协商确定。

②按工程咨询工作所耗工日计算工程咨询费用（见表 2-5）。

工程咨询人员工日费用标准　　单位：元　**表 2-5**

咨询人员职级	工日费用标准
一、高级专家	1000～1200
二、高级专业技术职称的咨询人员	800～1000
三、中级专业技术职称的咨询人员	600～800

③按照前款两种方法不便于计费的，可以参照工日费用标准由工程咨询机构与委托方议定。但参照工日计算的收费额不得超过按估算投资额分档计费方式计算的收费额。

④采取按建设项目估算投资额分档计费的，以建设项目的项目建议书或者可行性研究报告的估算投资为计费依据。使用工程咨询机构推荐方案计算的投资与原估算投资发生增减变化时，咨询收费不再调整。

⑤工程咨询机构在编制项目建议书或者可行性研究报告时需要勘察、试验，评估项目建议书或者可行性研究报告时需要对勘察、试验数据进行复核，工作量增加需要加收费用的，可由双方另行协商加收的费用额和支付方式。

⑥工程咨询服务中，工程咨询机构提供自有专利、专有技术，需要另行支付费用的，国家有规定的，按规定执行；没有规定的，由双方协商费用额和支付方式。

(2) 工程勘察费

参照《工程勘察设计收费标准》(略)

(3) 工程设计费

参照《工程勘察设计收费标准》

3. 研究试验费

研究试验费按照设计单位根据本工程项目的需要提出的研究试验内容和要求计算。计算公式为:

研究试验费 = 建设项目投资额 × 研究试验费率(%)

例如:水利部门规定的研究试验费率,一般不得超过总概算第一部分工程项目投资额的0.5%;广西壮族自治区规定研究试验费可以按照合同计划编制预算计算,也可以按照单项工程费用之和的0.1%计算。

研究试验费不应包括:

(1) 应由科技3项费用(即新产品试制费、中间试验费和重要科学研究补助费)开支的项目;

(2) 应由其他直接费开支的施工企业对建筑材料、构件和建筑物进行一般鉴定、检查所发生的费用及技术革新的研究试验费。

4. 建设单位临时设施费

计算公式:

建设单位临时设施费 = 建筑安装工程费 × 临时设施费率(%)

一般情况下,新建项目的临时设施费率为1%,改、扩建项目为0.6%,三资项目可视项目情况适当提高。

建设单位的临时设施应尽量利用原有建筑物或在条件允许的情况下,先建一部分永久性的建筑加以利用,达到减少临时设施数量,节省投资的目的。

5. 工程监理费

(1) 国家规定的收费方法

工程建设监理费,是根据委托监理业务的范围、深度和工程的性质、规模、难易程度以及工作条件等情况,按照下列方法之一计收:

①按所监理工程概(预)算百分比计收(见表2-6)。

工程建设监理收费标准 **表2-6**

序号	工程概(预)算 M(万元)	设计阶段(含设计招标)监理取费 a(%)	施工(含施工招标)及保修阶段监理取费 b(%)
1	$M < 500$	$0.20 < a$	$2.50 < b$
2	$500 \leqslant M < 1000$	$0.15 < a \leqslant 0.20$	$2.00 < b \leqslant 2.50$
3	$1000 \leqslant M < 5000$	$0.10 < a \leqslant 0.15$	$1.40 < b \leqslant 2.00$
4	$5000 \leqslant M < 10000$	$0.08 < a \leqslant 0.10$	$1.20 < b \leqslant 1.40$
5	$10000 \leqslant M < 50000$	$0.05 < a \leqslant 0.08$	$0.80 < b \leqslant 1.20$
6	$50000 \leqslant M < 100000$	$0.03 < a \leqslant 0.05$	$0.60 < b \leqslant 0.80$
7	$100000 \leqslant M$	$a \leqslant 0.03$	$b \leqslant 0.60$

②按照参与监理工作的年度平均人数计算:3.5~5万元/(人·a)。

③不宜按①、②两项办法计收的,由建设单位和监理单位按商定的其他方法计收。

另外，考虑到自1992年国家物价局和建设部联合发布的［1992］价费字第479号通知《关于工程建设监理费有关规定的通知》发布以来国民经济发展和各类取费和价格水平的变化，特别是上述法规对监理服务内容的扩大和责任的加强，一些地区对各建设监理公司实际成本进行了调查研究，在遵循上列法规规定的基础上，结合本地实际情况，对《工程建设监理收费标准》做出修改。例如上海市建设监理协会发布了于2002年1月1日开始实施的《工程建设监理费上海行业指导价标准》，见表2-7、2-8、2-9。

（2）上海市规定的收费方法

①设计阶段监理取费标准（见表2-7）。

表2-7

序号	工程概算 M（万元）	取费标准 b（%）	备　注
1	$M<500$	$b>0.44$	工程概算是指设计工程的总概算投资；监理费若在两档之间，用内插法计算
2	$500\leqslant M<1000$	$0.40<b\leqslant0.44$	
3	$1000\leqslant M<5000$	$0.35<b\leqslant0.40$	
4	$5000\leqslant M<10000$	$0.31<b\leqslant0.35$	
5	$10000\leqslant M<30000$	$0.26<b\leqslant0.31$	
6	$30000\leqslant M<50000$	$0.22<b\leqslant0.26$	
7	$50000\leqslant M<100000$	$0.18<b\leqslant0.22$	
8	$100000\leqslant M$	$b\leqslant0.18$	

注：1. 考虑到工程情况的不同和市场因素，在保证监理质量的前提下，可在上述取费标准的基础上作±5%的调整。

2. 监理单位如不具备施工图审核资质，则有关审核设计是否满足国家规定的具体要求和设计法规的内容，要委托具有资质的单位承担，其费用也包括在以上标准之中。

②施工阶段和保修阶段监理的取费标准（见表2-8）。

表2-8

序号	工程总造价 M（万元）	取费标准 b（%）	备　注
1	$M<500$	$b>3.3$	工程总造价是指所监理工作的造价，不含建设单位管理费、征地拆迁费、勘察设计费、工程保险费、不可预见费等费用；若在两档之间，用内插法计算
2	$500\leqslant M<1000$	$3.3\geqslant b>2.9$	
3	$1000\leqslant M<3000$	$2.9\geqslant b>2.6$	
4	$3000\leqslant M<5000$	$2.6\geqslant b>2.4$	
5	$5000\leqslant M<7000$	$2.4\geqslant b>2.2$	
6	$7000\leqslant M<10000$	$2.2\geqslant b>1.9$	
7	$10000\leqslant M<20000$	$1.9\geqslant b>1.7$	
8	$20000\leqslant M<30000$	$1.7\geqslant b>1.5$	
9	$30000\leqslant M<50000$	$1.5\geqslant b>1.3$	
10	$50000\leqslant M<70000$	$1.3\geqslant b>1.1$	
11	$70000\leqslant M<100000$	$1.1\geqslant b>0.9$	
12	$100000\leqslant M<30000$	$0.9\geqslant b>0.7$	
13	$300000\leqslant M$	$b\leqslant0.7$	

注：1. 考虑到工程情况的不同和市场因素，在保证监理质量的前提下，可在上述取费标准的基础上作正负调整，但最低不得低于−10%。

2. 保修期原则为一年。

③工程项目监理最少人数配置参照表（见表 2-9）。

表 2-9

工程类别	投资额（万元）	前期阶段（人）	设计阶段（人）	施工准备阶段（人）	施工阶段（人）			
					基础阶段	主体阶段	高峰阶段	收尾阶段
工民建工程	$M<500$	2	2	2	3	3	4	4
	$500\leqslant M<1000$	2	2	2	3	4	4	4
	$1000\leqslant M<5000$	3	3	3	4	5	5	5
	$5000\leqslant M<10000$	4	4	4	5	6	7	5
	$10000\leqslant M<50000$	4	4	4	7	9	10	7
	$50000\leqslant M<100000$	4	4	4	8	10	11	7
	$M>100000$	5	5	5	9	11	12	8
市政工程	$M<500$	2		2	3	3	4	4
	$500\leqslant M<1000$	2		2	4	4	4	4
	$1000\leqslant M<5000$	3	3	3	5	5	5	4
	$5000\leqslant M<10000$	4	4	3	5	7	8	4
	$10000\leqslant M<50000$	4	4	3	—	8	—	5
	$50000\leqslant M<100000$	4	4	3	—	8	—	5
	$M>100000$	5	5	4	—	9	—	6
备　　注		投资额与各阶段计费基础相对应						

④按照工作时间计算监理费。

一般情况下，零星的监理，保修期超出以上工作内容，及合同规定时间超过一年的监理或不宜按百分比计算监理费时，应按商定的监理工作人数的时间计算监理费。可参照上海市建委和物价局颁布的沪建建［2000］第 0434 号文规定计取。

Ⅰ. 当不足一个月时，按天计算，每天 8 小时计。

a. 总监理工程师：每人每小时 200 元；

b. 监理工程师：每人每小时 150 元；

c. 其他监理人员：每人每小时 100 元。

Ⅱ. 当超过一个月时，每月按 21.5 个工作日计，每人每月 10000 ~ 12000 元。

6. 工程保险费

工程保险费根据不同的工程类别，分别以其建筑、安装工程费乘以建筑、安装工程保险费率计算。民用建筑（住宅楼、综合性大楼、商场、旅馆、医院、学校）占建筑工程费的 2‰ ~ 4‰；其他建筑（工业厂房、仓库、道路、码头、水坝、隧道、桥梁、管道等）占建筑工程费的 3‰ ~ 6‰；安装工程（农业、工业、机械、电子、电器、纺织、矿山、石油、化学及钢铁工业、钢结构桥梁）占建筑工程费的 3‰ ~ 6‰。

北京市工程保险费的计算标准见表 2-10、2-11。

建筑工程保险（基本险） 表 2-10

工程性质	保险金额	保险期	费率（‰）
住宅大楼	工程概算总额或工程概算加成	工期	2.0
综合性大楼			2.2
商场、办公大楼			2.5
旅馆、医院、学校大楼			3.0
仓库及普通工厂厂房			2.8
道路			2.5
隧道、桥梁、管道工程			3.5
建筑用施工机器		年	5.2
各类起重机、传送设备			14.0
其他各种施工机具			7.5

注：1. 上述费率适用于工期为1～1.5年，建筑高度15层以下的工程。

2. 工期超过1年半，建筑高度超过15层，适当加收保费。

安装工程保险（基本险） 表 2-11

工程性质	保险金额	保险期	费率（‰）
农机工业	概算总额或工程概算加成	工期	2.4
机械工业			2.6
电子、电器工业			3.0
纺织工业			2.8
矿山			3.4
石油化学工业			4.0
钢铁工业			3.0
水电站			4.0
热电站			4.8
钢结构桥梁			4.0
安装用机器设备			5.2
各类起重机、传送设备			14.0
其他各种安装用工具			7.5

注：上述费率工期为1～2年之间。

7. 供电贴费

国家发展计划委员会［2000］744号文件规定：

（1）取消省及省以下各级政府及部门自行出台的电力增容费；各省（区、市）自行提高的贴费标准一律停止执行。

（2）现行贴费标准（即国家计委《印发〈关于调整供电标准和加强贴费管理的请示〉的通知》（计投资［1993］116号）中规定的贴费标准）降低一半，降低后的贴费收入用作城市电网建设与改造工程项目资本金。降低后的架空线路供电工程贴费标准见表2-12。地下电缆线路供电工程贴费标准不得超过架空线路贴费标准的1.5倍，具体标准由各省级物价部门核定。调整后的标准自2000年6月10日起执行，待2001年底国家批准的城市电网建设与改造工程基本完成后，停止征收供电工程贴费。

供（配）电工程贴费征收标准表 表 2-12

用户受电电压等级（kV）	用户应交纳的贴费（元/kVA）	其中		自建本级电压外部供电工程应交纳贴费（元/kVA）
		供电贴费（元/kVA）	配电贴费（元/kVA）	
甲	1	2	3	4
0.38/0.22	250～270	90～100	160～170	200～220
10	200～220	110～120	90～100	150～160
35	150～170	150～170		70～90
63	100～110	100～110		
110	70～90	70～90		

注：1. 供电贴费系指用户应承担的10kV以上电压等级的外部供电工程及其配套（工程概算内的辅助生产、生活福利等设施）的建设费用。

2. 配电贴费系指用户应承担的10kV（包括6kV）及以下的外部供电工程及其配套的建设费用。

3. 35、63、110kV线路长度分别超过20、30、40km，一般由用户自建线路。

(3) 城乡电网改造过程中新增的用电容量，免征一切贴费或增容费。

(4) 企业破产后经改制重新投入生产，无需供电单位对其进行线路改造和变压器增容的，供电单位不得再收取贴费。

8. 施工机构迁移费

施工机构迁移费有两种计算方法：

(1) 按建筑安装工程费用的百分比计算

计算公式：

施工机构迁移费 = 建筑安装工程费 × 费率

施工机构迁移费的费率为建安工程费的0.5%～1%。

(2) 按批准的调迁计划编制预算计算

计算公式：

施工机械迁移费 = 途中工资 + 交通差旅费 + 带家庭职工搬家津贴
+ 施工机械、工具用具、周转材料运杂费

9. 引进技术和进口设备其他费用

(1) 出国人员费用

出国人员费用根据设计规定的出国培训和工作的人数、时间和派往国家，按财政部、外交部规定的临时出国人员费用开支标准及中国民用航空公司现行的国际航线票价等进行计算，其中使用外汇部分应计算银行财务费用。

①出国人员生活费包括国外住宿费、公杂费、伙食费等。按外交部规定的国家和地区的出国人员每天的标准计算；

②服装补助费是指国家对临时出国人员的服装包括衣箱、风雨衣及零星装备费，按规定标准计算；

③个人国外零用费是指用于洗衣、理发等开支。按离抵国境之日计算，每出国在30d以内先发给一次零用费（美元），超过30d的以第31d起按天计算。另外，可按规定标准兑换一次自由外汇。

④出国人员培训费是指按照合同委托外国代为培训技术人员、工人、管理人员和实习时所需的费用，包括差旅费、生活费和按照国家规定必须携带的生活用品，如皮箱、服装等费用。按照合同规定的出国人数、出国时间和国家规定的外事费开支标准计算。

(2) 国外工程技术人员来华费用

①国外技术人员来华的技术服务费、工资、生活补贴、往来旅费和医药费等，其人数、期限及取费标准，按合同或协议的有关规定计算。

②国外技术人员来华的招待费，可按下列指标估算：

自建专家招待所的，按每人每月4500元计算；

宾馆住宿的，按每人每月6000～8000元计算。

(3) 技术引进费

技术引进费根据合同或协议的价格计算。

①专利费和专有技术费（技术保密费）

专利是指发明人将其技术发明向有关的政府机构登记，给予发明人（专利申请人）在一定期限内独占发明的权利。登记国的法律对该项专利予以保护，专利权所有人在期限内可以独自使用其发明创造和销售产品，或出售该项专利。

专有技术又称技术诀窍，是指为生产某种产品或采用某种流程，在许可交易中是指让购证人知道怎样制造某种产品，掌握某种工艺或流程，知道某种材料的成分、配方或知道某种怎样去操作、修理某种设备乃至于如何经营管理某种企业。专有技术所包括的范围极广，既包括制造技术，也包括销售技术、服务技术，还包括组织、管理、经营、人员培训、财务等方面的知识。

许可证使用费用通常采用一次总付或提成支付方式：

a. 一次总付，即交易双方根据各项技术项目的费用确定一个总金额，一次付清或在较短时期内分期支付。

b. 提成支付，即当技术使用后，逐年按制造产品的产量、销售价格或销售产品所获利润支付报酬。按产量计算提成费，通常是以产品的单位、数量、单位重量、单位体积为标准来确定一个固定金额，只要生产一个单位产品就要支付一个单位金额。

②国外设计及技术资料费

计算方法有两种：

a. 按总投资百分比计算：

例如：美国福陆－国际铄公司对冶金项目的报价见表 2-13。

表 2-13

项　次	名　　称	占总投资（%）
第一项	概念性工程设计费	0.29
	中间试验费	0.22
第二项	基本设计	1.54
第三项	详细设计	5.92
第四项	施工管理	0.03
	设计费总计	8

b. 根据工作量按人时单价计算：

设计工作量可以参照过去类似项目的经验，也可以估计图纸张数按人时计算。

例如：美国公司对冶金项目按图纸报价，基本设计和概念性设计共 2600 张图，每张 140 人时，详细设计约 7000 张图，每张约 40 人时，共计 $2600 \times 140 + 7000 \times 40 = 644000$ 人时，按 70 万人时，根据商店单价报价。

③计算机软件费

可根据合同价款按下式计算：

$$总费用 = 货价 + 银行财务费 + 外贸手续费$$

式中　货价 = 外币金额 × 银行牌价；

银行手续费 = 货价 × 5%；

外贸手续费 = 货价 × 1.5%。

（4）分期或延期付款利息

延期付款是指货款既可分期支付，又可将大部分货款延期至交货后几个月或几年分期付清。

分期付款即分批偿付货款，或称“按进度分期付款”。

目前在国际市场上买卖成套设备等大金额产品，利用延期付款方式已是一种习惯做法。其计算方法有两种：

延期付款利息（按单利计算）的计算：

$$I = Q \times \frac{kn + 1}{2} \times \frac{i}{k}$$

式中　I——延期利息总额；

Q——货款额，是合同总价减去预付金额（一般为10%～15%）和扣留保证金（一般为5%～10%）；

i——年利率；

n——偿本付息年数；

k——每年支付次数。

【例1】 引进某成套设备总价为4000万美元，货款70%为延期付款，以基本交货完毕的装船提单日为延期付款起算日期。欠款分5年10期还本付息，年利率8%（单利计算），为延付利息，随同本金分批支付，计算延付利息。

【解】

$$\text{延付利息} = 4000 \times 0.7 \times \frac{10+1}{2} \times \frac{0.08}{2} = 616(\text{万美元})$$

中间利息的计算：中间利息是指货物分批交货后，延至计息之前这一段时间里发生的货款利息。其计算公式为：

$$I_1 = Q_1 \frac{h}{12} i$$

式中 I_1——中间货款利息；

i——年利率；

Q_1——每批交货的货款额；

h——每批交货时间至计息期的时间（月）。

【例2】 某成套设备为100万美元，货物款80%采用延期付款的办法，年利率为8%，假定平均集中交货为签约后第17个月，起息月为第二个月，计算中间利息。

【解】

$$\text{中间利息} = 80 \times \frac{27-17}{12} \times 8\% \approx 5.33(\text{万美元})$$

（5）担保费

担保费按有关金融机构规定的担保费率计算，一般可按承保金额的5‰计算。

（6）进口设备检验鉴定费用

国际贸易中的商品检验，是指商品检验机构对进出口商品的品质、重量、包装、标记、产地、残损等进行查验分析和公证鉴定，并出具检验证明。

目前，我国对进口设备一般有以下几种检验（复验）：

设备抵达港站接运检验。对各批引进设备从卸货到中转，都有专人查检数量、质量及包装，作出详细记录和联合检验报告，发现问题及时查对，一追到底。对由于船方过失使提单内货物发生残损、短缺或数量不足的，应及时向船方提出索赔；货物运输过程中由于自然灾害和意外事故使货物遭受损失，而且在承保范围之内的，应及时向保险公司提出索赔；如货物的品种、质量、规格与合同不符，货物原包装不良造成货损，没有按期交货等，应及时向卖方提出索赔。

开箱检验和品种质量检验。进口设备抵达目的地后合同规定的若干天内，对设备进行开箱检验和品种质量检验。如发现设备短缺、破损、受潮、锈蚀、规格型号不符、质量缺陷等问题，应及时找外商，按照设计要求和合同规定，向外商提出修改、更换或索赔。

有的合同还规定，设备安装试车试生产后，对其功能有一定的考核期。在考核期内，如发现设备品种质量或性能缺陷，也可向外商提出索赔。

进口设备材料的检验费一般由以下费用组成：

①商品检验机构的商品检验费。其计算公式为：

$$进口设备商检费 = 进口设备原值外币金额 \times 银行外汇牌价 \times 0.5\%$$

$$进口材料商检费 = 进口材料原值外币金额 \times 银行外汇牌价 \times 0.25\%$$

②建设单位的接运和检验人员的工资、附加工资、办公费、差旅费、检验用仪器设备的折旧费、维修费、材料费等。

10. 工程承包费

工程承包费按国家主管部门或省、自治区、直辖市协调规定的工程总承包费取费标准计算。如无规定时，一般工业建设项目为投资估算的6%～8%，民用建筑（包括住宅建设）和市政项目为4%～6%。不实行工程承包的项目不计算本项费用。

（三）与未来企业生产经营有关的其他费用

1. 联合试运转费

联合试运转费根据设计要求和交工验收办法规定，对每个生产车间或每条生产作业线的全部设备，在竣工验收前所进行的“无负荷联合试车”和“有负荷联合试车”等支付的费用，扣除试车产品销售额和其他收入的亏损部分。

编制方法，以单项工程费总和为基础，按照工程项目不同规模分别规定的试运转费率计算或以试运转费的总金额包干使用。有以下几种计算方法：

（1）按设备购置费的百分比计算

根据不同性质的项目按需要试运转车间的工艺设备购置费的百分比计算。

例如：水运工程联合试运转费，其港口工程以装卸工艺设备购置费为基础，单一的集装箱码头、油码头为0.3%计算；综合性的港口工程及其他各种码头按0.7%计算；船厂以设备购置费的0.3%计算。

一般机械厂按需要试运转车间的工艺设备购置费的0.5%～1.5%计算。火药厂按工程费用之和的1%计算。炸药厂按工程费用之和的1.5%计算。

（2）无负荷联合试车费的计算

$$无负荷联合试车费 = 单项工程的设备及安装费 \times 试车费率$$

例如：冶金部门规定无负荷联合试车费率为0.5%；有色金属工业公司规定无负荷联合试车费率为单项工程费总和的0.2%。

（3）有负荷联合试车费的计算

$$有负荷联合试车费 = 单项工程费用总和 \times 试车费率(\%)$$

或

$$= 试车期间 \times 日产量 \times 单位产品成本 - 主副产品销售收入$$

式中　试车期间——指建设单位和设计部门，根据规模工艺情况和试车要求估计所需的有负荷试车时间（d）；

日产量——指试车期内的平均日产量；

单位产品成本——指在有负荷试车期间，单位产品所消耗的原材料、燃料、油料、动力的费用和机械使用费、低值易耗品及其他物品的费用，以及应摊销的施工企业参加人员的工资等；

主副产品销售收入——指试车期间生产产品的销售收入。

(4) 全部联合试运转费用的计算

联合试运转费（包括无负荷试运转和有负荷试运转的费用）的综合计算。一般以单项工程费用总和为基础，按照工程项目不同规模分别计算。

联合试运转费 = 全部试运转费 -（试运转产品销售收入 + 其他收入）

上述联合试运转费如为正值时，则表示亏损，负值时则盈利。

(5) 按几天的产品产量（不计算回收值）计算：

例如：建材企业部门联合试运转费参考指标见表2-14。

建材企业联合试运转费参考指标　表2-14

建材行业	指标
水泥及水泥制品、玻璃纤维	按三天设计产量
平板玻璃	按十天设计产量
其他建材	按二天至三天设计产量

注：表中指标 = 产量 × 销售成本

2. 生产准备费

生产准备费一般根据需要培训和提前进厂人员的人数及培训时间生产准备费指标进行估算。

应该指出，生产准备费在实际执行中是一笔在时间上、人数上、培训深度上很难划分的活口很大的支出，尤其要严格掌握。

(1) 生产人员培训费

生产人员培训费是指自行培训或委托其他厂矿代培技术人员、工人和管理人员所支出的费用。

编制方法：根据初步设计规定的培训人员数，提前进厂人员数，按培训方法、时间和职工培训费定额计算。一般按下式计算：

生产人员培训费 = 培训工种工人费用 + 工人提前进厂费

式中　培训工种工人费 = 培训期间费用 + 在厂期间费用；

培训期间费用 = 总培训人数 × [培训期间 ×（工资 + 劳动保护费 + 代培费 + 其他费）] + 差旅费及交通费；

在厂期间费用 = 总培训人数 ×（进厂日期 - 培训期）×（工资 + 劳动保护费 + 其他费）；

其他工种工人提前进厂费 = 总提前进厂工人数 × 进厂期 ×（工资 + 劳动保护费 + 其他费）；

进厂期——系指生产工人从进厂之日起至联合试运转完为止。

另外，根据各主管部门规定的指标应分别计算：

①按全厂设计定员职工总数乘以每人指标。

生产工人培训费 = 全厂设计定员工人数 × 每人指标（元）

②按总概算第一部分工程费的价值百分比计算。

生产工人培训费 = 总概算第一部分费用 × 费率（%）

③按上级批准的设计定员人数，以每人指标计算。

生产职工培训费 = 设计定员数 × 每人指标（元）

④按设计定员综合费用计算。

生产工人培训费 = 设计定员数 × 综合费用

式中　综合费用按新建项目或扩建项目分别计算，扩建项目生产工人培训综合费用应低于新建项目。

(2) 提前进厂工人费

生产单位提前进厂参加施工、设备安装、调试等以及熟悉工艺流程、机器性能等人员的工资、工资性补贴、职工福利费、差旅交通费、实习费和劳动保护费等。

另外，根据需要培训和提前进厂人员数及培训期间（一般为4~6个月）按生产准备费指标进行计算。若未能确定设计定员人数，可按60%~80%计算。按生产准备费指标，见表2-15。

生产准备费指标 **表2-15**

序号	费用名称	计算基础	费用指标	
			内培	外培
1	职工培训费	培训人数	300~500元/（人·月）	600~1000元/（人·a）
2	提前进厂费	提前进厂人数	6000~10000元/（人·a）	

注：1. 内培指建设单位在本厂内自行培训，外培指受培训人员到厂外培训，但不含出国培训。
2. 以上指标凡技术含量高的或到外地培训的项目取较高的指标。
3. 改、扩建项目增加新工艺、新技术、新产品的可按新增人员的人数乘以职工培训费标准计算。不增加新工艺、新技术、新产品的，不计算职工培训费，仅按新增人员数计算提前进厂费。
4. 三资企业可根据实际需要培训的人数、培训时间以及该企业的工资、工资性补贴、职工福利费、差旅费、交通费、劳动保护费标准，按实计算；若不宜按上述方法计算的，也可参照内资项目生产准备费指标计算。

3. 办公和生产家具购置费

该项费用有两种编制方法：

(1) 按设计定员人数乘以综合指标计算，见表2-16。

办公及生活家具综合指标 **表2-16**

序号	设计定员（人）	费用指标（元/人）		序号	设计定员（人）	费用指标（元/人）	
		新建	改、扩建			新建	改、扩建
1	1500以内	850~1000	500~600	3	3001~5000	650~750	400~450
2	1501~3000	750~850	450~500	4	5000以上	<650	<400

注：三资企业可根据具体情况，适当提高指标标准。

(2) 按各部门人数（如食堂按就餐人数）计算；会议室按平方米计算；托儿所按儿童数计算；理发、浴室、卫生所按人数计算。

四、预备费的计算

(一) 基本预备费

基本预备费是按设备及工器具购置费、建筑安装工程费用和工程建设其他费用三者之和为计取基础，乘以基本预备费率进行计算。

基本预备费 =（设备及工器具购置费 + 建筑安装工程费用 + 工程建设其他费用）
× 基本预备费率

基本预备费率的取值应执行国家及部门的有关规定。

例如，表2-17和表2-18为中国有色金属工业总公司颁发的预备费取费标准和施工图预算包干系数取费标准示例。

预备费取费标准 **表 2-17**

序号	设计阶段	计算基础	费率（%）
1	可行性研究	单项工程费用总计＋其他费	15～25
2	初步设计	单项工程费用总计＋其他费	7～15
3	施工图	单项工程费用总计＋其他费	4～7

注：1. 条件复杂的矿山工程以及井巷工程，可以取较大费率；

2. 进口设备工程外汇预备费，按所需外汇预备费5%计取；

3. 周期长的工程确定预备费率时，可适当考虑价格指数。

施工图预算包干系数取费标准 **表 2-18**

项目名称	计算基础	费率（%）	项目名称	计算基础	费率（%）
建筑工程	直接费＋间接费	3～5	安装工程	人工费	30～50

（二）涨价预备费（价差预备费、造价调整预备费）

涨价预备费的测算方法，一般根据国家规定的投资综合价格指数，按估算年份价格水平的投资额为基数，采用复利方法计算。计算公式为：

$$PF = \sum_{t=0}^{n} I_{\mathrm{t}}[(1+f)^{t}-1]$$

式中 PF——涨价预备费；

n——建设期年份数；

I_{t}——建设期中第 t 年的投资额，包括设备及工器具购置费、建筑安装工程费、工程建设其他费用及基本预备费；

f——年投资价格上涨率。

国家计委在计投资［1999］1340号文件《关于加强对基本建设大中型项目概算中“价差预备费”管理有关问题的通知》中指出：1996年，我委针对当时通货膨胀比较严重的特殊情况，发布了《国家计委关于核定在建基本建设大中型项目概算等问题的通知》（计建设（1996）1154号），规定编制和核定基本建设大中型项目初步设计概算时，价差预备费按投资价格指数6%计算。近年来，物价趋于平稳，实际投资价格指数逐年下降，1998年已降至－0.2%。根据物价形势变化趋势，需要重新调整概算有关内容的核定方法，以严格控制工程造价，防止建设资金流失。

文件规定：自1999年10月份起，编制和核定基本建设大中型项目初步设计概算时，投资价格指数按零计算。今后，国家计委将根据物价变动形势，适时调整和发布投资价格指数。

【例3】 某项目的静态投资为3750万元，按进度计划，项目建设期为两年，两年的投资分年使用，比例为第一年40%，第二年60%，建设期内平均价格变动率预测为6%，计算该项目建设期的涨价预备费。

【解】

$$PF = \sum_{t=0}^{n} I_{\mathrm{t}}[(1+f)^{t}-1]$$

$$I_1 = 3750 \times 40\% = 1500(\text{万元})$$

$$PF_1 = 1500 \times [(1+6\%)-1] = 90(\text{万元})$$

$$I_2 = 3750 \times 60\% = 2250(\text{万元})$$

$$PF_2 = 2250 \times [(1+6\%)^2 - 1] = 278.1(万元)$$

$$PF = PF_1 + PF_2 = 90 + 278.1 = 368.1(万元)$$

五、建设期贷款利息

建设期利息通常按年度估算，因此，在估算建设期利息时，首先要确定年利率。在估算利息时所用的年利率是年实际利率。如果我们已知的是年名义利率，则必须先将名义利率转换成年实际利率之后再估算利息。设年名义利率为 ρ，每年计息次数为 m，年实际利率为 i，转换公式为：

$$i = \left(1 + \frac{\rho}{m}\right)^m - 1$$

建设期贷款利息按复利计算。

（一）对于贷款总额一次性贷出且利率固定的贷款，按下列公式计算：

$$F = P \cdot (1+i)^n$$

$$贷款利息 = F - P = P[(1+i)^n - 1]$$

式中 P——一次性贷款金额；

F——建设期还款时的本利和；

i——年利率；

n——贷款期限。

（二）当总贷款是分年均衡发放时，建设期利息的计算可按当年借款在年中支用考虑，即当年贷款按半年计息，上年贷款按全年计息。计算公式为：

$$q_j = \left(P_{j-1} + \frac{1}{2}A_j\right) \cdot i$$

式中 q_j——建设期第 j 年应计利息；

P_{j-1}——建设期第（$j-1$）年末贷款累计金额与利息累计金额之和；

A_j——建设期第 j 年贷款金额；

i——年利率。

上述计算公式也可用文字表达：

$$每年应计利息 = \left(年初贷款本息累计 + \frac{1}{2}当年贷款额\right) \times 年实际利率$$

在上式计算中要特别注意括号中第一项是年初贷款本息累计，而不是年初贷款本金累计。因为估算建设期利息是按复利计息估算的，上年度未偿付的利息，在本年度要视为本金计算利息。

国外贷款利息的计算中，还应包括国外贷款银行根据贷款协议向贷款方以年利率的方式收取的手续费、管理费、承诺费以及国内代理机构经国家主管部门批准的以年利率的方式向贷款单位收取的转贷费、担保费、管理费等。

【例 4】 某新建项目，建设期为 3 年，分年均衡进行贷款，第一年贷款 300 万元，第二年 600 万元，第三年 400 万元，年利率为 12%，计算建设期贷款利息。

【解】 在建设期，各年利息计算如下：

$$q_1 = \frac{1}{2}A_1 \cdot i = \frac{1}{2} \times 300 \times 12\% = 18(万元)$$

$$q_2=\left(P_1+\frac{1}{2}A_2\right)\cdot i=\left(300+18+\frac{1}{2}\times 600\right)\times 12\% = 74.16(\text{万元})$$

$$q_3=\left(P_2+\frac{1}{2}A_3\right)\cdot i=\left(318+600+74.16+\frac{1}{2}\times 400\right)\times 12\% = 143.06(\text{万元})$$

所以，建设期贷款利息为：

$$q = q_1+q_2+q_3 = 18+74.16+143.06 = 235.22(\text{万元})$$

六、固定资产投资方向调节税

（一）税率

投资方向调节税的税率，根据国家产业政策和项目经济规模实行差别税率，税率为0%、5%、10%、15%、30% 5个档次。差别税率按两大类设计，一是基本建设项目投资；二是更新改造项目投资。对前者设计了4档税率，即0%、5%、15%、30%；对后者设计了两档税率，即0%、10%。

1. 基本建设项目投资适用的税率。

（1）国家急需发展的项目投资，如农业、林业、水利、能源、交通、通讯、原材料、科教、地质、勘察、矿山开采等基础产业和薄弱环节的部门项目投资，适用零税率。

（2）对国家鼓励发展但受能源、交通等制约的项目投资。如钢铁、化工、石油、水泥等部分重要原材料项目，以及一些重要机械、电子、轻工工业和新型建材的项目实行5%的税率。

（3）为配合住房制度改革，对城乡个人修建或购买住宅的投资实行零税率。对单位修建或购买一般性住宅投资，实行5%的低税率；对单位用公款修建、购买高标准独门独院、别墅式住宅投资，实行30%的高税率。

（4）对楼堂馆所以及国家严格限制发展的项目投资，课以重税，税率为30%。

（5）对不属于上述4类的其他项目投资，实行中等税负政策，税率15%。

2. 更新改造项目投资适用的税率。

（1）为了鼓励企事业单位进行设备更新和技术改造，促进技术进步，对国家急需发展的项目投资，予以扶持，适用零税率；对单纯工艺改造和设备更新的项目投资，适用零税率。

（2）对不属于上述提到的其他更新改造项目投资，一律按建筑工程投资适用10%的税率。

（二）计税依据

投资方向调节税以固定资产投资项目实际完成投资额为计税依据。实际完成投资额包括：设备及工器具购置费、建筑安装工程费、工程建设其他费用及预备费。但更新改造项目是以建筑工程实际完成的投资额为计税依据。

（三）计税方法

首先确定单位工程应税投资完成额；其次根据工程的性质及划分的单位工程情况，确定单位工程的适用税率；最后计算各个单位工程应纳的投资方向调节税税额，并且将各个单位工程应纳的税额汇总，即得出整个项目的应纳税额。

（四）缴纳方法

投资方向调节税按固定资产投资项目的单位工程年度计划投资额预缴，年度终了后，按年度实际完成投资额结算，多退少补。项目竣工后，按应征收投资方向调节税的项目及其单位工程的实际完成投资额进行清算，多退少补。

（五）关于暂停征收固定资产投资方向调节税的决定

财政部、国家税务总局、国家计委于1999年12月17日发出了《关于暂停征收固定资产投资方向调节税的通知》（财税［1999］299号文）。文件指出：

为贯彻国家宏观调控政策，扩大内需，鼓励投资，根据国务院的决定，对《中华人民共和国固定资产投资方向调节税暂行条例》规定的纳税义务人，其固定资产投资应税项目自2000年1月1日起新发生的投资额，暂停征收固定资产投资方向调节税。

各地税务机关应根据本通知的规定，对纳税人在2000年1月1日前实际完成的投资额，依照规定的税率，进行固定资产投资方向调节税应纳税款的结算，并多退少补。

■ 关键概念

直接费　人工费　材料费　施工机械使用费　措施费　间接费　企业管理费　工程建设其他费用

■ 复 习 思 考 题

1. 工程造价是由哪些费用构成的？
2. 建筑及设备安装工程费用的主要内容有哪些？
3. 建筑安装工程税金包括哪些内容？计税标准是如何确定的？
4. 工程建设其他费用的主要内容有哪些？
5. 如何计算预备费？
6. 如何计算建设期贷款利息？

第三章　土建工程预算定额和概算定额

第一节　工程定额概述

一、定额的基本概念

在社会生产中，为了生产某一合格产品或完成某一工作成果，都要消耗一定数量的人力、物力或资金。从个别的生产工作过程来考察，这种消耗数量，受各种生产工作条件的影响，是各不相同的。从总体的生产工作过程来考察，规定出社会平均必须的消耗数量标准，这种标准就称为定额。不同的产品或工作成果有不同的质量要求，没有质量的规定也就没有数量的规定。因此，不能把定额看成是单纯的数量表现，而应看成是质和量的统一体。

在建筑安装工程施工生产过程中，为完成某项工程或某项结构构件，都必须消耗一定数量的劳动力、材料和机具。在社会平均的生产条件下，用科学的方法和实践经验相结合，制定为生产质量合格的单位工程产品所必需的人工、材料、机具数量标准，就称为建筑安装工程定额，或简称为工程定额。工程定额除了规定有数量标准外，也要规定出它的工作内容、质量标准、生产方法、安全要求和适用的范围等。

撇开定额的质的因素，单纯从定额的数量来看就是定额水平。通常说的定额水平偏高，是指定额内规定的人工、材料、机械消耗量偏低了，相反地定额水平偏低是指的这些消耗量偏高了。定额水平反映的是一定时期社会必要劳动时间量的水平，在一定时期内具有相对的稳定性，也就是说应保持一定的定额水平。但定额水平也非长期不变，随着社会生产力的发展，建筑安装行业的施工生产技术，机械化和工厂化的程度，新材料、新工艺、新技术的普遍应用以及对工程质量标准的要求和施工企业组织管理、人员的素质等等也会不断地变化和提高，原有的定额水平将逐渐地不再适应，这就需要对其进行补充、修订或重新编制，以适应社会生产发展的需要。

二、定额的产生和发展

定额的产生和发展是与企业由传统管理（也称放任管理）到科学管理的转变密切相关的。在小商品生产情况下，由于生产规模小，产品比较单纯，生产中需要多少人力、物力，如何组织生产，往往只凭简单的生产经验就可以了。19世纪末至20世纪初，资本主义生产日益扩大生产技术迅速发展，劳动分工和协作也越来越细，对生产消费进行科学管理的要求也就更加迫切。资本主义社会的生产目的是为了攫取最大限度的利润，为了达到这个目的，资本家就要千方百计降低单位产品中的活劳动和物化劳动的消耗，因而加强了对生产消费的研究和管理，由此，定额作为现代科学管理的一门重要学科也就出现了。

19世纪末20世纪初，在技术最发达、资本主义发展最快的美国，形成了系统的经济管理理论。现在被称为“古典管理理论”的代表人物是美国人泰勒、法国人法约尔和英国人厄威克等。而管理成为科学应该说是从泰勒开始的。有名的泰勒制也是以他的名字命名的。当时，美国的科学技术虽然发展很快，但在管理上仍然沿用传统的经验方法，生产效率低，生产能力得不到充分发挥。这不但阻碍了社会经济的进一步发展和繁荣，而且也不利于资本家赚取更多的利润。这样，改善管理就成了生产发展的迫切要求。泰勒适应了这一客观要求，提倡科学管理，主要着眼于提高劳动生产率，提高工人的劳动效率。他突破了当时传统管理方法的羁绊，通过科学试验，对工作时间的合理利用进行细致的研究，制定出所谓标准的操作方法；通过对工人进行训练，要求工人取消那些不必要的操作程序，并且在此基础上制定出较高的工时定额，用工时定额评价工人工作的好坏。为了使工人能达到定额，提高工作效率，又制定了工具、机器、材料和作业环境的标准化原理。

1895年泰勒在美国发表了他的第一篇论文《计件定额制》（A Piece Rate System)。1898~1901年的3年时间里他在Bethlehem钢铁公司创立了作业时间的标准化、作业步骤的标准化、作业条件的标准化和改进工厂组织机构等一系列基本的科学管理技术。在他的许多定额研究中，有一个叫做“铁锹作业的研究”很著名。在Bethlehem钢铁厂内有600名使用铁锹劳动的工人们，用铁锹铲的东西，什么都有：重的矿石和焦炭，轻的煤灰等。因而，铲的东西不同，每锹的重量也是不同的。泰勒想：铲一锹的重量是多少磅时最不疲劳？而同时一天的产量又是最多？于是他开始解决这个问题。泰勒首先挑选了几名干活好的工人，与他们商定如果实实在在地按要求劳动，会得到较多的报酬。然后，在几个星期的时间内，连续每天改变每一锹的重量，来观察每天的产量。第一天铲一锹的重量是38lb，结果一天完成25t；第二天把铁锹头稍切去一点，铲一锹的重量变为34lb，日产量增加到30t；铁锹逐渐变小，而产量逐渐提高。当铲一锹的重量为21~22lb时，产量为最高。小于此重量时，产量便开始下降了，于是他规定铁锹的标准负荷为21lb。为此，他改进了工具，将工人使用的铁锹分为大小不等的几类。铲重的矿石时用小铁锹，铲轻的煤灰时用大的铁锹。随着铲的材料对象不同，而使用不同大小的铁锹。参与此项实验的工人，由于劳动强度大，最后只有两名工人坚持到底。执行这种定额制度的工效比较见表3-1。泰勒的改革为该厂一年节省8万美元。

工效比较表 **表3-1**

项　目	旧制度	新制度	项　目	旧制度	新制度
工人数	400~600人	140人	每工日工资	1.15美元	1.88美元
每工日平均产量	16t	59t	每吨平均成本	0.072美元	0.033美元

从泰勒制的主要内容来看，工时定额在其中占有十分重要的位置。首先较高的定额直接体现了泰勒制的主要目标，即提高工人的劳动效率，降低产品成本，增加企业盈利。而其他方面内容则是为了达到这一主要目标而制定的措施。其次，工时定额作为评价工人工作的尺度，并和有差别的计件工资制度相结合，使其本身也成为提高劳动效率的有力措施。

可见，工时定额产生于科学管理，产生于泰勒制，并且构成泰勒制中不可缺少的内容。

泰勒制的产生和推行，在提高劳动生产率方面取得了显著的效果，也给资本主义企业管理带来了根本性的变革和深远的影响。

继泰勒之后，一方面管理科学从操作方法、作业水平的研究向科学组织的研究上扩展，另一方面它也利用现代自然科学和技术科学的新成果作为科学管理的手段。20世纪20年代出现的行为科学，从社会学和心理学的角度，对工人在生产中的行为以及这些行为产生的原因进行分析研究，强调重视社会环境、人际关系对人的行为的影响。行为科学认为人的行为受动机的支配，只要能给他创造一定条件，他就会希望取得工作成就，努力去达到确定的目标。因此，主张用诱导的办法，鼓励职工发挥主动性和积极性，而不主要是对工人进行管束和强制以达到提高生产效率的目的。行为科学弥补了泰勒等人科学管理的某些不足，但它并不能取代科学管理，不能取消定额。因为，就工时定额来说，它不仅是一种强制力量，而且也是一种引导和激励的力量。同时，定额产生的信息，对于计划、组织、指挥、协调、控制等管理活动，以致决策过程都是不可缺少的。所以，定额虽然是管理科学发展初期的产物，但是随着管理科学的发展，定额也有了进一步的发展。一些新的技术方法在制定定额中得到运用；制定定额的范围，大大突破了工时定额的内容。1945年出现的事前工时定额制定标准以新工艺投产之前就已经选择好的工艺设计和最有效的操作方法为制定基础，编制出工时定额。目的是控制和降低单位产品上的工时消耗。这样就把工时定额的制定提前到工艺和操作方法的设计过程之中，以加强预先控制。

综上所述，定额伴随着管理科学的产生而产生，伴随着管理科学的发展而发展。它在西方企业的现代化管理中一直占有重要地位。

我国建筑工程定额是在建国以后，从零点开始到现在逐步建立和日趋完善的。最初吸取了前苏联定额工作的经验，20世纪70年代后期又参考了欧、美、日等国家有关定额方面的管理科学内容，结合我国建筑工程施工的实际情况，编制了适合我国的切实可行的定额。

三、工程定额的特性

（一）科学性

工程定额的科学性包括两重含义。一重含义是指工程定额和生产力发展水平相适应，反映出工程建设中生产消费的客观规律。另一重含义，是指工程定额管理在理论、方法和手段上适应现代科学技术和信息社会发展的需要。

工程定额的科学性。首先表现在用科学的态度制定定额，尊重客观实际，力求定额水平合理；其次表现在制定定额的技术方法上，利用现代科学管理的成就，形成一套系统的、完整的、在实践中行之有效的方法；第三，表现在定额制定和贯彻的一体化。制定是为了提供贯彻的依据，贯彻是为了实现管理的目标，也是对定额的信息反馈。

工程定额科学性的约束条件主要是生产资料的公有制和社会主义市场经济。前者使定额超脱出资本主义条件下为资本家赚取最大利润的局限；后者则使定额受到宏观和微观的两重检验。只有科学的定额才能使宏观调控得以顺利实现，才能适应市场运行机制的需要。

（二）系统性

工程定额是相对独立的系统。它是由多种定额结合而成的有机的整体。它的结构复杂，有鲜明的层次，有明确的目标。

工程定额的系统性是由工程建设的特点决定的。按照系统论的观点，工程建设就是庞大的实体系统。工程定额是为这个实体系统服务的。因而工程建设本身的多种类、多层次就决定了以它为服务对象的工程定额的多种类、多层次。从整个国民经济来看，进行固定资产生产和再生产的工程建设，是由多项工程集合的整体。其中包括农林水利、轻纺、机械、煤炭、电力、石油、冶金、化工、建材工业、交通运输、邮电工程，以及商业物资、科学教育文化、卫生体育、社会福利和住宅工程等等。这些工程的建设都有严格的项目划分，如建设项目、单项工程、单位工程、分部分项工程；在计划和实施过程中有严密的逻辑阶段，如规划、可行性研究、设计、施工、竣工交付使用，以及投入使用后的维修。与此相适应必然形成工程定额的多种类、多层次。

（三）统一性

工程定额的统一性，主要是由国家对经济发展的有计划的宏观调控职能决定的。为了使国民经济按照既定的目标发展，就需要借助于某些标准、定额、参数等，对工程建设进行规划、组织、调节、控制。而这些标准、定额、参数必须在一定范围内是一种统一的尺度，才能实现上述职能，才能利用它对项目的决策、设计方案、投标报价、成本控制进行比选和评价。

工程定额的统一性按照其影响力和执行范围来看，有全国统一定额、地区统一定额和行业统一定额等等；按照定额的制定、颁布和贯彻使用来看，有统一的程序、统一的原则、统一的要求和统一的用途。

（四）权威性

工程定额具有很大权威，这种权威性在一些情况下具有经济法规性质。权威性反映统一的意志和统一的要求，也反映信誉和信赖程度以及反映定额的严肃性。

工程定额的权威性的客观基础是定额的科学性。只有科学的定额才具有权威。但是在社会主义市场经济条件下，它必然涉及到各有关方面的经济关系和利益关系。赋予工程定额以一定的权威性，就意味着在规定的范围内，对于定额的使用者和执行者来说，不论主观上愿意不愿意，都必须按定额的规定执行。在当前市场不规范的情况下，赋予工程定额以权威性是十分重要的。但在竞争机制引入工程建设的情况下，定额的水平必然会受市场供求状况的影响，从而在执行中可能产生定额水平的浮动。

应该提出的是，在社会主义市场经济条件下，对定额的权威性不应绝对化。定额毕竟是主观对客观的反映，定额的科学性会受到人们认识的局限。与此相关，定额的权威性也就会受到削弱和新的挑战。更为重要的是，随着投资体制的改革和投资主体多元化格局的形成，随着企业经营机制的转换，他们都可以根据市场的变化和自身的情况，自主地调整自己的决策行为。在这里，一些与经营决策有关的工程定额的权威性特征，自然也就弱化了。但直接与施工生产相关的定额，在企业经营机制转换和增长方式的要求下，其权威性还必然进一步强化。

（五）稳定性和时效性

工程定额中的任何一种都是一定时期技术发展和管理水平的反映，因而在一段时间内都表现出稳定的状态。稳定的时间有长有短，一般在 5 年至 10 年之间。保持定额的稳定性是维护定额的权威性所必须的，更是有效地贯彻定额所必须的。如果某种定额处于经常修改变动之中，那么必然造成执行中的困难和混乱，使人们感到没有必要去认真对待它，很容易导致定额权威性的丧失。工程定额的不稳定也会给定额的编制工作带来极大的困难。

但是工程定额的稳定性是相对的。当生产力向前发展了，定额就会与已经发展了的生产力不相适应。这样，它原有的作用就会逐步减弱以致消失，需要重新编制或修订。

四、工程定额的地位和作用

（一）定额在现代管理中的地位

定额是管理科学的基础，也是现代管理科学中的重要内容和基本环节。我国要实现工业化和生产的社会化、现代化，就必须积极地吸收和借鉴世界上各个发达国家的先进管理方法，必须充分认识定额在社会主义经济管理中的地位。

第一，定额是节约社会劳动、提高劳动生产率的重要手段。降低劳动消耗，提高劳动生产率，是人类社会发展的普遍要求和基本条件。节约劳动时间是最大的节约。定额为生产者和经营管理人员树立了评价劳动成果和经营效益的标准尺度，同时也使广大职工明确了自己在工作中应该达到的具体目标，从而增强责任感和自我完善的意识，自觉地节约社会劳动和消耗，努力提高劳动生产率和经济效益。

第二，定额是组织和协调社会化大生产的工具。“一切规模较大的直接社会劳动或共同劳动，都或多或少地需要指挥，以协调个人活动，并执行生产总体的运动……所产生的各种一般职能。”随着生产力的发展，分工越来越细，生产社会化程度不断提高。任何一件产品都可以说是许多企业、许多劳动者共同完成的社会产品。因此必须借助定额实现生产要素的合理配置；以定额作为组织、指挥和协调社会生产的科学依据和有效手段，从而保证社会生产持续、顺利地发展。

第三，定额是宏观调控的依据。我国社会主义经济是以公有制为主体的，它既要充分发展市场经济，又要有计划的指导和调节。这就需要利用一系列定额为预测、计划、调节和控制经济发展提供出有技术根据的参数，提供出可靠的计量标准。

第四，定额在实现分配，兼顾效率与社会公平方面有巨大的作用。定额用作评价劳动成果和经营效益的尺度，也就成为资源分配的个人消费品分配的依据。

（二）社会主义市场经济条件下工程定额的作用

1. 在工程建设中，定额仍然具有节约社会劳动和提高生产效率的作用。一方面企业以定额作为促使工人节约社会劳动（工作时间、原材料等）和提高劳动效率、加快工作进度的手段，以增加市场竞争能力，获取更多的利润；另一方面，作为工程造价计算依据的各类定额，又促使企业加强管理、把社会劳动的消耗控制在合理的限度内。再者，作为项目决策依据的定额指标，又在更高的层次上促使项目投资者合理而有效地利用和分配社会劳动。这都证明了定额在工程建设中节约社会劳动和优化资源配置的作用。

2. 定额有利于建筑市场公平竞争。定额所提供的准确的信息为市场需求主体和供给主体之间的竞争，以及供给主体和供给主体之间的公平竞争，提供了有利条件。

3. 定额是对市场行为的规范。定额既是投资决策的依据，又是价格决策的依据。对于投资者来说，他可以利用定额权衡自己的财务状况和支付能力、预测资金投入和预期回报，还可以充分利用有关定额的大量信息，有效地提高其项目决策的科学性，优化其投资行为。对于建筑企业来说，企业在投标报价时，只有充分考虑定额的要求，作出正确的价格决策，才能占有市场竞争优势，才能获得更多的工程合同。可见，定额在上述两个方面规范了市场主体的经济行为。因而对完善我国固定资产投资市场和建筑市场，都能起到重要作用。

4. 工程定额有利于完善市场的信息系统。定额管理是对大量市场信息的加工，也是对大量信息进行市场传递，同时也是市场信息的反馈。信息是市场体系中的不可或缺的要素，它的可靠性、完备性和灵敏性是市场成熟和市场效率的标志。在我国，以定额形式建立和完善市场信息系统，是以公有制经济为主体的社会主义市场经济的特色。在发达的资本主义国家是难以想象的。

从以上分析可以看到，在市场经济条件下定额作为管理的手段是不可或缺的。

五、工程定额的分类

工程定额是一个综合概念，是工程建设中各类定额的总称。工程定额的内容和形式，是由运用它的需要决定的。因此定额种类的划分也是多样化的。这里介绍几种常用的分类方法。

（一）按照生产要素分类

生产要素包括劳动者、劳动手段和劳动对象，反映其消耗的定额就分为劳动消耗定额、机械消耗定额和材料消耗定额三种。

1. 劳动消耗定额，简称劳动定额。在各类定额中，劳动消耗定额都是其中重要的组成部分。劳动消耗定额是完成一定的合格产品（工程实体或劳务）规定活劳动消耗的数量标准。为了便于综合与核算，劳动定额大多采用工作时间消耗量来计算劳动消耗量。因此，劳动定额主要的表现形式是时间定额的形式。但为了便于组织施工，也同时采用产量定额的形式来表示劳动定额。

2. 机械消耗定额，简称机械定额。它和劳动消耗定额一样，在多种定额中，机械消耗定额都是其中的组成部分。机械消耗定额是指为完成一定合格产品（工程实体或劳务）所规定的施工机械消耗的数量标准。机械消耗定额的表现形式有机械时间定额和机械产量定额。

3. 材料消耗定额，简称材料定额。材料消耗定额是指完成一定合格产品所需消耗材料的数量标准。这里所说的材料，是工程建设中使用的各类原材料、成品、半成品、构配件、燃料以及水、电等动力资源的总称。材料作为劳动对象是构成工程实体的物资。生产一定的建筑产品，必须消耗一定数量的材料，因此，材料消耗定额亦是各类定额的重要组成部分。

（二）按照编制程序和用途分类

可以把工程定额分为工序定额、施工定额、预算定额、概算定额、概算指标和估算指标等。

1. 工序定额，是以个别工序为标定对象而编制的，是组成定额的基础。例如钢筋制作过程可以分别标定出调直、剪切、弯曲等工序定额。工序定额比较细碎，一般只用作编制个别工序的施工任务单，很少直接用于施工。

2. 施工定额，它是以同一性质的施工过程为标定对象、规定某种建筑产品的劳动消耗量、机械工作时间消耗和材料消耗量。施工定额是建筑企业内部使用的生产定额，用以编制施工作业计划，编制施工预算、施工组织设计，签发任务单与限额领料单、考核劳动生产率和进行成本核算。施工定额也是编制预算定额的基础。

3. 预算定额，是以各分部分项工程为单位编制的，定额中包括所需人工工日数、各种材料的消耗量和机械台班数量，一般列有相应地区的基价，是计价性的定额。预算定额是以施工定额为基础编制的，它是施工定额的综合和扩大，用以编制施工图预算、确定建筑工程的预算造价，是编制施工组织设计、施工技术财务计划和工程竣工决算的依据。同时，预算定额又是编制概算定额和概算指标的基础。

4. 概算定额，是以扩大结构构件、分部工程或扩大分项工程为单位编制的，它包括人工、材料和机械台班消耗量，并列有工程费用，也是属于计价性的定额。概算定额是以预算定额为基础编制的，它是预算定额的综合和扩大。它用以编制概算，是进行设计方案技术经济比较的依据；也可以用作编制施工组织设计时确定劳动力、材料、机械台班需要量的依据。

5. 概算指标，是比概算定额更为综合的指标。是以整个房屋或构筑物为单位编制的，包括劳动力、材料和机械台班定额三个组成部分，还列出了各结构部分的工程量和以每百平方米建筑面积或每座构筑物体积为计量单位而规定的造价指标。概算指标是初步设计阶段编制概算，确定工程造价的依据，是编制年度施工技术财务计划的依据；是进行技术经济分析，衡量设计水平，考核建设成本的标准；是企业编制劳动力、材料计划、确定施工方案、实行经济核算的依据。

6. 投资估算指标，是在项目建议书和可行性研究阶段编制投资估算、计算投资需要量时使用的一种定额。它非常概略，往往以独立的单项工程或完整的工程项目为计算对象。它的概略程度与可行性研究阶段相适应。投资估算指标往往根据历史的预、决算资料和价格变动等资料编制，但其编制基础仍然离不开预算定额、概算定额。

（三）按主编单位和管理权限分类

工程定额可分为全国统一定额、行业统一定额、地区统一定额、企业定额和补充定额5种。

1. 全国统一定额，是由国家建设行政主管部门，综合全国工程建设中技术和施工组织管理的情况编制，并在全国范围内执行的定额，如全国统一安装工程定额。

2. 行业统一定额，是考虑到各行业部门专业工程技术特点，以及施工生产和管理水平编制的。一般是只在本行业和相同专业性质的范围内使用的专业定额，如矿井建设工程定额，铁路建设工程定额。

3. 地区统一定额，包括省、自治区、直辖市定额，地区统一定额主要是考虑地区性特点和全国统一定额水平做适当调整补充编制的。

4. 企业定额，是指由施工企业考虑本企业具体情况，参照国家、部门或地区定额的水平制定的定额。企业定额只在企业内部使用，是企业素质的一个标志。企业定额水平一般应高于国家现行定额，才能满足生产技术发展、企业管理和市场竞争的需要。

5. 补充定额，是指随着设计、施工技术的发展现行定额不能满足需要的情况下，为了补充缺项所编制的定额。补充定额只能在指定的范围内使用，可以作为以后修订定额的基础。

（四）按专业性质分类

工程定额可分为建筑工程定额、安装工程定额和其他专业定额等。

1. 建筑工程定额，是建筑工程的施工定额、预算定额、概算定额和概算指标的统称。

建筑工程，一般理解为房屋和构筑物工程。具体包括一般土建工程、电气工程（动力、照明、弱电）、卫生技术（水、暖、通风）工程、工业管道工程、特殊构筑物工程等。

广义上它也被理解为除房屋和构筑物外还包含其他各类工程，如道路、铁路、桥梁、隧道、运河、堤坝、港口、电站、机场等工程。

2. 设备安装工程定额，是安装工程施工定额、预算定额、概算定额和概算指标的统称。设备安装工程是对需要安装的设备进行定位、组合、校正、调试等工作的工程。在工业项目中，机械设备安装和电气设备安装工程占有重要地位。因为生产设备大多要安装后才能运转，不需要安装的设备很少。在非生产性的建设项目中，由于社会生活和城市设施的日益现代化，设备安装工程量也在不断增加。所以设备安装工程定额也是工程建设定额中重要部分。

设备安装工程定额和建筑工程定额是两种不同类型的定额。一般都要分别编制，各自独立。但是设备安装工程和建筑工程是单项工程的两个有机组成部分，在施工中有时间连续性，也有作业的搭接和交叉，需要统一安排，互相协调，在这个意义上通常把建筑和安装工程作为一个施工过程来看待，即建筑安装工程。所以在通用定额中有时把建筑工程定额和安装工程定额合二而一，称为建筑安装工程定额。

3. 其他专业定额，例如公路工程定额、铁路工程定额、园林工程定额、市政工程定额等等。

（五）按适用范围分类

工程定额可分为全国通用定额、行业通用定额和专业专用定额。

1. 全国通用定额是指在部门间和地区间都可以使用的定额。

2. 行业通用定额是指具有专业特点在行业部门内可以通用的定额。

3. 专业专用定额是指特殊专业的定额，只能在指定的范围内使用。

（六）按费用性质分类

按费用性质分类，可分为直接费定额、间接费定额、工器具定额、工程建设其他费用定额等。

1. 直接费定额，是指预算定额分项内容以内的，计算与建筑安装生产有直接关系的费用标准。

2. 间接费定额，是指与建筑安装施工生产的个别产品无关，而为企业生产全部产品所必需，为维持企业的经营管理活动所必需发生的各项费用开支的标准。由于间接费中许多费用的发生和施工任务的大小没有直接关系，因此，通过间接费定额的管理，有效地控制间接费的发生是十分必要的。

3. 工器具定额，是为新建或扩建项目投产运转首次配置的工、器具数量标准。工具和器具，是指按照有关规定不够固定资产标准而起劳动手段作用的工具、器具和生产用家具，如翻砂用模型、工具箱、计量器、容器、仪器等。

4. 工程建设其他费用定额，是独立于建筑安装工程、设备和工器具购置之外的其他费用开支的标准。工程建设的其他费用的发生和整个项目的建设密切相关。它一般要占项目总投资的10%左右。其他费用定额是按各项独立费用分别制定的，以便合理控制这些费用的开支。

从工程定额的分类中，可以看出各种定额之间的有机联系。它们相互区别，相互交叉，相互补充，相互联系。从而形成一个与建设程序分阶段工作深度相适应、层次分明、分工有序的庞大的工程定额体系，见图3-1。

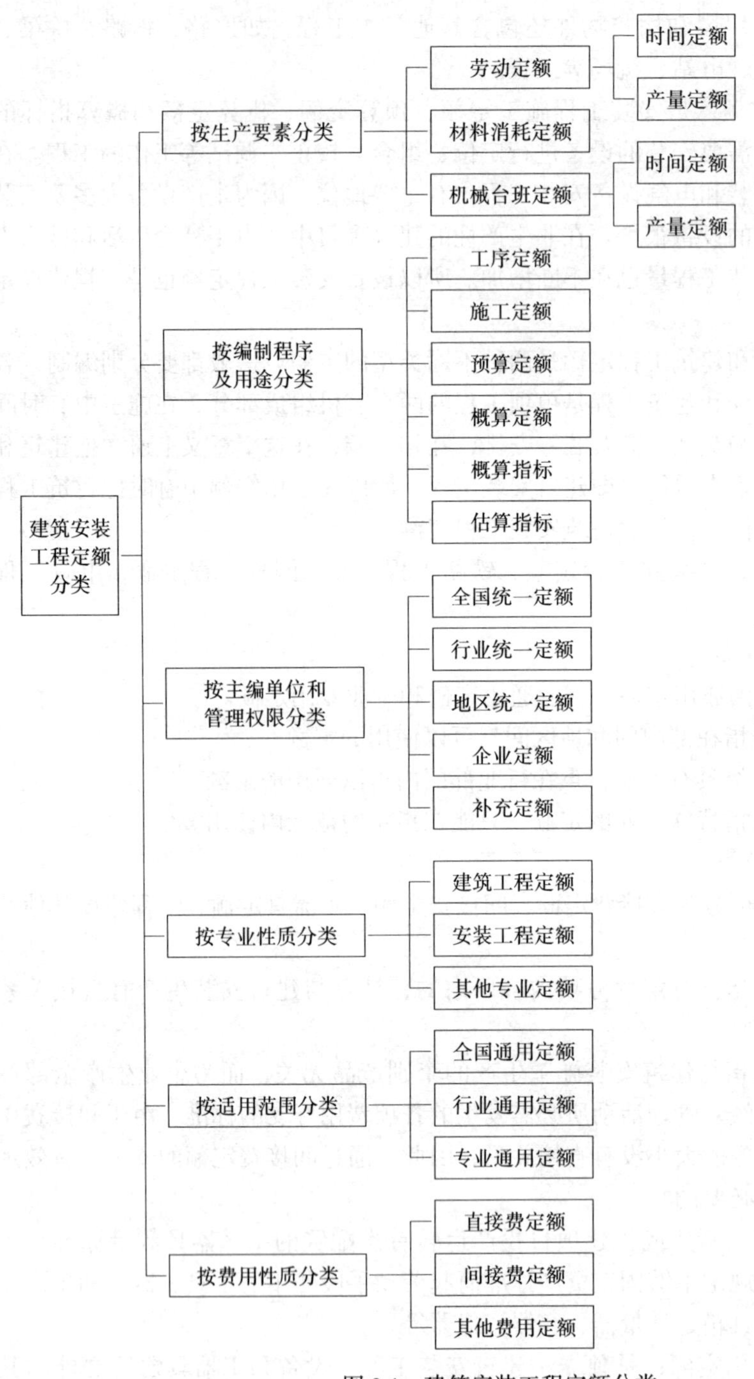

图 3-1　建筑安装工程定额分类

第二节　施　工　定　额

施工定额是施工企业内部使用的生产定额，是施工企业组织生产，加强管理工作的基础。施工定额是地区专业主管部门和企业的有关职能机构根据专业施工的特点制定的，并按照一定程序颁发执行。施工定额是对工人劳动成果的评判，也是衡量施工企业劳动生产率水平和管理水平的标准。

一、施工定额概述

（一）施工定额概念

施工定额是以同一性质的施工过程为测算对象，以工序定额为基础，在正常施工条件下，建筑安装工人或班组完成某项建设工程所消耗的人工、材料和机械台班的数量标准。

（二）施工定额的组成

施工定额由劳动定额、材料消耗定额和机械台班消耗定额3个相对独立的部分组成。施工定额不同于劳动定额、预算定额。施工定额与劳动定额的定额水平都为平均先进水平，但考虑到工种的不同，施工定额较粗，步距较大，工作内容也在适当的综合扩大；施工定额与预算定额的分项方法和所包括的内容相近，施工定额测算的对象是施工过程，比预算定额细，预算定额测算对象是分部、分项工程，比施工定额包括的范围广。

（三）施工定额的作用

施工定额的作用是合理组织生产施工、加强施工企业管理，坚持按劳分配。认真执行施工定额，有利于促进建筑企业的发展。其作用表现在下列几个方面：

1. 施工定额是编制施工预算的主要依据。

2. 施工定额是编制施工组织设计和施工作业计划的主要依据。

3. 施工定额是施工企业内部定包、签发施工任务书和限额领料的基本依据。

4. 施工定额是计算劳动报酬，坚持按劳分配的依据。

5. 施工定额是施工企业进行成本核算，衡量劳动生产率的主要标准。

6. 施工定额是编制预算定额或单位估价表的基础。

（四）施工定额的编制原则

目前，全国尚无统一的施工定额，各地区及企业编制的建筑安装工程施工定额，是以全国建筑安装工程统一劳动定额为基础，结合现行的施工机械台班费用定额和建筑材料消耗定额、工程质量标准、安全操作规程及本施工企业的装备情况、施工条件、技术水平，并参考有关工程历史资料进行调整补充编制的。施工定额的编制原则有：

1. 平均先进水平原则。定额水平是编制定额的核心。是完成单位合格建筑产品所消耗的人工、材料和机械台班的数量。消耗量越少，说明定额水平越高；消耗量越多，说明定额水平越低。所谓平均先进水平，就是在正常的施工条件下，经过努力，多数生产者能够达到或超过这个定额，少数生产者可以接近的这个定额水平。低于先进水平，略高于平均水平。

2. 定额内容和形式简明适用原则。定额内容和形式简明适用，定额项目设置齐全，项目划分合理，定额步距适当，章和节的编排方便使用，文字通俗易懂，计算方法简便，也便于定额的贯彻执行。适应性强，可满足不同用途的需要。

3. 专业人员与群众结合，以专业人员为主。贯彻专业人员与群众结合，以专业人员为主的原则，有利于提高定额的编制水平和应用价值。这是因为编制施工定额具有很强的政策性和技术性，不但要有专门的机构和专业人员把握国家的方针、政策和市场变化情况，资料经常性积累、技术测定、资料分析和整理工作。要直接执行定额，熟悉施工过程，了解实际消耗水平，熟悉定额的执行情况。

（五）施工定额的编制方法

施工定额的编制方法，各地区及企业根据需要有两种编制方法。

1. 实物法，即施工定额由人工、材料和机械台班消耗数量组成的劳动消耗定额、材料消耗定额和机械台班消耗定额三部分。

2. 实物单价法，即由劳动消耗定额、材料消耗定额和机械台班消耗定额的消耗数量，分别乘以人工工资标准、材料预算价格和机械台班价格计算出的单位费用。

施工定额的编制一般按下列程序进行。

（1）编制册、章、节。施工定额册、章、节的编排主要是依据全国统一基础定额编排，故册、章、节的编排与现行全国统一劳动定额相似。

（2）划分定额项目。施工定额项目或子目必须在认真分析工序的基础上恰如其分地划分，并应与全国统一基础定额相一致。划分的形式有按构件的类型及形体划分，如现浇钢筋混凝土基础工程，按带形基础、满堂基础、独立基础、杯形基础、桩承台等分别列项；按建筑材料的品种和规格划分，如镶贴块料面层，按缸砖、马赛克、瓷砖、预制水磨石等材料品种划分；按构造作法和质量要求划分，如砌砖墙按双面清水、单面清水、混水内墙、混水外墙、空斗墙、花式墙等划分；按工作高度划分，如钢管脚手架，按管高在5m、8m、12m、16m、20m、24m、28m以内等划分；按操作难易程度划分，如人工挖土，按土壤的类别分为4项等。

（3）选择计量单位。施工定额计量单位应能最确切地反映人工、材料、机械和建筑产品的数量，并与全国统一定额相一致，便于基层人员的掌握使用。如砌墙工程项目的计量单位，按立方米计，墙面抹灰工程项目的计量单位，按平方米计等。

（4）确定制表方案。施工定额表格的内容应明确易懂，方便查阅。表格一般包括工作内容说明、定额编号、施工方法、劳动组织、技术等级、产品类型、计量单位及人工、材料、机械台班消耗数量。

（5）确定定额水平。定额水平是根据测定的资料，经过认真核实和计算，反复分析平衡后确定的。

（6）写编制说明、附注、附录。编制说明包括总说明、分册说明和各章说明等。

（7）汇编成册、审定、颁发。

3. 施工定额的主要内容。施工定额的主要内容包括说明、定额项目表及有关附录、加工表等3部分。

（1）说明。包括总说明、分册说明、章和节的说明。总说明包括编制依据、适用范围、工程质量要求、有关规定、说明和编制施工预算的若干说明。分册、章、节说明主要有工作内容、施工方法、有关规定、说明和工程量计算规则等。

（2）定额项目表。此表在定额内容中所占比重最大，包括工作内容、定额表、附注等，见表3-2。工作内容列在定额表的上端，是除说明规定的工作内容之外，完成本项目另外规范的工作内容。定额表由计量单位、定额编号、项目名称及工料消耗指标等组成。附注是某些定额项目在设计上有特别要求需要单独说明的。

（3）附录及加工表。附录通常放在定额分册说明之后，包括术语解释、图示及有关参考资料。如砂浆、混凝土配合比、材料消耗计算附表等。加工表是指在执行某定额项目时，在相应的定额基础上需要增加工日的数量表。

干 粘 石

工作内容：包括清扫、打底、弹线、嵌条、筛洗石渣、配色、抹光、起线、粘石等

单位：10m² **表 3-2**

编号	项目			人工			水泥	砂	石渣	107胶	甲基硅醇钠
				综合	技工	普工	kg				
147	墙面、墙裙			$\frac{2.62}{0.38}$	$\frac{2.08}{0.48}$	$\frac{0.54}{1.85}$	92	324	60		
148	混凝土墙面	不打底	干粘石	$\frac{1.85}{0.54}$	$\frac{1.48}{0.68}$	$\frac{0.37}{2.7}$	53	104	60	0.26	
149	混凝土墙面	不打底	机喷石	$\frac{1.85}{0.54}$	$\frac{1.48}{0.68}$	$\frac{0.37}{2.7}$	49	46	60	4.25	0.4
150	柱		方柱	$\frac{3.96}{0.25}$	$\frac{3.1}{0.32}$	$\frac{0.86}{1.16}$	96	340	60		
151	柱		圆柱	$\frac{4.21}{0.24}$	$\frac{3.24}{0.31}$	$\frac{0.97}{1.03}$	92	324	60		
152	窗盘心			$\frac{4.05}{0.25}$	$\frac{3.11}{0.32}$	$\frac{0.94}{1.06}$	92	324	60		

注：1. 墙面（裙）、方柱以分格为准，不分格者，综合时间定额乘 0.85。

2. 窗盘心以起线为准，不带起线者，综合时间定额乘 0.8。

二、施工定额编制原理

施工定额是由劳动定额、材料消耗定额和机械台班消耗定额所构成。

（一）劳动定额

劳动定额，也称人工定额。它是在正常的施工技术组织条件下，完成单位合格产品所必需的劳动消耗量标准。这个标准是国家和企业对工人在单位时间内完成产品数量、质量的综合要求。

1. 劳动定额的编制

编制劳动定额主要包括需拟定正常的施工条件以及拟定定额时间两项工作。

（1）拟定正常的施工作业条件

拟定施工的正常条件，就是要规定执行定额时应该具备的条件，正常条件若不能满足，则就可能达不到定额中的劳动消耗量标准，因此，正确拟定施工的正常条件有利于定额的实施。

拟定施工的正常条件包括：拟定施工作业的内容；拟定施工作业的方法；拟定施工作业地点的组织；拟定施工作业人员的组织等。

（2）拟定施工作业的定额时间

施工作业的定额时间，是在拟定基本工作时间、辅助工作时间、准备与结束时间、不可避免的中断时间以及休息时间的基础上编制的。

上述各项时间是以时间研究为基础，通过时间测定方法，得出相应的观测数据，经加工整理计算后得到的。

计时测定的方法有许多种，如测时法、写时记录法、工作日写实法等。

2. 劳动定额的形式

劳动定额由于其表现形式不同，可分为时间定额和产量定额两种。

（1）时间定额；

时间定额，就是某种专业、某种技术等级工人班组或个人，在合理的劳动组织和合理

使用材料的条件下，完成单位合格产品所必需的工作时间，包括准备与结束时间、基本生产时间、辅助生产时间、不可避免的中断时间及工人必需的休息时间。时间定额以工日为单位，每一工日按8小时计算。其计算方法如下：

$$单位产品时间定额（工日）=\frac{1}{每工产量}$$

或
$$单位产品时间定额（工日）=\frac{小组成员工日数总和}{机械台班产量}$$

（2）产量定额

产量定额，就是在合理的劳动组织和合理使用材料的条件下，某种专业、某种技术等级的工人班组或个人在单位工日中所应完成的合格产品的数量。其计算方法如下：

$$每工产量=\frac{1}{单位产品时间定额（工日）}$$

产量定额的计量单位有：米（m）、平方米（m^2）、立方米（m^3）、吨（t）、块、根、件、扇等。

时间定额与产量定额互为倒数，即

$$时间定额\times产量定额=1$$

$$时间定额=\frac{1}{产量定额}$$

$$产量定额=\frac{1}{时间定额}$$

按定额的标定对象不同，劳动定额又分单项工序定额和综合定额两种，综合定额表示完成同一产品中的各单项（工序或工种）定额的综合。按工序综合的用“综合”表示（见表3-3），按工种综合的一般用“合计”表示。其计算方法如下：

$$综合时间定额=\sum各单项（工序）时间定额$$

$$综合产量定额=\frac{1}{综合时间定额（工日）}$$

每1m³砌体的劳动定额 **表3-3**

项目		混水内墙					混水外墙					序号
		0.25砖	0.5砖	0.75砖	1砖	1.5砖及1.5砖以外	0.5砖	0.75砖	1砖	1.5砖	2砖及2砖以外	
综合	塔吊	$\frac{2.05}{0.488}$	$\frac{1.32}{0.758}$	$\frac{1.27}{0.787}$	$\frac{0.972}{1.03}$	$\frac{0.945}{1.06}$	$\frac{1.42}{0.704}$	$\frac{1.37}{0.73}$	$\frac{1.04}{0.962}$	$\frac{0.985}{1.02}$	$\frac{0.955}{1.05}$	一
	机吊	$\frac{2.26}{0.442}$	$\frac{1.51}{0.662}$	$\frac{1.47}{0.68}$	$\frac{1.18}{0.847}$	$\frac{1.15}{0.87}$	$\frac{1.62}{0.617}$	$\frac{1.57}{0.637}$	$\frac{1.24}{0.806}$	$\frac{1.19}{0.84}$	$\frac{1.16}{0.862}$	二
砌砖		$\frac{1.54}{0.65}$	$\frac{0.822}{1.22}$	$\frac{0.774}{1.29}$	$\frac{0.458}{2.18}$	$\frac{0.426}{2.35}$	$\frac{0.931}{1.07}$	$\frac{0.869}{1.15}$	$\frac{0.522}{1.92}$	$\frac{0.466}{2.15}$	$\frac{0.435}{2.3}$	三
运输	塔吊	$\frac{0.433}{2.31}$	$\frac{0.412}{2.43}$	$\frac{0.415}{2.41}$	$\frac{0.418}{2.39}$	$\frac{0.418}{2.39}$	$\frac{0.412}{2.43}$	$\frac{0.415}{2.41}$	$\frac{0.418}{2.39}$	$\frac{0.418}{2.39}$	$\frac{0.418}{2.39}$	四
	机吊	$\frac{0.64}{1.56}$	$\frac{0.61}{1.64}$	$\frac{0.613}{1.63}$	$\frac{0.621}{1.61}$	$\frac{0.621}{1.61}$	$\frac{0.61}{1.64}$	$\frac{0.613}{1.63}$	$\frac{0.619}{1.62}$	$\frac{0.619}{1.62}$	$\frac{0.619}{1.62}$	五
调制砂浆		$\frac{0.081}{12.3}$	$\frac{0.081}{12.3}$	$\frac{0.085}{11.8}$	$\frac{0.096}{10.4}$	$\frac{0.101}{9.9}$	$\frac{0.081}{12.3}$	$\frac{0.085}{11.8}$	$\frac{0.096}{10.4}$	$\frac{0.101}{9.9}$	$\frac{0.102}{9.8}$	六
编号		13	14	15	16	17	18	19	20	21	22	

时间定额和产量定额都表示同一劳动定额项目，它们是同一劳动定额项目的两种不同的表现形式。时间定额以工日为单位，综合计算方便，时间概念明确。产量定额则以产品数量为单位表示，具体、形象，劳动者的奋斗目标一目了然，便于分配任务。劳动定额用复式表同时列出时间定额和产量定额，以便于各部门、企业根据各自的生产条件和要求选择使用。

复式表示法有如下形式：

$$\frac{\text{时间定额}}{\text{每工产量}}\text{或}\frac{\text{人工时间定额}}{\text{机械台班产量}}$$

建设部和劳动部于1994年颁发、于1995年1月1日执行的中华人民共和国劳动和劳动安全行业标准《建筑安装工程劳动定额》、《建筑装饰工程劳动定额》，改变了传统的复式定额表现形式，全部采用单式，即时间定额（工日/＊＊）表示。表3-4为该定额砖墙的时间定额标准表。

砖　墙　工日/m^3　**表3-4**

工作内容：包括砌墙面艺术形式、墙垛、平旋及安装平旋模板，梁板头砌砖，梁板下塞砖，楼梯间砌砖，留楼梯踏步斜槽，留孔洞，砌各种凹进处、山墙汛水槽，安放木砖、铁件，安放60kg以内的预制混凝土门窗过梁、隔板、垫块以及调整立好的立窗框等。

项目		混水内墙				混水外墙					序号
		0.5砖	0.75砖	1砖	1.5砖及1.5砖以外	0.5砖	0.75砖	1砖	1.5砖	2砖及2砖以外	
综合	塔吊	1.38	1.34	1.02	0.944	1.5	1.44	1.09	1.04	1.01	一
	机吊	1.59	1.55	1.24	1.21	1.71	1.65	1.3	1.25	1.22	二
砌砖		0.865	0.815	0.482	0.448	0.98	0.915	0.549	0.491	0.458	三
运输	塔吊	0.434	0.437	0.44	0.44	0.434	0.437	0.44	0.44	0.44	四
	机吊	0.642	0.645	0.654	0.654	0.642	0.645	0.652	0.652	0.652	五
调制砂浆		0.085	0.089	0.101	0.106	0.085	0.089	0.101	0.106	0.107	六
编号		12	13	14	15	16	17	18	19	20	

定额表中的综合时间定额，就是完成同一产品中的各单项（或工序）时间定额的综合，其计算方法是：

综合时间定额（工日）＝各单项（或工序）时间定额的总和

如1砖混水外墙综合时间定额（塔吊）为：

砌砖（0.549）＋运输（0.44）＋调制砂浆（0.101）＝1.09（工日）

（二）材料消耗定额

材料消耗定额是在合理和节约使用材料的条件下，生产单位质量合格产品所消耗的一定规格的材料、成品、半成品和水、电等资源的数量。

定额材料消耗指标的组成：

按其使用性质、用途和用量大小划分为4类，即

主要材料：是指直接构成工程实体的材料。

辅助材料：也是指直接构成工程实体但比重较小的材料。

周转性材料：又称工具性材料，是指施工中多次使用但并不构成工程实体的材料。如

模板、脚手架等。

次要材料：是指用量小，价值不大，不便计算的零星用材料，可用估算法计算。

1. 主要材料消耗定额

主要材料消耗定额包括直接使用在工程上的材料净用量和在施工现场内运输及操作过程中的不可避免的废料和损耗。

(1) 材料净用量的确定

材料净用量的确定，一般有以下几种方法：

①理论计算法。理论计算法是根据设计、施工验收规范和材料规格等，从理论上计算材料的净用量。如砖墙的用砖数和砌筑砂浆的用量可用下列理论计算公式计算各自的净用量：

用砖数：

$$A = \frac{1}{\text{墙厚} \times (\text{砖长} + \text{灰缝}) \times (\text{砖厚} + \text{灰缝})} \times k$$

式中 k——墙厚的砖数×2（墙厚的砖数是0.5砖墙、1砖墙、1.5砖墙……）。

砂浆用量：

$$B = 1 - \text{砖数} \times \text{每砖块体积}$$

②测定法。即根据试验情况和现场测定的资料数据确定材料的净用量。

③图纸计算法。根据选定的图纸，计算各种材料的体积、面积、延长米或重量。

④经验法。根据历史上同类的经验进行估算。

【例】 计算标准砖－砖外墙每 $1m^3$ 砌体砖和砂浆的净用量。

【解】
$$\text{砖净用量} = \frac{1}{0.24 \times (0.24 + 0.01) \times (0.053 + 0.01)} \times 1 \times 2 \approx 529 \text{（块）}$$

$$\text{砂浆净用量} = 1 - 529 \times (0.24 \times 0.115 \times 0.053) \approx 0.226 \text{（}m^3\text{）}$$

(2) 材料损耗量的确定

材料的损耗一般以损耗率表示。材料损耗率可以通过观察法或统计法计算确定。材料损耗率可有两种不同定义，由此，材料消耗量计算有两个不同的公式：

$$①\text{损耗率} = \frac{\text{损耗量}}{\text{总消耗量}} \times 100\%$$

$$\text{总消耗量} = \text{净用量} + \text{损耗量} = \frac{\text{净用量}}{1 - \text{损耗率}}$$

$$②\text{损耗率} = \frac{\text{损耗量}}{\text{净用量}} \times 100\%$$

$$\text{总消耗量} = \text{净用量} + \text{损耗量} = \text{净用量} \times (1 + \text{损耗率})$$

2. 周转性材料消耗定额

周转性材料指在施工过程中多次使用、周转的工具性材料，如钢筋混凝土工程用的模板，搭设脚手架用的杆子、跳板、挖土方工程用的挡土板等。

周转性材料消耗一般与下列四个因素有关：

(1) 第一次制造时的材料消耗（一次使用量）；

(2) 每周转使用一次材料的损耗（第二次使用时需要补充）；

(3) 周转使用次数；

(4) 周转材料的最终回收及其回收折价。

定额中周转材料消耗量指标的表示，应当用一次使用量和摊销量两个指标表示。一次使用量是指周转材料在不重复使用时的一次使用量，供施工企业组织施工用。摊销量是指周转材料退出使用，应分摊到一定计量单位的结构构件的周转材料消耗量，供施工企业成本核算或预算用。

如捣制混凝土结构木模板用量计算：

$$一次使用量=净用量\times(1+操作损耗率)$$

$$周转使用量=\frac{一次使用量\times[1+(周转次数-1)\times补损率]}{周转次数}$$

$$回收量=\frac{一次使用量\times(1-补损率)}{周转次数}$$

$$摊销量=周转使用量-回收量\times回收折价率$$

又如预制混凝土构件的模板用量计算：

$$一次使用量=净用量\times(1+操作损耗率)$$

$$摊销量=\frac{一次使用量}{周转次数}$$

(三) 机械台班使用定额

机械台班使用定额，也称机械台班定额。它反映了施工机械在正常的施工条件下，合理地、均衡地组织劳动和使用机械时该机械在单位时间内的生产效率。

1. 机械台班使用定额的编制

编制施工机械定额，主要包括以下内容：

(1) 拟定机械工作的正常施工条件。包括工作地点的合理组织，施工机械作业方法的拟定；确定配合机械作业的施工小组的组织以及机械工作班制度等。

(2) 确定机械净工作率。即确定出机械纯工作 1h 的正常劳动生产率。

(3) 确定机械的利用系数。机械的正常利用系数是指机械在施工作业班内对作业时间的利用率。

$$机械利用系数=\frac{工作班净工作时间}{机械工作班时间}$$

(4) 计算施工机械定额台班。

$$施工机械台班产量定额=机械生产率\times工作班延续时间\times机械利用系数$$

$$施工机械时间定额=\frac{1}{施工机械台班产量定额}$$

(5) 拟定工人小组的定额时间。工人小组的定额时间是指配合施工机械作业的工人小组的工作时间总和：

$$工人小组定额时间=施工机械时间定额\times工人小组的人数$$

2. 机械台班使用定额的形式

机械台班使用定额的形式按其表现形式不同，可分为时间定额和产量定额。

(1) 机械时间定额

机械时间定额是指在合理劳动组织与合理使用机械条件下，完成单位合格产品所必需的工作时间，包括有效工作时间（正常负荷下的工作时间和降低负荷下的工作时间）、不可避免中断时间、不可避免的无负荷工作时间。机械时间定额以“台班”表示，即一台机械工作一个作业班时间。一个作业班时间为8h。

$$单位产品机械时间定额（台班）=\frac{1}{台班产量}$$

由于机械必须由工人小组配合，所以完成单位合格产品的时间定额，同时列出人工时间定额。即

$$单位产品人工时间定额（工日）=\frac{小组成员总人数}{台班产量}$$

例如，斗容量$1m^3$正铲挖土机，挖四类土，装车，深度在2m内，小组成员两人，机械台班产量为4.76（定额单位$100m^3$），则：

挖$100m^3$的人工时间定额为：$\frac{2}{4.76}=0.42$（工日）

挖$100m^3$的机械时间定额为：$\frac{1}{4.76}=0.21$（台班）

（2）机械产量定额

机械产量定额是指在合理劳动组织与合理使用机械条件下，机械在每个台班时间内应完成合格产品的数量：

$$机械台班产量定额=\frac{1}{机械时间定额（台班）}$$

机械时间定额和机械产量定额互为倒数关系。

复式表示法有如下形式：

$$\frac{人工时间定额}{机械台班产量}或\frac{人工时间定额}{机械台班产量}\Bigg|台班车次$$

例如，正铲挖土机每一台班劳动定额表中$\frac{0.466}{4.29}$，表示在挖一、二类土，挖土深度在1.5m以内，且需装车的情况下：

斗容量为$0.5m^3$的正铲挖土机的台班产量定额为4.29（$100m^3$/台班）；

配合挖土机施工的工人小组的人工时间定额为0.466（工日/$100m^3$）；

同时可以推算出挖土机的时间定额应为台班产量定额的倒数，即$\frac{1}{4.29}=0.233$（台班/$100m^3$）

还能推算出配合挖土机施工的工人小组的人数应为$\frac{人工时间定额}{机械时间定额}$，即$\frac{0.466}{0.233}=2$（人）；或人工时间定额×机械台班产量定额，即$0.466\times4.29=2$（人）。

第三节　预　算　定　额

一、预算定额概述

（一）预算定额的含义

预算定额，是规定消耗在合格质量的单位工程基本构造要素上的人工、材料和机械台班的数量标准。所谓工程基本构造要素，即通常所说的分项工程和结构构件。

预算定额的各项指标，反映了在完成规定计量单位符合设计标准和施工及验收规范要

求的分项工程消耗的活劳动和物化劳动的数量限度。这种限度最终决定着单项工程和单位工程的成本和造价。

预算定额在各地区的具体价格表现是单位估价表和综合预算定额。预算定额是计算建筑产品价格的基础，单位估价表和综合预算定额是计算建筑产品价格的直接依据。

（二）预算定额的作用

1. 预算定额是编制施工图预算、确定建筑安装工程造价的基础

施工图设计一经确定，工程预算造价就取决于预算定额水平和人工、材料及机械台班的价格。预算定额起着控制劳动消耗、材料消耗和机械台班使用的作用，进而起着控制建筑产品价格水平的作用。

2. 预算定额是对设计方案进行技术经济分析的依据

设计方案在设计工作中居于中心地位。设计方案的选择要满足功能、符合设计规范，既要技术先进又要经济合理。根据预算定额对方案进行技术经济分析和比较，是选择经济合理设计方案的重要方法。对设计方案进行比较，主要是通过定额对不同方案所需人工、材料和机械台班消耗量，材料重量、材料资源等进行比较。这种比较可以判明不同方案对工程造价的影响；材料重量对荷载及基础工程量和材料运输量的影响，因此而产生的对工程造价的影响。

对于新结构、新材料的应用和推广，也需要借助于预算定额进行技术经济分析和比较，从技术与经济的结合上考虑普遍采用的可能性和效益。

3. 预算定额是编制施工组织设计的依据

施工组织设计的重要任务之一，是确定施工中所需人力、物力的供求量，并作出最佳安排。施工单位在缺乏本企业的施工定额的情况下，根据预算定额，亦能够比较精确地计算出施工中各项资源的需要量，为有计划地组织材料采购和预制件加工、劳动力和施工机械的调配，提供了可靠的计算依据。

4. 预算定额是施工企业进行经济活动分析的依据

实行经济核算的根本目的，是用经济的方法促使企业在保证质量和工期的条件下，用较少的劳动消耗取得大量的经济效果。在目前预算定额仍决定着企业的收入，企业必须以预算定额作为评价企业工作的重要标准。企业可根据预算定额，对施工中的劳动、材料、机械的消耗情况进行具体的分析，以便找出低工效、高消耗的薄弱环节及其原因。为实现经济效益的增长由粗放型向集约型转变，提供对比数据，促进企业提高在市场上竞争的能力。

5. 预算定额是工程结算的依据

工程结算是建设单位和施工单位按照工程进度对已完成的分部分项工程实现货币支付的行为。按进度支付工程款，需要根据预算定额将已完成分项工程的造价算出。单位工程竣工验收后，再按竣工工程量、预算定额和施工合同规定进行结算，以保证建设单位建设资金的合理使用和施工单位的经济收入。

6. 预算定额是编制标底和投标报价的基础

在深化改革中，在市场经济体制下预算定额作为编制标底的依据和施工企业报价的基础的作用仍将存在，这是由于它本身的科学性和权威性决定的。

7. 预算定额是编制概算定额和概算指标的基础

概算定额和概算指标是在预算定额基础上经综合扩大编制的,也需要利用预算定额作为编制依据,这样做不但可以节省编制工作中大量的人力、物力和时间,收到事半功倍的效果,还可以使概算定额和概算指标在水平上与预算定额一致,以避免造成执行中的不一致。

（三）预算定额的编制原则

为保证预算定额的质量，充分发挥预算定额的作用，使之在实际使用中简便、合理、有效，在编制工作中应遵循以下原则：

1. 按社会平均确定预算定额水平的原则。预算定额是确定和控制建筑安装工程造价的主要依据，因此它必须遵照价值规律的客观要求，即按生产过程中所消耗的社会必要劳动时间确定定额水平，即按照“在现有的社会正常的生产条件下，在社会平均的劳动熟练程度和劳动强度下制造某种使用价值所需要的劳动时间”来确定定额水平。所以预算定额的平均水平，是在正常的施工条件、合理的施工组织和工艺条件、平均劳动熟练程度和劳动强度下，完成单位分项工程基本构造要素所需的劳动时间。

预算定额的水平以施工定额水平为基础，两者有着密切的联系。但是，预算定额绝不是简单地套用施工定额的水平。首先，这里要考虑预算定额中包含了更多的可变因素，需要保留合理的幅度差。如人工幅度差、机械幅度差、材料的超运距、辅助用工及材料堆放、运输、操作损耗和由细到粗综合后的量差等。其次，预算定额是平均水平，施工定额是平均先进水平，所以两者相比预算定额水平要相对低一些。

2. 简明适用原则。编制预算定额贯彻简明适用原则是对执行定额的可操作性便于掌握而言的。为此，编制预算定额时，对于那些主要的、常用的、价值量大的项目，分项工程划分宜细。次要的不常用的、价值量相对较小的项目则可以放粗一些。

要注意补充那些因采用新技术、新结构、新材料和先进经验而出现的新的定额项目。

3. 坚持统一性和差别性相结合原则。所谓统一性，就是从培育全国统一市场规范计价行为出发，计价定额的制定规范和组织实施由国务院建设行政主管部门归口，并负责全国统一定额制定或修订，颁发有关工程造价管理的规章制度办法等。这样就有利于通过定额和工程造价的管理实现建筑安装工程价格的宏观调控。通过编制全国统一定额，使建筑安装工程具有一个统一的计价依据，也使考核设计和施工的经济效益具有一个统一的尺度。

所谓差别性，就是在统一性基础上，各部门和省、自治区、直辖市主管部门可以在自己的管辖范围内，根据本部门和地区的具体情况，制定部门和地区性定额、补充性制度和管理办法，以适应我国幅员辽阔，地区间部门间发展不平衡和差异大的实际情况。

（四）预算定额的编制依据

为了科学、合理地编制预算定额，在编制预算定额前，必须广泛地收集国家有关编制预算定额的规定和本地区历史上积累的各种技术经济资料。编制预算定额的依据主要有各种技术规范资料、基础定额、各种代表性图纸、历次编修的定额，有代表性的质量较好的补充定额。有代表性的新的设计、施工资料，以及各种预算价格资料。其中各种技术规范、基础定额资料、代表性图纸是最主要的依据资料。

1. 技术规范资料

编制预算定额，必须有通用的设计规范、施工及验收技术规范、质量评定标准和安装操作规程。

在这些依据资料中，有国家标准的应以国家标准为依据，无国家标准的可考虑有关部门的标准。

这些技术文件，对编制预算定额、确定工料和施工机械台班消耗用量都非常重要，因为它们规定了各分项定额应完成的工作任务、施工方法以及应达到的质量标准等等问题。例如，什么样的砖基础工程应砌筑大放脚，砌砖工程横直灰缝标准尺寸和饱满度，不同承重荷载的钢筋混凝土构件应当用什么强度等级的混凝土等等，这些规定，势必影响到劳动效率的高低和实物量消耗的多少。因此，在编制预算定额，计算工料消耗量时，必须考虑这些技术文件的要求，使定额确定的工料消耗标准符合规定的技术要求。

2. 基础资料

编制预算定额所需的基础资料有劳动定额和典型的施工定额。这两种定额都是编制建筑安装工程预算定额，确定预算定额中人工、材料、施工机械台班消耗用量的最主要依据。为了正确编制建筑安装工程预算定额，必须熟悉这些定额的内容、形式和使用方法。

3. 现行的代表性图纸及定额等资料

(1) 现行的标准图、通用图以及实践证明是技术先进、经济合理和有代表性的设计图纸。

这些技术资料，是计算定额项目工程量，进而确定定额工料消耗量的依据。

(2) 历年颁布的预算定额及其编制的基础数据。

过去颁布的预算定额，是修编预算定额的基础。如当前各地区的建筑工程预算定额，都是在原国家建委1981年《建筑工程预算定额（修改稿)》的基础上修改、补充的。这是因为定额修编是一个继承和发展的过程，只要是仍然适用的部分，就应继续保留；由于生产发展不再适用的部分，就应删去。另外，定额水平是提高还是降低了，也要用新旧定额进行对比分析才能知道。因此，每次修编定额，离不开历史上颁布的定额。

4. 有代表性的、质量较好的补充定额

在两次修编定额间隔期间，各地必然要编制补充定额，其中有代表性的、质量较好的补充定额，经过适当修订就可以纳入新定额项目中。

5. 具有代表性和可靠性，并有足够数量的有关设计、施工等资料

这些资料可以作为编制预算定额时选择施工方法和材料的依据。

(五) 预算定额的编制步骤

预算定额的编制，大致可分为5个阶段。

第一阶段：准备工作阶段。这个阶段的主要任务是：

1. 拟定编制方案。

(1) 编制目的和任务。

(2) 编制范围及编制内容。

(3) 编制原则和水平要求、项目划分和表现形式。

(4) 编制依据。

(5) 编制定额的单位及人员。

(6) 编制地点及经费来源。

(7) 工作的规划及时间安排。

2. 抽调人员根据专业需要划分编制小组和综合组。一般可划分为：

土建定额组、设备定额组、混凝土及木构件组、混凝土及砌筑砂浆配合比测算组和综合组等。

第二阶段：收集资料阶段。

1. 普遍收集资料。在已确定的编制范围内，采取用表格化收集定额编制基础资料，以统计资料为主，注明所需要的资料内容、填表要求和时间范围。其优点是统一口径，便于资料整理，并具有广泛性。

2. 专题座谈。邀请建设单位、设计单位、施工单位及管理单位的有经验的专业人员开座谈会，请他们从不同的角度就以往定额存在的问题谈各自意见和建议，以便在编制新定额时改进。

3. 收集现行规定、规范和政策法规资料。

(1) 现行的定额及有关资料。

(2) 现行的建筑安装工程施工及验收规范。

(3) 安全技术操作规程和现行有关劳动保护的政策法令。

(4) 国家设计标准规范。

(5) 编制定额必须依据的其他有关资料。

4. 收集定额管理部门积累的资料。

(1) 日常定额解释资料。

(2) 补充定额资料。

(3) 新结构、新工艺、新材料、新技术用于工程实践的资料。

5. 专项检查及试验。主要指混凝土配合比和砌筑砂浆试验资料。除收集实验试配资料外，还应收集一定数量的现场实际配合比资料。

第三阶段：定额编制阶段。

1. 确定编制细则。

(1) 统一编制表格及编制方法。

(2) 统一计算口径、计量单位和小数点位数的要求。

(3) 统一名称、用字、专业用语、符号代码、文字简练明确。

2. 确定定额的项目划分和工程量计算规则。

3. 定额人工、材料、机械台班耗用量的计算、复核和测算。

第四阶段：定额审核阶段。

1. 审核初稿。定额初稿的审核工作是定额编制过程中必要的程序，是保证定额编制质量的措施之一。审稿工作的人选应由具备经验丰富、责任心强、多年从事定额工作的专业技术人员来承担。审稿主要内容如下：

(1) 文字表达确切通顺，简明易懂。

(2) 定额的数字准确无误。

(3) 章节、项目之间有无矛盾。

2. 预算定额水平测算。在新定额编制成稿向上级机关报告以前，必须与原定额进行对比测算，分析水平升降原因。测算方法如下：

(1) 按工程类别比重测算。首先在定额执行范围内，选择有代表性的各类工程，分别以新旧定额对比测算并按测算的年限，以工程所占比例加权以考察宏观影响。

(2) 单项工程比较测算法

以典型工程分别用新旧定额对比测算，以考察定额水平升降及其原因。

第五阶段：定稿报批，整理资料阶段。

1. 征求意见。定额编制初稿完成以后，需要组织征求各有关方面意见，通过反馈意见、分析研究，在统一意见基础上整理分类，制定修改方案。

2. 修改整理报批。按修改方案将初稿按照定额的顺序进行修改后，整理一套完整、字体清楚并经审核无误后形成报批稿，经批准后交付印刷。

3. 撰写编制说明。定额批准后，为顺利的贯彻执行，需要撰写出新定额编制说明。主要内容包括：

(1) 项目、子目数量。

(2) 人工、材料、机械的内容范围。

(3) 资料的依据和综合取定情况。

(4) 定额中允许换算和不允许换算的规定和计算资料。

(5) 人工、材料、机械单价的计算和资料。

(6) 施工方法、工艺的选择及材料运距的考虑。

(7) 各种材料损耗率的取定资料。

(8) 调整系数的使用。

(9) 其他应说明的事项与计算数据、资料。

4. 立档、成卷。

定额编制资料是贯彻执行中需查对资料的惟一依据，也为修编定额提供历史资料数据。做为技术档案应予永久保存。

二、预算定额的具体编制方法

(一) 确定预算定额的计量单位

预算定额与施工定额计量单位往往不同。施工定额的计量单位一般按工序或施工过程确定；而预算定额的计量单位主要是根据分部分项工程和结构构件的形体特征及其变化确定。由于工作内容综合，预算定额的计量单位亦具有综合的性质。工程量计算规则的规定应确切反映定额项目所包含的工作内容。

预算定额的计量单位关系到预算工作的繁简和准确性。因此，要正确地确定各分部分项工程的计量单位。一般依据以下建筑结构构件形状的特点确定：

1. 凡建筑结构构件的断面有一定形状和大小，但长度不定时，可按长度以延长米为计量单位。如踢脚线、楼梯栏杆、木装饰条、管道线路安装等。

2. 凡建筑结构构件的厚度有一定规格，但长度和宽度不定时，可按面积以平方米为计量单位。如地面、楼面、墙面和顶棚面抹灰等。

3. 凡建筑结构构件的长度、厚（高）度和宽度都变化时，可按体积以立方米为计量单位。如土方、钢筋混凝土构件等。

4. 钢结构由于重量与价格差异很大且形状又不固定，采用重量以吨为计量单位。

5. 凡建筑结构构件无一定规格，而其构造又较复杂时，可按个、台、座、组为计量单位。如铸铁水斗、卫生洁具安装等。

定额单位确定之后，往往会出现人工、材料或机械台班量很小，即小数点后好几位。

为了减少小数点位数和提高预算定额的准确性，采取扩大单位的办法。把 $1m^3$，$1m^2$，1m 扩大 10，100，1000 倍。这样，相应的消耗量也加大了倍数。取一定小数点位数四舍五入后，可达到相对的准确性。

预算定额中各项人工、机械和材料的计量单位选择，相对比较固定。人工、机械按“工日”、“台班”计量，各种材料的计量单位与产品计量单位基本一致。精确度要求高、材料贵重，多取三位小数。如钢材吨以下取三位小数，木材立方米以下取三位小数。一般材料取两位小数。

（二）按典型设计图纸和资料计算工程数量

计算工程量，是为了通过计算出典型设计图纸所包括的施工过程的工程量，来确定预算定额的消耗指标，在编制预算定额时，有可能利用施工定额的劳力、机械和材料消耗指标确定预算定额所含工序的消耗量。

（三）确定预算定额各项目人工、材料和机械台班消耗指标

确定预算定额人工、材料、机械台班消耗指标时，必须先按施工定额的分项逐项计算出消耗指标，然后再按预算定额的项目加以综合。但是这种综合不是简单的合并和相加，而需在综合过程中增加两种定额之间适当的水平差。预算定额的水平，首先取决于这些消耗量的合理确定。

人工、材料和机械台班消耗量指标，应根据定额编制原则和要求，采用理论与实际相结合、图纸计算与施工现场测算相结合、编制人员与现场工作人员相结合等方法进行计算和确定，使定额既符合政策要求，又与客观情况一致，便于贯彻执行。

（四）编制定额表和拟定有关说明

定额项目表的一般格式是：横向排列为各分项工程的项目名称，竖向排列为该分项工程的人工、材料和施工机械消耗量指标。有的项目表下部，还有附注，以说明设计有特殊要求时，怎样进行调整和换算。

三、预算定额消耗指标的确定

预算定额消耗指标包括：人工消耗指标、材料消耗指标和施工机械台班消耗指标。

（一）人工消耗指标的确定

1. 人工消耗指标的内容

预算定额是综合性定额，因此定额中人工消耗指标应包括为完成分项工程所必须的各种工序的用工量（即基本用工、人工幅度差、超运距用工、辅助用工）、工日总数和平均工资等级。

（1）基本用工

基本用工指完成分项工程的主要用工量，是预算定额人工消耗指标的主要组成部分。由于预算定额是综合性定额，每个分项定额都综合了数个工序内容，各种工序用工等级均不一样。因此，完成定额单位产品的基本用工量又包括两部分：即该分项工程主体工程的用工量和附属于主体工程中各工程的加工而增加的用工量。例如，砌筑各种砖墙工程的基本用工，包括砌墙体用工，也包括门窗洞口、墙心烟囱等加工用工。上述不同用工量，都要分别计算后纳入定额。

（2）人工幅度差

人工幅度差是指在编制预算定额时必须加算的，劳动定额中未包括的，而在正常施工

条件下必然发生的零星用工量。人工幅度差内容包括：

①在正常施工情况下，土建工程各种工程之间的工序搭接及土建工程与水、暖、电工程之间交叉配合所需停歇的时间。

②施工机械在单位工程之间转移及临时水电线路在施工过程中移动所发生的不可避免的工作停歇时间。

③工程质量检查与隐蔽工程验收而影响工人的操作时间。

④场内单位工程之间因操作地点转移而影响工人的操作时间。

⑤施工过程中工种之间交叉作业难免造成的损坏所必须增加的修理用工。

⑥施工中不可避免的少数零星用工。

上述需增加的用工采用人工幅度差方法计算，即增加一定比例的用工。

(3) 超运距用工

超运距用工是指编制预算定额时，材料、半成品等在施工现场的合理运输距离，超过劳动定额规定的运距时，应增加的运输用工量。劳动定额中材料运距的用工是按合理的施工组织规定的，实际上各类建设场地的条件很不一致，实际运距与劳动定额规定的运距往往有较大的出入，编制预算定额时，必须根据全国或本地区各施工现场的实际情况综合取定一个合理运距。预算定额规定运距减去劳动定额中规定的运距等于超运距。《全国统一建筑工程基础定额》中的材料、成品、半成品场内超运距的取定见表 3-5。

材料、成品、半成品场内超运距表 **表 3-5**

序　号	材　料　名　称	起止地点	取定超运距（m）
1	水　泥	仓库—搅拌处	0
2	砂	堆放—搅拌处	50
3	碎（砾）石	堆放—搅拌处	50
4	毛石（整石）	堆放—使用	50
5	红砖（瓦）	堆放—使用	100
6	砂　浆	搅料—使用	100
7	各类砌场	堆放—使用	100
8	组合钢模板	堆放点—安装点	140
9	木模板	堆放点—制作点	20
	木模板	制作点—堆放点	20
	木模板	堆放点—安装点	140
	木模板	拆除点—堆放点	40
10	钢　筋	取料—加工	50
	钢　筋	制作—堆放	50
	钢　筋	堆放—安装	现场 100 预制厂 150
11	混凝土（包括各类轻质混凝土）	搅拌点—浇灌点	100
12	铁　件	堆放—使用	100
13	钢门窗	制作—安装	100
14	木门窗	制作—堆放	20
	木门窗	堆放—安装	170
15	木屋架、檩木	制作	50
	木屋架、檩木	安装	150
16	玻　璃	制作—安装	100
17	白石子（石屑）	堆放—搅拌—使用	150
18	马赛克、各类块料	堆放—搅拌—使用	50
19	石灰炉（矿）渣	堆放—搅拌—使用	50
20	卷材、玻璃布	仓库—使用	100
	沥青胶	堆放—熬制—操作	100
21	沥　青	堆放—熬制—操作	50
22	草　袋	堆放—使用	50
23	钢　材	堆放—制作	100

(4) 辅助用工

辅助用工是指施工现场某些建筑材料的加工用工，它是预算定额人工消耗指标的组成部分。建筑安装工程统一劳动定额，规定了完成质量合格单位产品的基本用工量（工日），未考虑施工现场的某些材料的加工用工。例如，施工现场筛砂子和炉渣、淋石灰膏、洗石子、砖上喷水、打碎砖等用工，均未纳入产品定额中。辅助用工是施工生产不可缺少的用工，在编制预算定额计算总的用工量指标时，必须按需要加工的材料数量和劳动定额中相应的加工定额，计算辅助用工量。

(5) 平均工资等级

平均工资等级是指预算定额中总用工量的平均工资等级。预算定额的人工消耗指标中，有不同种类的工种，例如浇筑钢筋混凝土的各分项工程用工，有混凝土工、木工、钢筋工、其他用工，各工种用工又有不同的等级，为了统一计量定额中的人工费用，需要时，可按照预算定额的各种用工量、各种工资等级和工资等级系数，采用加权平均方法，计算预算定额总用工量的平均工资等级。

2. 人工消耗指标的测算

预算定额中各种用工量，应根据在工程量计算表中测算后综合取定的工程量数据，国家颁发的《建筑安装工程统一劳动定额》，以及国家规定的人工幅度差系数等资料计算。

国家颁发的《建筑安装工程统一劳动定额》，规定各种用工量的基本计算方法如下：

首先，按综合取定的工程量和劳动定额、人工幅度差系数等，计算出各种用工的工日数。

其次，需要时，可以计算预算定额用工的平均工资等级。因为各种基本工和其他用工的工资等级并不一致，为了准确求出预算定额用工的平均工资等级，必须用加权平均方法计算。即先计算各种用工的工资等级系数、等级总系数、汇总后与工日总数相除，求出平均等级系数，再在《工资等级系数表》上找出预算定额用工的平均工资等级。

(1) 基本用工计算

按综合取定的工程量数据和劳动定额中的相应时间定额进行计算。计算公式如下：

$$基本工工日数量 = \sum（时间定额 \times 工序工程量）$$

基本工的平均工资等级系数和工资等级总系数：基本工的平均工资等级系数应按劳动小组的平均工资等级系数来确定。统一劳动定额中对劳动小组的成员数量、技术和普工的技术等级都作了规定，应依据这些数据和工资等级系数表，用加权平均方法计算小组成员的平均工资等级系数和工资等级总系数。平均工资等级系数计算公式如下：

$$劳动小组成员平均工资等级系数 = \sum（相应等级工资系数 \times 人工数量） \div 人工总数$$

基本工工资等级总系数计算公式如下：

$$基本工工资等级总系数 = 基本工工日总量 \times 基本工平均工资等级系数$$

(2) 超运距用工计算

$$超运距 = 预算定额规定的运距 - 劳动定额规定的运距$$

超运距用工工日数量：应按各种超运距的材料数量和相应的超运距时间定额进行计算。计算公式为：

$$超运距用工工日数量 = \sum（时间定额 \times 超运距材料数量）$$

超运距用工平均工资等级系数和工资等级总系数的计算：

超运距用工工资等级总系数 = 超运距用工总量 × 超运距用工平均工资等级系数

(3) 辅助用工计算

①辅助用工工日数量：按所需加工的各种材料数量和劳动定额中相应的材料加工时间定额进行计算。计算公式为：

辅助用工工日数量 = ∑（时间定额 × 需要加工材料数量）

②辅助用工平均工资等级系数和工资等级总系数的计算：

辅助用工工资等级总系数 = 辅助用工总量 × 辅助用工平均工资等级系数

(4) 人工幅度差计算

①人工幅度差用工量：应按国家规定的人工幅度差系数，在以上各种用工量的基础上进行计算。其计算公式如下：

人工幅度差 = （基本工 + 超运距用工 + 辅助用工） × 人工幅度差系数

②人工幅度差的平均工资等级系数和工资等级总系数的计算：

$$人工幅度差平均工资等级系数 = \frac{前三项总系数之和}{前三项工日数量之和}$$

人工幅度差工资等级总系数 = 人工幅度差 × 人工幅度差平均工资等级系数

(5) 预算定额用工的工日数量和平均工资等级系数

分项工程定额用工量 = 前四项工日数量之和

$$平均工资等级系数 = \frac{前四项总系数之和}{前四项工日数量之和}$$

平均工资等级系数计算出来后，需要时就可以按照工资等级系数表中的系数确定定额用工的平均工资等级。

一九九五年《全国统一建筑工程基础定额》中的人工工日不分工种、技术等级，一律以综合工日表示。内容包括基本用工、超运距用工、人工幅度差、辅助用工。其中基本用工，参照现行全国建筑安装工程统一劳动定额为基础计算，缺项部分，参考地区现行定额及实际调查资料计算。凡依据劳动定额计算的，均按规定计入人工幅度差；根据施工实际需要计算的，未计入人工幅度差。

(二) 材料消耗指标的确定

1. 材料消耗指标的内容

预算定额中的材料消耗指标内容同施工定额一样，包括主要材料、辅助材料、周转性材料和次要（其他）材料的消耗量标准，并计入了相应损耗，其内容包括：从工地仓库或现场集中堆放地点至现场加工地点或操作地点以及加工地点至安装地点的运输损耗、施工操作损耗、施工现场堆放损耗。

《全国统一建筑工程基础定额》中的材料、成品、半成品损耗率见表 3-6（节录一部分）。

2. 材料消耗指标的测算

材料消耗量计算方法主要有：

(1) 凡有标准规格的材料，按规范要求计算定额计量单位耗用量，如砖、防水卷材等。

(2) 凡设计图纸标注尺寸及下料要求的按设计图纸尺寸计算材料净用量，如门窗制作用材料、方、板料等。

(3) 换算法。各种胶结、涂料等材料的配合比用料，可以根据要求条件换算，得出材料用量。

材料、成品、半成品损耗率表（节录） **表 3-6**

序号	材料名称	损耗率(%)	序号	材料名称	损耗率(%)
1	打孔灌注混凝土桩	1.5	8	红砖（墙）	2.0
	打孔灌注混凝土桩（充盈系数）	25		红砖（空斗墙）	1.5
2	钻孔灌注混凝土桩	1.5		红砖（基础）	0.5
	钻孔灌注混凝土桩（充盈系数）	30		红砖（方砖柱）	3.0
3	打预制混凝土桩	1.0		红砖（圆砖柱）	7.0
4	钢脚手管	4.0		红砖（烟囱）	4.0
5	毛竹脚手杆	5.0		红砖（水塔）	3.0
6	铁线	2.0	9	加气混凝土块	7.0
7	毛石	2.0	10	其他砌块	2.0
			11	砂浆（砖砌体）	1.0
				砂浆（空心墙）	5.0
				砂浆（多孔砖墙）	10.0
				砂浆（砌块）	2.0
				砂浆（毛石）	1.0

(4) 测定法，包括试验室试验法和现场观察法。指各种强度等级的混凝土及砌筑砂浆配合比的耗用原材料数量的计算，须按规范要求试配，经过试压合格以后并经必要的调整后得出的水泥、砂子、石子、水的用量。对新材料、新结构又不能用其他方法计算定额耗用量时，须用现场测定方法来确定，根据不同条件可以采用写实记录法和观察法，得出定额的消耗量。

材料损耗量，指在正常施工条件下不可避免的材料损耗，如现场内材料运输损耗及施工操作过程中的损耗等。其关系式如下：

$$\text{材料损耗率} = \frac{\text{损耗量}}{\text{净用量}} \times 100\%$$

$$\text{材料损耗量} = \text{材料净用量} \times \text{损耗率}$$

$$\text{材料消耗量} = \text{材料净用量} + \text{损耗量或材料消耗量} = \text{材料净用量} \times (1 + \text{损耗量})$$

其他材料的确定。一般按工艺测算并在定额项目材料计算表内列出名称、数量，并依编制期价格以占主要材料的比率计算，列在定额材料栏之下，定额内可不列材料名称及消耗量。

(三) 施工机械台班消耗指标的确定

1. 施工机械台班消耗指标的内容

(1) 基本台班数量

即按机械台班定额确定的为完成定额计量单位建筑安装产品所需要的施工机械台班数量。

(2) 机械幅度差

编制预算定额时，在按照统一劳动定额计算施工机械台班的耗用量后，尚应考虑在合理的施工组织设计条件下机械停歇的因素，而另外增加的机械台班消耗量。

预算定额中机械幅度差所包括的内容大致应有以下几项：

①施工中机械转移工作面及配套机械互相影响损失的时间；

②在正常施工情况下机械施工中不可避免的工序间歇；

③工程结尾工作量不饱满所损失的时间；

④检查工程质量影响机械操作的时间；

⑤临时水电线路在施工过程中移动所发生的不可避免的机械操作间歇时间；

⑥冬季施工期内发动机械的时间；

⑦不同厂牌机械的工效差；

⑧配合机械施工的工人，在人工幅度差范围以内的工作间歇影响的机械操作的时间。

施工机械幅度差系数，应按照统一规定的系数计算。《全国统一建筑工程基础定额》的施工机械幅度差系数见表3-7。

机械幅度差系数表 表3-7

序号	名　称	幅度差系数（%）	备注	序号	名　称	幅度差系数（%）	备注
1	挖土方机械	25		6	打桩机械	33	
2	夯击机械	25		7	钻孔桩机械	33	
3	运土方、运渣机械	25		8	构件运输机械	25	
4	挖掘机挖渣	33		9	构件安装机械	25	
5	推土机推渣	33					

2. 施工机械台班消耗指标的测算。

预算定额中的施工机械台班消耗指标，有以下几种基本的计算方法：

（1）按机械台班定额加机械幅度差的计算方法。

采用这种方法，主要是大型施工机械。如大规模土石方施工、打桩、构件吊装机械等。这时施工机械台班耗用量应包括完成定额规定的施工任务所需的基本台班数量和必要的机械幅度差，其中基本的台班数量必须根据相应的施工机械台班定额来确定。用公式来表示即为：

$$基本台班数量=\frac{定额计量单位}{机械台班产量}$$

机械幅度差则以基本台班数量为基础乘以机械幅度差系数来计算。用公式来表示即为：

$$机械幅度差=基本台班数量\times机械幅度差系数$$

（2）按工人小组配置机械，以小组产量为机械台班产量的计算方法。

有些机械按工人小组来配置，工人小组的日产量限制了机械能力的发挥，这时就以小组产量作为机械台班产量来确定施工机械台班消耗指标。

以小组产量计算机械台班产量，不另增加机械幅度差。计算公式如下：

$$分项定额机械台班使用量=\frac{分项定额计量单位值}{小组总人数\times(劳动定额综合产量定额\times分项计算的取定比值)}=\frac{分项定额计量单位值}{小组总产量}$$

例如，某年砖石分部工程劳动定额规定小组人数为22人。一砖半外墙每工综合产量（塔吊）为：双面清水墙0.887m^3；单面清水墙0.926m^3；混水墙1.02m^3。各种墙的取定比重同前，则10m^3一砖半及一砖半以上外墙的施工机械台班使用量为：

$$\frac{10}{22\times (0.2\times 0.887+0.45\times 0.926+0.35\times 1.02)}=\frac{10}{20.9242}\approx 0.4779\text{（台班）}$$

(3) 按人工工日的一定比例确定机械台班消耗指标的计算方法。

这种方法实际上是按相应工种的工人配置机械，以用工量确定机械台班消耗指标。例如，在确定电焊机台班消耗指标时，就采用这种方法，以电焊工工日与电焊机台班的比值来计算。假设某预算定额用工指标中的电焊工工日为 0.1 工日，比值为 1:1，那么，电焊机台班数也为 0.1 个台班。

一般情况下，采用后两种计算方法时不再计取机械幅度差。

四、预算定额项目表的编制

分项工程的人工、材料和机械台班的消耗定额确定以后，接下来可以编制预算定额的项目表了。具体地说，就是编制预算定额表中的各项内容。

(一) 预算定额项目表中人工消耗部分

按工种分别列出各工种工人的合计工日数；有些用工量很少的个别工程，可以合并为一个“其他用工”的工日数；有的定额将所有用工合并为综合工日数。

(二) 预算定额项目表中材料消耗部分

主要材料列出名称、单位和消耗数量。用量不多的一些材料，可以合并为“其他材料”。

(三) 预算定额项目表中机械台班消耗部分

列出主要施工机械的名称及其规格。消耗定额以“台班”数量来表示。对于一些次要的施工机械设备，可合并为“其他机械”。

以《全国统一建筑工程基础定额》中的部分定额项目表为例（见表 3-8，表 3-9）：

潜水钻机钻孔灌注混凝土桩 **表 3-8**

工作内容：护筒埋设及拆除、准备钻孔机具、钻孔出渣；加泥浆和泥浆制作；清桩孔泥浆；导管准备及安拆；搅拌及灌注混凝土。

计量单位：$10m^3$

定额编号			2—45	2—46	2—47
项目			潜水钻机钻孔灌注桩		
			桩直径在 60cm 以内	桩直径在 80cm 以内	桩直径在 100cm 以内
名称		单位	数量		
人工	综合工日	工日	120.490	104.440	92.140
材料	现浇混凝土（一）C20—20 425 #	m^3	13.190	13.190	13.190
	模板板方材	m^3	0.189	0.107	0.070
	电焊条	kg	2.690	1.450	0.900
	黏土	m^3	0.540	0.540	0.540
	铁钉	kg	0.580	0.390	0.290
	水	m^3	27.130	26.230	24.600
	其他材料费占材料费	%	22.100	16.040	12.390
机械	潜水钻机 ϕ1250 以内	台班	4.570	3.850	3.310
	混凝土搅拌机 400L	台班	0.720	0.720	0.720
	交流电焊机 40kVA	台班	0.340	0.230	0.150
	空气压缩机 $9m^3$/min	台班	0.520	0.420	0.290
	其他机械费占机械费	%	7.080	10.570	12.500

砌　　砖　　　　**表 3-9**

工作内容：砖基础：调运砂浆、铺砂浆、运砖、清理基槽坑、砌砖等。砖墙：调运、铺砂浆、运砖；砌砖包括窗台虎头砖、腰线、门窗套；安放木砖、铁件等。

计量单位：10m³

定额编号			4—1	4—2	4—3	4—4	4—5	4—6
项目			砖基础	单面清水砖墙				
				1/2 砖	3/4 砖	1 砖	1 砖半	2 砖及 2 砖以上
名称		单位	数量					
人工	综合工日	工日	12.180	21.970	21.630	18.870	17.830	17.140
材料	混合砂浆 M2.5	m³	—	—	—	2.250	2.400	2.450
	水泥砂浆 M10	m³	—	1.950	2.130	—	—	—
	水泥砂浆 M5	m³	2.360	—	—	—	—	—
	普通黏土砖	千块	5.236	5.641	5.510	5.400	5.350	5.310
	水	m³	1.050	1.130	1.100	1.060	1.070	1.060
机械	灰浆搅拌机 200L	台班	0.390	0.330	0.350	0.380	0.400	0.410
定额编号			4—7	4—8	4—9	4—10	4—11	4—12
项目			混水砖墙					
			1/4 砖	1/2 砖	3/4 砖	1 砖	1 砖半	2 砖及 2 砖以上
名称		单位	数量					
人工	综合工日	工日	28.170	20.140	19.640	16.080	15.630	15.460
材料	混合砂浆 M2.5	m³	—	—	—	2.250	2.400	2.450
	水泥砂浆 M10	m³	1.180	—	—	—	—	—
	水泥砂浆 M5	m³	—	1.950	2.130	—	—	—
	普通黏土砖	千块	6.158	5.641	5.510	5.400	5.350	5.309
	水	m³	1.230	1.130	1.100	1.060	1.070	1.060
机械	灰浆搅拌机 200L	台班	0.200	0.330	0.350	0.380	0.400	0.410

五、预算定额编制实例

以《全国统一建筑工程基础定额》中的砖基础定额和半砖单面清水墙定额为例。

(一）基础资料

1. 砖砌体取定比例权数

砌筑工程中的转砌体，在制定定额时，综合考虑了外墙和内墙所占比例，扣减梁头垫块和增加突出砖线体积等因素，具体如表 3-10 所示。

砖砌体取定比例权数表　　　　**表 3-10**

项目	墙类比例	附件占有率
砖基础	一砖基二层等高 70%、一砖半基四层等高 20%、二砖四层等高 10%	T 形接头重叠占 0.785%、垛基突出部分占 0.2575%
半砖墙	外墙按 47.7%	外墙突出砖线条占 0.36%
	内墙按 52.3%	无
$\frac{3}{4}$砖墙	外墙按 50%	外墙梁头垫块占 0.4893%
		外墙突出砖线条占 0.9425%
	内墙按 50%	内墙梁头垫块占 0.104%

续表

项目	墙类比例	附件占有率
一砖墙	外墙按 50%	外墙梁头垫块占 0.058%、0.3m³ 内孔洞占 0.01%
		外墙突出砖线条占 0.336%
	内墙按 50%	内墙梁头垫块占 0.376%
一砖半及二砖墙	外墙按 47.7%	外墙梁头垫块占 0.115%
		外墙突出砖线条占 1.25%
	内墙按 52.3%	内墙梁头垫块占 0.332%
空斗墙	空斗按 73%	突出砖线条占 0.32%
	实砌按 27%	无

2. 混凝土、砂浆搅拌机等按台班产量确定台班数量，其台班产量见表 3-11。

机械台班产量 **表 3-11**

序号	名称	机械台班产量	备注
1	脚手架场外运输汽车	13.66t/台班	
2	砌筑砂浆搅拌机	6m³/台班	
3	模板场外运输汽车（钢模）	12.60t/台班	
	模板场外运输汽车（木模）	15m³/台班	
	模板场外运输汽车配吊车	18.9t/台班	
4	混凝土搅拌机	26m³/台班	现场预制构件
	混凝土搅拌机	40m³/台班	预制厂生产预制构件
	混凝土搅拌机	26m³/台班	现场构件（基础）
	混凝土搅拌机	16m³/台班	现场构件（其他）
5	预制构件场内堆放出窑机械	40m³/台班	堆放采用塔吊，出窑采用龙门吊（综合产量）
6	装饰工程砂浆搅拌机	6m³/台班	
7	装饰工程混凝土搅拌机	10m³/台班	

（二）砖基础定额的制定

1. 砖基础的材料耗用量计算

砖基础取定下述 3 种规格形式进行综合：

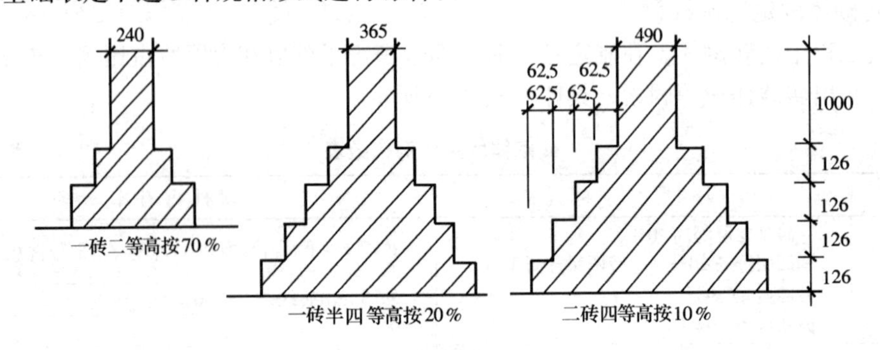

图 3-2 砖基断面

$$直墙基高\ 1\text{m} = \frac{1}{0.053 + 0.01} = 15.87\ 层（皮）$$

依表 3-10 应综合附件占有率 = 0.2575% − 0.785% = − 0.5275%。

为计算方便，现将各种墙厚的每层（皮）在 1m 长的砖块数列入表 3-12 供查用。

各种墙厚单位长的砖块数表 **表 3-12**

墙厚（m）	每层砖块数	墙厚（m）	每层砖块数
半砖（0.115）	4 块	二砖半（0.615）	20 块
一砖（0.24）	8 块	三砖（0.74）	24 块
一砖半（0.365）	12 块	三砖半（0.865）	28 块
二砖（0.49）	16 块	四砖（0.999）	32 块

（1）定额标准砖计算，砖基用砖按下式计算：

$$\text{每 m}^3\text{ 砖基础净用砖量} = \frac{\text{按基础规格计算 1m 长的砖块数}}{\text{按基础规格计算 1m 长的砌体体积}}$$

每 m^3 砖基耗用砖量 = ［∑（各净用砖量 × 权数）± 附件占有率］×（1 + 损耗率）

式中　权数——砖基础为 70%、一砖半基础为 20%、二砖基础为 10%；

附件率——0.5275%；

损耗率——0.5%。

$$\text{一砖基础净用砖量} = \frac{\overset{\text{1m 高墙基}}{15.87\times 8}+\overset{\text{一阶放脚}}{12\times 2}+\overset{\text{二阶放脚}}{16\times 2}}{0.24\times 1+0.365\times 0.126+0.49\times 0.126} = \frac{182.96}{0.3477}\approx 526.2\ (\text{块/m}^3)$$

$$\text{一砖半基础净用砖量} = \frac{\overset{\text{1m 高墙基}}{15.87\times 12}+\overset{\text{一阶}}{16\times 2}+\overset{\text{二阶}}{20\times 2}+\overset{\text{三阶}}{24\times 2}+\overset{\text{四阶}}{28\times 2}}{0.365\times 1+(0.49+0.615+0.74+0.865)\times 0.126}$$

$$= \frac{366.44}{0.7065}\approx 518.67\ (\text{块/m}^3)$$

$$\text{二砖基础净用砖量} = \frac{\overset{\text{1m 高墙基}}{15.87\times 16}+\overset{\text{一阶}}{20\times 2}+\overset{\text{二阶}}{24\times 2}+\overset{\text{三阶}}{28\times 2}+\overset{\text{四阶}}{32\times 2}}{0.49\times 1+(0.615+0.74+0.865+0.99)\times 0.126}$$

$$= \frac{461.92}{0.8945}\approx 516.4\ (\text{块/m}^3)$$

$$\begin{aligned}\text{标准砖耗用量} &= (526.2\times 70\% + 518.67\times 20\% + 516.4\times 10\%)\\ &\quad\times(1-0.5275\%)\times(1+5\%)\\ &\approx 523.74\times 0.9947\times 1.005\\ &\approx 523.57\approx 523.6\ (\text{块/m}^3)\end{aligned}$$

（2）定额砂浆量计算，砖基砂浆用量按下式计算：

$$\text{每 m}^3\text{ 砖基础砂浆净用量} = 1 - 0.0014628\times\text{各基础净用砖量}$$

$$\text{每 m}^3\text{ 砖基础砂浆耗用量} = \left[\sum\left(\begin{matrix}\text{各砂浆}\\\text{净用量}\end{matrix}\times\text{权数}\right)\pm\begin{matrix}\text{附件}\\\text{占有率}\end{matrix}\right]\times(1+\text{损耗率})$$

式中　扣减附件率 0.5275% 因很小，这里计算时忽略不计；

损耗率为 1%。

$$\text{一砖基础砂浆净量} = 1 - 0.0014628\times 526.2\approx 0.2303\ (\text{m}^3/\text{m}^3)$$

$$\text{一砖半基砂浆净量} = 1 - 0.0014628\times 518.67\approx 0.2413\ (\text{m}^3/\text{m}^3)$$

二砖基础砂浆净量 $=1-0.0014628\times516.4\approx0.2446$（$m^3/m^3$）

砂浆耗用量 =（$0.2303\times70\%+0.2413\times20\%+0.2446\times10\%$）$\times1.01$

≈0.236（m^3/m^3）

(3) 水，用于湿砖，综合按每千块砖浇水 $0.2m^3$ 计算。则

水耗用量 = 5.236 千块 $\times0.2\approx1.047$（$m^3/10m^3$）

2. 砖基础的人工耗用量计算

砖基础人工耗用量包括砌砖基本用工、砌体加工用工和材料超运距用工等。

砌砖基本用工：按 1985 年劳动定额执行，见表 3-13 的摘录。

每 1 立方米砌体的劳动定额 **表 3-13**

项目	厚度在			序号
	1砖	1.5砖	2砖及2砖以外	
综合	$\frac{0.89}{1.12}$	$\frac{0.86}{1.16}$	$\frac{0.833}{1.20}$	一
砌砖	$\frac{0.37}{2.70}$	$\frac{0.336}{2.98}$	$\frac{0.309}{3.24}$	二
运输	$\frac{0.427}{2.34}$	$\frac{0.427}{2.34}$	$\frac{0.427}{2.34}$	三
调制砂浆	$\frac{0.093}{10.80}$	$\frac{0.097}{10.30}$	$\frac{0.097}{10.30}$	四
编号	1	2	3	

工作内容：包括清理地槽、砌垛、角，抹防潮层砂浆等。

本定额考虑 5%的圆形、弧形砖基础，其用工按劳动定额 §4-2 表。

材料超运距为 100m、人工幅度差为 15%，计算式为：

定额工日 = ∑（各项计算量 × 时间定额）×（1 + 人工幅度差）

具体计算见表 3-14。

砖基础人工计算表 **表 3-14**

项目名称	单位	计算量	劳动定额编号	时间定额	工日/$10m^3$
砌一砖基础	m^3	7	§4—1—1（一）	0.89	6.020
砌一砖半基础	m^3	2	§4—1—2（一）	0.86	1.720
砌二砖基础	m^3	1	§4—1—3（一）	0.833	0.833
圆及弧形砖基加工	m^3	0.5	§4—2—加工表	0.100	0.050
标准砖超运 100m	m^3	10	§4—15—177（一）	0.109	1.090
砂浆超运 100m	m^3	10	§4—15—177（二）	0.0408	0.408
筛砂工	m^3	2.36×1.02	§1—4—83	0.196	0.472
小计					10.593
定额工日	（人工幅度差 15%）10.593×1.15				12.182

3. 砖基础的机械台班计算

砖砌体所需机械为灰浆搅拌机，台班产量按 $6m^3$/台班。垂直运输机械另行统一编制

垂直运输定额。

机械台班计算通式为：

$$灰浆搅拌机台班=\frac{定额砂浆耗用量}{搅拌机台班产量}$$

$$砖基础机械台班=\frac{2.36}{6}\approx 0.39（台班/10m^3）$$

4. 砖基础定额项目表的编制

汇总上述的计算结果：

（1）定额工日：12.182 工日/$10m^3$，即 12.180 工日/$10m^3$。

（2）水泥砂浆：0.236m^3/m^3，即 2.36$m^3/10m^3$。

（3）标准砖：523.6 块/m^3，即 5.236 千块/$10m^3$。

（4）水：1.047$m^3/10m^3$，即 1.05$m^3/10m^3$。

（5）灰浆搅拌机：0.39 台班/$10m^3$。

将上述消耗指标列入表中，即形成砖基础定额项目表（见表 3-9）。

（三）半砖单面清水墙定额的制定

1. 材料耗用量计算

（1）标准砖耗用量的计算

标准砖的耗用量按下式计算：

$$砖净用量=126.984\times\frac{墙厚的砖块数}{墙厚度}=126.984\times\frac{0.5}{0.115}\approx 552（块/m^3）$$

损耗率按 2%：

$$\begin{aligned}定额耗用量&=\sum\left[\begin{matrix}墙类\\比例\end{matrix}\times\left(1\pm\begin{matrix}附件\\占有率\end{matrix}\right)\right]\times（1+损耗率）\\&=［47.7\%\times（1+0.36\%）+52.3\%\times 1］\times 552\times（1+2\%）\\&\approx 564.1（块/m^3）\end{aligned}$$

（2）砂浆耗用量的计算

砂浆耗用量按下列公式计算：

$$\begin{aligned}砂浆净用量&=1-0.0014628\times 砖净用量=1-0.0014628\times 552\\&\approx 0.1925（m^3/m^3）\end{aligned}$$

损耗率按 1%：

$$\begin{aligned}定额耗用量&=\sum\left[\begin{matrix}墙类\\比例\end{matrix}\times\left(1\pm\begin{matrix}附件\\占有率\end{matrix}\right)\right]\times\begin{matrix}砂浆\\净用量\end{matrix}\times（1+损耗率）\\&=［47.7\%\times（1+0.36\%）+52.3\%\times 1］\times 0.1925\times 1.01\\&\approx 0.1948（m^3/m^3）\end{aligned}$$

（3）水耗用量计算

水主要用于湿砖，每千块按 0.2m^3 取定，则

$$定额耗用量=0.2\times 5.641\approx 1.128（m^3/10m^3）$$

2. 人工耗用量计算

清水墙砌筑工按劳动定额执行。

墙面清缝用工统一按每 $10m^3$0.082 工日取定。

墙身附件加工作如下规定：

（1）墙心烟囱孔、附墙烟囱及其他孔按每 m^3 墙体加工 0.34m 单孔长计算，则 $10m^3$ 为 3.4m。

（2）弧形及圆弧旋按 $0.06m/10m^3$。

（3）垃圾道按 $0.6m/10m^3$。

（4）预留抗震柱孔按 $3m/10m^3$。

（5）壁橱及小阁楼按 0.11 个 $/10m^3$。

材料超运量按 $10m^3$ 砌体计算。

人工幅度差为 15%。

人工的定额用量仍按上例公式进行计算，取定计算结果如表 3-15 所示。

单面清水半砖墙人工计算表 **表 3-15**

名　　称	计算量	单位	劳动定额编号	时间定额	工日/$10m^3$
单面清水墙	10	m^3	§4—2—8（二）	1.64	16.40
墙面清缝	10	m^3	统一取定	0.082	0.82
墙心及附墙烟囱孔	0.34	10m	§4—2—加工表—4	0.50	0.17
弧形及圆形阁	0.006	10m	§4—2—加工表—6	0.30	0.0018
垃圾道	0.03	10m	§4—2—加工表—8	0.60	0.018
预留抗震柱孔	0.30	10m	§4—2—加工表—9	0.50	0.150
壁橱及小阁楼	0.11	个	§4—2 加工表—11、12	0.45	0.050
砖超运 100m	10	m^3	§4—15—177（一）	0.109	1.090
砂浆超运 100m	10	m^3	§4—15—177（二）	0.0408	0.408
小　　计					19.108
定额工日	（人工幅度差 15%）19.108×1.15				21.974

3. 施工机械台班耗用量计算

砂浆搅拌机台班仍按上例通式计算。则

$$定额台班 = \frac{1.95}{6} \approx 0.33（台班/10m^3）$$

4. 半砖清水墙定额项目表的编制

汇总上述的计算结果：

（1）定额工日：21.974 工日 $/10m^3$，即 21.97 工日 $/10m^3$。

（2）水泥砂浆：$0.1948m^3/m^3$，即 $1.95m^3/10m^3$。

（3）标准砖：564.1 块 $/m^3$，即 5.641 千块 $/10m^3$。

（4）水：$1.128m^3/10m^3$，即 $1.13m^3/10m^3$。

（5）灰浆搅拌机：0.33 台班 $/10m^3$。

将上述消耗指标列入表中，即形成半砖单面清水墙定额项目表（见表 3－9）。

六、预算定额册的组成

（一）预算定额册组成内容

不同时期、不同专业和不同地区的预算定额册，在内容上虽不完全相同，但其基本内容变化不大。主要包括：

1. 总说明；

2. 分章（分部工程）说明；

3. 分项工程表头说明；

4. 定额项目表；

5. 分章附录和总附录。

有些预算定额册为方便使用，把工程量计算规则编入内容。但工程量计算规则并不是预算定额册必备的内容。

（二）建筑工程预算定额册的内容实例（土建工程）

为了更详尽了解建筑工程预算定额册组成内容，特节录建设部1995年发布的《全国统一建筑工程基础定额》主要内容如下：

第一部分　预算定额目录

总说明

第一章　土石方工程

第二章　桩基础工程

第三章　脚手架工程

第四章　砌筑工程

第五章　混凝土及钢筋混凝土工程

第六章　构件运输及安装工程

第七章　门窗及木结构工程

第八章　楼地面工程

第九章　屋面及防水工程

第十章　防腐、保温、隔热工程

第十一章　装饰工程

第十二章　金属结构制作工程

第十三章　建筑工程垂直运输定额

第十四章　建筑物超高增加人工、机械定额

第十五章　附录

第二部分　预算定额总说明（见附录一）

第三部分　分部工程说明

基础定额各分部工程说明（见附录一）。

第四部分　分项工程表头说明及定额项目表

以“砌筑工程”中的“砌砖”项目表为例，见表3-9。

第四节　概算定额、概算指标和估算指标

概算定额、概算指标和估算指标，是编制设计概算和投资估算的重要依据，为了做好工程造价的编制与管理工作，掌握概算定额、概算指标和估算指标的制定方法是十分

重要的。

一、建筑工程概算定额

（一）建筑工程概算定额及其作用

建筑工程概算定额是国家或其授权机关规定的生产一定计量单位建筑工程扩大结构构件（或称扩大分项工程）所需人工、材料和施工机械台班消耗量的一种标准。

概算定额是在预算定额的基础上，以主体结构分部为主，合并其相关部分，进行综合、扩大，因此也叫扩大结构定额。例如，在预算定额中有人工挖地槽、砖砌基础、敷设防潮层、人工夯填土、人工运余土等分项工程预算定额。在概算定额中则以砖基础为主，将其他分项工程合并在砖基础中，综合成一个扩大分项的砖基础概算定额，它包括了完成该扩大结构构件或扩大分项工程所需的全部施工过程。

建筑工程概算定额，是编制设计概算和修正概算的依据，是进行设计方案经济比较的依据，是编制建筑工程主要材料计划的依据，也是编制核算指标的依据。因此，正确合理编制概算定额对提高设计概算的质量，加强基本建设经济管理，合理使用建设资金，降低建设成本，充分发挥投资效果等方面，都具有重要的作用。

（二）建筑工程概算定额种类、主要内容和项目划分

建筑工程概算定额按其适用范围划分，有通用的建筑工程概算定额；专业通用的建筑工程概算定额；专业专用的建筑工程概算定额。

通用的建筑工程概算定额的编制内容适用于各地区、各部门的一般工业和民用的新建、扩建项目的建筑工程。

建筑工程概算定额，一般包括下列主要内容：总说明、各章节概算定额。

1. 总说明。说明概算定额的作用、适用范围、编制依据及其使用方法等。

2. 各章节概算定额。其中有章节说明、工程量计算规则、各节概算定额表。

按主体结构可分为以下几章：

基础工程，墙体工程，梁柱工程，楼地面工程、顶棚工程，屋盖工程，门窗工程，金属结构工程，构筑物工程，其他工程。

每章又由若干节概算定额表组成。

现以某省建筑工程的带形砖基础概算定额为例，如表3-16。

外　墙　砌　砖

工程内容：砌砖、过梁、圈梁、构造柱、加固筋、抹灰、喷白、窗台板、压顶等。

表 3-16

定额编号			91	92
项目名称		单位	带过梁、圈梁	
			二砖	一砖半
综合基价		元	68.93	55.33
其中：人工费		元	9.14	7.84
材料费		元	54.93	43.73
机械费		元	4.81	3.76
人工	综合工日	工日	1.47	1.26

续表

定额编号			91	92
项目名称		单位	带过梁、圈梁	
			二砖	一砖半
主要材料	红（青）砖	千块	0.241	0.179
	水泥	kg	42.414	36.713
	白灰	kg	26.748	20.945
	砂子	m^3	0.176	0.144
	碎石	m^3	0.030	0.027
	白石子	kg	—	1.568
	模板木材（现浇）	m^3	0.003	0.003
	钢筋 ϕ10 以内	t	0.001	0.001
	钢筋 ϕ10 以上	t	0.002	0.002
	工具式钢模板	kg	0.331	0.297
	空心砖	千块	—	—
	加气混凝土块	m^3	—	—
主要机械	卷扬机单筒快速 1t	台班	0.006	0.006
	塔吊	台班	0.025	0.019
	载重汽车 4t	台班	0.001	0.001
	汽车式起重机 5t	台班	0.001	0.001
	运输机械	台班	0.001	—
	机动翻斗车 1t	台班	0.04	0.04

综合内容

定额编号	项目名称	单位	含量	
147	外墙一砖半及一砖半以上	m^2	0.463	0.343
166	砌体内加固筋	kg	0.580	0.560
772	砖墙面抹水泥砂浆	m^2	1.266	1.266
773	砖墙面抹混合砂浆	m^2	1.210	1.210
915	刷大白浆	m^2	1.210	1.210
287 换	预制过梁	m^3	0.004	0.003
251 换	现浇过梁	m^3	0.011	0.010
250 估	现浇圈梁	m^3	0.019	0.017
342	钢筋混凝土Ⅱ类构件运输距离 15km 以内	m^3	0.004	0.003
378	预制过梁安装（塔式）	m^3	0.004	0.003
406	过梁接头灌缝	m^3	0.004	0.003
说明	蒸汽养护费	m^3	0.004	0.003
819	窗台板、门窗套水磨石	m^2	0.079	0.079
244 换	现浇构造柱	m^3	—	—
148	外墙一砖	m^3	—	—
790	窗台线、门窗套、压顶及其他抹水泥砂浆	m^2	—	—
273 换	现浇压顶	m^3	—	—
152	空心砖墙	m^3	—	—
155	加气混凝土块墙	m^3	—	—
776	轻质墙面抹水泥砂浆	m^2	—	—
777	轻质墙面抹混合砂浆	m^2	—	—
796	单刷素水泥浆	m^2	—	—
估	刷 107 胶	kg	—	—

（三）编制建筑工程概算定额的原则

为了提高设计概算质量，加强基本建设经济管理，合理使用国家建设资金，降低建设成本，充分发挥投资效果，在编制概算定额时必须做到：

1. 使概算定额适应设计、计划、统计、拨款和贷款的要求，更好地为基本建设服务。

2. 概算定额水平的确定，应与建筑工程预算定额的水平基本一致，必须是反映正常条件下大多数企业的设计、生产、施工管理水平。

3. 概算定额的编制深度，要适应设计深度的要求，项目划分，应坚持简化、准确和适用的原则。以主体结构分项为主，合并其他相关的部分，进行适当综合扩大；概算定额子目计量单位的确定，与预算定额要尽量一致；应考虑统筹法及应用电子计算机编制概算工程量的要求，以简化工程量和概算的编制。

4. 为了稳定概算定额水平，统一考核尺度和简化计算工程量，编制概算定额时，原则上不留活口或少留活口，对混凝土标号、砌筑砂浆标号、混凝土工程的钢筋用量及铁件用量等，可通过测算综合取定合理数值。对于设计和施工变化多而影响工程量差、价差大的，应根据有关资料进行测算，综合取定常用数值，对于其中还包括不了的个别数值，可适当留活口。

（四）建筑工程概算定额的编制依据

1. 现行的全国通用的设计标准、规范和施工验收规范。

2. 全国通用建筑工程预算定额。

3. 国务院各有关部和省、市、自治区批准颁发的标准设计和有代表性的设计图纸。

4. 原国家建委颁发的《建筑工程扩大结构定额》，各有关部和各省、市、自治区现行的土建工程预算定额。

5. 现行人工工资标准、材料预算价格和建筑施工机械台班预算价格。

6. 有关施工图预算或结算等经济资料。

（五）建筑工程概算定额的编制步骤和基本方法

1. 编制步骤

概算定额编制步骤一般按以下3个阶段进行：

（1）准备阶段，制定编制原则、划分概算定额项目。

（2）编制初稿阶段，根据编制原则及概算定额项目制定出调查研究工作计划，深入有代表性的行业、地区和单位搜集编制依据，在此基础上，编制出概算定额初稿。

（3）审查定稿阶段，为了验证概算定额的水平是否与预算定额水平基本一致，根据原测算预算定额水平的图纸，用概预算定额分别进行概算定额结构分部和总水平的测算，调整概算定额水平，写出送审报告，送国家授权单位审批。

2. 编制概算定额方法

首先，根据审定的图纸（现行的标准构件和配件施工图、标准设计和经济合理的设计）计算工程量；

其次，根据工程量和预算定额，计算人工、材料、施工机械台班消耗数量；

最后，根据工程量和预算定额中的基价计算出该项概算定额的基价。

（六）建筑工程概算定额编制的有关规定

1. 概算定额幅度差的确定。概算定额幅度差系指概算定额工料机械消耗量可比预算定额用量增加的比例数。概算定额量是在预算定额基础上综合几项预算定额而成的，为了防止综合的内容、数量不够全面和准确，以及为了依据概算定额和初步设计编制的概算能控制住施工图预算，必须在编制概算定额时，用概算幅度差，在预算定额基础上适当调增一些工料机械消耗量，使概预算定额的工料消耗标准保持一个合理的差距。

概算定额幅度差的幅度应由国家或各省、自治区、市，结合本地区实际情况科学地确定。

2. 定额计量单位的确定，基本上按照《建筑工程预算定额》的规定，但应将其计量单位化简为1单位，如长度为“每延长米”，面积为“每平方米”，体积为“每立方米”，重量为“每吨”，等等。

3. 定额项目表中数值的单位及小数位的取定，基本上按照《建筑工程预算定额》编制规定执行。

4. 概算定额表的形式。

定额表格形式原则上以竖表编列，根据分项具体情况，可采取竖表竖排或竖表横排。定额表组成应包括：人工费、材料费、机械费以及主要材料消耗量。

5. 原始计算表的格式可以设计成3种，如表3-17、3-18、3-19。

综合项目工程量计算表（表一）

分部工程名称：　　分节名称：　　分项名称：　　子目名称：

表3-17

预算定额编号	综合项目	取定说明	计量单位	计算式	工程量	备注

分项工料分析表（表二）　　**表3-18**

预算定额编号	分项工程名称	单位	工程量	材料分析			
				材料名称	单位	定额	数量

综合价格计算表（表三）　　**表3-19**

项目	单位	数量	分项造价		其　　中					
			单价	合价	人工费		材料费		机械费	
					单价	合价	单价	合价	单价	合价

6. 关于文字编写的要求和其他。

(1) 文字与标点符号：定额中的文字应按国家公布的已推行的简化汉字表；要注意标点、符号的正确清楚。

(2) 统一计量单位中文字名称：定额中采用度量衡单位，按国务院颁布统一公制计量单位。如，长度：毫米（mm）、厘米（cm）、米（m）、公里（km）；面积：平方毫米（mm^2）、平方厘米（cm^2）、平方米（m^2）；重量：千克（kg）、吨（t）；体积或容量：升（L）、立方米（m^3）。

二、建筑工程概算指标

（一）建筑工程概算指标的概念及其作用

建筑工程概算指标是国家或其授权机关规定的生产一定的扩大计量单位建筑工程的造价和工料消耗量的标准。例如，建筑工程中的每平方米建筑面积造价和工料消耗量指标；每百平方米土建工程、给排水工程、采暖工程、电气照明工程的造价和工料消耗量指标；每一座构筑物造价和工料消耗指标，等等。

建筑工程概算指标比建筑工程概算定额更为综合、扩大。建筑工程概算指标的作用主要有以下几个方面：

1. 是设计单位在方案设计阶段编制投资估算、选择设计方案的依据；
2. 是基建部门编制基本建设投资计划和估算主要材料需要量的依据；
3. 是施工单位编制施工计划，确定施工方案和进行经济核算的依据。

（二）概算指标的内容和形式

概算指标要有总说明，指出指标的用途、编制依据、条件以及指标使用方法。

1. 画出示意图：表示结构形式，工业厂房还要表示出吊车起重能力。
2. 列出经济指标：如每百平方米建筑面积工程造价的概算指标，应列出直接费用数额及其中的人工、材料、施工机械费和其他材料费指标。
3. 结构特征及工程量指标：即主要包括什么结构及其工程量指标。
4. 工日及主要材料消耗指标。

（三）编制概算指标的主要依据

1. 近期的设计标准、通用设计和有代表性的设计资料。
2. 现行概预算定额及补充定额资料和补充单位估价表。
3. 材料预算价格，施工机械台班预算价格，人工工资标准。
4. 国家颁发的建筑标准，设计、施工规范和其他有关规范。
5. 国家或地区颁发的工程造价指标。
6. 工程结算资料。
7. 国家或地区颁发的有关提高建筑经济效果和降低造价方面的文件。

（四）编制步骤

一般按3个阶段进行：

1. 准备阶段：主要是收集图纸资料，制定编制项目，研究编制概算指标的有关方针、政策和技术性问题。
2. 编制阶段：主要是选定图纸，并根据图纸资料计算工程量和编制单位工程预算书，以及按着编制方案确定的指标项目和人工及主要材料消耗指标，填写概算指标的表格。

3. 审核定案及审批：概算指标初步确定后要进行审查、比较，并作必要的调整后，送国家授权机关审批。

（五）概算指标的编制方法

每百平方米建筑面积造价指标编制方法如下：

1. 编写资料审查意见表：填写设计资料名称、设计单位、设计日期、建筑面积及构造情况，提出审查和修改意见。

2. 在计算工程量的基础上，编制单位工程预算书，据以确定每百平方米建筑面积的构造情况，以及人工、材料、机械消耗指标和单位造价的经济指标。

（1）计算工程量，就是根据审定的图纸和预算定额计算出建筑面积及各分部分项工程量，然后按编制方案规定的项目进行归并，并以每百平方米建筑面积为计算单位，换算出所含的工程量指标。

例如，计算某民用住宅的典型设计的工程量，知道其中带型基础（毛石）的工程量为 $61.3m^3$，该建筑物为 $500m^2$，则 $100m^2$ 的该建筑物的带型毛石基础工程量指标是：

$$\frac{61.3}{500}\times 100 = 12.26\ (m^3)$$

其他各结构工程量指标的计算，依此类推。

（2）根据计算出的工程量和预算定额等资料，编出预算书，求出每百平方米建筑面积的预算造价及工、料、施工机械费用和材料消耗量指标。

构筑物是以“座”为单位编制概算指标，因此，在计算完工程量，编出预算书后，不必进行换算，预算书确定的价值就是每座构筑物概算指标的经济指标。

以上是根据预算定额，按照编制预算的方法，编制概算指标。概算指标还可以根据概算定额，按照编制概算的方法编制。这种方法计算的是扩大分项工程量，不需要进行合并，即可列出结构工程量指标。

三、投资估算指标

投资估算指标是国家或其授权机关根据现行的技术经济政策、典型的工程设计、相应的概算定额、概算指标和竣工决算资料等，确定建设项目单位综合生产能力或使用效益所需费用标准的文件。

（一）投资估算指标的作用和编制原则

1. 投资估算指标的作用

工程建设投资估算指标是编制建设项目建议书、可行性研究报告等前期工作阶段投资估算的依据，也可以作为编制固定资产长远规划投资额的参考。投资估算指标为完成项目建设的投资估算提供依据和手段，它在固定资产的形成过程中起着投资预测、投资控制、投资效益分析的作用，是合理确定项目投资的基础。估算指标中的主要材料消耗量也是一种扩大材料消耗量指标，可以作为计算建设项目主要材料消耗量的基础。估算指标的正确制订对于提高投资估算的准确度、对建设项目的合理评估、正确决策具有重要的意义。

2. 投资估算指标编制原则

由于投资估算指标属于项目建设前期进行估算投资的技术经济指标，它不但要反映实施阶段的静态投资，还必须反映项目建设前期和交付使用期内发生的动态投资，以投资估算指标为依据编制的投资估算，包含项目建设的全部投资额。这就要求投资估算指标比其他各种计价定额具有更大的综合性和概括性。因此，投资估算指标的编制工作，除了应遵循一般定额的编制原则外，还必须坚持下述原则：

(1) 投资估算指标项目的确定，应考虑以后几年编制建设项目建议书和可行性研究报告投资估算的需要。

(2) 投资估算指标的分类、项目划分、项目内容、表现形式等，要结合各专业的特点，并且要与项目建议书、可行性研究报告的编制深度相适应。

(3) 投资估算指标的编制内容，典型工程的选择，必须遵循国家的有关建设方针政策，符合国家技术发展方向，贯彻国家高科技政策和发展方向的原则，使指标的编制既能反映现实的高科技成果，反映正常建设条件下的造价水平，也能适应今后若干年的科技发展水平。坚持技术上的先进、可行和经济上的合理，力争以较少的投入求得最大的投资效益。

(4) 投资估算指标的编制要反映不同行业、不同项目和不同工程的特点，投资估算指标要适应项目前期工作深度的需要，而且具有更大的综合性。投资估算指标的编制必须密切结合行业特点，项目建设的特定条件，在内容上既要贯彻指导性、准确性和可调性的原则，又要具有一定的深度和广度。

(5) 投资估算指标的编制要体现国家对固定资产投资实施间接控制作用的特点。要贯彻能分能合、有粗有细、细算粗编的原则。使投资估算指标能满足项目建议书和可行性研究各阶段的要求，既要有能反映一个建设项目的全部投资及其构成（建筑工程费、安装工程费、设备工器具购置费和其他费用），又要有组成建设项目投资的各个单项工程投资（主要生产设施、辅助生产设施、公用设施、生活福利设施等）。做到即能综合使用，又能个别分解使用。占投资比重大的建筑工程工艺设备，要做到有量、有价，根据不同结构形式的建筑物列出每百平方米的主要工程量和主要材料量，主要设备也要列有规格、型号、数量。同时，要以编制年度为基期计价，有必要的调整、换算办法等，便于由于设计方案、选厂条件、建设实施阶段的变化而对投资产生影响作相应的调整，也便于对现有企业实行技术改造和改、扩建项目投资估算的需要。扩大投资估算指标的覆盖面，使投资估算能够根据建设项目的具体情况合理准确地编制。

(6) 投资估算指标的编制要贯彻静态和动态相结合的原则。要充分考虑到在市场经济条件下，由于建设条件、实施时间、建设期限等因素的不同，考虑到建设期的动态因素，即价格、建设期贷款利息、固定资产投资方向调节税及涉外工程的汇率等因素的变动，导致指标的量差、价差、利息差、费用差等“动态”因素对投资估算的影响，对上述动态因素给予必要的调整办法和调整参数，尽可能减少这些动态因素对投资估算准确性的影响，使指标具有较强的实用性和可操作性。

（二）投资估算指标的内容

投资估算指标是确定和控制建设项目全过程各项投资支出的技术经济指标，其范围涉及建设前期、建设实施期和竣工验收交付使用期等各个阶段的费用支出，内容因行业不同各异，一般可分为建设项目综合指标、单项工程指标和单位工程指标 3 个层次。

1. 建设项目综合指标

指按规定应列入建设项目总投资的从立项筹建开始至竣工验收交付使用的全部投资额，包括单项工程投资、工程建设其他费用和预备费等。

建设项目综合指标一般以项目的综合生产能力单位投资表示，如元/t、元/kW；或以使用功能表示，如医院床位：元/床。

2. 单项工程指标

指按规定应列入能独立发挥生产能力或使用效益的单项工程内的全部投资额，包括建筑工程费、安装工程费、设备及生产工器具购置费和其他费用。单项工程一般划分原则如下：

(1) 主要生产设施。指直接参加生产产品的工程项目，包括生产车间或生产装置。

(2) 辅助生产设施。指为主要生产车间服务的工程项目，包括集中控制室、中央试验室、机修、电修、仪器仪表修理及木工（模）等车间，原材料、半成品、成品及危险品等仓库。

(3) 公用工程。包括给排水系统（给排水泵房、水塔、水池及全厂给排水管网）、供热系统（锅炉房及水处理设施、全厂热力管网）、供电及通信系统（变配电所、开关所及全厂输电、电信线路）以及热电站、热力站、煤气站、空压站、冷冻站、冷却塔和全厂管网等。

(4) 环境保护工程。包括废气、废渣、废水等的处理和综合利用设施及全厂性绿化。

(5) 总图运输工程。包括厂区防洪、围墙大门、传达及收发室、汽车库、消防车库、厂区道路、桥涵、厂区码头及厂区大型土石方工程。

(6) 厂区服务设施。包括厂部办公室、厂区食堂、医务室、浴室、哺乳室、自行车棚等。

(7) 生活福利设施。包括职工宿舍、住宅、生活区食堂、职工医院、俱乐部、托儿所、幼儿园、子弟学校、商业服务点以及与之配套的设施。

(8) 厂外工程。如水源工程、厂外输电、输水、排水、通信、输油等管线以及公路、铁路专用线等。

单项工程指标一般以单项工程生产能力单位投资如元/t或其他单位表示。如：变配电站：元/（kV·A）；锅炉房：元/蒸汽吨；供水站：元/m^3；办公室、仓库、宿舍、住宅等房屋则区别不同结构形式以元/m^2表示。

3. 单位工程指标

按规定应列入能独立设计、施工的单位工程费用，即建筑安装工程费用。

（三）投资估算指标的编制方法

投资估算指标的编制工作，涉及建设项目的产品规模、产品方案、工艺流程、设备选型、工程设计和技术经济等各个方面，即要考虑到现阶段技术状况，又要展望近期技术发展趋势和设计动向，从而可以指导以后建设项目的实践。投资估算指标的编制应成立专业齐全的编制小组，编制人员应具备较高的专业素质。投资估算指标的编制应当制订一个从编制原则、编制内容、指标的层次相互衔接、项目划分、表现形式、计量单位、计算、复核、审查程序到相互应有的责任制等内容的编制方案或编制细则，以便编制工作有章可循。投资估算指标的编制一般分为3个阶段进行：

1. 收集整理资料阶段

收集整理已建成或正在建设的、符合现行技术政策和技术发展方向、有可能重复采用的、有代表性的工程设计施工图、标准设计以及相应的竣工决算或施工图预算资料等，这些资料是编制工作的基础，资料收集得越广泛，反映出的问题越多，编制工作考虑得越全面，就越有利于提高投资估算指标的实用性和覆盖面。

2. 平衡调整阶段

由于调查收集的资料来源不同，虽然经过一定的分析整理，但难免会由于设计方案、建设条件和建设时间上的差异带来的某些影响，使数据失准或漏项等。必须对有关资料进行综合平衡调整。

3. 测算审查阶段

测算是将新编的指标和选定工程的概预算，在同一价格条件下进行比较，检验其“量差”的偏离程度是否在允许偏差的范围以内，如偏差过大，则要查找原因，进行修正，以保证指标的确切、实用。测算同时也是对指标编制质量进行一次系统检查，应由专人进行，以保持测算口径的统一，在此基础上组织有关专业人员予以全面审查定稿。

由于投资估算指标的计算工作量非常大，在现阶段计算机已经广泛普及的条件下，应尽可能应用电子计算机进行投资估算指标的编制工作。

■ 关键概念

定额　施工定额　预算定额　概算定额　概算指标　估算指标　基本用工　超运距用工　辅助用工　人工幅度差

■ 复习思考题

1. 工程定额具有哪些特性?
2. 工程定额按照编制程序和用途是如何分类的?
3. 怎样编制施工定额?
4. 预算定额的编制步骤有哪些?
5. 如何确定预算定额的各项消耗指标?
6. 怎样编制概算定额、概算指标和估算指标?

第四章 单位估价表

第一节 单位估价表概述

一、单位估价表的概念

建筑安装工程单位估价表，亦称工程预算单价表，是确定定额计量单位建筑安装产品直接费用（即分项工程的工程预算单价）的文件。例如，确定砌筑每 10m^3 一砖厚内墙的直接费用或安装每台某种型号车床的直接费用的文件。

通过单位估价表计算和确定的工程预算单价，是与预算定额既有联系又有区别的概念。预算定额是用实物指标的形式来表示定额计量单位建筑安装产品的消耗和补偿标准，工程预算单价最终是用货币指标的形式来表示这种消耗和补偿标准，两者从不同角度反映着同一事物。由于预算定额是以实物消耗指标的形式表现的，因而比较稳定，可以在比较大的范围内和比较长的时期内适用；工程预算单价是以货币指标的形式表现的，因而比较容易变动，只能在比较小的范围内和比较短的时期内适用。另外，工程预算单价是在预算定额的基础上通过编制单位估价表来确定的。预算定额是编制单位估价表、确定工程预算单价的主要依据。

二、单位估价表的分类

（一）按适用工程对象划分：

1. 建筑工程单位估价表；
2. 安装工程单位估价表。

（二）按专业系统划分：

1. 一般土建工程单位估价表；
2. 装饰工程单位估价表；
3. 市政工程单位估价表；
4. 园林古建筑工程单位估价表；
5. 各专业部系统的单位估价表。

（三）按编制依据划分。

1. 定额单位估价表；
2. 补充单位估价表。

（四）按不同用途划分：

1. 预算单位估价表；
2. 概算单位估价表。

三、单位估价表的作用

1. 是确定工程造价的重要依据；
2. 是编制招投标工程标底和标价的依据；

3. 是办理工程结算的依据；

4. 是选择设计方案的重要依据；

5. 是制定工程承包方案、确定承包价格的重要依据；

6. 是实行经济核算、考核工程成本的重要依据。

四、单位估价表基价的构成

单位估价表中的基价，是由预算定额的工日、材料、机械台班的消耗量，分别乘上相应的工日单价、材料预算价格、机械台班预算价格后，汇总而成的。

由于基价是确定单位分项工程的直接费单价，所以也称基价为工程单价。

单位估价表中基价的构成及其相互关系，见图 4-1。

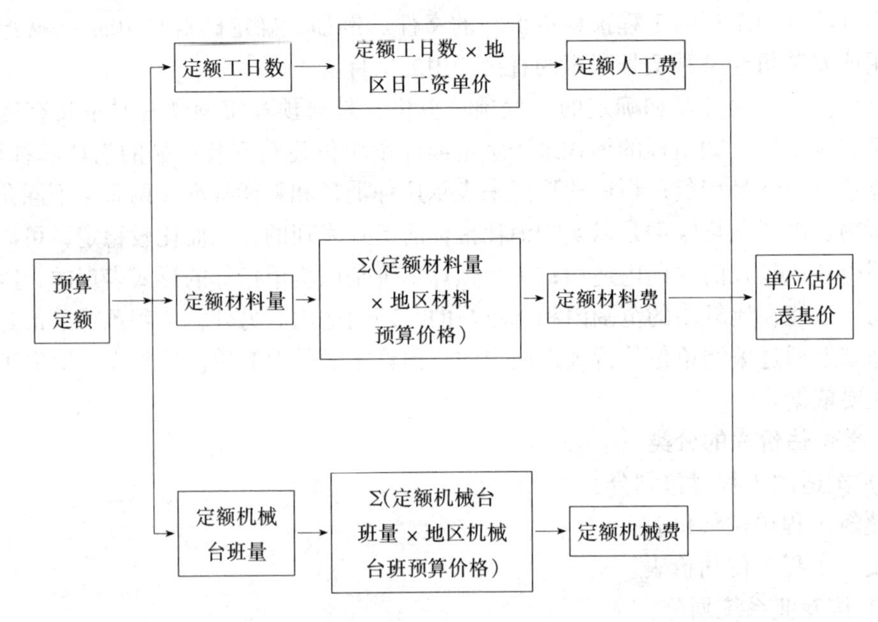

图 4-1　单位估价表工程基价构成及相互关系

从图 4-1 中可以看出，单位估价表的构成要素是人工、材料、机械台班（简称“三量”）和地区日工资单价、材料预算价格、机械台班预算价格（简称“三价”）。“三量”分别乘以“三价”就得出单位估价表的基价（工程单价）。

当“三量”标准按预算定额确定后，单位估价表中基价的准确与否，主要取决于“三价”。因此，本章将着重讨论“三价”的确定方法。

第二节　人工工日单价的确定

人工工日单价（亦称人工工资单价、人工单价、工日预算价格），是指一个建筑安装工人一个工作日在预算中应计入的全部人工费用。它基本上反映了建安工人的工资水平和一个工人在一个工作日中可以得到的报酬。

一、人工工日单价的组成

按照现行规定人工工日单价组成内容见表 4-1。

表 4-1

<table>
<tr><td rowspan="3">基本工资</td><td>岗位工资</td><td rowspan="2">辅助工资</td><td rowspan="2">非作业工日发放的
工资和工资性津贴</td></tr>
<tr><td>技能工资</td></tr>
<tr><td>年功工资</td><td rowspan="4">劳动保护费</td><td>劳保用品</td></tr>
<tr><td rowspan="6">工资性补贴</td><td>交能补贴</td><td>徒工服装费</td></tr>
<tr><td>流动施工津贴</td><td>防暑降温费</td></tr>
<tr><td>房　补</td><td>保健津贴</td></tr>
<tr><td>工资附加</td><td rowspan="3">职工福利费</td><td>书报费</td></tr>
<tr><td>地区津贴</td><td>洗理费</td></tr>
<tr><td>物价补贴</td><td>取暖费</td></tr>
</table>

二、人工工日单价的测算方法

(一) 生产工人的基本工资

生产工人的基本工资是指发放给生产工人的标准工资。基本工资包括岗位工资、技能工资和年功工资（工龄工资）。

为更好地体现按劳取酬和适应市场经济的需要，人工单价组成内容，在各部门、各地区并不完全相同，但是都必须执行岗位技能工资制度。

基本工资中的岗位工资和技能工资，根据有关部门制定的“全民所有制大中型建筑安装企业岗位技能工资制试行方案”中工人岗位工资标准有 8 个岗次（见表 4-2），技能工资分初级工、中级工、高级工、技师和高级技师五类工资标准（见表 4-3）。

全民所有制大中型建筑安装企业工人岗位工资参考标准（六类地区）　　**表 4-2**

岗　次	1	2	3	4	5	6	7	8
标准一	119	102	6	71	58	48	39	32
标准二	125	107	90	75	62	51	42	34
标准三	131	113	96	80	66	55	45	36
标准四	144	124	105	88	72	59	48	38
适用岗位								

(二) 生产工人的工资性补贴

生产工人工资性补贴是指为了补偿工人额外或特殊的劳动消耗及为了保证工人的工资水平不受特殊条件影响，而以补贴形式支付给工人的劳动报酬。它包括按规定标准发放的物价补贴，煤、燃气补贴、交通费补贴、住房补贴、流动施工津贴及地区津贴等。

计算公式：

$$\text{生产工人工资性补贴}=\frac{\text{月人均工资性补贴总额}}{\text{平均月工作天数}}$$

(三) 生产工人的辅助工资

生产工人辅助工资，是指生产工人有效施工天数以外的非作业天数的工资。包括职工学习、培训期间的工资，调动工作、探亲、休假期间的工资，因气候影响的停工工资，女工哺乳时间的工资，病假在六个月以内的工资及产、婚、丧假期的工资。计算公式为：

全民所有制大中型建筑安装企业技能工资参考标准（六类地区）

表 4-3

<table>
<tr><td>档次</td><td>1</td><td>2</td><td>3</td><td>4</td><td>5</td><td>6</td><td>7</td><td>8</td><td>9</td><td>10</td><td>11</td><td>12</td><td>13</td><td>14</td><td>15</td><td>16</td><td>17</td><td>18</td><td>19</td><td>20</td><td>21</td><td>22</td><td>23</td><td>24</td><td>25</td><td>26</td><td>27</td><td>28</td><td>29</td><td>30</td><td>31</td><td>32</td><td>33</td></tr>
<tr><td>标准一</td><td>50</td><td>56</td><td>62</td><td>68</td><td>75</td><td>82</td><td>89</td><td>96</td><td>103</td><td>110</td><td>117</td><td>124</td><td>132</td><td>140</td><td>148</td><td>156</td><td>164</td><td>172</td><td>180</td><td>188</td><td>196</td><td>204</td><td>212</td><td>220</td><td>229</td><td>238</td><td>247</td><td>256</td><td>265</td><td>275</td><td>285</td><td>295</td><td>305</td></tr>
<tr><td>标准二</td><td>52</td><td>58</td><td>65</td><td>72</td><td>79</td><td>86</td><td>93</td><td>100</td><td>108</td><td>116</td><td>124</td><td>132</td><td>140</td><td>148</td><td>156</td><td>164</td><td>172</td><td>180</td><td>189</td><td>198</td><td>207</td><td>216</td><td>225</td><td>234</td><td>243</td><td>252</td><td>261</td><td>270</td><td>280</td><td>290</td><td>300</td><td>310</td><td>320</td></tr>
<tr><td>标准三</td><td>54</td><td>61</td><td>68</td><td>75</td><td>82</td><td>89</td><td>97</td><td>105</td><td>113</td><td>121</td><td>129</td><td>137</td><td>145</td><td>153</td><td>162</td><td>171</td><td>180</td><td>189</td><td>198</td><td>207</td><td>216</td><td>225</td><td>235</td><td>245</td><td>255</td><td>265</td><td>275</td><td>285</td><td>295</td><td>306</td><td>315</td><td>325</td><td>335</td></tr>
<tr><td>标准四</td><td>57</td><td>64</td><td>72</td><td>80</td><td>88</td><td>96</td><td>105</td><td>114</td><td>123</td><td>132</td><td>141</td><td>150</td><td>159</td><td>168</td><td>177</td><td>186</td><td>195</td><td>204</td><td>214</td><td>224</td><td>234</td><td>244</td><td>254</td><td>264</td><td>274</td><td>284</td><td>294</td><td>304</td><td>314</td><td>324</td><td>334</td><td>344</td><td>354</td></tr>
<tr><td rowspan="3">工　人</td><td colspan="6">初级技术工人</td><td colspan="9">中级技术工人</td><td colspan="6">高级技术工人</td><td colspan="12"></td></tr>
<tr><td colspan="14">非技术工人</td><td colspan="3"></td><td colspan="6">技　师</td><td colspan="10"></td></tr>
<tr><td colspan="20"></td><td colspan="6">高级技师</td><td colspan="7"></td></tr>
<tr><td rowspan="4">专业技术人员</td><td colspan="15">初级专业技术人员</td><td colspan="18"></td></tr>
<tr><td colspan="24">中级专业技术人员</td><td colspan="9"></td></tr>
<tr><td colspan="31">高级专业技术人员</td><td colspan="2"></td></tr>
<tr><td colspan="33">教授级高级专业技术人员</td></tr>
<tr><td rowspan="4">管理人员</td><td colspan="7">办事员</td><td colspan="26"></td></tr>
<tr><td colspan="13">科员</td><td colspan="20"></td></tr>
<tr><td colspan="30">中型企业正职</td><td colspan="3"></td></tr>
<tr><td colspan="14"></td><td colspan="19">大型企业正职</td></tr>
</table>

$$生产工人辅助工资=\frac{日人均（基本工资+工资性补贴）\times 非生产用工}{全年有效施工天数}$$

（四）职工福利费

职工福利费，是指按规定标准计提的职工福利费用。它主要用于职工的医药费、医护人员的工资、医务经费、职工生活困难补助、职工浴室、理发室、幼儿园、托儿所人员的工资以及按国家规定开支的其他福利支出。按照财政部、中国人民建设银行（93）财预字第6号文件精神，职工福利费应按照企业职工工资总额的14%提取。计算公式为：

$$职工福利费=\frac{年人均（基本工资+工资性补贴）\times 14\%}{全年有施工天数}$$

（五）生产工人的劳动保护费

生产工人劳动保护费是指按规定标准发放的劳动保护用品的购置费及修理费、徒工服装补贴、防暑降温费、在有碍身体健康环境中施工的保健费用等。计算公式为：

$$生产工人劳动保护费=\frac{年人均劳动保护费开支总额}{全年有效施工天数}$$

说明：

1. 平均月工作天数

平均月工作天数有3种计算方法：

（1）每周休息1d

（365天－星期日52d－法定节假日10d）÷12＝25.25（d）

（2）每周休息1.5d

（365天－星期日78d－法定节假日10d）÷12＝23.08（d）

（3）每周休息2d

（365天－星期日104d－法定节假日10d）÷12＝20.92（d）

2. 法定节假日

元旦1天，劳动节3d，国庆节3d，春节3d，共计10d。

3. 全年有效工作天数

全年365d，扣除：

（1）星期天（52d、78d或104d）；

（2）法定节假日（10d）；

（3）非作业天数（如辅助工资中的天数）。

三、影响人工工日单价的因素

影响建筑安装工人人工单价的因素很多，归纳起来有以下方面：

（一）社会平均工资水平。建筑安装工人人工单价必然和社会平均工资水平趋同。社会平均工资水平取决于经济发展水平。由于我国改革开放以来经济迅速增长，社会平均工资也有大幅增长，从而影响人工单价的大幅提高。

（二）生产费指数。生产费指数的提高会影响人工单价的提高，以减少生活水平的下降，或维持原来的生活水平。生活消费指数的变动决定于物价的变动，尤其决定于生活消费品物价的变动。

（三）人工单价的组成内容。例如住房消费、养老保险、医疗保险、失业保险费等列入人工单价，会使人工单价提高。

（四）劳动力市场供需变化。在劳动力市场如果需求大于供给，人工单价就会提高；供给大于需求，市场竞争激烈，人工单价就会下降。

（五）政府推行的社会保障和福利政策也会影响人工单价的变动。

四、人工工日单价测算实例

以石油建设工程为例，石油建设工程1995年规定：六类地区人工日工资单价为23.85元，其中：

（一）基本工资　10.93元

（二）工资性补贴　5.88元

（三）辅助工资　2.88元

（四）职工福利费　2.76元

（五）劳动保护费　1.40元

上述日工资单价的计算过程见表4-4。

人工工资单价测算表　　**表4-4**

序号	项目名称	计　算　式	工日单价（元/工日）	说　　明
	合计	10.93＋5.88＋2.88＋2.76＋1.4＝23.85	23.85	1. 有效施工天数的确定： 365d－（78＋7＋41）d＝239d （1）星期天：365÷7×1.5＝78（d）。 （2）法定节假日：7d。 （3）非工作日：41d。 2. 岗位工资根据（93）中油劳字第393号文件规定测算为72元/（人·月），考虑10%待岗等因素取定为64.8元/（人·月）。 3. 技能工资160元/（人·月），为石油企业16级正，（93）中油基第511号文件确定。 4. 年功工资根据（93）中油劳字291号文件规定，平均工龄测算取定为15年。 5. 工资性津贴根据（93）中油基511号文规定物贴（8＋15）元/（人·月），粮煤贴2元（人·月），交通费5元/（人·月），建人字（93）348号文规定流贴3.5元/工日，房贴根据（93）中油体改字第397号文件规定取定为工资的10%。 6. 辅助工资根据（90）中油基13号文规定非作业工日为41d，开会学习4d，技术培训5d，调动工作1d，探亲假7d，气候影响8d，女工哺乳1d，病事假3d，婚丧、产假2d，国务院职工休假问题的通知，中发电（91）2号文件精神规定全员职工休假平均取定10d。 7. 职工福利费按国家标准14%计算。 8. 劳动保护费根据（93）中油基511号文件确定。 （1）劳保用品198元（人·a），未变。 （2）徒工服装费62.4元/（人·a）及物价上涨系数1.65根据（93）中油基511号文规定取定，徒工占生产工人的比例调整为10%。 （3）防暑降温费0.4元/（人·d），每年按90天计算是根据（90）中油基13号文规定，1.75为物价上涨系数。 （4）保健津贴0.29元/（人·d），按30%的人员享受保健津贴是根据（90）中油基13号文规定，2为物价上涨系数。
一	工资	2.78＋6.86＋1.29＝10.93	10.93	
1	岗位工资	64.8÷23.33＝2.78		
2	技能工资	160÷23.33＝6.86		
3	年功工资	30÷23.33＝1.29		
二	工资性津贴	（8＋15＋2＋5＋3.5×23.33＋10.93×23.33×10%）÷23.33＝5.88	5.88	
三	辅助工资	（10.93＋5.88）×41÷239＝2.88	2.88	
四	职工福利费	（10.93＋5.88）×23.33×12×14%÷239＝2.76	2.76	
五	劳动保护费	（198＋10.3＋63＋62.64）÷239＝1.40	1.40	
1	劳保用品	198元/（人·a）		
2	徒工服装费	62.4元/人·年×1.65×10%＝10.3元（人·a）		
3	防暑降温费	0.4元/（人·d）×90×1.75＝63元（人·a）		
4	保健津贴	0.29元/人·天×30×12×30%×2＝62.64元/（人·a）		

第三节　材料预算价格的确定

材料预算价格，是指材料（包括成品、半成品、零件、构件）由来源地运到工地仓库或施工现场存放材料地点后的出库价格。

在建筑安装工程中，材料费占整个工程造价的比例很大。因此，正确确定建安工程材料预算价格，有利于合理确定建安工程造价，有利于施工企业和建设单位开展经济核算，有利于推行建安工程招标投标承包制。

材料预算价格按照编制的范围划分，有地区材料预算价格和某项工程专用的材料预算价格。两者的区别在于地区材料预算价格是以某一地区（或以地区中的某一中心城市）为对象而编制的，使用范围为该地区的所有工程。一般直接作为编制地区单位估价表的依据。某项工程专用的材料预算价格是以某一工程（一般为大型重点建设工程）为对象编制的，并专为该项工程使用。在具体的计算过程中，虽然两者在材料来源地、运输费计算等数据处理上有些差别，但编制原理基本上是一致的。

一、材料预算价格组成与编制依据

（一）材料预算价格的组成

材料预算价格是由材料原价、供销部门手续费、包装费、运输费、采购及保管费5项费用内容组成。

1. 材料原价：是指以材料出厂价格计算的材料购买价格。

2. 供销部门手续费：是指材料经过物资部门或供销部门供应时附加的手续费。

3. 包装费：是指为了便于运输或保护材料而进行包装所需的费用。

4. 运输费：是指材料由来源地运至工地仓库全部运输过程中所发生的一切费用。

5. 采购保管费：是指材料供应部门和工地仓库材料管理部门在组织材料采购和保管过程中所需的各项费用。

（二）材料预算价格的计算公式

材料预算价格＝［材料原价×（1＋供销部门手续费率）＋包装费＋运输费］×（1＋采购保管费率）－包装品回收值

（三）材料预算价格的编制依据

1. 材料名称、规格及计量单位。用以确定材料预算价格编制的项目、名称及其分类。

2. 单位重量。用以计算运输费。

3. 材料出厂价格表。用以确定材料原价和计算综合原价。

4. 运输条件及有关收费标准。用以确定应采用的运输方式和计算运输费。

5. 材料来源地及其供货能力。用以确定计算各项费用的权数。

6. 国家、部门和地区的有关费率标准。用以确定供销部门手续费、采购保管费等。

二、材料预算价格的确定方法

（一）材料原价的确定

1. 材料原价的计算原则

(1) 国家统一分配的材料（统配材料），以国家规定的出厂价格计算。

(2) 中央各部分配的材料（部管材料），以各工业部门规定的出厂价格计算。

（3）地方分配的材料（地方材料），按地方主管部门规定的价格计算。

（4）从商业部门购买的材料，按商业批发价格计算。

（5）从建材市场上购买的材料，按有关管理部门测算、公布的参考价格计算。

（6）国外进口的材料，按外贸部门规定的价格或按合同规定的价格计算。

2. 材料原价的计算方法

在编制材料预算价格时，尤其是在编制地区材料预算价格时，由于考虑材料的供应渠道不同，材料的来源地不同，因此计算材料原价应采取加权平均的方法进行综合考虑。材料的加权平均原价的计算公式为：

材料加权平均原价 = 各地材料原价 × 各地权数

例如，某工程用生石灰 10000t 由甲、乙、丙三地供应，甲地供应 5000t，原价为每吨 15 元，乙地供应 3000t，原价为每吨 12 元，丙地供应 2000t，每吨原价为 13 元，则该种材料的原价计算如下：

（1）各地材料供应比重（权数）：

甲地：5000 ÷ 10000 = 50%

乙地：3000 ÷ 10000 = 30%

丙地：2000 ÷ 10000 = 20%

（2）加权平均原价为：

$$15 \times 50\% + 12 \times 30\% + 13 \times 12\% = 13.70（元）$$

（二）供销部门手续费的确定

1. 计费规则

（1）只有通过专门的供销部门如物资局、材料采购站购买的材料才计算供销部门手续费。

（2）直接向生产厂家订货或在工程本地车站、码头交货的材料一般不计算供销部门手续费。

（3）由物资部门供应的材料，不管在物资部门内部周转几次，只计算一次供销部门手续费。

（4）在编制材料预算价格时，对于某些材料部分经过供销部门，部分不经过供销部门的应首先确定经仓比重。

2. 供销部门手续费的计算方法

供销部门手续费按材料原价或加权平均原价、供销部门手续费率和经仓比重计算。

供销部门手续费率应按照国家有关管理部门的规定执行，目前多数省份是按照表 4-5 所示的费率计算供销部门手续费。

供销部门手续费 = 材料原价 × 供销部门手续费率 × 经仓比重

例如，工程所使用的某规格型钢，其综合原价为每吨 1200 元，经测算经仓比重为 80%，按 2.5%的供销部门手续费率计算供销部门手续费为：

$$1200 \times 80\% \times 2.5\% = 24（元）$$

（三）材料包装费的确定

编制建安工程材料预算价格时，材料包装一般分两种情况来考虑，一种情况是材料原带包装，另一种情况是采购单位自备包装，对于这样两种不同的情况应采取不同的处理方法。

表 4-5

序　号	材料名称	费率 %	备　注
1	金属材料	2.5	包括有色、黑色、炉料、生铁
2	木　材	3	包括竹、胶合板
3	机电产品	1.8	
4	化工产品	2	包括液体、橡胶及制品
5	轻工产品	3	
6	建筑材料	3	包括一、二、三类物资

1. 材料原带包装者，即由生产厂负责包装的材料；其包装费已计入原价中。在编制材料预算价格时，不得另行计算材料包装费，但应计算包装品的回收价值，并从材料预算价格中扣除。包装品回收值的计算公式为：

$$包装品回收值=\frac{包装品原价\times 回收量比重\times 回收折价率}{包装品标准容量}$$

上面公式中包装品回收量比重、回收折价率应按表 4-6 中所示的指标执行。

表 4-6

种　类	回收量比重	回收折价率	种　类	回收量比重	回收折价率
木制品	70%	20%	纸　袋	60%	50%
铁　皮	50%	50%	麻　袋	60%	50%
铁　丝	20%	50%	铁　桶	95%	50%

例如，工程所用某标号袋装水泥，原包装纸袋每个 0.8 元，每袋标准容量为 50kg，根据表 4-6 中的回收量比重、回收折价率计算的材料包装品回收值为：

$$\frac{0.8\times 60\%\times 50\%}{0.05}=4.8（元）$$

2. 采购单位自备包装容器多次使用者，应按照包装品周转使用的次数采用摊销的办法计算包装费，列入材料预算价格中。包装费的公式为：

$$材料包装费=\frac{包装品原价\times（1-回收量比重\times 回收折价率）+使用期间维修费}{包装品周转次数\times 包装品标准容量}$$

公式中回收量比重、回收折价率、包装品周转使用次数及维修费率应按表 4-7 中所示的指标执行。

表 4-7

品　种	周转使用次数	使用期间维修费率	回收量比重	回收折价率
麻　袋	5		60%	50%
铁　桶	15	75%	95%	50%

例如，建安工程所用柴油假设按采购单位自备包装品考虑，铁桶标准容量为 150kg，每个铁桶原价为 280 元，其每千克柴油预算价格中的包装费为：

$$包装费=\frac{280\times（1-95\%\times 50\%）+280\times 75\%}{15\times 150}=0.16（元）$$

3. 采购单位自备包装容器一次使用者，应首先计算包装品原值，然后计算包装品回收值，并将包装品原值扣抵回收值后的净值作为材料包装费计入材料预算价格。其计算公式如下：

$$材料包装费 = 包装品原值 - 包装品回收值$$

例如，某工程于某地购买圆木，在铁路运输中，每个车皮可装圆木 30m^3，每个车皮需要包装用的车立柱 16 根，每根单价 2.00 元，铁丝 10kg，每公斤 1.40 元，试计算每立方米木材的包装费。

每立方米木材所用包装品原价为：

$$(2 \times 16 + 1.4 \times 10) \div 30 = 1.53\ (元/m^3)$$

每立方米木材所用包装品的回收值为（车立柱回收量按 70%，回收价值率按 20% 计算，铁丝回收值按规定计算）：

$$(2 \times 16 \times 70\% \times 20\% + 1.4 \times 10 \times 20\% \times 50\%) \div 30 = 0.20\ (元/m^3)$$

材料预算价格应计入的材料包装费为：

$$1.53 - 0.20 = 1.33\ (元/m^3)$$

（四）材料运输费的确定

1. 材料运输费的概念

材料运输费用是指材料由来源地（或交货地）起运到工地仓库或堆置场地为止，全部运输过程中所支出的一切费用。

建筑材料运输费在材料预算价格中占有很大比重。一般的建筑材料运输费占材料预算价格的 15% 左右；某些地方建筑材料，由于重量大、原价低，其运输费用占材料预算价格的比重更大，有的超过原价几倍之多。因此，正确地确定材料运输费用，对降低材料预算价格与合理确定工程预算造价，有着重要的作用。

2. 材料运输流程和运输费用的组成内容

（1）运输流程

材料是由生产厂或供销部门通过一定的运输方式运到工地仓库或施工现场堆放材料地点的。运输流程如图 4-2。

根据图 4-2 可知，材料的运输过程是：

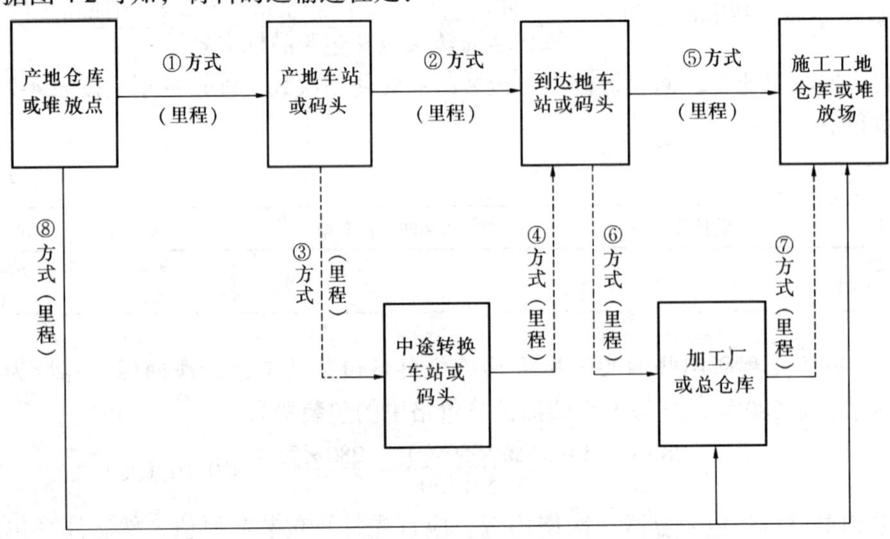

图 4-2　材料运输流程示意图

①将材料由生产厂或物资部门通过马车、汽车、火车专用线、驳船等方式运至产地的火车站或码头。

②通过铁路、水路等方式将材料由产地车站、码头运至工程所在地的码头或车站。

③④先将材料通过铁路、水路等运输方式运至中转车站或码头，然后再次启运，运至工程所在地的车站或码头。

⑤将材料由工程所在地车站或码头通过汽车、马车或铁路专用线等方式运至施工工地仓库或材料堆放场。

⑥⑦先将材料通过上述方式运至工程所在地的加工厂或总仓库，然后再将材料运至工地仓库或堆放场。

⑧通过汽车长途运输将材料由产地仓库或堆放点直接运至工程所在地的加工厂、总仓库或施工工地的材料仓库和堆放场。

(2) 材料运输费的组成内容

计算材料运输费，应按其实际运输流程，计算材料由来源地启运开始，直至运到施工现场仓库或堆放场地为止的一切费用。因此，材料运输费组成内容一般包括有：车船运费，调车费或驳船费，装卸费，附加工作费（堆放整理费），以及材料合理运输损耗费等等。

3. 材料运输费计算依据及说明

(1) 主要材料来源地、运输方式和进货数量比重的确定。材料运输费用水平的高与低，与材料来源地和运输方式的选择有密切关系。因为材料必须由来源地运到施工现场，材料来源地一经确定，运输方式和运输距离也就随之确定了。材料来源地离施工工地越近，材料运输费越少，反之，运输费就越高。特别是地方材料的运费如果来源地选择不当，运费就会超过原运费的几倍。同时，正确确定材料来源地、运输方式，还能避免长距离和相向运输，节约运输力。

但是，对材料来源地的选择，不能单凭它距离施工现场的远近来判断，而必须与其他有关因素联系起来考察。例如，要结合材料来源地的可供量、出厂价格水平、运输条件等等因素，进行经济比较后确定。如果最后的材料来源地，不能全部满足需要，就必须有一部分求之稍远的产地。进货数量比重是确定同一材料来自各地区时它们运输重量的权数，是计算加权平均运输费的重要数据。

(2) 建设地区运输总平面图和施工组织设计资料。根据这些资料中的各种材料存放地点及它们距火车站、码头、中心仓库等距离，计算各种运输距离。

(3) 国拨材料运输费的综合费率。凡由地方物资部门或供销部门供应材料，应当按当地物资部门规定的综合费率计算运输费。例如，某省规定的运输费综合费率表，见表4-8。

运输费综合费率表 **表4-8**

材料名称	综合费率 %	其中		
		管理费	利息	进货费
金属材料：有色金属	4.5	2.5	1	1
黑色金属	6.3	2.5	1	2.8
机电产品：	4.5	1.8	1	1.7
化工产品：化工材料	6	2	1	3
液体化工材料	7	2	1	4

续表

材料名称	综合费率 %	其中		
		管理费	利息	进货费
橡胶及制品	5	2	1	2
建筑材料：一类物资	18	3	1	14
二类物资	11	3	1	7
三类物资	24	3	1	20

对国拨材料除按上表综合费率计算长途运输费外，还应另外根据有关费用标准，计算市内运输费。

(4) 运价标准。全国营业的铁路货物运输，除水陆联运、国际联运过境运输，以及未与铁路网办理通道的临时营业铁路运输外，均按铁道部规定的《铁路货物运价规则》和铁路运价标准计算。

水路运输，按交通部和各地交通部门规定的水路运输规则计算。

汽车运输，按各省、市、自治区公路（市内）汽车货物运输规则计算。市内运输装卸费按各地区规定的货物装卸搬运价格计算。

在外埠采购的材料，均应按运输流程和采取的运输方式，按相应的运价标准计算长途运输费和市内运输费。

(5) 单位重量的确定。材料单位重量是决定材料运输费用的依据。对有规定单位重量的材料，原则上按规定的单位重量为准，有些比较特殊的材料，如无法得到其单位重量时，从体积和面积的比例上，适当计算出其近似重量。带有包装的材料，在计算运输费时，则需将材料的单位重量加上包装品的重量。

某省规定的材料运输单位重量见表4-9。

材料运输单位重量 **表4-9**

序号	名称	规格	单位	重量（kg）
1	红白松原木		m^3	810
2	红白松成材		m^3	759
3	硬杂原木		m^3	950
4	硬杂成材		m^3	850
5	软杂原木		m^3	780
6	软杂成材		m^3	760
7	红（青）砖	240mm×115mm×53mm	千块	2600
8	粘土瓦		千块	3000
9	混砂		m^3	1650
10	净砂	10cm以内	m^3	1500
11	河石		m^3	1600
12	毛石		m^3	1700
13	炉渣		m^3	850
14	油毡	400g	捆	28
15	平板玻璃	2mm	$10m^2$	50
		2.5mm	$10m^2$	62.5
16	平板玻璃	3mm	$10m^2$	75
17	平板玻璃	4mm	$10m^2$	100
18	平板玻璃	5mm	$10m^2$	125
19	平板玻璃	6mm	$10m^2$	150
20	平板玻璃	8mm	$10m^2$	200
21	平板玻璃	10mm	$10m^2$	250
22	平板玻璃	12mm	$10m^2$	300

(6) 附加整理费。按各地规定取费标准计算。

(7) 材料的运输损耗率。按各省、市、自治区规定执行。

4. 材料运输费用的计算

(1) 铁路运输费的计算

当材料须经铁路运输时，而且交货价格是按供应单位仓库或起运站交货规定的，必须在熟悉国家铁路部门规定的运费计算规则基础上，正确计算材料的铁路运费、装卸费、调车费。

①按货物重量规定运费标准（亦称运价率）。即按“整车”货物或“零担”货物分别规定标准。整车货物的以吨为单位计价，不足一吨者按一吨计算；零担货物以10kg为一个计价单位，不足10kg者按10kg计算。

②按货物的等级规定运费标准。即根据货物价值大小、运输难易程度，有无危险性等情况，将货物分成若干等级（运价号），不同等级规定不同的运费标准。

③按不同里程分别规定全程的运费标准，例如，50km以内规定一个全程计费标准，51～80km规定另一个全程计费标准。

如表4-10，表4-11，表示的货运价号及不同里程整车货物运价标准。

货物价格分类表　　表4-10

类别	项目	货物名称	运价号	
			整车	零担
建筑材料类	1	砂、石灰	4	11
	2	石料及其制品	4	11
	3	普通砖瓦、耐火砖、耐酸砖、缸管	4	11
	4	水泥及其制品、菱苦土制品、水磨石制品、石膏板	7	12
	5	陶粒、矿渣棉、蛭石及其制品、石棉制品	4	14
	6	膨胀珍珠岩及其制品	4	15
	7	玻璃	9	14
	8	—		

整车货物运价率表　　表4-11

运价率（元）/ 里程（km）/ 运价号	100	101～130	131～160	161～190	191～220	221～250
1	1.70	1.80	1.90	2.00	2.20	2.50
2	1.70	1.80	2.00	2.20	2.40	2.70
3	1.70	1.90	2.30	2.70	3.10	3.40
4	1.80	2.00	2.30	2.70	3.10	3.40
5	2.00	2.20	2.50	2.80	3.20	3.60
6	2.00	2.70	2.80	3.00	3.40	3.90
7	2.40	2.70	3.20	3.70	4.20	4.80
8	2.40	2.70	3.20	3.80	4.40	5.00
9	3.00	3.40	4.10	4.90	5.60	6.40
10	5.70	6.50	8.20	9.90	11.60	13.30

根据以上规定，计算铁路运费方法如下：

首先，根据交货条件、交货地点，从铁路主要站间里程表中查出运价里程。如果发站与到站均未列入表内，可按两站间最短经路查明所需里程。

其次，根据货物运价号表查出所托运的材料的运价等级。

再次，按托运货物的数量确定是整车或零担运输，然后找出相应的运价标准。

例如，某工程所需的水泥由某市供应，起运站至工程所在地火车站为170km，货物系整车运输。根据以上两个表的规定，可知水泥火车运费为3.70元/t。

④装卸费。由铁路负责装卸的整车货物，自货场堆放地点装到货车上和自货车上卸至堆放地点，均需按铁路规定的费率计算装车费和卸车费。

铁路装卸费标准各地区、各种货物均不一样，应按照装货及卸货地区铁路局规定的费率计算。

⑤调车费。当材料仓库或堆置场有铁路专用线，或者在车站站界内有专用装运材料地点，需要用铁路机车取送车辆时，应计算调车费。

我国铁道部关于调车费规定，往专用线上取送车辆时（不论车皮多少），按往返里程计算。每机车公里收取0.32元。取车时不再收费。

调车费用要分摊到单位重量材料上。计算公式如下：

$$\text{单位重量材料的调车费}=\frac{\text{距车站中心里数}\times 2\times \text{每机车公里调车费用}}{\text{每次车辆数}\times \text{车厢技术装载量}}$$

（2）水路运输费的计算

①水路运输费内容。水路运输费用系指沿海、内河的运输。材料如需由沿海、内河运输并且材料价格是按供货工厂交货或启运港口码头交货确定的，均需计算水路运费。水路运输费用应按交通部规定的建筑材料及设备的沿海和主要大河、地方内河运输价格表计算。

a.驳船费。是在港口用驳船从码头至船舶取送货物的费用，每吨货物驳船费率由各港口分别按不同类别货物规定。

b.装卸费。每个港口，分别按不同货物规定每吨货物装卸费。

c.运费。水路运费也按货物的不同等级、不同运价里程和重量分别规定的。但是水路运输运价有自己的特点：水路运输没有整船与零担之分；在同样里程条件下，由于航线的不同，航行区段不同，其运价率不一样；水路运输有特殊运价的规定，即有联运价、直接到达的运价及附加费的规定。

②水路运费计算方法。水路运输运费与铁路运费计算方法基本相同，即应根据货物等级、运输里程和运价标准计算。

（3）公路运输费用的计算

①公路运输费及其内容。当材料经过公路，由汽车运到工地仓库时，而且材料出厂价格是按供应者仓库或起运站交货条件规定的，应计算材料的公路运输费用。

地方性建筑材料很大一部分是通过公路运输的，其运费占地方性建筑材料预算价格的比重较大，因此，要特别注意对公路运输费的正确计算。

公路汽车运输费，一般要计算装卸费和运费两个费用因素。如果装卸费已包括在运价标准之内，则不要另算装卸费。其中：

装卸费，一般以吨为单位计算，其取费标准应根据交通部及各地运输部门规定计算。

运费，全国各地区公路运输运价的规定不够一致，基本一致点大体如下：运价有等级之分，但不同省货物等级的划分方法不一样；公路运价是按吨公里规定的，有的还按长短途分别规定不同的运价标准，在短途运价中有的还规定有吨次费；公路运价是按不同地区、不同区段分别规定的；公路运价与铁路运价一样，有整车与零担之分；公路运输有特殊的运价规定，如山区或雨季运输加成费、空驶补贴费、长大货物特殊运价、特种车辆运价。

②公路运输费计算方法

公路运费计算公式为：

公路运费 = 吨公里运价 × 运输里程 + 运输基价

因此，计算公路运费时，首先要计算运距，然后再根据上述有关规定查出吨公里运价和运输基价，代入上式后就求得单位材料的公路理费。

(4) 市内运费的计算

无论是外地购进的材料或是本市生产的材料，一般均需运至工地。市内运费的计算方法，大致与公路运输运费计算方法相同。但是，各地区的规定不统一，在编制材料预算价格时，应注意本地区规定的特点。例如，市内各级路面的运价标准不一样，有的地区市内运输距离要考虑绕道系数，增加运输里程，等等。

(5) 附加工作费用计算

材料运到工地仓库以后，需要搬运、分类堆放、整理，因此，要计算材料运输的附加工作费用。附加工作由运输部门进行者，按运输部门规定的取费标准计算，由施工单位进行者，按地区的规定执行。

(6) 材料运输损耗费计算

材料在运达工地仓库过程中的合理运输损耗，应计入材料运输费用中。计费基数是原价、供销部门手续费、包装费、运输费和附加工作费之和。

运输损耗费计算公式如下：

场外合理运输损耗费 = （原价 + 供销部门手续费 + 包装费 + 各种运输费 + 附加工作费用）× 场外合理运输损耗率

材料合理运输损耗率由各地区根据历史上统计资料，经过科学分析后合理确定。如某省规定编制材料预算价格时有关材料合理运输损耗率如表 4-12。

5. 材料运费的加权平均计算法

在编制材料预算价格时，所考虑的材料来源地往往不是一处，由于各地的运输条件不同，运输距离也会有较大差别，因此各地材料运输费必然有较大差异。即使是市内运输，由于工程建设地点分散，材料运往各建设点的运输费也会千差万别，因此在编制某种材料预算价格时，对于该种材料的运输费必须采取加权平均的方法计算。其具体计算方法有如下两种：

(1) 加权平均运输费方法：即先将各地的运输费分别计算出来，然后对其加权平均计算运输费。计算公式为：

$$T = \frac{T_1K_1 + T_2K_2 + T_3K_3 + \cdots + T_nK_n}{K_1 + K_2 + K_3 + \cdots + K_n}$$

或 $$T = T_1 \times \frac{K_1}{\Sigma K_i} + T_2 \times \frac{K_2}{\Sigma K_i} + T_3 \times \frac{K_3}{\Sigma K_i} + \cdots + T_n \times \frac{K_n}{\Sigma K_i}$$

式中 T_i——各地材料运输起止点间的运输费；

K_i——各地材料的运输数量。

材料合理运输损耗率表 **表 4-12**

序 号	名 称	包装方法	损耗率（%）	序 号	名 称	包装方法	损耗率（%）
1	砂		2	14	玻璃	简易木箱	1
2	碎石		1	15	毛石		1
3	河石		1	16	水泥管		4.2
4	水泥	散装	2.5	17	缸瓦管		2
5	水泥	纸袋	1.5	18	耐火砖	草袋	0.8
6	石灰	纸袋	2	19	沥青	纸皮	0.3
7	红砖		2	20	硅藻土瓦	木箱	2
8	生石灰		2.5	21	耐火土	草袋	0.3
9	瓷砖	木箱	0.2	22	矿渣棉		0.2
10	白石子	草袋	0.5	23	煤		1
11	水泥瓦		1	24	陶粒		2
12	黏土瓦		1	25	焦炭		1
13	石棉瓦		0.2	26	炉渣		5

例如，工程所用某种金属材料其长途运输费资料如表 4-13 所示。试计算该种材料的加权平均运输费。

表 4-13

供应地	运输方式	运输比重（%）	装车船费（元/t）	运费（元/t）	卸车船费（元/t）
甲地	铁路	50	0.6	15	0.5
乙地	铁路	30	0.8	12	0.5
丙地	水路	20	1.2	10	0.8

甲地运输费 = 0.6 + 15 + 0.5 = 16.1（元）

乙地运输费 = 0.8 + 12 + 0.5 = 13.3（元）

丙地运输费 = 1.2 + 10 + 0.8 = 12（元）

加权平均运输费 = 16.1 × 50% + 13.3 × 30% + 12 × 20% = 14.44（元）

（2）加权平均运距方法：即首先对各地的运距进行加权平均，然后再根据计算出来的加权平均运距进一步计算运输费用。加权平均运距的计算公式为：

$$P = \frac{P_1K_1 + P_2K_2 + P_3K_3 + \cdots + P_nK_n}{K_1 + K_2 + K_3 + \cdots + K_n}$$

或 $$P = P_1 \times \frac{K_1}{\Sigma K_i} + P_2 \times \frac{K_2}{\Sigma K_i} + P_3 \times \frac{K_3}{\Sigma K_i} + \cdots + P_n \times \frac{K_n}{\Sigma K_i}$$

式中 P_i——各地材料的运距；

K_i——各地材料的运输取量。

例如，某工程所用红砖由 A、B、C、D、E 5 个供应点供应，各供应点的供应比重、运输距离见表 4-14，假设各地均按汽车运输考虑，汽车每吨公里运价为 0.6 元，装卸费为每吨合计 1.6 元（红砖每千块重量查表 4-9）。试计算材料运输费。

表 4-14

供料地点	A	B	C	D	E
运输比重（%）	30	15	12	25	18
运输距离（km）	18	16	15	16	13

加权平均运距 = 18 × 30% + 16 × 15% + 15 × 12% + 16 × 25% + 13 × 18% = 16（km）

每千块红砖的运输费 = （0.6 × 16 + 1.6） × 2.6 = 29.12（元）

（五）材料采购及保管费的确定

材料采购及保管费是指材料部门在组织采购、供应和保管过程中所需要的各种费用。材料采购保管费的费用内容包括：采购、保管人员的工资、职工福利费、办公费，差旅交通费，固定资产使用费，工具用具使用费，劳动保护费，检验试验费，材料储存损耗等。

材料采购保管费的计费基础为：材料原价、供销部门手续费、包装费与运输费之和。费率按国家规定的费率（见表 4-15）执行。

材料采购保管费 = （材料原价 + 供销部门手续费 + 包装费 + 运输费） × 规定费率

采购保管费率表 **表 4-15**

材料种类	采购费率（%）	保管费率（%）	采购保管费率（%）
木材　水泥	1	1.5	2.5
一般建材	1.2	1.8	3
暖卫零配件	1.8	0.7	1.5

三、材料预算价格计算实例

（一）条件

1. 某工程所用袋白灰由甲、乙、丙三地供应，甲地供应 100t，每吨价格为 30 元；乙地供应 60t，每吨价格为 28 元；丙地供应 40t，每吨价格为 25 元。

2. 三地供应的袋白灰有 80 吨经过供销部门，供销部门手续费率为 3%。

3. 甲地供应的袋白灰以铁路方式运输，启动前短途运输费为每吨 1.5 元，铁路全程运价为每吨 4.8 元，装卸费为每吨 0.8 元；由火车站至工地用汽车运输，运距 6km，运费标准为每吨公里 0.3 元，装卸费每吨 0.6 元，基价为每吨 0.4 元。乙地供应的袋白灰以水路方式运输，启动前短途运输费为每吨 1.8 元，水路全程运价为每吨 5.2 元，装卸费为每吨 0.6 元，码头至工地用马车运输，运距 4 公里，运费为每吨公里 0.2 元，装卸费为每吨 0.4 元。丙地供应的袋白灰以公路方式运输，运距 20km，运费为每吨公里 0.25 元，装卸费为每吨 0.6 元，基价为每吨 0.4 元。堆放整理费为每吨 0.5 元，合理运输损耗率按 0.25%考虑。

4. 采购保管费率按 2.5%考虑。

5. 产品原带包装纸袋每个单价 0.3 元，每袋容量为 50kg，纸袋回收量按 60%考虑，回收折价率按 50%考虑。

试根据上述条件计算袋白灰的材料预算价格。

（二）材料预算价格计算

1. 计算权数：

$$甲地：100 \div (100+60+40) = 50\%$$

$$乙地：60 \div (100+60+40) = 30\%$$

$$丙地：40 \div (100+60+40) = 20\%$$

2. 计算综合原价：

$$30 \times 50\% + 28 \times 30\% + 25 \times 20\% = 28.40（元）$$

3. 计算经仓比重：

$$80 \div (100+60+40) = 40\%$$

4. 计算供销部门手续费：

$$28.4 \times 3\% \times 40\% \approx 0.34（元）$$

5. 计算运输费：

$$甲地：1.5+4.8+0.8+0.3\times 6+0.6+0.4 = 9.9（元）$$

$$乙地：1.8+5.2+0.6+0.2\times 4+0.4 = 8.8（元）$$

$$丙地：0.25\times 20+0.6+0.4 = 6（元）$$

各地加权平均：

$$9.9\times 50\% + 8.8\times 30\% + 6\times 20\% = 8.79（元）$$

合理运输损耗：

$$(28.4+0.34+8.79+0.5) \times 0.25\% \approx 0.1（元）$$

运输费合计：

$$8.79+0.5+0.1 = 9.39（元）$$

6. 计算采购保管费：

$$(28.4+0.34+9.39) \times 2.5\% \approx 0.95（元）$$

7. 计算包装品回收值：

$$(0.3\times 60\% \times 50\%) \div 0.05 = 1.8（元）$$

8. 计算袋白灰的材料预算价格：

$$28.4+0.34+9.39+0.95-1.8 = 37.28（元）$$

四、材料预算价格计算及材料预算价格汇总表的编制方法

在实际工作中，材料预算价格的计算是通过编制材料预算价格计算表完成的，材料预算价格计算表是根据材料预算价格各种因素的计算资料编制的。例如，计算上述袋白灰材料预算价格时，需填制预算价格计算表如表 4-16。

为了实际工作使用方便，在编制材料预算价格计算表的基础上，还应编制出材料预算价格汇总表，也就是要把材料预算价格计算表中的主要内容——材料名称、计量单位、预算价格等内容逐一填入汇总表（见表4-17）。

材料预算价格计算表（单位：元）　　**表4-16**

序号	材料名称	计量单位	发货地点	原价根据	单位重量	每吨运费	供销部门手续费率	材料原价	供销部门手续费	包装费	运输费	采购及保管费	回收金额	合计
1	2	3	4	5	6	7	8	9	10	11	12	13	14	15
3	袋白灰	t	甲 乙 丙	地方	1	9.39	3%	28.4	0.34		9.39	0.95	1.8	37.28

材料预算价格汇总表　　**表4-17**

序　　号	材料名称及规格	计 量 单 位	材料预算价格（元）
……	……	……	……
3	袋白灰	t	37.28
……	……	……	……

五、地区材料预算价格的确定

（一）编制地区材料预算价格的必要性与可能性

一般建安工程预算的编制，大多是依据地区单位估价表，而地区单位估价表又是依据相应定额和地区材料预算价格等资料编制的。因此，编制地区材料预算价格比起编制个别工程材料预算价格更有普遍意义。此外编制材料预算价格是一项繁重而又复杂的工作，按地区编制材料预算价格不仅可以保证材料预算价格的编制质量，同时又可以避免大量的重复劳动。

按地区确定材料预算价格也是可能的，因为地区材料预算价格的组成因素和计算方法与个别工程材料预算价格大致相同，在同一地区内，材料原价、供销部门手续费、包装费、采购保管费等都有统一的规定，惟有运输费一项因受运输距离及运输方式的影响有较大的差异，而其中也只有市内短途运输的差异比较明显，但所有这些完全可以通过加权平均的方法予以妥善解决。因此，在同一地区内，按地区确定材料预算价格是完全可能的。

（二）地区材料预算价格编制的特点与方法

地区材料预算价格的编制特点主要表现在运输费的计算上。以个别工程为对象编制材料预算价格，在计算运输费时只是将同种材料由不同来源地的运输费进行加权平均，而编制地区材料预算价格在计算运输费时，不仅要对不同来源地的材料运输费进行加权平均，而且要对运往各个建筑区域、各个工地的材料运输费进行加权平均，如图4-3、4-4所示。

编制地区材料预算价格，要将材料运输费划分为两部分来分别计算，第一部分是自交货地点至中心城市的中心地点的长途运输费；第二部分是自城市中心地点至各用料地点的短途运输费。长途运输费，应根据不同交货地点的材料数量、运输里程、运输工具、运输方法和运价标准，采用加权平均的方法计算。目前，有些省市还按进货费率（按占材料原价的百分比规定进货费率）计算材料长途运输费。短途运输费，应根据各工程或建筑群所需要的某种材料总量及其所占比重采用加权平均办法计算。

（三）地区材料预算价格编制实例

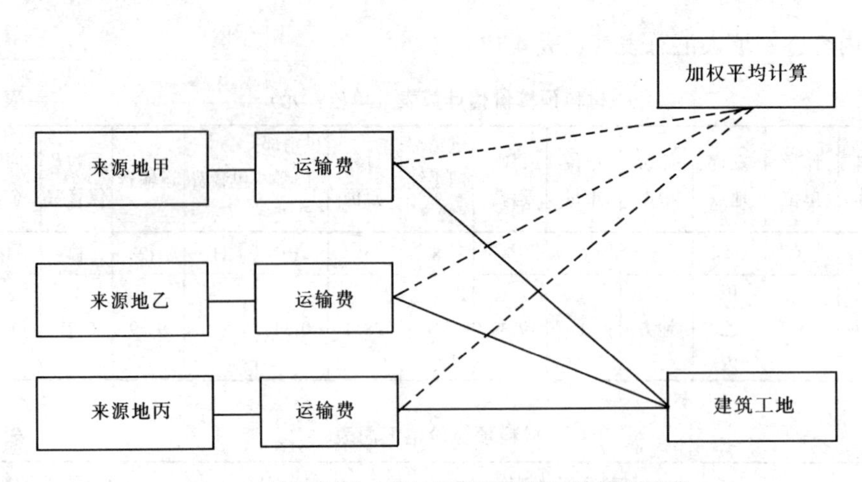

图 4-3　编制个别工程材料预算价格时计算运输费

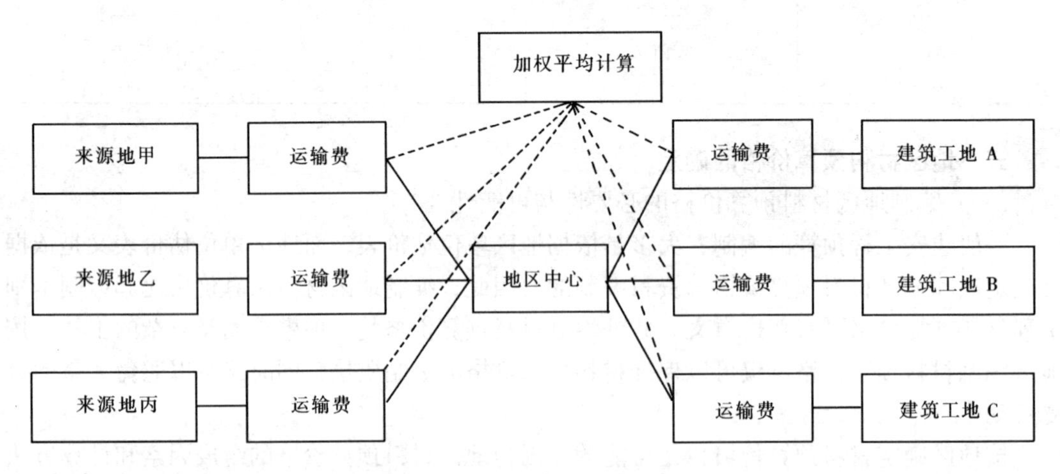

图 4-4　编制地区材料预算价格时计算运输费

例如，某省 325# 水泥材料预算价格编制的有关资料如下：

1. 材料供应地点、数量和原价：

某省中心城市所用 325# 水泥由甲、乙、丙、丁 4 地供应，其中甲地供应 800 万 t，每吨原价 45 元；乙地供应 400 万 t，每吨原价 48 元；丙地供应 500 万 t，每吨原价 43.5 元；丁地供应 300 万 t，每吨原价 44.5 元。

2. 供应方式：

各地供应的水泥中有 1200 万 t 由供销部门供应，供销部门手续费率为 3%。

3. 水泥均按生产厂家原带包装考虑，每袋标准容量为 50kg，每个纸袋原价为 0.6 元，回收量比重按 60%考虑，回收折价率按 50%考虑。

4. 长途运输费计算资料见表 4-18。

5. 市内短途运输费计算资料：

（1）市内短途运输全部按汽车考虑；

（2）火车站至各建筑工地的加权平均运距为 9km，运量比重占火车到货的 60%；

（3）火车站至各建筑公司构件预制厂的加权平均运距为 16km，运量比重占火车到货的 40%；

表 4-18

供应地	运输方式	运输量（t）	装车船费（元）	运费（元）	卸车船费（元）
甲地	铁路	8000000	0.6	15	0.4
乙地	铁路	4000000	0.6	12	0.4
丙地	水路	5000000	0.8	8	0.8
丁地	水路	3000000	0.9	6	0.8

（4）码头至各建筑工地的加权平均运距为 9km，运量比重占轮船到货的 80%；

（5）码头至各建筑公司构件厂的加权平均运距为 12km，运量比重占轮船到货的 20%；

（6）汽车每吨公里运价标准 0.4 元，运输基价为每吨 0.45 元，装卸费每吨 0.8 元；

（7）堆放整理费为每吨 0.5 元。

6. 合理运输损耗率为 0.3%。

7. 采购保管费率为 2.5%。

根据上述资料计算 325# 水泥材料预算价格如下：

（1）各地供应权数计算：

总量：$800 + 400 + 500 + 300 = 2000 \times 10^4$t

甲地：$800 \div 2000 = 40\%$

乙地：$400 \div 2000 = 20\%$

丙地：$500 \div 2000 = 25\%$

丁地：$300 \div 2000 = 15\%$

（2）加权平均原价计算：

$$45 \times 40\% + 48 \times 20\% + 43.5 \times 25\% + 44.5 \times 15\% = 45.15 \text{（元）}$$

（3）供销部门手续费计算：

①经仓比重：$1200 \div 2000 = 60$

②供销部门手续费：$45.15 \times 3\% \times 60\% \approx 0.81$（元）

（4）运输费计算：

①长途运输费计算：

甲地：$0.6 + 15 + 0.4 = 16$（元）

乙地：$0.6 + 12 + 0.4 = 13$（元）

丙地：$0.8 + 8 + 0.8 = 9.6$（元）

丁地：$0.9 + 6 + 0.8 = 7.7$（元）

加权平均长途运输费：

$$16 \times 40\% + 13 \times 20\% + 9.6 \times 25\% + 7.7 \times 15\% \approx 12.56 \text{（元）}$$

②短途运输费计算：

权数计算：

火车站至工地：$(800 + 400) \div 2000 \times 60\% = 36\%$

火车站至构件厂：$(800 + 400) \div 2000 \times 40\% = 24\%$

码头至工地：$(500 + 300) \div 2000 \times 80\% = 32\%$

码头至构件厂：$(500 + 300) \div 2000 \times 20\% = 8\%$

加权平均运距：

$$8\times36\%+16\times24\%+9\times32\%+12\times8\%\approx11\ (\text{km})$$

短途运输费：

$$0.4\times11+0.45+0.8+0.5=6.15\ (\text{元})$$

③合理运输损耗：

$$(45.15+0.81+12.56+6.15)\times0.3\%\approx0.19\ (\text{元})$$

④运输费合计：

$$12.56+6.15+0.19=18.9\ (\text{元})$$

（5）采购保管费计算：

$$(45.15+0.81+18.9)\times2.5\%\approx1.62\ (\text{元})$$

（6）包装品回收值计算：

$$0.6\times60\%\times50\%\div0.05=3.6\ (\text{元})$$

（7）材料预算价格计算：

$$45.15+0.81+18.9+1.62-3.6\approx62.88\ (\text{元})$$

六、影响材料预算价格变动的因素

（1）市场供需变化。材料原价是材料预算价格中最基本的组成，市场供大于需求时价格就会下降；反之，价格就会上升，从而也就会影响材料预算价格的涨落。

（2）材料生产成本的变动直接涉及材料预算价格的波动。

（3）流通环节的多少和材料供应体制也会影响材料预算价格。

（4）运输距离和运输方法的改变会影响材料运输费用的增减，从而也会影响材料预算价格。

（5）国际市场行情会对进口材料价格产生影响。

第四节　施工机械台班使用费的确定

施工机械台班使用费（亦称台班单价、台班预算价格），是指一台机械正常工作一个班所应分摊的各种费用和所应耗用的工、料费用之和。施工机械使用费以“台班”为计量单位，一台机械工作8h为一个“台班”。

提高施工机械化水平，是我国建筑业的发展方向，它不但有利于大幅度提高劳动生产率和加快建设速度，有利于提高工程质量，节约原材料消耗，也有利于减轻工人的体力劳动。所以，必须遵循独立自主、自力更生、艰苦奋斗、勤俭建国的方针，结合我国国情，不断提高具有我国特点的施工机械化水平。施工机械化水平的提高，在基本建设预算上的反映，就是在工程预算单价以及整个工程预算造价中的施工机械使用费的比重增加。因此，正确地确定施工机械台班使用费，不仅有利于正确计算工程预算造价，而且由于建筑安装企业的施工机械使用费支出能够得到合理的补偿，也有利于施工企业的经济核算和不断提高施工企业技术装备水平。

一、施工机械台班使用费的组成及其特点

施工机械台班使用费由两大类费用所组成，即第一类费用（不变费用）和第二类费用（可变费用），见图4-5。

第一类费用的特点是不管机械运转程度如何，都必须按所需分摊到每一台班中去，不因施工地点、条件的不同而发生变化，是一项比较固定的经常性费用，故称为“不变费用”。在“施工机械台班费用定额”中，此类费用诸因素及合计数是直接以货币形式表示的，这种货币指标适用于全国任何地区，所以，在编制施工机械台班预算价格时，不能随意改动也不必重新计算，从《全国统一施工机械台班费用定额》中直接转抄所列的价值即可。

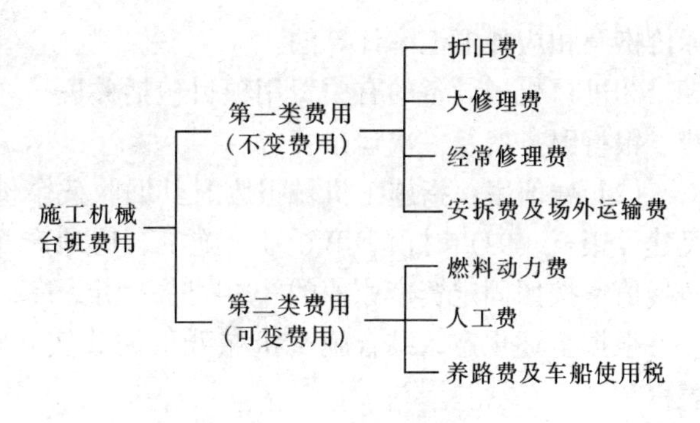

图 4-5　施工机械台班费用组成内容

第二类费用的特点是只有在机械作业运转时才发生，所以也称作一次性费用或可变费用。第二类费用必须按照《全国统一施工机械台班费用定额》规定的相应实物量指标分别乘以预算价格编制地区人工日工资标准，燃料等动力资源的价格进行计算。

二、施工机械台班费用定额的编制

施工机械台班费用定额是指一台机械正常工作一个班所应分摊的各种费用和所应耗用的工、料数量标准。

（一）施工机械台班费用定额第一类费用指标的计算

1. 折旧费

折旧费是指机械设备在规定的使用期限内，陆续收回其原值及所支付贷款利息。其计算公式为：

$$台班折旧费=\frac{机械预算价格\times（1-残值率）\times贷款利息系数}{耐用总台班}$$

$$贷款利息系数=1+\frac{1}{2}\times贷款年利率\times（折旧年限+1）$$

（1）机械预算价格（机械原值）：是指机械出厂（或到岸完税）价格和生产厂（销售单位交货地点或口岸）运至使用单位机械管理部门验收入库的全部费用。其计算公式依据机械来源的不同按以下公式计算：

$$国产机械预算价格=出厂（或销售）价格+N$$

$$国产运输机械预算价格=出厂（或销售）价格\times（1+购置附加费率）+N$$

$$进口机械预算价格=到岸价格+关税+增值税+W$$

$$进口运输机械预算价格=（到岸价格+关税+增值税）\times（1+购置附加费率）+W$$

式中　N——供销部门手续费加一次运杂费；

W——外贸部门手续费加银行财务费加国内一次运杂费。

①国产机械出厂（或销售）价格的确定：主要是通过施工机械展销会上各厂家的报价、全国有关生产厂家函调和面询价格及施工企业提供的当前购入账面实际价格等资料，合理确定的。

国产机械供销部门手续费和一次运杂费，按机械出厂价格的5%计算。

②进口机械到岸价格是依据外贸、海关等部门的有关资料和施工企业购置机械设备实

际价格及相应外汇汇率计算的。

③进口机械设备的有关费用项目包括关税、增值税、车辆购置附加费、外贸部门手续费、银行财务费及一次运杂费等。

(2) 残值率：指施工机械报废时其回收残余价值占原值的比率。依据财政部、中国人民建设银行（93）财预字第6号《施工、房地产开发企业财务制度》第三十三条中规定：净残值率按照固定资产原值的3%～5%确定。

根据上述规定，结合施工机械残值回收实际情况，各类施工机械的残值率确定如下表：

机械类型	残值率（%）
运输机械	2
特、大型机械	3
中、小型机械	4
掘进机械	5

(3) 耐用总台班：指机械设备从开始投入使用至报废前所使用的总台班数。其计算公式为：

$$耐用总台班 = 大修间隔台班 \times 使用周期（大修周期）$$

大修间隔台班：是指机械设备从开始投入使用起至第一次大修（或自上次大修起至下次大修）止的使用台班数。

使用周期（即大修周期）：是指机械设备在正常施工作业条件下，其寿命期（即耐用总台班数）按规定确定的大修理次数，其计算公式为：

$$使用周期 = 寿命期大修理次数 + 1$$

定额中耐用总台班、大修间隔台班和使用周期，均以《技术经济定额》中规定数据计算。

(4) 折旧年限：指国家规定的固定资产计提折旧的年限。

(5) 贷款年利率：定额贷款年利率是按贷款利率综合取定的。

2. 大修理费

指机械设备按规定的大修间隔台班进行必要的大修理，以恢复机械的正常功能所需的费用。其计算公式如下：

$$台班大修理费 = \frac{一次大修理费 \times （使用周期 - 1）}{耐用总台班}$$

(1) 一次大修理费：指机械设备按规定的大修理范围、修理工作内容所需要更换配件、消耗材料及机械和工时以及送修运杂费（送外埠修理除外）等。

(2) 定额一次大修理费是以《技术经济定额》中规定数据为基础，依市场价格对配件、辅料及人工等费用作适当调整后确定。

3. 经常修理费

指机械设备除大修理以外的各级保养（包括一、二、三级保养）及临时故障排除所需费用；为保障机械正常运转所需替换设备、随机配备的工具、附具的摊销及维护费用；机械运转及日常保养所需润滑、擦拭材料费用和机械停置期间的维护保养费用等，其计算公式为：

$$台班经修费 = \frac{\Sigma（各级保养一次费用 \times 寿命期各级保养总次数） + 临时故障排除费}{耐用总台班}$$

为简化计算，编制台班费用定额时也可采用下列公式：

$$台班经修费 = 台班大修费 \times K$$

$$K = \frac{机械台班经常修理费}{机械台班大修理费}$$

（1）各级保养一次费用。分别指机械在各个使用周期内为保证机械处于完好状况，必须按规定的各级保养间隔周期，保养范围和内容进行的一、二、三级保养或定期保养所消耗的工时、配件、辅料、油燃料等费用。

（2）寿命期各级保养总次数。分别指一、二、三级保养或定期保养在寿命期内各个使用周期中保养次数之和。

（3）机械临时故障排除费用、机械停置期间维护保养费。指机械除规定的大修理及各级保养以外，临时故障所需费用以及机械在工作日以外的保养维护所需润滑擦试材料费，可按各级保养（不包括例保辅料费）费用之和的3%计算。即：

机械临时故障排除费及机械停置期间维护保养费 = Σ（各级保养一次费用 × 寿命期各级保养总次数）× 3%

（4）替换设备及工具附具台班摊销费。指轮胎、电缆、蓄电池、运输皮带、钢丝绳、胶皮管、履带板等消耗性设备和按规定随机配备的全套工具附具的台班摊销费用。其计算公式：

替换设备及工具附具台班摊销费 = Σ［（各类替换设备数量 × 单价 ÷ 耐用台班）
+（各类随机工具附具数量 × 单价 ÷ 耐用台班）］

（5）例保辅料费。即机械日常保养所需润滑擦拭材料的费用。

4. 安拆费及场外运费：

（1）安拆费：指机械在施工现场进行安装、拆卸所需的人工费、材料费、机械费、试运转费以及安装所需的辅助设施的费用（包括：安装机械的基础、底座、固定锚桩、行走轨道、枕木等的折旧费及其搭设、拆除费用）。其计算公式为：

$$台班安拆费 = \frac{机械一次安拆费 \times 年平均安拆次数}{年工作台班} + 台班辅助设施摊销费$$

$$台班辅助设施摊销费 = \frac{辅助设施一次费用 \times (1 - 残值率)}{辅助设施耐用台班}$$

（2）场外运费：指机械整体或分体自停放场地运至施工现场或由一个施工地点运至另一个施工地点，所发生的运距在25km以内的机械进出场运输及转移费用（包括机械的装卸、运输、辅助材料及架线费等）。其计算公式为：

$$台班场外运费 = \frac{(一次运输及装卸费 + 辅助材料一次摊销费 + 一次架线费) \times 年平均场外运输次数}{年工作台班}$$

现行定额台班基价中未列该项费用的，一是金属切削加工机械等一般均固定在车间内无需经常安拆运输的机械；二是不需拆卸安装自身又能开行的机械，如：水平运输机械。特、大型机械可按附表规定计算一次性安拆费及场外运费。

（二）施工机械台班费用定额第二类费用指标的计算

1. 动力、燃料消耗指标。指机械在运转施工作业中所耗用的电力、固体燃料（煤、木柴）、液体燃料（汽油、柴油）和水等的数量标准。

定额机械燃料动力消耗量，以实测的消耗量为主，以现行定额消耗量和调查的消耗量为辅的方法确定。计算公式如下：

$$台班燃料动力消耗量 = \frac{实测数 \times 4 + 定额平均值 + 调查平均值}{6}$$

(1) 台班电力消耗量的测算公式:

$$Q = \frac{kW \times 8 \times K_1 \times K_2 \times K_3}{K_4}$$

式中 Q——台班电力消耗量(kWh);

kW——电动机容量;

8——台班工作制小时数;

K_1——电动机时间利用系数;

K_2——电动机能力利用系数;

K_3——动力线路电力损耗系数;

K_4——电动机有效利用系数。

(2) 台班油料消耗量的测算公式:

$$Q = \frac{HP \times K_1 \times K_2 \times K_3 \times K_4 \times G \times 8}{1000}$$

式中 Q——台班耗油量(kg);

HP——发动机额定功率(kW);

K_1——时间利用系数;

K_2——能力利用系数;

K_3——车速油耗系数;

K_4——油料损耗系数;

G——额定功率耗油量;

8——台班工作制小时数。

2. 人工消耗指标。指机上司机、司炉及其他操作人员的工作日以及上述人员在机械规定的年工作台班以外增加的工日数量标准。其计算公式为:

$$定额机上人工工日 = 机上定员工日 \times (1 + 增加工日系数)$$

$$增加工日系数 = \frac{年制度工作日 - 年工作台班 - 管理费内非生产天数}{年工作台班}$$

增加工日系数取定为0.25(指增加的原机械保管费下的属于年工作台班以外的机上人员工日)。

操作机械的人工应按机械性能和操作需要配备。一般大型机械配备两人,中小型机械配备一人,不需要专业人员操作的机械不配备。

三、施工机械台班使用费计算表的编制

施工机械台班使用费计算表(亦称《全国统一施工机械台班费用定额》地区单位估价表),是指根据全国统一施工机械台班费用定额和地区的有关预算价格资料,确定施工机械正常工作一个班所应分摊的第一类费用和所应耗用的第二类费用的文件。

(一) 施工机械台班使用费计算表第一类费用指标的计算

施工机械台班使用费计算表中第一类费用的四项指标,应按《全国统一施工机械台班费用定额》中所列的货币指标直接抄列即可。

（二）施工机械台班使用费计算表第二类费用指标的计算

施工机械台班使用费计算表中第二类费用的3项指标，应按《全国统一施工机械台班费用定额》中所列的人工和动力资源数量和地区相应的预算价格、养路费及车船使用税标准等进行计算。

1. 机上人工费的计算

编制施工机械台班使用费计算表计算人工费时，应将施工机械台班使用费定额确定的人工工日数量按其工资等级乘以地区确定的人工工日单价求得。其计算公式为：

$$\text{机上人工费} = \text{台班人工消耗指标} \times \text{地区人工工日单价}$$

2. 动力燃料费的计算；

编制施工机械台班使用费计算表时，应根据施工机械台班使用费定额确定的各种动力资源的消耗量指标和地区的材料预算价格等资料来确定动力、燃料费。其计算公式为：

$$\text{动力燃料费} = \text{台班电力燃料消耗指标} \times \text{地区材料预算价格}$$

3. 养路费及车船使用税的计算

指机械按照国家有关规定应交纳的养路费和车船使用税等，各省、自治区、直辖市编制本地区机械台班定额时，应按本地区规定标准列入定额。其计算公式为：

$$\text{养路费及车船使用税} = \frac{\text{载重量（或核定吨位）} \times \text{（养路费} \times 12 + \text{车船税）}}{\text{车工作台班}}$$

式中，养路费以“元/（t·月）”为单位；车船税以“元/（t·a)”为单位。

四、影响施工机械台班使用费变动的因素

（一）施工机械的价格。这是影响折旧费，从而也影响施工机械台班使用费的重要因素。

（二）机械使用年限。它不仅影响折旧费提取，也影响到大修理费和经常修理费的开支。

（三）机械的使用效率和管理水平。

（四）政府征收税费的规定等。

五、施工机械台班费用定额和计算表实例

（一）《全国统一施工机械台班费用定额》摘录见表4-19。

（二）辽宁省施工机械台班费用计算表摘录见表4-20。

六、施工机械台班使用费定额和计算表的编制举例

以1吨机动翻斗车为例，预算价格按辽宁省实际情况执行，基础数据见表4-21。

（一）折旧费

$$\text{台班折旧费} = \frac{23063 \times (1 - 2\%) \times [1 + 0.5 \times 8.64\% \times (6+1)]}{1500} \approx 19.62\text{（元）}$$

（二）大修理费

$$\text{台班大修理费} = \frac{6940.74 \times (2-1)}{1500} \approx 4.62\text{（元）}$$

（三）经常维修费

$$\text{经常维修费} = 4.62 \times 3.93 \approx 18.15\text{（元）}$$

（四）安拆费及场外运费

表 4-19

编号	机械名称	机型	规格型号		台班基价	费用组成													
						折旧费	大修理费	经常修理费	安拆费及场外运费	燃料动力费	其中						人工费	其中	养路费及车船使用税
											汽油	柴油	煤	电	水	木柴		人工	
					元	元	元	元	元	元	kg	kg	t	kWh	m^3	kg	元	工日	元
4—37	自装自卸汽车	大	载重量(t)	6	379.66	115.43	18.23	77.84		140.07	48.30						28.09	1.25	
4—38	自装自卸汽车	大	载重量(t)	8	444.92	160.50	19.18	81.91		155.24	53.53						28.09	1.25	
4—39	机动翻斗车	小	载重量(t)	1	87.51	19.62	4.62	18.15	3.94	13.09		6.03					28.09	1.25	
4—40	机动翻斗车	中	载重量(t)	1.5	107.44	27.95	5.33	20.93	3.94	21.20		9.77					28.09	1.25	
4—41	油罐车	中	罐容量(L)	5000	266.09	87.14	10.18	51.82		88.86	30.64						28.09	1.25	
4—42	油罐车	大	罐容量(L)	8000	325.42	116.47	17.65	89.86		73.35		33.80					28.09	1.25	
4—43	洒水车	中	罐容量(L)	4000	263.07	81.96	12.50	53.64		86.88	29.96						28.09	1.25	
4—44	洒水车	大	罐容量(L)	8000	327.59	110.86	22.12	94.91		71.61		33.00					28.09	1.25	
4—45	轨道拖车头	中	功率(kW)	30	185.27	114.24	9.09	19.09		14.76		6.80					28.09	1.25	

单位:元/台班　　表 4-20

序号			4—37	4—38	4—39	4—40	4—41	4—42	4—43	4—44	4—45
项目		单位	自装自卸汽车		机动翻斗车		油罐车		洒水车		轨道拖车头
			载重量(t)				罐容量(L)				功率(kW)
			6 以内	8 以内	1 以内	1.5 以内	5000 以内	8000 以内	4000 以内	8000 以内	30 以内
基价		元	509.22	605.31	102.98	130.66	349.31	431.99	335.89	433.50	192.10
第一类费用	折旧费	元	115.43	160.50	19.62	27.95	87.14	116.47	81.96	110.86	114.24
	大修理费	元	18.23	19.18	4.62	5.33	10.18	17.65	12.50	22.12	9.09
	经常修理费	元	77.84	81.91	18.15	20.93	51.82	89.86	53.64	94.91	19.09
	安、拆及场外运费	元	—	—	3.94	3.94	—	—	—	—	—
	第一类费用小计	元	211.50	261.59	46.33	58.15	149.14	223.98	148.10	227.89	142.42
第二类费用	人工 人工	工日	1.25	1.25	1.25	1.25	1.25	1.25	1.25	1.25	1.25
	人工 金额	元	29.28	29.28	29.28	29.28	29.28	29.28	29.28	29.28	29.28
	汽油使用量	kg	48.30	53.53	—	—	30.64	—	29.96	—	—
	单价/合价	元	4.00/193.20	4.00/214.12	—	—	4.00/122.56	—	4.00/119.84	—	—
	柴油使用量	kg	—	—	6.03	9.77	—	33.80	—	33.00	6.80
	单价/合价	元	—	—	3.00/18.09	3.00/29.31	—	3.00/101.40	—	3.00/99.00	3.00/20.40
	第二类费用小计	元	222.48	243.40	47.37	58.59	151.84	130.68	149.12	128.28	49.68
养路费及车船税		元	75.24	100.32	9.28	13.92	48.33	77.33	38.67	77.33	—

部分机械基础数据汇总表

表 4-21

编号	机械名称	机型	规格型号		预算价格	残值率	年工作台班（参考）	折旧年限（参考）	大修间隔台班	使用周期	耐用总台班	一次大修费	K值
					元	%	台班	年	台班		台班	元	
4—25	平板拖车组	大	载重量(t)	60	760725	2	175	9	750	2	1500	97376.35	4.73
4—26		大		80	1328250	2	175	9	750	2	1500	11849.18	4.73
4—27		大		100	1509375	2	175	9	750	2	1500	120892.73	6.35
4—28		大		150	2149350	2	175	9	750	2	1500	158539.52	6.35
4—29	管子拖车	大		24	585638	2	220	8	825	2	1650	73297.79	4.04
4—30		大		27	790913	2	220	8	825	2	1650	95591.66	4.04
4—31		大		35	928568	2	220	8	825	2	1650	112850.41	4.04
4—32	长材运输车	大		8	182333	2	185	8	750	2	1500	24419.90	5.77
4—33		大		12	301271	2	185	8	750	2	1500	30390.38	5.77
4—34		大		15	365269	2	185	8	750	2	1500	32739.23	5.77
4—35	壁板运输车	大		8	191389	2	240	6	750	2	1500	24922.23	5.12
4—36		大		15	495075	2	240	6	750	2	1500	32737.72	5.12
4—37	自装自卸汽车	大		6	126788	2	185	8	750	2	1500	27376.72	4.27
4—38		大		8	176295	2	185	8	750	2	1500	28808.47	4.27
4—39	机动翻斗车	小		1	23063	2	250	6	750	2	1500	6940.74	3.93
4—40		中		1.5	32844	2	250	6	750	2	1500	8002.15	3.93
4—41	油罐车	中	罐容量(L)	5000	121958	2	240	8	950	2	1900	19372.27	5.09
4—42		大		8000	163013	2	240	8	950	2	1900	33585.84	5.09
4—43	洒水车	中		4000	114713	2	240	8	950	2	1900	23784.57	4.29
4—44		大		8000	155164	2	240	8	950	2	1900	42087.03	4.29
4—45	轨道拖车头	中	功率(kW)	30	175088	4	200	11	750	3	2250	10225.00	2.10
4—46	轨道平车	小	载重量(t)	5	12317	4	150	8	400	3	1200	1425.00	2.10
4—47		中		10	54579	4	150	8	400	3	1200	1900.00	2.10

安拆费及场外运费 = 3.94（元）（计算过程略）

现行定额台班基价内所列安拆费及场外运输费，均分别按不同机型、重量、外形、体积及不同的安拆和运输方式测算其人工、材料、机械的耗用量，并进行综合计算的，除地下工程机械外，均按年平均4次运输，运距平均为25km以内。

（五）动力、燃料费

现行定额柴油耗用量为6.03kg/台班。

辽宁省柴油预算价格取定为3元/kg。

$$燃料费 = 3 \times 6.03 = 18.09（元）$$

（六）人工费

$$机上人工工日 = 1工日 \times（1 + 0.25）= 1.25工日$$

辽宁省定额人工工日单价为23.42元。

$$人工费 = 23.42 \times 1.25 = 29.28（元）$$

（七）养路费及车船使用税

按各地区的规定标准计算。按辽宁省的规定计算结果为：

$$养路费及车船税 = 9.28（元）$$

（八）1吨机动翻斗车的定额基价

定额基价 = 19.62 + 4.62 + 18.15 + 3.94 + 18.0 + 29.28 + 9.28 = 102.98（元/台班）

见表4-19和表4-20。

第五节　单位估价表的编制

一、单位估价表编制的基本方法

（一）单位估价表的主要内容

单位估价表的内容主要有三部分：

1. 完成该分项工程所需消耗的人工、材料、施工机械的实物数量。这一内容在单位估价表中用数量一栏表示，从需要编制单位估价表的相应预算定额中抄录。

2. 该分项工程消耗的人工、材料、施工机械的相应预算价格，即相应的工日单价、材料预算价格和施工机械台班使用费。这一内容在单位估价表中用单价一栏表示，从为编制单位估价表而编制的日工资级差单价表、材料预算价格汇总表和施工机械台班使用费计算表中摘录。

3. 该分项工程直接费用的人工费、材料费和施工机械使用费。这一内容在单位估价表中用合价一栏表示。它是根据第一部分中的三个“量”和第二部分中的3个“价”对应相乘计算求得。将人工费、材料费和施工机械使用费相累加，即得该定额计量单位建筑安装产品的工程预算单价。

（二）单位估价表的计算公式

定额计量单位建筑安装工程产品的工程预算单价（即分项工程直接费单价），可以根据以下公式进行计算：

$$人工费 = \Sigma（工日数量 \times 相应等级的工日单价）$$

$$材料费 = \Sigma（材料消耗量 \times 相应的材料预算价格）$$

$$施工机械使用费 = \Sigma（施工机械台班使用量 \times 相应的施工机械台班使用费）$$

$$工程预算单价 = 人工费 + 材料费 + 施工机械使用费$$

（三）单位估价表的表式和填写方法

为了编制、审查和使用的方便，应该把工程预算单价各项费用的依据和计算过程，通过表格形式反映出来，这就是通常所说的单位估价表。

1. 表式

单位估价表可以是一个分项工程编一张表，也可以将几个分项工程编在一张表上。

（1）表头。

表头应具有以下的基本因素：

填写分部分项工程的名称及其定额编号，并在表格的右上角标明计量单位。单位估价表的计量单位应与定额计量单位一致。

（2）表格的设计。

单位估价表为项目、单位、单价、数量、合价横向多栏式。如一张表上编制几个分项工程的单位估价表，可只列一栏共同使用的单价，而每一分项工程只列数量和合价两栏。

单位估价表的纵向依次为人工费、材料费、机械使用费和合计栏，材料费和机械使用费应按材料和机械种类分列项目。

2. 表格填写方法

（1）单位估价表的“费用项目”栏应包括的基本因素是：定额中所规定的为完成定额计量单位产品所需要的各种工料与机械名称。

（2）单位栏：按预算定额中的工、料、施工机械等的计量单位填写。

（3）单价栏：填写与工、料、施工机械名称相适应的预算价格。

（4）数量栏：填写预算定额中的工、料、施工机械台班数量。

（5）合价栏：为各自单价和数量相乘之积。

最后各“费用项目”的合计数，就是该单位估价表计算出来的定额计量单位建筑安装产品的工程预算单价，即该分项工程的直接费单价。

（四）单位估价表的编制实例

某省建筑工程编制一砖内墙分项工程的地区统一单位估价表，地区统一预算定额中该分项工程的实物消耗量标准如下：

综合工日：15.22 工日

材料用量：M2.5 混合砂浆 2.35m^3

红砖 5.26 千块

水 1.06m^3

机械台班：200 升砂浆搅拌机 0.28 台班

塔吊 0.47 台班

该省统一的相应预算价格资料如下：

人工工日单价：每工日 16.75 元

材料预算价格：红砖，每千块 177.00 元

M2.5 混合砂浆，每 $m^3$115.61 元

水，每 $m^3$0.50 元

施工机械台班使用费：200L灰浆搅拌机，每台班37.64元

塔吊，每台班462.38元

根据上述资料，按规定的表式编制单位估价表，见表4-22。

单位估价表 **表4-22**

砖石工程

定额编号及名称：03—166　　一砖内墙　　定额单位：每$10m^3$砌体

项目		单位	单价	数量	合价
人工费		工日	16.75	15.22	254.94
材料费	红砖	千块	177.00	5.26	931.02
	M2.5混合砂浆	立方米	115.61	2.35	271.68
	水	立方米	0.50	1.06	0.53
	小计				1203.23
机械费	200L灰浆搅拌机	台班	37.64	0.28	10.54
	塔吊	台班	462.38	0.47	217.32
	小计				227.86
合计		元			1686.03

（五）单位估价汇总表的编制

单位估价汇总表，是汇总单位估价表中主要内容的文件。在编制单位估价汇总表时，应将单位估价表中的主要资料列入，包括有：定额编号、分项工程名称、计量单位、工程预算单价以及其中人工费、材料费、施工机械使用费的小计数等资料。每一项汇总表可列10余个分项工程的工程预算单价，便于编制施工图预算时使用。

在编制单位估价汇总表时，要注意计量单位值的变化。单位估价表是按预算定额编制的，其计量单位值与定额计量单位值一致，多数是$10m^3$、$100m^3$等等。为了编制预算时套用单价的方便，在编制单位估价汇总表时应将计量单位值缩小10倍或100倍，即采用1作为计量单位值。

单位估价汇总表的形式见表4-23。

单位估价汇总表 **表4-23**

定额编号	分项工程名称	单位	预算单价（元）			
			基价	其中：人工费	材料费	机械费
03—166	一砖内墙	m^3	168.60	25.49	120.32	22.79
……	……					
……	……					

二、个别工程单位估价表的编制

（一）编制个别工程单位估价表的条件

需要单独编制单位估价表的建设工程必须同时具备如下条件：

1. 该工程必须距城市较远，由于其地理位置的特点，不适宜使用地区统一的单位估价表；

2. 该工程相邻的地区，没有相同条件的建设工程，因此没有现成的单位估价表可以借用；

3. 该工程必须是大型的建设工程，如只是小型工程，即使具备上述两项条件，也不值得花费人力、物力单独编制单位估价表。

（二）个别工程单位估价表的编制依据

编制个别工程单位估价表，以下列资料为依据：

1. 适用于该工程的全国统一定额和地区统一定额。

2. 该工程所在地的建安工人工日单价，以及为该工程单独编制的材料预算价格和施工机械台班使用费。

（三）个别工程单位估价表的编制方法

具备编制个别工程单位估价表条件的建设单位，经建设主管部门同意，即可编制供本工程使用的单位估价表。编制时首先要收集编制依据，尤其要编制好供本工程使用的材料预算价格和施工机械台班使用费，随后根据规定的单位估价表表式填表计算。

因为预算定额数量很多，为某一建设项目编制的个别工程单位估价表数以千计，为了方便使用，在单位估价表编制完成以后，必须将单位估价表中的资料摘要汇总，分别编制建筑工程和设备安装工程的单位估价汇总表。

三、地区统一单位估价表的编制

（一）编制地区统一单位估价表的必要性和可能性

按照个别工程分别单独编制单位估价表，不但工作繁重且有许多缺点。首先，各建设工程往往有几百项分项工程，都各自编制单位估价表，以及连带着编制材料预算价格、施工机械台班预算价格，要花费很多的人力、物力和时间，重复劳动，易生错误，影响单位估价表的质量，而且难以及时满足预算工作的需要。其次，各建设工程缺乏统一的、相对固定的工程预算单价，往往会引起设计、施工、建设单位三者之间的争执，影响统一核算与施工任务的及早落实，这种情况与大规模的基本建设形势是不相适应的。

在一个城市或一个地区编制统一的单位估价表是有可能的。因为工程预算单价决定于定额和材料预算价格。预算定额在地区范围内是统一的，工资标准在一个地区范围内也是统一的，只是在材料预算价格水平上有些出入。在材料预算价格上，又主要是材料运输费确定的问题比较多。但是，在一个地区范围内，各建设工程所用的材料的运输费构成因素及编制依据是相同的或近似的，只要从组织上、技术上采取适当措施，就能制定出合理的地区性的统一材料预算价格，供编制统一的地区单位估价表使用。

（二）地区统一单位估价表的编制依据

编制地区统一的建筑安装工程单位估价表，以下列资料为依据：

1. 全国统一的预算定额和地区统一的预算定额；

2. 为编制地区统一单位估价表而编制的本地区的直接费诸因素预算价格。

按现行的定额管理分工的规定，现行的一般通用建筑工程预算定额，由各省、自治区、直辖市统一制定。编制地区统一的建筑工程单位估价表，以地区统一定额为依据。现行的通用设备安装工程预算定额，专业通用、专业专用的预算定额，由国家有关部门统一制定。编制地区统一的建筑装饰工程单位估价表和设备安装工程单位估价表，以全国统一定额为依据。以全国统一定额为依据编制地区统一单位估价表时，对定额中本地区不使用的定额项目，可以删去不编；对定额中不足而本地区需用的项目，可由各地区编制地区性的补充定额并据以编制单位估价表。

（三）地区统一单位估价表的编制方法

地区统一单位估价表，根据上述编制依据，采用一定的表格进行编制。地区统一单位估价表见表4-24。

地区统一单位估价表

工程内容：1. 调运砂浆、运砌砖，基础包括清基槽。2. 砌窗台虎头砖、腰线、门窗套。3. 安放木砖铁件。

单位：10m³　　**表4-24**

定额编号				165	166	167	168	169	170
项目		单位	单价（元）	内墙				外墙	
				砖基础	一砖及一砖以上	1/2砖	1/4砖	一砖半及一砖半以上	一砖
基价		元		1364.98	1686.03	1752.00	1318.53	1699.15	1727.14
其中：人工费		元		205.69	254.94	298.49	363.64	261.13	275.87
材料费		元		1148.00	1203.23	1181.30	112.46	1209.41	1213.79
机械费		元		11.29	227.86	272.21	342.43	228.61	237.48
综合工日		工日	16.75	12.28	15.22	17.82	21.71	15.59	16.47
材料	混合砂浆	m³		—	2.35/M2.5	1.92/M5.0	1.10/M10	2.48/M2.5	2.39/M2.5
	水泥砂浆	m³		2.37/M5.0	—	—	—	—	—
	红（青）砖	千块	177.00	5.11	5.26	5.33	5.39	5.21	5.30
	水	m³	0.50	1.02	1.06	1.08	1.09	1.06	1.07
机械	灰浆搅拌机出料容量200L以内	台班	37.64	0.30	0.28	0.23	0.13	0.30	0.29
	塔吊（综合价）	台班	462.38		0.48	0.57	0.73	0.47	0.49

注：1.3/4砖墙按1/2砖墙执行，其工料不变。2. 外墙1/2砖墙按内墙定额执行。

四、补充单位估价表的编制

无论执行个别工程单位估价表的建设单位，还是执行地区统一单位估价表的建设单位，在编制施工图预算时，都会由于新材料、新设备、新工艺、新技术的出现而遇到现行的单位估价表中找不到需用的工程预算单价的情形。这时，就需要编制补充单位估价表。

（一）补充单位估价表的编制依据

和定额单位估价表相同，编制补充单位估价表的依据资料仍然包括预算定额和直接费诸因素预算价格资料。

1. 适用的预算定额

如果在原来采用的统一定额中有相应的定额项目，只是在编制定额单位估价表时将其删去未编的话，那么在编制补充单位估价表时即以原预算定额中的相应项目为依据。如果在原来采用的统一定额中没有相应的定额项目，就需要根据国家有关编制预算定额的要求编制出补充预算定额。

2. 适用的直接费诸因素预算价格资料

在编制补充单位估价表时，采用个别工程单位估价表的建设工程，应采用为该工程专门编制的价格资料；采用地区统一单位估价表的建设工程，应采用地区统一编制的价格资料。

如遇采用了新型建筑材料、新型施工机械而在价格资料中没有相应的预算价格时，应先补充计算该种材料预算价格和施工机械台班使用费，并以此作为编制补充单位估价表的依据。

(二) 补充单位估价表的编制方法

补充单位估价表的编制方法和定额单位估价表基本相同，也是采用规定的表格来编制。不同之处在于，定额单位估价表是周期性地、集中地编制的，补充单位估价表则是日常性地、分散地编制的。

补充单位估价表分为在某一工程一次性使用的和在地区范围内反复使用的两种类型。

一次性使用的补充单位估价表，是由预算编制单位（设计机构、建设单位或施工企业）在现行单位估价表中有缺项时，根据主管部门的有关规定编制。这类单位估价表要经定额管理机构审查批准，才能在该建设工程上一次性使用，并报有关机关备案。

在地区范围内反复使用的补充单位估价表，由各地区的定额管理机构在两次预算定额手册修订间隔期间，根据当地预算编制工作中的实际需要统一编制。这种在地区范围内反复使用的补充单位估价表，实际上是一种地区统一单位估价表。这种补充单位估价表，通常以文件的形式颁布实行。

编制和审查补充单位估价表，是各地区、各部门定额管理机构的一项重要的、经常性的任务。质量较好的补充单位估价表，是修订预算定额和单位估价表的依据之一，应该注意积累和研究这类资料。

(三) 补充单位估价表的编制步骤

1. 确定补充单位估价表的工作内容

根据施工详图和说明，对要编制补充单位估价表的项日，确定其编制范围和计量单位。

2. 编制补充预算定额。

为了编制补充单位估价表，首先需要编制补充预算定额，也就是确定完成定额计量单位分项工程所需的人工、材料、施工机械的实物消耗量标准。

(1) 计算人工数量

人工数量的计算方法有两种：一是根据劳动定额或施工定额的计算方法。这种方法比较复杂、工作量也大，要分别列出按编制补充单位估价表的范围所应操作的工序及内容，然后按劳动定额找出每道工序所需要的工种、工日数、等级，计算出所需的人工数量。

二是比照类似定额的计算方法。这种方法比较简单易行，在实际工作中颇有成效，其优点是工作量小，且不致因工序不熟悉而漏项，以及少算人工数量，其缺点是准确性稍差，特别比照类似定额不恰当时，则更不准确。其方法可将各部门分别比照类似项目的人工数量，相加得人工总数。

(2) 计算材料数量

材料数量的计算方法也有两种，一种是理论计算法，另一种是参照类似定额按比例计算。

(3) 计算机械台班数量

机械台班的计算方法有两种：一种是以施工定额的机械台班来确定所需的台班数量，另一种则以类似定额项目中的机械台班数量对比确定。

3. 编制补充预算价格

编制补充单位估价表时，需要相应的人工、材料、机械台班的预算价格，作为计算工程预算单价的基础资料，一般情况下，可以选用地区统一的人工工日单价、材料预算价格和施工机械台班使用费。但有时因为使用了新型的材料和施工机械，没有现成的价格资料可供使用，这时就需要编制补充材料预算价格和机械台班使用费。

4. 编制补充单位估价表

补充单位估价表的表式和地区统一单位估价表的表式是一致的，只要将补充预算定额的实物消耗量和相应的价格资料填入表中，即可计算补充的工程预算单价。

5. 送审

补充单位估价表编好后，应报送定额管理机构进行审定。经批准的一次性使用的补充单位估价表，仅适用于同一建设单位的各项工程。经批准的在地区范围内反复使用的补充单位估价表，应以文件形式下发执行。

第六节　材料价差调整

一、材料价差调整的几个概念

(一) 材料价差

材料价差是指地区间材料预算价格的差额。

(二) 材料价差系数

材料价差系数是指地区材料预算价格与中心地区材料预算价格的差额同中心地区材料预算价格的比值。

(三) 材料价差调整系数

材料价差调整系数是指在中心地区材料预算价格的基础上编制的调整本地区材料预算价格的增减系数。

(四) 材料价格指数

材料价格指数是指地区材料预算价格与中心地区材料预算价格的比值。

(五) 材料价差指数

材料价差指数是指材料价格指数减去 1。

二、材料价差调整的意义

(一) 材料价差形成的原因

1. 时间差

指预算定额及单位估价表编制年度的材料预算价格与以后执行年度材料预算价格间的差异。一般说来，预算定额及单位估价表编制出来后，总是要使用较长一段时间才能重新修订一次，这期间由于种种原因，材料预算价格总是会发生一些变化。就是中心城市，预算定额执行年度的实际材料预算价格与当初编制预算定额及单位估价表时装入的材料预算价格也会存在一定的差异，这种差异是由于时间等因素影响形成的，故称之为时间差（简称时差）。

2. 空间差

是指各非中心城市材料预算价格与中心城市材料预算价格之间的差异。各省的预算定额及单位估价表中材料费与定额基价都是以省中心城市的材料预算价格为依据编制的，而且一个省区内一般都要求使用统一的预算定额及单位估价表，因而在材料预算价格方面，一些非中心城市与中心城市比较，必然存在一定的差异，这种差异叫空间差（简称地差）。

（二）调整材料价差的意义

1. 调整建安工程材料价差是正确确定工程项目造价打足投资数额的要求。工程项目造价，应当合理地确定，满足工程项目建设的资金需要，不应留有缺口。但是，编制工程项目概预算，确定工程造价时，其建安工程费用主要是根据概预算定额及其单位估价表计算的，其材料费用是根据定额和单位估价表编制年度省中心城市材料预算价格确定的。在定额量、价合一，且具有法令性，以及在建材市场放开的情况下，依据地区定额和单位估价表计算建安工程费用，在材料费上必然与现实有较大的误差，如果不予调整，则概预算所确定的工程造价，就不能够合理，投资数额就无法满足建设工程的实际需要，在材料费上就会出现较大的缺口，影响工程建设。

2. 调整建安工程材料价差是施工造价动态管理的要求。工程造价动态管理就是要根据工程项目建设各种动态因素的变化，来进行科学地调整与管理。在工程造价动态因素中，材料价格的变化最为普通，对工程造价的影响也最大。因此，在工程造价动态管理中，其最主要的任务就是根据材料价格的不断变化及时地调整材料价差，从而保证合理地确定工程造价，以及有利于推行和巩固招标投标制度，深化建筑业改革。

三、材料价差调整的方法

目前，全国尚没有一套统一的调整材料价差的办法。各地作法不尽相同，一般来说，主要有3种办法：运用材料价差综合调整系数进行调整，也称系数补差法或者系数法；运用材料价差指数进行调整，也称指数补差法、指数法或抽量补差法；运用系数法和指数法相结合的方法进行调整。

（一）运用材料价差综合调整系数进行调整

1. 地区材料价差综合调整系数的编制

建安工程材料价差综合调整系数，是在材料中选出一些品种进行综合测定后确定的。即根据选定的各种材料的本地实际预算价格与预算定额及单位估价表中材料预算价格进行比较，并按照该材料在预算造价（或直接费）中所占比重等进行计算，求出各种材料价差调整系数，然后进行综合，正负相抵后，即可求出该地区建安工程材料价差综合调整系数。

材料价差综合调整系数的编制步骤：

（1）选择测算对象

选择十几种或几十种具有代表性的主要材料进行测算：例如钢材、木材、水泥、玻璃、红砖、砂子、碎石、毛石、生石灰等。

（2）测算这些材料的地区预算价格

根据收集的基础资料，分别计算出每一种材料的原价、供销部门手续费、包装费、运杂费和采购保管费，确定它们各自的预算价格。

(3) 取得这些材料的中心地区预算价格

根据预算定额或单位估价表，摘录这些材料当时采用的中心地区预算价格。

(4) 计算这些材料的价差调整系数

$$\text{某种材料价差调整系数} = \frac{\text{地区预算价格} - \text{中心地区预算价格}}{\text{中心地区预算价格}} \times \text{材料费比重}(K)$$

式中 $\text{材料费比重} = \frac{\text{一定工程造价（或直接费）中材料用量} \times \text{中心地区预算价格}}{\text{一定工程造价（或直接费）}}$

所以，材料价差调整系数的公式还可以表示为：

$$\begin{array}{c}\text{某种材料}\\ \text{价差调整系数}\end{array} = \frac{\left(\begin{array}{c}\text{地区材料}\\ \text{预算价格}\end{array} - \begin{array}{c}\text{中心地区材料}\\ \text{预算价格}\end{array}\right) \times \begin{array}{c}\text{一定工程造价（或}\\ \text{直接费）中材料用量}\end{array}}{\text{一定工程造价（或直接费）}}$$

(5) 确定地区材料价差综合调整系数

将上述材料各自的材料价差调整系数计算结果合计汇总，即为该地区的材料价差综合调整系数。

例如，某市选择的调差材料共有5种，其调差系数计算有关资料见表4-25。

表4-25

调差材料种类 / 各地预算价格	A	B	C	D	E
省中心城市预算价格	12.76	20.95	66.30	64.94	35.77
本地区预算价格	20.93	13.42	71.90	55.55	62.00
K 值取定	3.6%	2%	2.5%	1.8%	2.8%

各种材料调差系数的计算

A种材料价差调整系数为：

$$(20.93 - 12.97) \div 12.97 \times 3.6\% \approx +2.31\%$$

B种材料价差调整系数为：

$$(13.42 - 20.95) \div 20.95 \times 2\% \approx -0.72\%$$

C种材料价差调整系数为：

$$(71.90 - 66.30) \div 66.30 \times 2.5\% \approx +0.21\%$$

D种材料价差调整系数为：

$$(55.55 - 64.94) \div 64.94 \times 1.8\% \approx -0.26\%$$

E种材料价差调整系数为：

$$(62.00 - 35.77) \div 35.77 \times 2.8\% \approx +2.05\%$$

材料价差综合调整系数为：

$$2.31\% - 0.72\% + 0.21\% - 0.26\% + 2.05\% \approx +3.59\%$$

2. 运用材料价差综合调整系数调整建筑安装工程的材料价差

地区材料价差综合调整系数确定以后，凡是属该地区的建筑安装工程，均可以采用该系数进行调整。其调整公式为：

某项工程材料价差 = 该工程造价（或直接费）× 地区材料价差综合调整系数

（二）运用材料价差指数进行调整

1. 材料价差指数的编制

（1）明确工程采用的所有材料

（2）测算所有材料的地区预算价格

（3）取得上述材料的中心地区预算价格

（4）计算这些材料各目的价格指数

$$某种材料价格指数 = \frac{地区预算价格}{中心地区预算价格}$$

（5）计算这些材料各自的价差指数

$$某种材料价差指数 = 价格指数 - 1$$

2. 运用材料价差指数调整建筑安装工程的材料价差

地区各种材料价差指数确定后，凡是在该地区的建筑安装工程，均可以采用这些材料价差指数进行调整。其调整公式为：

某项工程材料价差 = Σ（材料定额耗用量 × 中心地区预算价格 × 价差指数）

或：某项工程材料价差 = Σ［材料定额耗用量 ×（地区预算价格 - 中心地区预算价格）］

（三）运用系数法和指数法相结合的方法进行调整

运用系数法调整材料价差，其优点是：

1. 系数测算方便、简单、快速、节约

由于只选择十几种或几十种具有代表性的材料进行测算，而不必要对几百种，甚至上千种材料逐一测算，毫无疑问要方便、简单、快速得多，同时，还可节约大量的人力、财力和物力。

2. 系数使用相对稳定，有利于工程造价的宏观分析和控制

系数一般半年或者一年，甚至更长一段时间测算一次，也就是说系数的使用时间相对稳定，这有利于工程造价的宏观分析和控制。

运用系数法调整材料价差，其缺点是：

1. 材料价差调整的结果准确性较差

由于只是测算十几种或几十种材料的价差系数，并以它们的结果来代替几百种，甚至上千种材料价差，其误差是显而易见的。另外，由于不同结构的工程都采用同一个系数进行调整，其准确程度也必然较低。

2. 材料价差调整的结果动态性较差

由于系数的测算和使用相隔时间较长，而材料的市场价格又是瞬息万变的，如果要比较准确地反映工程造价的实际状况，只能采取动态控制，而系数法动态性较差，对及时有效地控制工程造价是十分不利的。

运用指数法调整材料价差，其优、缺点正好与系数法相反。因此，有些地区就取长补短，将两者结合起来进行价差调整。

两者相结合调整材料价差是将那些用量较多、价值较大的主要材料，采用指数法进行调整，以减少误差，进行动态控制；而对其他材料，则采用系数法进行调整，以减少繁重

的工作量，进行相对的静态控制。

■ 关键概念

单位估价表　工日单价　材料预算价格　材料运输费用　施工机械台班使用费　施工机械台班使用费定额

■ 复习思考题

1. 单位估价表编制的基本原理是什么?
2. 人工工日单价的组成内容有哪些?
3. 怎样编制材料预算价格?
4. 怎样编制施工机械台班使用费定额?
5. 施工机械台班使用费与施工机械台班使用费定额有哪些区别和联系?
6. 调整材料价差的方法有哪几种?

第五章　工程量清单计价

第一节　工程量清单计价概述

一、工程量清单计价方式形成背景

长期以来，我国发承包计价、定价以工程预算定额作为主要依据。2001 年为了适应建设市场改革的要求，有些地方重新编制了工程预算定额，提出了“定额量、市场价、竞争费”或“控制量、指导价、竞争费”的指导思想，工程造价管理由静态管理模式逐步转变为动态管理模式。其中对工程预算定额改革的主要思路和原则是：将工程预算定额中的人工、材料、机械的消耗量和相应的单价分离，并分为实体性消耗和非实体性消耗。实体性消耗是指人、材、机的消耗量，它是国家根据有关规范、标准以及社会的平均水平来确定，控制消耗量目的就是保证工程质量。而非实体性消耗是企业自主报价，遵循指导价、竞争费的报价模式，就是要逐步走向市场，形成企业实体价格，这一改革在企业投标竞争中起到了积极的作用。但随着建设市场化的发展，这种报价模式仍然难以改变工程预算定额中国家指令性的情况，难以满足与国际接轨的要求。因为，控制消耗量反映的是社会平均消耗水平，不能准确地反映各个企业的实际消耗量，不能全面地体现企业技术装备水平、管理水平和劳动生产率，不能充分体现市场公平竞争。

随着我国建设市场的快速发展，招标投标制、合同制的逐步推行，以及加入世界贸易组织（WTO），与国际接轨等要求，工程造价计价依据改革不断深化。近几年，广东，吉林，天津等地相继开展了工程量清单计价的试点，在有些省市和行业的世界银行贷款项目也都实行国际通用的工程量清单投标报价，工程量清单计价做法也得到各级工程造价管理部门和各有关方面的赞同，也得到了工程建设主管部门的认可。根据建设部 2002 年工作部署和建设部标准定额司工程造价管理工作要点，为改革工程造价计价方法，推行工程量清单计价，建设部标准定额研究所受建设部标准定额司的委托，于 2002 年 2 月 28 日开始组织有关部门和地区工程造价专家编《全国统一工程量清单计价办法》，为了增强工程量清单计价办法的权威性和强制性，最后改为《建设工程工程量清单计价规范》（简称《计价规范》），经建设部批准为国家标准，于 2003 年 7 月 1 日正式施行。

二、工程量清单计价的法律依据

《建设工程工程量清单计价规范》是根据《中华人民共和国招标投标法》、建设部令第 107 号《建筑工程施工发包与承包计价管理办法》制定的。工程量清单计价活动是政策性、技术性很强的一项工作，它涉及国家的法律、法规和标准规范比较广泛。所以，进行工程量清单计价活动时，除遵循《计价规范》外，还应符合国家有关法律、法规及标准规范的规定。主要包括：《建筑法》、《合同法》、《价格法》、《招标投标法》和建设部令第 107 号《建筑工程施工发包与承包计价管理办法》及直接涉及工程造价的工程质量、安全及环境保护等方面的工程建设强制性标准规范。执行《计价规范》必须同贯彻《建筑法》

等法律法规结合起来。

为了保证工程量清单计价模式的顺利推行，必须大力完善法制环境，尽快建立承包商信誉体系。

我们知道，引入竞争机制后，招标投标必然演绎成低价竞标。《招标投标法》第四十一条规定，中标人的投标应当符合下列条件之一：

（一）能够最大限度地满足招标文件中规定的各项综合评价标准；

（二）能够满足招标文件的实质性要求，并且经评审的投标价格最低；但是投标价格低于成本的除外。

这其中对于条件（一），我们可以理解为以目前较为常用的定量综合评议法（如百分制评审法）评标定标，即评标小组在对投标文件进行评审时，按照招标文件中规定的各项评标标准，例如投标人的报价、质量、工期、施工组织设计、施工技术方案、经营业绩，以及社会信誉等方面进行综合评定，量化打分，以累计得分最高投标人为中标。而条件（二），则可以理解为以"合理最低评标价法"评标定标，它有以下几个方面的含义：

1. 能够满足招标文件的实质性要求，这是投标中标的前提条件。

2. 经过评审的投标价格为最低，这是评标定标的核心。

3. 投标价格应当处于不低于自身成本的合理范围之内，这是为了制止不正当的竞争、垄断和倾销的国际通行作法。目前有不少世界组织和国家采用合理最低评标价法。如联合国贸易法委员会采购示范法、欧盟理事会有关招标采购的指令、世界银行贷款采购指南、亚洲开发银行贷款采购准则，以及英国、意大利、瑞士、韩国的有关法律规定，招标方应选定"评标价最低"人中标。评标价最低人的投标不一定是投标报价最低的投标。评标价是一个以货币形式表现的衡量投标竞争力的定量指标。它除了考虑投标价格因素外，还综合考虑质量、工期、施工组织设计、企业信誉、业绩等因素，并将这些因素应尽可能加以量化折算为一定的货币额，加权计算得到。所以可以认为"合理最低评标价法"是定量综合评议法与最低投标报价法相结合的一种方法。

在工程招投标中实行"合理最低评标价法"是体现与国际惯例接轨的重要方面。但目前对实行这一办法有许多担忧，并且这种担忧不无道理。关键是，这种低价如何在正常的生产条件下得到执行。否则，在交易中，业主获得了承包商的低价，而在执行中却得到的是劣质建筑产品，这就是事与愿违。因此，我们不仅要重视价格形成的交易阶段——招投标阶段，各级工程造价管理部门更要重视合同履行阶段的价格监督。从广义范围上讲，合同履行阶段更要借助于业主对自己利益的保护实施完善的建设监理制度，还要完善纠纷仲裁制，发挥各地仲裁委员会的作用，使报出低价，而又制造纠纷，试图以索赔赢利的施工企业得不到好处。另一方面，要实行严格的履约担保制，既使违约的承包商受到及时的处罚，又要使任意拖欠工程款的业主得到处罚。当上述法制环境完善后，承包商就会约束自己的报价，不敢报出低于成本的价格，或者报出低于成本的价格也要承担下来。

建立承包商信誉体系也就是完善法制环境的辅助体系。可以编制一套完善的承包商信誉评级指标体系，为每个施工企业评定信誉等级，并在全国建立承包商信誉等级信息网。全国建设市场中任一个招标投标活动都可以在该网中查找到每个投标企业的履约信誉等级，从而为评标提供依据。这个承包商信誉等级网可以作为全国工程造价信息网中的辅助部分存在。

三、工程量清单计价配套措施

工程量清单计价不是孤立的改革，必须与其他改革配套实施，才能成功。最重要的是与招标法的实施相配套。尤其是关于评标方法，必须改变以标底为基准上下划定浮动区间的评标方法，采用合理低价中标的评标方法。具体要从以下几个方面加以推进：

(一) 继续推进计价依据的改革

实行工程量清单计价后，定额并不会被抛弃，至少目前乃至今后相当长一段时间是如此。关键是要将定额属性由指令性向指导性过渡，积极发挥企业定额在工程量清单报价中的作用。推行工程量清单招标投标报价，要具有配套发展的思想，应在原有定额的基础上，按"量价分离"的原则建立一套统一的计价规则，并制定全国统一的工程量计算规则、统一计量单位、统一项目划分。作为企业而言，应尽早建立起符合施工企业内部机制的施工企业定额，只有这样，才能使定额逐步实现由法定性向指导性的过渡；才能改革现行定额中工程实体性消耗与措施性消耗"合一"的现象，逐步实行两者分离；才能有利于施工企业进行新技术、新工艺、新材料的不断研究，促进技术进步，提高企业的经营管理水平，真正实现"依据工程量清单招标投标，企业自主定价，政府宏观调控，逐步推行以工程成本加利润报价，通过市场竞争形成价格"的价格形成和运行机制。

在实物消耗量标准上。清单计价中的实物消耗量的标准，可以以现行的预算定额为依据，但是必须改变预算定额的属性，预算定额规定的实物消耗量标准不再是法令强制性的标准，而是作为指导性参考性的资料。招标单位可以根据全国统一定额的实物消耗量标准来编制招标标底；投标单位可以制订本企业的实物消耗量来编制投标报价。实施这一改革后，预算定额不再是处理当事双方争端的法令性依据。

对于长期以来各地制定的单位估价表，主管部门可以制订统一的单位估价表作为计价依据，但不是法令性文件，与预算定额一样，只是提供参考的信息资料。投标单位可以根据本企业的实际水平和市场行情自主报价，并对所报单价负责。招标单位也不能以根据统一的单位估价表编制的预算造价作为标底标准来进行评标。招标单位应该逐步建立起本企业的实物量消耗标准和单价资料库。

在费用项日和费率上。主管部门可以制订统一的费用项目，并制订一定幅度的费率标准供参考，但费率标准最终由投标单位自主确定，进行竞争。统一制订的费率标准只是供参考的信息资料，不再是法令性指标。

(二) 建立工程保险和担保制度

实行投标担保和履约担保，目的是防止施工企业以不切实际的低价中标，或因无实际施工能力而无法履行合同，影响工程质量、进度、投资，从而促使施工企业在投标时量力而行。招标方必须对中标的最低标价进行详细审核，不能仅看总金额，重点是查有无漏项或计算错误，以确保最低价已包括所有工程内容，要求施工企业对组成的合理性予以解释，并在合同中加以明确。要推行业主支付担保制度，杜绝带资施工等现象发生，减少不必要的纠纷。要深化设计领域的改革。目前边设计边施工现象十分普遍，所以必须加大设计深度，减少业务联系单，避免不必要的设计修改，以利于控制造价，为工程量清单计价提供必要的条件。

(三) 加强对工程量清单编制单位的资质管理

工程量清单的编制应由具有相应资质的单位进行编制。由于编制质量直接关系到标底价与投标报价的合理性与准确性，因此，对其资质的审核与年检必须严肃、认真，并应做好相关的考核、考查记录，对不合格的单位，应及时取消其资质。同时，以工程量清单招投标，要求编制人员应具有较高的业务水平和职业道德，应定期对其业务知识进行考核与培训，提高其执业水平，对编制质量低劣者，应及时取消其编制资格。

（四）强化执业资格，充分发挥造价工程师的作用

实行工程量清单计价，对广大造价工程师来说既是很好的机遇，又将面临许多全新的挑战。21世纪我国即将规范工程造价管理人员的结构，将把造价人员分为执业资格与从业资格两部分。绝大部分计量计价的任务将主要由从业人员借助电脑和电脑计量计价软件完成，造价工程师将主要从事传统的工程造价管理业务中的“造价分析、投标策略、合同谈判与处理索赔”等事务。因此，他们有大量剩余时间进入更高层次的业务领域，这就为21世纪的造价工程师拓展业务空间提供了可能；同时，由于造价工程师日趋高学历化、年轻化，并且接受继续教育，从而为他们拓展业务空间提供了知识准备；此外，市场的变化也为造价工程师拓展业务提供了需求。那么21世纪初造价工程师的业务到底有什么变化呢？

21世纪信息技术与手段的飞速发展，以及快速报价、准确报价的竞争方式，将对造价工程师的年龄和素质提出更高的要求。

20世纪80年代末统计工程造价管理从业人员约100~120万，90年代末统计工程造价管理从业人员降至80~100万，这说明了一个问题，新时代的到来，新技术与手段（电脑与软件）的出现，竞争的加剧（要求快速、准确的报价），对造价管理人员在质量上提出了更高要求，而对数量的要求则相对减少；又由于电脑的出现和计价、计量规则的变化，与国际惯例的靠拢等等又促使从业人员的年龄下降，许多单位的工程造价管理人员的学历结构中本科以上者占80%以上，年龄结构中40岁以下者占80%以上，这是符合当今数字化时代、知识经济时代要求的。从这一点看，造价工程师今后也应该加速其在知识结构方面的转变。

我国加入WTO后，全球经济一体化的进程加快，使我们更加痛切地感受到境外咨询业在我国市场中造成的竞争压力。这一进程和压力在沿海开放城市中更为明显，这就客观上要求每个造价工程师最起码应该了解和掌握国际上通行的工程量计算规则与报价理论、国际工程项目管理惯例、国际工程合同与招投标（FIDIC与ICB）等。应该尽快掌握电脑与网络信息技术等新技术手段，极大地丰富自己的知识，以便在将来的国际竞争中处于优势地位。

另外，强制工程保险制度将为造价工程师进入工程保险界提供机会。随着改革的不断深化，不久将要在全国工程建设领域强制实行工程保险和工程担保制度。工程保险即将成为财产保险市场中与机动车辆险并驾齐驱的第二大险种，工程保险界需要大量工程保险人才。工程保险由于需要了解工程计量与工程计价的知识，才能处理好理赔事务，因此我们可以把工程保险构建在工程造价管理和风险分析基础之上。每个造价工程师都有深厚的工程计量与计价基础，在继续教育方案中，风险分析课程又是必修课之一，所以造价工程师在21世纪初进入工程保险界是必然趋势，这也是符合国际保险界和测量师行业惯例的。造价工程师可以在未来的工程保险界直接由保险人聘用，或者充当保险中介，或者为业主提供风险分析与风险防范服务。他们的工作内容包括：

对工程风险进行辨识、评价、计算风险度，并确定保险对策；在风险评价的基础上，计算保险费率，提出保险人与被保险人满意的保险费率；安排保险合同，谈判合同条款；对工程进行风险管理，风险培训，风险控制等；出险后，确定损失部位及程度，对受损工程定损，计量计价，确定赔偿额。造价工程师进入工程保险领域后，将为他们提供大显身手的极佳舞台。

此外，我国还将考虑取消监理工程师的执业资格的专业地位。这一举措为造价工程师进入更高层次的工程项目管理提供了机会。据悉，建设部已经决定取消监理工程师的执业资格地位，改为岗位职务，可以由一定资格的工程技术人员担任。造价工程师和建筑师、结构工程师以及注册建造师都是担任监理工程师的最佳人选。造价工程师担任工程项目管理的工作也是符合国际惯例，也符合工程造价管理专业发展的趋势。造价工程师充任监理工程师，他们在下列领域是有其他执业专业人士不可比拟的优势：协助业主编制标底与审核标底，分析报价；评标，定标；谈判确定合同价，安排合同文本与推敲合同协议条款；施工中支付程序的设计与审核，进度与成本关系的分析和控制；结算文件审核；合同纠纷处理，处理索赔事项。此外，造价工程师在经过几个工程项目的实践和磨练后可以直接充当总监理工程师或为施工企业充当项目经理，全面负责工程项目的管理。造价工程师还可以在专业业务知识里拓展自己的知识面，参加未来的注册建造师执业资格考试，可直接获取注册建造师资格。

（五）规范市场环境，建立有形的建筑交易市场

市场经济是法制经济，我们应当针对建筑立法滞后的实际，从法制建设入手，加快立法步伐，使建筑市场的运行早日走上法制化轨道。用完备的法律法规体系来引导、推进和保障工程造价管理体制改革的顺利进行。当务之急是要抓紧制定规范市场主体、市场秩序，有利于加强宏观调控的法律。探索建立建筑市场管理交易中心的模式，使建筑市场从“无形”走向“有形”。要求所有工程项目均进入市场由市场主体在交易中心公开交易，并在管理部门监督下完成一系列程序。交易活动由隐形变公开，业主、承包商和中介单位的交易活动纳入有形建筑市场，实行集中统一管理和公开、公平竞争；在项目管理上由部门分割、专业垄断向统一、开放、平等、竞争转变。只要积极进行实践与探索，就能建立起规范、有序的有形建筑市场。

（六）要有一套严格的合同管理制度

从发达国家的经验来看，合同管理在市场机制运行中的作用是非常重大的。通过竞争形成的工程造价，应不折不扣地以合同形式确定下来，合同约定的工程造价应受到法律保护，不得随意变化。目前我国建筑市场的合同管理还相当薄弱，违法合同还一定程度存在，一些合同得不到有效履行，市场主体的合法权益没有得到很好的维护。今后要加强合同管理工作，保证价格机制的有效运行，切实维护市场主体各方的权益。

综上所述，采用工程量清单计价，规范和完善招标价格的确定方式，不仅是真正落实招标投标法的关键，而且也是我国加入 WTO 后，适应国际招标投标惯例的必由之路。同时，也应看到大量的法律法规以及与之配套的各项工作都有待于进一步的深入完善与发展，尤其现阶段在推行工程量清单计价方法过程中，应努力做好与招标、评标、合同管理等工作的衔接与配合。只有这样才能推动我国工程造价改革不断地向纵深发展，真正营造一个既符合国际惯例，又适合我国国情的“公开、公平、公正和诚实信用”的市场竞争机

制与市场竞争环境。

四、实行工程量清单计价的意义

(一) 实行工程量清单计价是深化工程造价管理改革的重要途径

长期以来，工程预算定额是我国承发包计价、定价的主要依据。现预算定额中规定的消耗量和有关施工措施性费用是按社会平均水平编制的，以此为依据形成的工程造价基本上也属于社会平均价格。这种平均价格可作为市场竞争的参考价格，但不能反映参与竞争企业的实际消耗和技术管理水平，在一定程度上限制了企业的公平竞争。20世纪90年代国家提出了“控制量、指导价、竞争费”的改革措施，将工程预算定额中的人工、材料、机械消耗量和相应的量价分离，国家控制量以保证质量，价格逐步走向市场化，这一措施走出了向传统工程预算定额改革的第一步。但是，这种做法难以改变工程预算定额中国家指令性内容较多的状况，难以满足招标投标竞争定价和经评审的合理低价中标的要求。因为，国家定额的控制量是社会平均消耗量，不能反映企业的实际消耗量，不能全面体现企业的技术装备水平、管理水平和劳动生产率，不能体现公平竞争的原则，社会平均水平不能代表社会先进水平，改变以往的工程预算定额的计价模式，适应招标投标的需要，推行工程量清单计价办法是十分必要的。工程量清单计价是建设工程招标投标中，按照国家统一的工程量清单计价规范，由招标人提供工程数量，投标人自主报价，经评审低价中标的工程造价计价模式。采用工程量清单计价能反映工程个别成本，有利于企业自主报价和公平竞争。

(二) 实行工程量清单计价，是适应社会主义市场经济的需要

工程造价是工程建设的核心，也是市场运行的核心内容，建筑市场存在着许多不规范的行为，大多数与工程造价有直接联系。建筑产品是商品，具有商品的共性，它受价值规律、货币流通规律和供求规律的支配。但是，建筑产品与一般的工业产品价格构成不一样，建筑产品具有某些特殊性。①它竣工后一般不在空间发生物理运动，可以直接移交用户，立即进入生产消费或生活消费，因而价格中不含商品使用价值运动发生的流通费用，即因生产过程在流通领域内继续进行而支付的商品包装运输费、保管费。②它是固定在某地方的。③由于施工人员和施工机具围绕着建设工程流动，因而，有的建设工程价格构成还包括施工企业远离基地的费用，甚至包括成建制转移到新的工地所增加的费用等。建筑产品价格随建设时间和地点而变化，相同结构的建筑物在同一地段建造，施工的时间不同造价就不一样；同一时间、不同地段造价也不一样；即使时间和地段相同，施工方法、施工手段、管理水平不同工程造价也有所差别。所以说，建筑产品的价格，既有它的同一性，又有它的特殊性。

为了推动社会主义市场经济的发展，国家颁发了相应的有关法律，如《中华人民共和国价格法》第三条规定：我国实行并逐步完善宏观经济调控下主要由市场形成价格的机制。价格的制定应当符合价格规律，对多数商品和服务价格实行市场调节价，极少数商品和服务价格实行政府指导价或政府定价。市场调节价，是指由经营者自主定价，通过市场竞争形成价格。中华人民共和国建设部第107号令《建设工程施工发包与承包计价管理办法》第五条规定：施工图预算、招标标底和投标报价由成本（直接费、间接费）、利润和税金构成。第七条规定：投标报价应依据企业定额和市场信息，并按国务院和省、自治区、直辖市人民政府建设行政主管部门发布的工程造价计价办法编制。建筑产品市场形成

价格是社会主义市场经济的需要。过去工程预算定额在调节承发包双方利益和反映市场价格、需求方面存在着不相适应的地方，特别是公开、公正、公平竞争方面，还缺乏合理的机制，甚至出现了一些漏洞，高估冒算，相互串通，从中回扣。发挥市场规律“竞争”和“价格”的作用是治本之策。尽快建立和完善市场形成工程造价的机制，是当前规范建筑市场的需要。通过推行工程量清单计价有利于发挥企业自主报价的能力，同时也有利于规范业主在工程招标中的计价行为，有效改变招标单位在招标中盲目压价的行为，从而真正体现公开、公平、公正的原则，反映市场经济规律。

（三）实行工程量清单计价是与国际接轨的需要

工程量清单计价是目前国际上通行的做法，国外一些发达国家和地区，如我国香港地区基本采用这种方法，在国内的世界银行等国外金融机构、政府机构贷款项目在招标中大多也采用工程量清单计价办法。随着我国加入世贸组织，国内建筑业面临着两大变化，一是中国市场将更具有活力，二是国内市场逐步国际化，竞争更加激烈。入世以后，一是外国建筑商要进入我国建筑市场在建筑领域里开展竞争，他们必然要带进国际惯例、规范和做法来计算工程造价。二是国内建筑公司也同样要到国外市场竞争，也需要按国际惯例、规范和做法来计算工程造价。三是我国的国内工程为了与外国建筑商在国内市场竞争，也要改变过去的做法，参照国际惯例、规范和做法来计算工程承发包价格。因此说，建筑产品的价格由市场形成是社会主义市场经济和适应国际惯例的需要。

（四）实行工程量清单计价，是促进企业健康发展的需要

采用工程量清单计价模式招标投标，对发包单位，由于工程量清单是招标文件的组成部分，招标单位必须编制出工程量清单，并承担相应的风险，促进招标单位提高管理水平。由于工程量清单是公开的，将避免工程招标中的弄虚作假、暗箱操作等不规范行为。对承包企业，采用工程量清单计价，必须对单位工程成本、利润进行分析，统筹考虑、精心选择施工方案，并根据企业的定额合理确定人工、材料、施工机械等要素的投入与配置，优化组合，合理控制现场费用和施工技术措施费用，确定投标价，改变过去过分依赖国家发布定额的状况，企业根据自身的条件编制出自己的企业定额。

工程量清单计价的实行，有利于规范建设市场计价行为，规范建设市场秩序，促进建设市场有序竞争；有利于控制建设项目投资，合理利用资源；有利于促进技术进步，提高劳动生产率；有利于提高造价工程师的素质，使其成为懂技术、懂经济、懂管理的全面发展的复合型人才。

（五）实行工程量清单计价，有利于我国工程造价管理政府职能的转变

按照政府部门真正履行起“经济调节、市场监管、社会管理和公共服务”职能的要求，政府对工程造价政府管理的模式要相应改变，将推行政府宏观调控、企业自主报价、市场竞争形成价格、社会全面监督的工程造价管理思路。实行工程量清单计价，将会有利于我国工程造价政府职能的转变，由过去政府控制的指令性定额转变为制定适应市场经济规律需要的工程量清单计价方法，由过去行政直接干预转变为工程造价依法监管，有效地强化政府对工程造价的宏观调控。

五、工程量清单计价规范

（一）《计价规范》编制的指导思想和原则

1. 编制的指导思想

根据建设部第107号令《建筑工程施工发包与承包计价管理办法》，结合我国工程造价管理现状，总结有关省市工程量清单试点的经验，参照国际上有关工程量清单计价通行的做法，编制中遵循的指导思想是按照政府宏观调控、市场竞争形成价格的要求，创造公平、公正、公开竞争的环境，以建立全国统一的、有序的建筑市场，既要与国际惯例接轨，又考虑我国的实际现状。

2. 编制原则

(1) 政府宏观调控、企业自主报价、市场竞争形成价格。

1) 政府宏观调控。

①规定了全部使用国有资金或国有资金投资为主的大中型建设工程要严格执行“计价规范”的有关规定，与招标投标法规定的政府投资要进行公开招标是相适应的。

②“计价规范”统一了分部分项工程项目名称，统一了计量单位，统一了工程量计算规则，统一了项目编码，为建立全国统一建设市场和规范计价行为提供了依据。

③“计价规范”没有人工、材料、机械的消耗量，必然促使企业提高管理水平，引导企业学会编制自己的消耗量定额，适应市场需要。

2) 市场竞争形成价格。

由于“计价规范”不规定人工、材料、机械消耗量，为企业报价提供了自主空间，投标企业可以结合自身的生产效率、消耗水平和管理能力与已储备的本企业报价资料，按照“计价规范”规定的原则和方法，投标报价。工程造价的最终确定，由承发包双方在市场竞争中按价值规律通过合同确定。

(2) 与现行预算定额既有机结合又有所区别的原则。

1) “计价规范”在编制过程中，以现行的“全国统一工程预算定额”为基础，特别是项目划分、计量单位、工程量计算规则等方面，尽可能多地与定额衔接。原因主要是预算定额是我国经过几十年实践的总结，这些内容具有一定的科学性和实用性。

2) 与工程预算定额有所区别的主要原因是：预算定额是按照计划经济的要求制订发布贯彻执行的，其中有许多不适应“计价规范”编制指导思想的。主要表现在：

①定额项目是国家规定以工序为划分项目的原则。

②施工工艺、施工方法是根据大多数企业的施工方法综合取定的。

③工、料、机消耗量是根据“社会平均水平”综合测定的。

④取费标准是根据不同地区平均测算的。

因此企业报价时就会表现为平均主义，企业不能结合项目具体情况、自身技术管理水平自主报价，不能充分调动企业加强管理的积极性。

(3) 既考虑我国工程造价管理的现状，又尽可能与国际惯例接轨的原则。

“计价规范”要适应我国社会主义市场经济发展的需要，适应与国际接轨的需要，积极稳妥地推行工程量清单计价。因此，在编制中，既借鉴了世界银行、菲迪克（FIDIC）、英联邦国家以及香港等的一些做法，同时，也结合了我国现阶段的具体情况。如：实体项目的设置方面，就结合了当前按专业设置的一些情况；有关名词尽量沿用国内习惯，如措施项目就是国内的习惯叫法，国外叫开办项目；措施项目的内容就借鉴了部分国外的做法。

(二)《计价规范》的特点

1. 强制性

强制性主要表现在，一是由建设主管部门按照强制性国家标准的要求批准颁布，规定全部使用国有资金或以国有资金投资为主的大中型建设工程，应按计价规范规定执行；二是明确工程量清单是招标文件的组成部分，并规定了招标单位在编制工程量清单时必须遵守的规则，做到四统一，即统一项目编码、统一项目名称、统一计量单位、统一工程量计算规则。

2. 实用性

附录中工程量清单项目及计算规则的项目名称表现的是工程实体项目，项目名称明确清晰，工程量计算规则简洁明了，特别还列有项目特征和工程内容，易于编制工程量清单时确定具体项目名称和投标报价。

3. 竞争性

一是《计价规范》中的措施项目，在工程量清单中只列"措施项目"一栏，具体采用什么措施，如模板、脚手架、临时设施、施工排水等详细内容由投标单位根据企业的施工组织设计，视具体情况报价。因为这些项目在各个企业间各有不同，是企业竞争项目，是留给企业竞争的空间。二是《计价规范》中人工、材料和施工机械没有具体的消耗量，投标企业可以依据企业的定额和市场价格信息，也可以参照建设行政主管部门发布的社会平均消耗量定额进行报价，《计价规范》将报价权交给了企业。

4. 通用性

采用工程量清单计价将与国际惯例接轨，符合工程量计算方法标准化、工程量计算规则统一化、工程造价确定市场化的要求。

(三)《计价规范》的主要内容

1. 一般概念

工程量清单计价方法，是建设工程招标投标中，招标单位按照国家统一的工程量计算规则提供工程数量，由投标单位依据工程量清单自主报价，并按照经评审的低价中标的工程造价计价方式。

工程量清单是表示拟建工程的分部分项工程项目、措施项目、其他项目名称和相应数量的明细清单，由招标单位按照《计价规范》附录中统一的项目编码、项目名称、计量单位和工程量计算规则进行编制，包括分部分项工程量清单、措施项目清单、其他项目清单。

工程量清单计价是指投标企业完成由投标企业提供的工程量清单所需的全部费用，包括分部分项工程费、措施项目费、其他项目费和规费、税金。

工程量清单计价采用综合单价计价。综合单价计价是指完成规定计量单位所需的人工费、材料费、机械使用费、管理费、利润，并考虑风险因素。

2.《计价规范》的各章内容

《计价规范》包括正文和附录两大部分，两者具有同等效力。正文共5章，包括总则、术语、工程量清单编制、工程量清单计价、工程量清单及其计价格式等内容，分别就《计价规范》的适用范围、编制工程量清单应遵循的原则、工程量清单计价活动的规则、工程量清单及其计价格式作了明确规定。

附录包括：附录A，建筑工程工程量清单项目及计算规则；附录B，装饰装修工程工程量清单项目及计算规则；附录C，安装工程工程量清单项目及计算规则；附录D，市政工程工程量清单项目及计算规则；附录E，园林绿化工程工程量清单项目及计算规则。附录中包括项目编码、项目名称、项目特征、计量单位、工程量计算规则和工程内容，其中项目编码、项目名称、计量单位、工程量计算规则作为四统一的内容，要求招标单位在编制工程量清单时必须执行。

第二节 工 程 量 清 单

一、工程量清单的概念和内容

（一）工程量清单的概念

工程量清单是表现拟建工程的分部分项工程项目、措施项目、其他项目名称和相应数量的明细清单。是按照招标要求和施工设计图纸要求规定将拟建招标工程的全部项目和内容，依据统一的工程量计算规则、统一的工程量清单项目编制规则要求，计算拟建招标工程的分部分项工程数量的表格。

工程量清单是招标文件的组成部分。是由招标人发出的一套注有拟建工程实物工程名称、性质、特征、单位、数量及开办项目、税费等相关表格组成的文件。在理解工程量清单的概念时，首先应注意到，工程量清单是一份由招标人提供的文件，编制人是招标人或其委托的工程造价咨询单位。其次在性质上说，工程量清单是招标文件的组成部分，一经中标且签订合同，即成为合同的组成部分。因此，无论招标人还是投标人都应该慎重对待。再次，工程量清单的描述对象是拟建工程，其内容涉及清单项目的性质、数量等，并以表格为主要表现形式。

（二）工程量清单的主要内容

工程量清单作为招标文件的组成部分，一个最基本的功能是作为信息的载体，以便投标人能对工程有全面充分的了解。从这个意义上讲，工程量清单的内容应全面、准确。以建设部颁发的《房屋建筑和市政基础设施工程招标文件范本》为例，工程量清单主要包括工程量清单说明和工程量清单表两部分。

1. 工程量清单说明

工程量清单说明主要是招标人解释拟招标工程的工程量清单的编制依据以及重要作用，明确清单中的工程量是招标人估算得出的，仅仅作为投标报价的基础，结算时的工程应以招标人或其授权委托的监理工程师核准的实际完成量为依据，提示投标申请人重视清单，以及如何使用清单。

2. 工程量清单表

工程量清单表作为清单项目和工程数量的载体，是工程量清单的重要组成部分，见表5-1。

合理的清单项目设置和准确的工程数量，是清单计价的前提和基础。对于招标人来讲，工程量清单是进行投资控制的前提和基础，工程量清单表编制的质量直接关系和影响到工程建设的最终结果。

二、工程量清单的编制

工程量清单是招标文件的组成部分，主要由分部分项工程量清单、措施项目清单和其他项目清单等组成，是编制标底和投标报价的依据，是签订工程合同、调整工程量和办理竣工结算的基础。

工 程 量 清 单 表 5-1

(招标工程项目名称) ××× 工程 共 页 第 页

序号	编号	项目名称	计量单位	工程量
一		(分部工程名称)		
1		(分项工程名称)		
2				
…				
二		(分部工程名称)		
1		(分项工程名称)		
2				
…				

工程量清单由有编制招标文件能力的招标人或受其委托具有相应资质的工程造价咨询机构、招标代理机构依据有关计价办法、招标文件的有关要求、设计文件和施工现场实际情况进行编制。

(一) 工程量清单的项目设置

工程量清单的项目设置规则是为了统一工程量清单项目名称、项目编码、计量单位和工程量计算而制定的，是编制工程量清单的依据。在《建设工程工程量清单计价规范》中，对工程量清单项目的设置作了明确的规定。

1. 项目编码

项目编码以五级编码设置，用十二位阿拉伯数字表示。一、二、三、四级编码统一；第五级编码由工程量清单编制人区分具体工程的清单项目特征而分别编码。各级编码代表的含义如下：

(1) 第一级表示分类码（分二位）：建筑工程为 01、装饰装修工程为 02、安装工程为 03、市政工程为 04、园林绿化工程为 05；

(2) 第二级表示专业工程（章）顺序码（分二位）；

(3) 第三级表示分部工程（节）顺序码（分二位）；

(4) 第四级表示分项工程项目名称码（分三位）；

(5) 第五级表示具体清单项目名称码（分三位）。

项目编码结构如图 5-1 所示（以安装工程为例）：

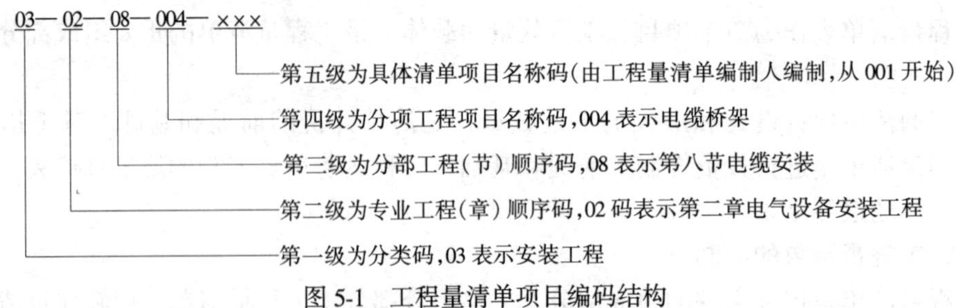

图 5-1 工程量清单项目编码结构

2. 项目名称

项目名称原则上以形成工程实体而命名。项目名称如有缺项，招标人可按相应的原则进行补充，并报当地工程造价管理部门备案。

3. 项目特征

项目特征是对项目的准确描述，是影响价格的因素，是设置具体清单项目的依据。项目特征按不同的工程部位、施工工艺或材料品种、规格等分别列项。凡项目特征中未描述到的其他独有特征，由清单编制人视项目具体情况确定，以准确描述清单项目为准。

4. 计量单位

计量单位应采用基本单位，除各专业另有特殊规定外，均按以下单位计量：

（1）以重量计算的项目——吨或千克（t 或 kg）；

（2）以体积计算的项目——立方米（m^3）；

（3）以面积计算的项目——平方米（m^2）；

（4）以长度计算的项目——米（m）；

（5）以自然计量单位计算的项目——个、套、块、樘、组、台……

（6）没有具体数量的项目——系统、项……

各专业有特殊计量单位的，再另外加以说明。

5. 工程内容

工程内容是指完成该清单项目可能发生的具体工程，可供招标人确定清单项目和投标人投标报价参考。以建筑工程的砖墙为例，可能发生的具体工程有搭拆内墙脚手架、运输、砌砖、勾缝等。

凡工程内容中未列全的其他具体工程，由投标人按招标文件或图纸要求编制，以完成清单项目为准，综合考虑到报价中。

（二）工程数量的计算

工程数量的计算主要按照工程量计算规则计算得到。工程量计算规则是指对清单项目工程量的计算规定。除另有说明外，所有清单项目的工程量应以实体工程量为准，并以完成后的净值计算；投标人投标报价时，应在单价中考虑施工中的各种损耗和需要增加的工程量。

工程量的计算规则按主要专业划分。包括建筑工程、装饰装修工程、安装工程、市政工程和园林绿化工程五个专业部分。

（1）建筑工程包括土石方工程，桩与地基基础工程，砌筑工程，混凝土及钢筋混凝土工程，厂库房大门、特种门、木结构工程，金属结构工程，屋面及防水工程，防腐、隔热、保温工程。

（2）装饰装修工程包括楼地面工程，墙、柱面工程，天棚工程，门窗工程，油漆、涂料、裱糊工程，其他装饰工程。

（3）安装工程包括机械设备安装工程，电气设备安装工程，热力设备安装工程，炉窑砌筑工程，静置设备与工艺金属结构制作安装工程，工业管道工程，消防工程，给排水、采暖、燃气工程，通风空调工程，自动化控制仪表安装工程，通信设备及线路工程，建筑智能化系统设备安装工程，长距离输送管道工程。

（4）市政工程包括土石方工程，道路工程，桥涵护岸工程，隧道工程，市政管网工程，地铁工程，钢筋工程，拆除工程，厂区、小区道路工程。

(5) 园林绿化工程包括绿化工程，园路、园桥、假山工程，园林景观工程。

(三) 招标文件中提供的工程量清单的标准格式

工程量清单应采用统一格式，一般应由下列内容组成：

(1) 封面：见表5-2。由招标人填写、签字、盖章。

封　　面　　**表5-2**

____________工程

工程量清单

招　　标　　人　：____________________（单位签字盖章）

法　定　代　表　人　：____________________（签字盖章）

中介机构法定代表人：____________________（签字盖章）

造价工程师及注册证号：____________________（签字盖执业专用章）

编　制　时　间　：____________________

(2) 填表须知：主要包括下列内容。

①工程量清单及其计价格式中所有要签字、盖章的地方，必须由规定的单位和人员签字、盖章。

②工程量清单及其计价格式中的任何内容不得随意删除或涂改。

③工程量清单计价格式中列明的所有需要填报的单价和合价，投标人均应填报，未填报的单价和合价，视为此项费用已包含在工程量清单的其他单价和合价中。

④明确金额的表示币种（如人民币）。

(3) 总说明：应按下列内容填写。

①工程概况：建设规模、工程特征、计划工期、施工现场实际情况、交通运输情况、自然地理条件、环境保护要求等。

②工程招标和分包范围。

③工程量清单编制依据。

④工程质量、材料、施工等的特殊要求。

⑤招标人自行采购材料的名称、规格型号、数量等。

⑥其他项目清单中招标人部分（包括预留金、自行采购材料等）金额数量。

⑦其他需说明的问题。

(4) 分部分项工程量清单：应表明拟建工程的全部分项实体工程名称和相应数量，编制时应避免漏项、错项，见表5-3。

分部分项工程量清单应包括项目编码、项目名称、计量单位和工程数量4个部分。

①项目编码按照计量规则的规定，编制具体项目编码。即在计量规则9位全国统一编码之后，增加3位具体项目编码。这3位具体项目编码由招标人针对本工程项目具体编制，并应自001起顺序编制。

分部分项工程量清单 表 5-3

工程名称： 第 页 共 页

序 号	项 目 编 码	项 目 名 称	计 量 单 位	工 程 数 量

②项目名称按照计量规则的项目名称，结合项目特征中的描述，根据不同特征组合确定该具体项目名称。项目名称应表达详细、准确。计量规则中项目名称如有缺陷，招标人可作补充，并报当地工程造价管理机构（省级）备案。

③计量单位按照计量规则中的相应计量单位确定。

④工程数量按照计量规则中的工程量计算规则计算，其精确度按下列规定：

a 以"吨（t）"为单位的，保留小数点后三位数字，第四位四舍五入。

b 以"立方米（m^3）"、"平方米（m^2）"、"米（m）"为单位，应保留小数点后两位数字，第三位四舍五入；

c 以"个"、"项"等为单位的，应取整数。

（5）措施项目清单：应根据拟建工程的具体情况，表明为完成分项实体工程而必须采用的一些措施性工作。编制时力求全面。参照表 5-4 列项。

措施项目一览表 表 5-4

序 号	项 目 名 称	序 号	项 目 名 称
1. 通用项目		4. 安装工程	
1.1	环境保护	4.5	焦炉烘炉、热态工程
1.2	文明施工	4.6	管道安装后的充气保护措施
1.3	安全施工	4.7	隧道内施工的通风、供水、供气、供电、照明及通讯设施
1.4	临时设施		
1.5	夜间施工	4.8	现场施工围栏
1.6	二次搬运	4.9	长输管道临时水工保护措施
1.7	大型机械设备进出场及安拆	4.10	长输管道施工便道
1.8	混凝土、钢筋混凝土模板及支架	4.11	长输管道跨越或穿越施工措施
1.9	脚手架	4.12	长输管道地下管道穿越地上建筑物的保护措施
1.10	已完工程及设备保护		
1.11	施工排水、降水	4.13	长输管道工程施工队伍调遣
2. 建筑工程		4.14	格架式抱杆
2.1	垂直运输机械	5. 市政工程	
3. 装饰装修工程		5.1	围堰
3.1	垂直运输机械	5.2	筑岛
3.2	室内空气污染测试	5.3	现场施工围栏
4. 安装工程		5.4	便道
4.1	组装平台	5.5	便桥
4.2	设备、管道施工安全、防冻和焊接保护措施	5.6	洞内施工通风、供水、供气、供电、照明及通讯设施
4.3	压力容器和高压管道的检验		
4.4	焦炉施工大棚	5.7	驳岸块石清理

措施项目清单格式见表5-5。

措 施 项 目 清 单 **表5-5**

工程名称： 第 页 共 页

序 号	项 目 名 称

（6）其他项目清单：应根据拟建工程的具体情况，参照下列内容列项。见表5-6。

①招标人部分：包括预留金、材料购置费等。其中预留金是指招标人为可能发生的工程量变更而预留的金额。

②投标人部分：包括总承包服务费、零星工作费等。其中总承包服务费是指为配合协调招标人进行的工程分包和材料采购所需的费用；零星工作费是指完成招标人提出的，不能以实物量计量的零星工作项目所需的费用。

其 他 项 目 清 单 **表5-6**

工程名称： 第 页 共 页

序 号	项 目 名 称
1	招标人部分
2	投标人部分

第三节 工程量清单计价

以招标人提供的工程量清单为平台，投标人根据自身的技术、财务、管理能力进行投标报价，招标人根据具体的评标细则进行优选，这种计价方式是市场定价体系的具体表现形式。因此，在市场经济比较发达的国家，工程量清单计价法是非常流行的，随着我国建设市场的不断成熟和发展，工程量清单计价方法也必然会越来越成熟和规范。

一、工程量清单计价的基本程序

工程量清单计价的基本过程可以描述为：在统一的工程量计算规则的基础上，制定工程量清单项目设置规则，根据具体工程的施工图纸计算出各个清单项目的工程量，再根据各种渠道所获得的工程造价信息和经验数据计算得到工程造价。这一基本的计算过程如图5-2所示。

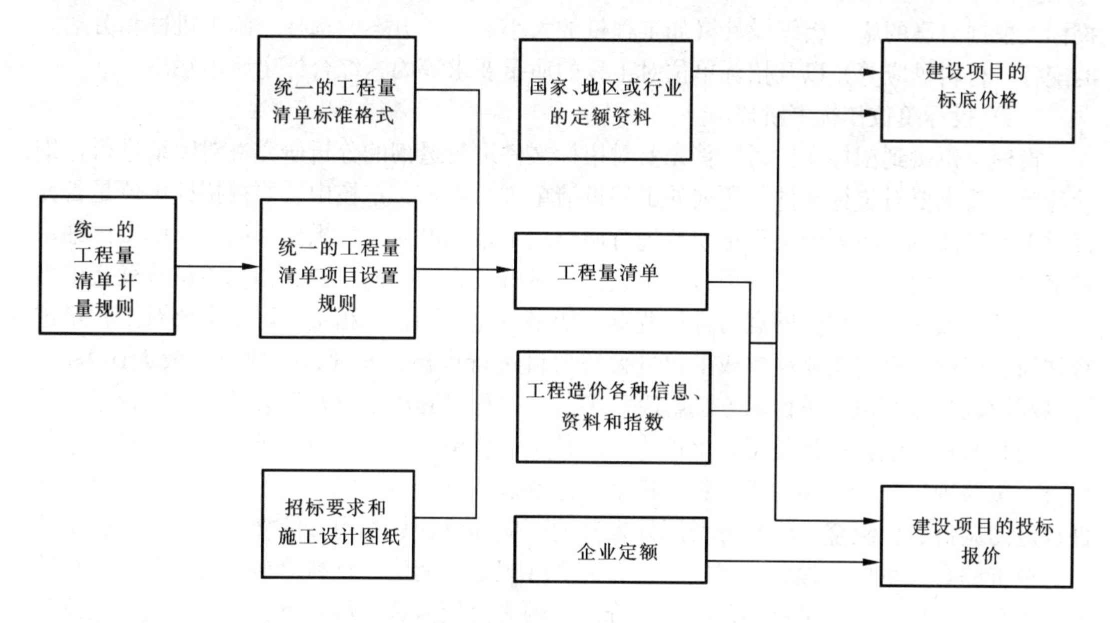

图5-2　工程量清单计价过程示意图

从工程量清单计价过程的示意图中可以看出，其编制过程可以分为两个阶段：工程量清单格式的编制和利用工程量清单来编制投标报价。投标报价是在业主提供的工程量计算结果的基础上，根据企业自身所掌握的各种信息、资料，结合企业定额编制得出的。

（1）分部分项工程费：Σ分部分项工程量×分部分项工程单价

其中分部分项工程单价由人工费、材料费、机械费、管理费、利润等组成，并考虑风险费用。

（2）措施项目费=Σ措施项目工程量×措施项目综合单价

其中措施项目包括通用项目、建筑工程措施项目、安装工程措施项目和市政工程措施项目，措施项目综合单价的构成与分部分项工程单价构成类似。

（3）单位工程报价：分部分项工程费+措施项目费+其他项目费+规费+税金

（4）单项工程报价：Σ单位工程报价

（5）建设项目总报价：Σ单项工程报价

二、工程量清单计价的操作过程

就我国目前的实践而言，工程量清单计价作为一种市场价格的形成机制，其使用主要在工程招投标阶段。因此工程量清单计价的操作过程可以从招标、投标、评标3个阶段来阐述。

（一）工程招标阶段

招标单位在工程方案、初步设计或部分施工图设计完成后，即可委托标底编制单位

（或招标代理单位）按照统一的工程量计算规则，再以单位工程为对象，计算并列出各分部分项工程的工程量清单（应附有有关的施工内容说明），作为招标文件的组成部分发放给各投标单位。其工程量清单的粗细程度、准确程度取决于工程的设计深度及编制人员的技术水平和经验。在分部分项工程量清单中，项目编号、项目名称、计量单位和工程数量等项由招标单位根据全国统一的工程量清单项目设置规则和计量规则填写。单价与合价由投标人根据自己的施工组织设计（如工程量的大小、施工方案的选择、施工机械和劳动力的配备、材料供应等）以及招标单位对工程的质量要求等因素综合评定后填写。

（二）投标单位作标书阶段

投标单位接到招标文件后，首先要对招标文件进行透彻的分析研究，对图纸进行仔细的理解。其次要对招标文件中所列的工程量清单进行审核，审核中，要视招标单位是否允许对工程量清单内所列的工程量误差进行调整决定审核办法。如果允许调整，就要详细审核工程量清单内所列的各工程项目的工程量，对有较大误差的，通过招标单位答疑会提出调整意见，取得招标单位同意后进行调整；如果不允许调整工程量，则不需要对工程量进行详细的审核，只对主要项目或工程量大的项目进行审核，发现这些项目有较大误差时，可以利用调整这些项目单价的方法解决。第三，工程量套用单价及汇总计算。工程量单价的套用有两种方法：一种是工料单价法，一种是综合单价法。工料单价法即工程量清单的单价，按照现行预算定额的工、料、机消耗标准及预算价格确定。间接费、利润、有关文件规定的调价、风险金、税金等费用计入其他相应标价计算表中。综合单价法即工程量清单的单价综合了直接工程费、间接费、有关文件规定的调价、材料价格差价、利润、风险金、税金等一切费用。工料单价法虽然价格的构成比较清楚，但缺点也是明显的，它反映不出工程实际的质量要求和投标企业的真实技术水平，容易使企业再次陷入定额计价的老路。综合单价法的优点是当工程量发生变更时，易于查对，能够反映本企业的技术能力、工程管理能力。根据我国现行的工程量清单计价办法，单价采用的是综合单价。

（三）评标阶段

在评标时可以对投标单位的最终总报价以及分项工程的综合单价的合理性进行评分。由于采用了工程量清单计价方法，所有投标单位都站在同一起跑线上，因而竞争更为公平合理，有利于实现优胜劣汰，而且在评标时应坚持倾向于合理低标价中标的原则。当然，在评标时仍然可以采用综合计分的方法，不仅考虑报价因素，而且还对投标单位的施工组织设计、企业业绩和信誉等按一定的权重分值分别进行计分，按总评分的高低确定中标单位。或者采用两阶段评标的办法，即先对投标单位的技术方案进行评价，在技术方案可行的前提下，再以投标单位的报价作为评标定标的惟一因素，这样既可以保证工程建设质量，又有利于业主选择一个合理的、报价较低的单位中标。

三、工程量清单计价的特点

与传统的定额计价法相比，工程量清单计价法具有以下特点：

（一）参与双方自主定价，在市场竞争中形成价格

在工程量清单计价方法的招标方式下，由业主或招标单位根据统一的工程量清单项目设置规则和工程量清单计量规则编制工程量清单，鼓励企业自主报价，业主根据其报价，结合质量、工期等因素综合评定，选择最佳的投标企业中标。在这种模式下，标底不再成为评标的主要依据，甚至可以不编标底，从而在工程价格的形成过程中摆脱了长期以来的

计划管理色彩，而由市场的参与双方主体自主定价，符合价格形成的基本原理。

（二）工程量清单计价充分体现了竞争性

一是“计价规范”中的措施项目，在工程量清单中只列“措施项目”一栏，具体采用什么措施，如模板、脚手架、垂直运输、施工排（降）水、深基坑支护、大型机械安拆及进出场费、试桩费、试水费、临时设施等详细内容由投标人根据企业的施工组织设计，视具体情况报价，因为这些项目在各个企业间各有不同，是企业竞争项目，是留给企业竞争的空间。二是“计价规范”中人工、材料和施工机械没有具体的消耗量，投标企业可以依据自己的企业定额和市场价格信息，也可以参照建设行政部门发布的社会平均消耗量定额进行报价。“计价规范”将报价权完全交给了企业，允许投标单位针对这些方面灵活机动的调整报价，以使报价能够比较准确地与工程实际相吻合，投标单位才会对自己的报价承担相应的风险与责任，从而建立起真正的风险制约和竞争机制，避免合同实施过程中的推诿和扯皮现象的发生，为工程管理提供方便。

（三）满足竞争的需要

招投标过程本身就是一个竞争的过程，招标人给出工程量清单，投标人去填单价（此单价中一般包括成本、利润），填高了中不了标，填低了又要赔本，这时候就体现出了企业技术、管理水平的重要，形成了企业整体实力的竞争。

（四）提供了一个平等的竞争条件

采用施工图预算来投标报价，由于设计图纸的缺陷，不同投标企业的人员理解不一，计算出的工程量也不同，报价相去甚远，容易产生纠纷。而工程量清单报价就为投标者提供一个平等竞争的条件，相同的工程量，由企业根据自身的实力来填不同的单价，符合商品交换的一般性原则。

（五）有利于工程款的拨付和工程造价的最终确定

中标后，业主要与中标施工企业签订施工合同，工程量清单报价基础上的中标价就成了合同价的基础。投标清单上的单价也就成了拨付工程款的依据。业主根据施工企业完成的工程量，可以很容易地确定进度款的拨付额。工程竣工后，再根据设计变更、工程量的增减乘以相应单价，业主也很容易确定工程的最终造价。

（六）有利于实现风险的合理分担

采用工程量清单报价方式后，投标单位只对自己所报的成本、单价等负责，而对工程量的变更或计算错误等不负责任；相应的，对于这一部分风险则应由业主承担，这种格局符合风险合理分担与责权利关系对等的一般原则。

（七）有利于业主对投资的控制

采用现在的施工图预算形式，业主对因设计变更、工程量的增减所引起的工程造价变化不敏感，往往等竣工结算时才知道这些对项目投资的影响有多大，但此时常常是为时已晚，而采用工程量清单计价的方式则一目了然，在要进行设计变更时，能马上知道它对工程造价的影响，这样业主就能根据投资情况来决定是否变更或进行方案比较，以决定最恰当的处理方法。

四、工程量清单计价方法在我国工程造价管理体制改革中的作用

工程量清单计价不仅仅是一种简单的造价计算方法，其更深层次的意义在于提供了一种由市场形成价格的新的计价模式，对推进我国工程造价管理改革的作用是显而易见的。

（一）工程量清单计价符合我国当前工程造价体制改革中“逐步建立以市场形成价格为主的价格机制”的目标。这一目标的本身就是要把价格的决定权逐步交给发包单位、交给施工企业、交给建筑市场，并最终通过市场来配置资源，决定工程价格。它能真正实现通过市场机制决定工程造价。

（二）采用工程量清单招标有利于将工程的“质”与“量”紧密结合起来。质量、造价、工期三者之间存在着一定的必然联系，报价当中必须充分考虑到工期和质量因素，这是客观规律的反映和要求。采用工程量清单招标有利于投标单位通过报价的调整来反映质量、工期、成本三者之间的科学关系。

（三）有利于业主获得最合理的工程造价。增加了综合实力强、社会信誉好的企业的中标机会，更能体现招标投标宗旨。同时也可为建设单位的工程成本控制提供准确、可靠的依据。

（四）有利于标底的管理与控制。在传统的招标投标方法中，标底的正确与否、保密程度如何一直是人们关注的焦点。而采用工程量清单招标方法，工程量是公开的，是招标文件内容的一部分，标底只是起到参考和一定的控制作用（即控制报价不能突破工程概算的约束），而与评标过程无关，并且在适当的时候甚至可以不编标底。这就从根本上消除了标底准确性和标底泄漏所带来的负面影响。

（五）有利于中标企业精心组织施工，控制成本。中标后，中标企业可以根据标价及投标文件中的承诺，通过对单位工程成本、利润进行分析，统筹考虑、精心选择施工方案；并根据企业定额合理确定人工、材料、施工机械要素的投入与配置，优化组合，合理控制现场费用和施工技术措施费用等，以便更好地履行承诺，抓好工程质量和工期。

五、工程量清单计价现阶段存在的主要问题

采用工程量清单计价的方法是国际上普遍使用的通行做法，已经有近百年的历史，具有广泛的适应性，也是比较科学合理、实用的。实际上，国际通行的工程合同文本、工程管理模式等与工程量清单计价也都是相配套的。我国加入 WTO 后，必然伴随着引入国际通行的计价模式。虽然我国已经开始推行招投标阶段的工程量清单计价方法，但由于处于起步阶段，应用也比较少。从目前来看，在工程量清单计价过程中存在着如下的问题：

（一）企业缺乏自主报价的能力。实行工程量清单报价，其目的很明显，就是要打破过去那种由政府的造价管理部门统一制定单价的做法，把价格的决定权逐步交给施工企业，让施工企业能充分发挥自己的价格和技术优势，将过去传统的以预算定额为基础的静态价格模式改变成为动态价格形式，将各种经济、技术、质量、进度、市场等因素充分细化考虑到单价中，企业定额必须按企业的具体情况制定，而且要能够表现自己企业的人员素质、劳动生产率、机械化施工水平、施工方案和管理上的个性特点。但是，由于大多数施工企业未能形成自己的企业定额，在制定综合单价时，多是按照地区定额内各相应子目的工料消耗量，乘以自己在支付人工、购买材料、使用机械和消耗能源方面的市场单价，再加上由地区定额制定的按工程类别的综合管理费率和优惠折扣系数，一个单项报价就生成了。相当于把一个工程按工程量清单内的细目划分变成一个个独立的分部分项工程项目去套用定额，其实质仍旧沿用了定额计价模式去处理。这个问题并不是工程量清单计价的固有缺点，而是由于应用不完善造成的。因此，企业定额体系的建立是推行工程量清单计价的重要工作。

（二）缺乏与工程量清单计价相配套的工程造价管理制度。目前规范工程量清单计价的制度主要是国家标准《建设工程工程量清单计价规范》。主要包括全国统一工程量清单编制规则和全国统一工程量清单计量规则。但实行工程量清单计价必须配套有详细明确的工程合同管理办法。我国虽然在2000年初由建设部颁布实施了《建设工程施工合同示范文本》，但在工程量清单计价法推广实施后就没有新的计价办法配合相应的合同管理模式，使得招投标所确定的工程合同价在实施过程当中没有相应的合同管理措施。

六、工程量清单计价方式与传统定额计价方式的差别

（一）编制工程量的单位不同。传统定额预算计价办法是：建设工程的工程量分别由招标单位和投标单位分别按图计算。工程量清单计价是：工程量由招标单位统一计算或委托有工程造价咨询资质的单位统一计算，“工程量清单”是招标文件的重要组成部分，各投标单位根据招标人提供的“工程量清单”，根据自身的技术装备、施工经验、企业成本、企业定额、管理水平自主填写报价单。

（二）编制工程量清单时间不同。传统的定额预算计价法是在发出招标文件后编制（招标与投标人同时编制或投标人编制在前，招标人编制在后）。工程量清单报价法必须在发出招标文件前编制。

（三）表现形式不同。采用传统的定额预算计价法一般是总价形式。工程量清单报价法采用综合单价形式，综合单价包括人工费、材料费、机械使用费、管理费、利润，并考虑风险因素。工程量清单报价具有直观、单价相对固定的特点，工程量发生变化时，单价一般不作调整。

（四）编制的依据不同。传统的定额预算计价法依据图纸；人工、材料、机械台班消耗量，依据建设行政主管部门颁发的预算定额，人工、材料、机械台班单价依据工程造价管理部门发布的价格信息进行计算。工程量清单报价法：根据建设部第107号令规定，标底的编制根据招标文件中的工程量清单和有关要求、施工现场情况、合理的施工方法以及按建设行政主管部门制定的有关工程造价计价办法编制；企业的投标报价则根据企业定额和市场价格信息，或参照建设行政主管部门发布的社会平均消耗量定额编制。

（五）费用组成不同。传统预算定额计价法的工程造价由直接费、间接费、利润、税金组成。工程量清单计价法工程造价包括分部分项工程费、措施项目费、其他项目费、规费、税金；包括完成每项工程包含的全部工程内容的费用；包括完成每项工程内容所需的费用（规费、税金除外）；包括工程量清单中没有体现的，施工中又必须发生的工程内容所需费用，包括风险因素而增加的费用。

（六）评标采用的办法不同。传统预算定额计价投标一般采用百分制评分法。采用工程量清单计价法投标，一般采用合理低报价中标法，既要对总价进行评分，还要对综合单价进行分析评分。

（七）项目编码不同。采用传统的预算定额项目编码，全国各省市采用不同的定额子目；采用工程量清单计价，全国实行统一编码，项目编码采用十二位阿拉伯数字表示。一到九位为统一编码，其中，一、二位为附录顺序码，三、四位为专业工程顺序码，五、六位为分部工程顺序码。七、八、九位为分项工程项目名称顺序码，十到十二位为清单项目名称顺序码。前九位码不能变动，后三位码，由清单编制人根据项目设置的清单项目编制。

（八）合同价调整方式不同。传统的定额预算计价合同价调整方式有：变更签证、定额解释、政策性调整。工程量清单计价法合同价调整方式主要是索赔。工程量清单的综合单价一般通过招标中标价的形式体现，一旦中标，报价作为签订施工合同的依据相对固定下来，工程结算按承包商实际完成工程量乘以清单中相应的单价计算。减少了调整活口。采用传统的预算定额经常有这个定额解释那个定额规定，结算中又有政策性文件调整。工程量清单计价单价不能随意调整。

（九）计算工程量时间前置。工程量清单，在招标前由招标人编制。也可能业主为了缩短建设周期，通常在初步设计完成后就开始施工招标，在不影响施工进度的前提下陆续发放施工图纸，因此承包商据以报价的工程量清单中各项工作内容下的工程量一般为概算工程量。

（十）达到了投标计算口径统一。因为各投标单位都根据统一的工程量清单报价，达到了投标计算口径统一。不再是传统预算定额招标，各投标单位各自计算工程量，各投标单位计算的工程量均不一致。

（十一）索赔事件增加。因承包商对工程量清单单价包含的工作内容一目了然，故凡建设方不按清单内容施工的，任意要求修改清单的，都会增加施工索赔的因素。

七、英国 QS（Quantity Surveying）制度下的工程量清单计价

英国传统的建筑工程计价模式下，一般情况下都在招标时附带由业主委托工料测量师（Quantity Surveyor）编制的工程量清单，其工程量按照 SMM（Standard Method of Measurement of Building Works）规定进行编制、汇总构成工程量清单，工程量清单通常按分部分项工程划分，工程量清单的粗细程度主要取决于设计深度，与图纸相对应，也与合同形式有关。在初步设计阶段，工料测量师根据初步设计图纸编制工程量表；在详细的技术设计阶段（施工图设计阶段），工料测量师编制最终工程量表。在工程招投标阶段，工程量清单是为投标者提供一个共同竞争性投标报价的基础；工程量清单中的单价或价格是施工过程中支付工程进度款的依据；另外，当有工程变更时，其单价或价格也是合同价格调整或索赔的重要参考资料。承包商的估价师参照工程量清单进行成本要素分析，根据其以前的经验，并收集市场信息资料、分发咨询单、回收相应厂商及分包商报价，对每一分项工程都填入单价，以及单价与工程量相乘后的金额，其中包括人工、材料、机械设备、分包工程、临时工程、管理费和利润。所有分项工程费用之和，再加上开办费、基本费用项目（这里指投标费、保证金、保险、税金等）和指定分包工程费，构成工程总造价，一般也是承包商的投标报价。在施工期间，每个分项工程都要计量实际完成的工程量，并按承包商报价计费。增加的工程需要重新报价，或者按类似的现行单价重新估价。

（一）工程量清单计价模式的核心——SMM7

英国皇家特许测量师学会（RICS）于 1922 年出版了第一版的建筑工程量标准计算规则（SMM）；后经几次修订出版，于 1988 年 7 月 1 日正式使用其第 7 版，并在英联邦国家中广泛使用。

工程量计算规则为工程量清单的编制提供了最基本的依据。SMM7 将工程量的计算划分为 23 个部分，正是基于这样的划分原则，才能完成工程量清单中的分部分项工程的划分，基于这种分部分项工程的划分，业主才能编制出可用于各阶段造价计算和招投标阶段竞争性投标报价的工程量清单，承包商才可能按照自己的工作经验和市场行情编制合理的投标报价。因此，可以说工程量计算规则是工程量清单计价模式的核心和基础。

（二）工程量清单

工程量清单的主要作用是为参加竞标者提供一个平等的报价基础。它提供了精确的工程量和质量要求，让每一个参与投标的承包商分别报价。工程量清单通常被认为是合同文件的一部分。传统上，合同条款、图纸及技术规范应与工程量清单同时由发包方提供，清单中的任何错误都允许在今后修改。因而在报价时承包商可以不对工程量进行复核，这样可以减少投标的准备时间。编写工程量清单时要把有关项目写全，最好将所有工程量清单采用的图纸号也在相应的条目说明的地方注明，以方便承包商报价。工程量清单一般由下述部分构成：

1. 本部分的目的是使参加投标的承包商对工程概况有一个概括的了解，内容包括参加工程的各方、工程地点、工程范围、可能使用的合同形式及其他。在 SMM7 中列出了开办费包括的项目，工料测量师根据工程特点选择费用项目，组成开办费，开办费中还应包括临时设施费用，如临时用水、临时用电、临时道路交通费，现场住所，围墙，工程的保护与清理等等。

2. 分部工程概要。在每一个分部工程或每一个工种项目开始前，有一个分部工程概要，包括对人工、材料的要求和质量检查的具体内容。

3. 工程量部分。工程量部分在工程量清单中占的比重最大，它把整个工程的分项工程的工程量都集中在一起。

4. 暂定金额和基本成本。

（1）暂定金额。根据 SMM7 的规定，工程量清单应该完整、精确地描述工程项目的质量和数量。如果设计尚未全部完成，承包商不能精确地描述某些分部工程，应给出项目名称，以暂定金额编入工程量清单。在 SMM7 中有两种形式的暂定金额，确定项目暂定金额和不确定项目暂定金额。

（2）不可预见费。有时在一些难以预测的工程中，如地质情况较为复杂的工程，不可预见费可以作为暂定金额编入工程量清单中，也可以单独列入工程量清单中。在 SMM7 中没有提及这笔费用，但在实际工程运作当中却经常使用。

（3）基本成本。在工程中如业主指定分包商或指定供货商提供材料时，他们的投标中标价应以基本成本的形式编入工程量清单中。如分包商是政府机构，如国家电力局、煤气公司等，该工程款应以暂定金额表示。由于分包工程款内容范围与工程使用的合同形式有关，所以 SMM7 未对其范围作规定。

5. 汇总。为了便于投标者整理报价的内容，比较简单的方法是在工程量清单的每一页的最后做一个累加，然后在每一分部的最后做一个汇总。在工程量清单的最后把前面各个分部的名称和金额都集中在一起，得到项目投标价。

（三）工程量清单的编制方法

英国工程量清单的编制方法一般有 3 种；传统式、改进式和纸条分类法。其中传统的工程量清单编制方法主要包括下述几个步骤。

1. 工程量计算。英国工程量计算按照 SMM7 的计算原理和规则进行。SMM7 将建筑工程划分为地下结构工程、钢结构工程、混凝土工程、门窗工程、楼梯工程、屋面工程、粉刷工程等分部分项工程，就每个部分分别列明具体的计算方法和程序。工程量清单根据图纸编制，清单的每一项中都对要实施的工程写出简要文字说明，并注上相应的工程量。

2. 算术计算。此过程是把计算纸上的延长米、平方米、立方米工程量结果计算出来。实际工程中有专门的工程量计算员来完成，在算术计算前，应先核对所有的初步计算，如有任何错误应及时通知工程量计算员。在算术计算后再另行安排人员核对，以确保计算结果的准确性。

3. 抄录工作。这部分工作包括把计算纸上的工程量计算结果和项目描述抄录到专门的纸上。各个项目按照一定的顺序以工种操作顺序或其他方式合并整理。在同一分部中，先抄立方米项目，再抄平方米和延长米项目；从下部的工程项目到上部的项目；水平方向在先，斜面和垂直的在后等。抄录完毕后由另外的工作人员核对。一个分部结束应换新的抄录纸重新开始。

4. 项目工程量的增加或减少。这是计算抄录每个项目最终工程量的过程。由于工程量计算的整体性，一个项目可能在不同的时间和分部中计算，比如墙身工程中计算墙身不扣除门窗洞口，而在计算门窗工程时才扣去该部分工程量。因此，需要把工程量中有增加、减少的所有项目计算出来，得到项目的最终工程量。该工程量应该为该项工程项目精确的工程量。无论计算时采用何种方法，这时的结果应该是相同的或近似的。

5. 编制工程量清单。先起草工程量清单，把计算结果、项目描述按清单的要求抄录在清单纸上。在检查了所有的编号、工程量、项目描述并确认无误后，交由资深的工料测量师来进行编辑，使之成为最后的清单形式。在编辑时应考虑每个标题、句子、分部工程概要、项目描述等等的形式和用词，使清单更为清晰易懂。

6. 打印装订。资深工料测量师修改编辑完毕后由打字员打印完成并装上封面成册。

第四节　工程量清单报价

一、工程量清单计价与工程招投标，工程合同管理的关系

工程量清单计价虽然只是一种计价模式的改变，但其影响却决不仅仅在于工程造价的计算方法和计算过程中，这一计价模式的改革必然对招投标制度和工程合同管理体系带来深远的影响。

（一）工程量清单计价与工程招投标

从严格意义上说，工程量清单计价作为一种独立的计价模式，并不一定用在招投标阶段，但在我国目前的情况下，工程量清单计价作为一种市场定价模式，主要在工程项目的招标投标过程中使用，而估算、概算、预算的编制依然沿用过去的计算方法。因此，工程量清单计价方法又时常被称为工程量清单招标。

（二）工程量清单计价与合同管理

在招投标阶段运用工程量清单计价办法确定的合同价格需要在施工过程中得到实施和控制，因此，工程量清单计价方法对于合同管理体制将带来新的挑战和变革。

1. 工程量清单计价制度要求采用单价合同的合同计价方式。在现行的施工承包合同中，按计价方式的不同主要有总价合同与单价合同两种形式。总价合同的特点是总价包干、按总价办理结算，它只适用于施工图纸明确、工程规模较小且技术不太复杂的工程。

在这种情况下，合同管理的工作量较小，结算工作也十分简单，且便于进行投资控制。单价合同的特点是合同中各工程细目的单价明确，承包商所完成的工程量要通过计量来确定，单价合同在合同管理中具有便于处理工程变更及施工索赔的特点，且合同的公正性及可操作性相对较好。工程量清单是一份与技术规范相对应的文件，其中详细地说明了合同中需要或可能发生的工程细目及相应的工程量，可用于作为办理计量支付和结算的依据，因此，工程量清单计价制度必须配套单价合同的合同计价方式，当然最常用的还是固定单位合同的形式，即在工程结算时，结算单价按照投标人的投标价格确定，而工程量则依照实际完成的工程量结算，这是因为工程量清单中的工程量是由招标人提供的，因此，工程量变动的风险应该由招标人承担。

2. 工程量清单计价制度中工程量计算对合同管理的影响。由于工程量清单中所提供的工程量是投标单位投标报价的基本依据，因此其计算的要求相对比较高，在工程量的计算工作中，要做到不重不漏，更不能发生计算错误，否则会带来下列问题：

（1）工程量的错误一旦被承包商发现和利用，则会给业主带来损失。

（2）工程量的错误会引发其他施工索赔。承包商除通过不平衡报价获取了超额利润外，还可能提出索赔，例如，由于工程数量增加，承包商的开办费用（如施工队伍调遣费、临时设施费等）不够开支，可能要求业主赔偿。

（3）工程量的错误还会增加变更工程的处理难度。由于承包商采用了不平衡报价，所以当合同发生设计变更而引起工程量清单中工程量的增减时，会使得工程师不得不和业主及承包商协商确定新的单价，对变更工程进行计价。

（4）工程量的错误会造成投资控制和预算控制的困难。由于合同的预算通常是根据投标报价加上适当的预留费后确定的，工程量的错误还会造成项目管理中预算控制的困难和预算追回的难度。

二、投标报价中的工程量清单计价

（一）工程量清单计价办法

1. 工程量清单计价。工程量清单计价包括编制招标标底、投标报价、合同价款的确定与调整和办理工程结算等。

（1）招标工程如设标底，标底应根据招标文件中的工程量清单和有关要求、施工现场实际情况、合理的施工方法以及按照建设行政主管部门制定的有关工程造价计价办法进行编制。

（2）投标报价应根据招标文件中的工程量清单和有关要求、施工现场实际情况及拟定的施工方案或施工组织设计、企业定额和市场价格信息，并参照建设行政主管部门发布的现行消耗量定额进行编制。

（3）工程量清单计价应包括按招标文件规定完成工程量清单所需的全部费用，通常由分部分项工程费、措施项目费、其他项目费和规费、税金组成。

①分部分项工程费是指为完成分部分项工程量所需的实体项目费用。

②措施项目费是指分部分项工程费以外，为完成该工程项目施工，发生于该工程施工前和施工过程中技术、生活、安全等方面的非工程实体项目所需的费用。

③其他项目费是指分部分项工程费和措施项目费以外，该工程项目施工中可能发生的其他费用。

分部分项工程费、措施项目费和其他项目费均采用综合单价计价，综合单价由完成规定计量单位工程量清单项目所需的人工费、材料费、机械使用费、管理费、利润等费用组成，综合单价应考虑风险因素。

2. 工程量变更及其计价。合同中综合单价因工程量变更，除合同另有约定外应按照下列办法确定：

(1) 工程量清单漏项或由于设计变更引起新的工程量清单项目，其相应综合单价由承包方提出，经发包人确认后作为结算的依据。

(2) 由于设计变更引起工程量增减部分，属合同约定幅度以内的，应执行原有的综合单价；增减的工程量属合同约定幅度以外的，其综合单价由承包人提出，经发包人确认后作为结算的依据。

由于工程量的变更，且实际发生了规定以外的费用损失，承包人可提出索赔要求，与发包人协商确认后，给予补偿。

(二) 工程量清单投标报价的标准格式

工程量清单投标报价应采用统一格式，随招标文件发至投标人，由投标人填写。工程量清单计价格式应由下列内容组成：

1. 封面：见表5-7，由投标人按规定的内容填写、签字、盖章。

2. 投标总价：见表5-8，应按工程项目总价表合计金额填写。

3. 工程项目总价：见表5-9。

4. 单项工程费汇总表：见表5-10。

封　面　　　　**表5-7**

______________工程

工程量清单报价表

投　标　人：____________________（单位签字盖章）

法定代表人：____________________（签字盖章）

造价工程师及注册证号：______________（签字盖执业专用章）

编 制 时 间：____________________

投 标 总 价 **表 5-8**

<table>
<tr><td>
投 标 总 价

建 设 单 位：______________________
工 程 名 称：______________________
投标总价（大写）：______________________
（小写）：______________________
投 标 人：______________________（单位签字盖章）
法 定 代 表 人：______________________（签字盖章）
编 制 时 间：______________________
</td></tr>
</table>

工程项目总价表 **表 5-9**

工程名称： 第 页 共 页

序 号	单项工程名称	金 额（元）
合 计		

注：1. 单项工程名称按照单项工程费汇总表（见表 5-10）的工程名称填写。

2. 金额按照单项工程费汇总表（见表 5-10）的合计金额填写。

某项工程费汇总表 **表 5-10**

工程名称： 第 页 共 页

序 号	单位工程名称	金 额（元）
合 计		

注：1. 单位工程名称按照单位工程费汇总表（见表 5-11）的工程名称填写。

2. 金额按照单位工程费汇总表（见表 5-11）的合计金额填写。

单位工程费汇总表 表 5-11

工程名称： 第 页 共 页

序 号	项 目 名 称	金 额（元）
1	分部分项工程量清单计价合计	
2	措施项目清单计价合计	
3	其他项目清单计价合计	
4	规 费	
5	税 金	
合 计		

分部分项工程量清单计价表 表 5-12

工程名称： 第 页 共 页

序号	项目编码	项目名称	计量单位	工程数量	金额（元）	
					综合单价	合 计
		本页小计				
		合 计				

注：1. 综合单价应包括完成一个规定计量单位所需的人工费、材料费、机械使用费、管理费和利润，并应考虑风险因素。

2. 分部分项工程量清单计价表中的序号、项目编码、项目名称、计量单位、工程数量必须按分部分项工程量清单（见表 5-3）中的相应内容填写。

措施项目清单计价表 表 5-13

工程名称： 第 页 共 页

序 号	项 目 名 称	金 额（元）
	合 计	

注：1. 措施项目清单计价表中的序号、项目名称必须按措施项目清单（见表 5-5）中的相应内容填写。

2. 投标人可根据施工组织设计采取的措施增加项目。

其他项目清单计价表 表 5-14

工程名称： 第 页 共 页

序 号	项 目 名 称	金 额（元）
1	招标人部分	
2	投标人部分	
	小 计	
合 计		

注；1. 其他项目清单表中的序号、项目名称必须按其他项目清单（见表 5-6）中的相应内容填写。

2. 招标人部分的金额必须按招标人提出的数额填写。

零星工作项目计价表 **表 5-15**

工程名称： 第 页 共 页

序 号	名 称	计量单位	数 量	金 额（元）	
				综合单价	合 价
1	人 工				
	小 计				
2	材 料				
	小 计				
3	机 械				
	小 计				
	合 计				

注：1. 招标人提供的零星工作费表应包括详细的人工、材料、机械名称、计量单位和相应数量。

2. 综合单价应参照《建设工程工程量清单计价规范》规定的综合单价组成，根据零星工作的特点填写。

3. 工程竣工，零星工作费应按实际完成的工程量所需费用结算。

分部分项工程量清单综合单价分析表 **表 5-16**

工程名称： 第 页 共 页

序号	项目编码	项目名称	工程内容	综合单价组成（元）					
				人工费	材料费	机械使用费	管理费	利润	小计

措施项目费分析 **表 5-17**

工程名称： 第 页 共 页

序号	措施项目名称	单位	数量	金 额（元）					
				人工费	材料费	机械使用费	管理费	利润	小计
	合 计								

主要材料价格表 **表 5-18**

工程名称： 第 页 共 页

序号	材料编码	材料名称	规格、型号等特殊要求	单 位	单价（元）

注：1. 招标人提供的主要材料价格表应包括详细的材料编码、材料名称、规格型号和计量单位等。
2. 所填写的单价必须与工程量清单计价中采用的相应材料的单价一致。

三、工程量清单报价编制应注意的问题

（一）单价分析

投标报价是整个投标工作的核心。①要计算并核对工程量，要以单位项目划分为依据，重点对工程量进行核查，如发现有出入，应按规定做必要的调整和补充。②工程量清单的工作内容包含的项目，工作量清单是按建筑物的实体量来划分，要完成工作内容，有很多的施工工序，因此，进行单价分析时，不能按过去的传统定额只套一个定额子目，而是综合了多个定额子目内容，要套用多个定额子目。③工程量清单没有考虑施工过程的施工损耗，在编制综合单价时，要在材料消耗量中考虑施工过程的施工损耗。④传统的预算定额综合了模板的制作、安装和人工、材料、机械费用；脚手架搭拆费、垂直运输机械费。而模板的制作、安装费；脚手架搭拆费；垂直运输机械费属于项目措施费，不能在综合单价中计算，而应列入项目措施费中。

要对单价进行分析研究，对较大的土建招标工程，在确定单价时要作专题分析，不能套常用定额。因为每个工程的现场情况、气候条件、地貌与地质、工程的复杂程度、有哪些有利条件和不利条件、合同价格、工期长短、对设备和材料的特殊要求、有哪些投标人参加、主要对手及当前自己的状况等问题，都要周密考虑。在确定标价上，一方面要对工资、材料价格、施工机械、管理费、利润、临时设施等，结合初步的施工方案提出原则意见，并确定初步的、总体的投标框架；另一方面要针对工程量清单中的项目与技术规范中的有关规定与要求，逐项进行分析研究，确定工程材料消耗量。另外，还应对工效、材料来源和当前价格以及施工期间发生的浮动幅度作深入的调查研究，做出全面的考虑。对于有些材料和设备，应及时询价，从而分别定出比较适当的材料、设备单价，然后，逐一确定各项单价。

（二）综合汇总分析

“分部分项工程量清单计价表”、“措施项目清单计价表”、其他“项目清单计价表”计价完毕后，即可以计算“单位工程费汇总表”，从而计算出工程造价。然后进行一次全面的自校，查验计算有无误差，并从总价上权衡报价是否合理。

具体的测算方法是，通过各项综合单价的指标，如平均每立方米土方单价、每立方米

钢筋混凝土单价、每吨钢筋及钢结构单价等，与各种不同建筑施工的单价指标进行比较，与类似工程的造价指标进行比较，是高是低，是否合理。如果出现总价或其中一部分单价偏高或偏低，就应进行分析调整。

（三）标底与报价的几个基本原则

1. 标底编制：

(1) 标底的编制应根据国家建设行政主管部门颁发的计价办法。

(2) 人工、材料、施工机械台班单价根据建设行政主管部门发布的市场指导价格（信息）进行计算。

(3) 人工、材料、施工机械台班的消耗量根据国家制定的定额计算。

(4) 项目措施费根据工程特点和需要，按照建设行政主管部门颁发的参考规定计算。

(5) 标底只作为一个控制最高限价的控制线，各投标单位的报价不能超过这个控制线。

2. 报价编制：

(1) 人工、材料、施工机械台班的消耗量根据企业定额或参照建设行政主管部门颁发的定额计算。

(2) 人工、材料、施工机械台班单价由企业根据市场价格情况自主确定。

(3) 项目措施费由企业根据自己的技术力量、管理水平和工程的实际情况、施工方案、风险程度自主确定。

(4) 投标人的报价不得低于本企业的成本。

■ 关键概念

工程量清单　工程量清单计价　分部分项工程费　综合单价　措施项目　措施项目费　其他项目　其他项目费　规费

■ 复习思考题

1. 实行工程量清单计价具有哪能些重要的意义？
2. 《建设工程工程量清单计价规范》的编制原则和指导思想是什么？
3. 如何编制工程量清单？
4. 工程量清单计价的基本程序是什么？
5. 工程量清单计价具有哪能些特点？
6. 工程量清单报价的编制应注意哪些问题？

第六章　简明建筑识图

第一节　建筑识图基本知识

一、建筑物的分类

建筑物可以从多方面进行分类，常见的分类方法有以下几种。

（一）按建筑物的使用功能分类

1. 工业建筑　指用于工业生产的建筑，包括各种生产和生产辅助用房，如生产车间、动力车间及仓库等。

2. 农业建筑　指用于农副业生产的建筑，如饲养场、粮库、农机站等。

3. 民用建筑

（1）居住建筑　指供人们生活起居的建筑物，如住宅、宿舍、公寓等。

（2）公共建筑　指供人们进行政治文化经济活动、行政办公、医疗科研、文化娱乐以及商业、生活服务等公共事业的建筑，如学校、办公楼、医院、商店、影院等。

（二）按主要承重结构所用的材料分类

1. 砖木结构　建筑物的主要承重构件用砖和木材。其中墙、柱用砖砌，楼板、屋架用木材，如砖墙砌体、木楼板、木屋盖的建筑。

2. 砖混结构　建筑物中的墙、柱用砖砌，楼板、楼梯、屋顶用钢筋混凝土。

3. 钢筋混凝土结构　这类建筑的主要承重构件如梁、柱、板及楼梯用钢筋混凝土，而非承重墙用砖砌或其他轻质砌块，如装配式大板、大模板、滑模等工业化方法建造的建筑，钢筋混凝土的高层、大跨度、大空间结构的建筑。

4. 钢结构　建筑物的主要承重构件用钢材做成，而用轻质块材、板材作围护外墙和分隔内墙，如全部用钢柱、钢屋架建造的厂房。

5. 钢-钢筋混凝土结构　如钢筋混凝土梁、柱和钢屋架组成的骨架结构厂房。

（三）按施工方法分类

1. 全装配式　建筑物的主要承重构件如墙板、楼板、屋面板、楼梯等都采用预制构件，在施工现场吊装连接。

2. 全现浇式　建筑物的主要承重构件都在现场支模，现场浇灌混凝土。

3. 部分现浇、部分装配　建筑物一部分承重结构采用现浇，一部分承重构件采用预制构件。

（四）按层数或高度分类

1. 住宅建筑　低层1～3层；多层4～6层；中高层7～10层；10层以上为高层。

2. 公共建筑及综合性建筑　建筑物总高度在24m以下者为非高层建筑，总高度24m以上者为高层建筑（不包括高度超过24m的单层主体建筑）。

3. 超高层　不论住宅或公共建筑，超过100m均为超高层。

4. 工业建筑（厂房）单层厂房、多层厂房、混合层数的厂房。

二、建筑物的分级

不同建筑的质量要求各异，为了便于控制和掌握，常按建筑物的耐久年限和耐火程度分级。

（一）建筑物的耐久年限

建筑物的耐久年限主要是根据建筑物的重要性和建筑物的质量标准而定，是作为建筑投资、建筑设计和选用材料的重要依据，见表 6-1。

按主体结构确定的建筑耐久年限分级 表 6-1

级 别	适用建筑物范围	耐久年限/年
一	重要建筑和高层建筑物	> 100
二	一般性建筑	50 ~ 100
三	次要建筑	25 ~ 50
四	临时性建筑	< 15

（二）建筑物的耐火等级

耐火等级取决于房屋的主要构件的耐火极限和燃烧性能。按我国现行的《建筑设计防火规范》（GBJ16—1987），建筑物的耐火等级分为四级，见表 6-2。它们是按组成房屋的主要构件（墙、柱、梁、楼板、屋顶承重构件等）的燃烧性能（燃烧体、非燃烧体、难燃烧体）和它们的耐火极限划分的。

建筑物构件的燃烧性能和耐火极限 表 6-2

构件名称		耐火等级			
		一 级	二 级	三 级	四 级
		燃烧性能和耐火极限/h			
墙	防火墙	非燃烧体 4.00	非燃烧体 4.00	非燃烧体 4.00	非燃烧体 4.00
	承重墙、楼梯间、电梯井的墙	非燃烧体 3.00	非燃烧体 2.50	非燃烧体 2.50	非燃烧体 0.50
	非承重外墙、疏散走道两侧的隔墙	非燃烧体 1.00	非燃烧体 1.00	非燃烧体 0.50	难燃烧体 0.25
	防火隔墙	非燃烧体 0.75	非燃烧体 0.50	难燃烧体 0.50	难燃烧体 0.25
柱	支撑多层的柱	非燃烧体 3.00	非燃烧体 2.50	非燃烧体 2.50	难燃烧体 0.50
	支撑单层的柱	非燃烧体 2.50	非燃烧体 2.00	非燃烧体 2.00	燃烧体
梁		非燃烧体 2.00	非燃烧体 1.50	非燃烧体 1.00	难燃烧体 0.50
楼 板		非燃烧体 1.50	非燃烧体 1.00	非燃烧体 0.50	难燃烧体 0.25
屋顶承重构件		非燃烧体 1.50	非燃烧体 0.50	燃烧体	燃烧体
疏散楼梯		非燃烧体 1.50	非燃烧体 1.00	非燃烧体 1.00	燃烧体
吊顶（包括吊顶隔栅）		非燃烧体 0.25	难燃烧体 0.25	难燃烧体 0.15	燃烧体

1. 构件的耐火极限　耐火极限是指对任一建筑构件按时间—温度标准曲线进行耐火试验，从受到火的作用时起，到失去支撑能力或完整性被破坏或失去隔火作用时止的这段时间，用小时（h）表示。具体判定标准如下：

（1）失去支持能力——非承重构件失去支持能力的表现为自身解体或垮塌；梁、板等受弯承重构件失去支持能力，表现为挠曲率发生突变。

（2）完整性——楼板、隔墙等具有分隔作用的构件，在试验中，当出现穿透裂缝或穿透的孔隙时，表明试件的完整性被破坏。

（3）隔火作用——具有防火分隔作用的构件，试验中背火面测点测得的平均温度升到140℃（不包括背火面的起始温度）；或背火面测温点任一测点的温度达到220℃时，则表明试件失去隔火作用。

2. 构件的燃烧性能　建筑材料根据在明火或高温作用下的变化特征，建筑构件的燃烧性能可分为三类：

（1）非燃烧体　这种构件在空气中受到火烧或高温作用时，不起火、不微燃、不碳化，如金属、砖、石、混凝土等。

（2）难燃烧体　这种构件在空气中受到火烧或高温作用时，难起火、难微燃、难碳化，如板条抹灰墙等。

（3）燃烧体　这种构件在明火或高温作用下立即起火或微燃，如木柱、木吊顶等。

三、建筑标准化和统一模数制

（一）建筑标准化

建筑标准化涉及建筑设计、建材、设备、施工等各个方面，是一套完整的施工体系。

建筑标准化包括两个方面：一方面是建筑设计的标准问题，包括由国家颁布的建筑法规、建筑制图标准、建筑统一模数制等；另一方面是建筑标准设计问题，即根据统一的标准所编制的标准构件与标准配件图集及整个房间的标准设计图等。

（二）统一模数制

为实现建筑标准化，使建筑制品、建筑构件实现工业化大规模生产，必须制定建筑构件和配件的标准化规格系列，使建筑设计各部分尺寸、建筑构配件、建筑制品的尺寸统一协调，并使之具有通用性和互换性，加快设计速度，提高施工质量和效率，降低造价，为此，国家颁布了《建筑模数协调统一标准》（GBJ2—1986）。

1. 模数制

建筑模数是选定的尺寸单位，作为尺度协调中的增值单位。所谓尺度协调是指房屋构件（组合件）在尺度协调中的规则，供建筑设计、建筑施工、建筑材料与制品、建筑设备等采用，其目的是使构配件安装吻合，并有互换性。

（1）基本模数　基本模数的数值规定为100mm，符号为M，即1M = 100mm。建筑物和建筑部件以及建筑物组合件的模数化尺寸，应是基本模数的倍数，目前世界上绝大多数国家均采用100mm为基本模数。

（2）导出模数　导出模数分为扩大模数和分模数，其模数应符合下列规定：

①扩大模数　指基本模数的整数倍数，扩大模数的基数为3M、6M、12M、15M、30M、60M；共6个，其相应的尺寸分别为300mm、600mm、120mm、1500mm、3000mm、6000mm。

②分模数　指整数除基本模数的数值，分模数的基数为M/10、M/5、M/2共3个，其相应的尺寸分别为10mm、20mm、50mm。

（3）模数数列　指以基本模数、扩大模数、分模数为基础扩展成的一系列尺寸，表6-3为《建筑协调统一标准》（GBJ2—1986）所展开的模数数列的数值系统。模数数列在各类建筑的应用中，其尺寸的统一与协调应减少尺寸的范围，但又应使尺寸的叠加和分割有较大的灵活性。模数数列的幅度应符合下列规定：

①水平基本模数的数列幅度为 1～20M。

②竖向基本模数的数列幅度为 1～36M。

③水平扩大模数的数列幅度：3M 为 3～75M；6M 为 6～96M；12M 为 12～120M；15M 为 15～120M；30M 为 30～360M；60M 为 60～360M，必要时幅度不限。

④竖向扩大模数数列的幅度不受限制。

⑤分模数数列的幅度。M/10 为 M/10～2M；M/5 为 M/5～4M；M/2 为 M/2～10M。

（4）模数数列的适用范围如下：

①水平基本模数的数列　主要用于门窗洞口和构配件断面尺寸。

②竖向基本模数的数列　主要用于建筑物的层高、门窗洞口、构配件等尺寸。

③水平扩大模数的数列　主要用于建筑物的开间或柱距、进深或跨度、构配件尺寸和门窗洞口尺寸。

④竖向扩大模数的数列　主要用于建筑物的高度、层高、门窗洞口尺寸。

⑤分模数数列　主要用于缝隙、构造节点、构配件断面尺寸。

常用模数数列见表 6-3。

模　数　数　列　　（单位：mm）　**表 6-3**

基本模数	扩大模数						分模数		
1M	3M	6M	12M	15M	30M	60M	$\frac{1}{10}$M	$\frac{1}{5}$M	$\frac{1}{2}$M
100	300	600	1200	1500	3000	6000	10	20	50
100	300						10		
200	600	600					20	20	
300	900						30		
400	1200	1200	1200				40	40	
500	1500			1500			50		50
600	1800	1800					60	60	
700	2100						70		
800	2400	2400	2400				80	80	
900	2700						90		
1000	3000	3000		3000	3000		100	100	100
1100	3300						110		
1200	3600	3600	3600				120	120	
1300	3900						130		
1400	4200	4200					140	140	
1500	4500			4500			150		150
1600	4800	4800	4800				160	160	
1700	5100						170		
1800	5400						180	180	
1900	5700						190		
2000	6000	6000	6000	6000	6000	6000	200	200	200
2100	6300							220	
2200	6600	6600						240	
2300	6900								250
2400	7200	7200	7200					260	
2500	7500							200	

续表

基本模数	扩大模数						分模数		
1M	3M	6M	12M	15M	30M	60M	$\frac{1}{10}$M	$\frac{1}{5}$M	$\frac{1}{2}$M
2600		7800						300	300
2700		8400	8400		9000			320	
2800		9000						340	
2900		9600	9600						350
3000								360	
3100			10800					380	
3200			12000	12000	12000	12000		400	400
3300					15000				450
3400					18000	18000			500
3500					21000				550
3600					24000	24000			600
					27000				650
					30000	30000			700
					33000				750
					36000	36000			800
									850
									900
									950
									1000

2. 三种尺寸及其相互关系

为了保证建筑制品、构配件等有关尺寸件的统一协调，特规定了标志尺寸、构造尺寸、实际尺寸及其相互间的关系，如图 6-1 所示。

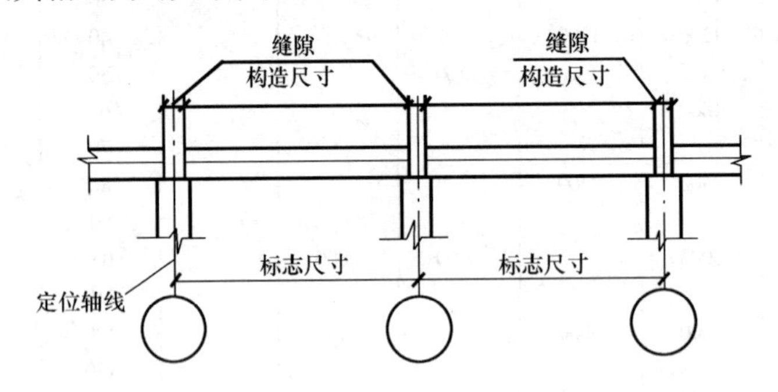

图 6-1　三种尺寸关系

（1）标志尺寸　用以标注建筑物定位轴线之间的距离以及建筑制品、建筑构配件、有关设备位置界限之间的尺寸。

（2）构造尺寸　指建筑制品、建筑构配件等的设计尺寸。一般情况下，构造尺寸加上缝隙尺寸等于标志尺寸。缝隙尺寸应符合模数数列的规定。

（3）实际尺寸　指建筑制品、建筑构配件等生产制作后的实际尺寸。实际尺寸与构造尺寸之间的差数应为允许的建筑公差数值。例如，预应力钢筋混凝土短向圆孔板 YB30.1，它的标志尺寸为 3000mm，缝隙尺寸为 90mm，所以构造尺寸为(3000 − 90)mm = 2910mm，实际尺寸为 2910mm ± 允许误差。

四、建筑的组成

（一）民用建筑的基本组成

一般民用建筑都是由基础、墙或柱、楼板、楼地面、楼梯、屋顶、隔墙、门窗等组成。有的建筑还设有阳台、雨篷、台阶、烟道与通风道、垃圾道等。

图 6-2 是一幢民用建筑中的住宅示意图。从中可以看到各组成部分。

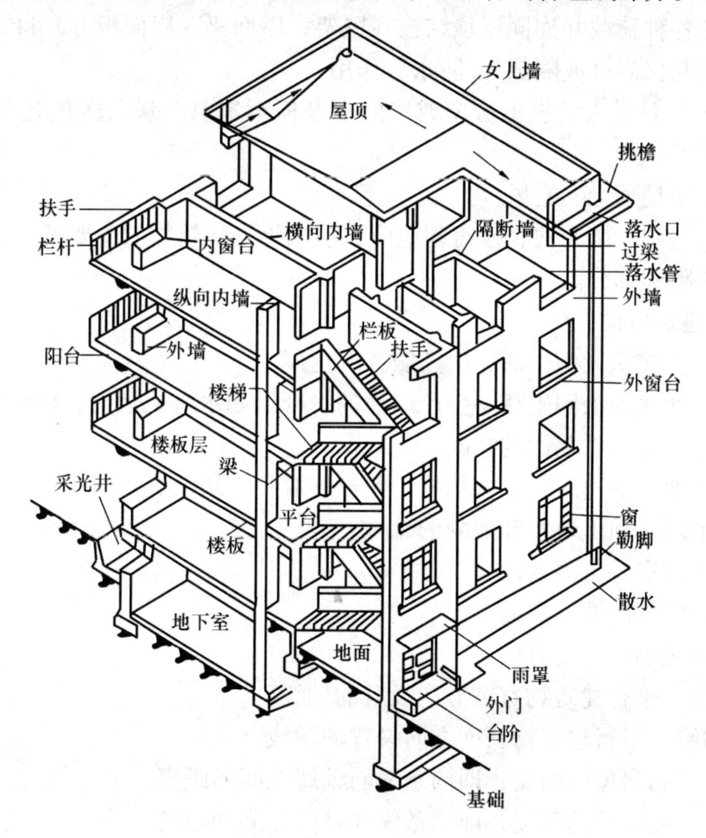

图 6-2　民用建筑的组成

1. 地基和基础　地基系建筑物基础下面的土层。它承受基础传来的整个建筑物的荷载，包括建筑物的自重、作用于建筑物上的人与设备的重量及风雪荷载等。

基础位于墙柱下部，是建筑物地下部分。它承受建筑物上部的全部荷载并把它传给地基。

2. 墙和柱　承重墙和柱是建筑物垂直承重构件，它承受屋顶、楼板层传来的荷载连同自重一起传给基础。此外，外墙还能抵御风、霜、雨、雪对建筑物的侵袭，使室内具有良好的生活与工作条件，即起围护作用；内墙还把建筑物内部分隔成若干空间，即起分隔作用。外墙靠室外地坪处称为勒脚，起保护墙身、增加美观的作用。有些外墙高出屋面，其高出部分称为女儿墙。

有时为了扩大空间或结构上的要求，也可以不用墙作为垂直承重构件，而用柱承重。

3. 楼盖和地面　楼盖主要包括面层、结构层（楼板）和顶棚。楼板是水平承重构件，主要承受作用在它上面的竖向荷载，并将它们连同自重一起传给墙或柱。同时，它把建筑物分为若干层。楼板对墙身还起着水平支撑的作用。

底层房间内的地面，它贴近地基土，承受作用在它上面的竖向荷载，并将它们连同自重直接传给地基。

4. 楼梯和电梯　楼梯是楼层间垂直交通通道。高层建筑中，除设置楼梯外，还设置电梯，某些医院还设供医疗车上下的坡道。

5. 屋顶　屋顶是建筑物最上层的覆盖构造层，它既是承重构件又是围护构件。它承受作用在其上的各种荷载并连同屋顶结构（屋架、屋面梁、屋面板等）自重一起传给墙或柱；同时屋面又起保温（或隔热）、防水等作用。

6. 门和窗　门是供人们进出房屋或房间以及搬运家具、设备等的建筑配件。有的门兼有采光、通风的作用。

窗的主要作用是采光、通风。

一般说来，基础、墙和柱、楼盖和地面、屋顶等是建筑物的主要部分；门和窗、楼梯等则是建筑物的附属部分。

（二）常用建筑名词

1. 建筑物　直接供人们生活、生产服务的房屋。

2. 构筑物　间接为人们生活、生产服务的设施。如水塔、烟囱、桥梁等。

3. 地貌　地面上自然起伏的状况。

4. 地物　地面上的建筑物、构筑物、河流、森林、道路、桥梁……。

5. 地形　地球表面上地物和地貌的总称。

6. 地坪　多指室外自然地面。

7. 横向　建筑物的宽度方向。

8. 纵向　建筑物的长度方向。

9. 横向轴线　平行建筑物宽度方向设置的轴线。

10. 纵向轴线　平行建筑物长度方向设置的轴线。

11. 开间　一间房屋的面宽，即两条横向轴线之间的距离。

12. 进深　一间房屋的深度，即两条纵向轴线之间的距离。

13. 层高　指本层楼（地）面到上一层楼面的高度。

14. 净高　房间内楼（地）面到顶棚或其他构件的高度。

15. 建筑总高度　指室外地坪至檐口顶部的总高度。

16. 建筑面积　指建筑物各层面积的总和，一般指建筑物的总长×总宽×层数。

17. 结构面积　建筑各层平面中结构所占的面积总和，如墙、柱等结构所占的面积。

18. 有效面积　建筑平面中可供使用的面积，即建筑面积减去结构面积。

19. 交通面积　建筑中各层之间、楼道之间和房屋内外之间联系通行的面积，如走廊、门厅、过厅、楼梯、坡道、电梯、自动扶梯等所占的面积。

20. 使用面积　建筑有效面积减去交通面积。

21. 使用面积系数　使用面积所占建筑面积的百分数。

22. 有效面积系数　有效面积所占建筑面积的百分数。

23. 红线　规划部门批给建设单位的占地面积，一般用红笔圈承图纸上，具有法律效力。

五、工程图的分类

（一）按不同的设计阶段分类

1. 初步设计图纸　在初步设计阶段，根据批准的设计任务书，从技术上和经济上对建设项目进行全面规划和设计的图纸。

2. 技术设计图纸　对重大项目和特殊项目，在初步设计的基础上进一步深化和完善的图纸。

3. 施工图纸　根据批准的初步设计或技术设计，为满足施工生产的具体需要而设计的图纸。

4. 竣工图纸　根据竣工工程的实际情况所绘制的图纸。

（二）按不同的工种分类

1. 土建工程图　供一般土建工程使用的图纸，包括建筑施工图和结构施工图两大类。

2. 安装工程图　供建筑设备安装和工业设备安装使用的图纸，包括给排水、采暖、通风、电照、煤气、设备安装等图纸。

（三）按不同的内容分类

1. 基本图　表明全局性内容的图纸。

2. 详图　表明某一局部或某一构件详细尺寸和材料作法的图纸。

六、工程施工图的组成

（一）目录和总说明

（二）建筑施工图（简称建施）

1. 建筑施工图的基本图包括：

（1）总平面图

（2）各层平面图

（3）立面图

（4）剖面图

2. 建筑施工图的详图包括：

（1）墙身详图

（2）楼梯详图

（3）门窗详图

（4）屋架详图

（5）厨厕详图

（6）装修详图

（三）结构施工图（简称结施）

1. 结构施工图的基本图包括：

（1）基础平面图

（2）柱网布置图

（3）楼层结构布置图

（4）屋顶结构布置图

2. 结构施工图的详图包括

（1）梁的详图

(2) 板的详图

(3) 柱的详图

(4) 屋架详图

(5) 楼梯详图

(6) 雨篷、挑檐、阳台详图

(四) 建筑设备安装施工图

建筑设备安装工程施工图一般由下列各单位工程施工图所构成：

1. 给排水施工图（简称水施）

2. 采暖施工图（简称暖施）

3. 电气照明施工图（简称电施）

4. 煤气施工图（简称煤施）

上述各类施工图均由下列图纸组成：

1. 平面布置图

2. 系统图

3. 详图

七、工程施工图的编排顺序

工程施工图的编制顺序一般遵循下列原则：

基本图在前，详图在后；先施工的在前，后施工的在后。因此，其编排顺序大体如下：

目录；总说明；总平面图；建施；结施；水施；暖施；电施；煤施等。

第二节　三 视 图 的 应 用

一、投影原理

光线照射物体，在墙面或地面上产生影子，当光线照射角度或距离改变时，影子的位置、形状也随之改变，这些都是生活中常见的现象。人们从这些现象中认识到光线、物体和影子之间存在着一定的内在联系。例如灯光照射桌面，在地上产生的影子比桌面大，如果灯的位置在桌面的正上方，它与桌面的距离越远，则影子越接近桌面的实际大小。可以设想，把灯移到无限远的高度（夏天正午的阳光比较近似这种情况），即光线相互平行并与地面垂直，这时影子的大小就和桌面实际尺寸相同了。

投影原理就是对这类现象的总结和改进，从中找出规律，作出规定，成为制图方法的理论依据。为了便于研究，我们把物体的材料、重量等物理性质撇开，只考虑物体所占据的空间部分的几何形状，在制图中称之为形体。制图中假想的光线称为投射线或投影线，落影的平面称之为投影面，形体在投影面上形成的影象称之为投影或投影图。由此可见，产生投影要具备3个条件，即光源、形体、承受影子的平面。

假设空间有一个点 A，有一条光线 S 照到 A 点，A 点落在一个平面 P 上形成一个影 a。我们称 a 是点 A 的投影。如图6-3。

a——投影　S——投影线　P——投影面　A——形体。

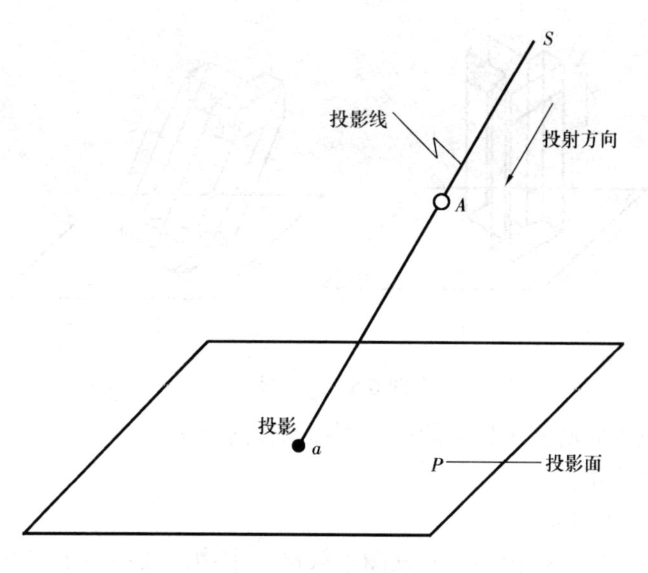

图 6-3　点的投影

二、投影分类

投影是研究光源，物体，投影面三者关系的，用投影来表示物体的方法，称为投影法。随着三者的相互变化，则产生各种投影方法。投影法的分类如下：

投影 { 中心投影；平行投影 { 正投影；斜投影 } }

（一）中心投影。即由一点射出的投影线所产生的投影，称为中心投影。如图 6-4，由光源点 S 射出的光线照射在物体上，在投影面上会产生比实物大的影子。例如：放映电影和幻灯，就都是利用中心投影的原理成象。

（二）平行投影。即当投影线互相平行时所产生的投影，称为平行投影。当投影中心 S 移至无穷远处，则产生的光线为平行光线，其投影为平行投影。

平行投影又分为两种：

1. 正投影　投影线不但互相平行，而且与投影面垂直相交所得的投影，也称直角投影。见图 6-5（a）。

2. 斜投影　投影线虽互相平行，但与投影面倾斜相交所得的投影。见图 6-5（b）。

在观察中心投影和平行投影时，不难看出，中心投影不能反映物体的实形，而平行投影法中的正投影，能准确地反映物体实形，而且做图简便，容易掌握，所以，建筑工程图中的大多数图纸的成图，都是采用正投影原理绘制的。我们在

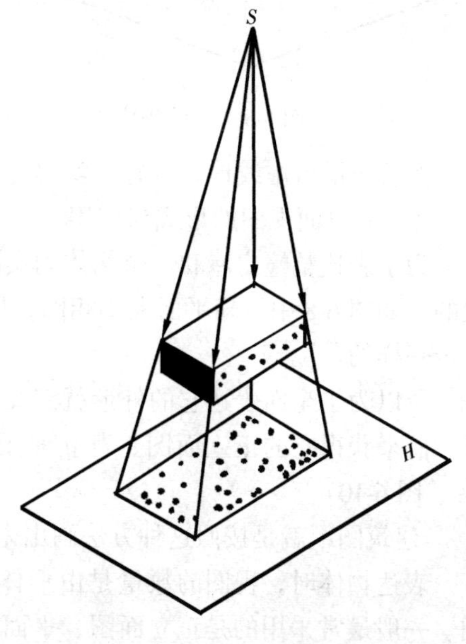

图 6-4　中心投影

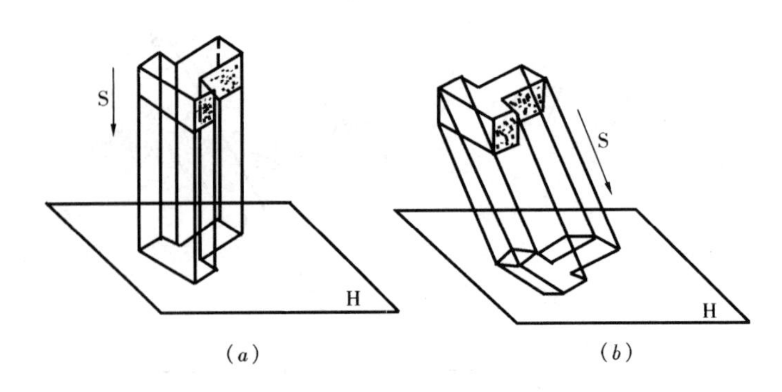

图 6-5 平行投影

研究投影法时，也主要研究正投影的成图原理和作图方法。

三、三视图的应用

(一) 视图的基本概念

物体在投影面上的正投影图又叫视图。假设一个物体放在一个立方形的玻璃盒中间，针对每一个面，同时可以得到 6 个视图（图 6-6）。

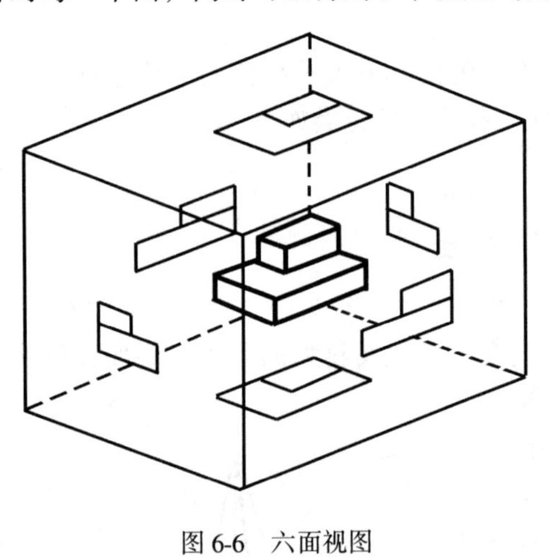

图 6-6 六面视图

1. 前视图——从物体前面看过去所得到的投影图。

2. 顶视图——从顶上看下去所得到的投影图。

3. 左侧视图——从左面看所得到的投影图。

4. 右侧视图——从右面看所得到的投影图。

5. 后视图——从后面看所得到的投影图。

6. 仰视图——从底下往上看到的投影图。

然后再沿着虚线地方剪开，就得到一张一张的图（图 6-7）。

(二) 三面视图的形成与应用

为了表达整幢房屋和一个物体的实际形状，只用一个视图一般是不能表达它的完整形状的。如图 6-8 中三幢平面大小相同，屋顶形状不同的房屋，它们的屋顶平面投影图都是完全一样的。

所以为了全面表达它的外形就需要用分别平行于房屋的前、后，左，右 4 个墙面的投影，而来获得它的正立面图、背立面图、左侧立面图和右侧立面图以及屋顶平面图（图 6-9、图 6-10)。

建筑图纸就是按照这种方法画出来的。

表达物体时，视图的数量是由形体的繁简来决定的，例如对称的就不一定是 6 个视图。一般最常采用的是正立面图、平面图和侧面图称为“三视图”(三面投影图)。

1. 单面视图和两面视图

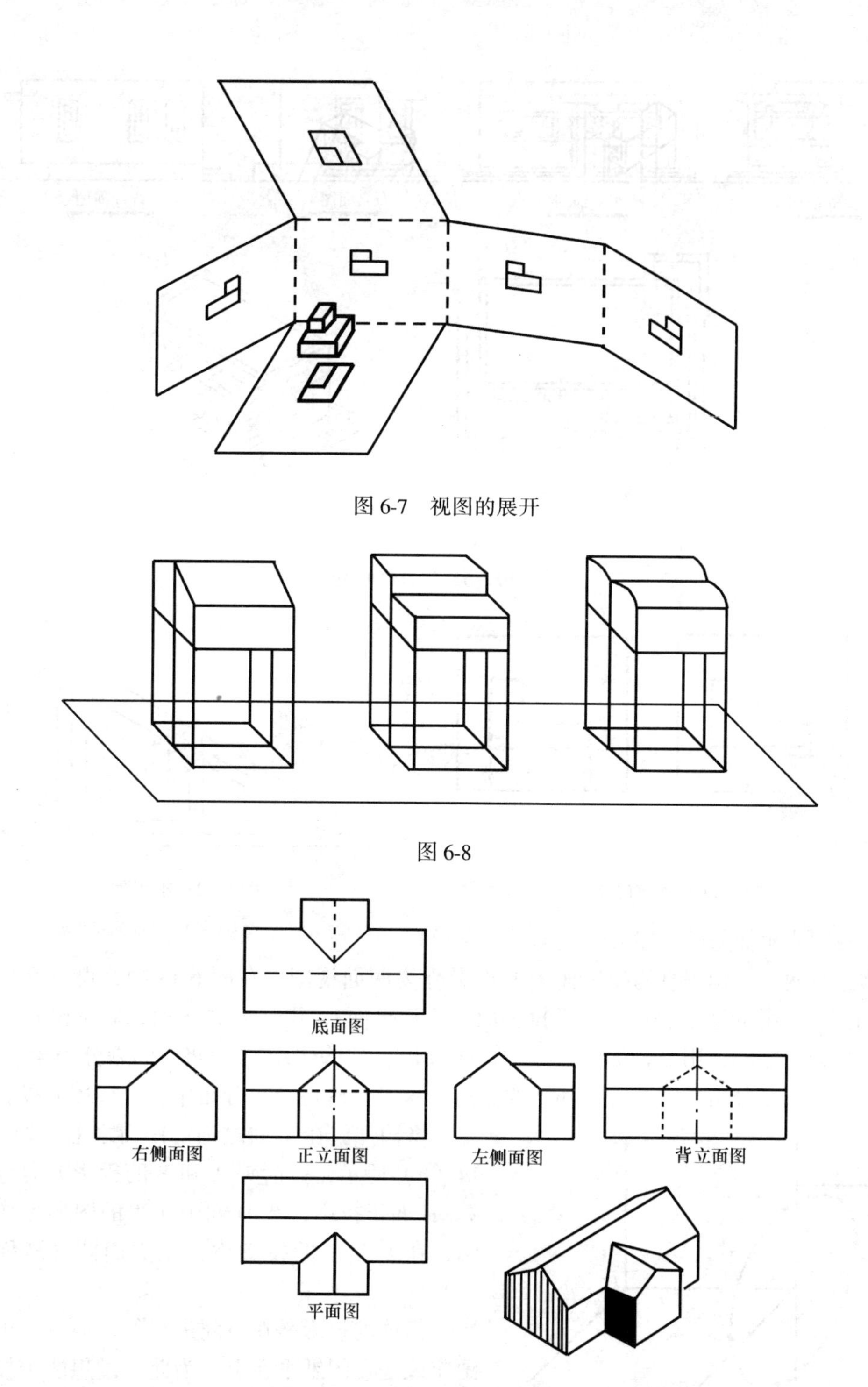

图 6-7　视图的展开

图 6-8

图 6-9　房屋的 6 个基本视图

物体在一个投影面上的投影称为单面视图。通过物体上各顶点的投影线（它们互相平行且垂直投影面），与投影面相交而得的图形反映物体的一个侧面实形和两个方向尺寸。如图 6-11，反映物体的正面形状和长、高两个方向尺寸。

在 建筑工程图中，经常使用单面视图表示房屋的局部构造和构配件。如图6-12就是

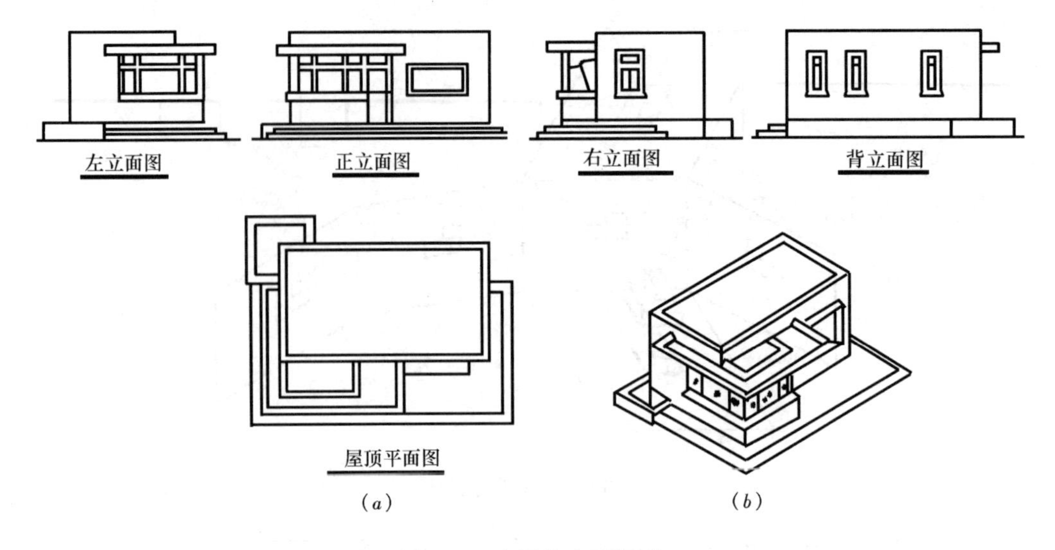

图 6-10 房屋的多面视图

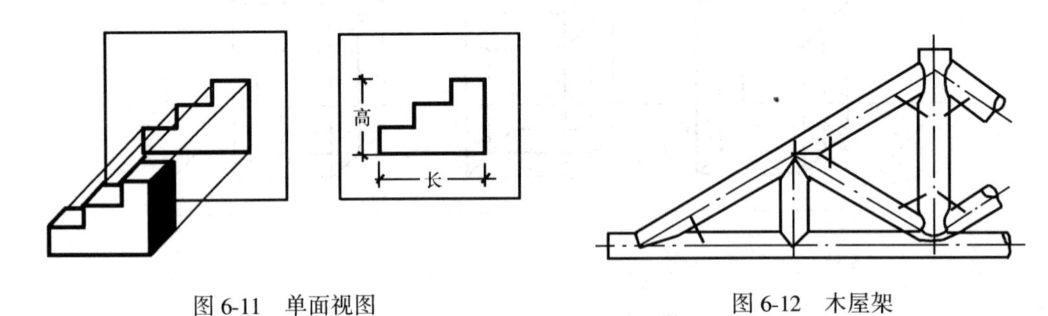

图 6-11 单面视图

图 6-12 木屋架

用一个视图表示简易的木屋架。

物体在两个互相垂直的投影面上的投影称为两面视图。在图 6-13 中，设正立投影面(简称正面)，用字母 V 表示；水平投影面（简称平面)，用字母 H 表示；V 面和 H 面相交的交线称为投影轴，用 OX 表示。V、H、OX 组成两投影面体系，将空间划分为 4 个分角：第一分角、第二分角、第三分角和第四分角。这里只讲述第一分角中各种形体的投影。

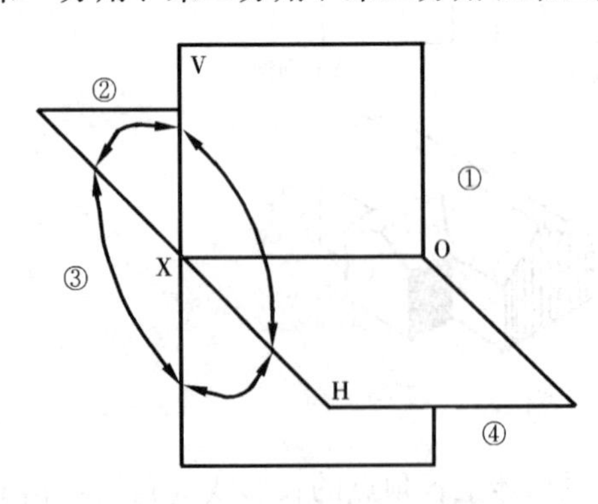

图 6-13 四个分角的划分

将构件放在 V 面之前、H 面之上，如图 6－14（*a*）所示，按箭头 A 和 B 的投影方向分别向 V、H 面正投影，在 H 面上所得的图形称作平面图，在 V 面上的投影称作正立面图（简称正面图)。

物体的投影是在空间进行的，但所画出的视图应该是在图纸平面上。为此，设想两个投影面及面上的两个视图需要展开摊平。根据《国家标准》的有关规定，投影面的展开必须按照统一的规则，即：V 面不动，H 面绕 OX 轴向下旋转 90°，这时，H 面重合于 V 面，如图 6-14（*b*)。表示投影面范围的边框线省略不画，形成构件的两面视图，如图 6-14（*c*）所示。

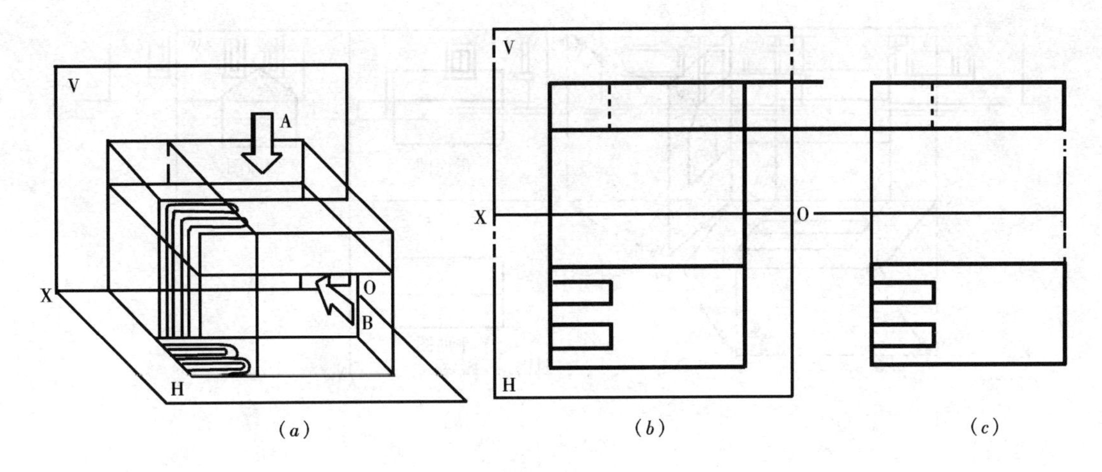

图 6-14　构件的两面视图

（a）立体图；（b）投影面展开；（c）两面视图

2. 三面视图

为了更清楚地表示物体的形状，在两投影面体系中，再设立一个与 V 面、H 面都垂直的侧立投影面（简称侧面），用字母 W 表示，于是形成三投影面体系，其三根投影轴 OX、OY、OZ 互相垂直，并相交于原点 O。在三面体系中放置一个要表示的小屋，并使其主要表面分别平行于投影面，然后按箭头 A、B、C 方向，分别向 H、V、W 面投影，获得三面视图（如图 6-15 所示）。在 H、V 面上的视图已作叙述。在侧面（W 面）上的投影，是从左边 C 方向投影的，叫做左侧立面图（简称侧面图）。

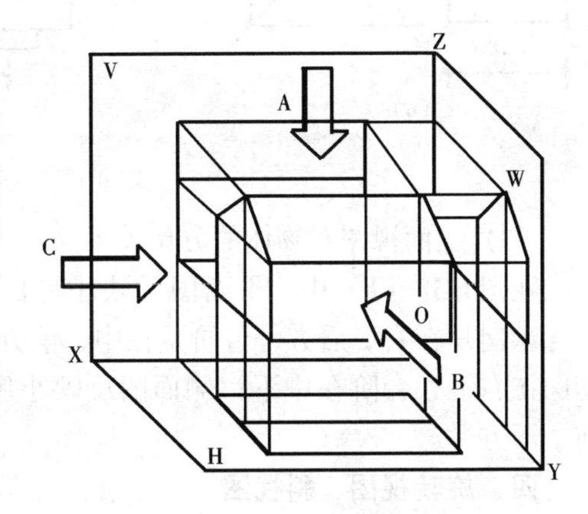

图 6-15　三视图的形成

如图 6-16（a）移走小屋，留下三面视图仍处在 3 个不同方向的投影面上。沿 OY 轴分开 H 面和 W 面，OY 轴变成 H 面上的 OY_H 和 W 面上的 OY_W。V 面保持正立位置不动，H 面按箭头向下旋转，W 面按箭头向右旋转，使 3 个投影面展开摊平如图 6-16（b）所示。表示投影面范围的边框线省略不画，展开后的三视图如图 6-17（a）所示，为了作图方便，可用 45°线反映平面图与侧面图的对应关系。

3. 三面视图的对应关系

从三面视图的形成和展开过程中，可以明确以下关系：

（1）三面视图的位置关系

平面图在正面图的下面，左侧面图在正面图的右边，如图 6-17（a）所示。三图位置不改变。

（2）三面视图的三等关系

三面视图中，每个图反映物体两个方向的尺寸，即正面图反映物体的长和高；平面图反映物体的长和宽；侧面图反映物体的高和宽。在图 6-17（a）中，正面图和平面图的长度相等并对正；正面图和侧面图中的高度相等并且平齐；平面图、侧面图中的宽度相等。

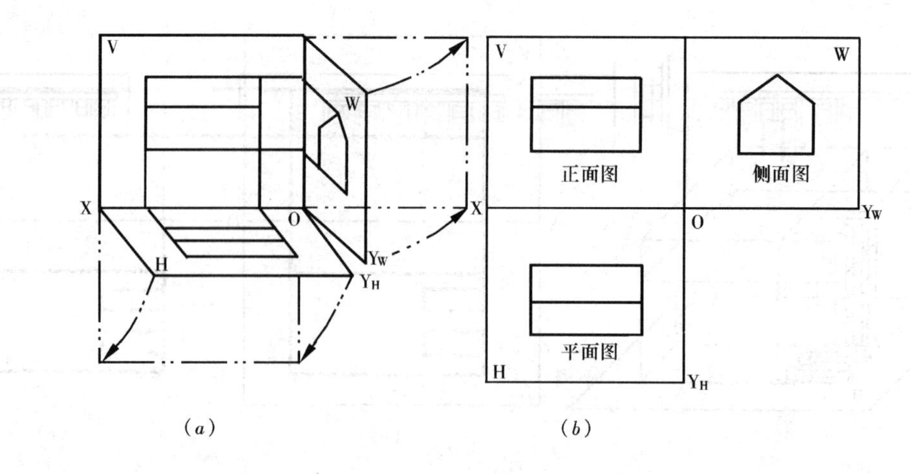

图 6-16　三视图的展开方法

归纳起来就是：“长对正、高平齐、宽相等”的三等关系。

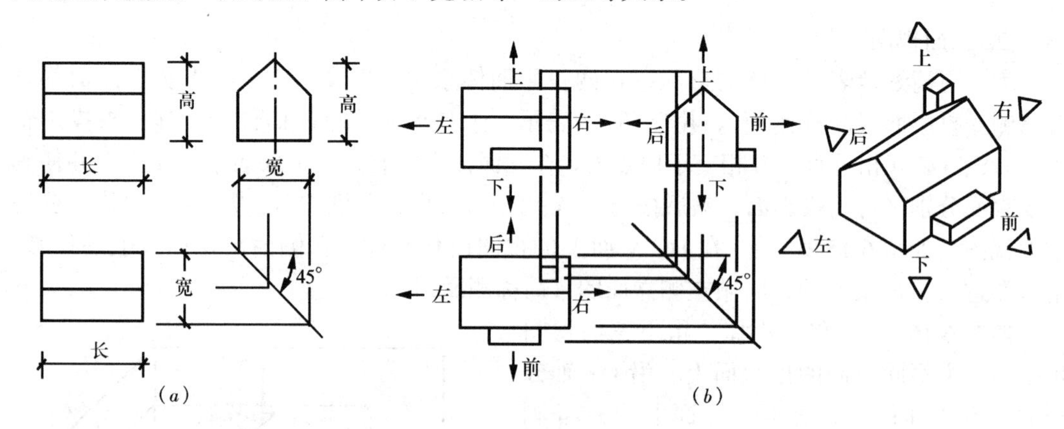

图 6-17　三视图的方位关系

（3）三面视图对物体的方位关系

在图 6-17（*b*）中，平面图反映小屋的前后和左右。例如，从小屋的平面图可以看出，烟囱是在右、后方，台阶是在中、前方；正面图反映小屋的上、下和左、右，例如，烟囱在右上，台阶在中下；侧面图反映小屋的上、下和前、后，烟囱在后上方，台阶在前、下方。

四、旋转视图、斜视图

假想把物体的倾斜部分，旋转到平行于基本投影面后，投影得到的视图称为旋转视图；向不平行于任何基本投影面的平面投影时，所得的视图称为斜视图。

图 6-18 所示房屋的右端向东南方向延伸，朝向西南。现假想房屋的右端部分按旋转法旋转成正平位置，向 V 面投影，使得南立面图的右端反映房屋右端朝向西南的立面的真实形状。旋转视图可省略标注旋转方向和字母。

图 6-18 中除画出房屋的 4 个视图外，还在平面图左边画了指北针，表示该房屋的大致朝向，工程图习惯上用朝向来称呼各个立面图（如南立面图、西立面图等），代替上述的正、侧、背立面图。

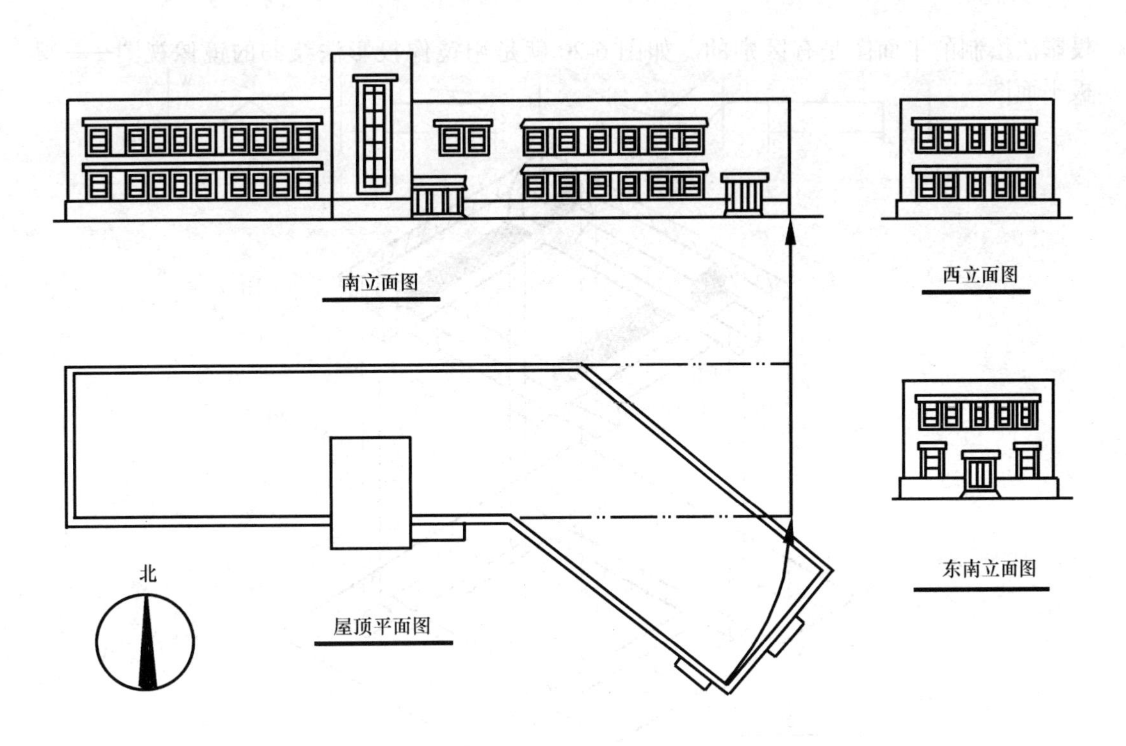

图 6-18　旋转视图与斜视图

图 6-18 中房屋的东南立面图，是一个斜视图，因按东南方向投影所得的视图，它倾斜于基本投影面，用“东南立面图”表明其投影方向。

五、镜像视图

在建筑工程中，某些工程构造，当用直接正投影法绘制不易表达时，则可采用镜像投影法来绘制，例如顶棚平面图，但必须在图名后注写“镜像”两字，如图 6-19 所示。

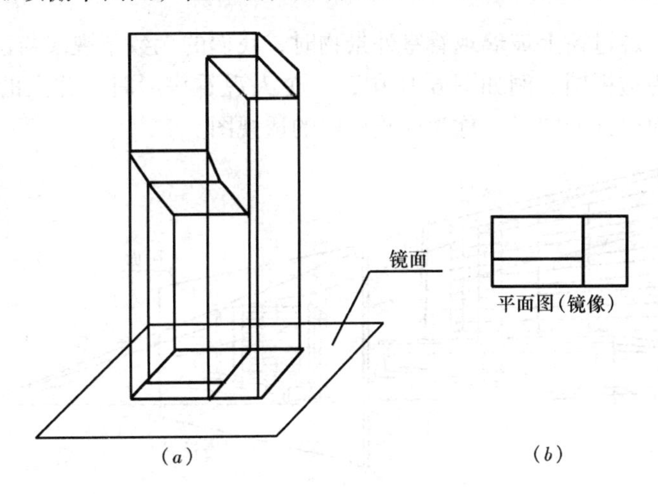

图 6-19　镜像投影原理

镜像视图是在镜面上形成的物体视图，即把镜面放在物体的下面，让镜面代替水平投影面，物体在镜面中反射得到的图像，则称为“平面图（镜像）”，但它和用直接正投影法绘制的平面图是有区别的。如图 6-20 就是用镜像投影法绘制的镜像视图——梁板平面图。

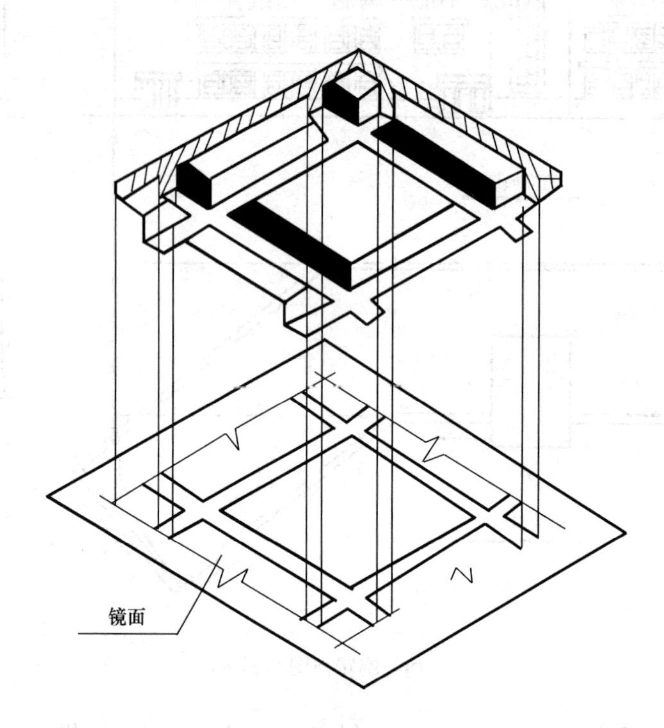

图 6-20　梁板的镜像投影

我国房屋建筑制图国家标准（GB/T50104—2001）在图样画法中有明确的规定：房屋建筑的图样，应按直接正投影法绘制，也就是说直接投影法为主要方法，镜像投影法为辅助方法。

六、透视图

当我们在室内透过窗上玻璃观看室外景物时，我们的无数条视线与窗玻璃（画面）相交而成的图形称为透视图。例如图 6-21 中，一个人观看房屋时，此人的视线与窗玻璃平面（画面）相交而得到的图形，称为这幢房屋的透视图。

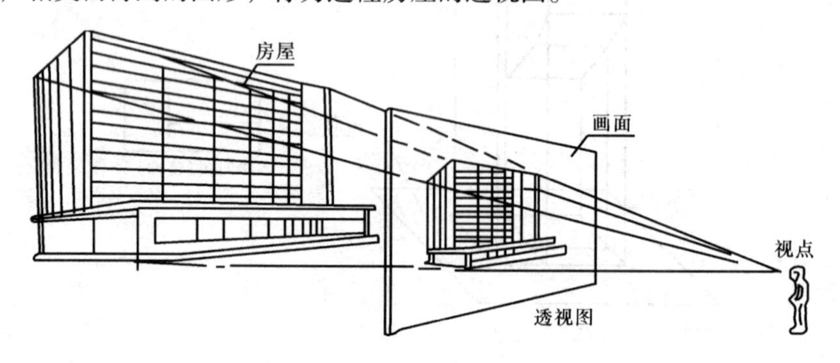

图 6-21　透视图的形成原理

在土建工程图中，常用透视图来表现房屋、桥梁及其他建筑物的方案设计图，看起来显得自然且具有真实感，与照相机摄得的景物相似，形象逼真，符合人们观看物体的视觉习惯。但是，它的缺点是所表现的物体有近大远小的变形，得不到物体各部分的真实形状及尺寸，而且作图繁杂，因此，不能作为施工图纸使用。

七、轴测投影图

利用平行投影原理，选择特定的投影方向 S（如图 6-22 所示），将物体往单一的投影面 P 上投影，所得的图形称为轴测投影图。

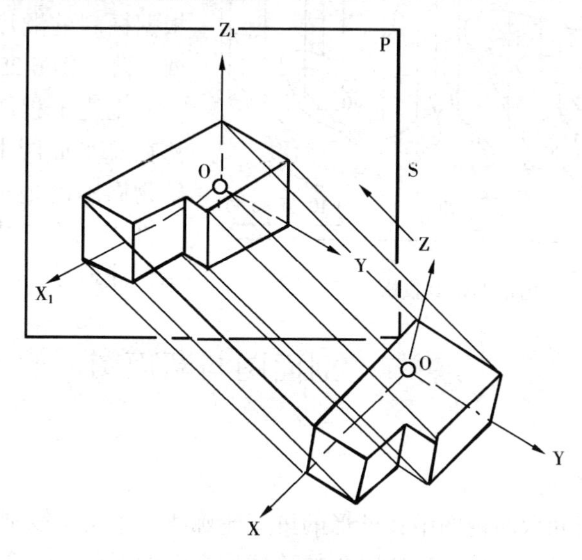

图 6-22　轴测图的形成

轴测图的特点，是能够在一个图形中，同时表现出物体的顶面、前面和侧面的形状，因而这种图和透视图相似，富有立体感。在图 6-22 中：设物体的长、宽、高 3 个方向为 3 根轴（即图中的 X、Y、Z），它们的投影分别是 X_1、Y_1、Z_1。换句话说，轴测图中的 X_1、Y_1、$Z_1$3 个方向的长度以一定的关系代表了物体的长、宽、高 3 个方向的长度，并且可以度量。这种图沿着轴的方向可以测量长度，故称“轴测图”，如图 6-23 为一幢房屋的轴测图。

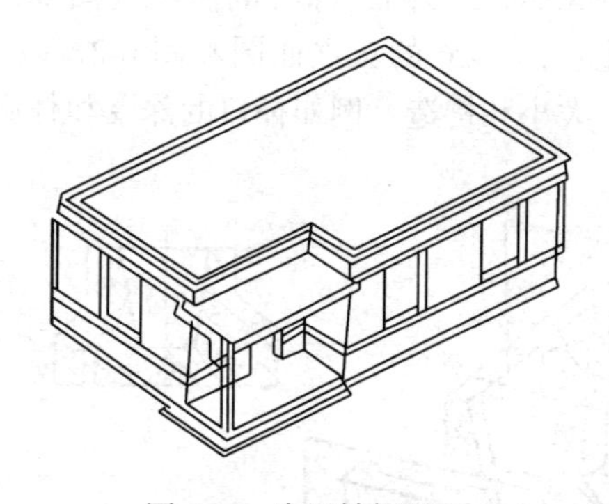

图 6-23　房屋轴侧图

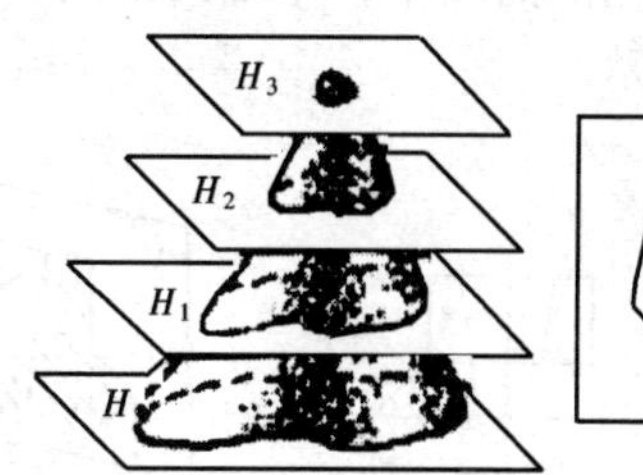

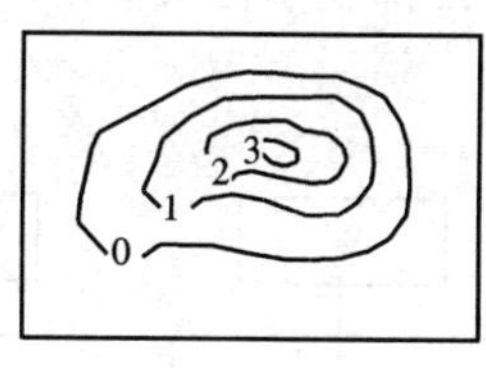

图 6-24　等高线

八、标高投影图

标高投影是将物体向水平投影面上投影得到的图形，是带有标高数字的单面正投影图。如图 6-24 为标高投影的形成原理，假想用若干个水平面，截切山峰，水平面与山峰的交线称作等高线。自上向下作正投影，连同标高数值（单位是米），表示地形各层等高

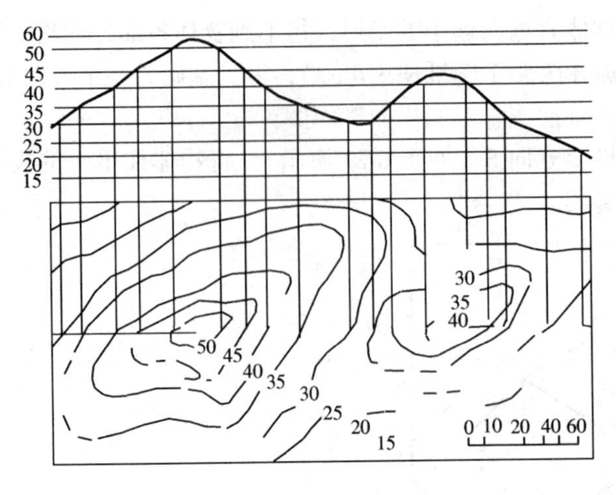

图 6-25　山地的标高投影

线的高度。

山地一般是不规则曲面，用标高投影表示山地平面图称为地形图。看地形图时，要根据等高线间的间距去想象地势的陡峭或平顺程度；根据标高的顺序来想象地势的升高或下降（图 6-25）。

土建工程图中，常用标高投影法在总平面图上表现新建筑物、构筑物周围的地形。同理，对于洼地也可用标高投影原理的等深线，表示低洼地形。

第三节　剖面图与断面图

一、剖面图

（一）剖面图的形成

物体的三面视图和六面视图中，外形的可见轮廓线，用粗实线画出，对于那些被遮挡的不可见轮廓线，用虚线画出。这样对于构造比较复杂的形体，就会在视图中出现很多虚线，使图中虚实交错，不易识读，又不便于标注尺寸。长期的生产实践证明，可以假想将形体剖开，让它的内部构造显露出来，使形体看不见的部分，变成了看得见的部分，然后用实线画出这些内部构造的投影图。

图 6-26 是钢筋混凝土杯形基础的投影图，这个基础有安装柱子用的杯口，在正面、侧面投影上都出现了虚线，使图画不清晰。假想用一个通过基础前后对称平面的剖切平面 P，将基础剖开，然后将剖切平面 P 连同它前面的半个基础移走，将剩下的半个基础，投影到与剖切平面 P 平行的 V 面上（图 6-27（*a*）），所得的投影图，称为剖面图（图 6-27（*b*））为基础的正立剖面图，也称纵向剖面图。现比较图 6-26 的正立面图和图 6-27（*b*）的剖面图，就可看到在剖面图中，基础内部的形状、大小和构造，例如杯口的深度和杯底的长度都表示得很清楚。

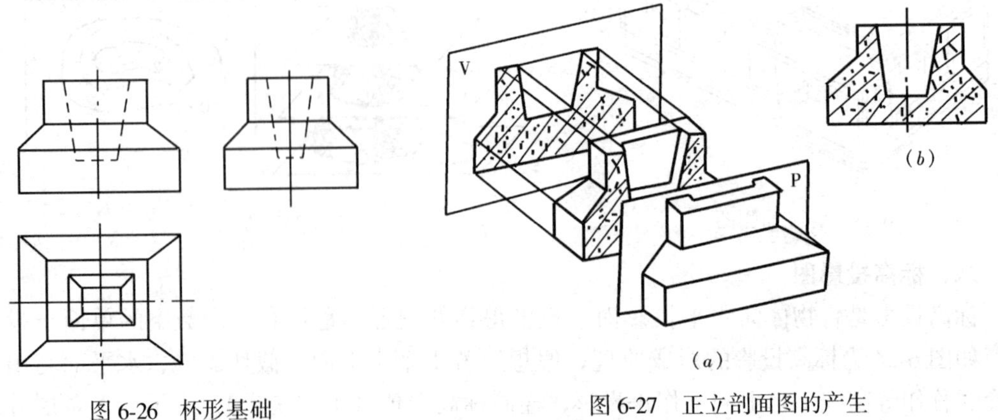

图 6-26　杯形基础　　图 6-27　正立剖面图的产生

同样用一个通过杯口的中心线并平行于侧面的剖切平面 Q，将基础剖开，移走剖切平面 Q 和它左边的部分，然后向侧面 W 进行投影（图 6-28（*a*）），得到基础另一个方向的剖面图，如图 6-28（*b*）所示，称为侧立剖面图，又叫横向剖面图。

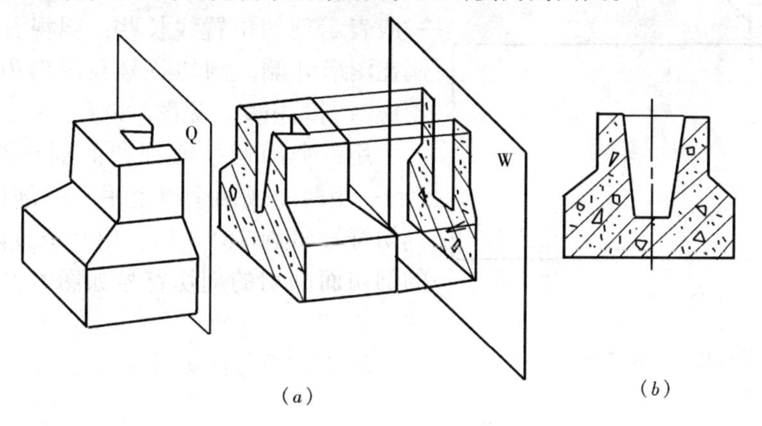

图 6-28 侧立剖面图的产生

研究剖面图的时候，物体是不是真的被剖开了呢？当然客观上物体是不可能被剖开的，这只是表达的需要，应该这样看：某个视图画成剖面图时，应理解成物体真的被剖开了，离开这个视图，物体应是完整的。再考虑另一个视图的剖切问题，再选择另一个剖切面。例如图 6-29 中，在作正立剖面图时，虽然已将基础剖去了前半部。但在作侧立剖面图时，则仍然按完整的基础进行左右剖切。基础的平面图也按未剖切的完整形状画出。

在画剖面图时，物体被剖切面切到的横截面，称为断面。剖面图规定要在断面上画出材料图例，以区分断面（剖到的）和非断面（未剖到的）部分。各种建筑材料图例必须遵照“图标”规定的画法，参见光盘：常见建筑材料图例符号。例如图 6-27 至 6-29 的断面上，画的是钢筋混凝土图例，识图时立即知道该建筑构件是用什么材料制成的。

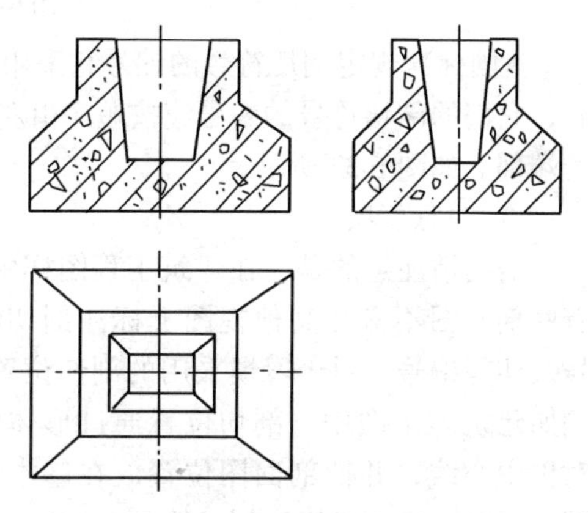

图 6-29 绘成剖面图的三面视图

综上所述，作剖面图时，一般都使剖切平面平行于基本投影面，从而使断面的投影反映实形。同时，要使剖切平面尽量通过形体上的孔、洞、槽等隐蔽形体的中心线，将形体内部尽量表示清楚。剖切平面平行于 V 面时，作出的剖面图，称为正立剖面图，可以用来代替原来带虚线的正立面图；剖切平面平行于 W 面时，所作的剖面图称为侧立剖面图，同样可代替原来的侧立面图，如图 6-29。剖面图表现物体的两个部分，即被切到的断面和未切到而能看到的后面部分。

（二）剖面图的标注

1. 剖切符号

为了方便识图，剖面图应该标注是从建筑形体何处剖切的，剖开后向哪个方向投影，

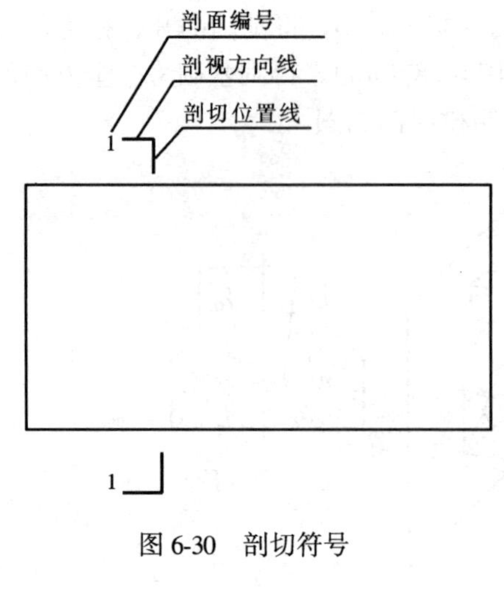

图 6-30　剖切符号

一般应在视图上（或其他剖面上）标注出剖切符号（也叫剖切线），它是由剖切位置线和剖视方向线所组成，两者相互垂直，并以粗短线绘制，一般表示剖切位置线长些，剖视方向线稍短些，画在图形外侧。剖切符号在图形内、外转折时，不应与图线相交。见图6-30。

用一个剖切平面剖切的剖切符号如图 6-31（*a*）；用两个或两个以上平行的剖切平面剖切的剖切符号如图 6-31（*b*）；用两个或两个以上相交的剖切面剖切的剖切符号如图 6-31（*c*）所示标注。

2. 剖切符号的编号

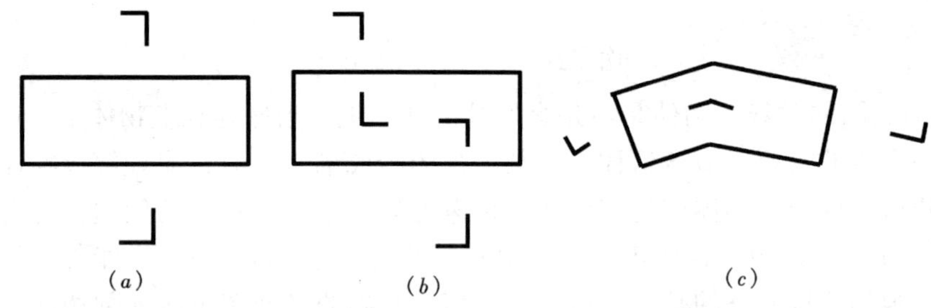

图 6-31　剖切符号

《国标》规定剖切符号的编号宜采用阿拉伯数字。若一个建筑形体需要画几个剖面图时，它们的剖切符号的编号应按顺序由左至右，由下至上连续编排，并应写在剖视方向线的端部。如图 6-32 所示。

3. 注意事项

需提请注意的是，在建筑工程图样中，有些剖面图不必在其他视图上标注剖切符号及注写编号。对于习惯采用的剖切位置，例如建筑施工图中，剖切位置通过形体的对称中心线，并把剖面图位置放在基本视图位置时，也不必标注剖切符号及编号。

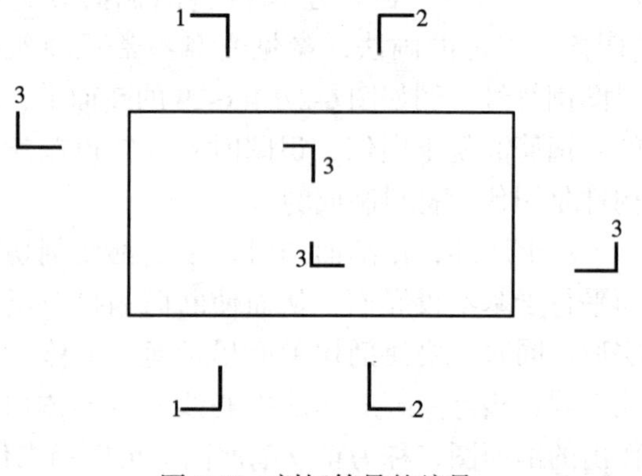

图 6-32　剖切符号的编号

（三）剖面图的画法

剖面图应画出剖切后留下部分的投影图，绘图要点是：

1. 图线　被剖切的轮廓线用粗实线，未剖切的可见轮廓线为中或细实线。

2. 不可见线　在剖面图中，看不见的轮廓线一般不画，特殊情况可用虚线表示。

3. 被剖切面的符号表示　剖面图中的切口部分（剖切面上），一般画上表示材料种类的图例符号，当不需示出材料种类时，用 45°平行细线表示；当切口截面比较狭小时，可涂黑表示。

（四）剖面图的种类

1. 按剖切位置分类

（1）水平剖面图

当剖切平面平行于水平投影面时，所得的剖面图称为水平剖面图，建筑施工图中的水平剖面图称平面图。

（2）垂直剖面图

若剖切平面垂直于水平投影面所得到的图称垂直剖面图，图 6-28 中的剖面称纵向剖面图，6-27 中的剖面称横向剖面图，两者均为垂直剖面图。

2. 按剖切形式分类

（1）全剖面图

用一个剖切平面将形体全部剖开后所画的剖面图。图 6-29 所示的两个剖面为全剖面图。

（2）半剖面图

当物体的投影图和剖面图都是对称图形时，采用半剖的表示方法，如图 6-33。图中投影图与剖面图各占一半。

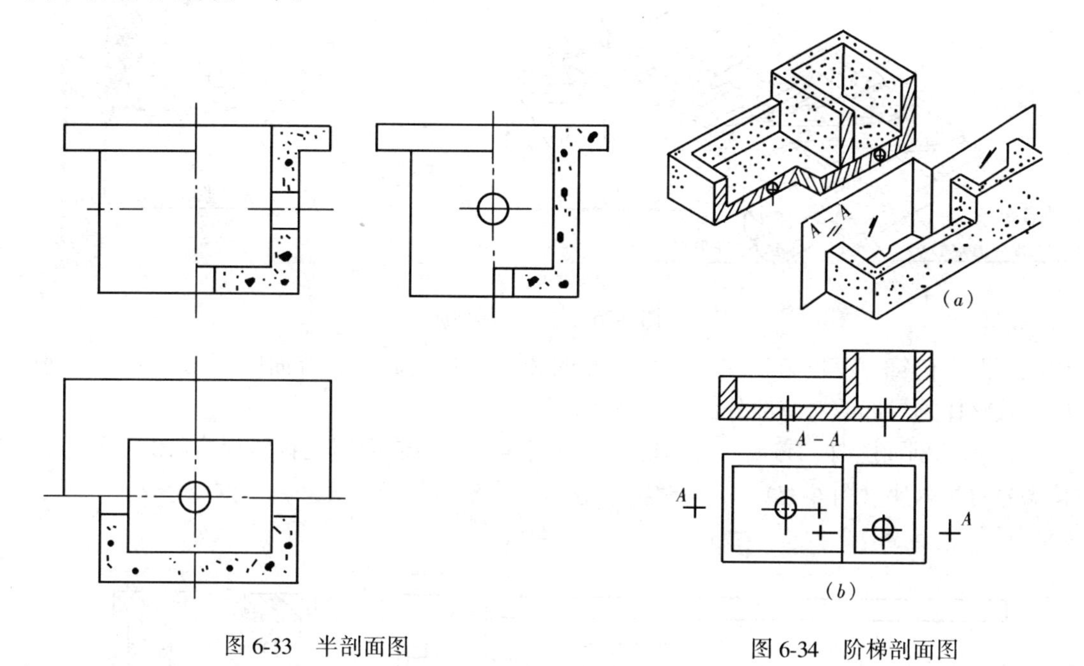

图 6-33　半剖面图

图 6-34　阶梯剖面图

（3）阶梯剖面图

用阶梯形平面剖切形体后得到的剖面图，如图 6-34 所示。

（4）局部剖面图

形体局部剖切后所画的剖面图，如图 6-35，图 6-36 所示。

（五）识读剖面图的方法、要点

识读剖面图有以下一些方法及要点：

1. 剖面图也是根据正投影原理画出的，在三面视图和六面视图中，每个视图都可画

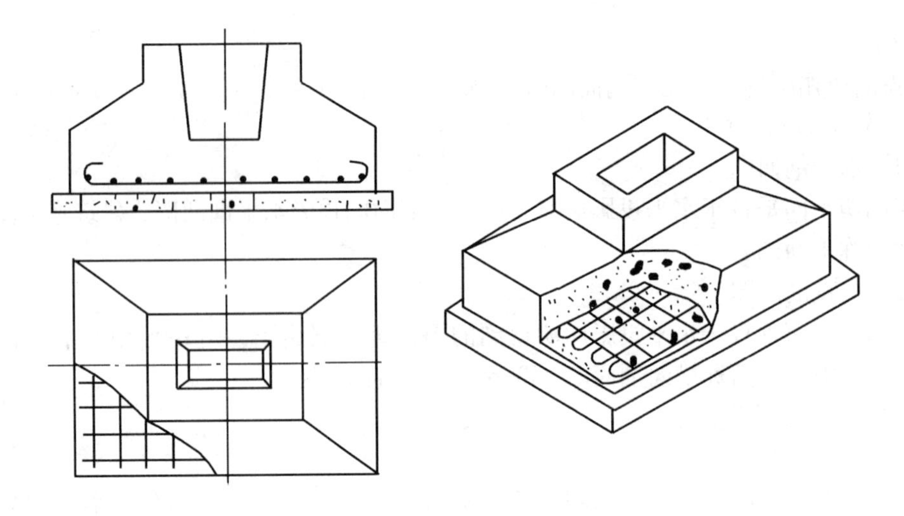

图 6-35　局部剖面图

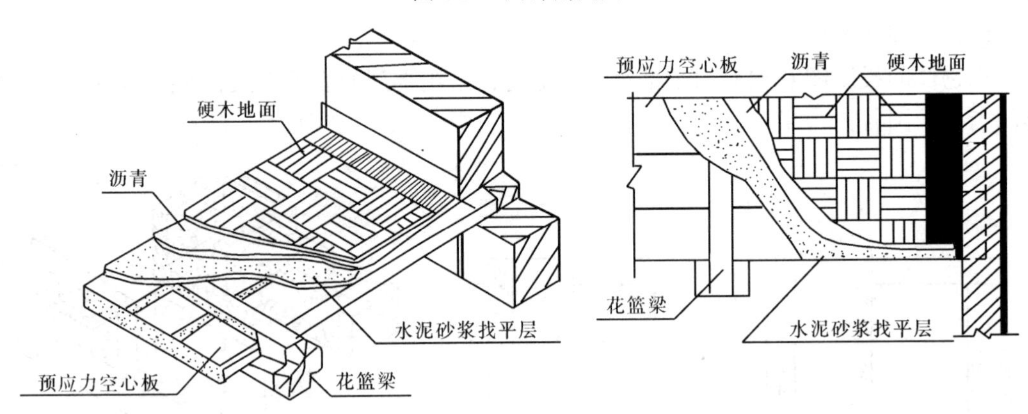

图 6-36　分层局部剖面

成剖面图，仍符合正投影规律。例如正面图和左、右侧面图、背面图，无论是否是剖面图，从整体到局部的对应部分都是“高平齐”。

2. 识读剖面图时，必须先看剖切符号及其编号，知道剖切位置和剖切后的观看方向，按编号对号入座（图 6-37）。

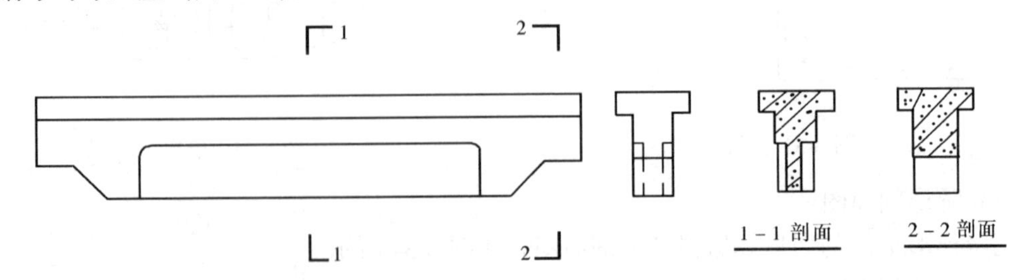

图 6-37　梁的剖面图

3. 剖面图中，粗实线画的轮廓线表示剖切平面与形体截交部分的横断面，其余是中粗实线画的，表示没有被剖切到的可见部分（图 6-37）。

4. 剖切是假想的，目的是表达形体内部形状和材料，所以哪个视图画成剖面图，就这个图来讲，按真实剖切画出，离开这个剖面图，其他视图仍应按完整形体来考虑。如一个形体需剖切几次（即画几个剖面图时），则它们之间互不干扰，每次剖切都应按完整形体来进行。

二、断面图（截面图）

（一）断面图的形成

断面图也称截面图，设想用一个剖切平面将形体剖开，剖切平面与形体截交部分（切口），即截交线围成的平面，称为断面（图 6-38（*a*）），把它投影到与剖切平面平行的投影面上，则得断面图，如图 6-38（*b*）的 1 – 1 断面图和 2 – 2 断面图。断面图一般都用较大比例画出。

在建筑工程图中，断面图的应用也较为广泛。例如，结构施工图中的结构平面图上常有折倒断面画法，如图 6-39；一些详图也采用断面图的形式绘制，对于只要求表达构件的断面形状及材料时，均可采用断面图的画法，它比剖面图简便。

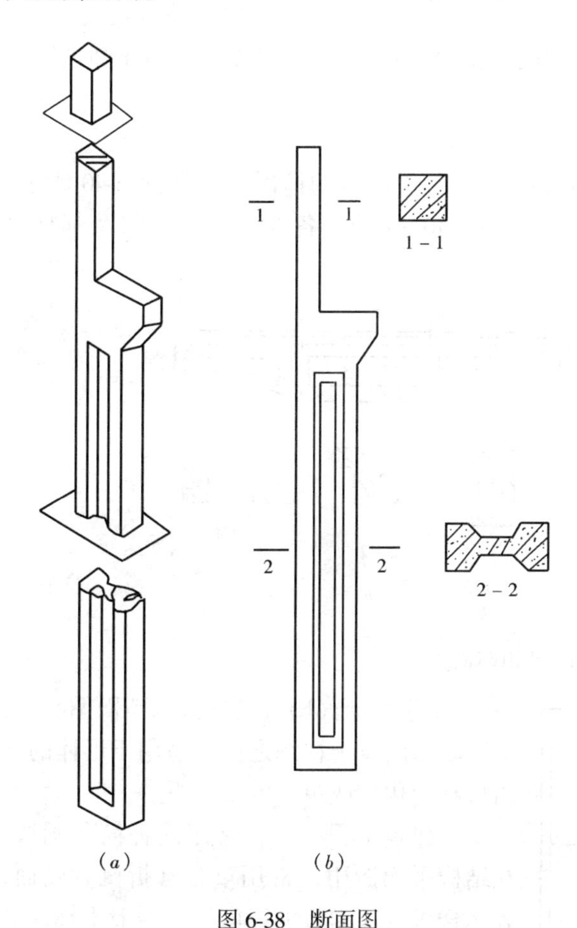

图 6-38　断面图

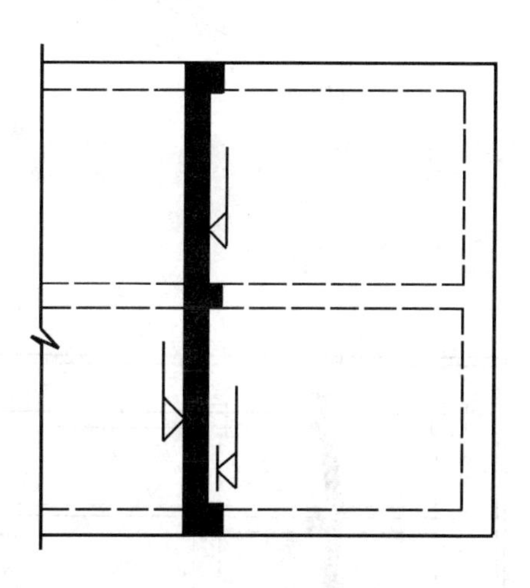

图 6-39　折倒断面图

（二）断面图的标注

断面图的剖切位置用剖切符号（亦称剖切线）表示，是一对粗短线（图 6-38（*b*）），断面图的剖视方向用编号的所在位置来表示，编号注在哪方，就向哪方投影（或观看方向），编号应采用阿拉伯数字。

如果一个建筑形体，需要画几个断面图时，则剖切符号的编号按顺序由左至右，由上至下依次连续排列，如图 6-38（*b*）所示，并应注写在剖视方向的一侧。

（三）断面图的画法

断面图只画被切断面的轮廓线，用粗实线画出，不画未被剖切部分和看不见部分。断面内按材料图例画；断面狭窄时，涂黑表示，或不画图例线，用文字予以说明。

（四）剖面图与断面图的区别

1. 剖面图是画出形体被剖开后整个余下部分的投影，而断面图只是画出形体被剖开后断面的投影。

2. 剖面图是被剖开的形体的投影，是体的投影；而断面图只是一个切口的投影，是面的投影。所以，剖面图中包含着断面图，而断面图只是剖面图的一部分。

3. 剖面图的剖切线要在粗短线上加垂直线段，表示投影方向；而断面图不加垂直线段，只用编号的注写位置来表示投影方向。

（五）断面图的种类

根据建筑形体的截面形状变化情况，确定断面图的数量和位置的安排。由于断面图布置位置的不同，可分为下面3种类型。

1. 移出断面图

断面图位于视图之外，适用于形体的截面形状变化较多的情况下，如图6-40所示。图中4个断面图分别表示空腔鱼腹式吊车梁（图6-40（*a*）），各部分断面形状及其材料（钢筋混凝土），如图6-40（*b*）所示。

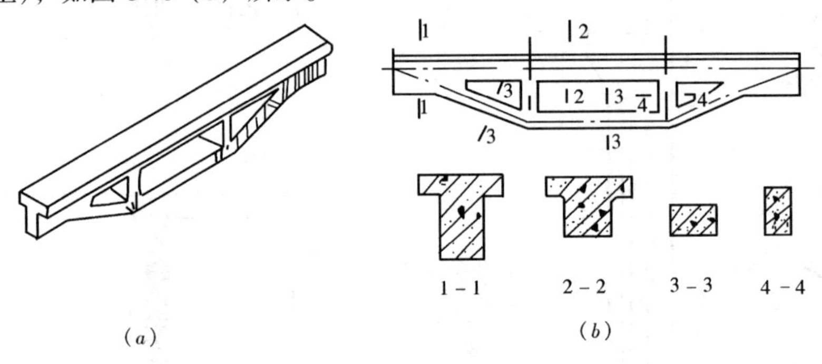

图6-40　移出断面图

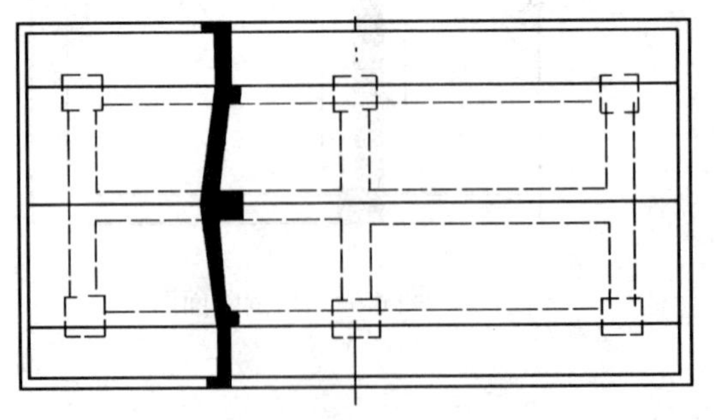

图6-41　布置图中的断面图

2. 重合断面图（又称折倒断面图）

断面图位于视图之内，适用于形体的截面形状变化少或单一的情况下。

在建筑工程图中，常用此种简化画法。在结构平面图中，常用重合（折倒）断面，表示楼板或屋面板的厚度等，一般不标注剖切符号及编号，如图6-39和图6-41。

3. 中断断面图

断面图位于视图的断开处，适用于表示较长的杆件，且断面单一的构件，如图6-42所示。

用断面图表示钢屋架中杆件的型钢组合情况（这里只画出屋架的局部），断面图布置在杆件的断开处，如图6-43。

不同的中断断面图，如图6-44所示，由图中可见，由木质、金属或钢筋混凝土等材料制成的构件的横断面，分别为圆形、圆管、方形及T形，这种表达方法适用于细长而材料均匀的杆件。

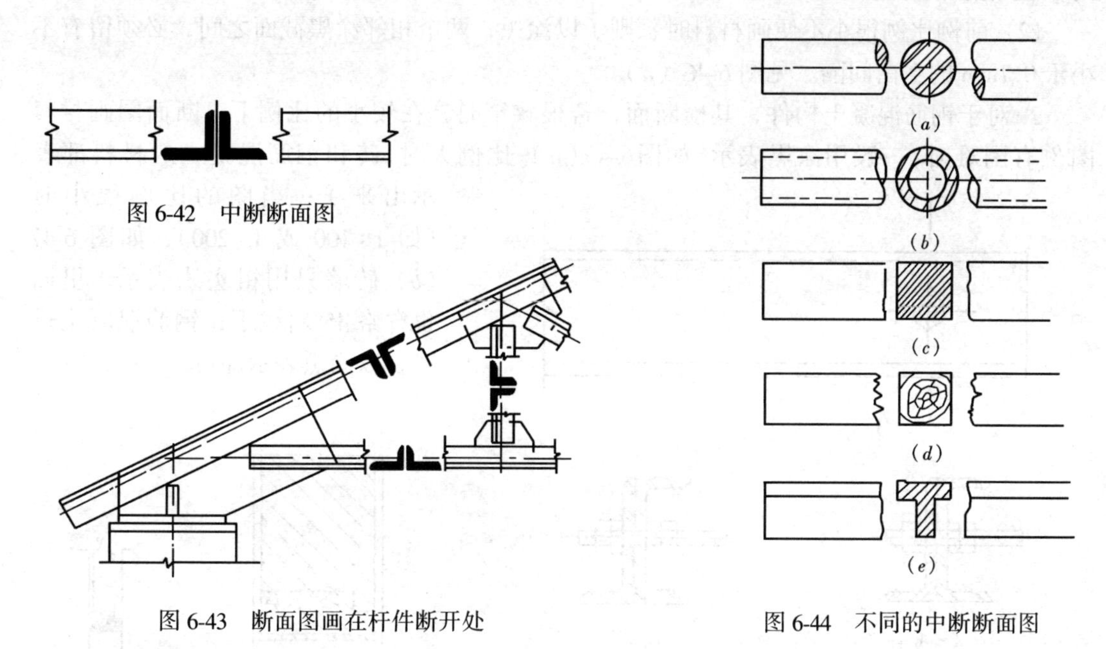

图6-42 中断断面图

图6-43 断面图画在杆件断开处

图6-44 不同的中断断面图

4. 断面的第三角投影

图6-45（a）是钢屋架的中间下弦节点的立体图。从该图6-45（b）中断面图的位置，可以明白，这就是断面图的第三角投影。也就是说，从哪个方向看的形状，就把图放在哪一边。

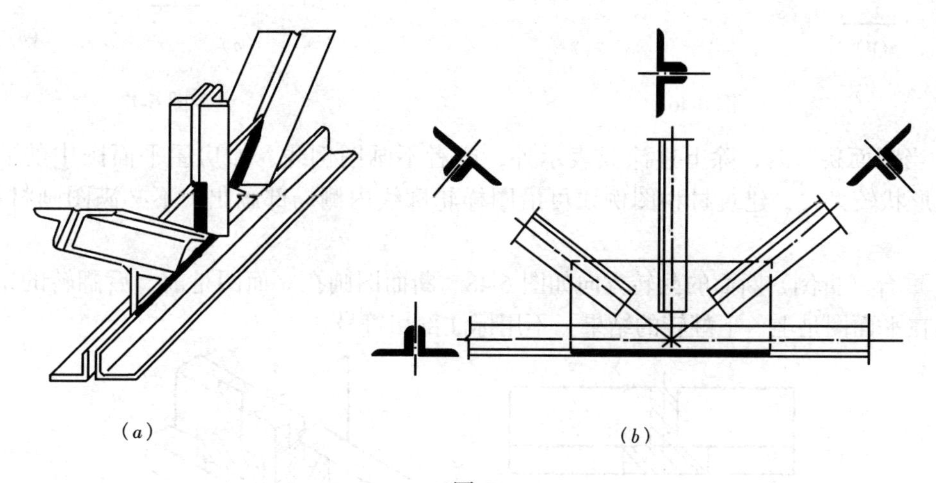

图6-45

5. 断面图的使用说明

在使用断面图示图时，应注意以下问题：

1. 在断面图或剖面图中，绘制材料图例符号时，图例线应间隔匀称，疏密适度，做到图例正确、清晰。在同类材料而不同品种使用同一图例时，为了区分，应在图上附加必要的说明。当两个相同的图例在断面上相接时，图例线宜错开或倾斜的方向相反。

(1) 参看图6-46，相邻两个相同材料图例，斜线方向相反，见图6-46（*b*）；或斜线同向，但须错开，见图6-46（*c*）。

(2) 前例比例很小不便画材料时，则予以涂黑，两个相邻涂黑截面之间，必须留有不小于0.7mm的空白间隔。见图6-46（*d*）。

2. 对于钢筋混凝土构件，其横断面，若很狭窄时，在较小的比例下，断面图画材料图例有困难时，一般用涂黑表示。如图6-47（*a*），比例大时，砖和钢筋混凝土的材料都表示出来了；当图的比例很小时（如1:100或1:200），如图6-47（*b*）砖墙只用粗实线表示，里面也省略45°斜线了；钢筋混凝土过梁，以涂黑表示即可。

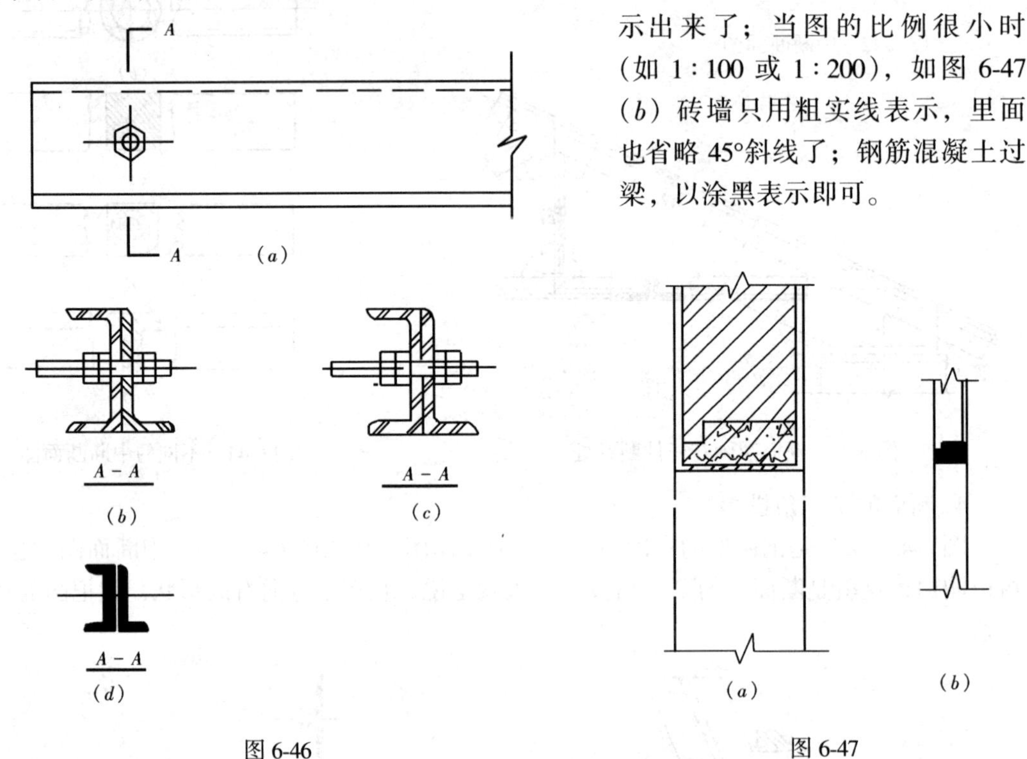

图6-46

图6-47

3. 当断面狭窄时，除上述涂黑表示外，或者不画图例线，如房屋平面图中的墙体。当断面形状较大时，建筑材料图例线可沿图样轮廓线内侧局部画出，不必满图画材料图例。

4. 重合（折倒）断面的翻转方向如图6-48。断面图画在立面图是前、后翻转的结果，断面画在平面图是上、下翻转的结果。不用标注剖切符号。

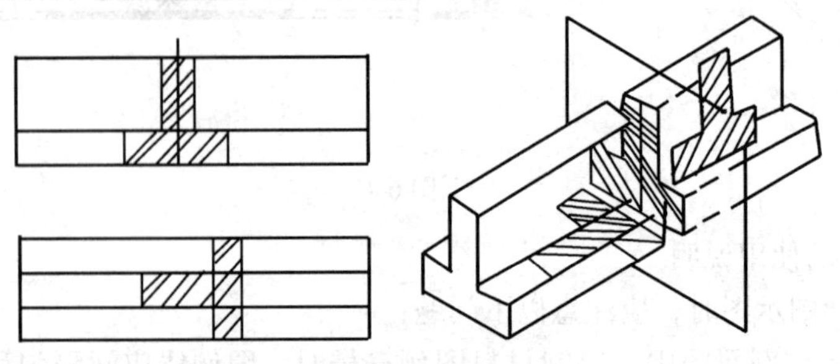

图6-48　T形钢梁的折倒断面

第四节 建筑工程图的标注和有关规定

一、图线

(一）总图图线

1. 图线宽度的选用

图线的宽度 b，应根据图样的复杂程度和比例，按《房屋建筑制图统一标准》（GB/T 50001—2001）中图线的有关规定选用。

2. 线型选用

总图制图，应根据图纸功能，按表 6-4 规定的线型选用。

图　线　　**表 6-4**

名称		线型	线宽	用途
实线	粗	————	b	1. 新建建筑物 ±0.00 高度的可见轮廓线 2. 新建的铁路、管线
	中	————	$0.5b$	1. 新建构筑物、道路、桥涵、边坡、围墙、露天堆场、运输设施、挡土墙的可见轮廓线 2. 场地、区域分界线、用地红线、建筑红线、尺寸起止符号、河道蓝线 3. 新建建筑物 ±0.00 高度以外的可见轮廓线
	细	————	$0.25b$	1. 新建道路路肩、人行道、排水沟、树丛、草地、花坛的可见轮廓线 2. 原有（包括保留和拟拆除的）建筑物、构筑物、铁路、道路、桥涵、围墙的可见轮廓线 3. 坐标网线、图例线、尺寸线、尺寸界线、引出线、索引符号等
虚线	粗	— — — —	b	新建建筑物、构筑物的不可见轮廓线
	中	— — — —	$0.5b$	1. 计划扩建建筑物、构筑物、预留地、铁路、道路、桥涵、围墙、运输设施、管线的轮廓线 2. 洪水淹没线
	细	— — — —	$0.25b$	原有建筑物、构筑物、铁路、道路、桥涵、围墙的不可见轮廓线
单点长画线	粗	——·——·——	b	露天矿开采边界线
	中	——·——·——	$0.5b$	土方填挖区的零点线
	细	——·——·——	$0.25b$	分水线、中心线、对称线、定位轴线

续表

名称	线　型	线　宽	用　途
粗双点长画线	——·· ——	b	地下开采区塌落界线
折断线	——\/——	$0.5b$	断开界线
波浪线	〜〜〜	$0.5b$	

注：应根据图样中所表示的不同重点，确定不同的粗细线型。例如，绘制总平面图时，新建建筑物采用粗实线，其他部分采用中线和细线；绘制管线综合图或铁路图时，管线、铁路采用粗实线

（二）建筑图图线

1. 图线宽度的选用

图线的宽度 b，应根据图样的复杂程度和比例，按《房屋建筑制图统一标准》(GB/T 50001—2001) 中（图线）的规定选用（图 6-49～图 6-51）。绘制较简单的图样时，可采用两种线宽的线宽组，其线宽比宜为 $6:0.25b$。

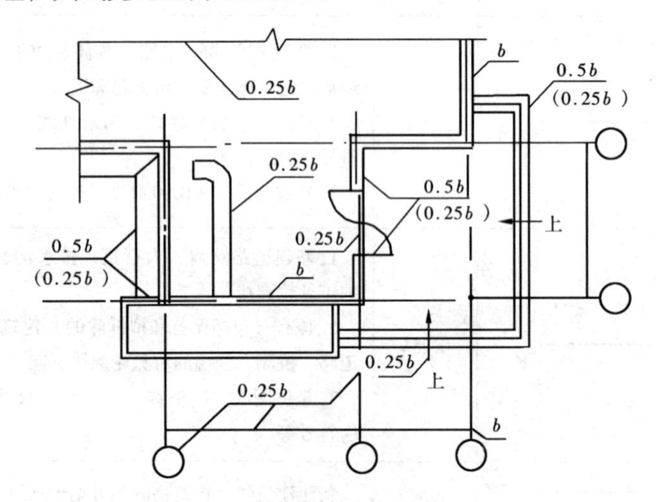

图 6-49　平面图图线宽度选用示例

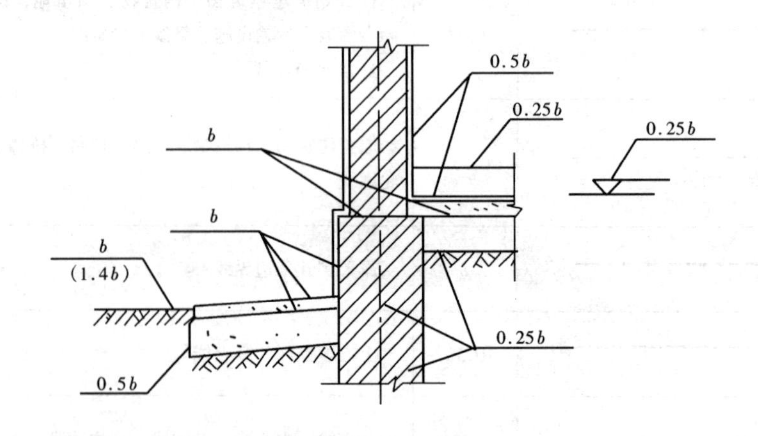

图 6-50　墙身剖面图图线宽度选用示例

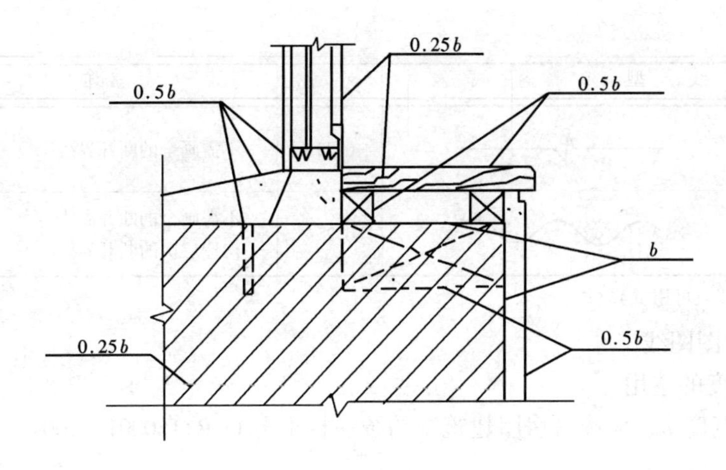

图 6-51　详图图线宽度选用示例

2. 线型选用

建筑专业、室内设计专业制图采用的各种图线，应符合表 6-5 的规定。

图　　线　　　　**表 6-5**

名　称	线　　型	线　宽	用　　途
粗实线	————————	b	1. 平、剖面图中被剖切的主要建筑构造（包括构配件）的轮廓线 2. 建筑立面图或室内立面图的外轮廓线 3. 建筑构造详图中被剖切的主要部分的轮廓线 4. 建筑构配件详图中的外轮廓线 5. 平、立、剖面图的剖切符号
中实线	————————	$0.5b$	1. 平、剖面图中被剖切的次要建筑构造（包括构配件）的轮廓线 2. 建筑平、立、剖面图中建筑构配件的轮廓线 3. 建筑构造详图及建筑构配件详图中的一般轮廓线
细实线	————————	$0.25b$	小于 $0.5b$ 的图形线、尺寸线、尺寸界线、图例线、索引符号、标高符号、详图材料做法引出线等
中虚线	— — — — — —	$0.5b$	1. 建筑构造详图及建筑构配件不可见的轮廓线 2. 平面图中的起重机（吊车）轮廓线 3. 拟扩建的建筑物轮廓线
细虚线	— — — — — —	$0.25b$	图例线、小于 $0.5b$ 的不可见轮廓线
粗单点长划线	——·——·——	b	起重机（吊车）轨道线
细单点长划线	——·——·——	$0.25b$	中心线、对称线、定位轴线

续表

名称	线型	线宽	用途
折断线		0.25b	不需画全的断开界线
波浪线		0.25b	不需画全的断开界线 构造层次的断开界线

注：地平线的线宽可用1.4b。

(三) 结构图图线

1. 图线宽度的选用

(1) 图线宽度 b，应按《房屋建筑制图统一标准》(GB/T50001—2001) 中“图线”的规定选用。

(2) 每个图样应根据复杂程度与比例大小，先选用适当基本线宽度 b，再选用相应的线宽组。

2. 线型选用

应符合表6-6的规定。

图 线 **表6-6**

名称		线型	线宽	一般用途
实线	粗		b	螺栓、主钢筋线、结构平面图中的单线结构构件线、钢木支撑及系杆线，图名下横线、剖切线
	中		0.5b	结构平面图及详图中剖到或可见的墙身轮廓线、基础轮廓线、钢、木结构轮廓线、箍筋线、板钢筋线
	细		0.25b	可见的钢筋混凝土构件的轮廓线、尺寸线、标注引出线，标高符号，索引符号
虚线	粗		b	不可见的钢筋、螺栓线，结构平面图中的不可见的单线结构构件线及钢、木支撑线
	中		0.5b	结构平面图中的不可见构件、墙身轮廓线及钢、木构件轮廓线
	细		0.25b	基础平面图中的管沟轮廓线、不可见的钢筋混凝土构件轮廓线
单点长画线	粗		b	柱间支撑、垂直支撑、设备基础轴线图中的中心线
	细		0.25b	定位轴线、对称线、中心线
双点长画线	粗		b	预应力钢筋线
	细		0.25b	原有结构轮廓线

续表

名 称	线 型	线 宽	一 般 用 途
折断线	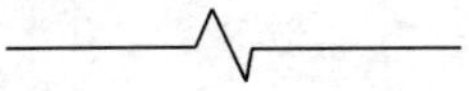	0.25b	断开界线
波浪线		0.25b	断开界线

二、比例

图样的比例就是建筑物画在图上的大小和它的实际大小相比的关系。例如把长100m的房屋在图上画成1m长，也就是用图上1m长的大小表示房屋实际的长度100m，这时图的比例就是1:100。

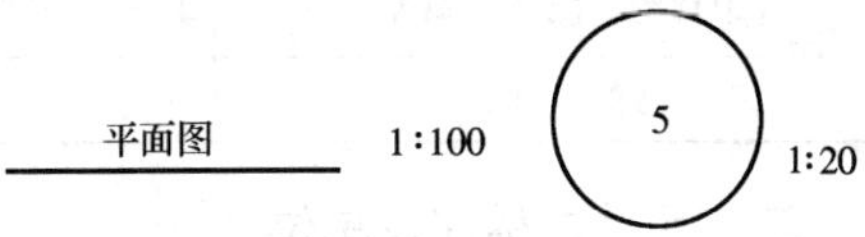

平面图 1:100　　5 1:20

图6-52

比例一般注写在图名的右侧，如平面图1:100。当整张图纸只用一种比例时，也可以注写在图标内图名的下面。标注详图的比例，应注写在详图标志的右下角，如图6-52。

（一）总图比例的选用

1. 总图制图采用的比例，宜符合表6-7的规定。

比　例　　表6-7

图　名	比　例
地理、交通位置图	1:25000～1:200000
总体规划、总体布置、区域位置图	1:2000、1:5000、1:10000、1:25000、1:50000
总平面图、竖向布置图、管线综合图、土方图、排水图、铁路、道路平面图、绿化平面图	1:500、1:1000、1:2000
铁路、道路纵断面图	垂直：1:100、1:200、1:500 水平：1:1000、1:2000、1:5000
铁路、道路横断面图	1:50、1:100、1:200
场地断面图	1:100、1:200、1:500、1:1000
详图	1:1、1:2、1:5、1:10、1:20、1:50、1:100、1:200

2. 一个图样宜选用一种比例，铁路、道路、土方等的纵断面图，可在水平方向和垂直方向选用不同比例。

（二）建筑图比例的选用

建筑专业、室内设计专业制图选用的比例，宜符合表6-8的规定。

比　例　　表6-8

图　名	比　例
建筑物或构筑物的平面图、立面图、剖面图	1:50、1:100、1:150、1:200、1:300
建筑物或构筑物的局部放大图	1:10、1:20、1:25、1:30、1:50
配件及构造详图	1:1、1:2、1:5、1:10、1:15、1:20、1:25、1:30、1:50

（三）结构图比例的选用

绘图时根据图样的用途，被绘物体的复杂程度，应选用表 6-9 中的常用比例，特殊情况下也可选用可用比例。

比　例 **表 6-9**

图　名	常用比例	可用比例
结构平面图 基础平面图	1:50、1:100 1:150、1:200	1:60
圈梁平面图、总图 中管沟、地下设施等	1:200、1:500	1:300
详　图	1:10、1:20	1:5、1:25、1:4

三、尺寸的标注及单位

尺寸在图纸上占有重要的地位。图中尺寸是施工的依据，因此标注尺寸是一项极为重要的工作，必须认真细致，保证所标注的尺寸完整、清楚、准确。

不论图形是缩小还是放大，图样中的尺寸应按物体实际的尺寸数值注写。

（一）尺寸组成

图样上的尺寸是由尺寸线、尺寸界限、尺寸起止符号、尺寸数字等组成，如图 6-53 所示。

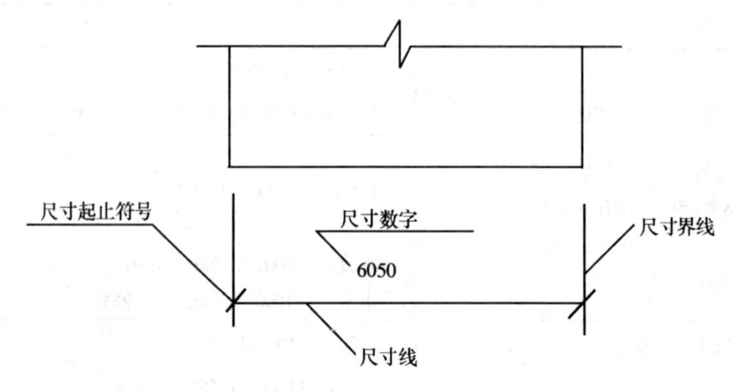

图 6-53　尺寸的组成

1. 尺寸线

（1）尺寸线应与被注线段平行，采用细实线绘制。

（2）任何图样轮廓线均不得用作尺寸线。

2. 尺寸界线

（1）尺寸界线应用细实线绘制，一般应与被注线段垂直。

（2）尺寸界线一端距图样的轮廓线不小于 2mm，另一端宜超出尺寸线 2 ~ 3mm，如图 6-54 所示。

（3）必要时，图样轮廓线可用作尺寸界线，如图 6-55 所示。

3. 尺寸起止符号

（1）尺寸起止符号一般应用中粗斜短线绘制，其倾斜方向应与尺寸界线成顺时针 45°角，长度宜为 2 ~ 3mm，见图 6-53 ~ 图 6-55。

（2）半径、直径、角度与弧长的尺寸起止符号，宜用箭头表示，箭头的长度宜为4～5b（b为线宽），如图6-56所示。

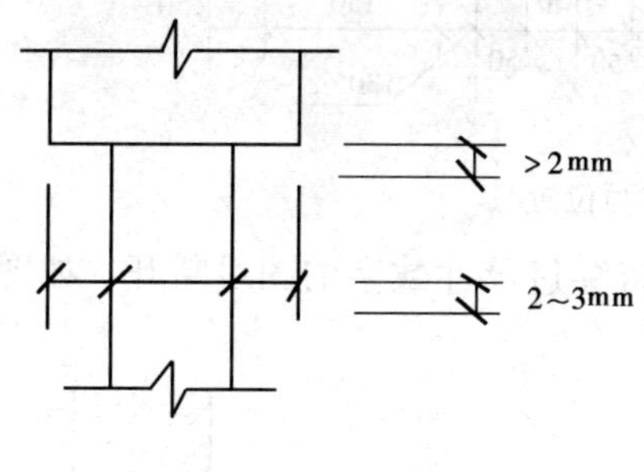

图6-54　尺寸界线

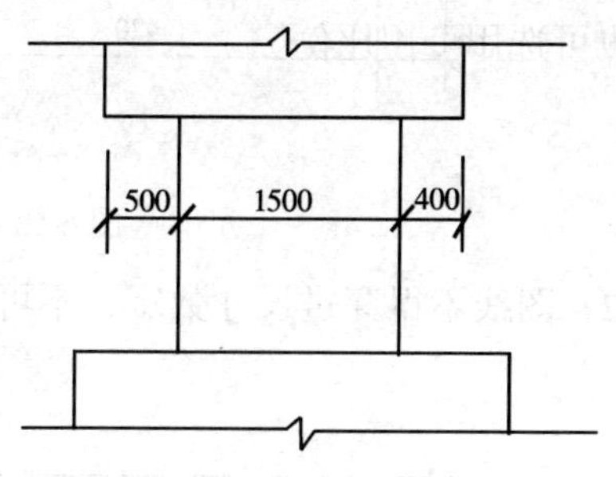

图6-55　轮廓线作尺寸界线

4. 尺寸数字

（1）图样上的尺寸，应以尺寸数字为准，不得从图上直接量取。

（2）尺寸数字的注写及读数方向：当尺寸线为水平时，尺寸数字注写在尺寸线上方中部，从左至右顺序读数；当尺寸线为竖直时，尺寸数字注写在尺寸线的左侧中部，从下至上顺序读数；当尺寸线为倾斜时，则以读数方便为准，如图6-57（a）所示。应尽量避开在图示30°阴影范围内注写尺寸，若需在30°阴影范围内注写尺寸，宜采用图6-57（b）的形式注写。

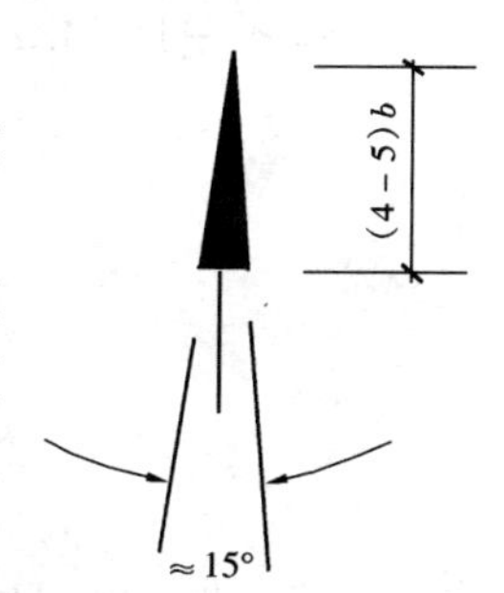

图6-56　箭头尺寸起止符号

（3）尺寸数字应依据其读数方向注写在靠近尺寸线的上方中部，如果没有足够的位置，首尾尺寸数字可注写在尺寸界线的外侧；中间相邻的尺寸数字，可上、下或左、右错开注写，也可用引出线注写，如图6-58所示。

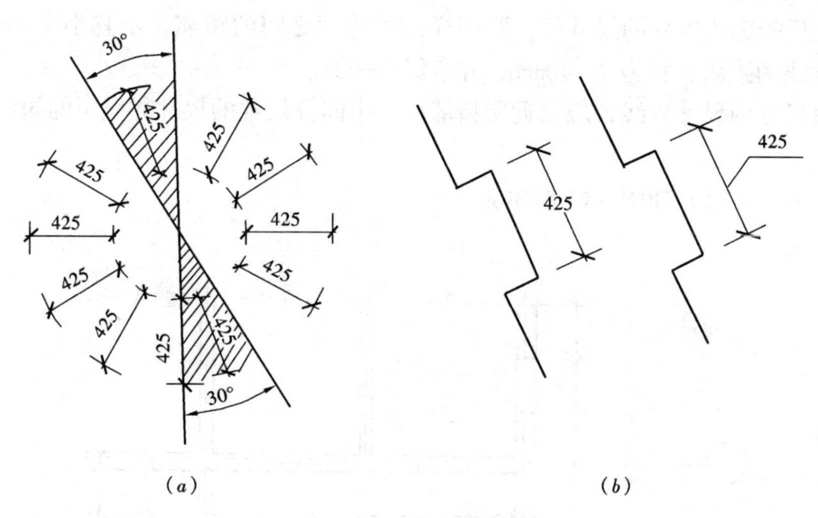

图6-57　尺寸数字的读数方向

（二）尺寸的布置

（1）尺寸宜标注在图样轮廓线之外，不宜与图线、文字及符号等相交，如图6-59所示。

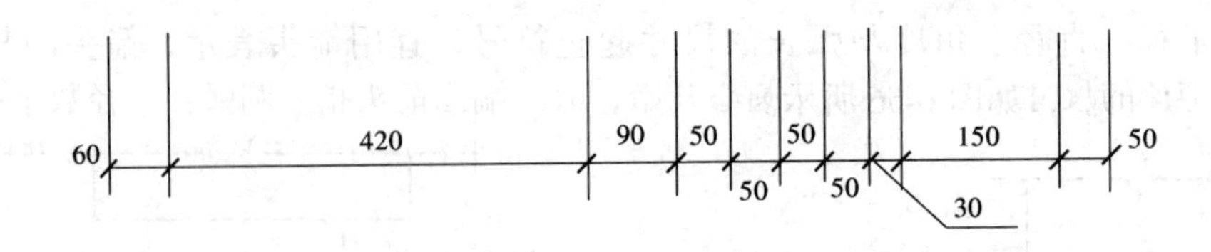

图 6-58　尺寸数字的注写位置

(2) 图线不得穿过尺寸数字，不可避免时，应将穿过尺寸数字的图线断开，如图6-60所示。

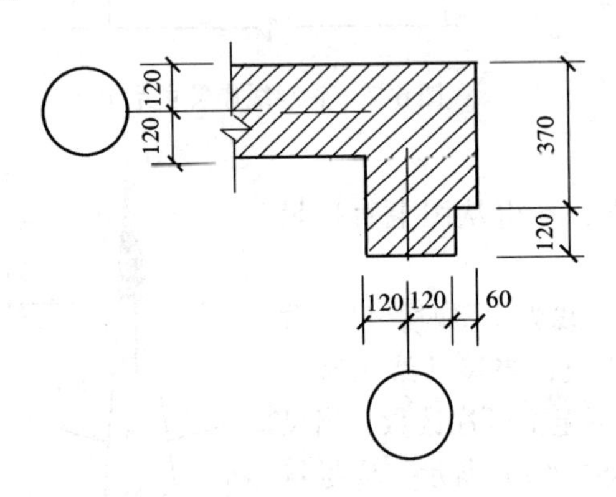

图 6-59　尺寸不宜与图线相交

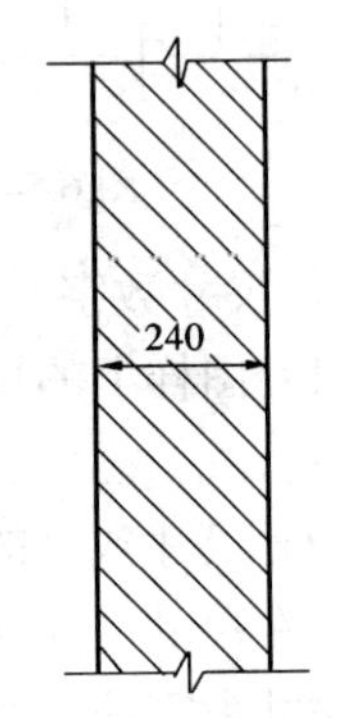

图 6-60　尺寸数字处图线应断开

(3) 互相平行的尺寸线，应从被注的图样由近及远整齐排列，小尺寸应离轮廓线较近，大尺寸应离轮廓线较远。

(4) 图样轮廓线以外的尺寸线，距图样最外轮廓之间的距离，不宜小于 10mm。平行排列的尺寸线的距离，宜为 7 ~ 10mm，并应保持一致。

(5) 总尺寸的尺寸界线，应靠近所指部位，中间分尺寸的尺寸界线可缩短，但其长度应相等。

以上 (3) ~ (5) 如图 6-61 所示。

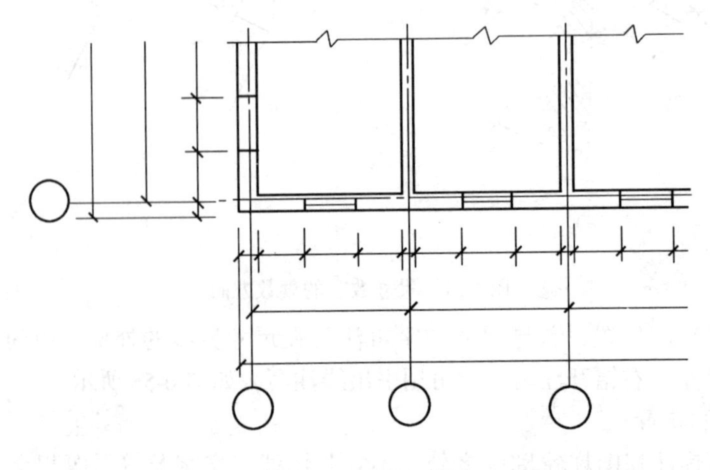

图 6-61　尺寸的排列

（三）半径、直径的尺寸标注

（1）半径的尺寸线，应一端从圆心开始，另一端画箭头指至圆弧。半径数字前，应加符号“R”，如图 6-62 所示。较小圆弧及较大圆弧的半径标注的形式如图 6-63 及图 6-64 所示。

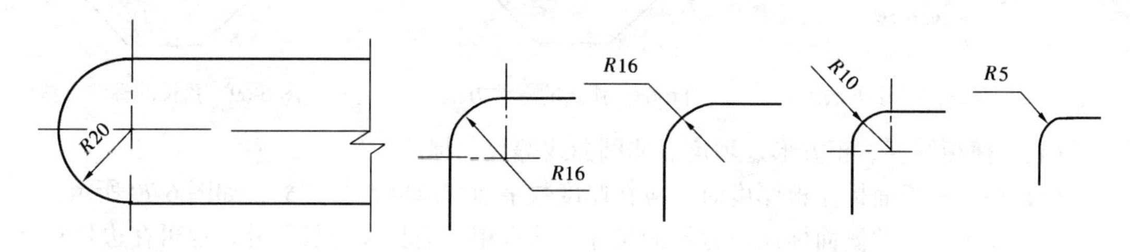

图 6-62　半径的标注方法　　　　图 6-63　小圆弧半径的标注方法

（2）直径的尺寸线应通过圆心，两端画箭头指至圆周。直径数字前，应加符号“ϕ”，如图 6-65 所示。较小圆的直径数字，可标注在圆外，如图 6-66 所示。

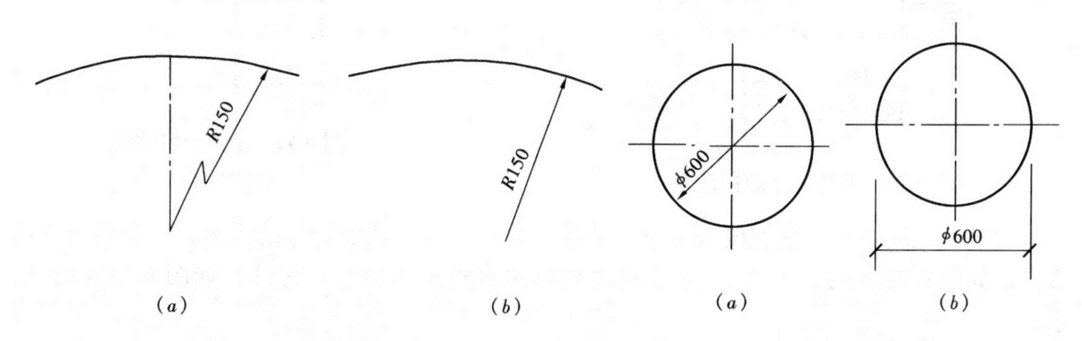

图 6-64　大圆弧半径的标注方法　　　　图 6-65　圆直径的标注方法

（3）标注球体的半径时，应在尺寸数字前加注符号“SR”。标注球体的直径时，应在尺寸数字前加注符号“Sϕ”。注法与圆弧半径和直径的尺寸标注方法相同。

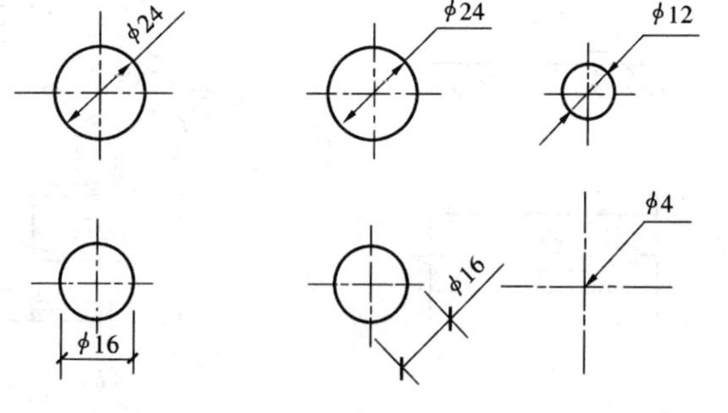

图 6-66　小圆直径的标注方法

（四）角度、弧长、弦长的标注

（1）角度的尺寸线应以圆弧线表示。角度的顶点应是圆弧的圆心，角度的两个边为尺寸界线。角度的起止符号以箭头表示，若没有足够的位置画箭头，可用圆点代替。角度数字应水平方向注写，如图 6-67 所示。

（2）标注圆弧的弧长时，尺寸线应以与该圆弧线同心的圆弧表示，尺寸界线垂直于该圆弧的弦，起止符号以箭头表示，弧长数字的上方应加注圆弧符号，如图 6-68 所示。

（3）标注圆弧的弦长时，尺寸线应以平行于该弦的直线表示，尺寸界线垂直于该弦，起止符号以中粗斜短线表示，如图 6-69 所示。

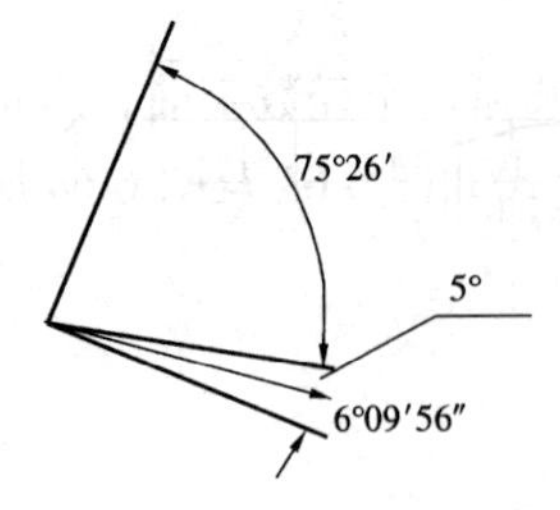

图 6-67　角度的标注方法

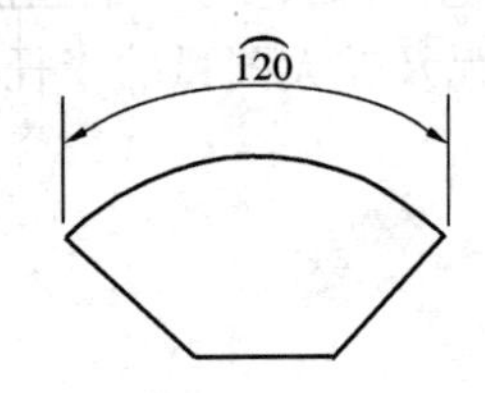

图 6-68　弧长的标注方法

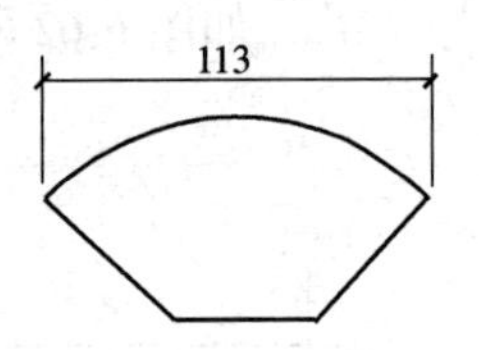

图 6-69　弦长的标注方法

（五）薄板厚度、正方形、坡度、非圆曲线等尺寸标注

（1）在薄板板面标注板厚度时，应在厚度数字前加厚度符号“δ”，如图 6-70 所示。

（2）在正方形的侧面标注正方形的尺寸，除采用“边长×边长”外，也可在边长数字前加注正方形符号“□”，如图 6-71 所示。

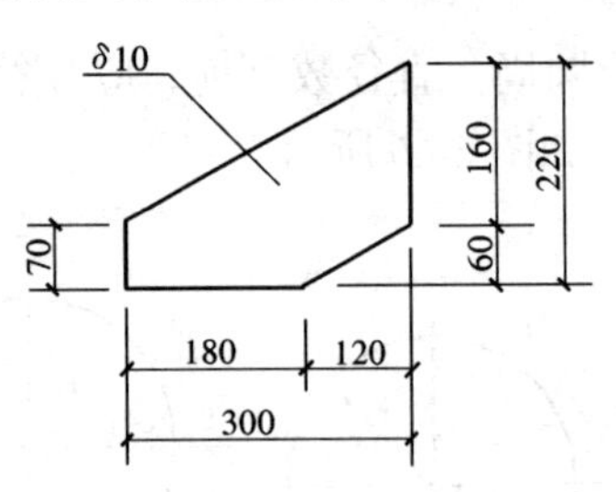

图 6-70　薄板厚度的标注方法

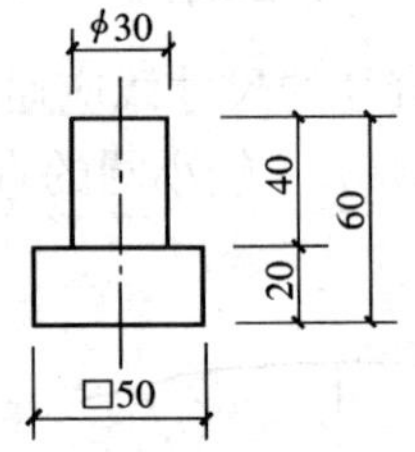

图 6-71　正方形尺寸的标注方法

（3）标注坡度时，在坡度数字下，应加注坡度符号，坡度符号的箭头，一般指向下坡方向，如图 6-72（*a*）、（*b*）所示。坡度也可用直角三角形形式标注，如图 6-72（*c*）所示。

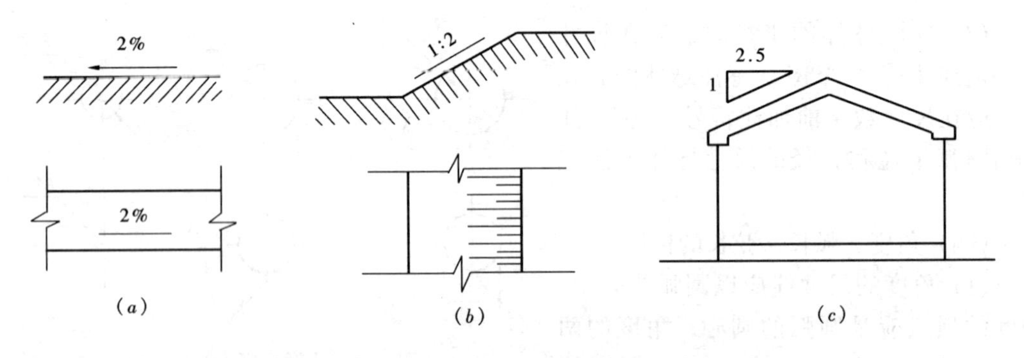

图 6-72　坡度的标注方法

（4）外形为非圆曲线的构件，可用坐标形式标注尺寸，如图 6-73 所示。

（5）复杂的图形，可用网格形式标注尺寸，如图 6-74 所示。

（六）尺寸的简化标注

（1）杆件或管线的长度（如桁架简图、钢筋图、管线图等），在单线图上，可直接将尺寸数字沿杆件或管线的一侧注写，如图 6-75 所示。读数方法仍应按照前述规则为准。

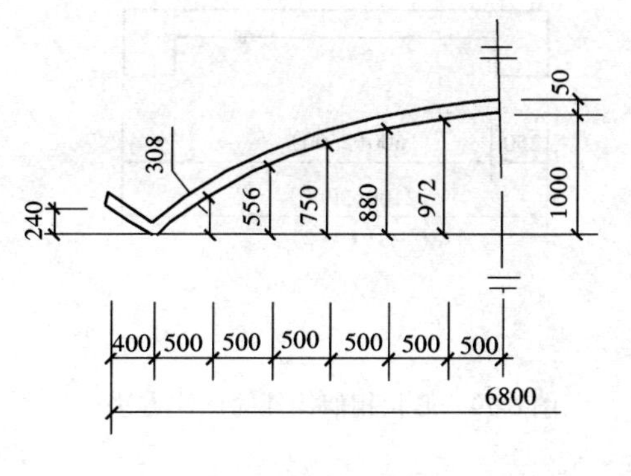

图 6-73　非圆曲线的标注方法

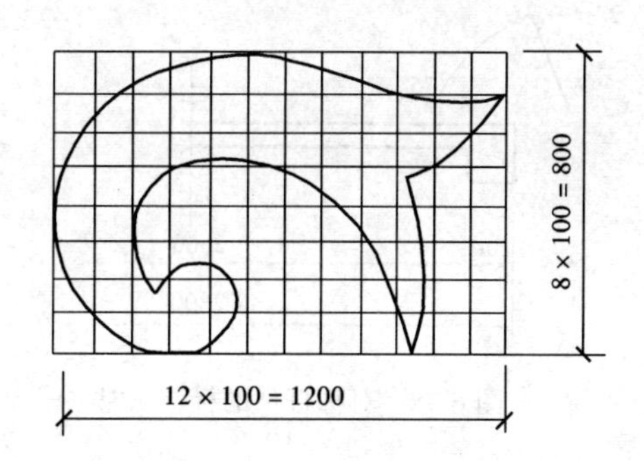

图 6-74　复杂图形的标注方法

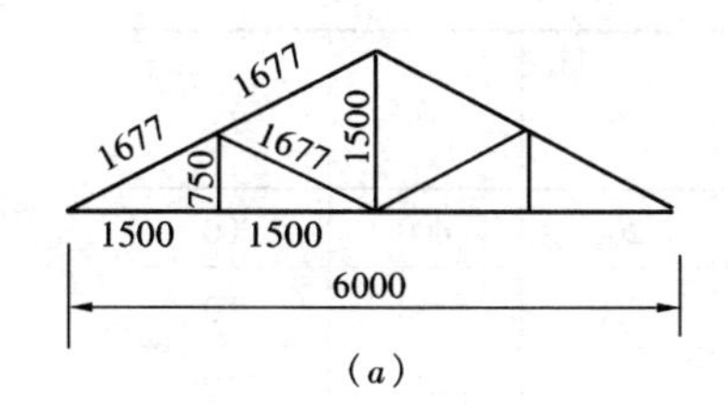

（a）

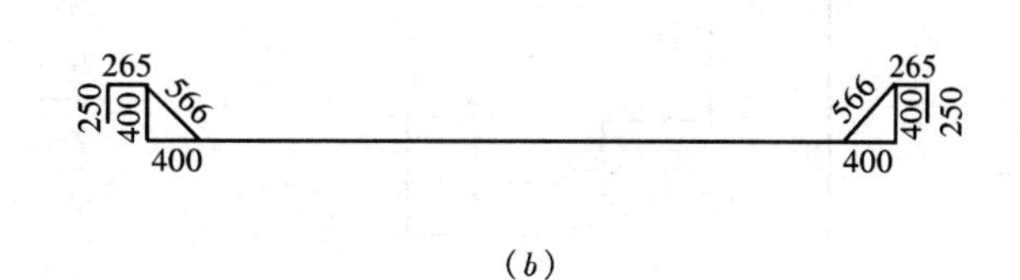

（b）

图 6-75　杆件长度的标注方法

（2）连续排列的等长尺寸，可采用乘积的形式表示，即“个数 × 等长尺寸 = 总长”。如构配件较长，则可将中间相同部分用折断线（或波浪线）省略一部分，其总尺寸不变，如图 6-76 所示。

（3）构配件内具有诸多相同构造要素（如孔、槽等），可只标注其中一个要素的尺寸，如图 6-77 所示。

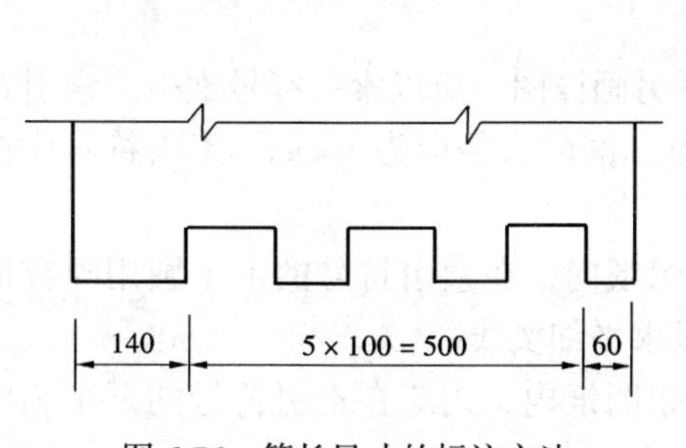

图 6-76　等长尺寸的标注方法

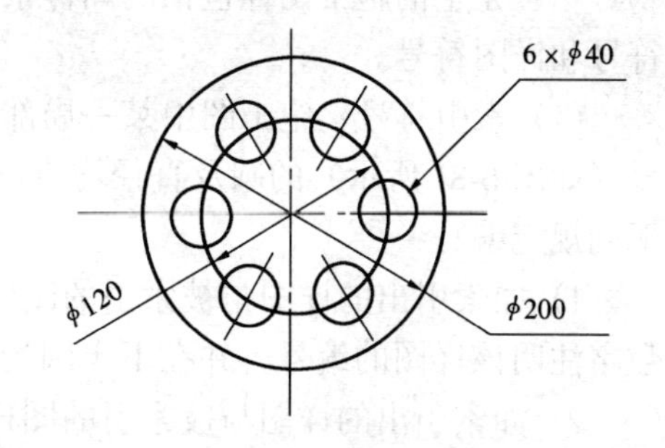

图 6-77　孔的标注方法

（4）采用对称符号画法的对称构件的尺寸线应略超过对称符号，只在尺寸线的一端画尺寸起止符号，尺寸数字应按整体全尺寸注写，其位置应与对称符号对齐，如图 6-78 所示。

（5）两个形状相似而仅个别尺寸数字不同的构配件，可在同一图样中，将其中一个构配件的不同尺寸数字注写在括号内，该构配件的名称也应注写在相应的括号内，如图 6-79 所示。

（6）数个构配件，如仅某些尺寸不同，这些有变化的尺寸数字，可用拉丁字母注写在同一图样中，其具体尺寸另列表格写明，如图 6-80 所示。

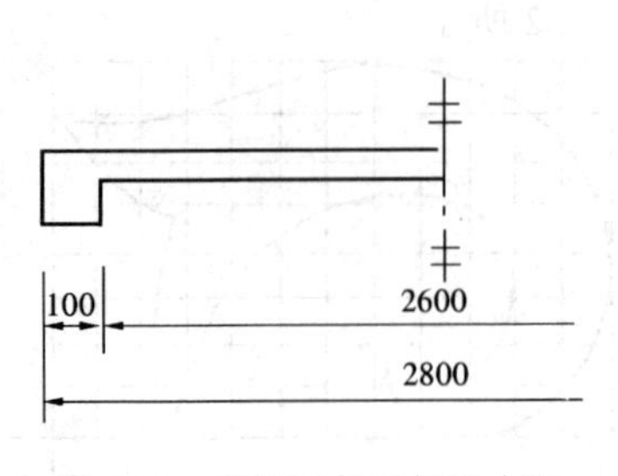

图 6-78 对称杆件的标注方法

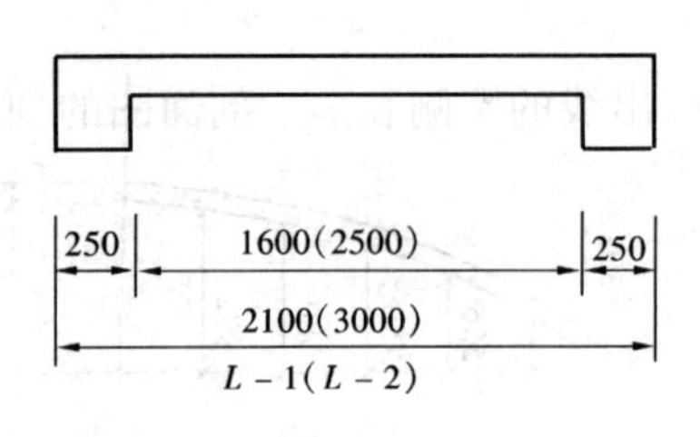

图 6-79 形状相似构件的标注方法

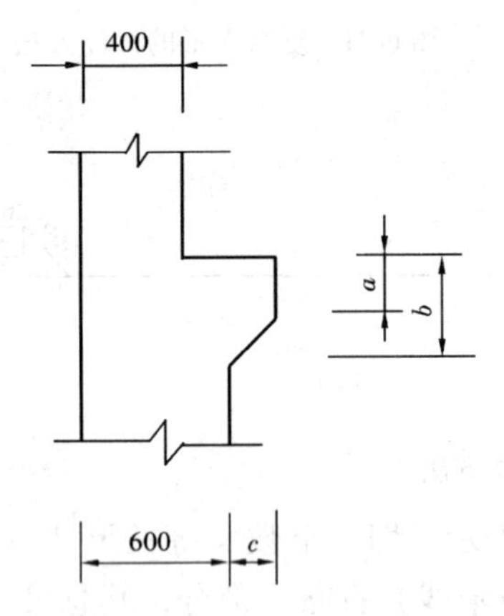

构件编号	*a*	*b*	*c*
Z-1	200	400	200
Z-2	250	450	200
Z-3	200	450	250

图 6-80 多个构件尺寸的列表标注

四、索引符号和详图符号

一套完整的施工图样包括的图样很多，为了便于互相查找，“国家标准”规定了索引符号和详图符号。

（1）索引符号　施工图中某一局部或构件如需另画详图，应以索引符号索引。索引符号（如图 6-81 所示）的圆及直径均应以细实线绘制，圆的直径应为 10mm。索引符号应按下列规定编写：

1）如索引出的详图与被索引的图样在同一张图纸内，在索引符号的上半圆用阿拉伯数字注明该详图的编号，并在下半圆的中间画一段水平细实线；

2）如索引出的详图与被索引的图样不在同一张图纸内，则应在索引符号的下半圆中用阿拉伯数字注明所在图纸的图纸编号。

3）当索引的详图采用标准图时，应在索引符号的延长线上加注该标准图册的编号。

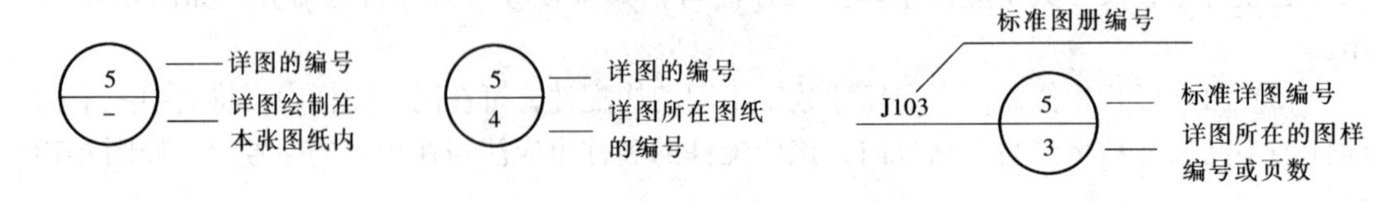

图 6-81 索引符号

索引的详图是局部剖面（或断面）详图时，索引符号在引出线的一侧加画一剖切位置线，引出线的一侧表示该剖面图的剖示方向，如图 6-82 所示。

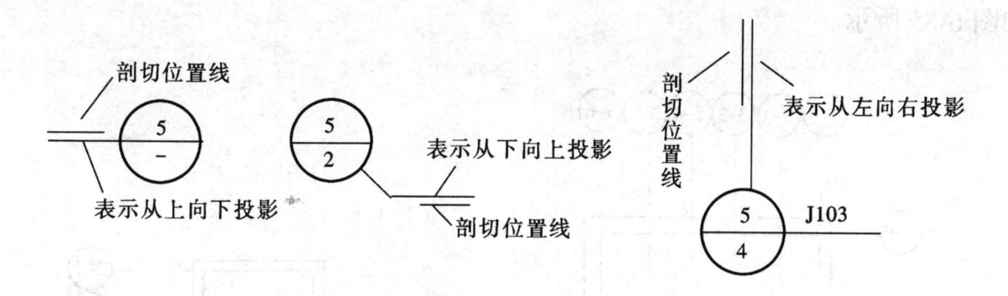

图 6-82　索引剖面详图的索引符号

（2）详图符号　详图符号如图 6-83 所示，用粗实线绘制，圆的直径为 14mm。当圆内只用阿拉伯数字注明详图的编号时，说明该详图与被索引图样在同一张图纸内；若详图与被索引的图样不在同一张图纸内，可用细实线在详图符号内画一水平直径，在上半圆内注明详图编号，在下半圆中注明被索引的图纸号编。

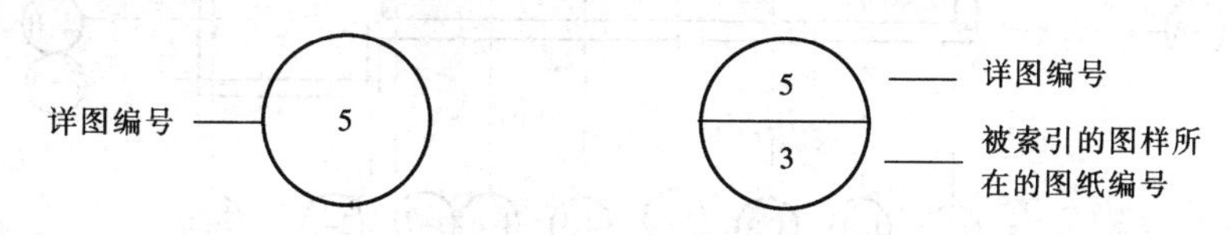

图 6-83　详图符号

五、定位轴线

定位轴线是用来确定房屋主要结构或构件的位置及其尺寸的基线，因此，在施工图中凡承重墙、梁、柱、屋架等主要承重构件的位置均应画定位轴线，并进行编号，作为设计与施工放线的依据。

定位轴线应用细点划线绘制。轴线编号应注写在轴线端部的细线圆内，圆的直径应为 8mm，详图上可增至 10mm。定位轴线圆的圆心应在定位轴线的延长线上，或延长线的折线上。

平面图上定位轴线的编号标注在图样的下方与左侧圆内。横向轴线编号应用阿拉伯数字从左至右顺序编写，纵向轴线编号用大写字母从下至上顺序编写（其中字母 *I*、*O*、*Z* 不用），如图 6-84 所示。

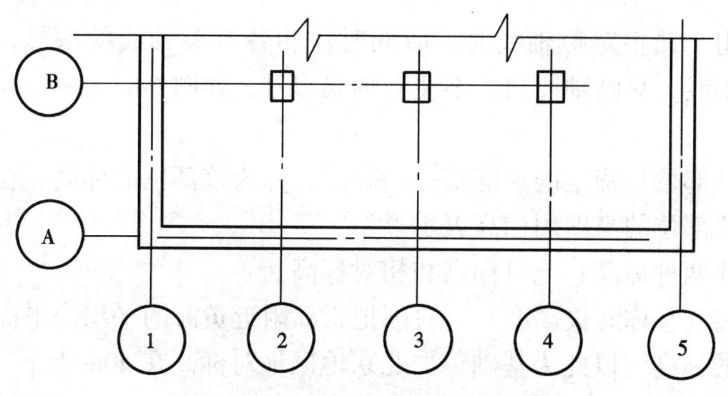

图 6-84　定位轴线的编号顺序

如果字母数量不够用，可增用双字母或单字母加数字注脚，如AA、BB、…、YY或A_1、B_1、…、Y_1。定位轴线也可采用分区编号，编号的注写形式为：分区号－该区轴线号，如图6-85所示。

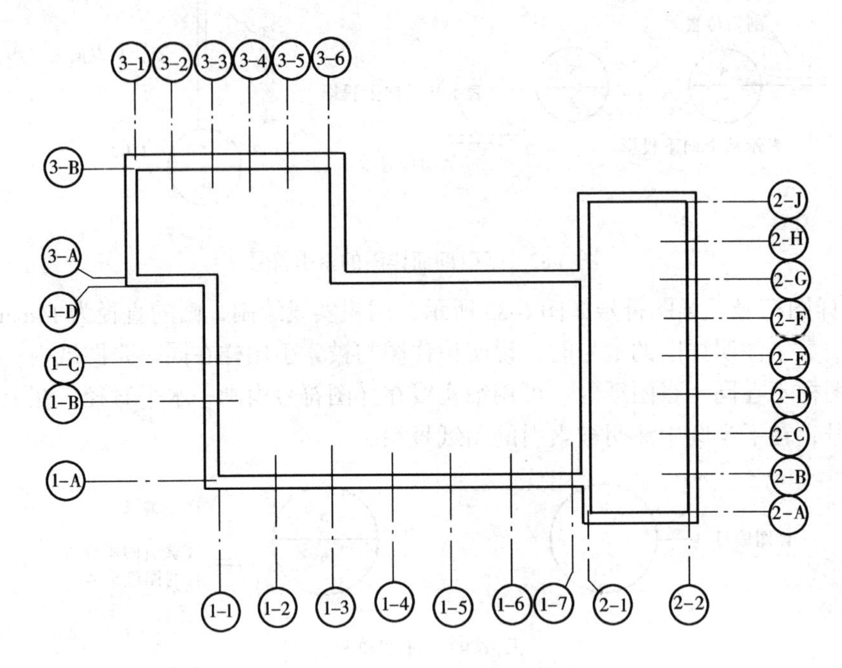

图6-85　轴线的分区编号

附加轴线的编号，应以分数表示，并应按下列规定编写：

（1）两根轴线之间的附加轴线，应以分母表示前一根轴线的编号，分子表示附加轴线的编号，该编号宜用阿拉伯数字顺序编写，如：

(1/2)表示2号轴线后附加的第1根轴线；

(3/C)表示C号轴线后附加的第3根轴线。

（2）1号轴线或A号轴线之前的附加轴线分母应以01、0A表示，如：

(1/01)表示1号轴线前附加的第1根轴线；

(3/0A)表示A号轴线前附加的第3根轴线。

一个详图适用于几根定位轴线时，应同时注明各有关轴线的编号，如图6-86所示。通用详图的定位轴线，只画轴线圆，不注写轴线编号，如图6-87所示。

六、标高

建筑物的某一部位与确定的水准基点的高差，称为该部位的标高。在施工图中，建筑物的地面及各主要部位的高度用标高表示。

施工图中标注两种标高：绝对标高和相对标高。

（1）绝对标高（宜称海拔高度）　我国把青岛附近黄海的平均海平面定为绝对标高的零点，全国各地的标高均以此为基础。如北京地区绝对标高在40m上下。

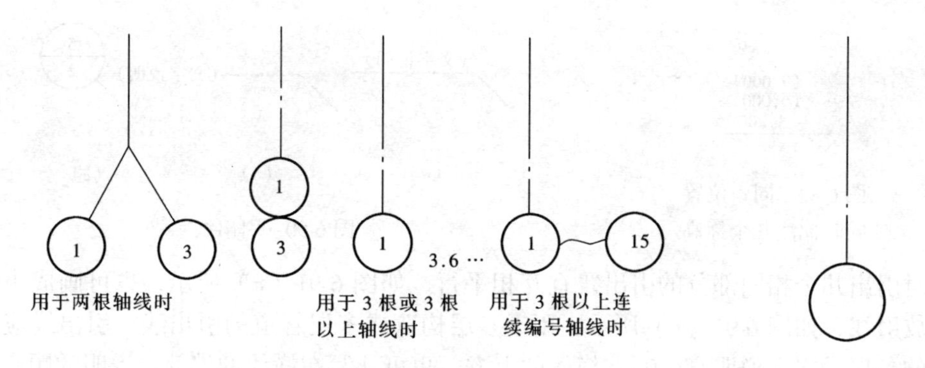

图 6-86　详图的轴线编号　　　　图 6-87　通用详图轴线

（2）相对标高　是以建筑物的首层室内主要使用房间的地面为零点，每个单体建筑物都有本身的相对标高。用相对标高来表示某处距首层地面的高度。

在建筑施工图上，一般都用相对标高，而在总平面图中多用绝对标高，并注有相对标高与绝对标高的关系，如 ± 0.000 = 42.500，说明房屋首层室内地面高度相对于绝对标高 42.500m。

图 6-88 为标高符号的 3 种形式及画法。其中图 6-88（*a*）表示一般情况下使用的标高符号，*L* 为注写标高数字所需要的长度。图 6-88（*b*）表示特殊情况下使用的标高符号，H 根据需要而定，不受位置限制。图 6-88（*c*）表示总平面图的室外整平标高采用的标高符号，标高数字可写在黑三角形的上边或右下边。标高符号的尖端应指向被注的高度。尖端可向下，也可向上（在立面图上）。

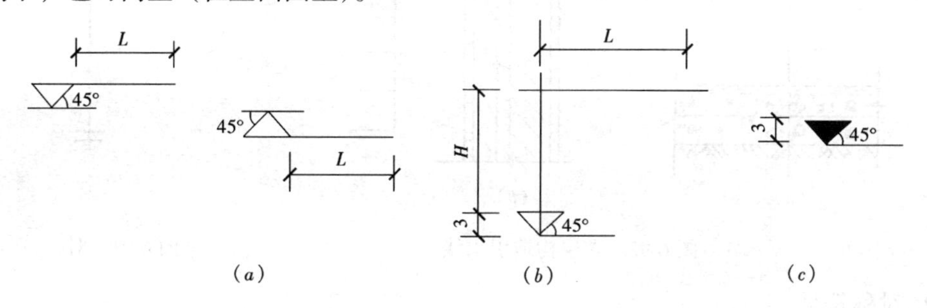

图 6-88　标高符号

标高数字应以 m 为单位，注写到小数点以后第 3 位。在总平面图中可注写到小数点以后第 2 位。零点标高应注写成 ± 0.000；正数标高不记“ + ”，例如：3.000；负数标高应注写“ - ”，例如： - 0.600。在图样的同一位置需表示几个不同标高时，标高数字可按图 6-89 的形式注写。

七、其他符号

1. 引出线

建筑物的某些部位需要用文字或详图加以说明时，可用引出线从该部位引出。引出线应以细实线绘制，宜采用水平方向的直线，或与水平方向成 30°、45°、60°、90°的直线，或经上述角度再折为水平的折线。文字说明可以注写在横线的上方，如图 6-90（*a*）所示，也可注写在横线的端部如图 6-90（*b*）所示；索引详图的引出线应对准索引符号的圆心，如图 6-90（*c*）所示。

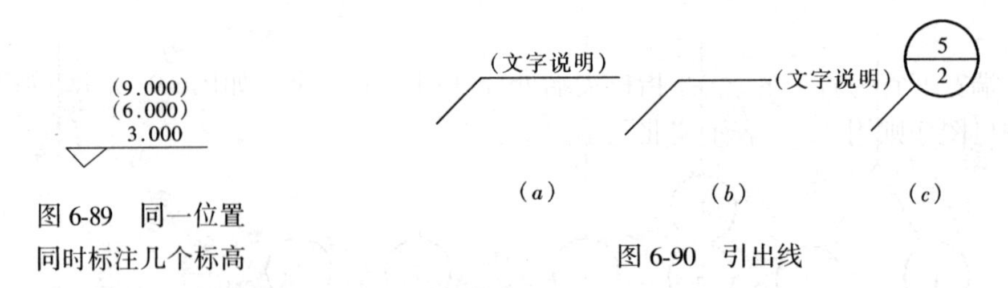

图 6-89　同一位置同时标注几个标高

图 6-90　引出线

同时引出几个相同部分的引出线宜互相平行，如图 6-91（a）所示，也可画成集中于一点的放射线，如图 6-91（b）所示。用于多层构造或多层管道的引出线，引出线应通过被引出的各层，文字说明宜注写在横线的上方，也可注写在横线的端部。说明的顺序由上至下，与被说明的各层要相互一致，如图 6-92（a）所示。如层次为横向排列，则由上至下的说明要与由左至右的层次相互一致，如图 6-92（b）所示。

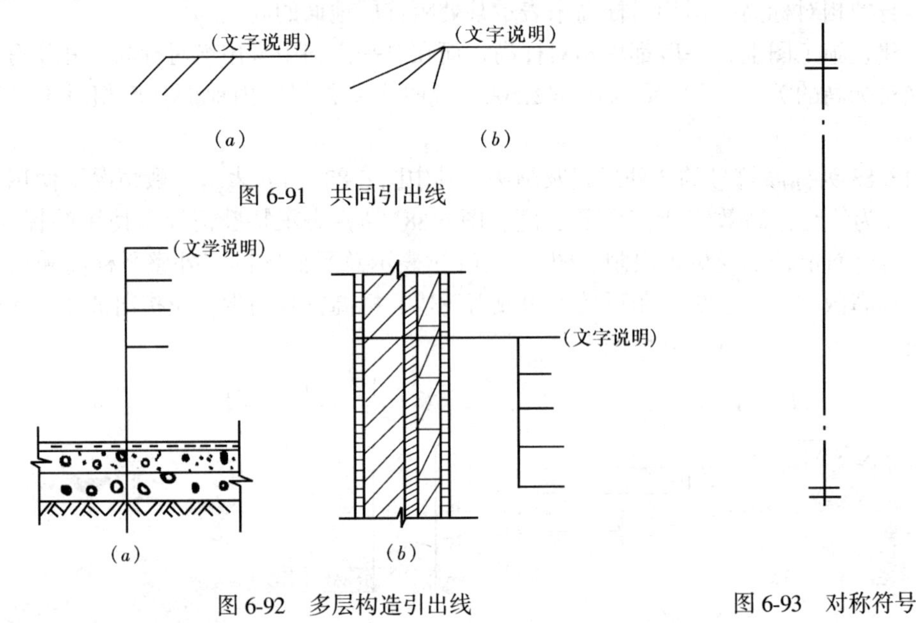

图 6-91　共同引出线

图 6-92　多层构造引出线

图 6-93　对称符号

2. 对称符号

如构配件的图形为对称图形，绘图时可只画对称图形的一半，并用细实线画出对称符号，对称符号如图 6-93 所示。符号中平行线的长度为 6 ~ 10mm，平行线的间距宜为 2 ~ 3mm,平行线在对称线两侧的长度应相等。

3. 连接符号

一个构配件，如绘制位置不够可分成几个部分绘制并用连接符号表示。连接符号可以折断线表示需要连接的部位，并在折断线两端靠图样一侧用大写拉丁字母表示连接编号，两个被连接的图样，必须用相同的字母编号，如图 6-94 所示。

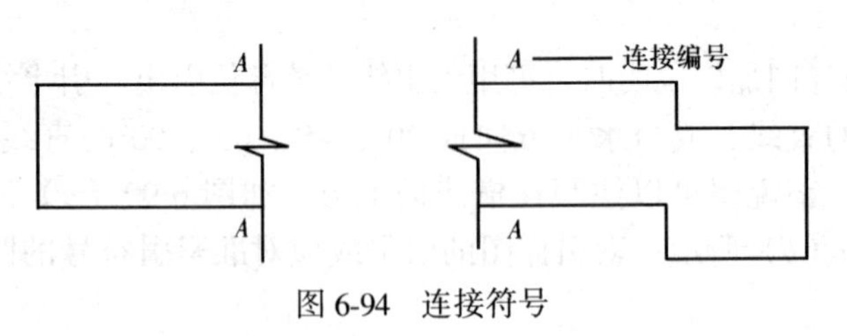

图 6-94　连接符号

4. 指北针

指北针是用于表示建筑物的朝向的。在总平面图及首层平面图上，一般都绘有指北针。指北针应用细实线绘制，圆的直径宜为24mm，指针下端的宽度宜为3mm。若用较大直径绘制指北针时，指针下端宽度宜为直径的1/8。指针尖端处要注明“北”字，如图6-95所示。如为对外工程或进口图样则用“N”表示“北”字。

5. 风向频率玫瑰图

简称风玫瑰图，是总平面图上用来表示该地区常年风向频率的标志。它是根据某一地区多年平均统计的各个方向吹风次数的百分数值按一定比例绘制的。一般用8个或16个方位表示。风玫瑰图上所表示的风的吹向是指从外面吹向该地区中心的。图6-96表示我国一些地区的风玫瑰图。

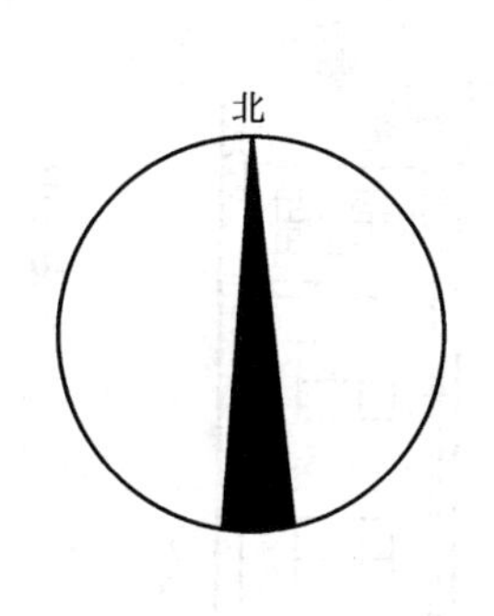

图6-95　指北针

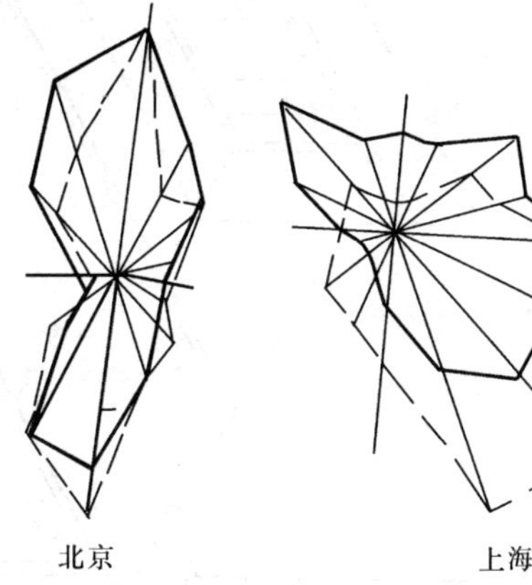

图6-96　风向频率玫瑰图

八、常用图例

见国家标准：《总图制图标准》、《建筑制图标准》和《建筑结构制图标准》。

第五节　建筑物的表达方法

房屋建筑图是表示一栋房屋的内部和外部形状的图纸，有平面图、立面图、剖面图等。这些图纸都是运用正投影原理绘制的。

一、房屋建筑的平、立、剖面图

（一）平面图

房屋建筑的平面图就是一栋房屋的水平剖视图。即假想用一水平面把一栋房屋的窗台以上部分切掉，切面以下部分的水平投影图就叫做平面图。图6-97是一栋单层房屋的平面图。一栋多层的楼房若每层布置各不相同，则每层都应画平面图。如果其中有几个楼层的平面布置相同，可以只画一个标准层的平面图。

平面图主要表示房屋占地的大小，内部的分隔，房间的大小，台阶、楼梯、门窗等局部的位置和大小，墙的厚度等。一般施工放线、砌墙、安装门窗等都要用到平面图。

平面图有许多种，如总平面图、基础平面图、楼板平面图、屋顶平面图、吊顶或顶棚仰视图等。

（二）立面图

房屋建筑的立面图，就是一栋房子的正立投影图与侧投影图，通常按建筑各个立面的朝向，将几个投影图分别叫做东立面图、西立面图、南立面图、北立面图等。图6-98就

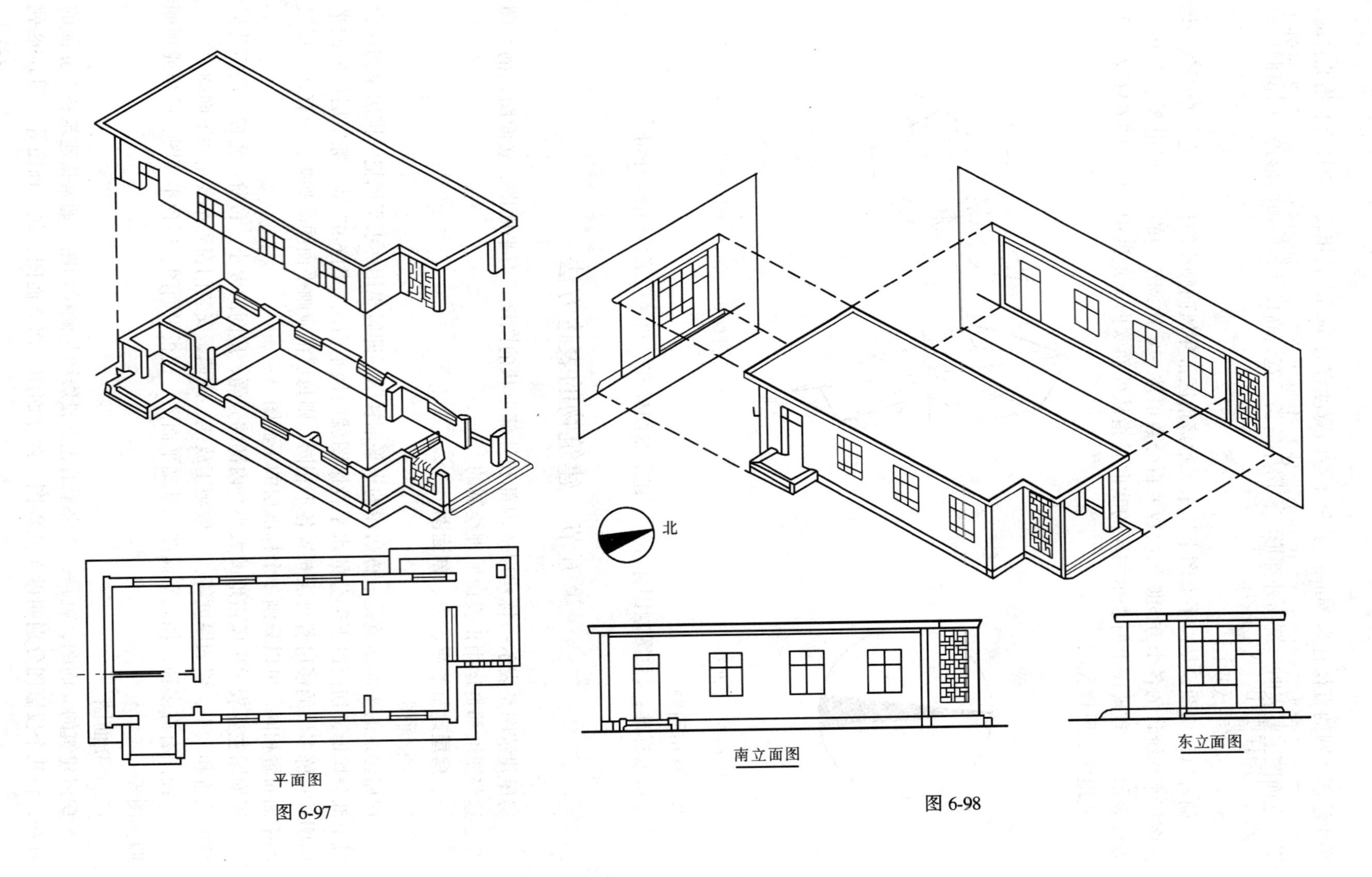

图 6-97

图 6-98

是一栋建筑的两个立面图。

立面图主要表明建筑物外部形状，房屋的长、宽、高尺寸，屋顶的形式，门窗洞口的位置，外墙饰面、材料及做法等。

（三）剖面图

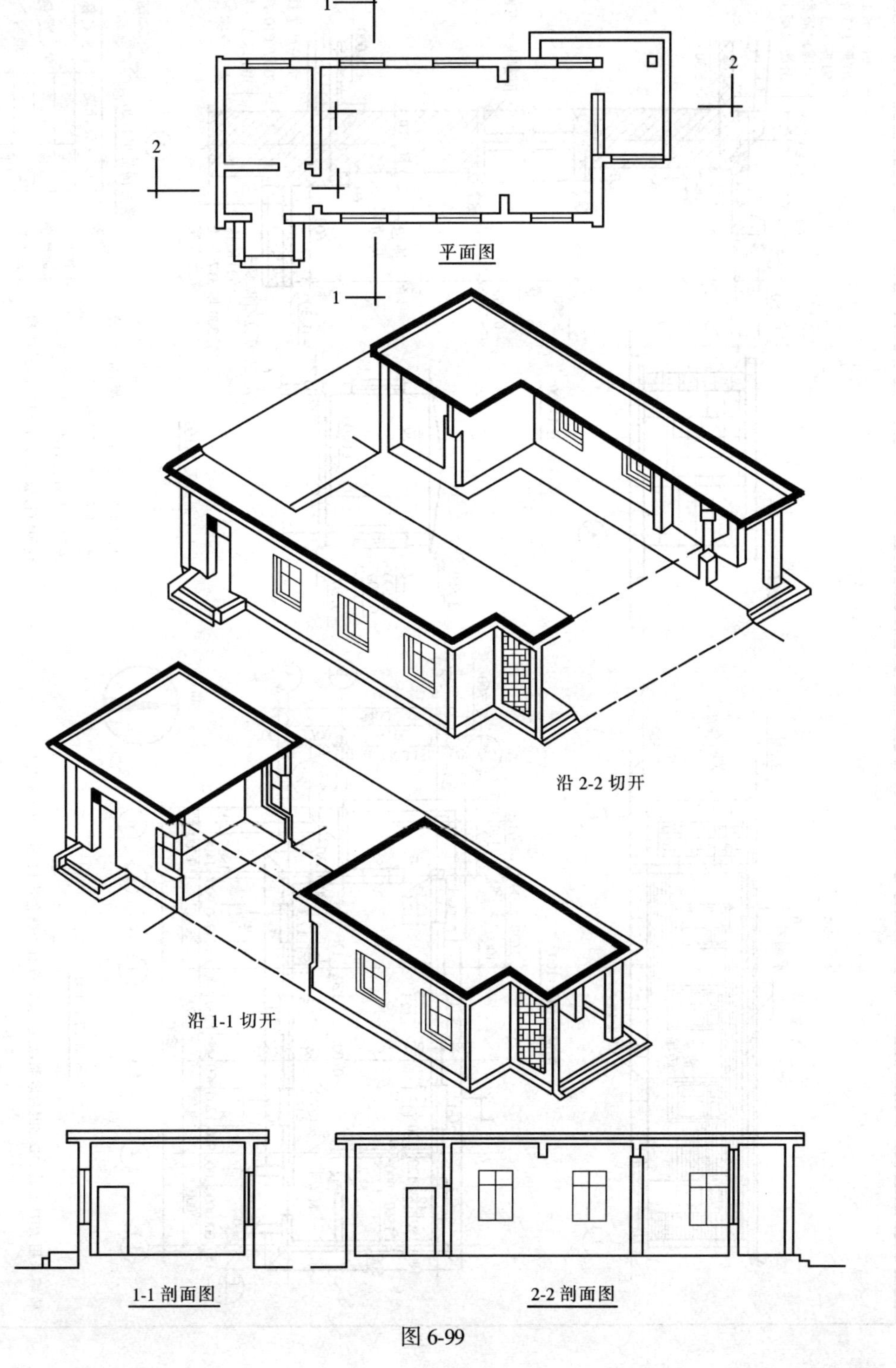

图 6-99

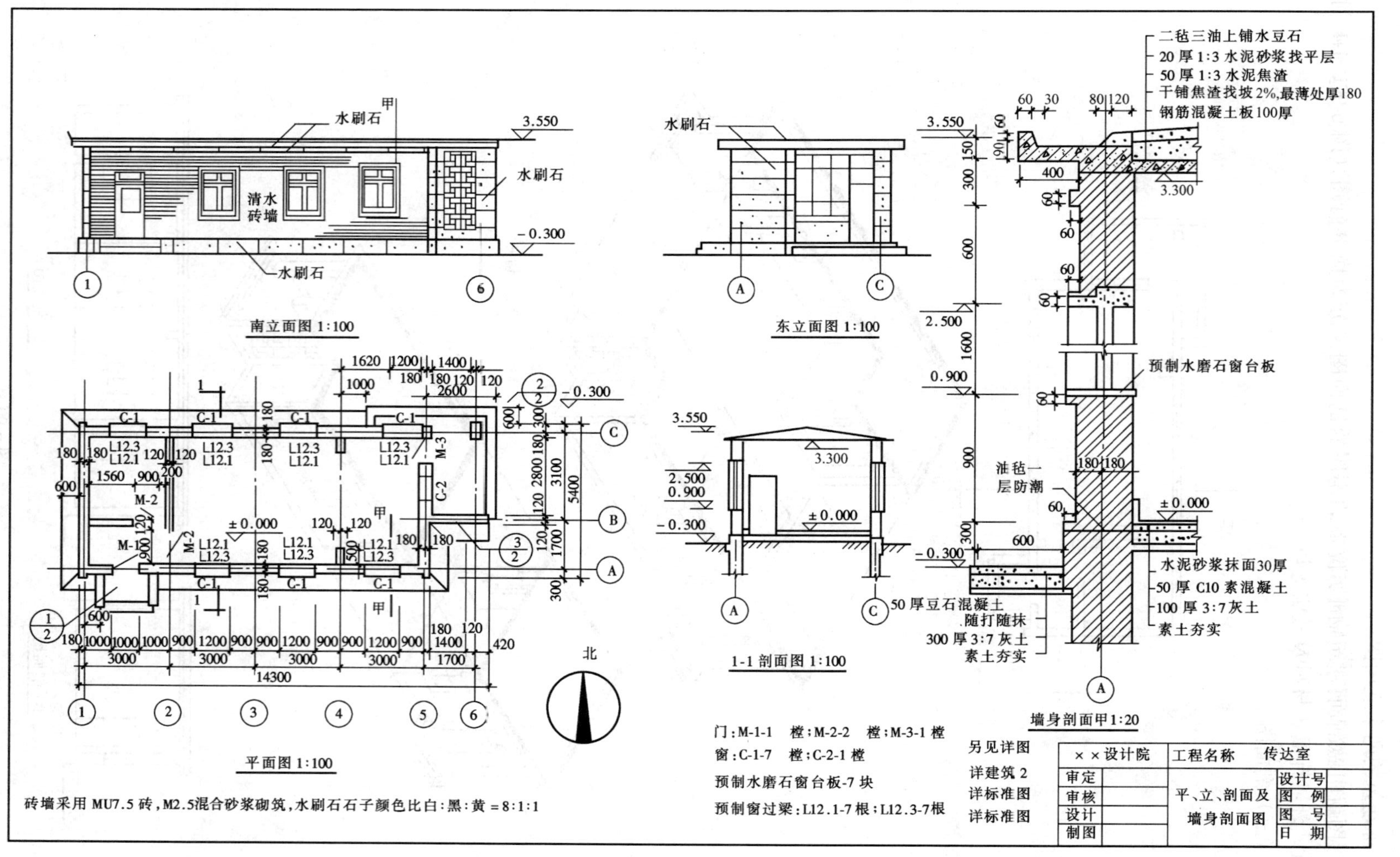

水刷石
甲
3.550
水刷石
清水
砖墙
-0.300
水刷石
南立面图 1:100
东立面图 1:100
1-1 剖面图 1:100
平面图 1:100
北
二毡三油上铺水豆石
20 厚 1:3 水泥砂浆找平层
50 厚 1:3 水泥焦渣
干铺焦渣找坡 2%,最薄处厚180
钢筋混凝土板100厚
预制水磨石窗台板
沥毡一层防潮
水泥砂浆抹面30厚
50 厚 C10 素混凝土
100 厚 3:7 灰土
素土夯实
50 厚豆石混凝土
随打随抹
300 厚 3:7 灰土
素土夯实
墙身剖面甲 1:20
门:M-1-1 樘;M-2-2 樘;M-3-1 樘
窗:C-1-7 樘;C-2-1 樘
预制水磨石窗台板-7 块
预制窗过梁:L12.1-7 根;L12.3-7根
另见详图
详建筑 2
详标准图
详标准图
砖墙采用 MU7.5 砖,M2.5混合砂浆砌筑,水刷石石子颜色比白:黑:黄 = 8:1:1
××设计院
工程名称
传达室
审定
审核
设计
制图
平、立、剖面及
墙身剖面图
设计号
图 例
图 号
日 期

图 6-100

房屋建筑的剖面图系假想用一平面把建筑物沿垂直方向切开，切面后的部分的正立投影图就叫做剖面图。因剖切位置的不同，剖面图又分为横剖面图（图 6-99，1-1 剖面图）、纵剖面图（图 6-99，2-2 剖面图）。

剖面图主要表明建筑物内部在高度方面的情况，如屋顶的坡度、楼房的分层、房间和门窗各部分的高度、楼板的厚度等，同时也可以表示出建筑物所采用的结构形式。

剖面位置一般选择建筑内部作法有代表性和空间变化比较复杂的部位。如图 6-99，1-1剖面是选在房屋的第二开间窗户部位。多层建筑一般选在楼梯间。复杂的建筑物需要画出几个不同位置的剖面图。剖面的位置应在平面图上用剖切线标出。剖切线的长线表示剖切的位置，短线表示剖视方向。如图 6-99 平面图中剖切线 1—1 表示横向剖切，从右向左看。在一个剖面图中想要表示出不同的剖切位置，剖切线可以转折，但只允许转折一次。如图 6-99，2-2 剖面图就是通过剖切线的转折，同时表示右侧入口处的台阶、大门、雨篷和左侧门的情况。

从以上介绍可以看出，平、立、剖面图相互之间既有区别，又紧密联系。平面图可以说明建筑物各部分在水平方向的尺寸和位置，却无法表明它们的高度；立面图能说明建筑物外形的长、宽、高尺寸，却无法表明它的内部关系，而剖面图则能说明建筑物内部高度方向的布置情况。因此只有通过平、立、剖 3 种图互相配合才能完整地说明建筑物从内到外、从水平到垂直的全貌。

图 6-100 是一张某传达室的施工图，就是用上述的房屋建筑图基本表示方法绘制的。

二、房屋建筑的详图和构件图

在施工图中，由于平、立、剖面图的比例较小，许多细部表达不清楚，必须用大比例尺绘制局部详图或构件图。详图或构件图也是运用正投影原理绘制的，表示方法根据详图和构件的特点有所不同。

如图 6-100 中墙身剖面甲就是在平面图上所示甲剖面的详图。

图 6-101 是构件图，采用平面图和两个不同方向的剖面图共同表示预应力大型屋面板

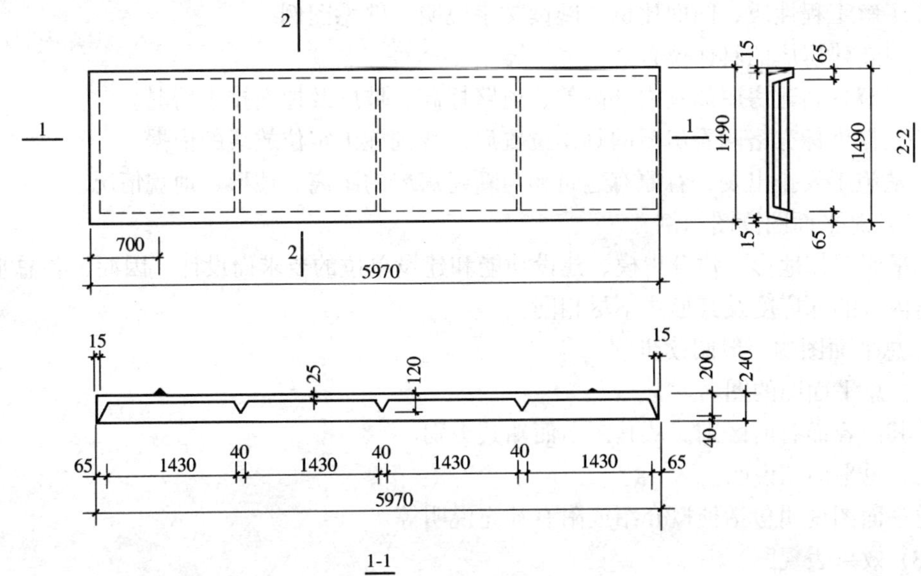

图 6-101

的形状。由于大型屋面板的外形比较简单，完全可以从平面图和剖面图中知道它的形状，因此将立面图省略不画。

从以上所述可以看出，房屋建筑的平、立、剖面图是以正投影原理为基础的，并根据建筑设计和施工的特点，采用了一些灵活的表现方法。熟悉这些基本表现方法，有助于我们阅读房屋建筑的施工图纸。

第六节　建筑施工图的识读

建筑施工图，简称“建施”，它是建筑设计总说明、总平面图、建筑平面图、建筑立面图、建筑剖面图和建筑详图等的统称，它主要表明拟建工程的外部和内部形状、平面及竖向布置，以及各部位的大小尺寸、内外装饰情况和材料做法等。

一、总平面图

（一）总平面图的用途和基本内容

1. 用途

总平面图标明建筑物的具体位置，所在地点绝对标高以及周围情况，如场地、道路和已有建筑物等，它是施工放线的主要依据。

2. 基本内容

（1）表明新建区的总体布局。

（2）确定建筑的平面位置，通常根据原有房屋或道路定位。

（3）表明建筑物首层地面的绝对标高，室外地坪、道路等绝对标高。

（4）用指北针表示房屋的朝向。

（5）用风玫瑰图表示该地区的常年风向频率和风速。

（6）周围的其他情况。

（二）总平面图识读要点

1. 了解工程性质、图面比例、阅读文字说明、熟悉图例。

2. 看新建房屋的具体位置。

3. 了解各新建房屋的室内外高差、道路标高、坡度及地面排水情况。

4. 根据坐标方格网看房屋的具体位置后，找到施工定位放线的依据。

5. 从施工安排出发，看原有建筑物与新建房屋的距离、地形、地貌情况。

（三）总平面图读图示例

总平面图依地形、建设规模、建设功能和建设单位的要求而设计。因而，各总平面图所包含内容的深广度及其形式不尽相同。

1. 总平面图的一般阅读步骤

（1）总平面图的图名。

依其内容而有所区别。从其图名而知其类别。

（2）总平面图说明。

总平面图说明包括梗概介绍或附有补充说明等。

（3）效果表现图。

效果表现图常采用鸟瞰透视图或鸟瞰轴测图。从效果表现图上，可以综观工程布局和建设功能意图。

(4) 总平面图的比例。

通常总平面图的比例为1:500，或小于1:500。

习惯上，总平面图的右下角，常画出比例尺小图，便于用分规直接读出图画上的尺寸。

(5) 建筑红线。

建筑红线是指国家拨地给建设单位而使用的限定边界线。

建设单位的建筑物、构筑物等一切设施，均不能超出建筑红线。

(6) 占地面积。

占地面积就是建筑红线围拢起来的面积。

(7) 自然地形。

地形图是表示自然地形的。地形图是通过画等高线表达的。

(8) 风向频率玫瑰图或指北针。

(9) 建设区的交通。

建设区的围墙、入口、道路和铁路专用线。

(10) 建筑物和构筑物的平面配置。

(11) 各建筑物和构筑物与建筑红线的尺寸关系。

(12) 各建筑物的底层占地面积、楼层数和楼间距离。

(13) 建设区内的给水、排水、供热、供电、煤气、电讯等线路。

(14) 建筑物底层室内标高与室外地坪高。

(15) 坐标网及联系尺寸。

(16) 即将拆除的建筑物和构筑物。

(17) 未来扩建工程。

(18) 环境。

周边公路名称、毗邻的建筑、绿化、河流、桥涵和基础设施干线的架设或埋设部位。

2. 总平面图阅读示例

参看图6-102，"×××住宅小区总平面图"。

建筑物说明 **表6-10**

建筑物符号	建筑物用途	建筑物符号	建筑物用途
A	住　宅	H	住　宅
B	住　宅	J	公　寓
C	住　宅	K	综合楼
D	公　寓	L	平　房
E	宿　舍	M	变电所
F	水泵房	N	门　卫
G	锅炉房		

从图名和它的说明可以知道，建设小区是以住宅、宿舍和公寓为主的工程建设。图名后标注了比例为1:500。图下方绘有比例尺，用分规先量图面大小，然后再把分规对准比例尺，便可读出大致的尺寸。单位为米。由公路中心线引出的建筑红线为10m。

围墙外墙皮纵横长宽为260m、126m，两者相乘，即为建设区域的占地面积32760m。

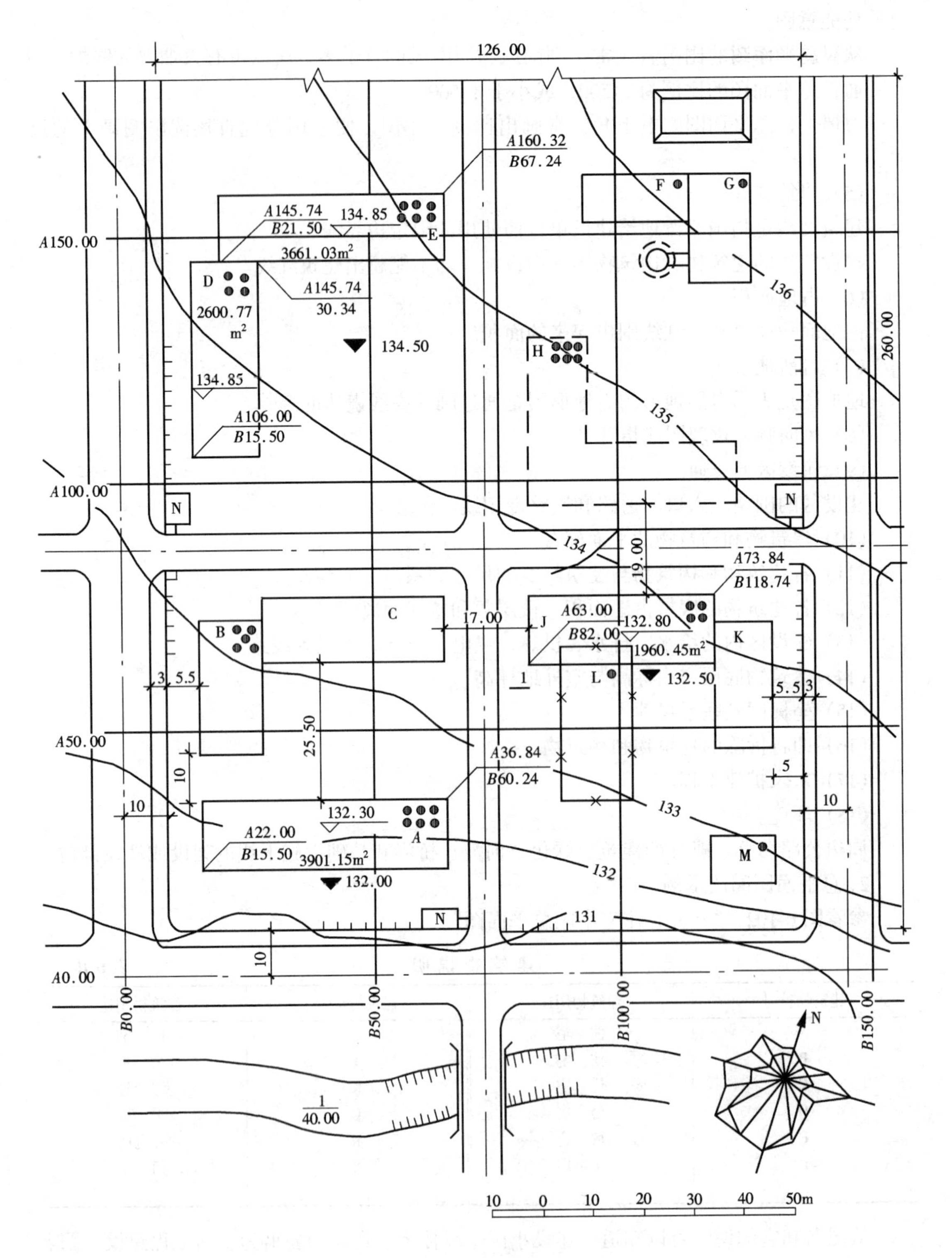

图 6-102　×××住宅小区总平面图 1:500

从表示地形的等高线来看，共六条等高线。等高线的标高是绝对标高，而且是从131m 到 136m。每两条相邻线间的高差均为 1m。由西南向东北，愈来愈高。从地势来看，右下角峻陡，左上角坡缓。

从风向频率玫瑰图上看，常年刮南风和西南风的日子多，所以带有大烟囱的锅炉房设在了小区的东北角。

小区是由围墙围起来的。区内有两条互相垂直相交的道路，道路尽端是小区出入的大门，且有门卫室。

建筑物的平面配置，是根据使用功能、风向、防火通道、楼间防火距离、楼高与楼间距离的光照影响尺寸等设计的。如 B 栋、K 栋与围墙间的距离 5.5m 为防火通道（大于 4m）；A 栋与 C 栋的间隔 28.50m 为楼高与楼间距离的光照要求尺寸；等等。

在图 6-102 中画有施工坐标网，它的 A、B 网线可以做为房屋定位放线的基准。

A、D、E 和 J 四栋是新建工程。其平面图轮廓用粗实线绘制。圆黑点的个数为楼层数。每栋楼平面轮廓对角线上的两个点，注写有坐标点数据（测量放线定位点）。新建工程均在平面内注写有建筑面积数据，如 A 栋为 3901.15m^2。新建房屋如 A 栋，注出室内一层标高 132.30m 和室外地坪标高 132.00m。

用中实线画出的平面轮廓为原有且保留的楼房，如 B、C 等。用虚线画出的平面轮廓，为计划未来扩建工程，如 H 栋。L 栋是现在就要拆除的房子。F 为水泵房，G 为锅炉房。G 左方的内实外虚两圆是表示烟囱。F、G 的上方为堆煤场。

小区四周为公路，南方公路上有一跨越小河的公路桥。河中箭头方向表示水流方向；上边的“1”为坡度 1%；下边的 40.00m 为变坡点间的距离。

二、建筑平面图

（一）用途

建筑平面图是假想沿窗口以上部位，把房屋沿水平方向进行剖切，由上向下看，所绘制的视图，如图 6-103 所示，它是作为放线、砌墙、安装门窗、编制工程预算的主要依据。

（二）基本内容

1. 表明建筑物形状、内部的布置及朝向。
2. 表明建筑物的尺寸，一般用轴线和尺寸线表示各个部分的长宽尺寸和准确位置。
3. 表明建筑物的结构形式及主要建筑材料。
4. 表明各层的地面或楼面标高。
5. 表明门窗编号、门的开启方向等。
6. 表明剖面图、详图和标准配件的位置及编号。
7. 表明室内地面装修做法。
8. 还反映安装工程的一些内容：如消火栓、雨水管、电闸箱等及其在墙或楼板上的预留洞的位置和尺寸。
9. 其他一些文字说明。

（三）识读平面图的要点

1. 看图名及图例。
2. 看建筑物的朝向和出入口。
3. 看建筑物的房间、走廊、门厅、楼梯间等的组合情况。
4. 看房屋主要承重构件位置的轴线和外部、内部尺寸，如房屋总长度和总宽度、室

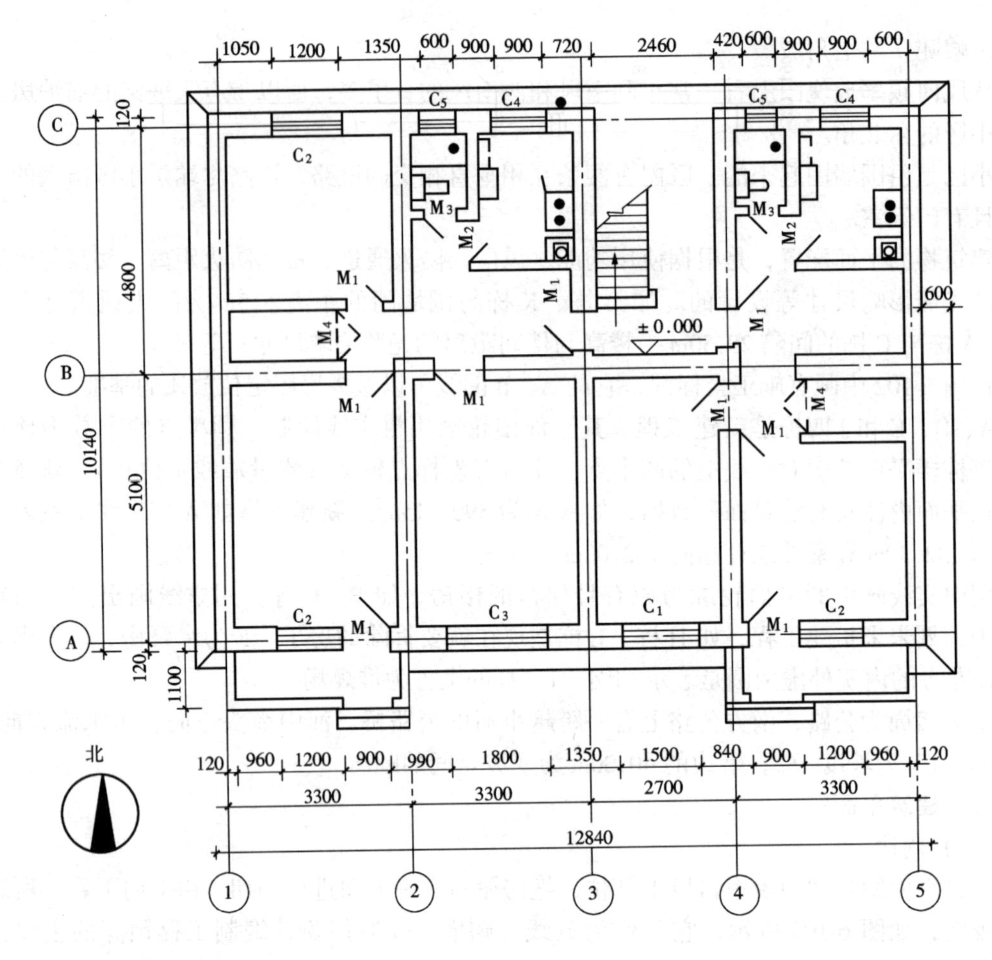

图 6-103

内门窗洞口尺寸、墙的厚度等。

5. 看门窗的开向、形式、有关尺寸和楼梯的形式、尺寸。

6. 看房间装修的做法、索引和剖切符号以及有关的详图。

7. 熟悉有关文字说明。

(四) 屋顶平面图

屋顶平面图主要反映屋顶上建筑构造的平面布置以及雨水流向、泛水坡度等。

注意阅读屋面排水系统应与屋面做法表和墙身剖面图的檐口部分对照阅读。

三、建筑立面图

掌握建筑立面图的用途和基本内容，建筑立面图又称立面图，如图 6-104 所示，它主要反映建筑物的外貌和室外装修要求。它表明建筑物的外形以及门窗、雨篷等的位置，建筑物的总高度和各楼层的高度，以及室内外地坪等标高，同时还表明建筑物外墙表面各部分的做法等。

识读立面图首先要看各部位的标高和尺寸，其次看外墙及饰面材料、线脚、腰线、檐口等的分格及艺术处理等，再看索引号，以便对有关详图的识读。

四、建筑剖面图

(一) 用途

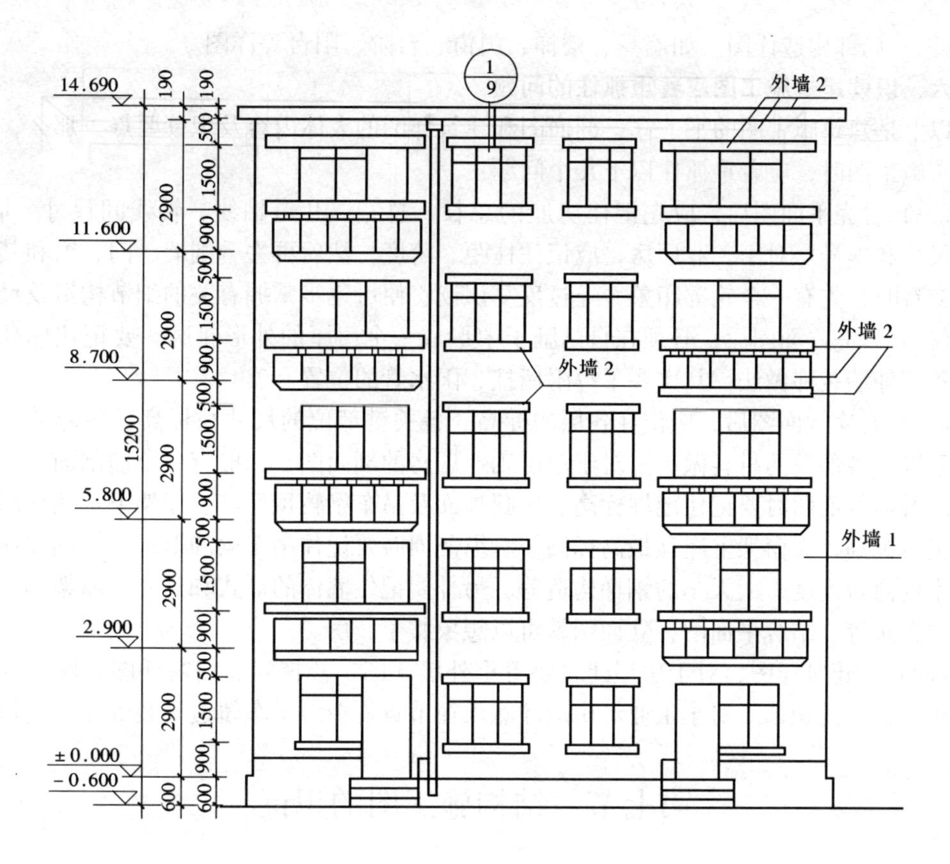

图 6-104

剖面图简要地表示建筑物的结构形状、高度及内部分层情况。

（二）基本内容

1. 表示建筑物各部位的高度。

2. 表明建筑物主要承重构件的相互关系，各层梁、板的位置及其与墙柱的关系，屋顶的结构形式等。

3. 表明地面、楼面、墙面、屋面的做法。

4. 有关内容不能在剖面图中详细表达的，标出索引符号，以方便查出详图。

（三）识读建筑剖面图要点

首先要注意看建筑物内分层情况，各层的层高与标高，楼梯的分段与分级数量，再看各层梁板的位置与墙的关系，屋顶的结构形式与用料。最后要看剖面图中某些局部构件，如另有详图，则应根据索引符号去查看详图。

五、建筑详图

为了表明某些局部的详细构造做法及施工要求，采用较大比例尺绘制的详图，这种图称为建筑详图，简称详图（或大样图）。

建筑详图主要包括以下几个方面：

（一）有特殊设备的房间，如厨房、厕所、浴室等，用详图表明固定设备的位置、形状以及所需的埋件、沟槽位置及其大小。

（二）有特殊装修的房间，如吊顶、木墙裙、大理石贴面等。

(三) 局部构造详图，如墙身、楼梯、门窗、台阶、阳台等详图。

六、识读建筑施工图应着重抓住的问题

以上是建筑施工图的平、立、剖面图和建筑详图的大体内容及识读要点。那么，在识读建筑施工图时，应着重抓住以下几个问题：

(一) 看完平面图后，应先记住房屋的总长、总宽、几道轴线、轴线间尺寸、墙厚、门窗尺寸和编号。对于工业厂房，应记住柱距、跨度，然后再去看围墙、门、窗和其他构造。初看时，先有一个轮廓印象，经过反复识读，便可逐步掌握有关的细节构造及尺寸。

(二) 看完立面图后，必须在自己脑子中形成一个房屋的外形轮廓。要记住标高，门窗位置、外墙装饰做法。其次要了解附墙柱、雨水管的位置。

(三) 看完剖面图后，应记住各层的标高、各关键部位的尺寸与标高、各部分之间相互关系以及各部位的材料做法。对于单层工业厂房的剖面图，一般有一个横剖面，一个纵剖面。看横剖面图时要记住地坪标高、牛腿顶面及吊车梁轨顶标高、屋架下弦底标高、女儿墙檐口标高、天窗架上屋顶最高标高。看纵剖面时要记住吊车梁的形式、柱间支撑的位置、室内窗台高度、上天车的钢梯构造等。另外要记住墙体的形式和尺寸、屋架形式以及雨篷、台阶等。结合平面图、立面图就可以想象整个厂房。

(四) 看建筑详图，对于房屋建筑要着重外墙详图，楼梯间、门窗详图、厕所等结构复杂部位详图的识读。对于工业厂房应注意天窗节点构造、吊车轨道安装等详图的识读。

第七节　结构施工图的识读

结构施工图，简称“结施”，它是通过结构设计画出的图样，它表明结构设计的内容和各专业对结构的要求。它一般包括结构总说明、基础平面图和剖面图、楼层结构平面图和详图、屋顶结构图和详图、钢筋混凝土构件详图等。

结构施工图主要是基础放线、挖槽、绑钢筋、支模板、浇灌混凝土、安装柱梁板的依据，也是工程预算编制的主要依据。

结构施工图的一般排列顺序是：

(1) 结构设计说明书主要说明设计依据；材料标号及要求、施工要求、标准图、通用图的使用等。

(2) 结构平面图它包括基础平面图，楼层结构布置平面图，屋面结构平面图。

(3) 构件详图它包括梁、板、柱结构详图，楼梯结构详图及其他结构详图等。

识读结构施工图首先要掌握结构施工图的常用代号和排列顺序，其次要将结构平面图和详图结合起来，主要掌握基础图、楼层结构图、屋顶结构图和钢筋混凝土构件图的识读。

一、基础图

基础的平面布置及地面以下情况，以基础平面图和结构详图表示，如图 6-105、图 6-106所示。

(一) 基础平面图

基础平面图表示基础平面布置情况、基础类型和平面尺寸，以及基础的剖切位置等。

识读基础平面图主要了解下列内容：

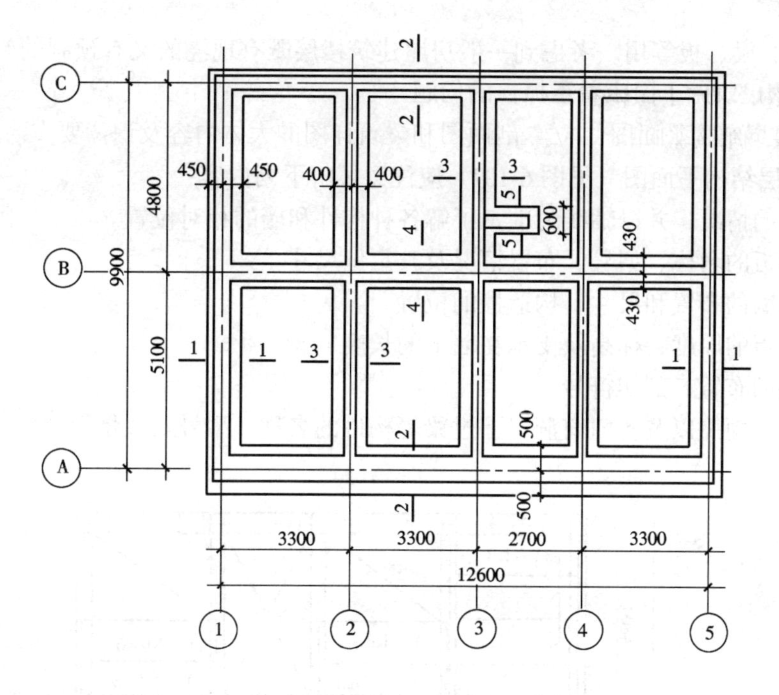

图 6-105

1. 从轴线编号，了解建筑物纵、横轴线间的距离尺寸。这些轴线编号和尺寸与建筑平面图相一致，是施工放线的依据，也是结合详图计算工程量的依据。

2. 建筑物的基础形式是什么，根据基础的剖切线编号，查找基础的做法。

3. 基础图上所标明的组合柱（构造柱）的位置。

4. 检查孔和过梁设置等情况。基础墙上预留孔洞的位置。

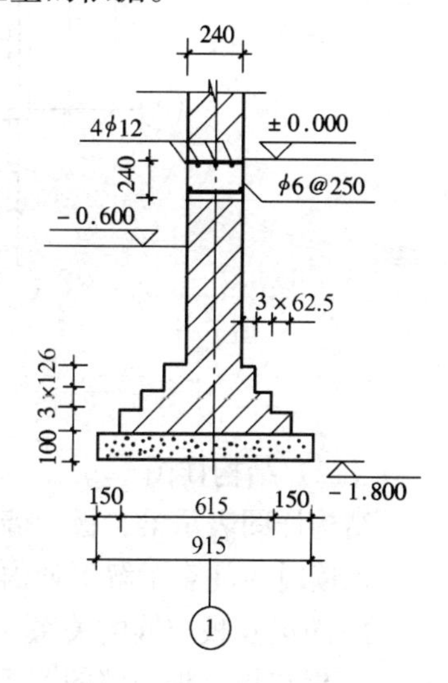

图 6-106

（二）基础结构详图

基础结构详图表明基础的详细构造情况。

识读基础详图应注意了解下列内容：

1. 基础底面标高和室外自然地坪标高。

2. 垫层宽度和厚度。

3. 基础墙的厚度及其大放脚情况。

4. 组合柱的构造及其配筋情况。

5. 基础圈梁的宽度、高度及其配筋情况。

6. 垫层、基础墙、组合柱、基础圈梁所用材料和标号等。

二、楼层结构图

楼层结构图，主要表明各楼层的结构布置情况，所用材料，以及楼板与各种构件（如梁、墙、柱、板）的相互关系。楼层有预制和现浇之分，因此楼层结构图反映的内容也不一样。预制楼层平面布置图及详图主要为安装梁、板等各种构件，以及制作圈梁和局部现浇梁、板用；现浇楼层结构平面图及剖面图主要用于现场支模板、绑扎钢筋、浇灌混凝土、制作柱、梁、板等用。考虑到一般房屋建筑楼层既有现浇的又有预制的，因此，还是放在楼层结构图中一同识读。

（一）楼层结构平面图

识读楼层结构平面图（见图6-107）应注意了解下列内容：

1. 轴线的情况，并以轴线为准，了解各种构件和墙的相对位置。

2. 预制板的名称、型号、布置情况及其定位尺寸。

3. 承重墙的布置和尺寸，构造柱的位置。

4. 现浇板的厚度、标高及支承在墙上的长度。

5. 钢筋的布置，剖切符号。

6. 阳台、雨篷以及各门窗洞口上过梁等构件的名称、型号及数量等。

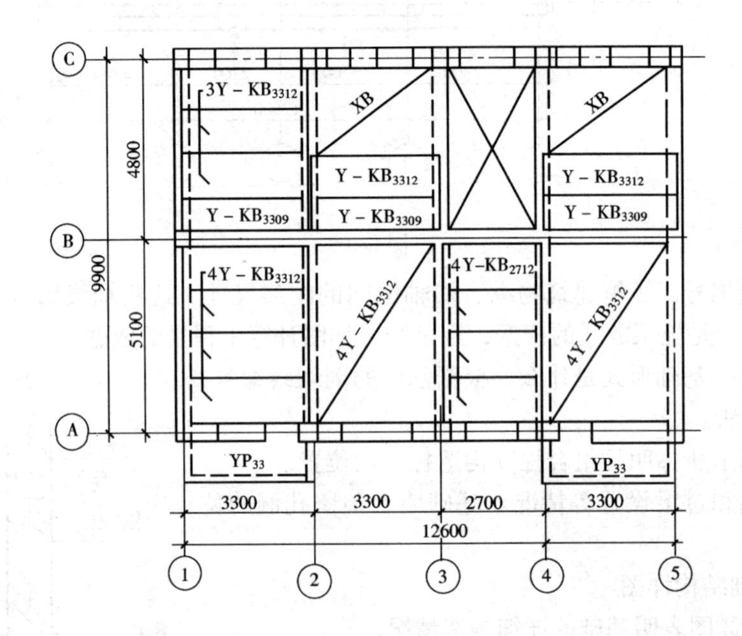

图6-107

（二）结构详图

结构详图表示梁、板、墙、圈梁之间的连接关系和构造处理情况等。

识读时应注意了解下列内容：

1. 圈梁及板与墙的关系。

2. 板与板、板与墙的关系。

三、屋顶结构图

屋顶结构图（如图6-108所示）作用和内容基本上同楼层结构图，所不同的主要有下列内容：

（1）屋顶结构平面图表明阳台上的雨篷的布置情况。

（2）屋顶结构平面图，标明了出檐的情况，以及所用钢筋混凝土预制构件的型号和排列方法等。

（3）楼梯间上面也有屋面板。

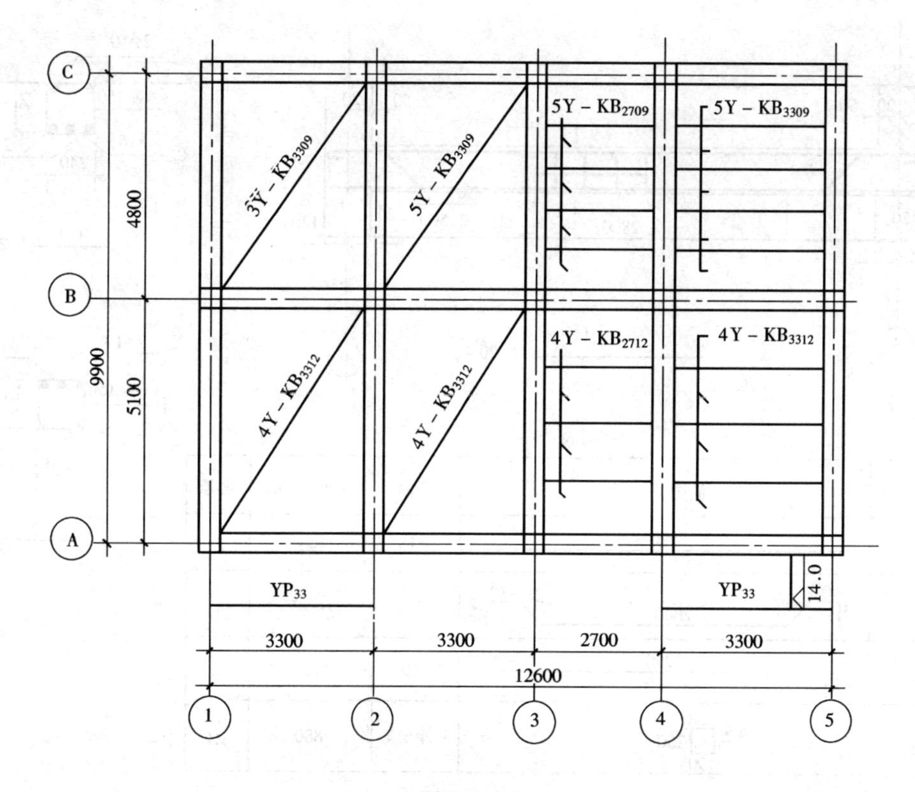

图 6-108

（4）屋顶使用的屋面板与楼层使用的常常不同。

（5）屋面做法与楼面做法不同。

四、钢筋混凝土构件详图

钢筋混凝土构件是现浇的构件和由工厂成批生产或在现场预制，然后进行吊装的预制构件。根据构件性质，又可分为普通的（非预应力的）和预应力的两种。

钢筋混凝土构件详图一般包括配筋图、模板图和预埋件图等。

（一）配筋图

配筋图主要表示构件内部的钢筋配置数量、形状和规格型号，其中包括立面图、断面图和详图。钢筋混凝土梁一般用立面图和断面图来表示梁的外形尺寸和钢筋配置，如图 6-109。

读图时，先看图名，再看立面图和断面图。从图名得知它是第 1 号梁，制图比例是 1∶20。

从立面图和断面图对照阅读，可知此梁为矩形断面的现浇梁，梁宽为 240mm，梁高为 250mm，梁的一端搁置在定位轴线编号为 A 的砖墙上，另一端搁置在定位轴线编号为 B 的钢筋混凝土柱（Z-1）上。梁的跨度为 2800mm，梁长 3040mm，梁底标高为 2.58m。

梁的钢筋按顺序编了号。1、2、3 号筋为纵向筋，4 号筋为箍筋。梁的下部配置 3 根（1 号筋 2 根、2 号筋 1 根）直径为 16mm 的Ⅱ级钢筋，作为受力筋，其中 2 号筋为弯起钢筋。弯起角度为 45°角，上部的弯点离支座 60mm。3 号筋是梁的上部配置的架立筋，2 根直径 10mmⅠ级钢筋。由于投影重叠的关系，3 根受力筋和两根架立筋在立面图中表示为

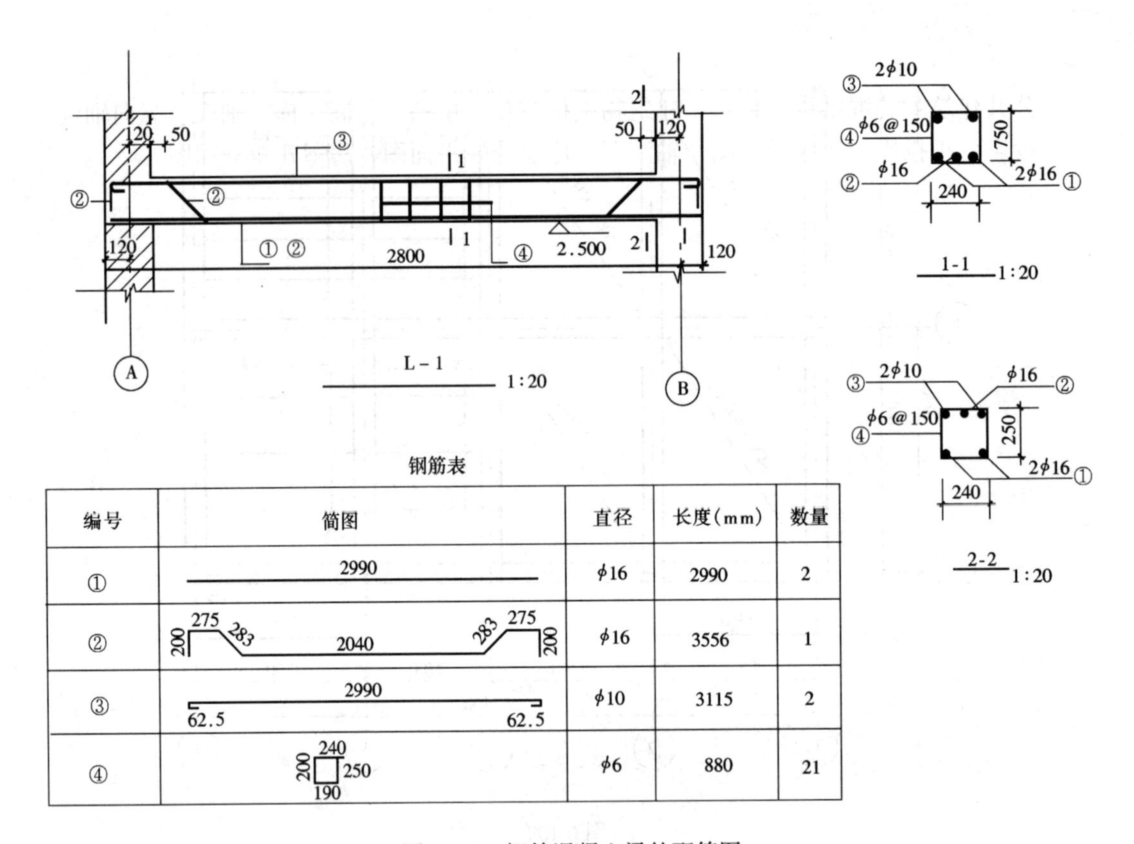

编号	简图	直径	长度(mm)	数量
①	2990	ϕ16	2990	2
②	200 275 283 2040 283 275 200	ϕ16	3556	1
③	2990 62.5 62.5	ϕ10	3115	2
④	240 200 250 190	ϕ6	880	21

图 6-109　钢筋混凝土梁的配筋图

下部一条粗实线和上部一条粗实线。受力钢筋的端部均无弯钩，3 号架立筋的端部为半圆弯钩。箍筋采用Ⅰ级钢筋，直径 6mm，间距 150mm，在梁中是均匀分布的，立面图中采用简化画法，只画四道钢箍。按图示，箍筋的端部为 135°弯钩。

（二）模板图

一些构造较复杂的构件，为了便于模板制作及安装，还画出模板图，以表示模板的外部形状、尺寸、标高和预埋件位置等。

（三）预埋件详图

预埋件详图反映预埋件的位置，预埋钢板的形状、厚度和大小尺寸，以及锚固钢筋的位置、数量、规格及锚固长度等。

（四）预制钢筋混凝土构件标准图

为了加快设计速度，提高设计质量，有关部门批准了一些标准的预制钢筋混凝土构件设计，这些构件的设计按照统一的模数和不同的标准规格，设计出成套的建筑详图，供设计部门使用，这种详图就是标准图或称之为通用图。标准图的识读要掌握 3 个方面内容：

1. 根据施工图中注明的图集名称、编号及图集编制单位，查找选用的图集。

2. 阅读图集的总说明，了解编制该图集的设计依据，使用范围，选用标准构件、配件的条件，施工要求及注意事项。

3. 了解标准图的编号和表示方法以及标准图内容。

■ 关键概念

公共建筑　砖混结构　地基　建筑物　构筑物　层高　净高　横向轴线　纵向轴线　中心投影　正投影　比例透视图　轴测图　房屋建筑平面图　房屋建筑立面图

■ 复 习 思 考 题

1. 工程图是如何分类的?
2. 产生投影的三要素是什么?
3. 在工程设计中,“三视图”是如何应用的?
4. 剖面图和断面图是如何应用的?
5. 怎样识读建筑施工图?
6. 怎样识读结构施工图?

第七章　定额工程量与清单工程量

第一节　工 程 量 概 述

一、工程量的概念和作用

(一) 工程量概念

工程量是以物理计量单位或自然计量单位所表示的各个分项工程和结构配件的数量。

所谓物理计量单位，就是以法定的计量单位表示的工程数量，如毫米（mm)、厘米(cm)、米（m)、平方米（m^2)、立方米（m^3）以及千克（kg)、吨（t）等。

所谓自然计量单位，是指以工程子目中所规定的施工对象本身的自然组成情况，如台、组、套、件、个等为计量单位所表示的工程数量。

工程量是根据设计图纸规定的各个分部分项工程的尺寸、数量以及设备、材料明细表等具体计算出来的。

本书的“定额工程量”是指按照“全国统一建筑工程基础定额工程量计算规则”计算出来的工程量；“清单工程量”是指按照国家“建设工程工程量清单计算规则”计算出来的工程量。

(二) 工程量作用

1. 工程量是确定工程造价的重要依据

准确地计算工程量，选套相应的预算单价，才能正确地计算出工程直接费，才能合理地确定工程造价。

2. 工程量是施工企业搞好生产经营的重要依据

工程量指标是施工企业编制施工组织设计、安排工程作业计划、组织劳动力和物资供应、进行成本分析和实现经济核算的必不可少的基础资料。

3. 工程量是业主管理工程建设的重要依据

工程量指标是业主编制建设计划、筹集建设资金、安排工程价款拨付和结算、进行财务管理和核算的基本依据。

4. 工程量是业主招标文件的重要组成部分。

5. 定额工程量是承包商投标报价的重要参考依据。

二、工程量计算依据及一般原则

(一) 工程量计算依据

1. 工程设计施工蓝图、标准图册、设计说明书；

2. 工程施工组织设计或施工方案；

3. 工程量计算规则及使用说明；

4. 有关工具书及技术资料。

(二) 工程量计算的一般原则

1. 工程量计算应参照“全国统一建筑工程基础定额”和“建设工程工程量清单计价规范的规定”

(1) 项目的划分应一致

计算工程量时根据施工图纸所列出的分项工程的项目（所包括的工作内容和范围），应与“基础定额”和“计价规范”中相应的项目一致。有些项目内容单一，一般不会出错，有些项目综合了几项内容，则应加以注意。例如屋面卷材防水项目中，若已包括了刷冷底子油一遍的工作内容，计算工程量时，就不能再列刷冷底子油的项目。

(2) 计算单位应一致

计算工程量时所采用的单位应与“基础定额”和“计价规范”相应项目中的计量单位一致。如现浇钢筋混凝土柱、梁、板的定额计量单位是 m^3，而整体楼梯定额计量单位是投影面积 m^2，则工程量计算时也应分别按体积和投影面积计算。此外定额中有些计量单位常为扩大计量单位如 10m、$100m^2$、$10m^3$ 等。计算时还应注意计量单位的换算。

(3) 计算方法应一致

“基础定额”和“计价规范”的各分部都列有工程量计算规则，计算中应遵循这些规则，才能保证工程量计算的准确性。例如，计算砖墙工程量时，定额中规定了哪些是应扣除的体积，哪些是不应扣除的体积，应按其规定计算而不能擅自决定。

2. 工程量计算必须与设计图纸相一致

设计图纸是计算工程量的依据，工程量计算项目应与图纸规定的内容保持一致，不得随意修改内容去高套或低套定额。

3. 工程量计算必须准确

在计算工程量时，必须严格按照图纸所示尺寸计算，不得任意加大或缩小。各种数据在工程量计算过程中一般保留小数点后三位数字，计算结果通常保留两位小数，以保证计算的精度。

三、工程量计算顺序

计算工程量应按照一定的顺序依次进行，既可以节省看图时间，加快计算进度，又可以避免漏算或重复计算。

(一) 单位工程计算顺序

1. 按施工顺序计算法

按施工顺序计算法就是按照工程施工顺序的先后次序来计算工程量。如一般民用建筑，按照土方、基础、墙体、脚手架、地面、楼面、屋面、门窗安装、外抹灰、内抹灰、刷浆、油漆、玻璃等顺序进行计算。

2. 按“基础定额”和“计价规范”顺序计算法

计算工程量可按照“基础定额”和“计价规范”上的分章或分部分项工程顺序来计算工程量。这种计算顺序法对初学编制预算的人员尤为合适。

(二) 分部分项工程计算顺序

1. 按照顺时针方向计算法

按顺时针方向计算法就是先从平面图的左上角开始，自左至右，然后再由上而下，最后转回到左上角为止，这样按顺时针方向转圈依次进行计算工程量。例如计算外墙、地面、天棚等分项工程，都可以按照此顺序进行计算。见图 7-1。

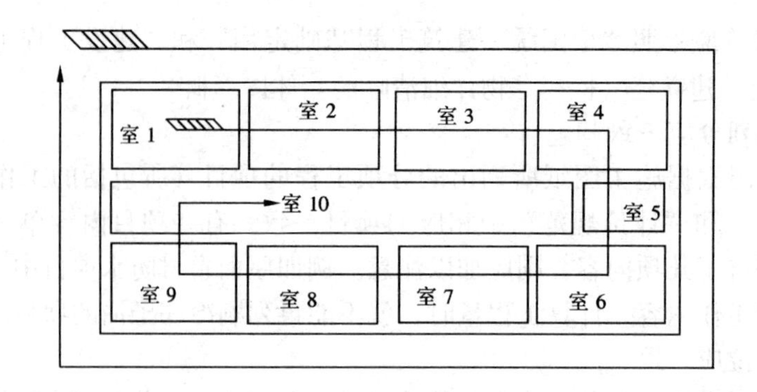

图 7-1　顺时针计算法示意图

2. 按“先横后竖、先上后下、先左后右”计算法

此法就是在平面图上从左上角开始，按“先横后竖、从上而下、自左到右”的顺序进行计算工程量。例如房屋的条形基础土方、基础垫层、砖石基础、砖墙砌筑、门窗过梁、墙面抹灰等分项工程，均可按这种顺序进行计算工程量。见图 7-2。

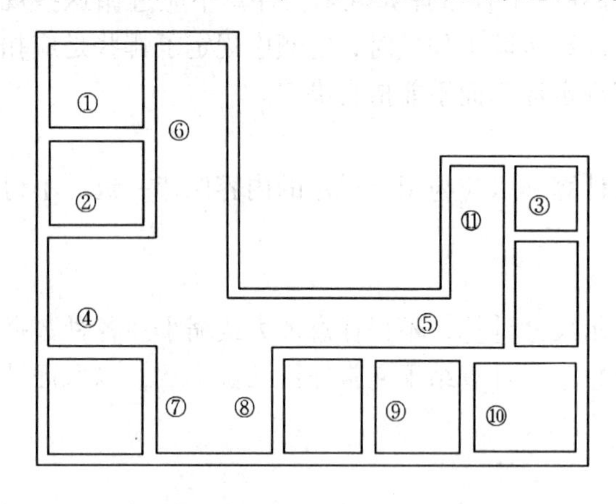

图 7-2　横竖计算法示意图

3. 按图纸分项编号顺序计算法

此法就是按照图纸上所注结构构件、配件的编号顺序进行计算工程量。例如计算混凝土构件、门窗、屋架等分项工程，均可以按照此顺序进行计算。见图 7-3。

四、工程量计算步骤

（一）熟悉图纸

1. 粗略看图，初步建立房屋立体概念

（1）了解工程的基本概况。如建筑物的层数、高度、基础形式、结构形式、大约的建筑面积等。

（2）了解工程的材料和做法。如基础是砖、石还是钢筋混凝土的，墙体砌砖还是砌块，楼地面的做法等。

（3）了解图中的梁表、柱表、混凝土构件统计表、门窗统计表，要对照施工图进行详细核对。一经核对，在计算相应工程量时就可直接利用。

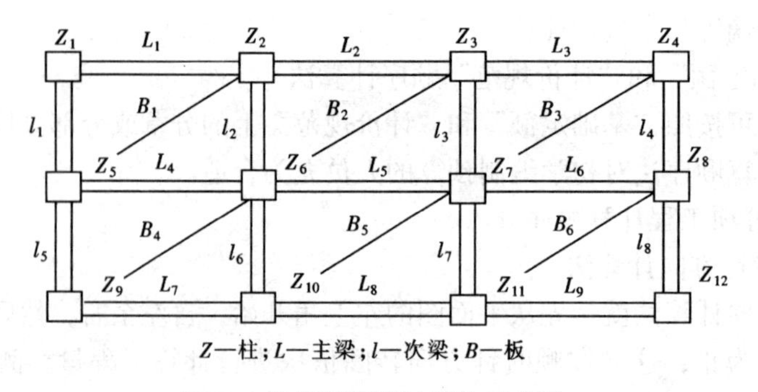

图 7-3　按编号顺序计算法示意图

(4) 了解施工图表示方法。

2. 重点看图，建立建（构）筑物详细清晰的立体图形概念

重点看图着重要弄清的问题有：

(1) 房屋室内外高差，以便在计算基础和室内挖、填工程时利用这个数据。

(2) 建筑物层高、墙体、楼地面、面层、门窗等相应工程的内容是否因楼层或段落不同而有所变化（包括尺寸、材料、做法、数量等变化），以便在有关工程量计算时区别对待。

(3) 工业建筑设备基础、地沟等平面布置大概情况，以利于基础和楼地面工程量计算。

(4) 建筑物构配件如平台、阳台、雨篷、台阶等的设置情况，便于计算其工程量时明确所在部位。

3. 修正图纸

主要是按照图纸会审记录、设计变更通知单的内容修正、订正全套施工图，这样可避免走“回头路”，造成重复劳动。

（二）列出计算式

工程项目列出后，根据施工图所示的部位、尺寸和数量，按照一定的计算顺序和工程量计算规则，列出该分项工程量计算式。计算式应力求简单明了，并按一定的次序排列，便于审查核对。例如，计算面积时，应该为：宽 × 高；计算体积时，应该为：长 × 宽 × 高，等等。

（三）演算计算式

分项工程量计算式全部列出后，对各计算式进行逐式计算。然后再累计各算式的数量，其和就是该分项工程的工程量，将其填入工程量计算表中的“计算结果”栏内。

（四）调整计量单位

计算所得工程量，一般都是以米、平方米、立方米或千克为计量单位，但预算定额往往是以 100m，$100m^2$、$100m^3$ 或 10m、$10m^2$、$10m^3$ 或吨等为计量单位。这时，就要将计算所得的工程量，按照预算定额的计量单位进行调整，使其一致。

工程量计算应采用表格形式，以便进行审核。

五、工程量计算常用的数学公式

工程量计算常用的数学公式主要有平面图形计算公式和立体图形计算公式。见表 7-1，表 7-2。

平面图形计算公式 **表 7-1**

图　形		尺寸符号	面积（F） 表面积（S）	重　心（G）
正方形	(图：边长 a，对角线 d)	a——边长 d——对角线	$F = a^2$ $a = \sqrt{F} = 0.707d$ $d = 1.414a = 1.414\sqrt{F}$	在对角线交点上
长方形	(图：短边 a，长边 b，对角线 d)	a——短边 b——长边 d——对角线	$F = a \cdot b$ $d = \sqrt{a^2 + b^2}$	在对角线交点上

续表

图形		尺寸符号	面积（F） 表面积（S）	重心（G）
三角形		h——高 l——$\frac{1}{2}$周长 a、b、c——对应角，A、B、C的边长	$F=\frac{bh}{2}=\frac{1}{2}ab\sin C$ $l=\frac{a+b+c}{2}$	$GD=\frac{1}{3}BD$ $CD=DA$
平行四边形		a、b——邻边 h——对边间的距离	$F=b\cdot h=a\cdot b\sin\alpha$ $=\frac{AC\cdot BD}{2}\cdot\sin\beta$	对角线交点上
梯形		$CE=AB$ $AF=CD$ $a=CD$（上底边） $b=AB$（下底边） h——高	$F=\frac{a+b}{2}\cdot h$	$HG=\frac{h}{3}\cdot\frac{a+2b}{a+b}$ $KG=\frac{h}{3}\cdot\frac{2a+b}{a+b}$
弓形		r——半径 s——弧长 a——中心角 b——弦长 h——高	$F=\frac{1}{2}r^2\left(\frac{a\pi}{180}-\sin\alpha\right)$ $=\frac{1}{2}[r(s-b)+bh]$ $S=r\cdot a\cdot\frac{\pi}{180}-0.175r\cdot a$ $h=r-\sqrt{r^2-\frac{1}{4}a^2}$	$G_0=\frac{1}{12}\cdot\frac{b^2}{F}$ 当$\alpha=180°$时 $Go=\frac{4r}{3\pi}=0.4244r$

名称	形状	尺寸符号	公式 代表符号； F—面积；S—表面积；V—体积
圆片		R——大圆半径 r——小圆半径 θ——圆心角	$F=\frac{\pi\theta}{360°}(R^2-r^2)$ $=0.00872\theta(R^2-r^2)$
圆形		L——圆周长 R——半径 d——直径	$L=2\pi R=\pi d$ $=3.1416d$ $F=\pi R^2$
空心圆		r——小圆半径 R——大圆半径 d——小圆直径 D——大圆直径	$F=\frac{\pi}{4}(D^2-d^2)$ $=\pi(R^2-r^2)$
椭圆		d——小圆直径 D——大圆直径 P——周长	$F=\pi Rr=\frac{\pi}{4}Dd$ $P=\pi\sqrt{R^2+r^2}$ $=\pi\sqrt{\frac{D^2+d^2}{4}}$

续表

<table>
<tr><th>名称</th><th>形状</th><th colspan="6">尺寸符号</th></tr>
<tr><td>扇形</td><td></td><td colspan="3">l——弧长
r——半径
α——圆心角</td><td colspan="3">公式 代表符号；F—面积；S—表面积；V—体积
$F=\frac{1}{2}rl=\frac{\alpha}{360°}\pi r^2$
$=0.008727r^2\alpha$
$l=r\alpha\frac{\pi}{180}=0.01745r\alpha$</td></tr>
<tr><td rowspan="6">等边多边形</td><td rowspan="6"></td><td colspan="6">$F=\frac{h}{2}aK=a^2\times$固定值</td></tr>
<tr><td>角数</td><td>边数</td><td>固定值</td><td>角数</td><td>边数</td><td>固定值</td></tr>
<tr><td>三角形</td><td>3</td><td>0.433</td><td>七角形</td><td>7</td><td>3.634</td></tr>
<tr><td>正方形</td><td>4</td><td>1.000</td><td>八角形</td><td>8</td><td>4.828</td></tr>
<tr><td>五角形</td><td>5</td><td>1.720</td><td>九角形</td><td>9</td><td>6.182</td></tr>
<tr><td>六角形</td><td>6</td><td>2.598</td><td>十角形</td><td>10</td><td>7.694</td></tr>
</table>

立体图形计算公式 **表 7-2**

名称	形状	尺寸符号	公式 代表符号；F—面积；S—表面积；V—体积
角柱		B——直截断面 P——底面周长 h——高	$S_{全}=Ph+2S_{底}$ $S_{侧}=Ph$ $V=S_{底}h=B\cdot h$
直角锥		P——底面周长 r——内接圆半径 R——外接圆半径 a——正多角形边长 n——正多角形边数 l——斜高	$S=\frac{1}{2}Pl+S_{底}$ $S_{侧}=\frac{1}{2}Pl$ $V=\frac{h}{3}S_{底}=\frac{harn}{6}=\frac{han}{6}\sqrt{R^2-\frac{a^2}{4}}$
截头直角锥		P_1，P_2——两端周长 S_1，S_2——两端面积 l——斜高	$S=\frac{1}{2}l(P_1+P_2)+S_1+S_2$ $S_{侧}=\frac{1}{2}l(P_1+P_2)$ $V=\frac{h}{3}(S_1+S_2+\sqrt{S_1S_2})$
直圆锥		h——高 r——圆锥底半径 l——母线长	$S=\pi rl+\pi r^2$ $S_{侧}=\pi rl=\pi r\sqrt{r^2+h^2}$ $V=\frac{\pi r^2h}{3}=1.0472r^2h$

续表

名称	形　状	尺 寸 符 号	公式　代表符号： F—面积；S—表面积；V—体积
截头直圆锥	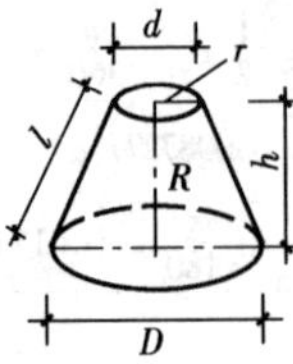	h——高 D——下底直径 d——上底直径 l——母线	$S=\frac{\pi}{2}\left[l(D+d)+\frac{1}{2}(D^2+d^2)\right]$ $S_{侧}=\pi l(R+r)=\frac{\pi}{2}l(D+d)$ $V=\frac{\pi h}{3}(R^2+r^2+rR)=\frac{\pi h}{12}\times(D^2+d^2+dD)$
截头矩形角锥	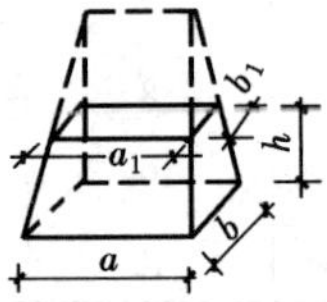	a、b——下底边长 a_1b_1——上底边长 h——高	$S=(a+a_1+b+b_1)h+a_1b_1+ab$ $V=\frac{h}{6}[(a_1+2a)b+(2a_1+a)b_1]$ $=\frac{h}{6}[ab+(a+a_1)(b+b_1)+a_1b_1]$
直圆柱	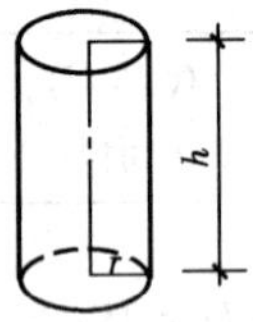	r——半径 h——高	$S=2\pi r(r+h)$ $S_{曲}=2\pi rh$ $V=\pi r^2h=\frac{d^2\pi}{4}h$
斜切直圆柱	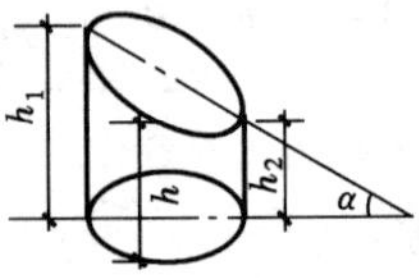	r——半径 h，h_1，h_2——高度 α——两底面夹角	$S=\pi r(h_1+h_2+r)+\sqrt{r^2+\left(\frac{h_1-h_2}{2}\right)^2}$ $=S_{曲}+\pi r^2\left(1+\frac{1}{\cos\alpha}\right)$ $S_{曲}=\pi r(h_1+h_2)$ $V=\pi r^2\frac{h_1+h_2}{2}$
中空圆柱	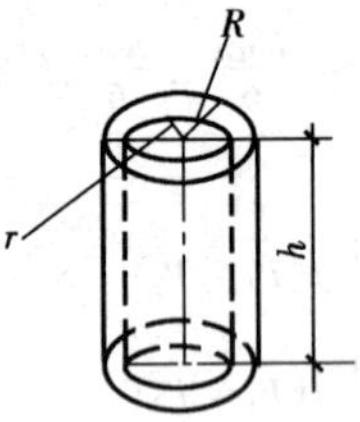	$S_{曲}$——内外曲面面积 R——大圆半径 r——小圆半径 h——高度	$S=2\pi h(R+r)+2\pi(R^2-r^2)$ $S_{曲}=2\pi h(R+r)$ $V=\pi h(R^2-r^2)$
圆　球	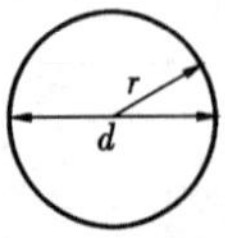	r——球半径 d——球直径	$S=4\pi r^2=12.5664r^2$ $=\pi d^2=3.1416d^2$ $V=\frac{4}{3}\pi r^3=\frac{1}{6}\pi d^3$
球　缺	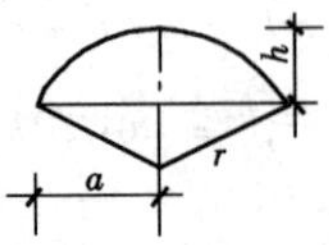	r——球缺半径 h——球缺的高 a——平切圆半径	$S=\pi(2rh+a^2)=\pi(h^2+2a^2)$ $S_{曲}=2\pi rh=\pi(a^2+h^2)$ $a^2=h(2r-h)$ $V=\frac{\pi h}{6}(3a^2+h^2)=\frac{\pi h^2}{3}(3r-h)$

续表

名称	形　状	尺 寸 符 号	公式　代表符号： F—面积；S—表面积；V—体积
球带体	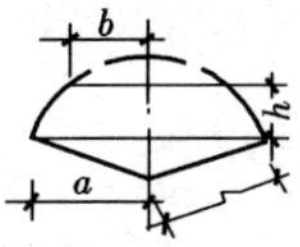	r——球半径 a、b——平切圆半径 h——球带的高	$S=\pi(2rh+a^2+b^2)$ $S_{曲}=2\pi rh$ $V=\frac{\pi h}{6}(3a^2+3b^2+h^2)$ $r^2=a^2+\left(\frac{a^2-b^2-h^2}{2h}\right)$
圆　环	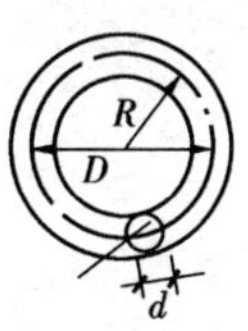	R——圆环体平均半径 D——圆环体平均直径 d——圆环体截面直径 r——圆环体截面半径	$S=4\pi^2Rr=39.478Rr=9.8696Dd$ $V=2\pi^2Rr^2=19.739r^2R$ $=\frac{\pi^2}{4}Dd^2$ $=2.4674Dd^2$
交叉圆柱体	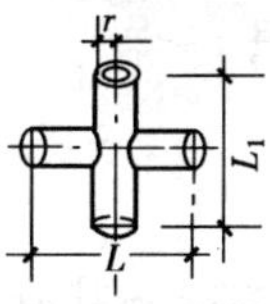	r——圆柱半径 L_1，L——圆柱长	$V=\pi r^2\left(L+L_1-\frac{2r}{3}\right)$
桶形体	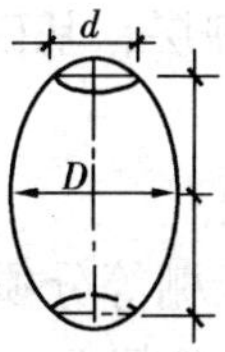	d——两底的直径 D——最大的直径 h——桶高	$V_1=\frac{1}{3}\pi h(2R^2+r^2)$ $=\frac{1}{12}\pi h(2D^2+d^2)$ $V_2=\frac{1}{15}\pi h\left(2D^2+Dd+\frac{3}{4}d^2\right)$ 注：V_1 为假设制桶之木片弯成圆弧形 V_2 为假设制桶之木片弯成抛物线形
楔　形	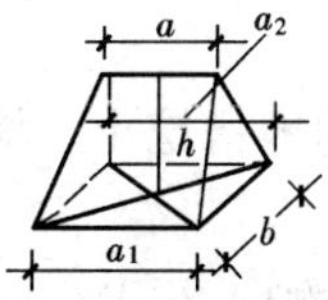	h——楔形高 a、a_1、a_2——楔形三条棱长 b——楔形底长	$V=\frac{1}{6}(a+a_1+a_2)bh$

第二节　土建工程量基数的计算

基数是指在工程量计算中可以反复多次使用的基本数据。在实际工作中，可以提前把这些数据计算出来，以备各分项工程的工程量计算时查用。这些数据可以概括为“三线一面”和“两表”。

一、“三线一面”的计算

(一)“三线”的计算

1. 外墙外边线（$L_{外}$）

外墙外皮一周的总长度。

计算公式：

$$L_{外} = 建筑平面图的外墙外围周长$$

2. 外墙中心线（$L_{中}$）

外墙厚度中心位置一周的总长度。

计算公式：

$$L_{中} = L_{外} - 4 \times 墙厚$$

3. 内墙净长线（$L_{内}$）

所有相同内墙的总长度。

计算公式：

$$L_{内} = 建筑平面图的相同内墙长度之和$$

（二）“一面”的计算

“一面”是指首层建筑面积（S_1）。

计算公式：

$$S_1 = 建筑物底层勒脚以上外墙外围水平投影面积$$

（三）“三线一面”的运用和实例

1. 与“线”有关的计算项目：

外墙中心线——外墙基挖地槽，基础垫层，基础砌筑，墙基防潮层，基础梁，圈梁，墙身砌筑等分项工程。

内墙净长线——内墙基挖地槽，基础垫层，基础砌筑，墙基防潮层，基础梁、圈梁，墙身砌筑，墙身抹灰等分项工程。

外墙外边线——勒脚，腰线，勾缝，外墙抹灰，散水等分项工程。

2. 与“面”有关的计算项目：平整场地、地面、楼面、屋面和天棚等分项工程。

一般工业与民用建筑工程，都可在这三条“线”和一个“面”的基数上，连续计算出它的工程量。也就是：把这三条“线”和一个“面”先计算好，作为基数，然后利用这些基数再计算与它们有关的分项工程量。

例如：以外墙中心线长度为基数，可以连续计算出与它有关的地槽挖土、墙基垫层、墙基砌体、墙基防潮层等分项工程量，其计算程序为：

$$①\frac{地槽挖土（m^3）}{L_{中} \times 断面}②\frac{墙基垫层（m^3）}{L_{中} \times 断面}③\frac{墙基砌体（m^3）}{L_{中} \times 断面}④\frac{墙基防潮层（m^3）}{L_{中} \times 墙顶宽度}$$

3. 实例，见图 7-4，图 7-5。

【例 1】 根据图 7-4，计算“三线一面”。

【解】

（1）外墙外边线

$$L_{外} = (7.24 + 5.24) \times 2 = 24.96m$$

（2）外墙中心线

$$L_{中} = 24.96 - 4 \times 0.24 = 24m$$

（3）内墙净长线

$$L_{内} = 5 - 0.24 = 4.76m$$

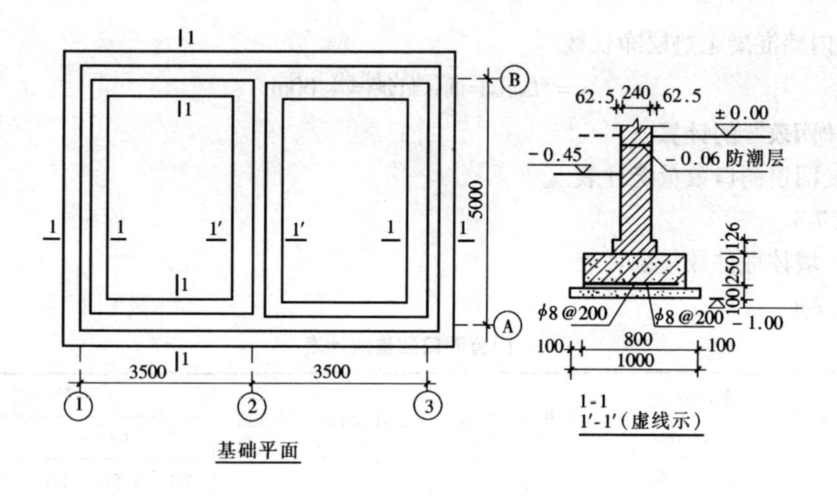

图 7-4　工程量计算示意图

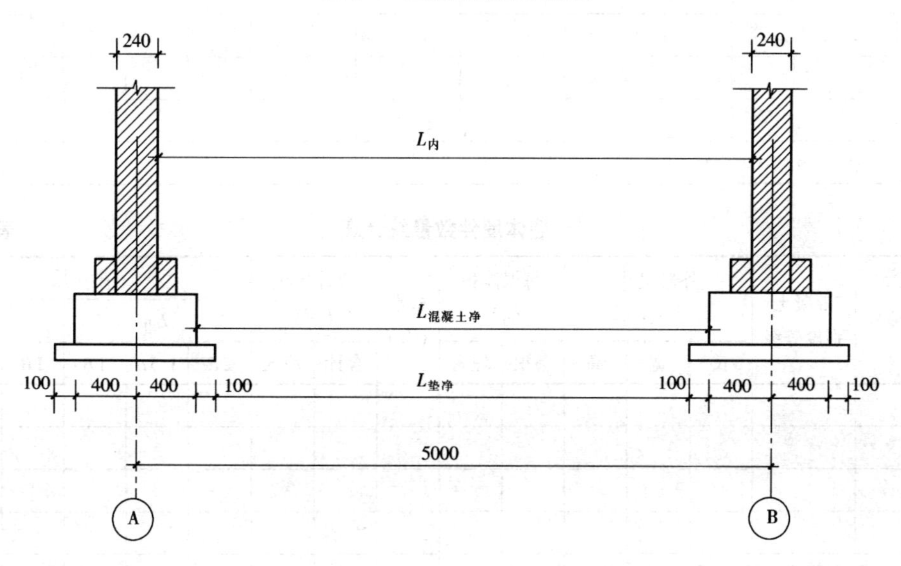

图 7-5　不同的净长线示意图

（4）$S_1 = 7.24 \times 5.24 \approx 37.94\text{m}^2$

值得注意的是，不同分项工程（如垫层、混凝土基础、砖基础和砖墙）有不同的净长线，如图 7-5 所示。

【例 2】　根据图 7-4、图 7-5 计算下列基础数据。

（1）内墙净长线 $L_{内}$；

（2）内墙混凝土基础净长线 $L_{混凝土净}$；

（3）内墙混凝土垫层净长线 $L_{垫净}$；

【解】

（1）内墙净长线

$$L_{内} = 5 - 0.24 = 4.76\text{m}$$

（2）内墙混凝土基础净长线

$$L_{混凝土净} = 5 - 0.80 = 4.20\text{m}$$

(3) 内墙混凝土垫层净长线

$$L_{\text{垫净}} = 5 - 1.00 = 4.00\text{m}$$

二、"两表"的计算

(一) 门窗洞口数量统计表

见表 7-3。

(二) 墙体埋件数量统计表

见表 7-4。

门窗洞口数量统计表 表 7-3

门窗洞口编号	标准图集	洞口外围尺寸(m)		每樘面积(m^2)	樘数(个)	合计面积(m^2)	小汽窗(个)	第一层				
								$L_{中}$			$L_{内}$	
		宽	高					2B	1.5B	1B	1B	0.5B
合 计												

墙体埋件数量统计表 表 7-4

名称	编号	混凝土强度等级	外形尺寸(m)			每根体积(m^3)		根数(个)	合计体积(m^3)		第一层				
											$L_{中}$			$L_{内}$	
			长	宽	高	整根	埋入		合计	埋入	2B	1.5B	1B	1B	0.5B
合 计															

(三)"两表"的运用

门窗洞口数量统计表与墙身砌体及门窗洞口等分项工程的计算密切相关；墙体埋件数量统计表与墙身砌体、钢筋砖过梁、圈梁、混凝土过梁等分项工程的计算关系密切。

第三节 建筑面积的计算

一、建筑面积的概念和作用

(一) 建筑面积的概念

建筑面积是由使用面积、辅助面积和结构面积所组成，其中使用面积与辅助面积之和称之为有效面积。其公式为：

建筑面积 = 使用面积 + 辅助面积 + 结构面积 = 有效面积 + 结构面积

1. 建筑面积的概念

建筑面积，也称为建筑展开面积，是指建筑物各层面积的总和。

2. 使用面积的概念

使用面积，是指建筑物各层平面布置中可直接为生产或生活使用的净面积总和。例如住宅建筑中的卧室、起居室、客厅等。住宅建筑中的使用面积也称为居住面积。

3. 辅助面积的概念

辅助面积，是指建筑物各层平面布置中为辅助生产和生活所占净面积的总和。例如住宅建筑中的楼梯、走道、厕所、厨房等。

4. 结构面积的概念

结构面积，是指建筑物各层平面布置中的墙体、柱等结构所占面积的总和。

5. 首层建筑面积的概念

首层建筑面积，也称为底层建筑面积，是指建筑物底层勒脚以上外墙外围水平投影面积。首层建筑面积作为“三线一面”中的一个重要指标，在工程量计算时，将被反复多次使用。

（二）建筑面积的作用

1. 建筑面积是国家在经济建设中进行宏观分析和控制的重要指标

在经济建设的中长期计划中，各类生产性和非生产性的建筑面积，城市和农村的建筑面积，沿海地区和内陆地区的建筑面积，国民人均居住面积，贫困人口的居住面积等等，都是国家及其各级政府要经常进行宏观分析和控制的重要指标，也是一个国家工农业生产发展状况、人民生活条件改善、文化福利设施发展的重要标志。

2. 建筑面积是编制概预算、确定工程造价的重要依据

建筑面积在编制工程建设概预算时，是计算结构工程量或用于确定某些费用指标的基础，如计算出建筑面积之后，利用这个基数，就可以计算地面抹灰、室内填土、地面垫层、平整场地、脚手架工程等项目的预算价值。为了简化预算的编制和某些费用的计算，有些取费指标的取定，如中小型机械费、生产工具使用费、检验试验费、成品保护增加费等也是以建筑面积为基数确定的。建筑面积作为结构工程量的计算基础，不仅重要，而且也是一项需要认真对待和细心计算的工作，任何粗心大意都会造成计算上的错误，不但会造成结构工程量计算上的偏差，也会直接影响概预算造价的准确性，造成人力、物力和国家建设资金的浪费及大量建筑材料的积压。

3. 建筑面积是企业加强管理、提高投资效益的重要工具

建筑面积的合理利用，合理进行平面布局，充分利用建筑空间不断促进设计部门、施工企业及建设单位加强科学管理，降低工程造价，提高投资经济效果等都具有重要的经济意义。

4. 建筑面积是重要技术经济指标的计算基础

（1）单位工程每平方米建筑面积消耗指标（亦称单方消耗指标）

①单方造价 $= \frac{\text{单位工程造价}}{\text{建筑面积}}$

②单方工（料、机）耗用量 $= \frac{\text{单位工程工（料、机）耗用量}}{\text{建筑面积}}$

（2）建筑平面系数指标体系

建筑平面系数指标体系是指反映建筑设计平面布置合理性的指标体系，通常包括4个

指标，即平面系数、辅助面积系数、结构面积系数和有效面积系数。

①建筑平面系数（K 值） $= \frac{\text{使用面积（住宅为居住面积）}}{\text{建筑面积}} \times 100\%$

在居住建筑中，K 值一般为 50% ~ 55%。

②辅助面积系数 $= \frac{\text{辅助面积}}{\text{建筑面积}} \times 100\%$

③结构面积系数 $= \frac{\text{结构面积}}{\text{建筑面积}} \times 100\%$

④有效面积系数（K_1 值） $= \frac{\text{有效面积}}{\text{建筑面积}} \times 100\%$

（3）建筑密度指标

建筑密度指标是反映建筑用地经济性的主要指标之一。

$$\text{建筑密度} = \frac{\text{建筑基底总面积（建筑底层占地面积）}}{\text{建筑用地总面积}}$$

（4）建筑面积密度（容积率）指标

建筑面积密度指标是反映建筑用地使用程度的主要指标。一般情况下，建筑面积密度大，则土地利用程度高，土地的经济性较好。但过分追求建筑面积密度，会带来人口密度过大的问题，影响居住质量。

$$\text{建筑平面密度（容积率）} = \frac{\text{总建筑面积}}{\text{建筑用地总面积}}$$

在城市规划中，建筑基地面积计算必须以城市规划管理部门划定的用地范围为准。基地周围、道路红线以内的面积，不计算基地面积。基地内如有不同性质的建筑，应分别划定建筑基地范围。

建筑占地面积系指建筑物占用建筑基地地面部分的面积，它与层数、高度无关，一般按底层建筑面积计算；建筑面积密度计算式中建筑总面积不包括地下室、半地下室建筑面积，屋顶建筑面积不超过标准层建筑面积 10%的也不计。

二、建筑面积计算规则

（一）计算建筑面积的范围

1. 单层建筑物不论其高度如何，均按一层计算建筑面积。其建筑面积按建筑物外墙勒脚以上结构的外围水平面积计算。单层建筑物内设有部分楼层者，首层建筑面积已包括在单层建筑物内，二层及二层以上应计算建筑面积。高低联跨的单层建筑物，需分别计算建筑面积时，应以结构外边线为界分别计算。

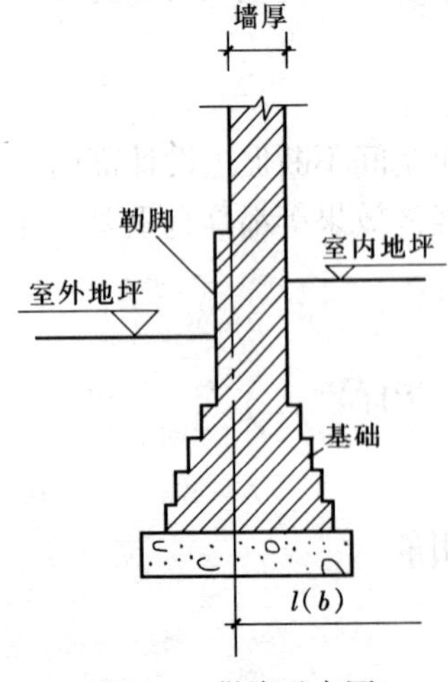

图 7-6 勒脚示意图

说明：

（1）单层建筑物可以是民用建筑、公共建筑，也可以是工业厂房。

（2）“建筑物外墙勒脚以上结构的外围水平面积”主要强调建筑面积应包括墙的结构面积，不包括抹灰、装饰材料厚度所占的面积。见图7-6。

（3）单层建筑物内设有部分楼层者，应将围起楼隔层的内墙厚包括在建筑面积内。见图 7-7。

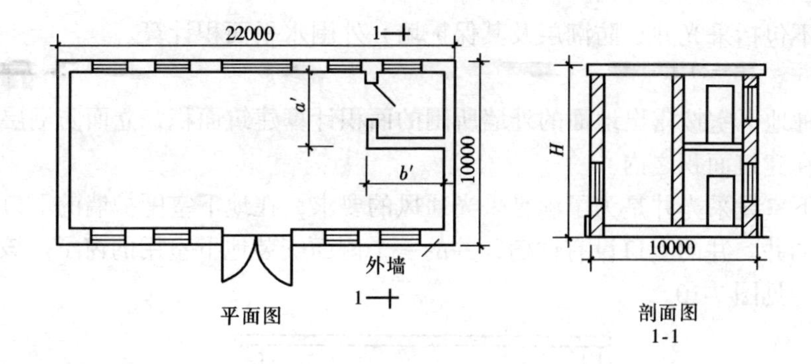

图 7-7 单层建筑平面图

(4) 高低联跨的单层建筑物，如需分别计算建筑面积，且当高跨为边跨时，其建筑面积按勒脚以上两端山墙外表面间的水平投影长度乘以勒脚以上外墙表面至高跨中柱外边线的水平宽度计算；当高跨为中跨时，其建筑面积按勒脚以上两端山墙外表面间水平投影长度，乘以中柱外边线的水平宽度计算。见图 7-8。

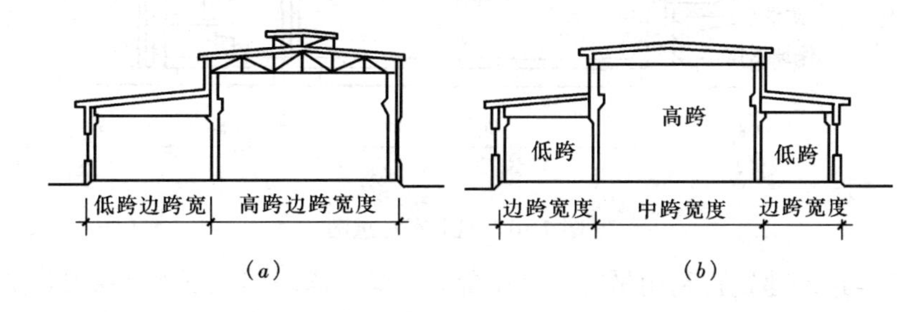

图 7-8

(a) 高跨为边跨；(b) 高跨为中跨

2. 多层建筑物建筑面积，按各层建筑面积之和计算，其首层建筑面积按外墙勒脚以上结构的外围水平面积计算，二层及二层以上按外墙结构的外围水平面积计算。

说明：

(1) 该条规则与第 1 条的精神基本一致。

(2) “二层及二层以上”，有可能楼面各层的平面布置不同，故面积不同，所以要分层计算建筑面积。

(3) 当各楼层与底层建筑面积相同时，其建筑面积等于底层建筑面积乘以层数。

(4) 多层建筑物当外墙外边线不一致时，如一层外墙厚 370mm、二层以上外墙厚 240mm，则应分层计算建筑面积。见图 7-9。

3. 同一建筑物如结构、层数不同时，应分别计算建筑面积。

说明：

当底层是现浇钢筋混凝土框架结构，楼上各层是砖混结构时，应按结构类型分别计算建筑面积。

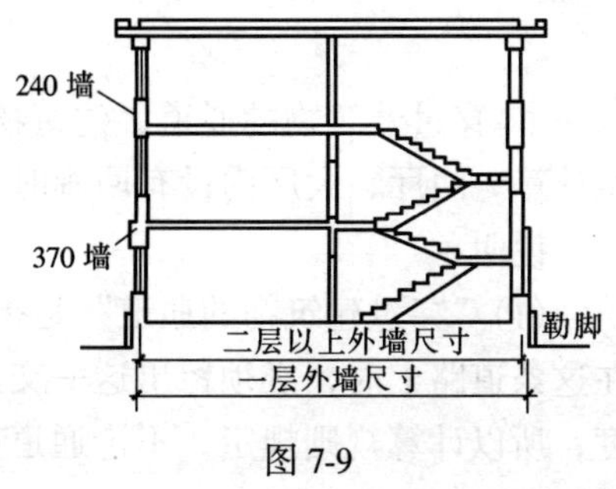

图 7-9

4. 地下室、半地下室、地下车间、仓库、商店、车站、地下指挥部及相应的出入口建筑面积，按其上口外墙（不包括采光井、防潮层及其保护墙）外围水平面积计算。

说明：

(1) 各种地下室按露出地面的外墙所围的面积计算建筑面积，立面防潮层及其保护墙的厚度不算在建筑面积之内。

(2) 地下室设采光井是为了满足采光通风的要求，在地下室围护墙的上口开设的矩形或其他形状的井。井的上口设有铁栅，井的一个侧面安装地下室用的窗子。该采光井不计算建筑面积。见图 7-10。

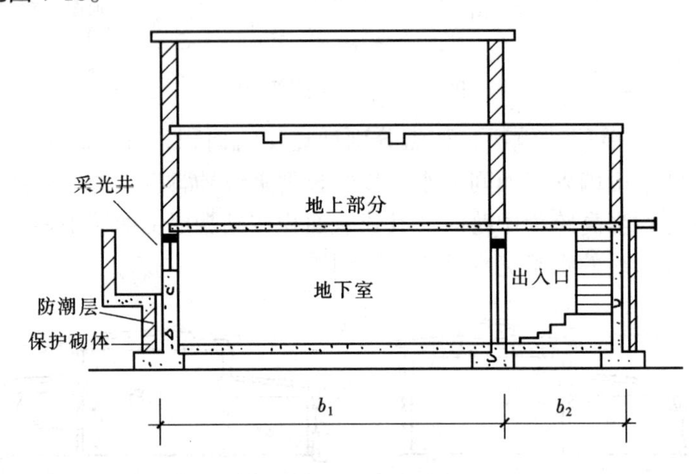

图 7-10　地下室示意图

5. 建于坡地的建筑物利用吊脚空间设置架空层和深基础地下架空层设计加以利用时，其层高超过 2.2m，按围护结构外围水平面积计算建筑面积。

说明：

(1) 满堂基础、箱式基础如做架空层，就可以安装一些设备或当仓库用。该架空层层高超过 2.2m 才计算建筑面积。

(2) 超过 2.2m，指大于 2.2m。见图 7-11。

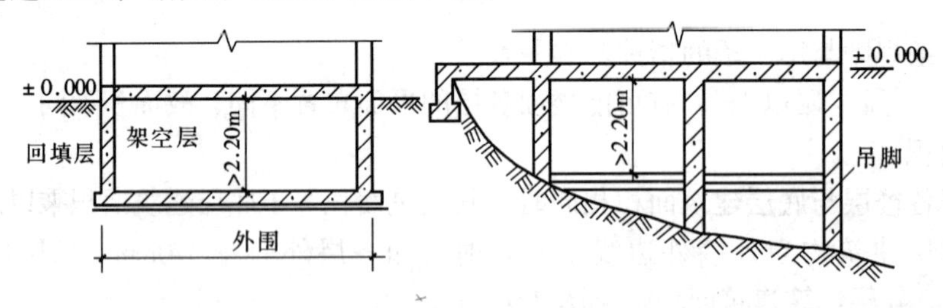

图 7-11

6. 穿过建筑物的通道，建筑物内的门厅、大厅，不论其高度如何，均按一层建筑面积计算。门厅、大厅内设有回廊时，按其自然层的水平投影面积计算建筑面积。

说明：

(1)“穿过建筑物的通道”是指在房屋建筑地点原来有一条道路，当多层建筑物跨建在这条道路上时，必须留出这一交通要道。这一通道可能要占建筑物二层或二层以上的高度，所以计算规则规定，不论通道占的高度如何，只能按一层计算建筑面积。见图 7-12。

（2）宾馆、影剧院、大会堂、教学楼等的大楼内的门厅或大厅，往往要占建筑物的二层或二层以上的高度，这时也只能算一层建筑面积。

（3）“门厅、大厅内设有回廊”是指在建筑物内大厅或门厅的上部（二层或二层以上），四周向大厅或门厅中心挑出的走廊。见图 7-13。

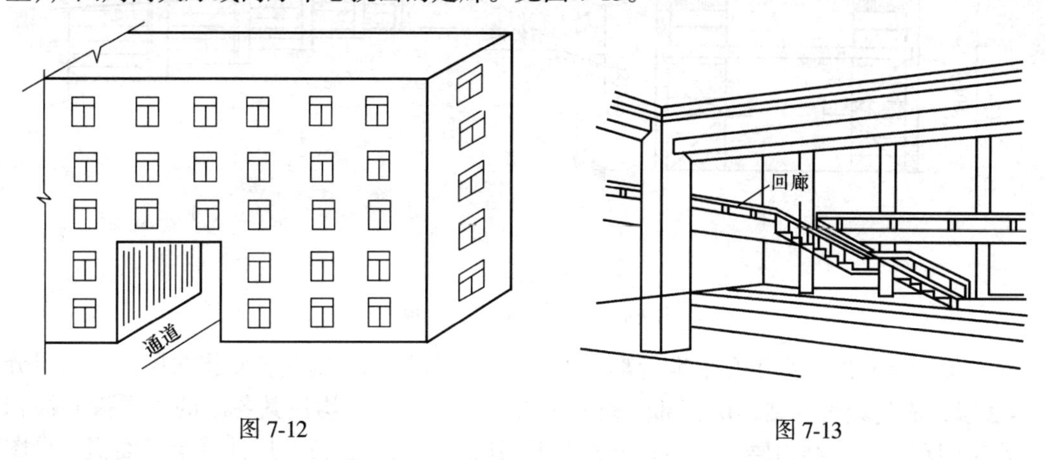

图 7-12　　　　图 7-13

7. 室内楼梯间、电梯井、提物井、垃圾道、管道井等，均按建筑物的自然层计算建筑面积。

说明：

（1）电梯井主要是上人电梯用的垂直通道。

（2）提物井是指图书馆提升书籍、酒店用于提升食物的垂直通道。

（3）垃圾道是指住宅或办公楼等每层设倾倒垃圾口的垂直通道。

（4）管道井是指宾馆或写字楼内集中安装给排水、暖通、消防、电线管道用的垂直通道。

（5）“均按建筑物的自然层计算建筑面积”是指上述通道经过了几层楼，就用通道水平投影面积乘上几层。见图 7-14。

8. 书库、立体仓库设有结构层的，按结构层计算建筑面积，没有结构层的按承重书架层或货架层计算建筑面积。

说明：

（1）书架层是指放一个完整大书架的承重层，不是指书架上放书的层数。

（2）书架层按实际的水平投影面积计算建筑面积。

（3）书库、仓库的结构层是指承受库物的承重层。书库称为阶

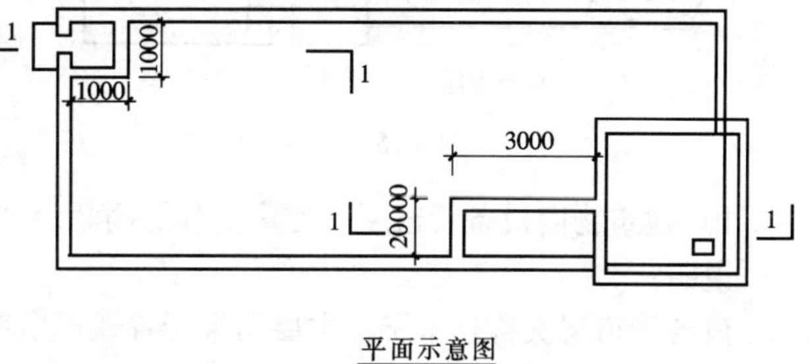

平面示意图

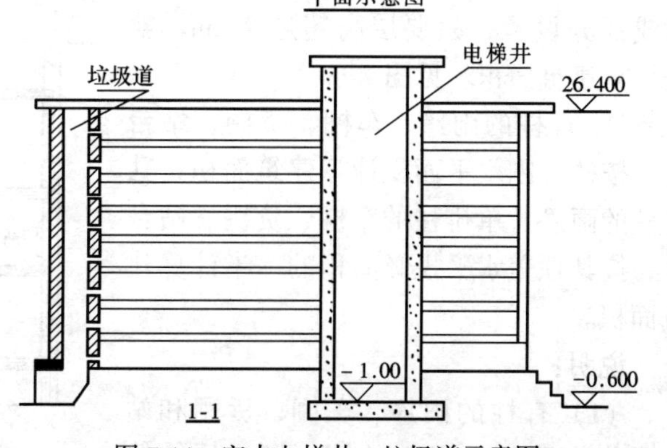

图 7-14　室内电梯井、垃圾道示意图

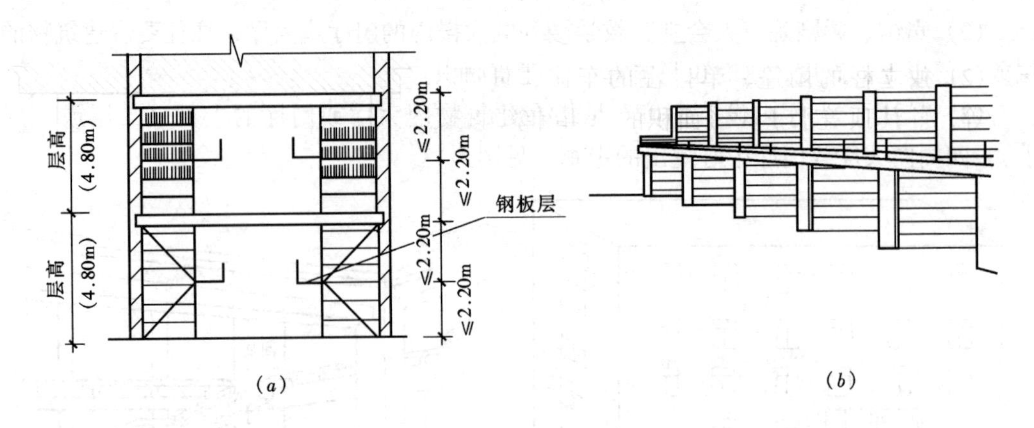

图 7-15

(a) 书架层剖面图；(b) 书架层透视图

层，仓库称为货仓层，由于存书堆货都要受到一定高度限制。因此，常将两层楼板间再分隔 1～2 层，满间设者为结构层，部分设者为书（货）架层。均按其各层的水平投影面积计算建筑面积。一个结构层内以钢架分成上下两层书库的，仍按一层计算建筑面积。见图 7-15。

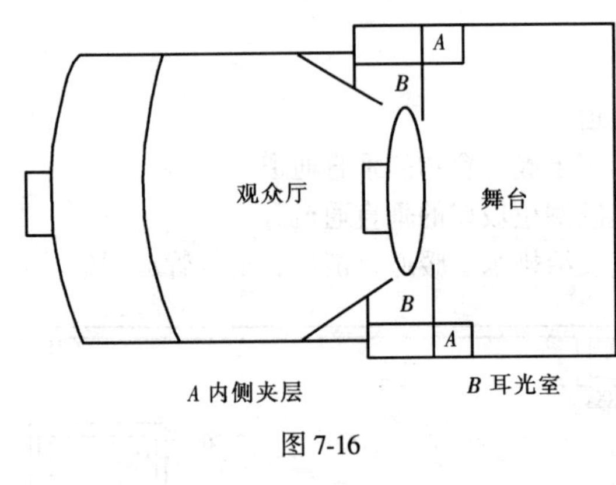

图 7-16

9. 有围护结构的舞台灯光控制室，按其围护结构外围水平面积乘以层数计算建筑面积。

说明：若有围护结构的舞台灯光控制室只有一层，不再另行计算建筑面积，因算整个建筑面积时已包括在内。

大部分剧院将舞台灯光控制室设在舞台内侧夹层上或设在耳光室中，实际上是一个有墙有顶的分隔间，应按围护结构的层数计算建筑面积。见图 7-16。

10. 建筑物内设备管道层、贮藏室其层高超过 2.2m 时，应计算建筑面积。

说明：

设备管道层又称技术层，主要用来安置通讯电缆、空调通风、冷热管道等，无论是满设或部分设置，只要层高超过 2.2m，就应计算建筑面积。见图 7-17。

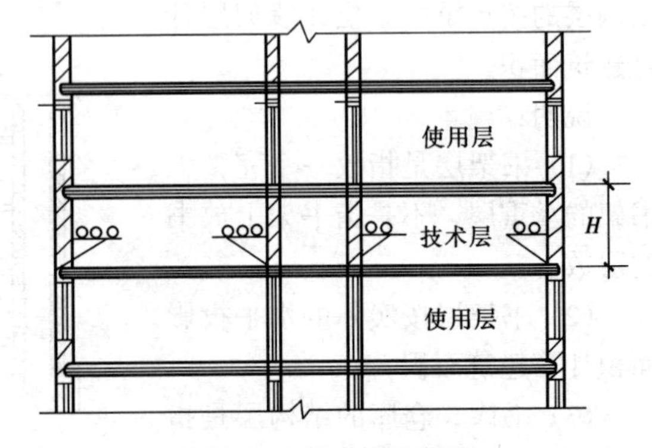

图 7-17 技术层示意图

11. 有柱的雨篷、车棚、货棚、站台等，按柱外围水平面积计算建筑面积；独立柱的雨篷、单排柱的车棚、货棚、站台等，按其顶盖水平投影面积的一半计算建筑面积。

说明：

(1) 有柱的雨篷、车棚、货棚和站台是指有两根柱以上的篷（棚）顶结构物。见图7-18，图 7-19。

(2) 独立柱的雨篷、单排柱的车棚、货棚、站台等，按其顶盖水平投影面积的一半计算建筑面积。见图 7-20，图 7-21。

(3) 有的平面轮廓为 L 形的建筑物，雨篷布置在拐角处。如图 7-22 所示，虽只有一根柱，但它仍有两个以上支撑点，也应按有柱雨篷计算建筑面积。

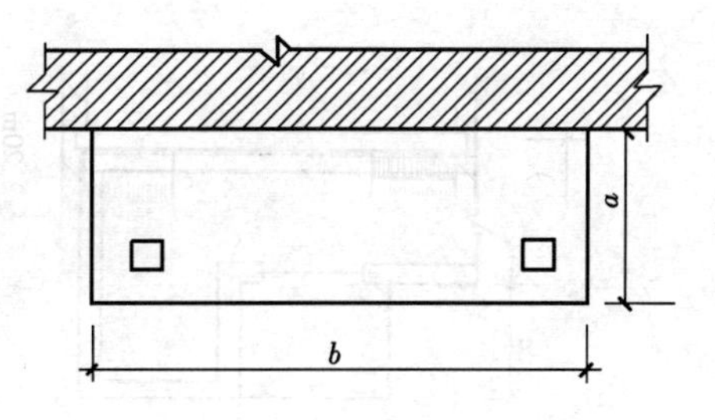

图 7-18　有柱（非独立柱）雨篷，$a>2.10\text{m}$，按$\frac{a\times b}{2}$计算建筑面积

(4) 双排柱雨篷、车棚、站台等计算的建筑面积小于顶盖水平投影面积一半时，按其顶盖水平投影面积的一半计算建筑面积。见图 7-23。

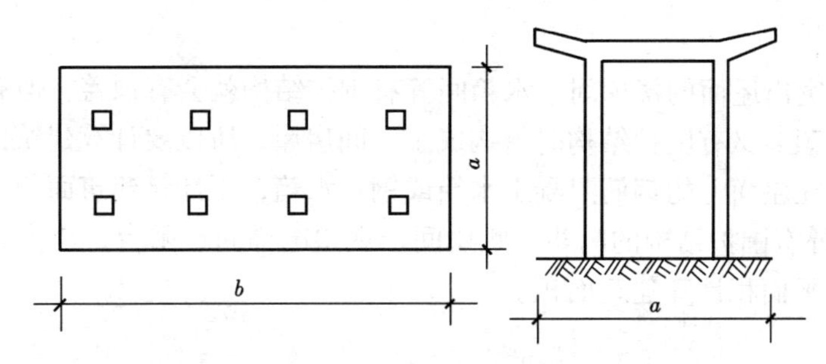

图 7-19　双排柱的车棚、货棚、站台，按$\frac{a\times b}{2}$计算建筑面积

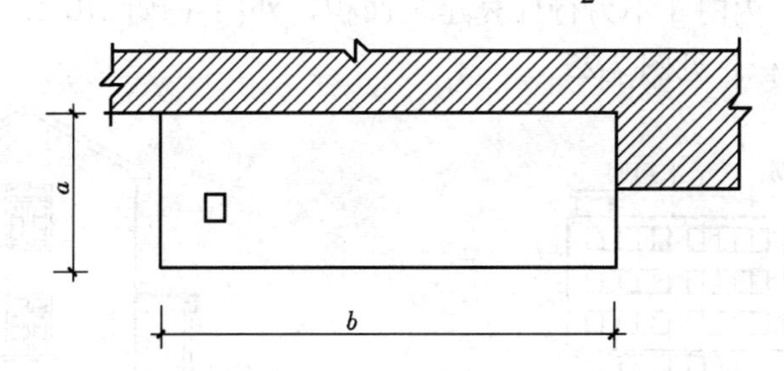

图 7-20　独立柱雨篷，$a>2.10\text{m}$，按$\frac{a\times b}{2}$计算建筑面积

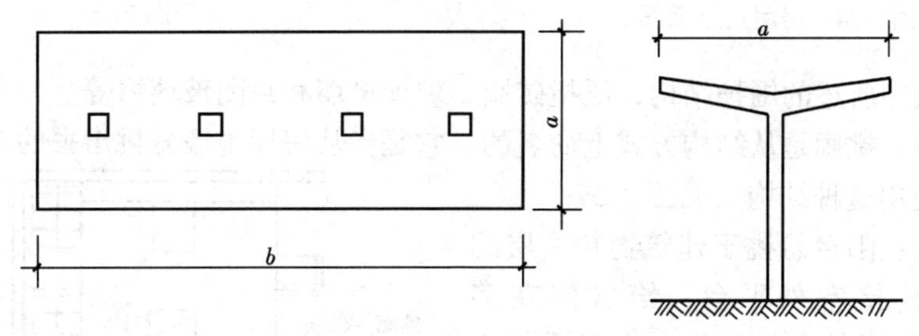

图 7-21　单排柱的车棚、货棚、站台，按$\frac{a\times b}{2}$计算建筑面积

12. 屋面上部有围护结构的楼梯间、水箱间、电梯机房，按围护结构外围水平面积计算建筑面积。见图 7-24。

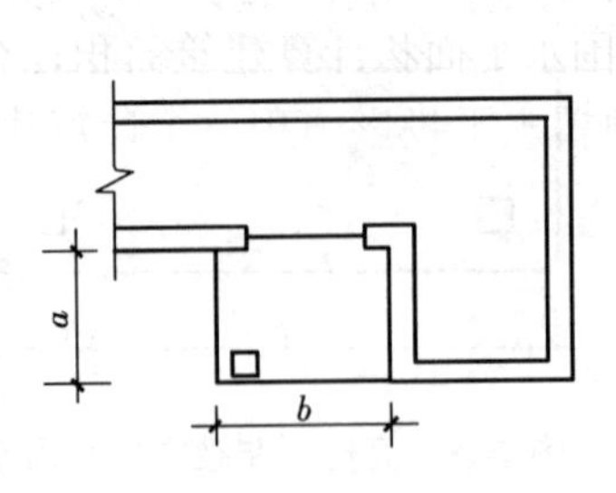

图 7-22　独立柱雨篷 $a>2.10\text{m}$

按$\frac{a\times b}{2}$计算建筑面积

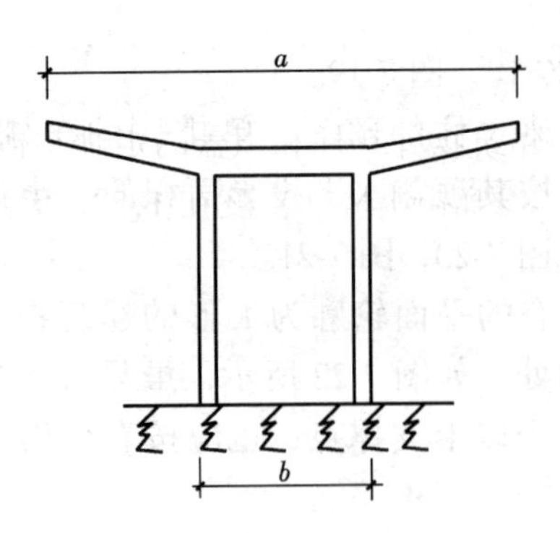

图 7-23　当 $a\times L>2\ (b\times L)$ 时，

按$\frac{a\times L}{2}$计算建筑面积

说明：

(1) 通常，突出屋面的楼梯间，水箱间等有围护结构就会有顶盖，但有顶盖不一定有围护结构。当有顶盖又有围护结构时就构成了一间房屋，所以要计算建筑面积。

(2) 单独放在屋面上的钢筋混凝土水箱或钢板水箱，不计算建筑面积。

13. 建筑物外有围护结构的门斗、眺望间、观望电梯间、阳台、厨窗、挑廊等，按其围护结构外围水平面积计算建筑面积。

说明：

(1) 门斗：门斗是用于防寒、防尘的过渡交通间。分为凸出墙外的“外门斗”和不凸出墙外的“内门斗”。内门斗不另行计算建筑面积，外门斗按凸出主墙身外的门斗轮廓外边线尺寸计算建筑面积。见图 7-25。

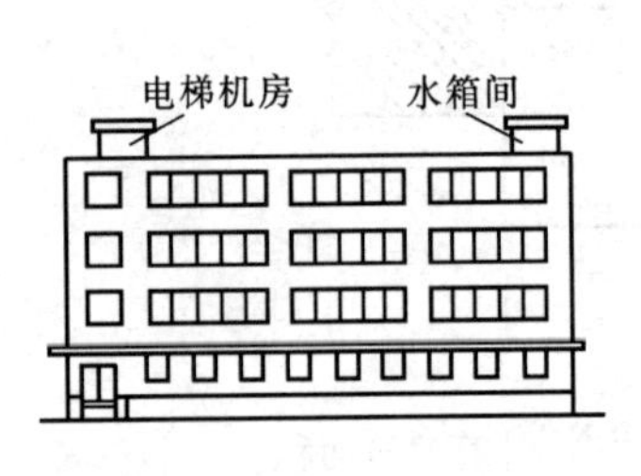

图 7-24　房屋正立面图

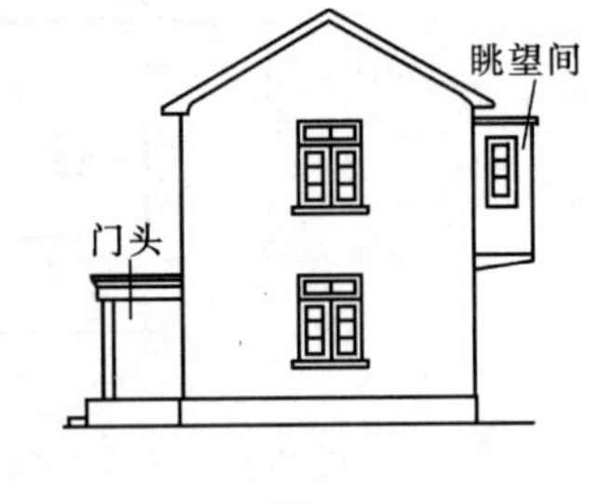

图 7-25

(2) 本条中所述的围护结构，泛指砖墙、玻璃幕墙和封闭玻璃窗等。

(3) 挑廊：挑廊是从结构方式上命名的，它是指从房屋主墙悬挑出去的走廊。一般在多层楼房中使用这种结构。见图 7-26。

(4) 阳台：阳台悬挑于建筑物每一层的外墙上，是连接室外平台，给居住在多(高) 层建筑物里的人们提供一个舒适的室外活动空间，让人们足不出户，就能享受到大自然的新鲜空气和明媚阳光，还可以起到观景、纳凉、晒衣、养花等多种作用，改变单元住宅给人们造成的封闭感和压抑感，是

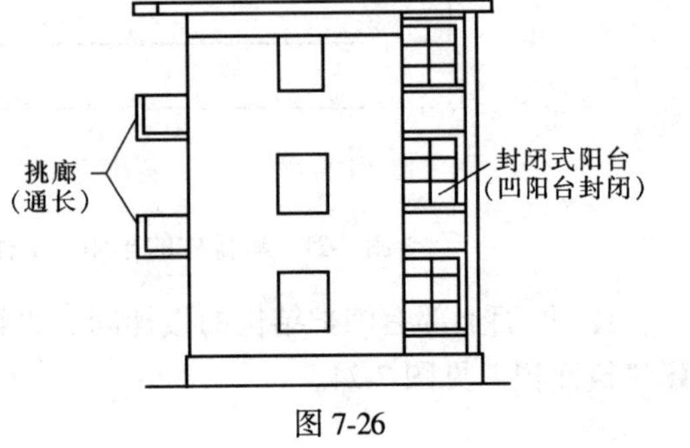

图 7-26

多层住宅、高层住宅和旅馆等建筑中不可缺少的一部分。见图 7-26。

14. 建筑物外有柱和顶盖的走廊、檐廊，按柱外围水平面积计算建筑面积；有盖无柱的走廊、檐廊挑出墙外宽度在 1.50m 以上时，按其顶盖水平投影面积一半计算建筑面积。无围护结构的凹阳台、挑阳台，按其水平投影面积一半计算建筑面积。建筑物间有顶盖的架空走廊，按其顶盖水平投影面积计算建筑面积。

说明：

（1）建筑物外有柱和顶盖走廊、檐廊，按柱外围水平面积计算建筑面积。见图 7-27。

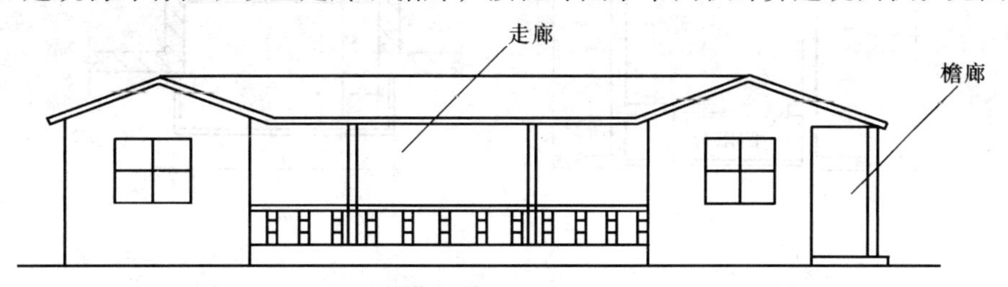

图 7-27　走廊、檐廊示意图

（2）有盖无柱的走廊、檐廊挑出墙外宽度在 1.5m 以上时，按其顶盖投影面积一半计算建筑面积。见图 7-28。

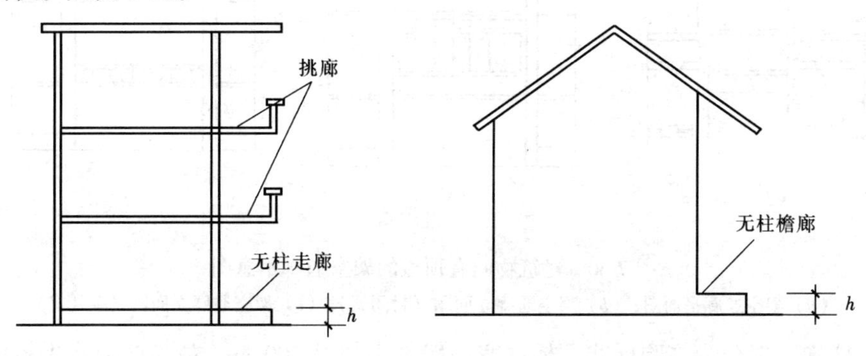

图 7-28

（3）无围护结构的凹阳台、挑阳台，按其水平面积一半计算建筑面积。见图 7-29。

（4）建筑物间有顶盖的架空走廊，按其顶盖的水平投影面积计算建筑面积。见图 7-30。

（5）建筑物底层有多个房间，房间外有通长走廊、无柱、房间门外都有踏步直接通向外面，该走廊应按其投影面积的一半计算建筑面积。

（6）某建筑物靠山建筑，其三楼伸出架空通廊与山边联结，该无顶盖的架空通廊，按其投影面积的一半计算建筑面积。

（7）某建筑物的凹阳台和客厅融为一个大房间，房间的外墙不封闭，房间内有几个门，作为通向卧室、厨房、厕所的客厅用，该敞开式的大房间不能作为凹阳台考虑，应按全部建筑面积计算。

15. 室外楼梯，按自然层投影面积之和计算建筑面积。

说明：

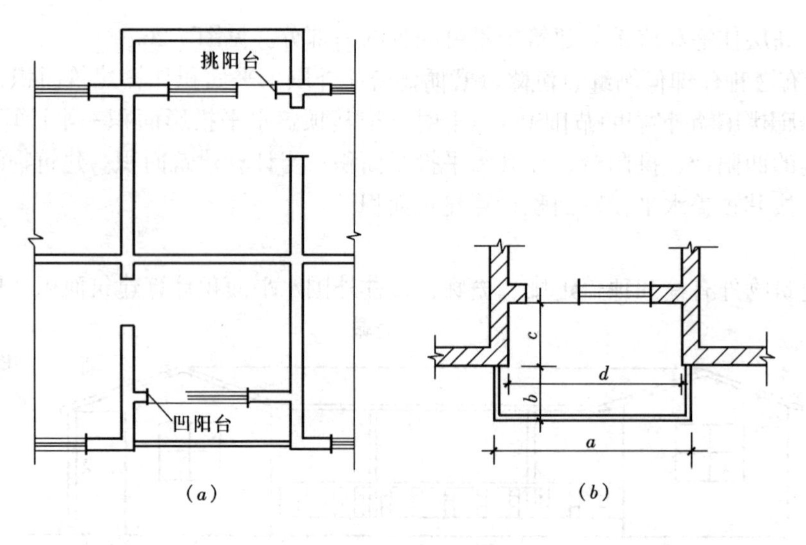

图 7-29　阳台示意图

（*a*）挑阳台、凹阳台；（*b*）半凹半挑阳台

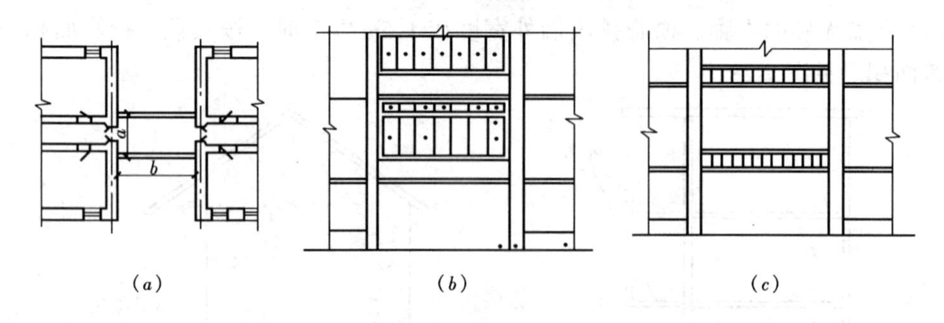

图 7-30　建筑物间有顶盖的架空通廊示意图

（*a*）架空通廊平面图；（*b*）架空通廊立面图（封闭式）；（*c*）架空通廊立面图（敞开式）

室外楼梯一般分为二跑梯式，梯井宽一般都不超过 500mm，故按各层水平投影面积计算建筑面积，不扣减梯井面积。

室外楼梯建筑面积按自然层投影面积之和计算。自然层指房屋的建筑结构自然层。楼梯层数随结构自然层层数而计算建筑面积。见图 7-31。

16. 建筑物内变形缝、沉降缝等，凡缝宽在 300mm 以内者，均依其缝宽按自然层计算建筑面积，并入建筑物建筑面积之内计算。

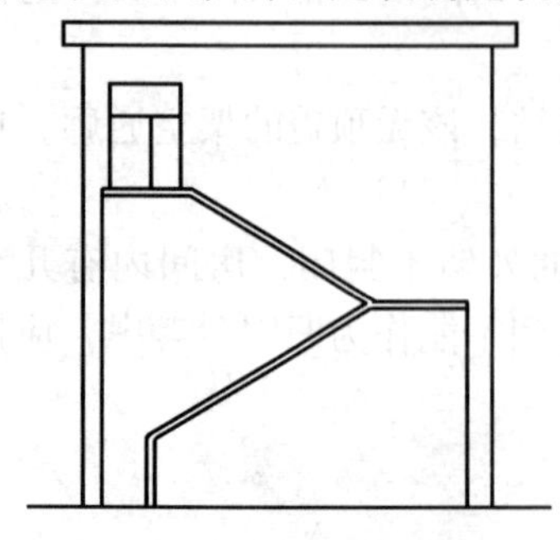

图 7-31　室外楼梯示意图

说明：

变形缝：建筑物由于温度变化、地基不均匀沉降以及地震等作用的影响，使结构内部产生附加应力和变形，处理不当，将会造成建筑物的破坏，产生裂缝甚至倒塌，其解决办法有二：一是加强建筑物的整体性，使之具有足够的强度和整体刚度来抵抗这些破坏应力，不产生破裂；二是预先在这些变形敏感部位将结构断开，预留缝隙，以保证各部分建筑物在这些缝隙中有足够的变形而

不造成建筑物的破损。这种将建筑物垂直分割开来的预留缝称为变形缝。

变形缝有3种，即伸缩缝、沉降缝和防震缝。

（二）不计算建筑面积的范围

1. 突出外墙的构件、配件、附墙柱、垛、勒脚、台阶、悬挑雨篷、墙面抹灰、镶贴块材、装饰面等。

2. 用于检修、消防等室外爬梯。

3. 层高2.2m以内设备管道层、贮藏室、设计不利用的深基础架空层及吊脚架空层。

4. 建筑物内操作平台、上料平台、安装箱或罐体平台；没有围护结构的屋顶水箱、花架、凉棚等。

5. 独立烟囱、烟道、地沟、油（水）罐、气柜、水塔、贮油（水）池、贮仓、栈桥、地下人防通道等构筑物。

6. 单层建筑物内分隔单层房间，舞台及后台悬挂的幕布、布景天桥、挑台。

7. 建筑物内宽度大于300mm的变形缝、沉降缝。

（三）其他

1. 建筑物与构筑物连成一体的，属建筑物部分按上述规定计算。

2. 上述规则适用于地上、地下建筑物的建筑面积计算，如遇有上述未尽事宜，可参照上述规则处理。

第四节 土石方工程量计算

一、土石方工程基础定额说明（见附录一）

二、基础定额土石方工程量计算规则（见附录二）

三、工程量清单土石方工程量计算规则（见附录三）

四、土石方工程量计算

（一）分部工程主要内容

〈基础定额分部工程主要内容〉

1. 挖沟槽：是指图示沟槽底宽在3m以内，且沟槽长大于沟槽宽3倍以上的挖土工程。

2. 挖基坑：是指图示基坑底面积在20m^{2}以内的挖土工程。

3. 平整场地：是指施工现场厚度在±30cm以内的就地挖填找平工程。

4. 挖土方：是指图示沟槽底宽在3m以外，坑底面积在20m^{2}以外，平整场地厚度在±30cm以外的挖土工程。上述三者只要具备其一，即为挖土方，见表7-5。

平整场地、挖土方、挖沟槽、挖基坑的划分 表7-5

项 目	平均厚度（cm）	坑底面积（m^2）	槽底宽度（m）
平整场地	≤30		
挖基坑		≤20	
挖沟槽			≤3
挖土方	>30	>20	>3

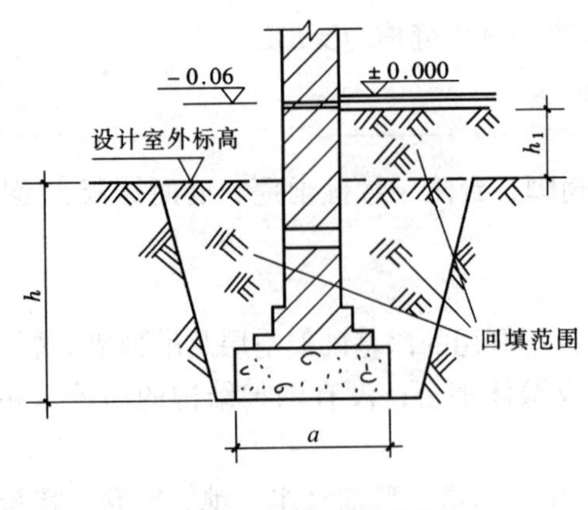

图 7-32　回填土示意图

5. 人工挖孔桩：是指人工挖孔灌注桩成孔的挖土工程。

6. 回填土：是指基础工程完成后或为达到室内地面垫层下的设计标高而进行的填土工程。见图 7-32。

7. 运土：是指土方工程中对多余土方外运或对亏缺土方内运的运土工程。

8. 支挡土板：是指土方工程中为防止侧壁土方坍塌而进行的支板工程。

〈工程量清单分部工程主要内容〉

1. 土方工程

2. 石方工程

3. 土石方回填

（二）计算工程量需要的有关资料

1. 确定现场土壤及岩石类别的资料

这是套用定额项目的必要条件，可通过地质勘探资料、临近已建工程资料或亲临施工现场获得，要根据定额中“土壤岩石分类表”取得类型名称及相应深度。见附录二。

2. 地下水位标高及排（降）水方法

地下水位是确定干土与湿土的分界线，可以通过地质勘探资料或临近工程资料获得，或者询问当地水文站。

排（降）水方法由施工组织设计中查取，或者询访现场施工技术主管人员。

3. 土方、沟槽、基坑挖（填）起止标高、施工方法及运距

要了解挖土的深度、防塌措施、挖土方式、挖土工具、运土方式、运土工具、运土运距等。这些情况应从设计图纸、设计说明、施工组织设计或施工方案中查取。

起止标高：在挖土、填土及平整前的场地上施工时，其起点标高按自然标高计算；在挖、填土及平整之后的场地上施工时，其起点标高按设计标高计算；回填土深度按设计标高计算。

4. 岩石开凿、爆破方法、石渣清运方法及运距

要了解岩石开凿的方式、打眼爆破的方式和方法、石渣清运的方式、方法及运距。这些资料主要从施工方案中查取。

5. 其他有关资料

（三）计算工程量的有关规定

1. 工作面

工作面是指在计算挖土工程量时，应考虑到在基础施工中需要增加的工作空间。

工作面的宽度应按施工组织设计规定计算，若无规定时，则应按定额规定计算。见附录二。

2. 放坡

放坡是指在土方工程施工中，为了防止侧壁塌方，保证施工安全，按照一定坡度所做成的边坡。

放坡的坡度和起点深度，应按施工组织设计的规定确定，若无规定时，则应按定额规定计算。见附录二。

放坡的坡度要根据设计挖土深度和土质，按照施工组织设计的规定确定。建筑工程中坡度通常用 $1:K$ 表示，K 称为放坡系数，如图 7-33 所示。放坡系数为 $K=\dfrac{b}{h}$。公式中，挖土深度 h 以工程室外设计标高为准，放坡系数 K 按施工组织设计规定，如无规定时，应以建筑工程预算定额规定的放坡起点深度确定。挖土边坡上口一侧应加宽度"b"，公式为 $b=Kh$。

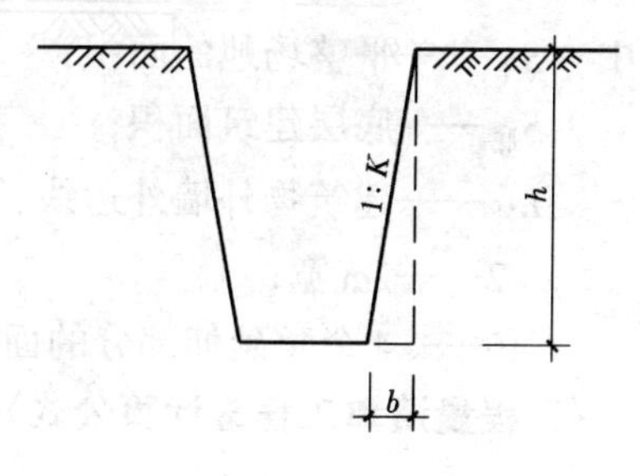

图 7-33　土方放坡图

3. 土方体积折算

土方工程量均以挖掘前的天然密实体积为准计算。如遇有必须以天然密实体积折算时，可按规定数值换算。见附录二。

4. 挖土的起点

地槽、基坑的挖土，均以设计室外地坪标高为准计算。

（四）主要分项工程量计算方法

1. 平整场地

（1）含义

在土方开挖前，需对施工现场高低不平的部位进行平整，以便进行拟建建筑物或构筑物工程的测量、放线、定位。打龙门桩前的一次性人工平整场地，包括厚度在 ± 30cm 以内的就地挖、填、运土及场地找平等内容。见图 7-34。

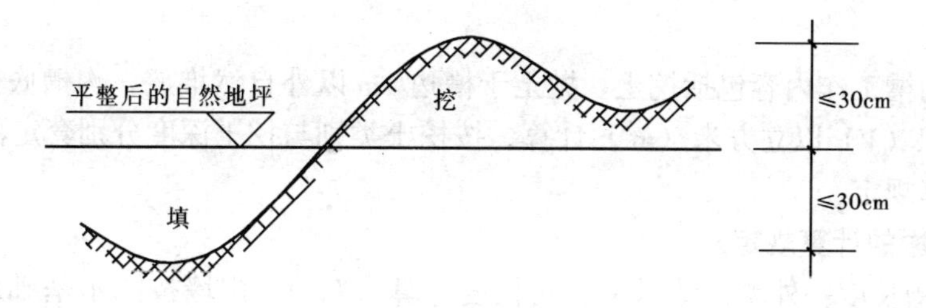

图 7-34　平整场地示意图

（2）计算规定

〈基础定额的计算规定〉

平整场地的工程量，按建筑物（底层）外墙外边线每边各加宽 2m 计算其面积。见图 7-35。

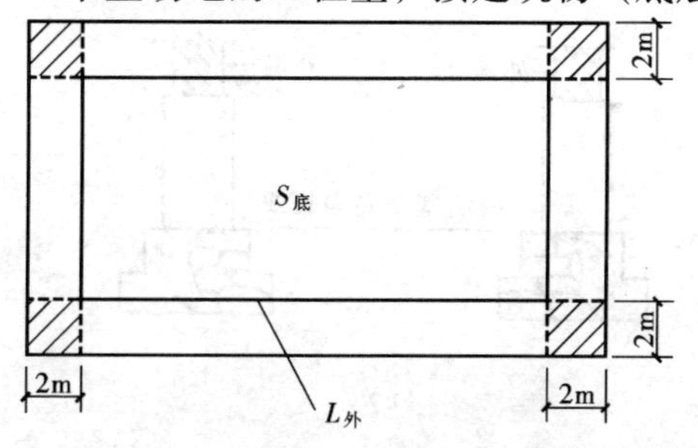

图 7-35　平整场地计算示意图

〈工程量清单的计算规定〉

平整场地工程内容：土方挖填、场地找平、运输。

平整场地工程量，按不同土壤类别、弃土运距、取土运距，以建筑物首层面积计算，计量单位：m^2。

（3）计算公式

〈基础定额工程量计算公式〉

$$S_{平}=S_{底}+L_{外}\times 2+16$$

式中 $S_{平}$——平整场地的面积；

$S_{底}$——底层建筑面积；

$L_{外}$——建筑物外墙外边线长；

2——2m 宽；

16——4 个角延伸部分的面积。

〈工程量清单工程量计算公式〉

$$S_{平}=S_{底}$$

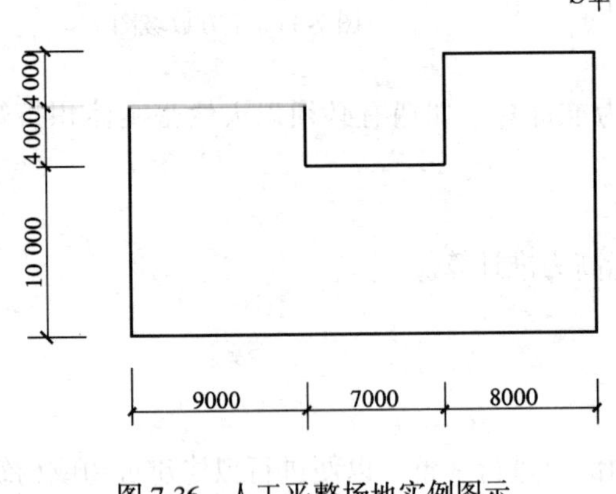

图 7-36 人工平整场地实例图示

(4) 计算举例

【例 3】 如图 7-36 所示，计算人工平整场地工程量。

【解】

〈基础定额的工程量〉

$S_{底}=(10+4)\times 9+10\times 7+18\times 8=340\text{m}^2$

$L_{外}=(18+24+4)\times 2=92\text{m}$

$S_{平}=340+92\times 2+16=540\text{m}^2$

〈工程量清单的工程量〉

$S_{平}=340\text{m}^2$

2. 挖沟槽

(1) 含义

人工挖沟槽工作内容包括挖土、抛土于槽边 1m 以外自然堆放，沟槽底夯实。挖沟槽工程量按体积（V）以立方米（m^3）计算，按挖土类别与挖土深度分别套定额项目。

(2) 计算规定

〈基础定额的计算规定〉

①挖沟槽长度：外墙按图示中心线长度计算（$L_{中}$）；内墙按图示基础底面之间净长线长度计算，见图 7-37。

②挖沟槽、基坑需支挡土板时，其宽度按图标沟槽、基坑底宽，单面加 10cm，双面加 20cm 计算。支挡土板后，不得再计算放坡。

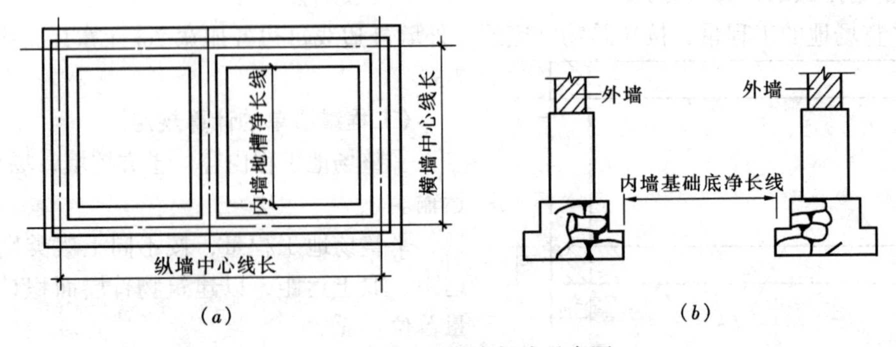

图 7-37 内墙地槽净长线示意图

③计算放坡时，在交接处的重复工程量不予扣除。见图 7-38。

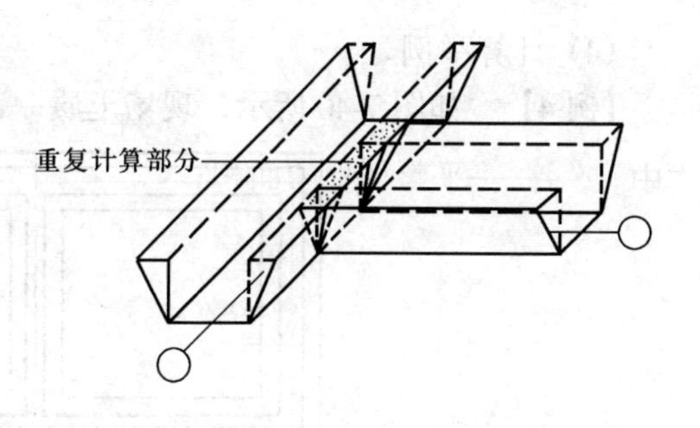

图 7-38　两槽相交重复计算部分示意图

〈工程量清单的计算规定〉

挖基础土方包括带形基础、独立基础、满堂基础（含地下室基础）及设备基础、人工挖孔桩等挖土方。

挖基础土方工程内容：排地表水、土方开挖、挡土板支拆、截桩头、基底钎探、运输。

挖基础土方工程量，按不同土壤类别、基础类型、垫层底宽或底面积、挖土深度、弃土运距，以基础垫层底面积乘以挖土深度计算，计量单位：m^3。

(3) 计算公式

〈基础定额工程量计算公式〉

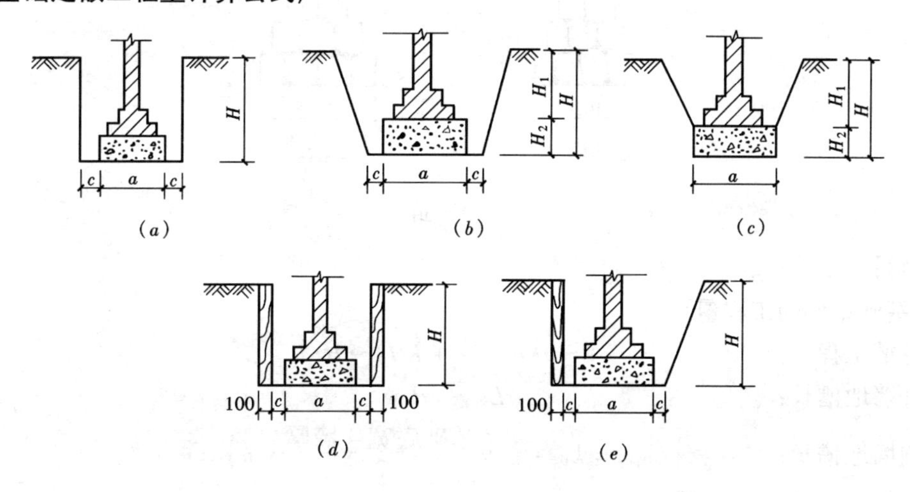

图 7-39　挖沟槽

①不放坡，不支挡土板，有工作面，见图 7-39a：

$$V = H(a + 2C)L$$

②由垫层底放坡，有工作面，见图 7-39b：

$$V = H(a + 2c + KH)L$$

③由垫层表面放坡，有工作面，见图 7-39c：

$$V = H_1(a + 2c + KH_1)L + H_2 aL$$

④支挡土板，有工作面，见图 7-39d：

$$V = H(a + 0.2 + 2c)L$$

⑤一面放宽，一面支挡土板，见图 7-39e：

$$V = H\left(a + 0.1 + 2c + \frac{1}{2}KH\right)L$$

〈工程量清单工程量计算公式〉

$$V = Hal$$

(4) 计算举例

【例 4】 如图 7-40 所示，现场土质一、二类土，计算人工挖地槽工程量。

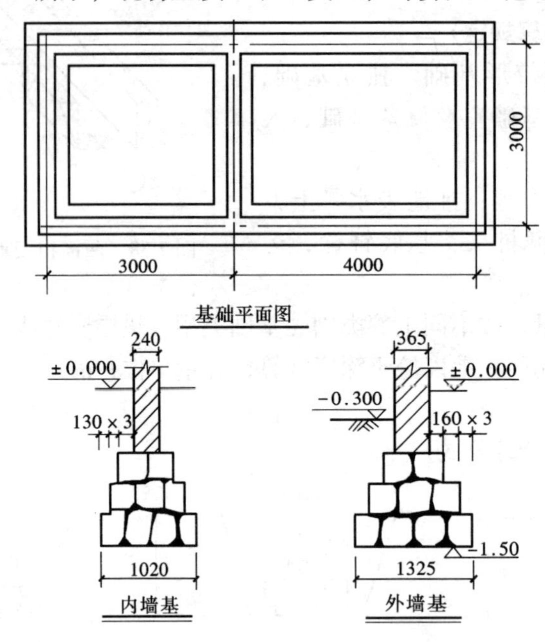

图 7-40

【解】

〈基础定额的工程量〉

挖槽工程量： $V=(a+2c+KH)\cdot H\cdot L$

外墙地槽长： $L_{外槽}=L_{中}$

内墙地槽长： $L_{内槽}=L_{内}-\sum\left(\frac{基础底宽-墙厚}{2}\times n\right)$

式中 $L_{中}$——外墙中心线长；

$L_{内}$——内墙净长线长；

n——内墙基础 T 形接头个数。

∴ $L_{外槽}=L_{中}=(7.49+3.49)\times 2-4\times 0.365=20.5\text{m}$

$L_{内槽}=3-0.24-(1.325-0.365)\times 0.5\times 2=1.8\text{m}$

$V_{外槽}=(1.325+2\times 0.15+0.5\times 1.2)\times 1.2\times 20.5=54.735\text{m}^3$

$V_{内槽}=(1.02+2\times 0.15+0.5\times 1.2)\times 1.2\times 1.8=4.1472\text{m}^3$

$V=54.735+4.147\approx 58.88\text{m}^3$

〈工程量清单的工程量〉

$V_{外槽}=1.325\times 1.2\times 20.5=32.595\text{m}^3$

$V_{内槽}=1.02\times 1.2\times 1.8=2.2032\text{m}^3$

$V=32.595+2.203\approx 34.80\text{m}^3$

【例 5】 如图 7-41 所示，在同一槽、坑或沟内，如遇种类不同土壤时，应根据地质勘测资料分别计算挖土工程量。其坡度系数，可按各类土壤的坡度系数与各类土壤占全部深度百分比加权计算。

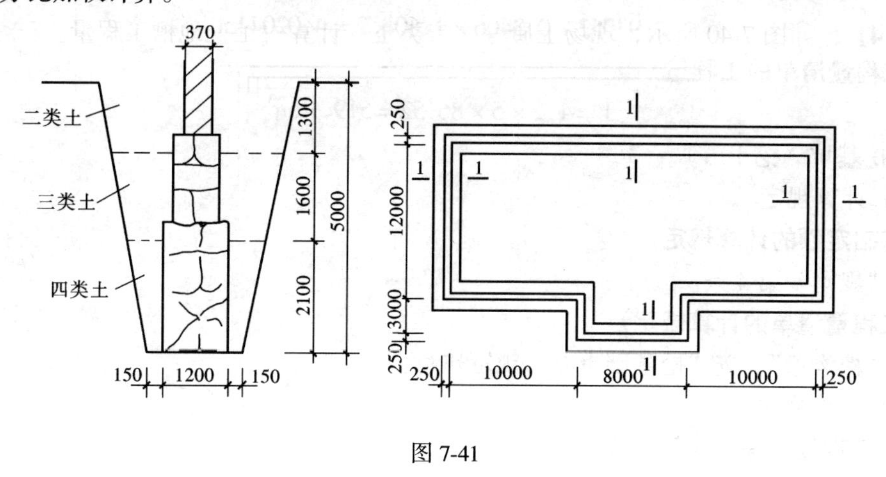

图 7-41

【解】

〈基础定额的工程量〉

$$K = \frac{K_1H_1 + K_2H_2 + \cdots\cdots K_nH_n}{H} = \frac{\sum_{j=1}^{n} K_jH_j}{H}$$

式中 K——综合放坡系数；

K_j——某种类别土层（j）放坡系数；

H_j——某种类别土层（j）厚度（m）；$1 \leqslant j \leqslant n$；

H——槽（沟）、坑挖土总深度（m）。

可知：二类土放坡起点深度 1.20m，坡度系数为 0.50，占全部深度的 1.30/5.0 = 26%；三类土放坡起点深度为 1.50m，坡度系数为 0.33，占全部深度的 1.60/5.0 = 32%；四类土放坡起点深度为 2.0m，坡度系数为 0.25，占全部深度的 2.10/5.0 = 42%。其加权平均坡度系数为：

$$0.5 \times 26\% + 0.33 \times 32\% + 0.25 \times 42\% = 0.3406$$

地槽分层计算挖土工程量如下：

$$L_{中} = (28.50 + 15.50) \times 2 - 0.37 \times 4 = 86.52\text{m}$$

地槽四类土挖土工程量：

$$V_{四类土} = 2.10 \times (1.20 + 0.15 \times 2 + 0.3406 \times 2.10) \times 86.52 \approx 402.50\text{m}^3$$

地槽三类土挖土工程量：

$$V_{三类土} = 1.60 \times (2.93052 + 0.3406 \times 1.60) \times 86.52 \approx 481.12\text{m}^3$$

注：三类土地槽下口宽度：

$$1.20 + 0.15 \times 2 + 0.3406 \times 2.1 \times 2 = 2.93052\text{m}$$

地槽二类土挖土工程量：

$$V_{二类土} = 1.30 \times (4.02044 + 0.3406 \times 1.30) \times 86.52 \approx 502.01\text{m}^3$$

注：二类土地槽下口宽度：

$$2.93052 + 0.3406 \times 1.60 \times 2 = 4.02044\text{m}$$

〈工程量清单的工程量〉

$$V = 1.2 \times 5 \times 86.52 = 519.12\text{m}^3$$

3. 挖基坑（挖土方）

(1) 计算规定

〈基础定额的计算规定〉

见“规则”第4条。

〈工程量清单的计算规定〉

同“挖沟槽”，按“挖基础土方”规定执行。

(2) 计算公式

〈基础定额工程量计算公式〉

①不放坡，不支挡土板：

$$V = (a+2c)(b+2c)H \text{（矩形）}$$

$$V = H\pi R^2 \text{（圆形）}$$

②放坡的地坑体积计算公式：

方形：
$$V = (a+2c+KH)(b+2c+KH)H + \frac{1}{3}K^2H^3$$

或
$$V = \frac{H}{3}\left[(a+2c)^2 + (a+2c)(a+2c+KH) + (a+2c+KH)^2\right]$$

如 $c=0$，上口边长 $=A$，则 $V = \frac{H}{3}(a^2 + a \times A + A^2)$

或
$$V = \frac{H}{6}\left[ab + (A+a)(B+b) + AB\right]$$（A：上口长；B：上口宽；$c=0$）

圆形：
$$V = \frac{1}{3}\pi H(R_1^2 + R_2^2 + R_1R_2)$$

以上各式中 K 为放坡系数。挖地坑的示意图见图7-42。

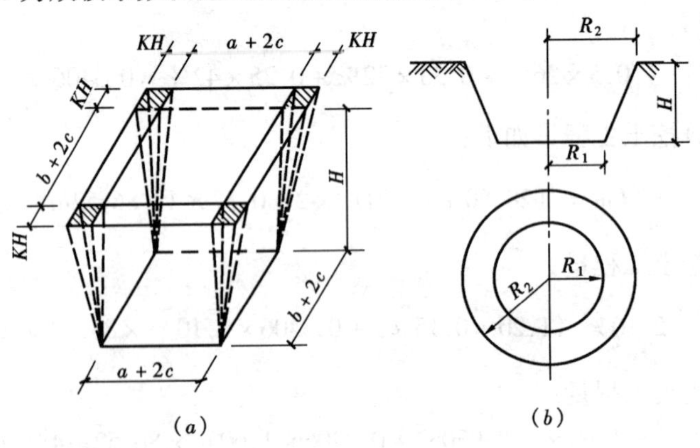

图7-42 地坑

（a）矩形；（b）圆形

〈工程量清单工程量计算公式〉

矩形：
$$V = abH$$

圆形：$$V = \pi R_1^2 H$$

(3) 计算举例

【例 6】 如图 7-43 所示，现场土质为三类土，柱混凝土基础底标高为 -2.00，设计室外地坪为 -0.30，计算人工挖地坑工程量。

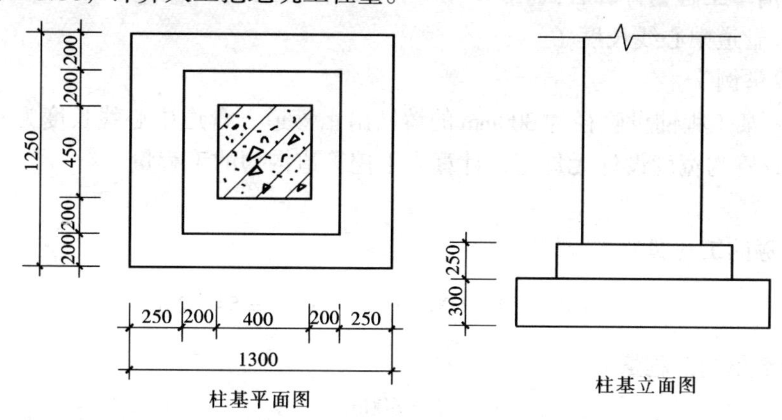

图 7-43 柱基示意图

【解】

〈基础定额的工程量〉

$$V = (a + 2c + KH)(b + 2c + KH) \cdot H + \frac{1}{3}K^2H^3 = (1.3 + 2 \times 0.3 + 0.33 \times 1.7) \times (1.25 + 2 \times 0.3 + 0.33 \times 1.7) \times 1.7 + \frac{1}{3} \times 0.33^2 \times 1.7^3 \approx 10.26\text{m}^3$$

注：$\frac{1}{3}K^2H^3$ 为放坡地坑 4 个角锥体中的一个角锥体，其体积亦可从“地坑放坡角锥体积表”中查得。

〈工程量清单的工程量〉

$$V = 1.3 \times 1.25 \times 1.7 \approx 2.76\text{m}^3$$

4. 挖管道沟槽

(1) 计算规定

〈基础定额的计算规定〉

见“规则”第 7 条。

〈工程量清单的计算规定〉

管沟土方工程内容：排地表水、土方开挖、挡土板支拆、运输、回填。

管沟土方工程量，按不同土壤类别、管外径、挖沟平均深度、弃土石运距、回填要求，以管道中心线长度计算。计算单位：m。

(2) 计算公式

〈基础定额工程量计算公式〉

$$V = (a + KH) \cdot H \cdot L$$

式中 V——管道沟槽挖土工程量（m^3）；

a——管道沟槽宽度（m），若设计无规定，可按附录二“第三章第一节表 3.1.4-3”的规定计算；

H——管道沟槽挖土深度（m）；

L——管道沟槽图示中心线长度；

K——放坡系数。

〈工程量清单工程量计算公式〉

工程量 = 管道中心线长度 L。

（3）计算举例

【例 7】 某工程铺设管径为 300mm 的铸铁给水管道，管道中心线长度为 600m，管沟深度为 1.1m，管沟宽度设计无规定，计算人工挖管道沟槽的工程量。

【解】

〈基础定额的工程量〉

$$V = 0.8 \times 1.1 \times 600 \times (1 + 2.5\%) - 541.2\text{m}^3$$

〈工程量清单的工程量〉

$$L = 600\text{m}$$

5. 人工挖孔桩（即孔桩桩孔工程量）

（1）计算规定

〈基础定额的计算规定〉

见“规则”第 5 条。

〈工程量清单的计算规定〉

同“挖沟槽”，按“挖基础土方”规定执行。

（2）计算公式

〈基础定额工程量计算公式〉

①人工挖孔桩（直圆桶形）公式：

$$V = \frac{\pi}{4} D^2 \cdot H = 0.7854 D^2 \cdot H$$

式中 D——桩孔外径（含护壁厚度）；

H——孔桩设计中心线深度。

②人工挖孔扩底灌注桩（扩大桩头）

分别按圆柱、圆台、球缺的体积公式计算。

〈工程量清单工程量计算公式〉

计算公式同定额工程量计算公式。

（3）计算举例

【例 8】 如图 7-44 所示，现场土质为三类土，桩下面为钢筋混凝土桩承台（圆形），承台下部为人工挖大孔桩。计算人工挖土工程量。

【解】 人工挖大孔桩的上部承台土方为圆形地坑，按圆台计算，执行挖地坑定额；下部桩孔土方，由圆柱、圆台、球缺组成，应分别按圆柱、圆台和球缺计算，执行“人工挖孔桩”定额。所以应分列两项计算。

〈基础定额的工程量〉

①人工挖地坑，放坡系数 $K = 0.33$，工作面 $C = 0.30$m。

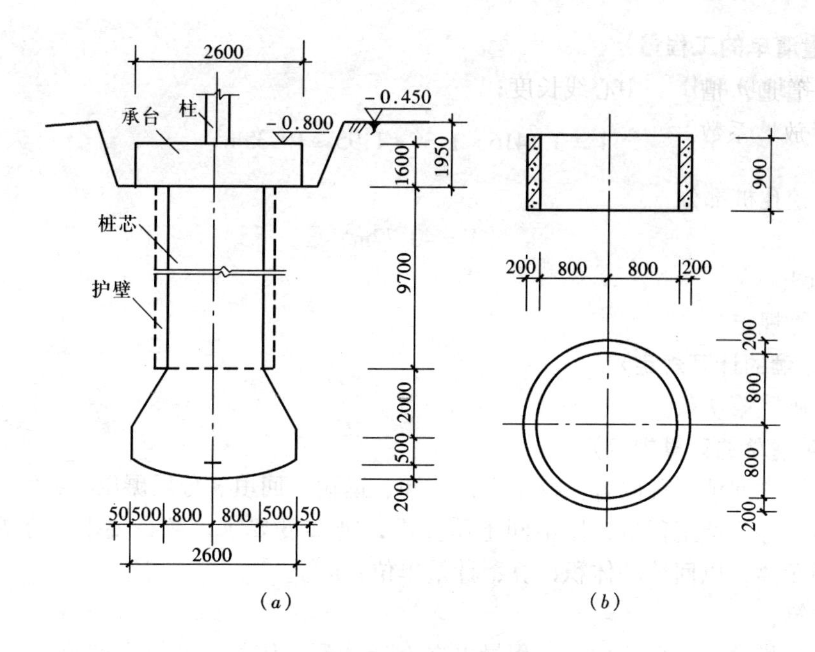

图 7-44　人工挖大孔桩示意图

（a）桩；（b）护壁（衬套）

$$V=\frac{1}{3}\times\pi\times1.95\times(3.2^2+4.487^2+3.2\times4.487)\approx22.84\text{m}^3$$

②人工挖孔桩土方共四部分组成：

桩身部分：$\frac{\pi}{4}\times9.7\times2.0^2\approx30.47\text{m}^3$

圆台部分：$\frac{\pi}{12}\times2.0\times(1.6^2+2.6^2+1.6\times2.6)\approx7.06\text{m}^3$

大圆柱部分：$\frac{\pi}{4}\times0.5\times2.6^2\approx2.65\text{m}^3$

锅底部分：

计算公式：

$$V_{\text{球缺}}=\pi h^2\left(r-\frac{h}{3}\right)\text{且 }d^2=4h(2r-h)$$

式中各字母含义同前。

已知：$d=2.60\text{m},\ h=0.2\text{m}$

而 $2.6^2=4\times0.2\times(2r-0.2)$

则 $r=4.325\text{m}$

所以：$V_{\text{球缺}}=\pi\times0.2^2\times\left(4.325-\frac{0.2}{3}\right)\approx0.54\text{m}^3$

人工挖孔桩工程量：

$$V=30.47+7.06+2.65+0.54=40.72\text{m}^3$$

〈工程量清单的工程量〉

①人工挖地坑部分

$$V = 3.1416 \times 1.3^2 \times 1.95 \approx 10.35\text{m}^3$$

②人工挖孔桩部分

$$V = 40.72\text{m}^3$$

6. 回填土

(1) 计算规定

〈基础定额的计算规定〉

见“规则”第7条。

〈工程量清单的计算规定〉

土（石）方回填工程内容：挖土方，装卸、运输、回填、分层碾压、夯实。

土（石）方回填工程量，按不同土质要求，密实度要求，粒径要求，夯填（碾压），松填，运输距离，以回填的体积计算，计量单位：m^3。

(2) 计算公式

回填土分松填、夯填两种，工程量以立方米计算其体积。回填土的范围有基槽回填、基坑回填、管道沟槽回填和室内地坪回填（房心回填）等。

〈基础定额工程量计算公式〉

①基槽回填是将墙基础砌到地面上以后，将基槽填平。填土通常按夯填项目计算，其工程量按挖方体积减去设计室外地坪以下埋设的基础（包括基础、基础垫层等）体积计算。计算公式为：

$$V_{槽填} = V_{挖} - V_{埋}$$

式中　$V_{槽填}$——基槽回填土体积；

$V_{挖}$——挖土体积；

$V_{埋}$——设计室外地坪以下埋设的基础体积。

②基坑回填土是指柱基或设备基础，浇筑到地面以后，将基坑四周用土填平。此项目一般按夯填计算，计算公式为：

$$V_{坑填} = V_{挖} - V_{埋}$$

式中　$V_{坑填}$——基坑回填土体积。

③管道沟槽回填土是指埋设地下管道后的填土，一般也按夯填计算。其工程量按挖方体积减去管道所占体积计算。当管道外径小于0.5m时，回填土体积就等于挖土体积，管道所占体积可忽略不计；当管道外径超过0.5m时，其计算公式为：

$$V_{沟填} = V_{挖} - V_{管}$$

式中　$V_{沟填}$——管道沟槽回填土体积；

$V_{管}$——管道体积。

④室内地坪回填土，也称为房心回填土，是指将房屋地面从室外地坪标高提高至室内地坪结构层以下标高所需要的回填土。此项目一般也按夯填项目套算。其工程量按主墙之间的面积乘以回填土厚度计算，计算公式为：

$$V_{室填} = S_{净} \times H_{厚}$$

式中　$V_{室填}$——室内回填土体积；

$S_{净}$——主墙间净面积（$S_{净}=S_1-L_{中}\times$外墙厚$-L_{内}\times$内墙厚）；

$H_{厚}$——回填土厚度（$H_{厚}=$室内外地坪高差－垫层、找平层、面层的厚度）。

〈工程量清单工程量计算公式〉

计算公式同定额工程量计算公式。

(3) 计算举例

【例 9】　如图 7-45 所示，现场土质为一、二类土，人工挖土，回填土为夯填，计算回填土工程量。

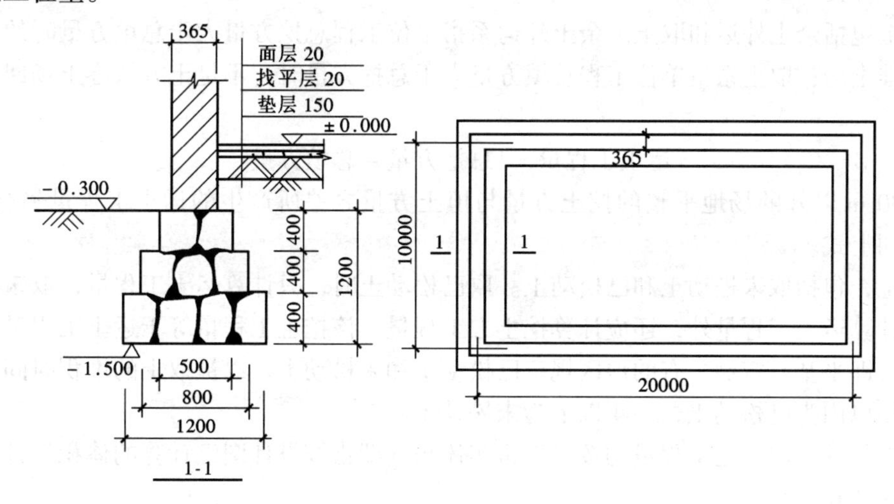

图 7-45

【解】

〈基础定额的工程量〉

$$L_{中}=(20.49+10.49)\times 2-4\times 0.365=60.50\text{m}$$

①地槽挖土工程量：

$$V=1.2\times(1.2+0.15\times 2+0.5\times 1.2)\times 60.5=152.46\text{m}^3$$

②室外地坪以下的砌筑量：

$$V=0.4\times(0.5+0.8+1.2)\times 60.5=60.5\text{m}^3$$

③地槽回填土工程量：

$$V=152.46-60.5=91.96\text{m}^3$$

④室内地面回填工程量

$$V=[0.30-(0.02+0.02+0.15)]\times(20.49\times 10.49-0.365\times 60.5)$$
$$\approx 0.11\times 192.86\approx 21.21\text{m}^3$$

总的回填土工程量

$$V=91.96+21.21=113.17\text{m}^3$$

〈工程量清单的工程量〉

①地槽挖土工程量

$$V=1.2\times 1.2\times 60.5=87.12\text{m}^3$$

②地槽回填土工程量

$$V = 87.12 - 60.5 = 26.62\text{m}^3$$

③室内地面回填土工程量

$$V = 21.21\text{m}^3$$

总回填土工程量

$$V = 26.62 + 21.21 = 47.83\text{m}^3$$

7. 运土

(1) 含义

运土包括余土外运和取土。余土外运系指单位工程总挖方量大于总填方量时的多余土方运至堆土场；取土系指单位工程总填方量大于总挖方量时，不足土方从堆土场回运至填土地点。

$$运土工程量 = |总挖方量 - 总填方量|$$

±30cm 以外的场地平整的挖土方量与填土方量之差所产生的运土工程量另行计算，其方法同上式。

取土，包括取未松动土和已松动土。取已松动土时，只计算运土工程量；取未松动土时，除计算运土工程量外，还应计算挖土方工程量。该挖土工程量等于运土工程量，执行挖土方（即平基）定额。有的地区规定已松动土和未松动土，以被取土的堆积时间一年为界，一年以内为已松动土，一年以上为未松动土。

土方的挖、填、运工程量均按自然密实体积（即指按设计图纸计算的体积）计算，不能按虚松体积计算。

(2) 计算规定

〈基础定额的计算规定〉

见“规则”第 7 条，第 8 条。

〈工程量清单的计算规定〉

含在相应的“挖土”项目内，不需单独计算。

(3) 计算公式

〈基础定额工程量计算公式〉

$$V_{余} = V_{挖} - V_{填}$$

$$V_{取} = V_{填} - V_{挖}$$

式中 $V_{余}$——余土外运的体积；

$V_{取}$——取土内运的体积；

$V_{挖}$——总挖方量；

$V_{填}$——总填方量。

〈工程量清单工程量计算公式〉

不单独计算。

(4) 计算举例

【例 10】 如图 7-45 所示，计算运土工程量。

【解】

〈基础定额的工程量〉

由于 $V_{挖} > V_{填}$，故为余土外运。

$$V_{余} = 152.46 - 113.17 = 39.29\text{m}^3$$

〈工程量清单的工程量〉

不单独计算。

8. 支挡土板

(1) 含义

支挡土板是用于不能放坡或淤泥流砂类土方的挖土工程，定额按木、竹、钢等不同材质分别编制定额项目，其工程内容包括制作、运输、安装、拆除挡土板。支挡土板分为密撑和疏撑。密撑是指满支挡土板，即条板相互靠紧，如图 7-46（*b*）所示。疏撑是指间隔支挡土板，即条板之间留有等距或不等距的空隙，如图 7-46（*a*）所示。无论密撑还是疏撑，均按槽、坑垂直支挡面积计算工程量。疏撑间距不论空隙大小，实际间距与定额不同时，一律不作调整。

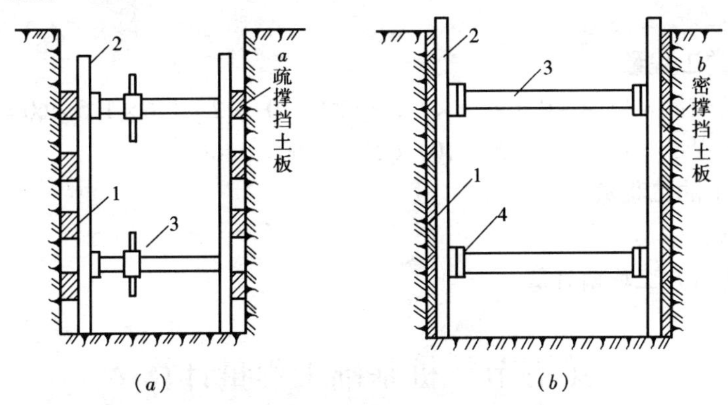

图 7-46 挡土板剖面图

1—水平挡土板；2—竖枋木；3—撑木；4—木楔

(2) 计算规定

〈基础定额的计算规定〉

见“规则”第 4 条。

〈工程量清单的计算规定〉

含在相应的“挖土”项目内，不需单独计算。

(3) 计算公式

〈基础定额工程量计算公式〉

$$S_{挡} = L_{板} \times H_{板}$$

式中 $S_{挡}$——支挡土板工程量（m^2）；

$L_{板}$——支挡土板长（m）；

$H_{板}$——支挡土板高（m）。

〈工程量清单工程量计算公式〉

不单独计算。

(4) 计算举例

【例 11】 如图 7-47 所示，现场土质为二类土，地槽双面支挡土板，墙厚 240mm，计算人工挖地槽和支挡土板工程量。

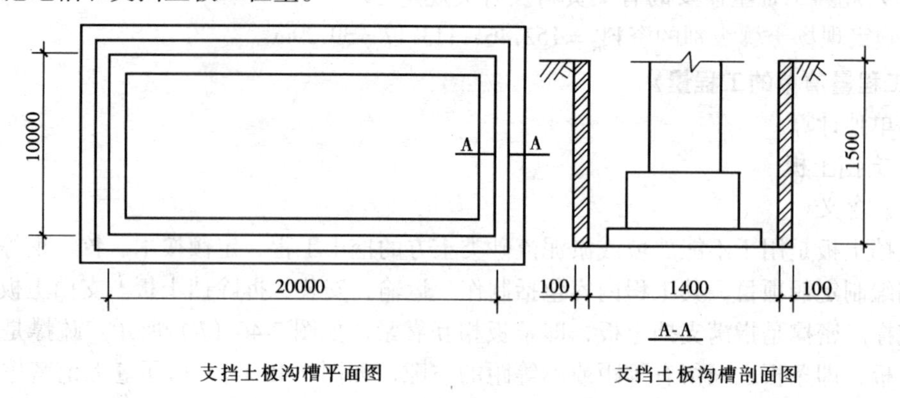

图 7-47 支挡土板沟槽平面示意图

【解】

〈基础定额的工程量〉

①挖土方工程量 $=(1.4+0.1\times2)\times1.5\times(20+10)\times2=1.6\times1.5\times60=144.00(\text{m}^3)$

②挡土板工程量 $=1.5\times2\times(20+10)\times2=3\times60=180(\text{m}^2)$

〈工程量清单的工程量〉

不单独计算。

六、大型土石方工程量计算

第五节 桩基础工程量计算

一、桩基础工程基础定额说明（见附录一）。

二、基础定额桩基础工程量计算规则（见附录二）

三、工程量清单桩基础工程量计算规则（见附录三）

四、桩基础工程量计算

（一）分部工程主要内容

〈基础定额分部工程主要内容〉

1. 打预制桩

包括打预制钢筋混凝土桩、接桩、送桩、压预制钢筋混凝土桩、打拔钢板桩等。

2. 现场灌注桩

包括打孔灌注混凝土桩、钻孔灌注混凝土桩、打孔灌注砂桩、打孔灌注碎石桩、打孔灌注砂石桩等。

3. 人工挖孔灌注桩

4. 灰土挤密桩

〈工程量清单分部工程主要内容〉

1. 混凝土桩

2. 其他桩

3. 地基与边坡处理

（二）计算工程量需要的有关资料及有关规定

1. 确定现场土壤级别的资料

这是套用定额项目的必要条件，可根据工程地质资料提供的指标，按附录一“桩基础工程说明”中的第（二）条来确定。

2. 工程采用的桩基础类型

根据设计文件或相关资料，明确工程采用的是预制桩，还是现场灌注桩；是混凝土桩，还是钢桩；是砂石桩，还是灰土桩等。

3. 施工方式及施工机械

根据施工组织设计及其他有关资料，明确桩基础工程采用的施工方式（打桩、压桩、打孔、钻孔）和施工机械（轨道式、履带式、走管式、振动式）。

4. 施工场地

根据施工组织设计资料结合现场状况，明确是平地打桩还是坡地打桩，并结合附录一“桩基础工程说明“中的第（九）条规定执行。

5. 接桩的方式和材质

根据设计的要求，确定接桩采用焊接桩还是硫磺胶泥接桩；焊接桩是使用角钢还是钢板等等。

（三）主要分项工程量计算方法

1. 打预制钢筋混凝土桩

（1）计算规定

〈基础定额的计算规定〉

见“规则”第2条。

〈工程量清单的计算规定〉

预制钢筋混凝土桩工程内容：桩制作、运输、打桩、试验桩、斜桩、送桩、管桩填充材料、刷防护材料、清理、运输。

预制钢筋混凝土桩工程量，按不同土壤级别，单桩长度、根数、桩截面，板桩面积，管桩填充材料种类，桩倾斜度，混凝土强度等级，防护材料种类，以桩的总长度（包括桩尖）或根数计算。计量单位：m或根。

（2）计算公式

〈基础定额工程量计算公式〉

①单根方桩体积：

$$V = a^2 L$$

式中 a——方桩边长；

L——设计桩长，包括桩尖长度（不扣减柱尖虚体积）。

②单根管桩体积：

$$V = \frac{\pi}{4} D^2 L_1 - \frac{\pi}{4} d^2 L_2$$

式中 D——管桩外径；

d——管桩内径；

L_1——设计桩长，包括桩尖长度（不扣减桩尖虚体积）；

L_2——管桩空心部分设计长度。

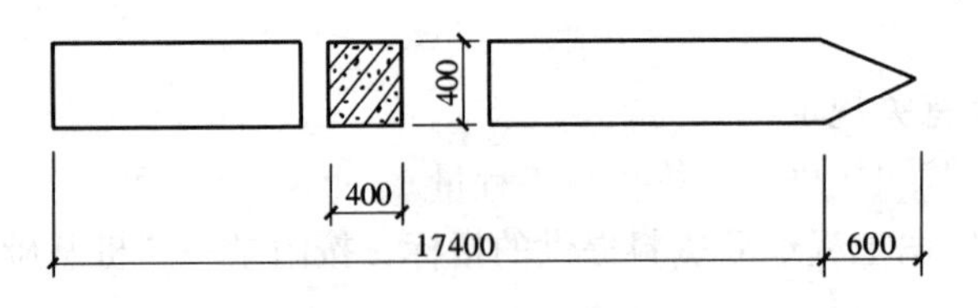

图 7-48　预制桩示意图

〈工程量清单工程量计算公式〉

工程量 = 桩的总长度（包括桩尖）或根数。

（3）计算举例

【例 12】　如图 7-48 所示，预制钢筋混凝土方桩共 100 根，土质为二级土，采用轨道式柴油打桩机打桩，计算该工程打桩图示工程量。

【解】

〈基础定额的工程量〉

$$V = 0.4 \times 0.4 \times (17.4 + 0.6) \times 100 = 288\text{m}^3$$

〈工程量清单的工程量〉

工程量 =（17.4 + 0.6）× 100 = 1800m 或：工程量 = 100 根

【例 13】　如图 7-49 所示，预制钢筋混凝土离心管桩共 200 根，土质为二级土，采用履带式柴油打桩机打桩，计算打桩图示工程量。

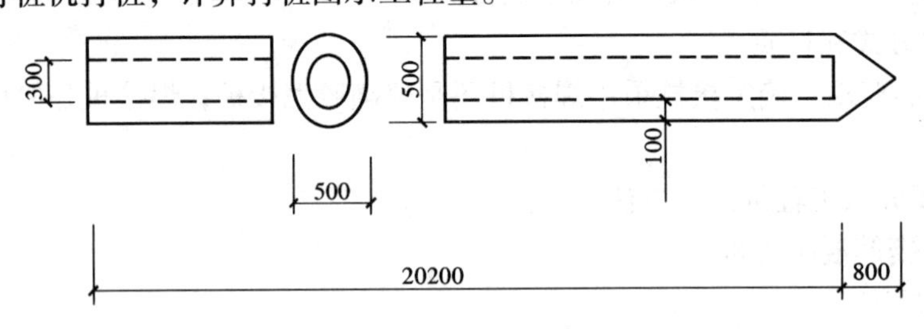

图 7-49　预制离心桩图

【解】

〈基础定额的工程量〉

$$V = \left(\frac{\pi}{4} \times 0.5 \times 0.5 \times 21 - \frac{\pi}{4} \times 0.3 \times 0.3 \times 20.2\right) \times 200 \approx 539.10\text{m}^3$$

〈工程量清单的工程量〉

工程量 =（20.2 + 0.8）× 200 = 4200m 或：工程量 = 200 根。

2. 接桩

（1）计算规定

〈基础定额的计算规定〉

见“规则”第 3 条。

〈工程量清单的计算规定〉

接桩工程内容：桩制作，运输，接桩，材料运输。

接桩工程量，按不同桩截面、接头长度、接桩材料，以接头数量计算。计量单位：个。板桩按接头长度计算。计量单位：m。

（2）计算公式

〈基础定额工程量计算公式〉

焊接桩按接头个数计算；硫磺胶泥接桩按接桩的断面积计算。

〈工程量清单工程量计算公式〉

工程量 = 接头个数（板桩为接头长度）

(3) 计算举例

【例】 如图 7-50 所示，采用硫磺胶泥接桩，计算接桩工程量。

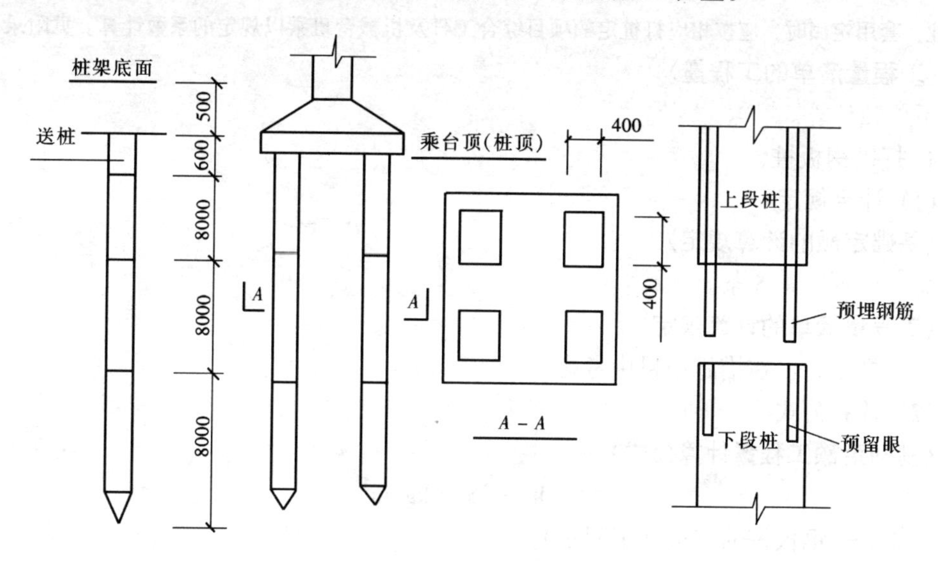

图 7-50 硫磺胶泥接桩示意图

【解】

〈基础定额的工程量〉

$S = 0.4 \times 0.4 \times 2 \times 4 = 1.28\text{m}^2$

〈工程量清单的工程量〉

工程量 = 2 × 4 = 8 个

3. 送桩

(1) 计算规定

〈基础定额的计算规定〉

见“规则”第 4 条。

〈工程量清单的计算规定〉

含在相应项目内，不需单独计算。

(2) 计算公式

〈基础定额工程量计算公式〉

$$V = Sh$$

式中 V——送桩工程量；

S——被送桩断面面积；

h——送桩长度。

〈工程量清单工程量计算公式〉

不单独计算。

(3) 计算举例

【例 14】 如图7-50所示，计算送桩工程量。

【解】

〈基础定额的工程量〉

$$V=0.4\times0.4\times(0.5+0.5)\times4=0.64\ (m^3)$$

注：套用定额时，应按相应打桩定额项目综合工日及机械台班乘以规定的系数计算。见附录一。

〈工程量清单的工程量〉

不单独计算。

4. 打拔钢板桩

(1) 计算规定

〈基础定额的计算规定〉

见“规则”第5条。

〈工程量清单的计算规定〉

未作规定，可在措施项目中考虑。

(2) 计算公式

〈基础定额工程量计算公式〉

$$W = S \times kg/m^2$$

式中 W——钢板桩的重量（工程量）；

S——钢板桩的面积；

kg/m^2——钢板桩单位面积重量。

〈工程量清单工程量计算公式〉

可在措施项目中考虑。

(3) 计算举例

【例15】 某工程深基础采用国产“包Ⅳ型”拉森式（U型）钢板桩作挡土支护结构，设计钢板桩总宽度为48m，桩长7.5m，土质为二级土，用柴油打桩机施工，计算该工程打拔钢板桩工程量。

我国常用U型（拉森式）钢板桩的型号及技术性能见表7-6，供计算工程量时查用。

常用国产U型钢板桩型号、性能表 **表7-6**

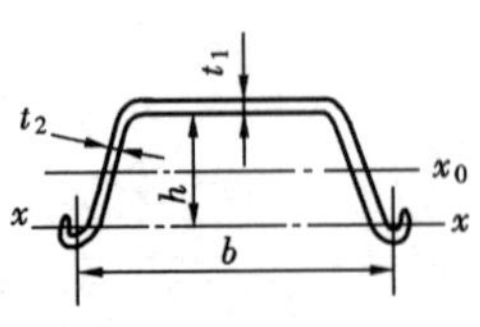

型号	尺寸(mm) 宽度 b	高度 h	腹板厚 t_1	翼缘厚 t_2	截面积A单根 (cm^2)	重量(kg/m) 单根	每米宽	惯性矩, I_x 单根 (cm^4)	每米宽 (cm^4/m)	截面抵抗矩 单根 (cm^3)	每米宽 (cm^3/m)
鞍Ⅳ型	400	180	15.5	10.5	99.14	77.73	193.33	4.025	31.963	343	2043
鞍Ⅳ型（新）	400	180	15.5	10.5	98.70	76.99	192.58	3.970	31.950	336	2043
包Ⅳ型	500	185	16.0	10.0	115.13	90.80	181.60	5.955	45.655	424.8	2410

【解】

〈基础定额的工程量〉

①由表7-6查得单根重量为90.8kg/m，

单根U型钢板桩的重量为$90.80\times7.5=681$kg，

又由表7-6，每根U型钢板桩宽0.5m，整个基础支护结构应用$48/0.5=96$根单桩，则总重量为：

$$681\text{kg} \times 96 = 65376\text{kg} = 65.376\text{t}$$

②或由表7-6有每米宽钢板桩重量为181.60kg/m^2，

总宽48m的重量为181.60kg × 48 = 8716.8kg，则钢板桩总重量为8716.8kg × 7.5 = 65376kg = 65.376t

〈工程量清单的工程量〉

可在措施项目中考虑。

5. 打孔灌注桩（混凝土、砂石、灰土挤密、旋喷、喷粉桩）

(1) 计算规定

〈基础定额的计算规定〉

见“规则”第6条。

〈工程量清单的计算规定〉

①混凝土灌注桩工程内容：成孔、固壁；混凝土制作、运输、灌注、振捣、养护；泥浆池及沟槽砌筑、拆除；泥浆制作、运输清理、运输。

混凝土灌注桩工程量，按不同土壤级别、单桩长度、根数、桩截面，成孔方法，混凝土强度等级，以桩的总长度（包括桩尖）或根数计算。计量单位：m或根。

②砂石灌注桩工程内容：成孔，砂石运输，填充，振实。

砂石灌注桩工程量，按不同土壤级别、桩长、桩截面，成孔方法，砂石级配，以桩的总长度（包括桩尖）计算。计量单位：m。

③灰土挤密工程内容：成孔，灰土拌和、运输，填充，夯实。

灰土挤密桩工程量，按不同土壤级别，桩长，桩截面，成孔方法，灰土级配，以桩的总长度（包括桩尖）计算。计量单位：m。

④旋喷桩工程内容：成孔，水泥浆制作、运输，水泥浆旋喷。

旋喷桩工程量，按不同桩长，桩截面，水泥强度等级，以桩的总长度（包括桩尖）计算。计量单位：m。

⑤喷粉桩工程内容：成孔，粉体运输，喷粉固化。

喷粉桩工程量，按不同桩长，桩截面，粉体种类，水泥强度等级，石灰粉要求，以桩的总长度（包括桩尖）计算。计量单位：m。

(2) 计算公式

〈基础定额工程量计算公式〉

$$V = \frac{\pi}{4} D^2 L$$

式中 V——打孔灌注桩工程量；

D——钢管管箍外径；

L——设计桩长（包括桩尖，不扣除桩尖虚体积）。

〈工程量清单工程量计算公式〉

工程量 = 桩的总长度（包括桩尖）或根数。

(3) 计算举例

【例16】 现场打孔灌注混凝土桩，桩长15m，钢管管箍外径为377mm，采用振动打桩机施工，土质为二级土，共计100根，计算打孔灌注桩工程量。

【解】

〈基础定额的工程量〉

$$V=\frac{\pi}{4}\times 0.377\times 0.377\times 15\times 100\approx 1.67\times 100=167\text{m}^3$$

〈工程量清单的工程量〉

工程量 = 15×100 = 1500m，或：工程量 = 100根

6. 扩大桩（复打桩）

(1) 计算规定

〈基础定额的计算规定〉

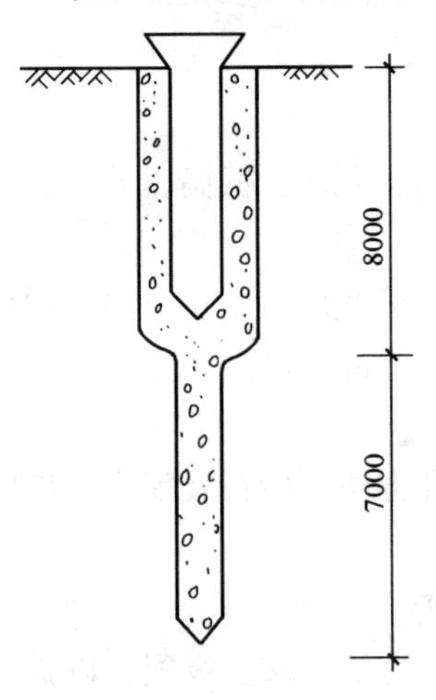

图7-51 复打灌注桩

见“规则”第6条。

〈工程量清单的计算规定〉

同“打孔灌注桩”规定。

(2) 计算公式

〈基础定额工程量计算公式〉

V = 单桩体积 ×（1 + 复打次数）

〈工程量清单工程量计算公式〉

同“打孔灌注桩”公式。

(3) 计算举例

【例17】 如图7-51所示，条件同前例，设计要求复打1次，复打深度为8m，计算打桩工程量。

【解】

〈基础定额的工程量〉

$$V_1=\frac{\pi}{4}\times 0.377\times 0.377\times (15-8)\times 100\approx 78.14\text{m}^3$$

$$V_2=\frac{\pi}{4}\times 0.377\times 0.377\times 8\times (1+1)\times 100\approx 178.60\text{m}^3$$

$$V=V_1+V_2=78.14+178.60=256.74\text{m}^3$$

〈工程量清单的工程量〉

①工程量（单桩长15m）= 15×100 = 1500m（或：100根）

②工程量（单桩长8m）= 8×100 = 800m（或：100根）

7. 钻孔灌注桩

(1) 计算规定

〈基础定额的计算规定〉

见“规则”第7条。

〈工程量清单的计算规定〉

同“打孔灌注桩”规定。

(2) 计算公式

〈基础定额工程量计算公式〉

$$V=S\times(L+0.25)$$

式中 V——钻孔灌注桩工程量；

S——桩的设计断面面积；

L——设计桩长（包括桩尖，不扣除桩尖虚体积）。

〈工程量清单工程量计算公式〉

同“打孔灌注桩”公式。

(3) 计算举例

【例 18】 如图7-52所示，桩基础采用长螺旋钻孔灌注桩，桩长 12m，土质为二级土，共计 300 根，计算钻孔灌注桩工程量。

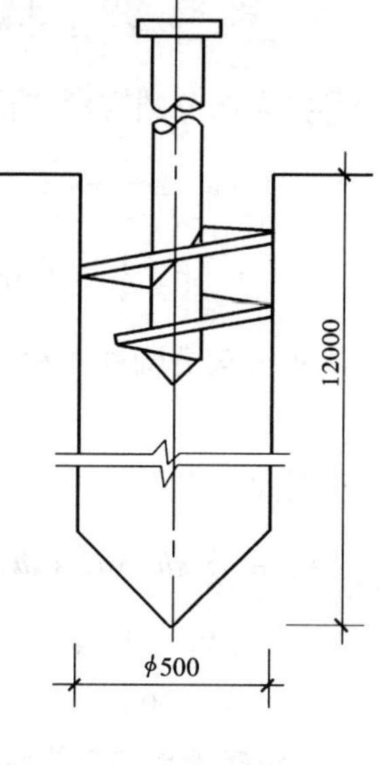

图 7-52

【解】

〈基础定额的工程量〉

$$V=\frac{\pi}{4}\times 0.5\times 0.5\times（12+0.25）\times 300\approx 721.59（m^3）$$

〈工程量清单的工程量〉

工程量 = 12 × 300 = 3600（m）（或：300 根）

8. 人工挖孔灌注桩

(1) 计算规定

〈基础定额的计算规定〉

人工挖孔扩底灌注混凝土桩工程量按图示护壁内径圆台体积及扩大桩头实体积以 m^3 计算。

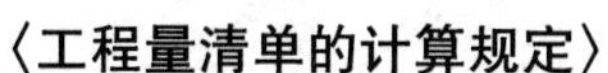

〈工程量清单的计算规定〉

同“打孔灌注桩”规定。

(2) 计算公式

〈基础定额工程量计算公式〉

人工挖孔扩底灌注混凝土桩分圆台、圆柱和球缺三部分，其计算公式为：

圆台：$V_1=\frac{1}{3}\pi h(R^2+r^2+Rr)$

圆柱：$V_2=\pi R^2 h$

球缺：$V_3=\frac{1}{6}\pi h(3a^2+h^2)$

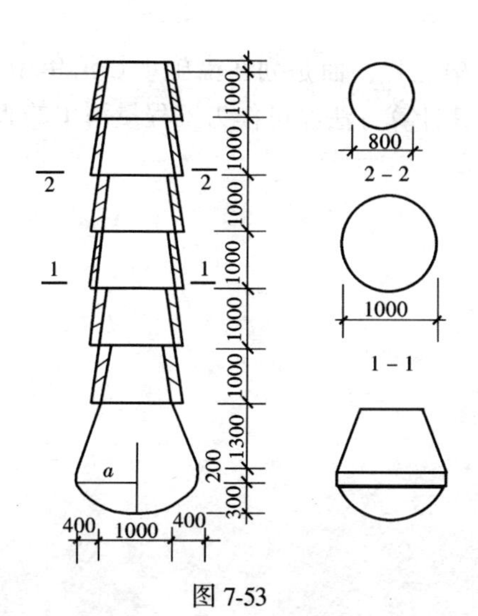

图 7-53

〈工程量清单工程量计算公式〉

同“打孔灌注桩”公式。

(3) 计算举例

【例 19】 如图7-53所示，桩基础采用人工挖孔扩底灌注桩，共计 132 根，计算人工挖孔灌注桩工程量。

【解】

〈基础定额的工程量〉

①圆台体积

$$V_1 = \frac{1}{3}\pi h \times (R_{上}^2 + R_{下}^2 + R_{上} \times R_{下}) \times n$$

$$= \frac{1}{3} \times 3.1416 \times 1 \times (0.5^2 + 0.4^2 + 0.5 \times 0.4) \times 6$$

$$= \frac{1}{3} \times 3.1416 \times 1 \times 0.61 \times 6 \approx 3.83\text{m}^3$$

②扩大部分圆锥台体积

$$V_2 = \frac{1}{3}\pi h \times (R_{上}^2 + R_{下}^2 + R_{上} \times R_{下}) \times n$$

$$= \frac{1}{3} \times 3.1416 \times 1.3 \times (0.5^2 + 0.9^2 + 0.5 \times 0.9) \times 1 \approx 2.06\text{m}^3$$

③扩大部分圆柱体积

$$V_3 = \pi R^2 h = 3.1416 \times 0.9^2 \times 0.2 \approx 0.51\text{m}^3$$

④球缺体积

$$V_4 = \frac{1}{6}\pi h(3a^2 + h^2) = \frac{1}{6} \times 3.1416 \times 0.30 \times (3 \times 0.9^2 + 0.3^2) \times 1 \approx 0.40\text{m}^3$$

$$\Sigma V = (V_1 + V_2 + V_3 + V_4) \times 根数 = (3.83 + 2.06 + 0.51 + 0.40) \times 132$$

$$= 897.60\text{m}^3$$

〈工程量清单的工程量〉

工程量 = （1×6+1.3+0.2+0.3）×132=1029.60m（或：132根）

第六节　脚手架工程量计算

一、脚手架工程基础定额说明（见附录一）

二、基础定额脚手架工程量计算规则（见附录二）

三、工程量清单脚手架工程量计算规则

脚手架工程在工程量清单中列为措施项目。

四、脚手架工程量计算

工程量清单中的分部分项工程量清单没有列脚手架工程，而是列在措施项目清单中。所以，这里只介绍基础定额的脚手架工程量计算，但其计算方法亦可作为工程量清单的脚手架工程量计算参考。

（一）分部工程主要内容

1. 砌筑脚手架

2. 现浇钢筋混凝土框架脚手架

3. 装饰工程脚手架

4. 其他脚手架

5. 安全网

（二）计算工程量需要的有关资料

1. 调查收集计算依据

（1）了解本工程采用的脚手架类别

因现行定额是按单项脚手架编制的，各适用一定范围，故首先应确定脚手架的类别。

①查阅一下内外墙的砌筑脚手架有否特殊要求。一般来说，内外墙脚手架若没有特殊要求，均可按规则确定计算内外脚手架。

②检查内外墙及天棚的装饰脚手架有否特殊要求，若没有特殊要求可按规则确定计算项目。

③审视框架结构与框间砖墙的脚手架有否特殊要求，以便确认计算内容。

（2）了解脚手架的材质

现行定额一般项目均按木、竹、钢等3种材质制定的。本工程采用何种材质脚手架，由施工单位根据具体情况选择。如果不能确定材质时，可先暂按钢管脚手架进行计算，待决算时再行调整。

（3）了解脚手架所采用的安全设施

如外架封席、安全网、防护架等，并要了解其使用部位或具体尺寸，以便计算工程量。

2. 查阅图纸确定计算项目

（1）查阅内外墙的计算高度，以便确定计算编号。

（2）查阅天棚的装饰高度，以便确定计算内容。

（3）检查其他脚手架的使用范围。

（三）计算工程量的有关规定

以往建筑工程的脚手架，大都采用综合脚手架，而今现行定额为便于与国际接轨，则改用单项脚手架，即外墙按外脚手架、内墙按里脚手架、天棚按满堂脚手架等。

1. 外脚手架的使用

（1）外墙的砌筑与装饰，应合并计算一次性外脚手架费用，按脚手架材质与外墙高度套用相应定额。

（2）现浇框架结构按梁柱尺寸计算外脚手架，框架间的砖墙脚手架，在已计算梁脚手架的部位，不再计算砌砖脚手架。未计算的部位应按外脚手架工程量计算规则，另行计算外墙脚手架，套用相应定额项目。

（3）高度超过1.2m的构筑物，按其外围垂直面积，套用双排外脚手架。

（4）各种独立柱按断面周长加3.6m乘柱高，套用双排外脚手架，而能利用砌墙脚手架的柱，随墙计算脚手架，不再另行计算柱脚手架。

（5）高度在3.6m以上的内墙和围墙，按15m内单排外脚手架计算。

（6）外脚手架定额内，已综合了上料平台，护卫栏杆等工料，不得再行计算。配合上料的垂直运输机械，按“建筑工程垂直运输定额”执行。

2. 里脚手架的使用

（1）墙高在3.6m以内的内墙砌筑脚手架，按里脚手架计算，其内墙的装饰脚手架，不另外计算。

（2）墙高在3.6m以内的围墙脚手架，按里脚手架计算。

里脚手架的搭设比单排外脚手架简单，也不考虑上料平台，所以除上述两个项目外，一般均不套用里脚手架定额。

3. 满堂脚手架的使用

(1) 满堂脚手架主要用于天棚的装饰和大面积的满堂基础。使用了满堂脚手架后，3.6m以上的内墙装饰不再另行计算装饰脚手架，而内墙的砌筑脚手架仍按里脚手架规定计算。

(2) 满堂脚手架的使用视其高度而定，当天棚净高在3.6m以下者，不管天棚采用何种装饰工艺，均不计算装饰脚手架。

当天棚净高在3.6m至5.2m之间，天棚的装饰脚手架按满堂脚手架基本层定额计算。

当天棚净高在5.2m以上时，天棚的装饰脚手架要计算基本层和增加层两项定额项目，即

$$\text{天棚装饰脚手架} = \text{天棚净面积} \times \left(\text{基本层定额} + \text{增加层定额} \times \frac{\text{天棚净高} - 5.2}{1.2}\right)$$

其中：$\frac{\text{天棚净高} - 5.2}{1.2} = \text{增加层数}$。

4. 依附斜道的使用

依附斜道是依附于脚手架旁边的斜坡运输道，供上下人员和推行车辆使用。脚手架高在三步以下时用一字形斜道，在四步以上时采用之字形斜道。

依附斜道一般用在无起吊设备或特殊要求的情况下，应根据施工组织设计要求而定。使用时应根据所爬高度按座计算，从下至上连成一个整体斜道者为一座。

独立斜道按依附斜道定额乘以系数1.8。

5. 工程量计算的注意事项

(1) 内外墙脚手架均按图示尺寸，依规则进行计算，不扣除任何门窗洞口。

(2) 外墙有女儿墙的高要取至压顶上表面；无女儿墙的取至檐口板顶面；檐口有天沟的应取至天沟壁上口；有山尖墙的应取至山尖顶，计算时应折算山尖面积。

(3) 内墙脚手架只算单面垂直墙面积，其高取至楼板底或梁底。

(4) 高低层建筑交界处的墙面脚手架，应分开计算。高层外脚手架应从低层屋面算起，低层为里脚手架，应算至屋面板顶或梁面。

(5) 有外廊和檐廊的墙面脚手架，其高算至檐口顶面。

6. 工程计算的一般规则

见“规则”第1条。

(四) 主要分项工程量计算方法

1. 外墙砌筑脚手架

(1) 计算规定

见“规则”第2条。

(2) 计算公式

$$S = L_{外} \cdot H$$

式中 S——外墙砌筑脚手架工程量；

$L_{外}$——外墙外边线长度；

H——外墙砌筑高度。

(3) 计算举例

【例20】 如图7-54所示，内外墙厚均为240mm，采用钢管脚手架，计算外墙砌筑脚

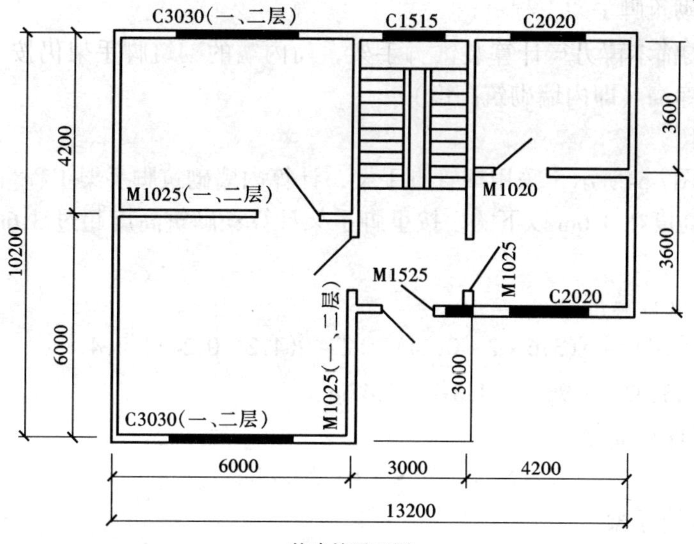

某建筑平面图

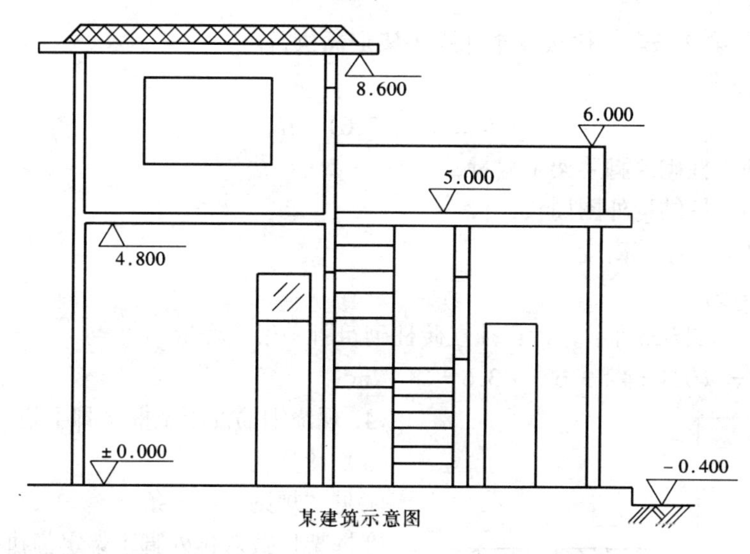

某建筑示意图

图 7-54　某建筑示意图

手架工程量。

【解】　砌筑高度在15m以下，按单排脚手架计算。外墙砌筑脚手架工程量为：

$$S = [(13.2+10.2)\times2+0.24\times4]\times(4.8+0.4)+(7.2\times3+0.24)\times1.2$$
$$+[(6+10.2)\times2+0.24\times4]\times4.0$$
$$=248.35+26.21+133.44=408.00\text{m}^2$$

2. 建筑物内墙砌筑脚手架

(1) 计算规定

见“规则”第2条。

(2) 计算公式

$$S = L_{内}\cdot H$$

式中　S——内墙砌筑脚手架工程量；

$L_{内}$——内墙净长线长度；

H——内墙净高（即内墙砌筑高度）。

（3）计算举例

【例 21】　如图7-54所示，采用钢管脚手架，计算内墙砌筑脚手架工程量。

【解】　砌筑高度在 3.6m 以下的，按里脚手架计算；砌筑高度超过 3.6m 以上时，按单排脚手架计算。

①按单排脚手架计算部分

S_1 = ［（6－0.24）＋（3.6×2－0.24）×2＋（4.2－0.24）］×4.8

　= （5.76＋13.92＋3.96）×4.8≈113.47m^2

②按里脚手架计算部分

$$S_2 = 5.76 \times 3.6 \approx 20.74m^2$$

3. 独立柱砌筑脚手架

（1）计算规定

见“规则”第 2 条。一律按双排外脚手架定额执行。

（2）计算公式

$$S = (l + 3.6) \cdot H$$

式中　S——独立柱砌筑脚手架工程量；

l——图示柱结构外围周长；

H——独立柱砌筑高度。

（3）计算举例

【例 22】　如图7-55所示，计算独立砖柱砌筑脚手架工程量。

【解】　S = （0.4×4＋3.6）×3.6 = 18.72m^2

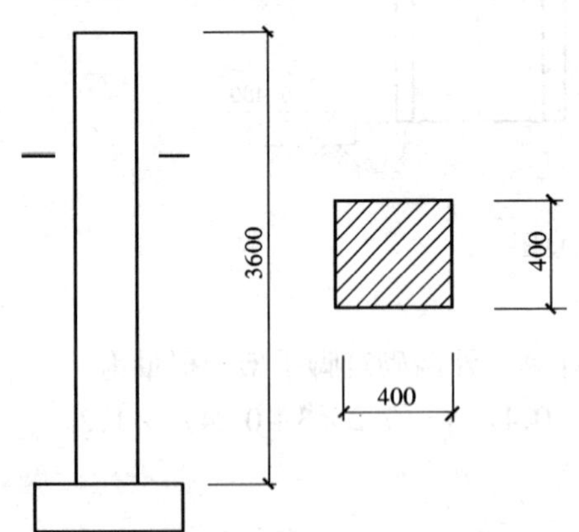

图 7-55　独立柱示意图

4. 现浇钢筋混凝土框架脚手架

（1）计算规定

①见“规则”第 3 条。

②框架柱按双排外脚手架定额执行。

③现浇板工程不计算脚手架费用。梁和墙混凝土同时浇筑时，只计算梁或墙的脚手架，不能重复计算。柱和墙同时浇筑时，重叠部分脚手架不允许重复计算。

④框架结构脚手架一般均为双排架，因单排架横杆无法生根。计算垂直面积时，其长按梁、墙的净长，其高按脚手架立柱地坪至梁、柱、墙的顶面。

（2）计算公式

$$S = L \cdot H$$

式中　S——现浇混凝土框架脚手架工程量；

L——框架梁或墙的净长；

H——脚手架立柱地坪至框架梁、墙或柱的顶面高度。

(3) 计算举例

【例 23】 如图7-56所示，为现浇混凝土框架结构，采用钢管脚手架，计算现浇混凝土框架脚手架工程量。

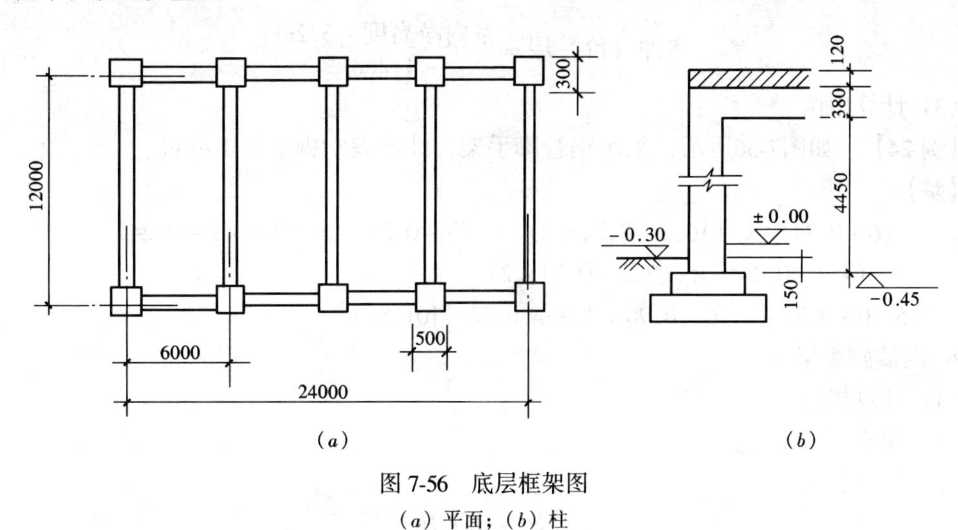

图 7-56 底层框架图

(a) 平面；(b) 柱

【解】

①现浇混凝土框架柱脚手架

$$S_1 = [(0.5+0.3)\times 2+3.6]\times(4.45+0.38+0.12)\times 10 = 257.40\text{m}^2$$

②现浇混凝土框架梁脚手架

$$S_2 = [(6-0.5)\times 8+(12-0.3)\times 5]\times(4.45+0.38-0.15)$$

$$= 102.5\times 4.68 = 479.70\text{m}^3$$

均按双排脚手架定额执行，其总工程量为：

$$S = S_1 + S_2 = 257.40 + 479.70 = 737.10\text{m}^2$$

5. 满堂脚手架

(1) 计算规定

①见“说明”第 8 条。

②见“规则”第 1 条，第 4 条。

③室内天棚装饰面距设计室内地坪在 3.6m 以上时，应计算满堂脚手架。计算满堂脚手架后，墙面装饰工程则不再计算脚手架。同时，3.6m 以下的装饰脚手架，采用工具式脚手架，已列入工具用具使用费及包括在装饰抹灰等定额中，故也不再计算。但内墙的砌筑脚手架仍按里脚手架规定计算。

“天棚装饰面”指结构板底面。天棚勾缝刷涂料、刷乳胶漆等不计取满堂脚手架。

④整体满堂钢筋混凝土基础，凡其宽度超过 3m 以上时，按其底板面积计算满堂脚手架。

这是指当浇筑面积较大或浇筑层有双层钢筋的板式或梁板式满堂基础以及底宽超过 3m 的条形基础和底宽超过 3m、底面积超过 20m^2 的设备基础，为便于混凝土车、操作人员通行而铺设的脚手架，应计算满堂脚手架，但应按满堂脚手架基本层定额50%计算。

（2）计算公式

$$S = S_{净}$$

式中 S——满堂脚手架工程量；

$S_{净}$——主墙间的净面积。

$$增加（价）层 = \frac{室内净高度 - 5.2m}{1.2m}$$

（3）计算举例

【例 24】 如图7-56所示，采用钢管脚手架，计算满堂脚手架工程量。

【解】

$S = (6 - 0.24) \times (10.2 - 0.24 \times 2) + (3 - 0.24) \times (3.6 \times 2 - 0.24) + (4.2 - 0.24) \times (7.2 - 0.24 \times 2)$

$= 5.76 \times 9.72 + 2.76 \times 6.96 + 3.96 \times 6.72 \approx 101.81m^2$

6. 围墙脚手架

（1）计算规定

见“规则”第1条。

（2）计算公式

$$S = L \cdot H$$

式中 S——围墙砌筑脚手架工程量；

L——围墙长度；

H——围墙砌筑高度。

（3）计算举例

【例 25】 如图7-57所示，采用钢管脚手架，计算围墙砌筑脚手架工程量。

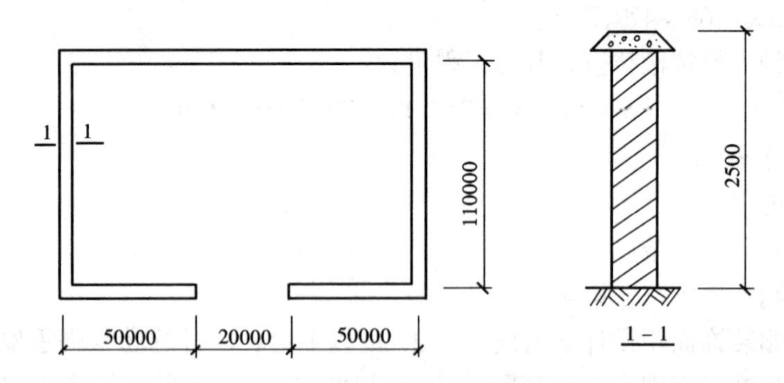

图 7-57 围墙示意图

【解】 按里脚手架定额执行。

$$S = [(110 + 120) \times 2 - 20] \times 2.5 = 1100m^2$$

7. 高度超过3.6m墙面装饰脚手架

（1）计算规定

见“规则”第4条。

本条中，当高度超过3.6m的墙面装饰不能采用原砌筑脚手架，即砌筑脚手架此时不能转化为装饰脚手架，另外搭设装饰用脚手架，就得另外计算脚手架费用。在定额中没有装饰脚手架这个子目，于是根据脚手架搭设的工程量套用双排脚手架定额乘以系数0.3，通过这个规则将装饰脚手架与其他脚手架形成确定关系，便于计算。

（2）计算公式

①当原砌筑脚手架可以转化为装饰脚手架时：

$$S = S_{砌}$$

式中 S——墙面装饰脚手架工程量；

$S_{砌}$——墙的砌筑脚手架工程量。

②当原砌筑脚手架不能转化为装饰脚手架时：

$$S = S_{砌} \times 0.3$$

（3）计算举例

【例26】 某建筑物墙面的砌筑已完成，以待装修，墙面的高度为4m，长度为200m。原砌筑脚手架现已无法满足装饰用脚手架要求。计算装饰用脚手架工程量。

【解】 根据本条规定：装饰用脚手架为双排脚手架的0.3倍。

$$S = 200 \times 4 \times 0.3 = 240\text{m}^2$$

8. 安全网

（1）计算规定

见“规则”第6条。

（2）计算公式

①立挂式：

$$S = L \cdot H$$

式中 S——立挂式安全网工程量；

L——实挂长度；

H——实挂高度。

②挑出式：

$$S = L \cdot B$$

式中 S——挑出式安全网工程量；

L——搭设长度；

B——挑出的水平宽度。

（3）计算举例

【例27】 某工程采用立挂式安全网，长为100m，挂网高度为10m，计算安全网工程量。

【解】 $S = 100 \times 10 = 1000\text{m}^2$

【例28】 某工程采用挑出式安全网，搭设长度为60m，挑出水平宽度为1.5m，计算安全网工程量。

【解】 $S = 60 \times 1.5 = 90\text{m}^2$

第七节　砌筑工程量计算

一、砌筑工程基础定额说明（见附录一）

二、基础定额砌筑工程量计算规则（见附录二）

三、工程量清单砌筑工程量计算规则（见附录三）

四、砌筑工程量计算

（一）分部工程主要内容

〈基础定额分部工程主要内容〉

分部工程主要包括砌砖和砌石两部分。

〈工程量清单分部工程主要内容〉

1. 砖基础

2. 砖砌体

3. 砖构筑物

4. 砖块砌体

5. 石砌体

6. 砖散水、地坪、地沟

（二）计算工程量的有关规定

1. 标准砖墙体厚度的计算规定。标准砖墙的砌体厚度按“规则”第3.4.2条的规定计算。见图7-58。

2. 基础与墙身（柱身）的划分。基础与墙身（柱身）的划分按“规则”第3.4.3条执行，见图7-59。

3. 基础长度的计算规定。基础长度按“规则”第3.4.4条执行。见图7-60。

4. 墙身高度的计算规定

墙身高度按“规则”第3.4.6条执行，见表7-7。

墙身高度计算规定　　　　**表7-7**

墙名称	屋面类型及内墙位置	檐口构造	墙身计算高度	图　示
外墙	斜（坡）屋面	无檐口天棚者（无屋架）	算至屋面板底（以 L 中为准）	图7-61
		有屋架，室内外均有天棚者	算至屋架下弦底面另加200mm	图7-62
		有屋架无天棚者	算至屋架下弦底另加300mm	图7-63
		无天棚且出檐宽度超过600mm	按实砌高度计算	
	平屋面	有挑檐	算至钢筋混凝土板底	图7-65
		有女儿墙无檐口	算至屋面板顶面	图7-65
内墙	位于屋架下弦者		算至屋架底	图7-66
	无屋架有天棚者		算至天棚底另加100mm	图7-67
	有钢筋混凝土楼板隔层者		算至板底	图7-68
	有框架梁时		算至梁底面	图7-69
山墙	内、外山墙		按平均高度（h）计算	图7-70

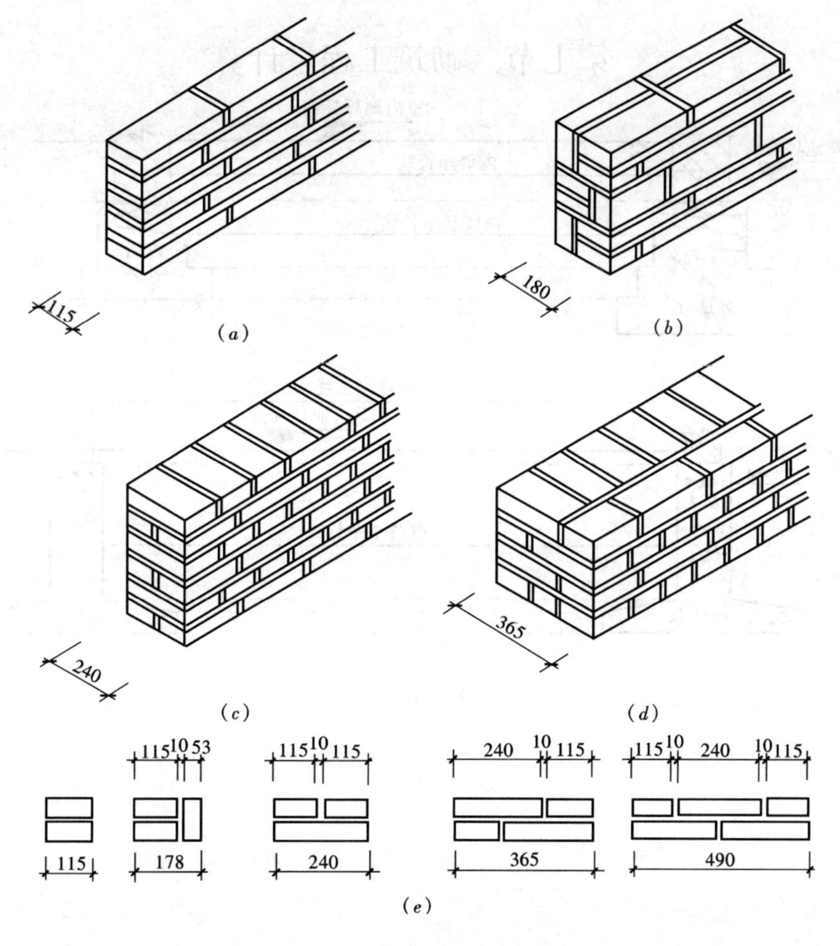

图 7-58 墙厚与标准砖规格的关系

(a) 1/2 砖砖墙示意图；(b) 3/4 砖砖墙示意图；(c) 一砖砖墙示意图；

(d) $1\frac{1}{2}$砖砖墙示意图；(e) 墙厚示意图

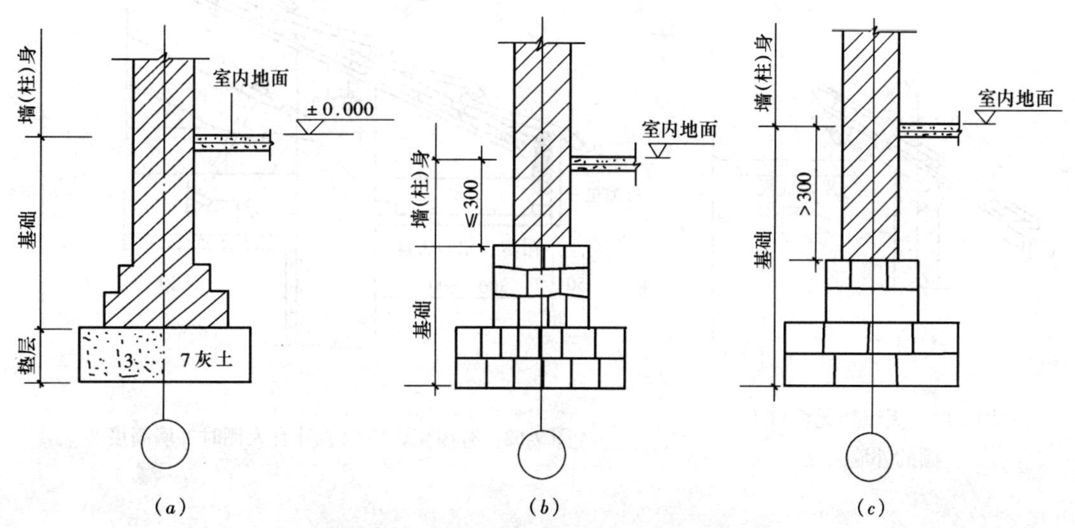

图 7-59 基础与墙（柱）身划分示意图

(a) 同一材料基础与墙（柱）身划分；(b) 不同材料基础与墙（柱）身划分；(c) 不同材料基础与墙（柱）身划分

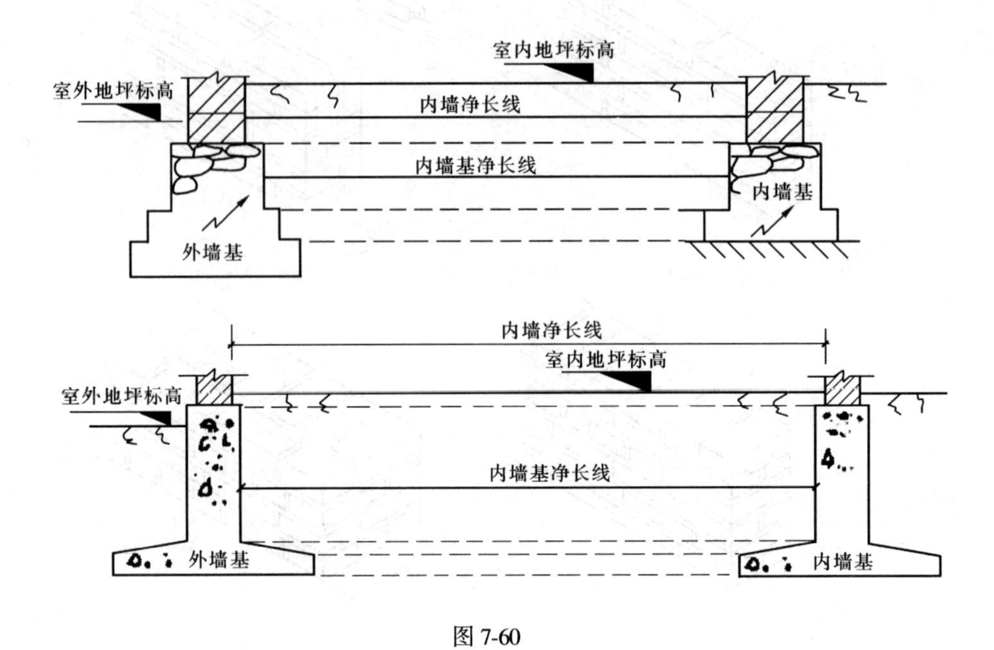

图 7-60

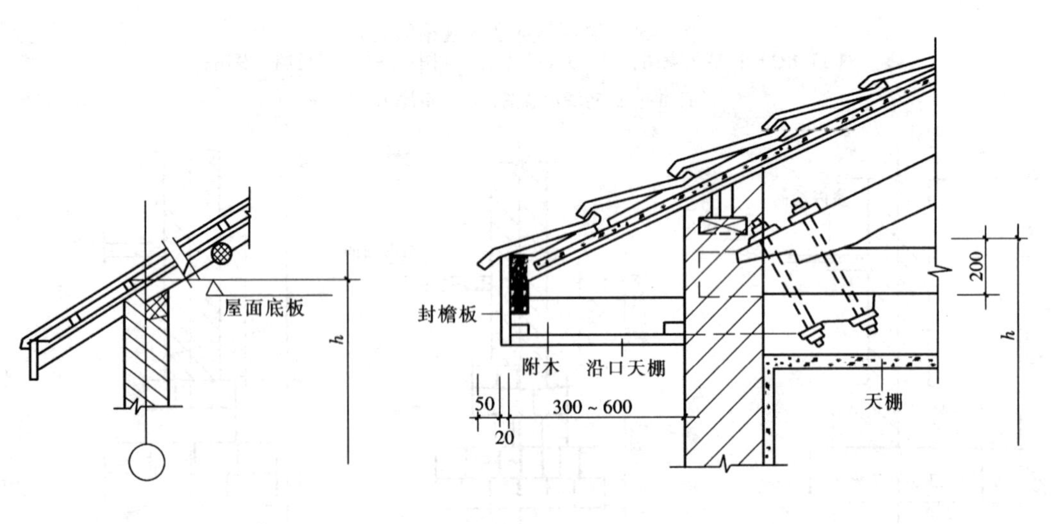

图 7-61　无屋架无檐口天棚的外墙高度

图 7-62　有屋架，室内、外有天棚时外墙高度

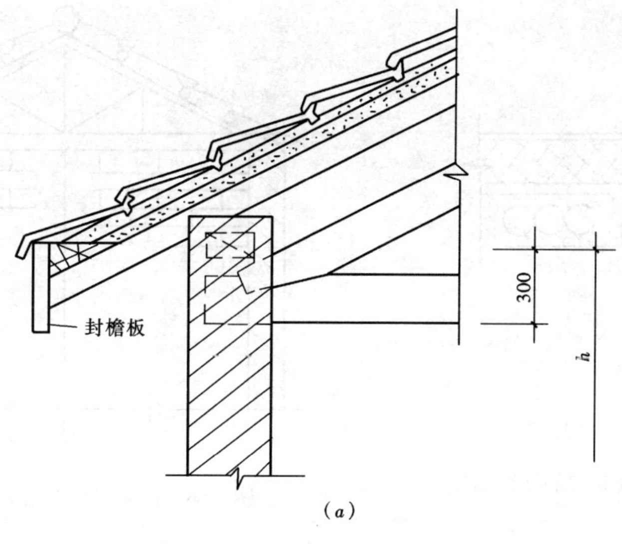

(a)

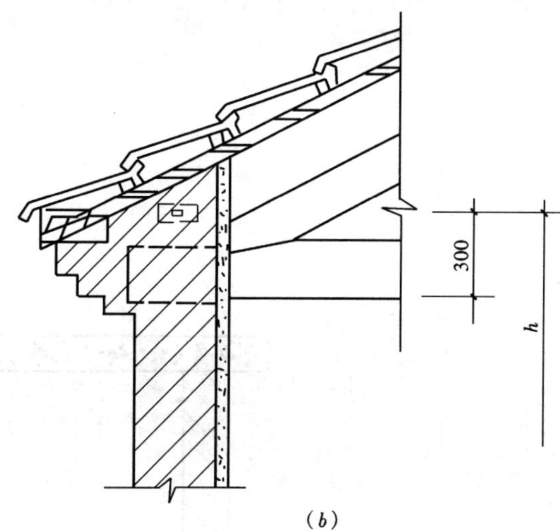

(b)

图 7-63　有屋架无天棚的外墙高度

(a) 椽木挑檐；(b) 砖挑檐

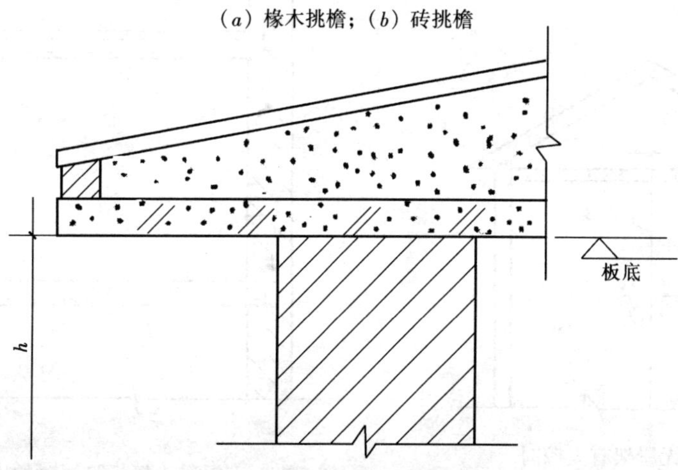

图 7-64　平屋面的外墙高度

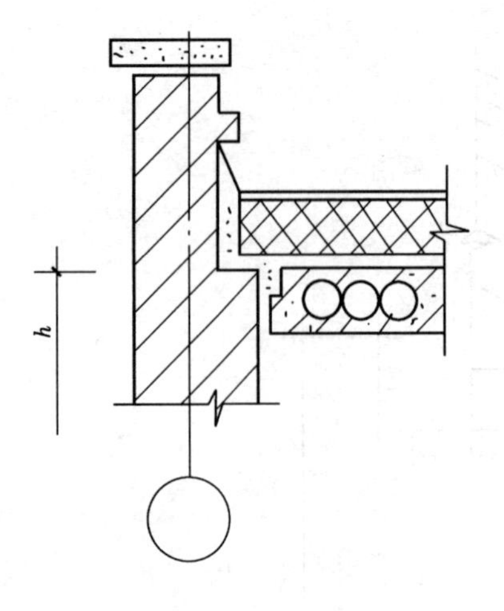

图 7-65　平屋面有女儿墙的外墙高度

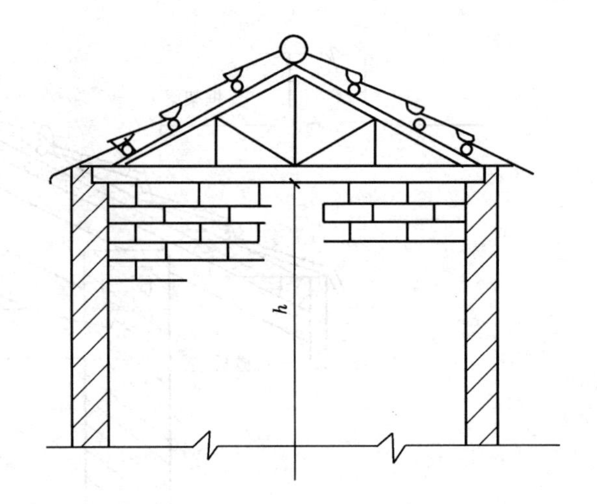

图 7-66　位于屋架下弦的内墙计算高度

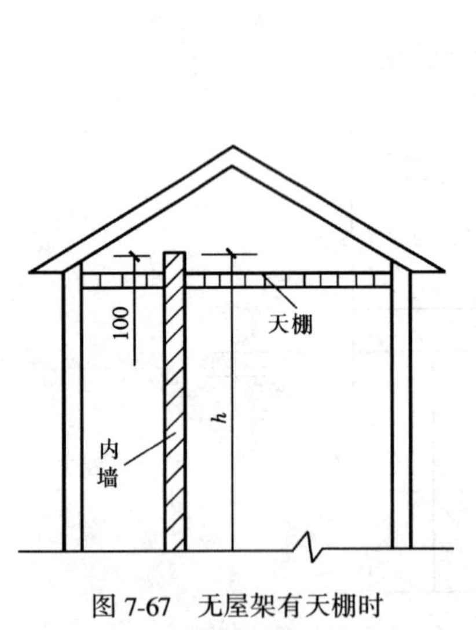

图 7-67　无屋架有天棚时
内墙计算高度

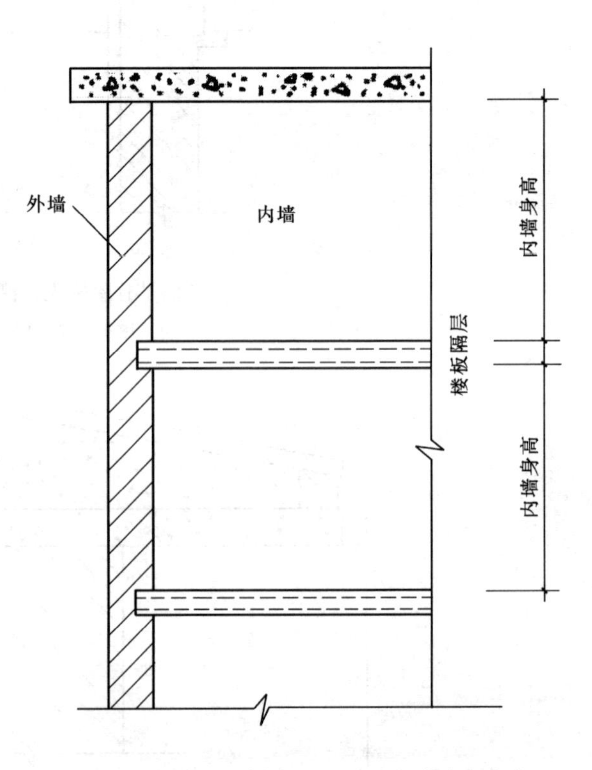

图 7-68　有混凝土楼板隔层时的内墙墙身高度

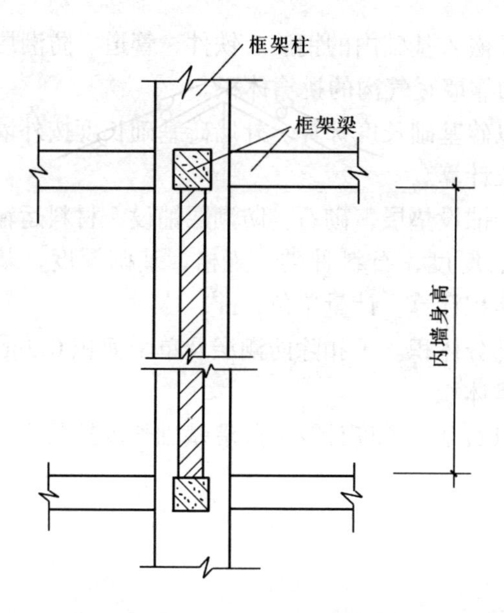

图 7-69　有框架梁时的墙身高度

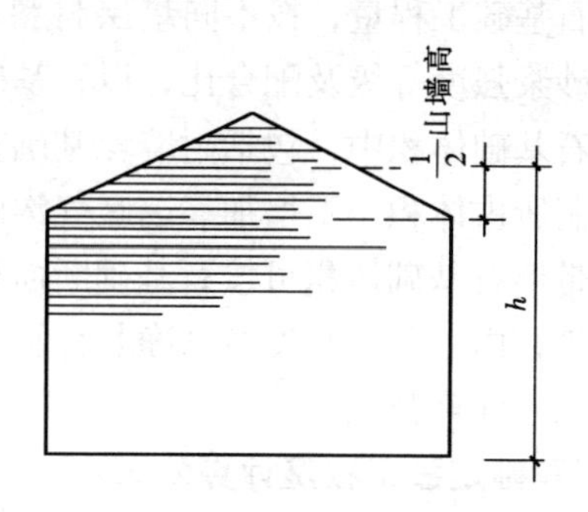

图 7-70　内、外山墙计算高度

5. 砖墙工程量增减的计算规定

砖墙工程量增减计算规定见表 7-8。

砖墙工程量增减计算规定　　**表 7-8**

规定类别	规 定 计 算 内 容
应 扣 除	门窗洞口、过人洞、空圈、嵌入墙身的钢筋混凝土柱、梁（包括过梁、圈梁、挑梁）、砖平碳、平砌砖过梁和暖气包、壁龛及内墙板头的体积。应特别注意：内墙楼板的厚度不能计算在内墙高度内
不 扣 除	梁头、梁垫、外墙板头、檩头、垫木、木楞头、沿椽木、木砖、门窗走头、砖砌体内的加固钢筋、木筋、铁件、钢管及每个面积在 0.3m² 以下的孔洞等所占的体积
不 增 加	突出墙面的窗台虎头砖、压顶线、山墙泛水、烟囱根、门窗套及三皮砖以内的腰线和挑檐等体积
应增加（并入）	附墙砖垛、三皮砖以上的腰线和挑檐等体积、附墙烟囱（包括附墙通风道、垃圾道）、女儿墙

（三）主要分项工程量计算方法

1. 条（带）形基础

(1) 计算规定

〈基础定额的计算规定〉

见“规则”第 3、4 条。

〈工程量清单的计算规定〉

①砖基础工程内容：砂浆制作、运输，铺设垫层，砌砖，防潮层铺设，材料运输。

砖基础工程量，按不同垫层材料，厚度，砖品种、规格，强度等级，基础类型，基础深度，砂浆强度等级，以砖基础的体积计算。计量单位：m^3。

砖基础体积中，应包括附墙垛基础宽出部分体积。应扣除地圈梁、构造柱所占体积。

不扣除基础大放脚T形接头处的重叠部分及嵌入基础内的钢筋、铁件、管道、防潮层和单个面积 $0.3m^2$ 以内的孔洞所占体积。不增加靠墙暖气沟的挑檐体积。

带形砖基础体积可按砖基础断面积乘以砖基础长度计算。外墙砖基础长度按外墙中心线长度计算，内墙砖基础长度按内墙的净长计算。

②石基础工程内容：砂浆制作、运输，铺设垫层，砌石，防潮层铺设，材料运输。

石基础工程量，按不同垫层材料种类、厚度，石料种类、规格，基础深度，基础类型，砂浆强度等级及配合比，以石基础的体积计算。计量单位：m^3。

石基础体积中，包括附墙垛基础宽出部分体积。不扣除防潮层及单个面积 $0.3m^2$ 以内的孔洞所占体积。不增加靠墙暖气沟的挑檐体积。

带形石基础体积可按石基础断面积乘以石基础长度计算，外墙基础长度按其中心线长度计算，内墙基础长度按其净长计算。

(2) 计算公式

〈基础定额工程量计算公式〉

$$V = S \cdot L$$

式中 V——砖（石）基础工程量；

S——砖（石）基础断面面积；

L——砖（石）基础长度。

外墙墙基为 $L_{中}$；内墙墙基为内墙基净长度（若墙基与墙身同厚，即为 $L_{内}$；若墙基与墙身不同厚，则以大放脚的第一步放脚为准）。

其中，砖基础的断面面积计算公式为：

$$S = 基础墙厚度 \times （设计高度 + 折加高度）$$

或

$$S = 基础墙厚度 \times 设计高度 + 增加断面$$

式中 $折加高度 = \dfrac{大放脚双面断面面积}{基础墙厚度}$

如图7-71，图7-72所示。

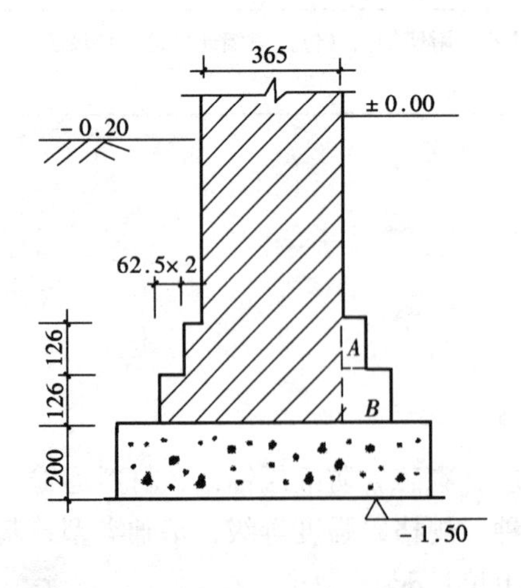

图7-71 等高式砖基础大放脚圈

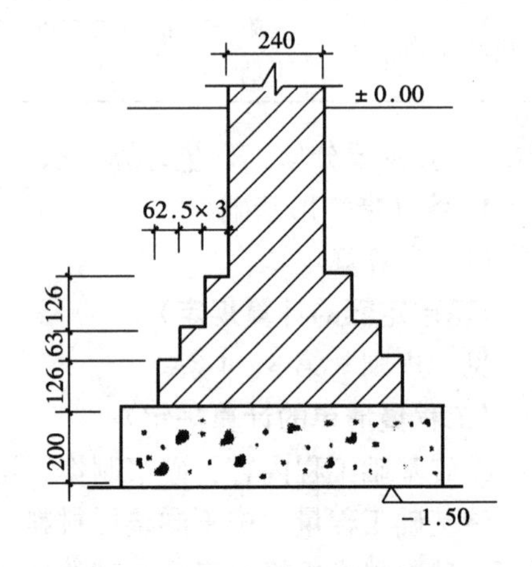

图7-72 不等高式砖基础大放脚圈

等高式大放脚：每层厚度为每两层砖再加两道灰缝；每放出一层，宽度为砖长加灰缝的1/4。因此：

$$厚度 = 53 \times 2 + 20 = 126\text{mm}$$

$$宽度 = (240 + 10) \div 4 = 62.5\text{mm}$$

不等高式大放脚：每放出一层，宽度仍为砖长加灰缝的1/4；厚度层次为：两砖一层、一砖一层，再两砖一层；依次类推下去。

由于等高式和不等高式大放脚的砌筑是有规律的，不同形式、不同层次的大放脚的面积必然是固定的。因此，可以先将各种形式和不同层次的大放脚部分面积计算出来，并编一个折加高度数据表（见表7-9），编预算计算工程量时，根据施工图图示基础尺寸和这个数据表中的有关数据计算基础断面。

折加高度和增加面积数据表 **表7-9**

放脚层数	折合增加高度（m）												增加断面（m^2）	
	1.2砖（0.115）		1砖（0.24）		$1\frac{1}{2}$砖（0.365）		2砖（0.49）		$2\frac{1}{2}$砖（0.615）		3砖（0.74）			
	等高	不等高	等高	不等高	等高	不等高	等高	不等高	等高	不等高	等高	不等高	等高	不等高
一	0.137	0.137	0.066	0.066	0.043	0.043	0.032	0.032	0.026	0.026	0.021	0.021	0.01575	0.01575
二	0.411	0.342	0.197	0.164	0.129	0.108	0.096	0.080	0.077	0.064	0.064	0.053	0.04725	0.03938
三	0.822	0.685	0.394	0.328	0.259	0.216	0.193	0.161	0.154	0.128	0.128	0.106	0.0945	0.07875
四	1.370	1.096	0.656	0.525	0.432	0.345	0.321	0.257	0.256	0.205	0.213	0.170	0.1575	0.1260
五	2.054	1.645	0.984	0.788	0.647	0.518	0.482	0.386	0.384	0.307	0.319	0.255	0.2363	0.1890
六	2.876	2.260	1.378	1.083	0.906	0.712	0.675	0.530	0.538	0.419	0.447	0.351	0.3308	0.2599
七			1.838	1.444	1.208	0.949	0.900	0.707	0.717	0.563	0.596	0.468	0.4410	0.3465
八			2.363	1.838	1.553	1.208	1.157	0.900	0.922	0.717	0.766	0.596	0.5670	0.4410
九			2.953	2.297	1.942	1.510	1.447	1.125	1.153	0.896	0.958	0.745	0.7088	0.5513
十			3.610	2.789	2.373	1.834	1.768	1.366	1.409	1.088	1.171	0.905	0.8663	0.6694

大放脚面积，按等高式与不等高式分别计算。例如：二层等高式大放脚面积计算如下：

A块：$0.0625 \times 0.126 \times 2 = 0.01575\text{m}^2$

B块：$0.0625 \times 2 \times 0.126 \times 2 = 0.0315\text{m}^2$

合计：$0.01575 + 0.0315 = 0.04725 \approx 0.0473\text{m}^2$

如上例，计算1砖半厚基础折加高度如下：

$$折加高度 = \frac{0.0473}{0.365} \approx 0.129\ (\text{m})$$

所以，砖基础工程量计算公式也可以表示为：

$$V = 基础墙厚度 \times (设计高度 + 折加高度) \times L$$

或

$$V = (基础墙厚度 \times 设计高度 + 增加断面) \times L$$

〈工程量清单工程量计算公式〉

计算公式同定额工程量计算公式。

(3) 计算举例

【例29】 如图7-71所示，若基础长度为100m，计算砖基础工程量。

【解】

〈基础定额的工程量〉

$$V = 0.365 \times (1.3 + 0.129) \times 100 \approx 52.16\text{m}^3$$

〈工程量清单的工程量〉

$$V = 52.16\text{m}^3$$

【例 30】 如图7-72所示，若基础长度为 100m，计算砖基础工程量。

〈基础定额的工程量〉

【解】

$$V = 0.24 \times (1.3 + 0.328) \times 100 \approx 39.07\text{m}^3$$

〈工程量清单的工程量〉

$$V = 39.07\text{m}^3$$

2. 实砌砖墙

(1) 计算规定

〈基础定额的计算规定〉

见“规则”第 1、2、3、5、6 条。

〈工程量清单的计算规定〉

实心砖墙工程内容：砂浆制作、运输，砌砖，勾缝，砖压顶砌筑，材料运输。

实心砖墙工程量，按不同砖品种、规格、强度等级，墙体类型，墙体厚度，墙体高度，勾缝要求，砂浆强度等级及配合比，以实心砖墙的体积计算。计量单位：m^3。

实心砖墙体积中，应扣除门窗洞口、过人洞、空圈、嵌入墙内的钢筋混凝土柱、梁、圈梁、挑梁及凹进墙内的壁龛、管槽、暖气槽、消火栓箱所占体积。不扣除梁头、板头、檩头、垫木、木楞头、沿椽木、木砖、门窗走头、砖墙内加固钢筋、木筋、铁件、钢管及单个面积 0.3m^2 以内的孔洞所占体积。不增加凸出墙面的腰线、挑檐、压顶、窗台线、虎头砖、门窗套的体积。凸出墙面的砖垛体积并入墙体体积内计算。

(2) 计算公式

〈基础定额工程量计算公式〉

$$V = 墙厚 \times (H \times L - S_{洞}) - V_{埋}$$

式中 V——实砌砖墙工程量；

墙厚——墙身厚度；

H——墙身的计算高度；

L——墙身的长度（外墙 $L_{中}$，内墙 $L_{内}$）；

$S_{洞}$——门窗洞口的面积；

$V_{埋}$——墙体埋件的体积。

〈工程量清单工程量计算公式〉

计算公式同定额工程量计算公式。

(3) 计算举例

【例 31】 如图7-73，图 7-74 所示，某办公楼工程为砖混结构，外墙厚 365mm，内墙厚 240mm，楼板厚 120mm，计算：“三线一面”基数；基础工程量；实砌墙体工程量（门窗及墙体埋件见表 7-10）。

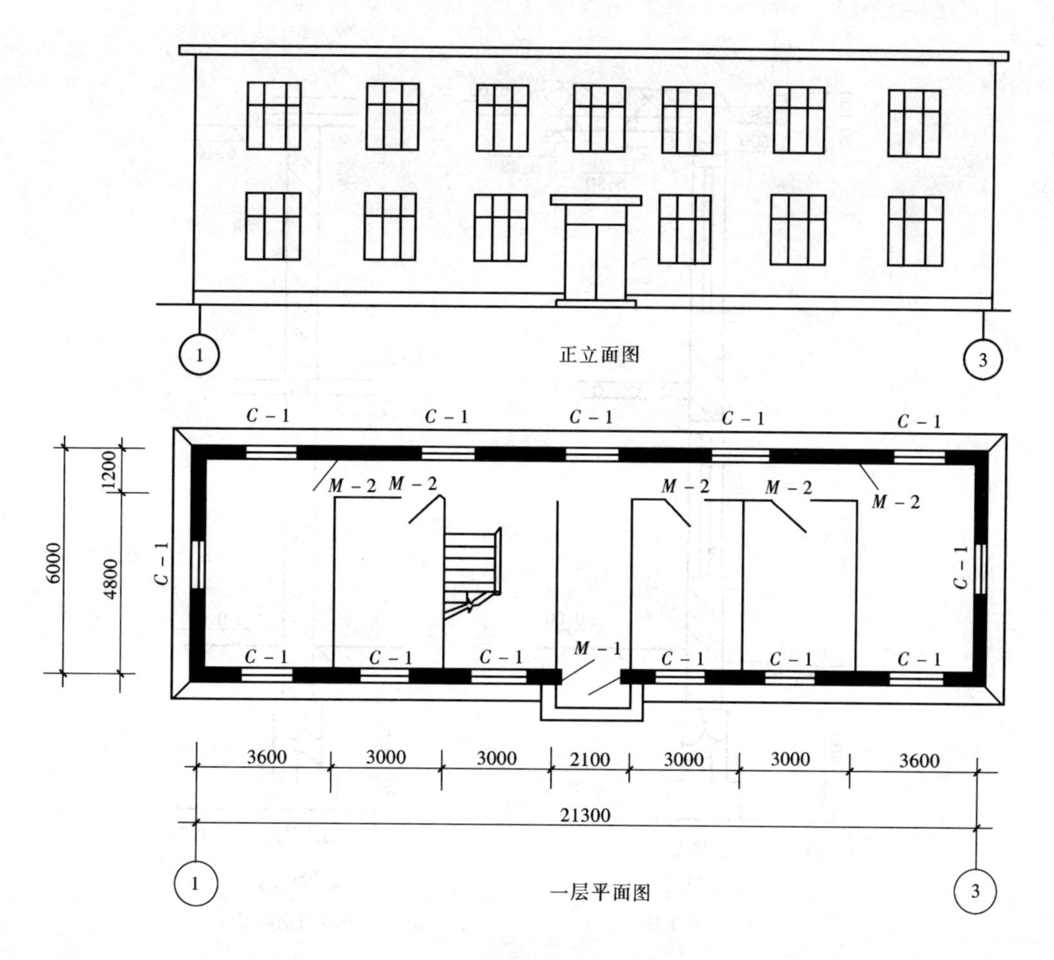

图 7-73

门 窗 及 埋 件 表 **表 7-10**

门窗编号	尺 寸	过 梁	尺 寸	门窗编号	尺 寸	过 梁	尺 寸
C-1	1800×1500	CGL-1	365×120×2300	M-2	900×2400	MGL-2	240×120×1400
M-1	1500×2700	MGL-1	365×365×2000				

【解】

〈基础定额的工程量〉

①计算“三线一面”基数

$$L_{外}=(21.3+2\times0.245+6+2\times0.245)\times2=56.56\text{m}$$

$$L_{中}=56.56-4\times0.365=55.10\text{m}$$

$$L_{内}=(3-0.24)\times3+(6-0.24)\times2+4.8\times4=39.00\text{m}$$

$$S_1=21.79\times6.49\approx141.42\text{m}^2$$

②计算基础工程量

砖基础工程量：

$$V_{外}=0.365\times0.5\times55.10=10.056\text{m}^3$$

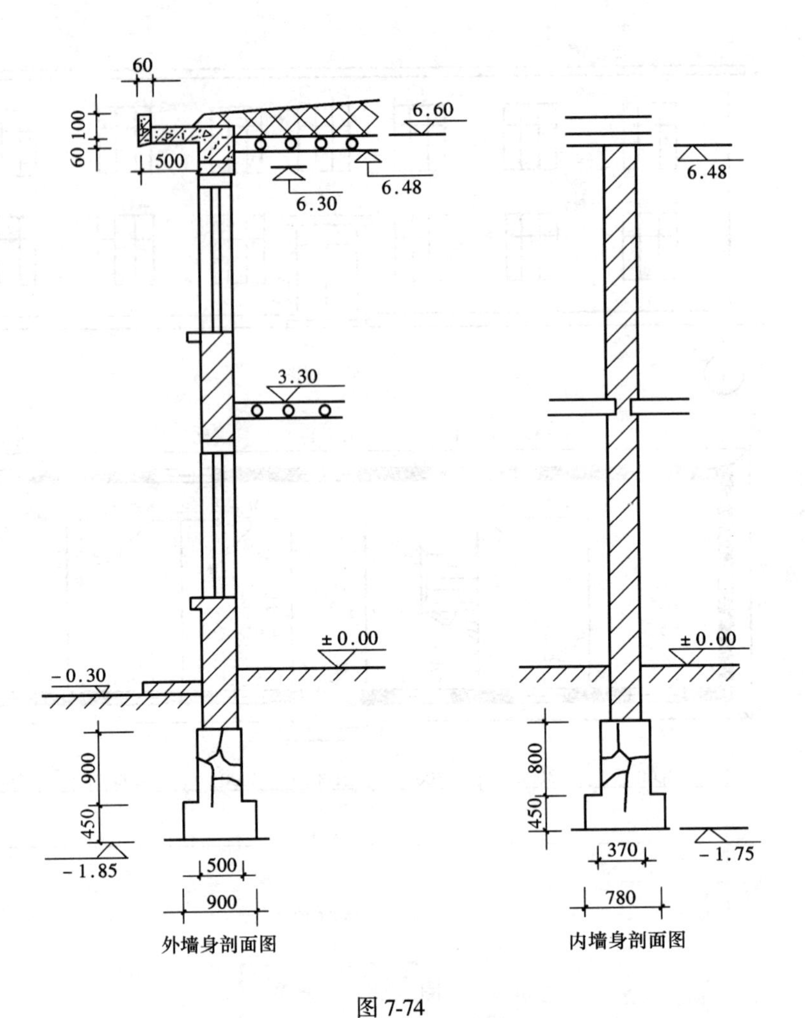

图 7-74

$$V_{内}=0.24\times0.5\times39.00=4.680\mathrm{m}^3$$

$$V_{总}=10.056+4.680\approx14.74\mathrm{m}^3$$

毛石基础工程量：

$$V_{外}=(0.45\times0.9+0.9\times0.5)\times55.10\approx47.111\mathrm{m}^3$$

$$V_{内}=(0.45\times0.78+0.8\times0.37)\times[39-(0.5-0.365)\times0.5\times8-(0.37-0.24)\times0.5\times6]\approx24.631\mathrm{m}^3$$

$$V_{总}=47.111+24.631\approx71.74\mathrm{m}^3$$

③计算砖墙身工程量

砖 370mm 外墙工程量：

$$S_{洞口}：C-1：1.80\times1.50\times27=72.90\mathrm{m}^2$$

$$M-1：1.50\times2.70\times1=4.05\mathrm{m}^2$$

合计：76.95m²

$$V_{埋件}：CGL-1：0.365\times0.12\times2.30\times27\approx2.720\mathrm{m}^3$$

$$MGL-1：0.365\times0.365\times2\times1\approx0.266\mathrm{m}^3$$

合计：2.99m^3

$$V_{墙身}=0.365\times(6.30\times55.10-76.95)-2.99\approx95.63\text{m}^3$$

砖 240mm 内墙工程量：

$$S_{洞口}：M-2：0.9\times2.4\times10=21.60\text{m}^2$$

$$V_{埋件}：MGL-2：0.24\times0.12\times1.4\times10\approx0.40\text{m}^3$$

$$V_{墙身}：0.24\times[(6.48-0.12)\times39-21.60]-0.40\approx53.95\text{m}^3$$

〈工程量清单的工程量〉

①砖基础工程量 = 14.74 m^3

②毛石基础工程量 = 71.74 m^3

③外墙工程量 = 95.63 m^3

④内墙工程量 = $0.24\times(6.48\times39-21.60)-0.40\approx55.07\text{m}^3$

3. 砖砌烟囱及烟道

(1) 计算规定

〈基础定额的计算规定〉

见“规则”第 14 条。

〈工程量清单的计算规定〉

①砖烟囱应按设计室外地坪为界，以下为基础，以上为筒身。

砖水塔应按砖砌体的扩大部分顶面为界，以下为基础，以上为塔身。

砖烟囱、水塔工程内容：砂浆制作、运输，砌砖，涂隔垫层，装填充料，砌内衬，勾缝，材料运输。

砖烟囱、水塔工程量，按不同筒身高度，砖品种、规格、强度等级，耐火砖品种、规格，耐火泥品种，隔热材料种类，勾缝要求，砂浆强度等级及配合比，以筒身的体积计算。计量单位：m^3。扣除各种孔洞，钢筋混凝土圈梁、过梁等的体积。

筒身体积可按筒身平均中心线周长乘以筒身高度计算。不等厚的筒身应分段计算，每段中筒身的厚度是一致的。

②砖烟道与炉体的划分应按第一道闸门为界。

砖烟道工程内容：砂浆制作、运输，砌砖，涂隔热层，装填充料，砌内衬，勾缝，材料运输。

砖烟道工程量，按不同烟道截面形状、长度，砖品种、规格、强度等级，耐火砖品种、规格，耐火泥品种，勾缝要求，砂浆强度等级及配合比，以砖烟道的体积计算。计量单位：m^3。

砖烟道体积可按砖烟道截面积乘以砖烟道中心线长度计算。

(2) 计算公式

〈基础定额工程量计算公式〉

$$V=\Sigma(H\cdot C\cdot\pi D)$$

式中 V——砖烟囱筒筒身工程量；

H——每段筒身垂直高度；

C——每段筒壁厚度；

D——每段筒壁中心线的平均直径。

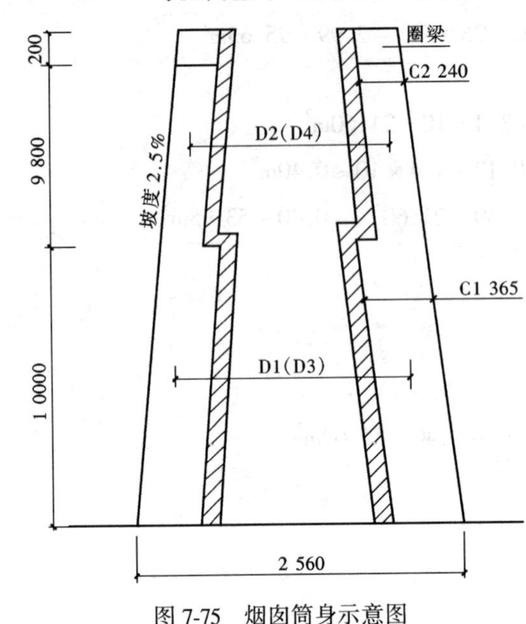

图 7-75 烟囱筒身示意图

〈工程量清单工程量计算公式〉

计算公式同定额工程量计算公式。

(3) 计算举例

【例 32】 如图7-75所示，已知砖烟囱高 20m，筒身采用 50# 混合砂浆砌筑，计算砖烟囱工程量。

【解】

〈基础定额的工程量〉

$$V = \Sigma(H \cdot C \cdot \pi D)$$

式中 $D_1 = 2.56 - 0.365 - 5 \times 2.5\% \times 2 = 1.945\text{m}$

$D_2 = 2.56 - 0.24 -（10 + 9.8 \div 2）\times 2.5\% \times 2 = 1.575\text{m}$

则：$V_1 = 10 \times 0.365 \times 3.1416 \times 1.945 \approx 22.303\text{m}^3$

$$V_2 = 9.8 \times 0.24 \times 3.1416 \times 1.575 \approx 11.638\text{m}^3$$

$$V = V_1 + V_2 = 22.303 + 11.638 \approx 33.94\text{m}^3$$

〈工程量清单的工程量〉

工程量 = 33.94 m³

【例 33】 如图7-76所示，计算烟囱内衬的工程量（内衬为耐火砖）。

注释：烟囱内衬按不同内衬材料，并扣除孔洞后，以图示实体积计算。

【解】

〈基础定额的工程量〉

$$D_3 = 1.945 - 0.365 - 0.12 = 1.46\text{m}$$

$$D_4 = 1.575 - 0.24 - 0.12 = 1.215\text{m}$$

$$V_3 = 10 \times 0.12 \times 3.1416 \times 1.46 \approx 5.504\text{m}^3$$

$$V_4 = 9.8 \times 0.12 \times 3.1416 \times 1.215 \approx 4.489\text{m}^3$$

$$V = V_3 + V_4 = 5.504 + 4.489 \approx 9.99\text{m}^3$$

〈工程量清单的工程量〉

含在相应的“砖烟囱”项目内，不单独计算。

【例 34】 如图7-76所示，已知烟道长 10m，50# 混合砂浆砌砖，耐火砖内衬，计算砖砌烟道及内衬的工程量。

【解】

砖砌烟道工程量：

〈基础定额的工程量〉

$$V = [1.32 \times 2 + (0.84 - 0.24 \div 2) \times 3.1416] \times 0.24 \times 10 \approx 11.76\text{m}^3$$

〈工程量清单的工程量〉

工程量 = 11.76 m^3

砖砌烟道内衬工程量：

〈基础定额的工程量〉

$V = [1.32 \times 2 + (0.84 - 0.24 - 0.03 - 0.12 \div 2) \times 3.1416 + 0.9] \times 0.12 \times 10 \approx 6.17m^3$

〈工程量清单的工程量〉

含在相应的“砖烟道”项目内，不单独计算。

4. 砖柱

(1) 计算规定

〈基础定额的计算规定〉

见“规则”第2、3条。

〈工程量清单的计算规定〉

实心砖柱工程内容：砂浆制作、运输，砌砖，勾缝，材料运输。

实心砖柱工程量，按不同砖品种、规格、强度等级，柱类型，柱截面，柱高，勾缝要求，砂浆强度等级及配合比，以实心砖柱的体积计算。计量单位：m^3。

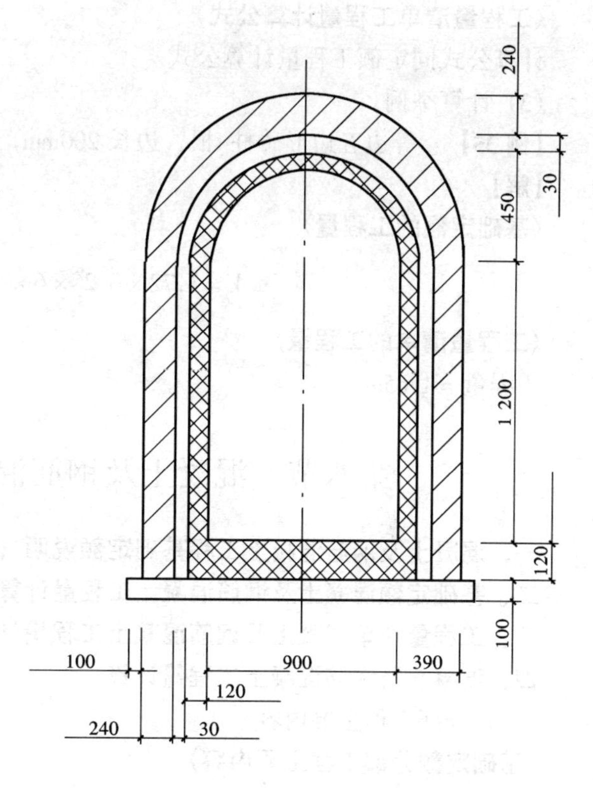

图 7-76　砖砌烟道示意图

在实心砖柱体积中，应扣除混凝土及钢筋混凝土梁垫、梁头、板头所占体积。

(2) 计算公式

〈基础定额工程量计算公式〉

方形砖柱：

$$V = a \cdot b \cdot H$$

式中　V——砖柱工程量；

a、b——砖柱断面边长；

H——砖柱高度。

圆形砖柱：

$$V = \frac{\pi}{4} D^2 \cdot H$$

式中　D——砖柱直径。

等边多边形砖柱：

$$V = k \cdot a^2 \cdot H$$

式中　k——柱断面面积系数（$k_3 = 0.433$；$k_4 = 1$；$k_5 = 1.72$；$k_6 = 2.598$；$k_7 = 3.634$；$k_8 = 4.828$；$k_9 = 6.182$）；

a——砖柱断面边长。

〈工程量清单工程量计算公式〉

计算公式同定额工程量计算公式。

(3) 计算举例

【例 35】 等边五边形砖柱4根，边长 200mm，高 6m，计算工程量。

【解】

〈基础定额的工程量〉

$$V = 1.72 \times 0.2^2 \times 6 \times 4 \approx 1.65\text{m}^3$$

〈工程量清单的工程量〉

工程量 = 1.65m^3

第八节 混凝土及钢筋混凝土工程量计算

一、混凝土及钢筋混凝土工程基础定额说明（见附录一）

二、基础定额混凝土及钢筋混凝土工程量计算规则（见附录二）

三、工程量清单混凝土及钢筋混凝土工程量计算规则（见附录三）

四、混凝土及钢筋混凝土工程量计算

(一) 分部工程主要内容

〈基础定额分部工程主要内容〉

1. 现浇混凝土模板
2. 预制混凝土模板
3. 构筑物混凝土模板
4. 钢筋
5. 现浇混凝土
6. 预制混凝土
7. 构筑物混凝土
8. 混凝土构件接头灌缝

〈工程量清单分部工程主要内容〉

1. 现浇混凝土基础
2. 现浇混凝土柱
3. 现浇混凝土梁
4. 现浇混凝土墙
5. 现浇混凝土板
6. 现浇混凝土楼梯
7. 现浇混凝土其他构件
8. 后浇带
9. 预制混凝土柱
10. 预制混凝土梁
11. 预制混凝土屋架

12. 预制混凝土板

13. 预制混凝土楼梯

14. 其他预制构件

15. 混凝土构筑物

16. 钢筋工程

17. 螺栓、铁件

（二）计算工程量的有关规定

1. 模板接触面积的理解

混凝土及钢筋混凝土构件需要与模板接触到的面，就是模板接触面。但是，由于构件类型的不同，模板接触面的多少也就不同，如矩形柱有6个面，与模板需接触的仅为4个面（顶面与底面不接触），同时，即使同类型构件，需接触模板的面也不相同。

2. 钢筋的混凝土保护层

受力钢筋的混凝土保护层，应符合设计要求；当设计无具体要求时，不应小于受力钢筋直径。

（1）钢筋的混凝土保护层厚度的具体规定，见表7-11。

（2）钢筋的混凝土保护层厚度的简易计算表，见表7-12。

钢筋的混凝土保护层厚度（mm） **表7-11**

环境条件	构件类别	混凝土强度等级		
		≤C20	C25及C30	≥C35
室内正常环境	板、墙、壳	15		
	梁和柱	25		
露天或室内高湿度环境	板、墙、壳	35	25	15
	梁和柱	45	35	25
有垫层	基础	35		
无垫层		70		

注：1. 处于室内正常环境由工厂生产的预制构件，当混凝土的强度等级不低于C20且施工质量有可靠保证时，其保护层厚度可按表中规定数值减少5mm，但预制构件的预应力钢筋（包括冷拔低碳钢丝）的保护层厚度不应小于15mm；处于露天或室内高湿度环境的预制构件，当表面另作水泥砂浆抹面层且有质量保证措施时，保护层厚度可按表中室内正常环境中构件的数值采用；

2. 预制钢筋混凝土受弯构件，钢筋端头的保护层厚度宜为10mm；预制的肋形板，其立肋的保护层厚度可按架考虑；

3. 处于露天或室内高湿度环境中的结构，其混凝土强度等级不宜低于C25，当非主要承重构件的混凝土强度等级采用C20时，其保护层厚度可按表中C25的规定值取用；

4. 板、墙、壳中分布钢筋的保护层厚度不应小于10mm；梁、柱中箍筋和构造钢筋的保护层厚度不应小于15mm；

5. 要求使用年限较长的重要建筑物和受沿海环境侵蚀的建筑物的承重结构，当处于露天或室内高湿度环境时，其保护层厚度应适当增加；

6. 有防火要求的建筑物，其保护层厚度尚应符合国家现行有关防火规范的规定。

钢筋混凝土保护层厚度　表 7-12

钢筋种类	构 件 名 称		保护层厚度（mm）
受力筋	墙 板	$\delta \leqslant 100$	10
		$\delta > 100$	15
	梁、柱和一般构件		25
	基 础	有垫层	35
		无垫层	70
分布筋	墙、板		10
箍 筋	梁、柱		15

3. 混凝土构件中钢筋的形式

（1）通长钢筋，也称直钢筋，是两端无弯钩又不弯起的钢筋。螺纹钢筋通常不计算弯钩。

（2）带弯钩钢筋，指端部带弯钩的钢筋，弯钩通常分为半圆弯钩，斜弯钩和直弯钩 3 种类型。

（3）弯起钢筋，弯起钢筋主要用于梁、板支座附近的负弯矩区域中。梁中弯起钢筋的弯起角 α 一般为 45°，当梁高度大于 800mm 时，宜采用 60°，板中弯起钢筋的弯起角一般应≤30°。

（4）箍筋，箍筋是用来固定钢筋位置，是钢筋骨架成型不可缺少的一种钢筋，常用于钢筋混凝土梁、柱中，箍筋的直径较小，常取 $\phi 4$ 到 $\phi 10$。

钢筋形式见图 7-77。

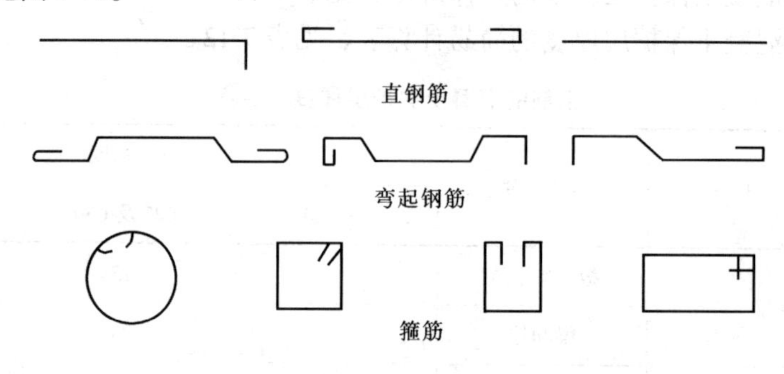

图 7-77　钢筋的形式

4. 钢筋弯钩的形式及增加长度

（1）钢筋量度尺寸与下料尺寸

钢筋弯曲后的特点：一是在弯曲处内皮收缩、外皮延伸、轴线长度不弯；二是在弯曲处形成圆弧。钢筋的量度方法是沿直线量外包尺寸，因此，弯起钢筋的量度尺寸大于下料尺寸，两者之间的差值称为弯曲调整值，见图 7-78。

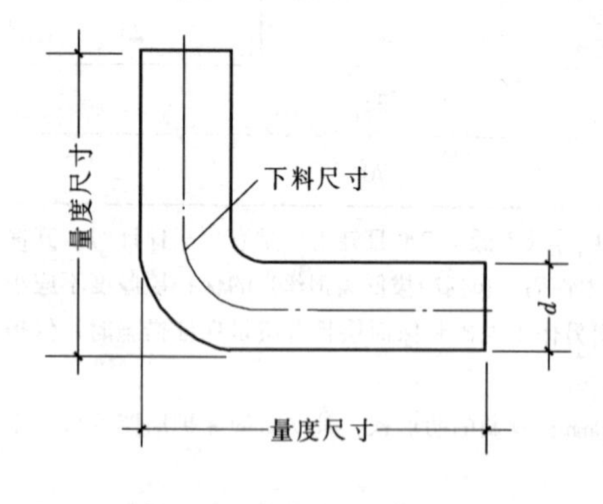

图 7-78　钢筋弯曲时的量度方法

（2）弯钩形式及增加长度

钢筋的弯钩形式有 3 种：半圆弯钩、直弯钩及斜弯钩。半圆弯钩是最常用的一种弯钩。直弯钩只用在柱钢筋的下部、箍筋和附加钢筋中。斜弯钩只用在直径较小的钢筋中。

根据规范要求，绑扎骨架中的受力钢筋，应在末端做弯钩。Ⅰ级钢筋末端做 180°弯钩，其圆弧弯曲直径不应小于钢筋直径的 2.5 倍，平直部分长度不宜小于钢筋直径的 3 倍；Ⅱ、Ⅲ级钢筋末端需作 90°或 135°弯折时，Ⅱ级钢筋的弯曲直径不宜小于钢筋直径的

4倍；Ⅲ级钢筋不宜小于钢筋直径的5倍。

钢筋弯钩增加长度（弯曲直径为2.5d，平直部分为3d）的计算值为：

Ⅰ级钢筋：（见表7-13）

Ⅰ级钢筋弯钩增加长度（d为钢筋直径）　　**表7-13**

弯钩类型	图　示	增加长度计算值
半圆弯钩	6.25d　2.25d　3d　d　2.5d　8.5d	6.25d
直 弯 钩	3d　3.5d　2.25d	3.5d
斜 弯 钩	d　3d　4.9d　2.25d	4.9d

$$\text{半圆弯钩} = (2.5d + 1d) \times \pi \times \frac{180}{360} - (2.5d \div 2 + 1d) + (\text{平直})3d$$

$$\approx 5.5d - 2.25d + 3d = 6.25d$$

$$\text{直弯钩} = (2.5d + 1d) \times \pi \times \frac{180-90}{360} - (2.5d \div 2 + 1d) + (\text{平直})3d$$

$$\approx 2.75d - 2.25d + 3d = 3.5d$$

$$\text{斜弯钩} = (2.5d + 1d) \times \pi \times \frac{180-45}{360} - (2.5d \div 2 + 1d) + (\text{平直})3d$$

$$\approx 4.12d - 2.25d + 3d = 4.9d$$

Ⅱ级钢筋：

如果弯曲直径为4d，其计算值则为：

$$\text{直弯钩} = (4d + 1d) \times \pi \times \frac{180-90}{360} - (4d \div 2 + 1d) + 3d \approx 3.93d - 3d + 3d \approx 3.9d$$

$$\text{斜弯钩} = (4d + 1d) \times \pi \times \frac{180-45}{360} - (4d \div 2 + 1d) + 3d \approx 5.89d - 3d + 3d \approx 5.9d$$

Ⅲ级钢筋：

如果弯曲直径为 $5d$，其计算值则为：

$$直弯钩 = (5d + 1d) \times \pi \times \frac{180-90}{360} - (5d \div 2 + 1d) + 3d \approx 4.17d - 3.5d + 3d \approx 4.2d$$

$$斜弯钩 = (5d + 1d) \times \pi \times \frac{180-45}{360} - (5d \div 2 + 1d) + 3d \approx 7.07d - 3.5d + 3d \approx 6.6d$$

钢筋弯钩的平直部分长度由设计决定，如果设计无规定，则按 $3d$ 计算。如果设计规定为 x，则上述计算结果可用表 7-14 表示。

一般结构（$D=2.5d$）钢筋弯钩增加长度　　　　表 7-14

弯钩角度		180°	90°	135°
增加长度	HPB235（Ⅰ级钢筋）	$6.25d$	$3.5d$	$4.9d$
	HRB335（Ⅱ级钢筋）	—	$x+0.9d$	$x+2.9d$
	HRB400（Ⅲ级钢筋）	—	$x+1.2d$	$x+3.6d$

5. 弯起钢筋的增加长度

弯起钢筋的弯起角度，一般有 30°、45°、60°3 种，其弯起增加值是指斜长与水平投影长度之间的差值。

弯起钢筋斜长及增加长度计算方法见表 7-15。

弯起钢筋斜长及增加长度计算表　　　　表 7-15

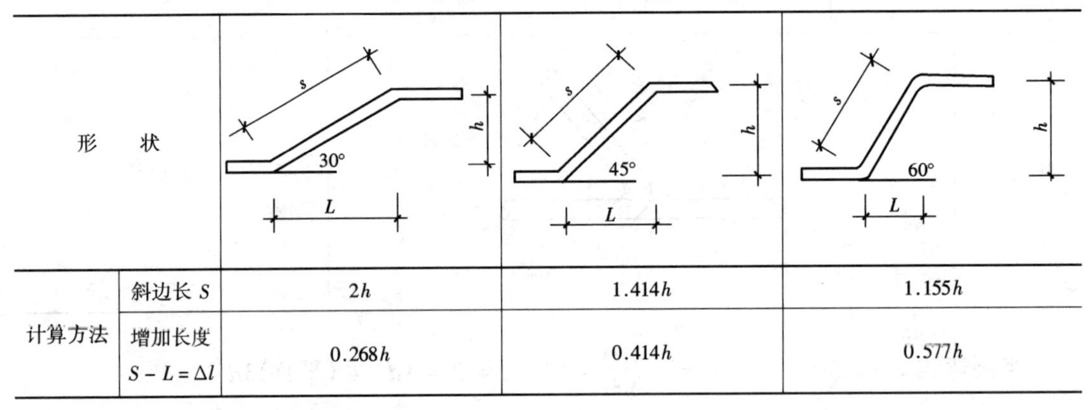

形　状		30°	45°	60°
计算方法	斜边长 S	$2h$	$1.414h$	$1.155h$
	增加长度 $S-L=\Delta l$	$0.268h$	$0.414h$	$0.577h$

6. 钢筋中部弯曲处的量度差值（调整值）

钢筋中中弯曲处的量度差值与钢筋弯曲直径及弯曲角度有关。

如图 7-79 所示，设钢筋直径为 d，弯曲直径 $D=5d$，则弯曲处钢筋外包尺寸为：

$$\widehat{A'B'} + \widehat{B'C'} = 2\widehat{A'B'} = 2(0.5D + d)\tan\frac{\alpha}{2} = 2(2.5d + d)\tan\frac{\alpha}{2} = 7d\tan\frac{\alpha}{2}$$

弯曲处钢筋轴线长为：

$$\widehat{ABC} = (D + d) = \frac{\alpha\pi}{360°} = 6d\,\frac{\alpha\pi}{360°} = \alpha\,\frac{\pi}{60°}d$$

则量度差值为：

$$7d\tan\frac{\alpha}{2} - \frac{\alpha\pi d}{60°} = d\left(7\tan\frac{\alpha}{2} - \frac{\alpha\pi}{60°}\right)$$

由上式可计算出不同弯折角度时的量度差值。

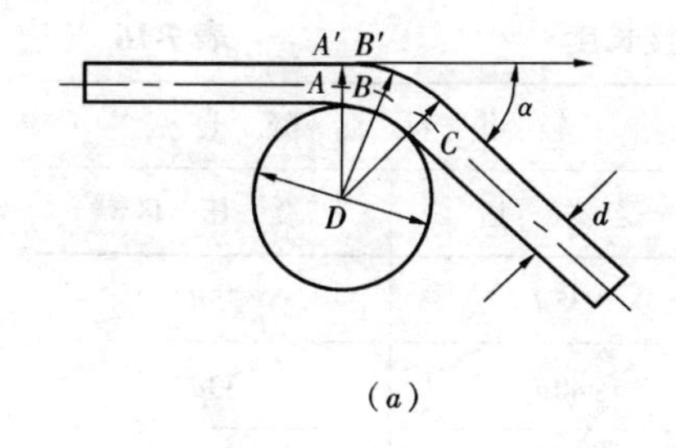

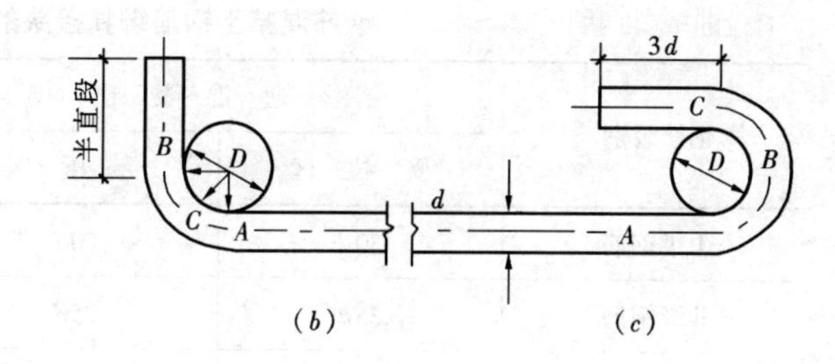

图 7-79　钢筋弯钩及弯曲后尺寸图

（a）中部弯曲；（b）端部弯 90°；（c）端部弯 180°

当弯折 30°时，量度差值 0.306d，取 0.3d；

当弯折 45°时，量度差值 0.543d，取 0.5d；

当弯折 60°时，量度差值 0.90d，取 1d；

当弯折 90°时，量度差值 2.290d，取 2d；

当弯折 135°时，量度差值 3d。

在实际预算工作中，有时为简便计算，上述伸长值一般可忽略不计。

至于弯曲 180°多用于钢筋两端的半圆钩，此量度差已并入在弯钩长度内，故不再另行计算，各种规格钢筋的量度差值可查表。

在有些配筋图中，若没有注示弯起角度时，可按下述进行确定：

①若已给出起弯部分的任两个尺寸时（见图 7-80 所示），可用求其比值的方法进行确定。即：

当$\frac{a}{b}=0.577$或$\frac{a}{c}=0.5$或$\frac{b}{c}=0.688$者为 30°角；

当$\frac{a}{b}=1$或$\frac{a}{c}=0.707$或$\frac{b}{c}=0.707$者为 45°角；

当$\frac{a}{b}=1.732$或$\frac{a}{c}=0.866$或$\frac{b}{c}=0.5$者为 60°角。

②若什么值未给，可根据梁板高度来确定，即：

当梁断面高≥0.8m 时，按 60°角；

当梁断面高＜0.8m 时，按 45°角。

板均按 30°角。

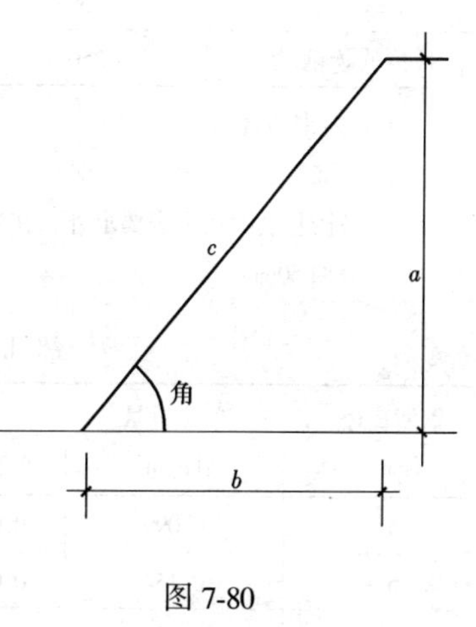

图 7-80

7. 关于钢筋接头的最小搭接长度

全国统一基础定额分部工程说明中表明：“设计图纸未注明的钢筋接头和施工损耗的，已综合在定额项目内。”所以在设计图未规定搭接长度时，不应另行计算其搭接长度。而设计图已规定搭接长度时，应按规定搭接计算其钢筋耗量，下面附出有关搭接长度的一般规定，见表 7-16，7-17。

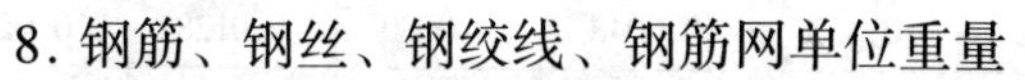

8. 钢筋、钢丝、钢绞线、钢筋网单位重量

钢筋工程量是以钢筋设计长度乘以单位重量，以吨计算的。钢筋的单位重均以理论重量计算，各种规格钢筋的单位重可查表或用公式计算。见表 7-18，表 7-19，表 7-20，表 7-21，表 7-22，表 7-23，表 7-24，表 7-25，表 7-26。

钢筋混凝土钢筋绑扎接头的最小搭接长度　　表 7-16

钢筋级别	普通混凝土		轻集料混凝土	
	受拉区	受压区	受拉区	受压区
Ⅰ级钢筋	30d	20d	35d	25d
Ⅱ级钢筋	35d	25d	40d	30d
Ⅲ级钢筋	40d	30d	45d	35d
冷拔低碳钢丝	250mm	200mm	300mm	250mm

注：1. d 为钢筋直径。

2. 钢筋绑扎长度除应符合本表要求外，在受拉区不得小于 250mm，在受压区不得小于 200mm；

3. 当混凝土标号 150 号时（即 C13），除冷拔低碳钢丝外，最小搭接长度应按表中数值增加 5d。

焊接网绑扎接头的最小搭接长度　　表 7-17

钢筋种类	普通混凝土		轻集料混凝土	
	受拉区	受压区	受拉区	受压区
Ⅰ级钢筋	25d	15d	30d	20d
Ⅱ级钢筋	30d	20d	35d	25d
冷拔低碳钢丝	250mm	200mm	300mm	250mm

注：1. d 为钢筋直径。

2. 当混凝土标号 150 号（即 C13）时，除冷拔低碳钢丝外，搭接长度按表中数值增加 5d。

3. 搭接长度除按本表要求外，在受拉区不得小于 250mm，在受压区不得小于 200mm。轻集料混凝土均应分别增加 50mm。

热轧光圆钢筋单位重、勾长、量度差表　　表 7-18

钢筋直径（mm）	单位重量（kg/m）	两端弯勾长度（m）			弯曲部位量度差（m）			
		半圆勾	直勾	斜勾	30°	45°	60°	90°
4	0.099	0.050	0.028	0.039	0.0012	0.0020	0.0032	0.0070
5	0.154	0.062	0.035	0.049	0.0015	0.0025	0.0040	0.0088
5.5	0.187	0.069	0.039	0.054	0.00165	0.00275	0.0044	0.0096
6	0.222	0.075	0.042	0.059	0.0018	0.0030	0.0048	0.0105
6.5	0.260	0.081	0.046	0.064	0.00195	0.00325	0.0052	0.0114
8	0.395	0.100	0.056	0.078	0.0024	0.0040	0.0064	0.0140
10	0.617	0.125	0.070	0.098	0.0030	0.0050	0.0080	0.0175
12	0.888	0.150	0.084	0.118	0.0036	0.0060	0.0096	0.0210
14	1.208	0.175	0.098	0.137	0.0042	0.0070	0.0112	0.0245
16	1.578	0.200	0.112	0.157	0.0048	0.0080	0.0128	0.0280
18	1.998	0.225	0.126	0.176	0.0054	0.0090	0.0144	0.0315
20	2.466	0.250	0.140	0.196	0.0060	0.0100	0.0160	0.0350
22	2.984	0.275	0.154	0.216	0.0066	0.0110	0.0176	0.0385

续表

钢筋直径 (mm)	单位重量 (kg/m)	两端弯勾长度 (m)			弯曲部位量度差 (m)			
		半圆勾	直　勾	斜勾	30°	45°	60°	90°
24	3.551	0.300	0.168	0.235	0.0072	0.0120	0.0192	0.0420
25	3.853	0.313	0.175	0.245	0.0075	0.0125	0.0200	0.0438
26	4.170	0.325	0.182	0.255	0.0078	0.0130	0.0208	0.0455
28	4.834	0.350	0.196	0.274	0.0084	0.0140	0.0224	0.0490
30	5.549	0.375	0.210	0.294	0.0090	0.0150	0.0240	0.0525
32	6.313	0.400	0.224	0.314	0.0096	0.0160	0.0256	0.0560
34	7.130	0.425	0.238	0.333	0.0102	0.0170	0.0272	0.0595
36	7.990	0.450	0.252	0.353	0.0108	0.0180	0.0288	0.0630
38	8.900	0.475	0.266	0.372	0.0114	0.0190	0.0304	0.0665
40	9.870	0.500	0.280	0.392	0.0120	0.0200	0.0320	0.0700

热轧带肋钢筋理论重量　表 7-19

公称直径 (mm)	公称截面面积 (mm^2)	理论重量 (kg/m)
6	28.27	0.222
8	50.27	0.395
10	78.54	0.617
12	113.1	0.888
14	153.9	1.21
16	201.1	1.58
18	254.5	2.00
20	314.2	2.47
22	380.1	2.98
25	490.9	3.85
28	615.8	4.83
32	804.2	6.31
36	1018	7.99
40	1257	9.87
50	1964	15.42

冷轧带肋钢筋理论重量　表 7-20

公称直径 (mm)	公称截面面积 (mm^2)	理论重量 (kg/m)
4.0	12.6	0.099
4.5	15.9	0.125
5.0	19.6	0.154
5.5	23.7	0.186
6.0	28.3	0.222
6.5	33.2	0.261
7.0	38.5	0.302
7.5	44.2	0.347
8.0	50.3	0.395
8.5	56.7	0.445
9.0	63.6	0.499
9.5	70.8	0.556
10.0	78.5	0.617
10.5	86.5	0.679
11.0	95.0	0.746
11.5	103.8	0.815
12.0	113.1	0.888

余热处理钢筋理论重量　表 7-21

公称直径 (mm)	公称截面面积 (mm^2)	理论重量 (kg/m)
8	50.27	0.395
10	78.54	0.617
12	113.1	0.888
14	153.9	1.21
16	201.1	1.58
18	254.5	2.00
20	314.2	2.47
22	380.1	2.98
25	490.9	3.85
28	615.8	4.83
32	804.2	6.31
36	1018	7.99
40	1257	9.87

冷轧钮钢筋理论重量　表 7-22

类　型	公称截面面积 (mm^2)	理论重量 (kg/m)
Ⅰ型（矩形）	29.5	0.232
	45.3	0.356
	68.3	0.536
	93.3	0.733
	132.7	1.042
Ⅱ型（菱形）	97.8	0.768

热处理钢筋理论重量　表 7-23

公称直径 (mm)	公称截面面积 (mm^2)	理论重量 (kg/m)
6.0	28.27	0.222
8.2	52.78	0.414
10.0	78.54	0.617

预应力钢丝理论重量　　表 7-24

公称直径(mm)	公称截面面积(mm^2)	理论重量(kg/m)
3.00	7.07	0.056
4.00	12.57	0.099
5.00	19.63	0.154
6.00	28.27	0.222
6.25	30.68	0.241
7.00	38.48	0.302
8.00	50.26	0.394
9.00	63.62	0.499
10.00	78.54	0.617
12.00	113.10	0.888

钢绞线理论重量　　表 7-25

钢绞线结构	公称直径(mm)	公称截面面积(mm^2)	理论重量(kg/m)
1×2	10.00	39.5	0.310
	12.00	56.9	0.447
1×3	10.80	59.3	0.465
	12.90	85.4	0.671
1×7 标准型	9.50	54.8	0.432
	11.10	74.2	0.580
	12.70	98.7	0.774
	15.20	139	1.101
1×7 模拔型	12.70	112	0.890
	15.20	165	1.295

定型钢筋焊接网型号　　表 7-26

焊接网代号	纵向钢筋			横向钢筋			重量(kg/m^2)
	公称直径 mm	间距(mm)	每延米面积(mm^2/m)	公称直径 mm	间距(mm)	每延米面积(mm^2/m)	
A12	12	200	566	12	200	566	8.88
A11	11		475	11		475	7.46
A10	10		393	10		393	6.16
A9	9		318	9		318	4.99
A8	8		252	8		252	3.95
A7	7		193	7		193	3.02
A6	6		142	6		142	2.22
A5	5		98	5		98	1.54
B12	12	100	1131	8	200	252	10.90
B11	11		950	8		252	9.43
B10	10		785	8		252	8.14
B9	9		635	8		252	6.97
B8	8		503	8		252	5.93
B7	7		385	7		193	4.53
B6	6		283	7		193	3.73
B5	5		196	7		193	3.05
C12	12	150	754	12	200	566	10.36
C11	11		634	11		475	8.70
C10	10		523	10		393	7.19
C9	9		423	9		318	5.82
C8	8		335	8		252	4.61
C7	7		257	7		193	3.53
C6	6		189	6		142	2.60
C5	5		131	5		98	1.80

续表

焊接网代号	纵向钢筋			横向钢筋			重量 (kg/m²)
	公称直径 mm	间距 (mm)	每延米面积 (mm²/m)	公称直径 mm	间距 (mm)	每延米面积 (mm²/m)	
D12	12	100	1131	12	100	1131	17.75
D11	11		950	11		950	14.92
D10	10		785	10		785	12.33
D9	9		635	9		635	9.98
D8	8		503	8		503	7.90
D7	7		385	7		385	6.04
D6	6		283	6		283	4.44
D5	5		196	5		196	3.08
E11	11	150	634	11	150	634	9.95
E10	10		523	10		523	8.22
E9	9		423	9		423	6.66
E8	8		335	8		335	5.26
E7	7		257	7		257	4.03
E6	6		189	6		189	2.96
E5	5		131	5		131	2.05

注：表中焊接网的重量（kg/m²），是根据纵、横向钢筋按表中的间距均匀布置时，计算的理论重量，未考虑焊接网端部钢筋伸出长度的影响。

9. 钢筋用量计算的基本步骤

一个单位工程的钢筋消耗量也称预算用量，包括根据施工图计算的图示用量和规定的损耗量两个部分。图示用量等于各钢筋混凝土构件中的设计图纸用量及其他结构中的加固钢筋、连系钢筋等的用量之和，各种构件和结构用钢筋又是由若干不同品种、不同规格、不同形状的单根钢筋所组成。因此，计算一个单位工程的钢筋总用量时，应首先按不同构件，计算其中不同品种、不同规格的每一根钢筋的用量，然后根据设计规定计算其他构造加固钢筋用量，最后按规格、品种分类汇总求得单位工程钢筋总用量。

10. 混凝土工程量计算应注意的问题

（1）查阅图纸

一般房屋混凝土及钢筋混凝土构件的种类比较多，有些构件图还比较复杂，需要耐心细致地查阅。

查阅图纸要按部位逐个地进行，以免遗漏。查阅顺序为：基础→楼地面→墙柱→屋面→室内外设施等。

（2）了解施工方法

施工方法一般由施工组织设计确定，应注意了解，哪些构件为加工厂预制，哪些为现场预制，哪些是现浇，采用何种模板等，这都与选定计算项目有很大关系。

（3）收集整理图纸会审中的变更资料

（三）主要分项工程量计算方法

1. 模板工程量计算

（1）计算规定

〈基础定额的计算规定〉

见"规则"第1、2、3条。

〈工程量清单的计算规定〉

混凝土模板及支架属于措施项目清单的内容。所以，这里只介绍基础定额的模板工程量计算。

（2）计算公式

①现浇混凝土构件模板工程量，除另有规定者外，均应区别模板的不同材质，按混凝土与模板接触面的面积，以平方米计算。

②预制混凝土构件模板工程量，除小型池槽和桩尖外，均按混凝土实体积以立方米计算。

③现浇钢筋混凝土楼梯模板工程量，以图示露明面尺寸的水平投影面积计算，不扣除宽度小于500mm楼梯井所占面积。楼梯的踏步、踏步板、平台梁等侧面模板，不另计算。见图7-81。

其计算公式如下：

$$S = L_1 \times (b + c) + L_2 \times b$$

式中 S——水平投影面积；

L_1——起步至休息平台净距；

L_2——休息平台至楼层止步净距；

b——楼梯宽度；

c——楼梯井宽度（$c \leqslant 500$mm；若 $c > 500$mm，则式中 c 为零）。

④混凝土台阶模板工程量，混凝土台阶不包括梯带，按图示台阶尺寸的水平投影面积计算，台阶端头侧模板不另计算模板面积。见图7-82。

其计算公式如下：

$$S = L \times b$$

式中 S——水平投影面积；

L——台阶长度；

b——台阶宽度。

⑤现浇钢筋混凝土悬挑板（雨篷、阳台）模板工程量，按图示露明尺寸的水平投影面积计算，伸入墙外的牛腿梁及板边模板不另计算。见图7-83。

其计算公式如下：

$$S = b \times L$$

式中 S——水平投影面积；

b——宽度；

L——长度。

（3）模板工程量计算的两种方法

①直接计算接触面积（亦称面积法，直接法）

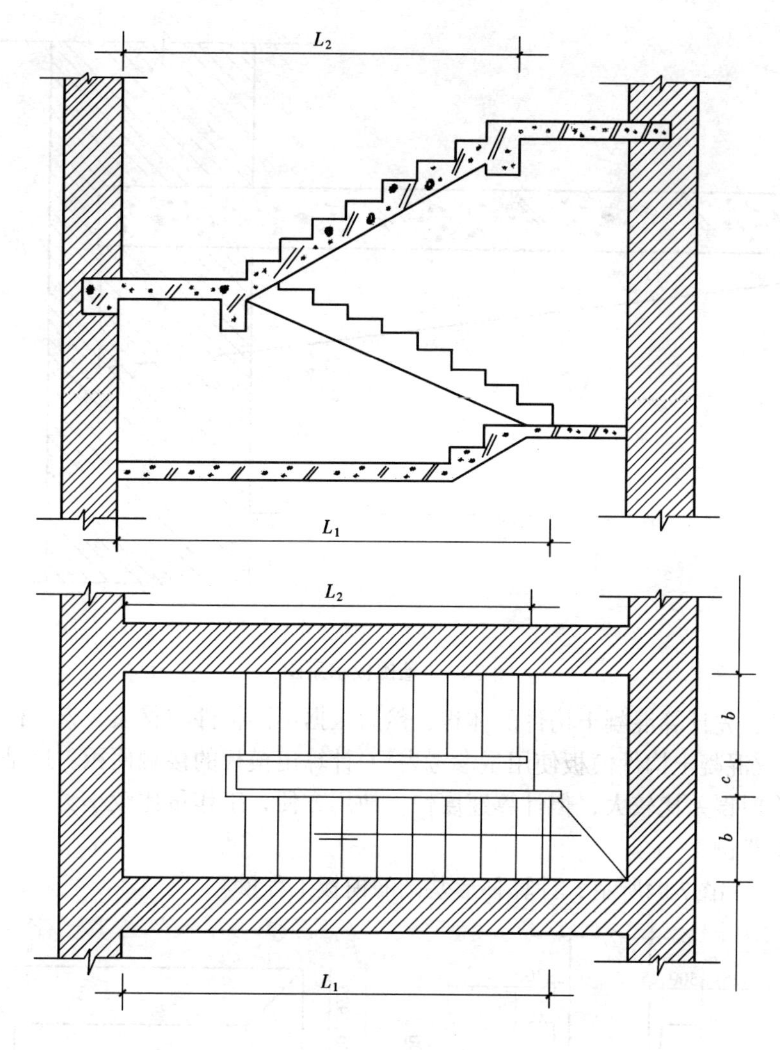

图 7-81　楼梯示意图

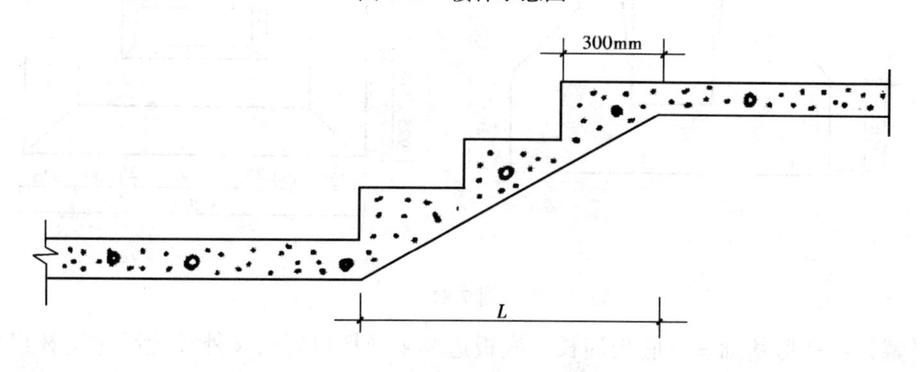

图 7-82　台阶示意图

根据图纸，直接按构件的尺寸，计算混凝土构件与模板接触面的面积。这是一种准确的计算方法，但工作量比较大。

②间接计算接触面积（亦称体积法、查表法）

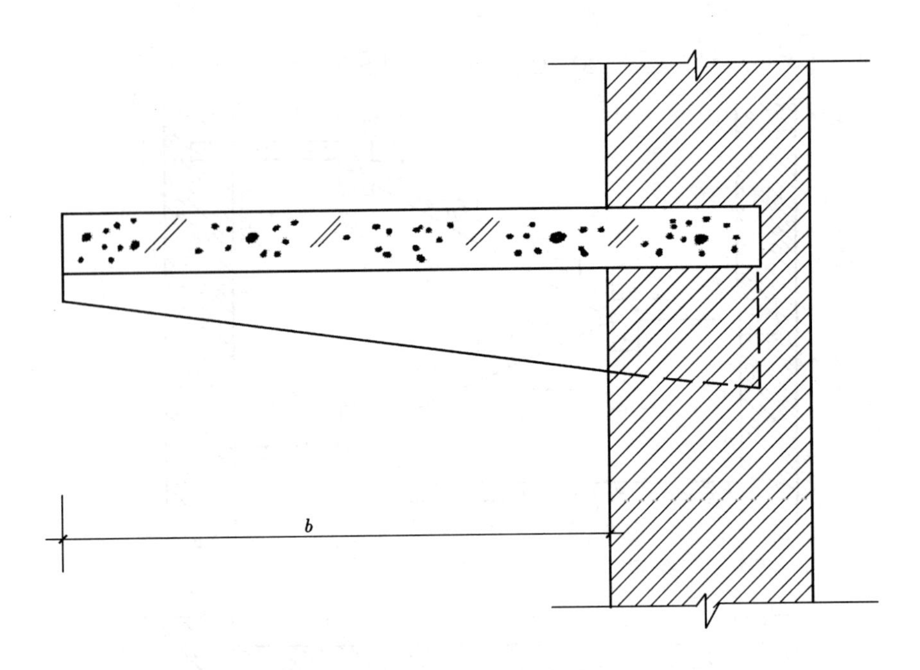

图 7-83　悬挑板示意图

根据图纸，先计算混凝土构件的体积，然后根据不同构件与材质，查“模板使用量参考表”（参照《混凝土构件模板使用量参考表》）计算出模板的接触面积。这是一种近似的计算方法，有时误差比较大，但计算速度快，使用方便，工作量比较小。

（4）计算举例

【例 36】　如图7-84所示，计算杯形基础的模板工程量。

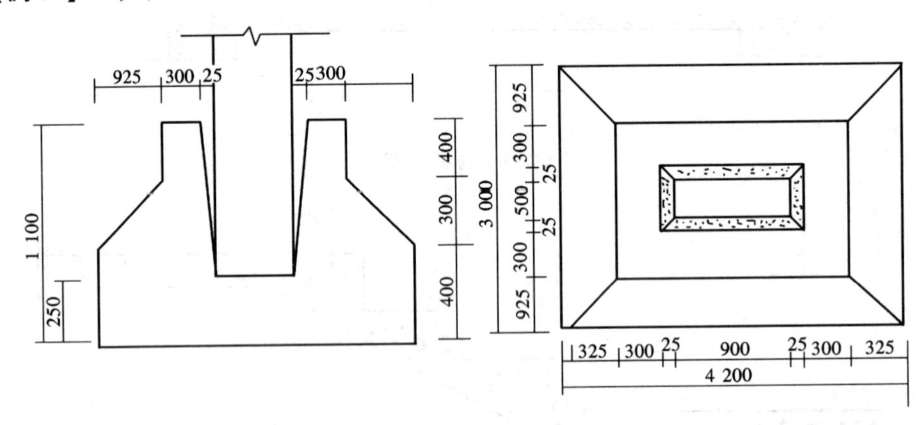

图 7-84

【解】　杯形基础 =（底板周长 × 底板边厚 + 外杯口周长 × 外杯边高 + 里杯口周长 × 里杯口深）× 个数

它是用于预制柱的独立基础，如图 7-84。它的模板要支 3 圈。

采用“面积法”直接计算杯形基础的模板工程量。

$$S = (4.2+3) \times 2 \times 0.4 + (1.55+4.2) \times \sqrt{0.3^2+0.925^2} + (3+1.15)$$

$$\times\sqrt{0.3^2+1.325^2}+2\times(1.55+1.15)\times 0.4+(0.95+0.9)$$
$$\times\sqrt{0.85^2+0.025^2}+(0.55+0.5)\times\sqrt{0.85^2+0.025^2}$$
$$\approx 21.62\text{m}^2$$

2. 钢筋工程量计算

(1) 计算规定

〈基础定额的计算规定〉

见“规则”第4、5条。

〈工程量清单的计算规定〉

①现浇混凝土钢筋工程内容：钢筋制作、运输，钢筋安装。

现浇混凝土钢筋工程量，按不同钢筋种类、规格，以钢筋的重量计算。计量单位：t。

钢筋重量可按钢筋长度乘以钢筋单位理论重量计算。钢筋长度计量单位为m；钢筋单位理论重量计量单位为kg/m。

②预制混凝土钢筋工程内容及工程量计算同现浇混凝土钢筋。

③钢筋网片工程内容：钢筋网制作、运输，钢筋网安装。

钢筋网工程量，按不同钢筋种类、规格，以钢筋网的重量计算，计量单位：t。

钢筋网重量可按钢筋网面积乘以钢筋网单位理论重量计算。钢筋网面积计量单位为m^2;钢筋网单位理论重量计量单位为kg/m^2。

④钢筋笼工程内容：钢筋笼制作、运输，钢筋笼安装。

钢筋笼工程量，按不同钢筋种类、规格，以钢筋笼的重量计算。计量单位：t。

钢筋笼重量可按钢筋笼乘以钢筋笼单位理论重量计算。也可按组成钢筋笼的各种钢筋重量之和计算。

⑤先张法预应力钢筋工程内容：钢筋制作、运输，钢筋张拉。

先张法预应力钢筋工程量，按不同钢筋种类、规格，锚具种类，以预应力钢筋的重量计算。计量单位：t。

预应力钢筋重量可按预应力钢筋长度乘以预应力钢筋单位理论重量计算。预应力钢筋长度计量单位为m；预应力钢筋单位理论重量计量单位为kg/m。

⑥后张法预应力钢筋工程内容：钢筋制作、运输，钢筋安装，预埋管孔道铺设，锚具安装，砂浆制作、运输，孔道压浆、养护。

后张法预应力钢筋工程量，按不同钢筋种类、规格，锚具种类，砂浆强度等级，以预应力钢筋的重量计算。计量单位：t。

预应力钢筋重量可按预应力钢筋长度乘以预应力钢筋单位理论重量计算。

⑦预应力钢丝工程内容：钢丝束制作、运输，钢丝束安装，预埋管孔道铺设，锚具安装，砂浆制作、运输，孔道压浆、养护。

预应力钢丝工程量，按不同钢丝束种类、规格，锚具种类，砂浆强度等级，以预应力钢丝的重量计算。计量单位：t。

预应力钢丝工程量可按钢丝长度乘以钢丝单位理论重量再乘以每束钢丝根数计算。钢丝长度计量单位为m，钢丝单位理论重量计量单位为kg/m。

⑧预应力钢绞线工程内容：钢绞线制作、运输，钢绞线安装，预埋管孔道铺设，锚具

安装，砂浆制作、运输，孔道压浆、养护。

预应力钢绞线工程量，按不同钢绞线种类、规格，锚具种类，砂浆强度等级，以预应力钢绞线的重量计算。计量单位：t。

预应力钢绞线重量可按钢绞线长度乘以钢绞线单位理论重量计算。钢绞线长度计量单位为 m；钢绞线单位理论重量计量单位为 kg/m。

⑨螺栓工程内容：螺栓制作、运输，螺栓安装。

螺栓工程量，按不同钢材种类、规格，螺栓长度，以螺栓的重量计算。计量单位：t。

⑩预埋铁件工程内容：铁件制作、运输，铁件安装。

预埋铁件工程量，按不同钢材种类、规格，铁件尺寸，以铁件的重量计算。计量单位：t。

(2) 计算公式

〈基础定额工程量计算公式〉

钢筋长度的计算常用的方法有 3 种，即运用设计钢筋配筋表计算；运用构件外形尺寸计算；运用配筋率计算。

Ⅰ、运用设计钢筋配筋表计算钢筋长度

计算公式

$$钢筋全长 = \Sigma L + \Sigma S + 弯钩长$$

式中 ΣL——各段直线长度之和；

ΣS——各段斜线长度之和。

当图注各段尺寸齐全时，可直接用上式计算，当钢筋为直筋时 $\Sigma S = 0$，即全长 = ΣL + 弯钩长。

Ⅱ、运用构件外形尺寸计算钢筋长度

当图注钢筋细部尺寸不齐全或按基本算法不方便时，可利用构件外形尺寸计算钢筋长度。这种方法计算简便，一般常用的方法。其计算公式为：

$$钢筋全长 = 构件外形长 - 2 倍保护层 + 弯起筋增加长度 + 弯钩长度$$

各种形式钢筋长度的计算公式见表 7-27。

钢筋理论长度计算公式 **表 7-27**

钢筋名称	钢筋简图	计算公式
直筋		构件长 - 两端保护层厚
直钩		构件长 - 两端保护层厚 + 两个弯钩长度
板中弯起筋	30°	构件长 - 两端保护层厚 + 2 × 0.268 ×（板厚 - 上下保护层厚）+ 两个弯钩长
	30°	构件长 - 两端保护层厚 + 0.268 ×（板厚 - 上下保护层厚）+ 两个弯钩长
	30°	构件长 - 两端保护层厚 + 0.268 ×（板厚 - 上下保护层厚）+（板厚 - 上下保护层厚）+ 一个弯钩长

续表

钢筋名称	钢筋简图	计算公式
板中弯起筋	30°	构件长－两端保护层厚＋2×0.268×（板厚－上下保护层厚）＋2×（板厚－上下保护层厚）
	30°	构件长－两端保护层厚＋0.268×（板厚－上下保护层厚）＋（板厚－上下保护层厚）
		构件长－两端保护层厚＋2×（板厚－上下保护层厚）
梁中弯起筋	45°	构件长－两端保护层厚＋2×0.414×（梁高－上下保护层厚）＋两个弯钩长
	45°	构件长－两端保护层厚＋2×0.414×（梁高－上下保护层厚）＋2×（梁高－上下保护层厚）＋2个弯钩长
	45°	构件长－两端保护层厚＋0.414×（梁高－上下保护层厚）＋2个弯钩长
	45°	构件长－两端保护层厚＋1.414×（梁高－上下保护层厚）＋2个弯钩长
	45°	构件长－两端保护层厚＋2×0.414×（梁高－上下保护层厚）＋2×（梁高－上下保护层厚）
	备注：梁中弯起筋的弯起角度，如果是弯起角度为60°，则上表中系数0.414改为0.577，1.414改为1.577。	

①直筋不带弯钩的长度

$$l = L - 2a$$

式中 l——钢筋全长；

L——构件外形长；

a——保护层厚度。

②直筋带弯钩的长度

$$l = L - 2a + 2\text{个弯钩长}$$

③弯起钢筋的长度

$$l = L - 2a + 2\Delta L + 2\text{个弯钩长}$$

式中 ΔL——弯起部分增加长度。

④箍筋的长度

根据《钢筋混凝土工程施工及验收规范》规定：

用Ⅰ级钢筋或冷拔低碳钢丝制作的箍筋，其末端应做成弯钩，弯钩的弯曲直径大于受力钢筋的直径，且不小于箍筋直径的2.5倍。弯钩的平直部分，一般结构不宜小于箍筋直径的5倍；有抗震要求的结构，不应小于箍筋直径的10倍。见图7-85和图7-86。

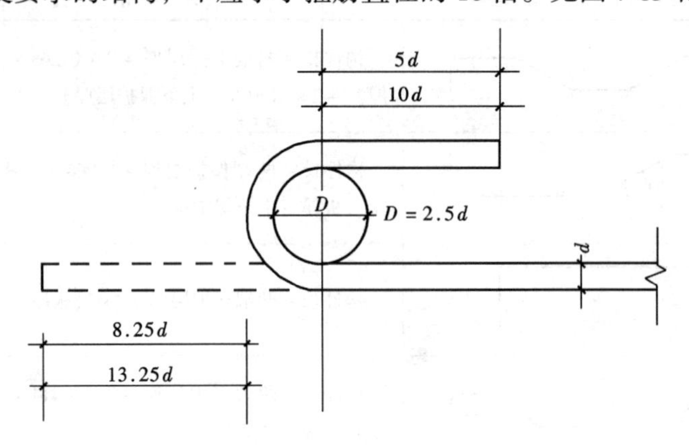

图7-85　箍筋半圆弯钩

a. 箍筋末端弯钩的长度（见表7-28）

箍筋弯钩长度　　　　**表7-28**

弯钩形式		180°	90°	135°
弯钩增加值	一般结构（$D=2.5d$）	$8.25d$	$5.5d$	$6.87d$
	有抗震要求（$D=2.5d$）	$13.25d$	$10.5d$	$11.87d$
	有抗震要求（$D=5d$）	$15.92d$	$11.21d$	$13.57d$

以圆钩（180°）为例，长度计算如下：

一般构件：

$$\Delta l = 5d + \frac{\pi(1+2.5d)}{2} - (1+1.25d) = 8.25d$$

有抗震要求构件：

$$\Delta l = 10d + \frac{\pi(1+2.5d)}{2} - (1+1.25d) = 13.25d$$

式中　Δl——箍筋末端每个弯钩长度；

d——箍筋直径。

$$\left(\text{半圆钩：}180° = \pi\text{；直弯钩：}90° = \frac{\pi}{2}\text{；斜弯钩：}135° = \frac{3}{4}\pi\right)$$

b. 箍筋中部弯曲处的量度差值（调整值）（见表7-29）

钢筋弯曲调整值（量度差值）　　　　**表7-29**

钢筋弯曲角度	30°	45°	60°	90°	135°	180°
钢筋弯曲调整值（$D=2.5d$）	$0.29d$	$0.49d$	$0.765d$	$1.751d$	$2.24d$	$3.502d$
钢筋弯曲调整值（$D=5d$）	$0.305d$	$0.543d$	$0.9d$	$2.288d$	$2.831d$	$4.576d$

c. 箍筋量度方法和计算长度

箍筋量度方法有两种，即量外包尺寸和量内皮尺寸，一般采用量外包尺寸，即构件外包尺寸减去保护层厚度。

箍筋计算长度应以钢筋的中心线长度为准，即应考虑钢筋中部弯曲处的量度差值，而弯钩处的量度差值已包括在弯钩的计算长度中。在采用外包尺寸量度时，应减去3个中部90°的量度差值。

d. 箍筋根数的计算

两端均设箍筋：$n=\frac{p}{c}+1$

只有一端设箍筋：$n=\frac{p}{c}$

两端均不设箍筋：$n=\frac{p}{c}-1$

式中 n——箍筋根数；

p——箍筋配置范围长度；

c——箍筋间距。

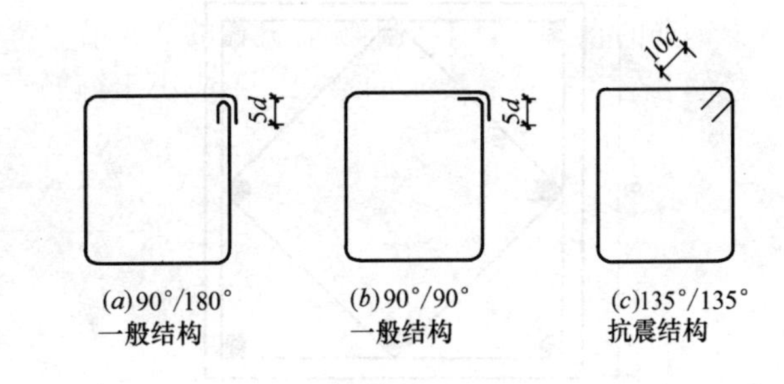

图 7-86 箍筋弯钩长度示意图

e. 箍筋长度计算基本公式（比较准确）

$$l=2(A+B)-8a+8d+2\Delta l-3\text{量度差}$$

或 $l=2(A+B)-8e+2\Delta l-3$ 量度差(见图 7-87)

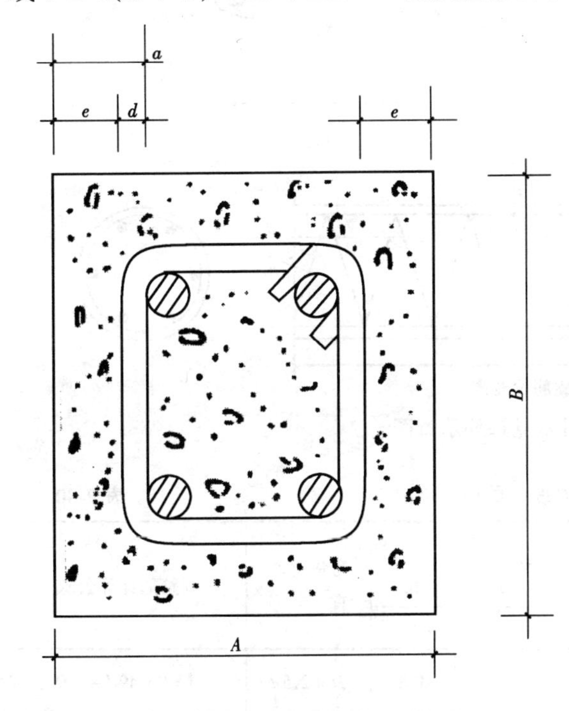

图 7-87 箍筋图

式中 l——箍筋全长；

A——构件断面宽度；

B——构件断面长度；

a——保护层厚度；

d——箍筋直径；

Δl——箍筋弯钩长度，见表 7-28；

e——保护层厚度与箍筋直径之差（$a-d$）；

量度差——见表 7-29。

f. 箍筋长度计算几种简化近似公式

第一种：箍筋长度按钢筋混凝土构件断面周长计算，不减构件保护层厚度，不加弯钩长度。公式为：

$$l=2(A+B)$$

第二种：箍筋长度为构件断面周长减 8 个保护层厚加弯钩长，公式为：

$$l=2(A+B)-8a+2\Delta l$$

第三种：运用折算系数计算箍筋长度，公式为：$l=2(A+B)+(8d+2\Delta l-3\text{量度差}-8a)$

即：$l=2(A+B)+\delta$

式中 δ——箍筋长度调整值，$\delta=8d+2\Delta l-3$ 量度差 $-8a$。当 $a=25$mm 时，见表7-30。

g. 箍筋常见形式还有双箍方形、双箍矩形、三角箍和 S 箍等，见图7-88。

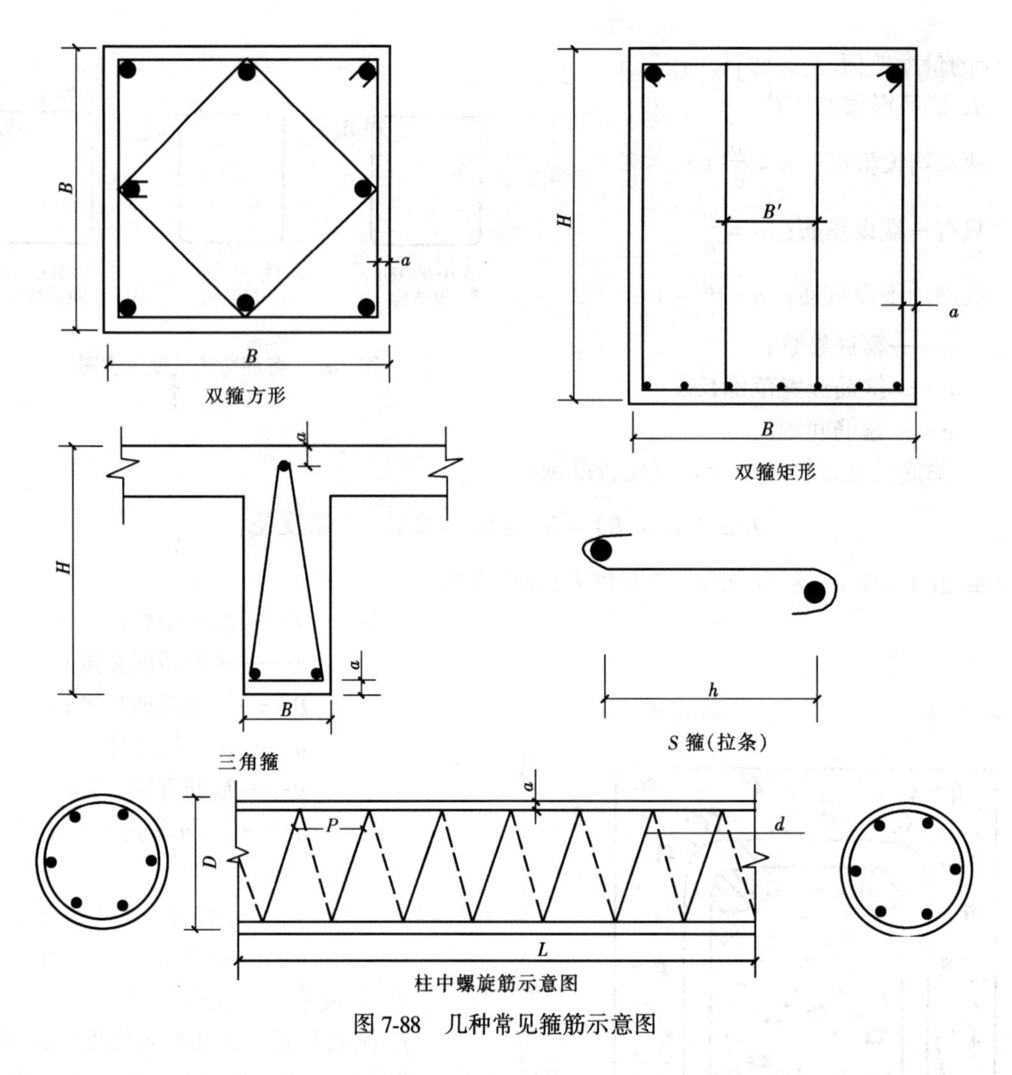

图 7-88　几种常见箍筋示意图

箍筋长度调整表（单位：mm）　　**表 7-30**

形状		直径 d = 4	6	6.5	8	10	12	弯钩弯曲直径	调整值计算公式
		δ							
抗震结构		-94	-41	-28	12	65	118	$D=2.5d$	$\delta=26.49d-200$
		-87	-30	-16	26	83	139	$D=5d$	$\delta=28.28d-200$
一般结构		-134	-101	-93	-68	-35	-2	$D=2.5d$	$\delta=16.50d-200$
		-140	-111	-103	-81	-51	-21	$D=5d$	$\delta=14.89d-200$
		-145	-118	-111	-90	-63	-35	$D=2.5d$	$\delta=13.75d-200$
		-151	-127	-121	-103	-79	-53	$D=5d$	$\delta=12.14d-200$

双箍方形（方形套箍）计算公式

$$l = l_1(外箍长) + l_2(内箍长)$$

式中 $l_1 = (B - 2a + 2d) \times 4 + 2\Delta l - 3$ 量度差

或：$l_1 = (B - 2a + d) \times 4 + 2\Delta l$

$$l_2 = \left[(B - 2a) \times \frac{\sqrt{2}}{2} + 2d\right] \times 4 + 2\Delta l - 3 \text{ 量度差}$$

或 $l_2 = \left[(B - 2a) \times \frac{\sqrt{2}}{2} + d\right] \times 4 + 2\Delta l$

注：$+2d$ 为外包尺寸；$+d$ 为中心线尺寸，用中心线尺寸，可以不考虑量度差。

双箍矩形（矩形双肢）计算公式

$$l = 2l_1$$

式中 $l_1 = (H - 2a + 2d) \times 2 + (B - 2a + B' + 2d) + 2\Delta l - 3$ 量度差

或 $l_1 = (H - 2a + d) \times 2 + (B - 2a + B' + d) + 2\Delta l$

三角箍计算公式

$$l = (B - 2a - d) + \sqrt{4(H - 2a + d)^2 + (B - 2a + d)^2} + 2\Delta l$$

S 箍（拉条）计算公式

$$l = h + d + 2\Delta l$$

螺旋箍筋计算公式

$$l = N\sqrt{P^2 + (D - 2a + d)^2\pi^2} + 2\Delta l$$

式中 N——螺旋圈数 $N = \frac{L}{P}$（L 为构件长）；

P——螺距；

D——构件直径。

Ⅲ、运用“配筋率”计算钢筋重量

该方法的原理是：用构件单位断面面积上的钢筋面积，加权平均计算钢筋用量。公式为：

$$配筋率 = \frac{钢筋截面面积}{构件断面面积}$$

以构件长度为权数，加权平均计算出平均配筋率。

钢筋用量（kg）= 混凝土构件体积 × 平均配筋率 × 7850kg/m^3（钢筋比重）

〈工程量清单工程量计算公式〉

计算公式同基础定额钢筋工程量计算公式。

（3）计算举例

【例 37】 如图 7-89 所示，计算钢筋混凝土矩形梁的钢筋长度。

【解】

〈基础定额的工程量〉

计算结果见表 7-31。

〈工程量清单的工程量〉

计算结果见表 7-31。

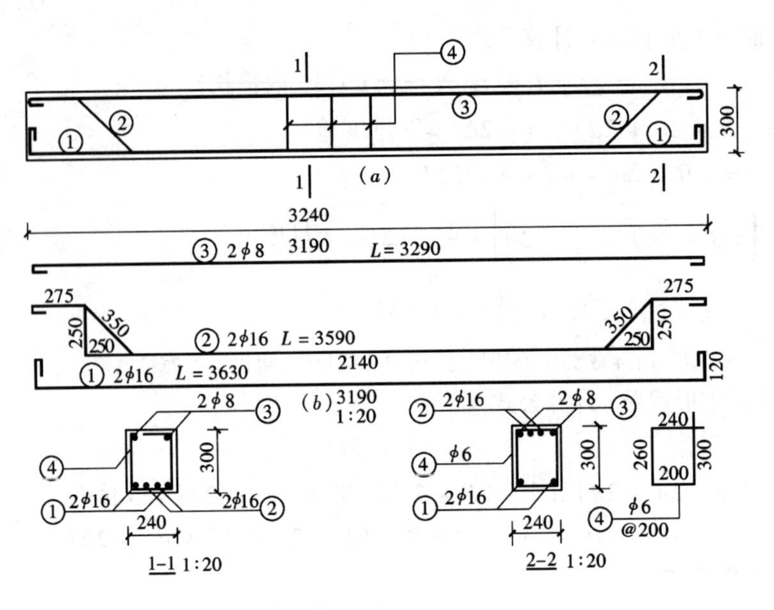

图 7-89 钢筋混凝土梁

钢混结构梁钢筋情况详表 单位：mm **表 7-31**

编 号	规 格	简 图	长 度	根 数	总长度	备 注
①	ϕ16		3630	2	7260	
②	ϕ16		3590	2	7180	
③	ϕ8		3290	2	6580	
④	ϕ6		1000	16	16000	

【例 38】 计算钢筋混凝土条形基础的钢筋工程量。

某独立小型住宅，基础平面及剖面配筋如图 7-90 所示。基础有 100 厚混凝土垫层；外墙拐角处，按基础宽度范围将分布筋改为受力筋；在内外墙丁字接头处受力筋铺至外墙中心线。

【解】

〈基础定额的工程量〉

(1) 计算钢筋长度

①受力筋（ϕ12@200）长度

一根受力筋长度 $=1.2-2\times0.035$（有垫层）$+6.25\times0.012\times2=1.28\text{m}$

受力钢筋数量：

$$\text{外基钢筋根数}\frac{(9.9+1.32+7.2)\times2}{0.2}+4\approx188\text{ 根}$$

$$\text{内基钢筋根数}=\left(\frac{6}{0.2}+1\right)\times2=62\text{ 根}$$

$$\text{受力筋总根数}=188+62=250\text{ 根}$$

$$\text{受力筋总长}=1.28\times250=320\text{m}$$

②分布筋（ϕ6@200）长度

外墙四角已配置受力钢筋，拟不再配分布筋，则

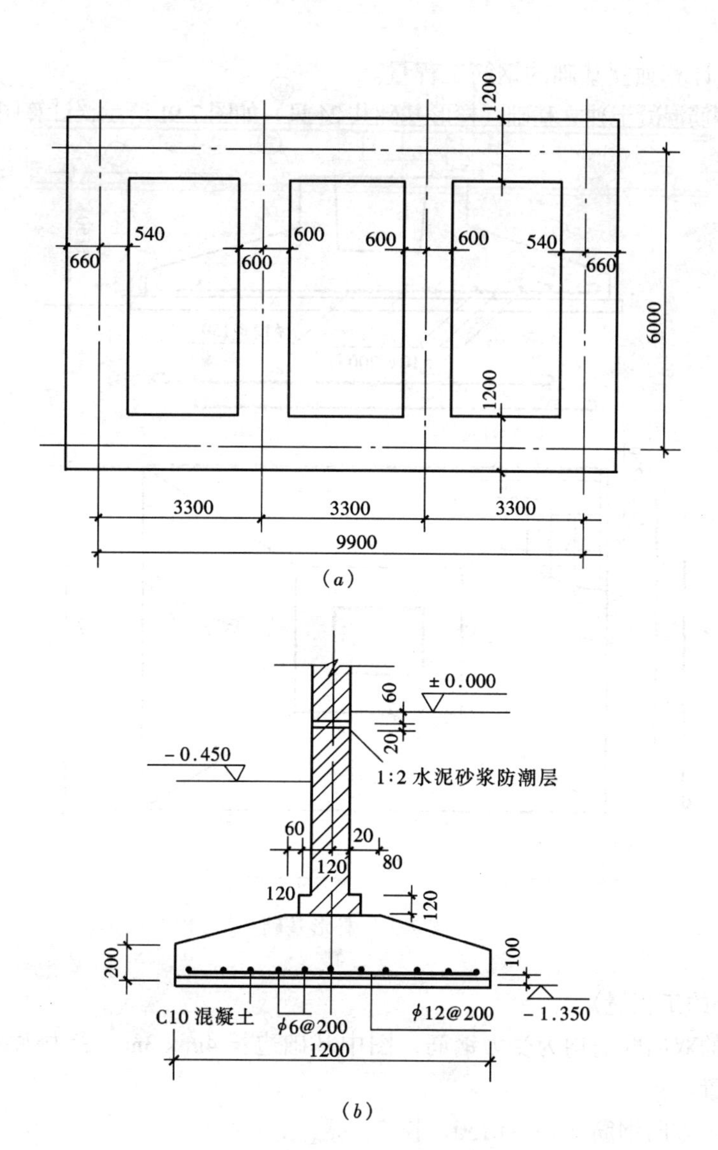

图 7-90 钢筋混凝土条形基础

(a) 基础平面；(b) 基础配筋断面

$$外墙分布筋长度 = [(9.9-1.08)纵 + (6.0-1.2)横] \times 2 = 27.24\text{m}$$

$$内墙分布筋长 = (6.0-1.2) \times 2 = 9.6\text{m}$$

$$分布筋根数 = \frac{1.2-0.035\times 2}{0.2} + 1 \approx 7 根$$

$$分布筋总长 = (27.24+9.6) \times 7 = 257.9\text{m}$$

(2) 图示钢筋用量（工程量）

$$\phi12 受力筋重量 = 320 \times 0.888 \approx 284.16\text{kg} \approx 0.284\text{t}$$

$$\phi6 分布筋重量 = 257.9 \times 0.222 \approx 57.25\text{kg} \approx 0.057\text{t}$$

〈工程量清单的工程量〉

$$\phi12 工程量 = 0.284\text{t}$$

$$\phi6 工程量 = 0.057\text{t}$$

【例 39】 计算独立基础的钢筋工程量。

某建筑物钢筋混凝土独立基础（杯形基础共 24 只）如图 7-91 所示，计算图示钢筋用量。

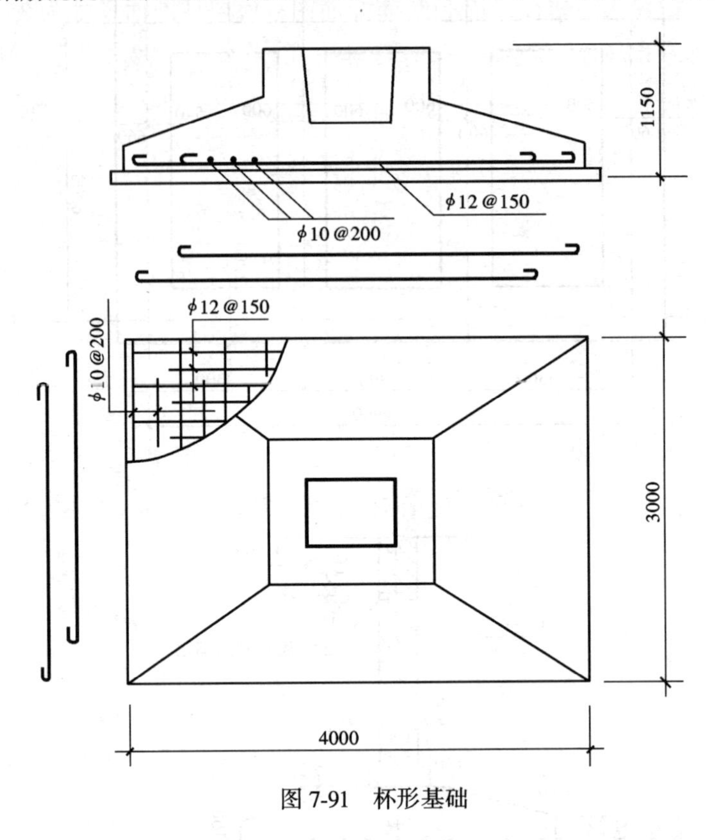

图 7-91 杯形基础

【解】

〈基础定额的工程量〉

独立基础的双向配筋均为受力钢筋，图中基础边长 4m × 3m，受力钢筋长减去 0.9 倍边长，交错布置。

(1) 沿长边方向钢筋（φ12@150）长度

单根长 $l_1 = 4 \times 0.9 - 0.035 + 6.25 \times 0.012 \times 2 = 3.72\text{m}$

根数 $N_1 = \dfrac{3 - 0.035}{0.15} + 1 \approx 21$ 根

总长 $l_1 = 3.72 \times 21 = 78.12\text{m}$

(2) 沿短边方向钢筋（φ10@200）长度

单根长 $l_1 = 3 \times 0.9 - 0.035 + 12.5 \times 0.01 = 2.79\text{m}$

根数 $N_2 = \dfrac{4 - 0.07}{0.2} + 1 \approx 21$ 根

总长 $l_2 = 2.79 \times 21 = 58.59\text{m}$

(3) 图示钢筋用量

φ12 $G_1 = 78.12 \times 0.888 \times 24 = 1664.89\text{kg} \approx 1.665\text{t}$

φ10 $G_2 = 58.59 \times 0.677 \times 24 = 867.6\text{kg} \approx 0.868\text{t}$

〈工程量清单的工程量〉

φ12 工程量 = 1.665t

ϕ10 工程量 = 0.868t

【例 40】 计算钢筋混凝土柱的钢筋工程量

图 7-92 为某三层现浇框架柱立面和断面配筋图，底层柱断面尺寸为 350mm×350mm，纵向受力筋 4Φ22，受力筋下端与柱基插筋搭接，搭接长度 800。与柱正交的是"+"形

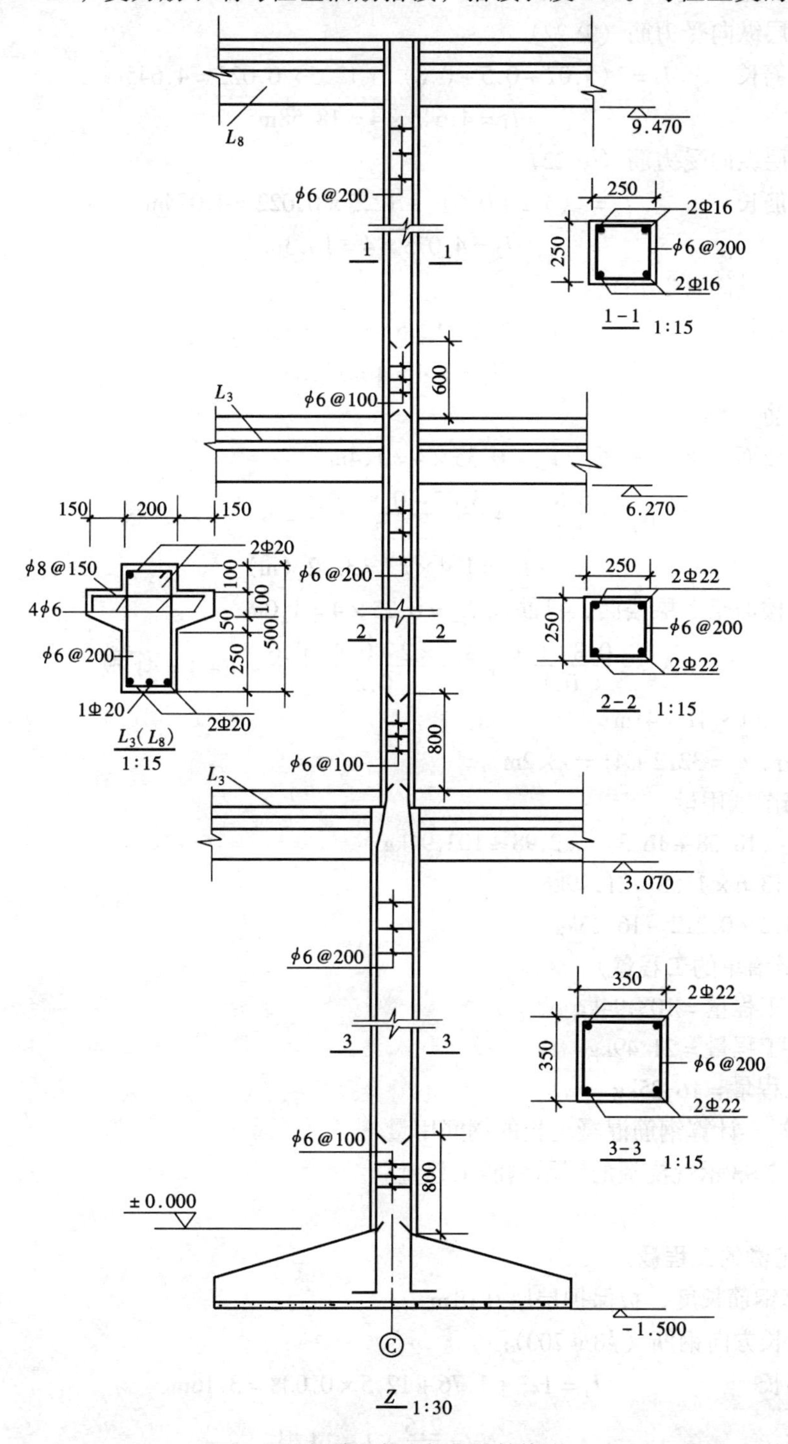

图 7-92 钢筋混凝土框架柱结构图

整体现浇梁。计算该柱钢筋工程量。

【解】

〈基础定额的工程量〉

1. 计算钢筋长度

（1）底层纵向受力筋（Φ 22）

①每根筋长 $l_1 =（3.07+0.5+0.8）+12.5\times0.022=4.645m$

②总长 $l_1 = 4.645\times4=18.58m$

（2）二层纵向受力筋（Φ 22）

①每根筋长 $l_2 =（3.2+0.6）+12.5\times0.022=4.075m$

②总长 $l_2 = 4.075\times4=16.3m$

（3）三层纵筋（Φ 16）

①每根筋长 $l_3 = 3.2+12.5\times0.016=3.4m$

②总长 $l_3 = 3.4\times4=13.6m$

（4）箍筋（ϕ6）

①二层楼面以下，箍筋长 $l_{g1}=0.35\times4=1.4m$

箍筋数 $N_{g1}=\frac{0.8}{0.1}+1+\frac{3.07-0.8+0.5}{0.2}=9+14\approx23$ 根

总长 $l_{g1}=1.4\times23=32.2$（m）

②二层楼面至三层楼面，箍筋长 $l_{g2}=0.25\times4=1.0m$

箍筋数 $N_{g2}=\frac{0.8+0.6}{0.1}+\frac{3.2\times2-0.8-0.6}{0.2}+1+1=41$ 根

总长 $l_{g2}=1\times41=41m$

箍筋总长 $l_g=32.2+41=73.2m$

2. 钢筋图纸用量

Φ 22 （18.58+16.3）×2.98≈103.94kg

Φ 16 13.6×1.58≈21.49kg

ϕ6 73.2×0.222≈16.25kg

〈工程量清单的工程量〉

Φ 22 工程量 = 103.94kg

Φ 16 工程量 = 21.49kg

ϕ6 工程量 = 16.25kg

【例 41】 计算钢筋混凝土板的钢筋用量

计算图 7-93 示现浇板的图示钢筋工程量。

【解】

〈基础定额的工程量〉

1. 计算钢筋长度，板保护层厚 0.01m

（1）沿长方向钢筋（ϕ8@200）：

①钢筋长 $l_1=1.3+1.76+12.5\times0.008=3.16m$

②根数 $N_1=\frac{2.5}{0.2}+1\approx14$ 根

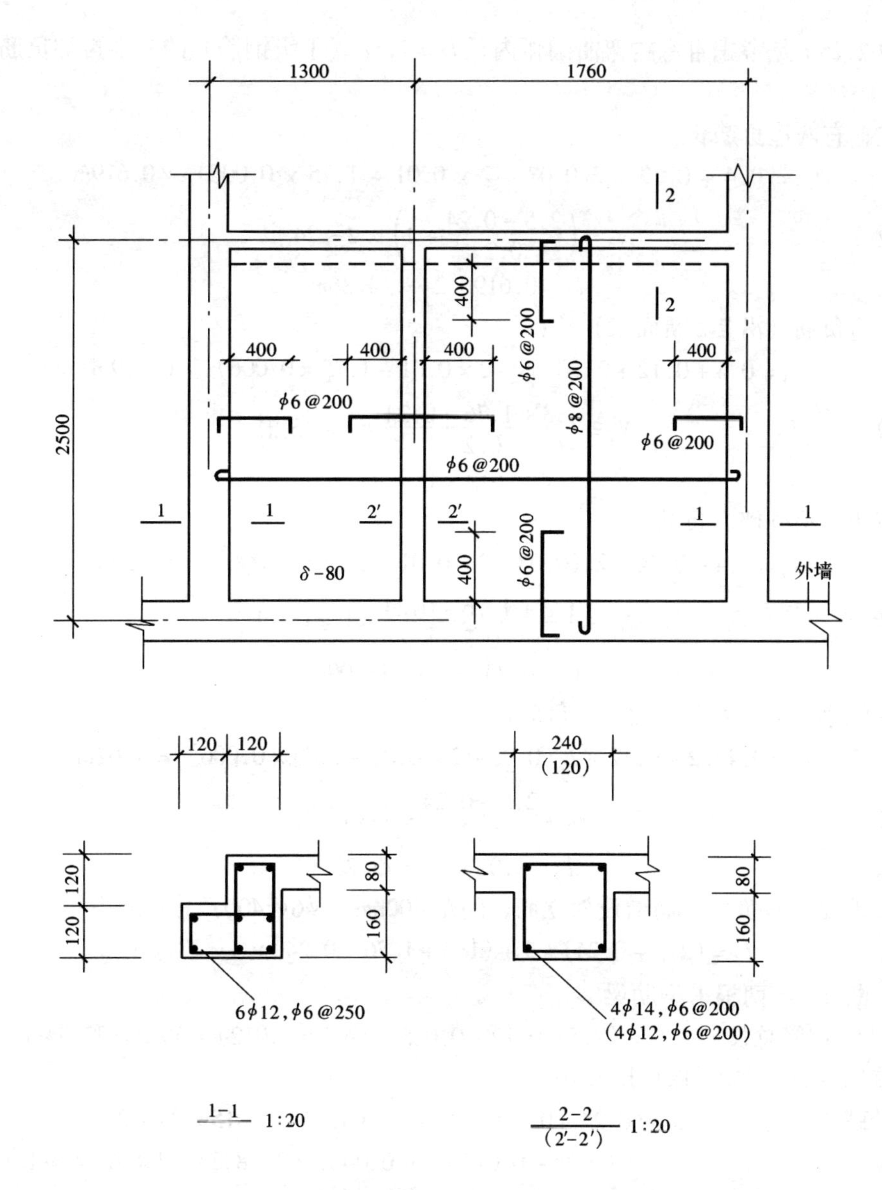

图 7-93　现浇钢筋混凝土楼板平、断面配筋图

③总长　　$l_1 = 3.16 \times 14 = 44.24\text{m}$

(2) 沿短方向钢筋（φ8@200）

①钢筋长　　$l_2 = 2.5 + 0.12 - 0.01 + 12.5 \times 0.008 = 2.71\text{m}$

②根数　　$N_2 = \dfrac{(1.3 + 1.76)}{0.2} + 1 \approx 16$ 根

③总长　　$l_2 = 2.71 \times 16 = 43.36\text{m}$

(3) 负弯矩筋（φ6）

负弯矩筋长度可按如下算式计算：

负弯矩筋长 = 图示长 + 90°直钩 + 弯折至板底长

= 图示长 + （$0.5d$ + 板厚 $- 2a - 2.25d$）×2

= 图示长 + （板厚 $- 2a - 1.75d$）×2

其中 $2.25d$ 是考虑直弯钩弯曲圆弧内径 $D=2.5d$（Ⅰ级钢筋）的一半再加负筋直径之高度。

①左、右两边负筋长：

$$l_3 = 0.4 + 0.12 + 2(0.08 - 2\times0.01 - 1.75\times0.006) \approx 0.619\text{m}$$

根数 $N_3 = \left(\dfrac{2.5-0.24}{0.2}+1\right)\times2 \approx 24$ 根

总长 $l_3 = 0.619\times24 \approx 14.86\text{m}$

②上边负筋（沿 2-2 断面梁）长：

$$l_4 = 0.4+0.12+2（0.08-2\times0.01-1.75\times0.006）\approx 0.619\text{m}$$

根数 $N_4 = \dfrac{1.3+1.76-0.24}{0.2}+1 \approx 15$ 根

总长 $l_4 = 0.619\times15 \approx 9.29\text{m}$

③下边（沿外墙）负筋长：

$$l_5 = 0.4+0.24+2（0.08-2\times0.01-1.75\times0.006）\approx 0.739\text{m}$$

根数 $N_5 = \dfrac{1.3+1.76-0.24}{0.2}+1 \approx 15$ 根

总长 $l_4 = 0.739\times15 \approx 11.09\text{m}$

④中间小肋梁（2′-2′断面上）负筋长：

$$l_6 = 0.4\times2+0.12+2（0.08-2\times0.01-1.75\times0.006）\approx 1.02\text{m}$$

根数 $N_6 = \dfrac{2.5-0.24}{0.2}+1 \approx 13$ 根

总长 $l_6 = 1.02\times13 = 13.26\text{m}$

⑤按需要，对负弯矩筋增设架立筋，间距 400mm，$\phi6@400$，总长度为：

$$l_7 = (2.5-0.24)\times7+(1.3+1.76-0.24)\times4 = 27.1\text{m}$$

（4）断面 1-1 两根 L 型肋梁

①$6\phi12$ 钢筋总长　$l_8 = (2.5+0.12-0.025+12.5\times0.012)\times6\times2 = 32.94\text{m}$

②箍筋（$\phi6@250$）保护层 0.015m

a. 每根箍筋长　$l_9 = (0.24-0.015\times2)\times2+(0.12-0.015\times2)\times2$
$+(0.24-0.015\times2-0.006)\times2+8.25\times2\times0.006 \approx 1.11\text{m}$

b. 根数　$N_9 = \left(\dfrac{2.5-0.025\times2}{0.25}+1\right)\times2 \approx 22$ 根

c. 总长　$l_9 = 1.11\times22 = 24.42\text{m}$

（5）断面 2-2 肋梁

①$4\phi14$ 钢筋总长　$l_{10} = (3.06-0.025\times2+12.5\times0.014)\times4 = 12.74\text{m}$

②箍筋（$\phi6@200$）

$$l_{11} = 0.24\times4 = 0.96\text{m}$$

$$N_{11} = \frac{3.06-0.025\times2}{0.2}+1 \approx 16 \text{ 根}$$

$$l_{11} = 0.96\times16 = 15.36\text{m}$$

（6）断面 2′-2′肋梁

①$4\phi12$ 钢筋总长　$l_{12} = (2.5-0.025\times2+12.5\times0.012)\times4 = 10.4\text{m}$

②箍筋($\phi 6@200$)

$$l_{13}=(0.12+0.24)\times 2=0.72\text{m}$$

$$N_{13}=\frac{2.5-0.025\times 2}{0.2}+1\approx 13\text{（根）}$$

$$l_{13}=0.72\times 13=9.36\text{（m）}$$

2. 钢筋消耗量

现浇板各种规格钢筋的长度及其重量汇总在表 7-32 中

现浇板钢筋用量表 **表 7-32**

计算代号	$L_3, L_4, L_5, L_6, L_7, L_9, L_{11}, L_{13}$	L_1，L_2	L_9，L_{11}	L_{13}
规　格	$\phi 6$	$\phi 8$	$\phi 12$	$\phi 14$
长度（m）	$14.86+9.29+11.09+13.26+15.36+9.36+27.1+24.42=124.74$	$44.24+43.36=87.6$	$32.94+10.4=43.34$	12.74
重量（kg）	$124.74\times 0.222=27.69$	$87.6\times 0.395=34.6$	$43.34\times 0.888=38.49$	$12.74\times 1.21=15.42$

〈工程量清单的工程量〉

$\phi 6$　　　　工程量 = 27.69（kg）

$\phi 8$　　　　工程量 = 34.60（kg）

$\phi 12$　　　　工程量 = 38.49（kg）

$\phi 14$　　　　工程量 = 15.42（kg）

3. 混凝土工程量计算

(1) 计算规定

〈基础定额的计算规定〉

见“规则”第 6、7、8、9、10 条。

〈工程量清单的计算规定〉

Ⅰ、现浇混凝土构件

①带形基础工程内容：铺设垫层，混凝土制作、运输、浇筑、振捣、养护。

带形基础工程量，按不同垫层材料种类、厚度，混凝土强度等级，混凝土拌和料要求，以带形基础的体积计算。计量单位：m^3。

带形基础体积可按基础断面积乘以基础长度计算。外墙基础长度按外墙中心线长度计算，内墙基础长度按其净长计算。

②独立基础工程内容：铺设垫层，混凝土制作、运输、浇筑、振捣、养护。

独立基础工程量，按不同垫层材料种类、厚度，混凝土强度等级，混凝土拌和料要求，以独立基础的体积计算。计量单位：m^3。不扣除基础内钢筋、预埋铁件所占体积。

③满堂基础工程内容：铺设垫层，混凝土制作、运输、浇筑、振捣、养护。

满堂基础工程量，按不同垫层材料种类、厚度，混凝土强度等级，混凝土拌和料要求，以满堂基础的体积计算。计量单位：m^3。不扣除基础内钢筋、预埋铁件所占体积。

④设备基础工程内容：铺设垫层，混凝土制作、运输、浇筑、振捣、养护、地脚螺栓二次灌浆。

设备基础工程量，按不同垫层材料种类、厚度，混凝土强度等级，混凝土拌和料要求，砂浆强度等级，以设备基础的体积计算。计量单位：m^3。不扣除基础内钢筋、预埋铁件所占体积。

⑤桩承台基础工程内容：铺设垫层，混凝土制作、运输、浇筑、振捣、养护。

桩承台基础工程量，按不同垫层材料种类、厚度，混凝土强度等级，混凝土拌和料要求，以桩承台基础的体积计算，计量单位：m^3。不扣除基础内钢筋、预埋铁件和伸入承台基础的桩头所占体积。

⑥矩形柱工程内容：混凝土制作、运输、浇筑、振捣、养护。

矩形柱工程量，按不同柱高度，柱截面尺寸，混凝土强度等级，混凝土拌和料要求，以矩形柱的体积计算。计量单位：m^3。不扣除柱内钢筋、预埋铁件所占体积。

矩形柱体积可按柱截面积乘以柱高计算。

⑦异形柱工程内容：混凝土制作、运输、浇筑、振捣、养护。

异形柱工程量，按不同柱高，柱截面尺寸，混凝土强度等级，混凝土拌和料要求，以异形柱的体积计算。计量单位：m^3。不扣除柱内钢筋、预埋铁件所占体积。

异形柱体积可按柱截面积乘以柱高计算。

⑧基础梁工程内容：混凝土制作、运输、浇筑、振捣、养护。

基础梁工程量，按不同梁底标高，梁截面，混凝土强度等级，混凝土拌和料要求，以基础梁的体积计算。计量单位：m^3。不扣除梁内钢筋、预埋铁件所占体积。梁垫体积并入基础梁体积内。

基础梁体积可按梁截面积乘以梁长计算。

⑨矩形梁工程内容：混凝土制作、运输、浇筑、振捣、养护。

矩形梁工程量，按不同梁底标高，梁截面，混凝土强度等级，混凝土拌和料要求，以矩形梁的体积计算。计量单位：m^3。不扣除梁内钢筋、预埋铁件所占体积。伸入墙内的梁头、梁垫体积并入矩形梁体积内。

矩形梁体积可按梁截面积乘以梁长计算。

⑩异形梁工程内容：混凝土制作、运输、浇筑、振捣、养护。

异形梁工程量，按不同梁底标高，梁截面，混凝土强度等级，混凝土拌和料要求，以异形梁的体积计算。计量单位：m^3。不扣除梁内钢筋、预埋铁件所占体积。伸入墙内的梁头、梁垫体积并入异形梁体积内。

异形梁体积可按梁截面积乘以梁长计算。梁长计算规定同矩形梁。

⑪圈梁工程内容：混凝土制作、运输、浇筑、振捣、养护。

圈梁工程量，按不同梁底标高，梁截面，混凝土强度等级，混凝土拌和料要求，以圈梁的体积计算。计量单位：m^3。不扣除梁内钢筋、预埋铁件所占体积。

圈梁体积可按圈梁截面积乘以圈梁长计算。外墙圈梁长度按其中心线长度计算，内墙圈梁长度按其净长计算。

⑫过梁工程内容：混凝土制作、运输、浇筑、振捣、养护。

过梁工程量，按不同梁底标高，梁截面，混凝土强度等级，混凝土拌和料要求，以过梁的体积计算。计量单位：m^3。不扣除梁内钢筋、预埋铁件所占体积。

过梁体积可按过梁截面积乘以过梁长计算。过梁长可按洞口宽度加500mm计算。

⑬弧形梁、拱形梁工程内容：混凝土制作、运输、浇筑、振捣、养护。

弧形梁、拱形梁工程量，按不同梁底标高（最高值），梁截面，混凝土强度等级，混凝土拌和料要求，以弧形梁、拱形梁的体积计算。计量单位：m^3。不扣除梁内钢筋、预埋铁件所占体积。伸入墙内的梁头、梁垫体积并入梁体积内。

弧形梁、拱形梁体积可按梁截面积乘以梁中心弧线长度计算。

⑭直形墙工程内容：混凝土制作、运输、浇筑、振捣、养护。

直形墙工程量，按不同墙类型，墙厚度，混凝土强度等级，混凝土拌和料要求，以直形墙的体积计算。计量单位：m^3。

直形墙体积中，应扣除门窗洞口及单个面积 $0.3m^2$ 以外的孔洞所占体积。不扣除梁内钢筋、预埋铁件所占体积。墙垛及突出墙面部分并入墙体体积内计算。

⑮弧形墙工程内容：混凝土制作、运输、浇筑、振捣、养护。

弧形墙工程量，按不同墙类型，墙厚度，混凝土强度等级，混凝土拌和料要求，以弧形墙的体积计算。计量单位：m^3。

弧形墙体积中，应扣除部分、不扣除部分及并入部分同直形墙。

⑯有梁板工程内容：混凝土制作、运输、浇筑、振捣、养护。

有梁板工程量，按不同板底标高，板厚度，混凝土强度等级，混凝土拌和料要求，以梁体积与板体积之和计算。计量单位：m^3。

有梁板的体积中，不扣除有梁板内钢筋、预埋铁件及单个面积 $0.3m^2$ 以内的孔洞所占体积。板伸入墙内的板头体积并入板体积内计算。

⑰无梁板工程内容：混凝土制作、运输、浇筑、振捣、养护。

无梁板工程量，按不同板底标高，板厚度，混凝土强度等级，混凝土拌和料要求，以板体积与柱帽体积之和计算。计量单位：m^3。

无梁板的体积中，不扣除无梁板内钢筋、预埋铁件及单个面积 $0.3m^2$ 以内的孔洞所占体积。板伸入墙内的板头体积并入板体积内计算。

⑱平板工程内容：混凝土制作、运输、浇筑、振捣、养护。

平板工程量，按不同板底标高，板厚度，混凝土强度等级，混凝土拌和料要求，以平板的体积计算。计量单位：m^3。

在平板体积中，不扣除平板内钢筋、预埋铁件及单个面积 $0.3m^2$ 以内的孔洞所占面积。平板伸入墙内的板头体积并入平板体积内计算。

⑲拱板工程内容、工程量计算同平板。

⑳薄壳板工程内容：混凝土制作、运输、浇筑、振捣、养护。

薄壳板工程量，按不同板底标高，板厚度，混凝土强度等级，混凝土拌和料要求，以薄壳板的体积计算。计量单位：m^3。

薄壳板体积中，不扣除薄壳板内钢筋、预埋铁件及单个面积 $0.3m^2$ 以内的孔洞所占面积。薄壳板的肋、基梁体积并入薄壳板体积内计算。

㉑栏板工程内容：混凝土制作、运输、浇筑、振捣、养护。

栏板工程量，按不同板底标高，板厚度，混凝土强度等级，混凝土拌和料要求，以栏板的体积计算。计量单位：m^3。

栏板体积中，不扣除栏板内钢筋、预埋铁件及单个面积 $0.3m^2$ 以内的孔洞所占体积。

㉒天沟、挑檐板与屋面板连接时，以外墙外边线为分界线；与圈梁连接时，以圈梁外

边线为分界线。分界线以外为天沟、挑檐板。

天沟、挑檐板工程内容：混凝土制作、运输、浇筑、振捣、养护。

天沟、挑檐板工程量，按不同混凝土强度等级，混凝土拌和料要求，以天沟、挑檐板的体积计算。计量单位：m^3。

天沟、挑檐板体积中，不扣除板内钢筋、预埋铁件及单个面积 $0.3m^2$ 以内的孔洞所占体积。

㉓雨篷、阳台板与楼板连接时，以外墙外边线为分界线。与圈梁连接时，以圈梁外边线为分界线。分界线以外为雨篷、阳台板。

雨篷、阳台板工程内容：混凝土制作、运输、浇筑、振捣、养护。

雨篷、阳台板工程量，按不同混凝土强度等级，混凝土拌和料要求，以雨篷、阳台板的体积计算（包括伸出墙外的挑梁和雨篷反挑檐的体积）。计量单位：m^3。

雨篷、阳台板体积中，不扣除板内钢筋、预埋铁件及面积 $0.3m^2$ 以内的孔洞所占体积。

㉔其他板工程内容：混凝土制作、运输、浇筑、振捣、养护。

其他板工程量，按不同混凝土强度等级，混凝土拌和料要求，以其他板的体积计算。计量单位：m^3。

其他板体积中，不扣除钢筋、预埋铁件及面积 $0.3m^2$ 以内的孔洞所占体积。

㉕直形楼梯工程内容：混凝土制作、运输、浇筑、振捣、养护。

直形楼梯工程量，按不同混凝土强度等级，混凝土拌和料要求，以直形楼梯的水平投影面积计算。计量单位：m^2。

楼梯的水平投影面积中，包括梯段（斜梁、踏步）、平台（平台板、平台梁）、连接梁及宽度小于500mm的楼梯井等。当整体楼梯与现浇楼板无连接梁时，以楼梯的最后一个踏步边缘加300mm为界。伸入墙内部分不计算。

㉖弧形楼梯工程内容与工程量计算同直形楼梯。

㉗其他构件工程内容：混凝土制作、运输、浇筑、振捣、养护。

其他构件工程量，按不同构件类型，构件规格，混凝上强度等级，混凝上拌和料要求，以构件的体积计算。计量单位：m^3。不扣除构件内钢筋、预埋铁件所占体积。

㉘散水、坡道工程内容：地基夯实，铺设垫层，混凝土制作、运输、浇筑、振捣、养护，变形缝填塞。

散水、坡道工程量，按不同垫层材料种类、厚度，面层厚度，混凝土强度等级，混凝土拌和料要求，填塞材料种类，以散水、坡道的面积计算。计量单位：m^2。不扣除单个 $0.3m^2$ 以内的孔洞所占面积。

㉙电缆沟、地沟工程内容：挖运土石，铺设垫层，混凝土制作、运输、浇筑、振捣、养护，刷防护材料。

电缆沟、地沟工程量，按不同沟截面，垫层材料种类、厚度，混凝土强度等级，混凝土拌和料要求，防护材料种类，以电缆沟、地沟的中心线长度计算。计量单位：m。

㉚后浇带工程内容：混凝土制作、运输、浇筑、振捣、养护。

后浇带工程量，按不同部位，混凝土强度等级，混凝土拌和料要求，以后浇带的体积计算。计量单位：m^3。不扣除后浇带内钢筋、预埋铁件所占体积。

Ⅱ、预制混凝土构件

①矩形柱工程内容：混凝土制作、运输、浇筑、振捣、养护，构件制作、运输，构件安装，砂浆制作、运输，接头灌缝、养护。

矩形柱工程量，按不同柱类型，单件体积，安装高度，混凝土强度等级，砂浆强度等级，以矩形柱的体积计算，计量单位：m^3。不扣除柱内钢筋、预埋铁件所占体积。

矩形柱工程量，也可按数量计算，计量单位：根。

②异形柱工程内容及工程量计算同矩形柱。

③矩形梁工程内容：混凝土制作、运输、浇筑、振捣、养护，构件制作、运输，构件安装，砂浆制作、运输，接头灌浆、养护。

矩形梁工程量，按不同单件体积，安装高度，混凝土强度等级，砂浆强度等级，以矩形梁的体积计算。计量单位：m^3。不扣除梁内钢筋、预埋铁件所占体积。

矩形梁工程量，也可按数量计算，计量单位：根。

④异形梁工程内容及工程量计算同矩形梁。

⑤过梁工程内容及工程量计算同矩形梁。

⑥拱梁工程内容及工程量计算同矩形梁。

⑦鱼腹式吊车梁工程内容及工程量计算同矩形梁。

⑧风道梁工程内容及工程量计算同矩形梁。

⑨折线型屋架工程内容：混凝土制作、运输、浇筑、振捣、养护，构件制作、运输，构件安装，砂浆制作、运输，接头灌缝、养护。

折线型屋架工程量，按不同屋架的类型，跨度，单件体积，安装高度，混凝土强度等级，砂浆强度等级，以屋架的体积计算。计量单位：m^3。不扣除屋架内钢筋、预埋铁件所占体积。

折线型屋架工程量，也可按数量计算，计量单位：榀。

⑩组合屋架工程内容及工程量计算同折线型屋架。

⑪薄腹屋架工程内容及工程量计算同折线型屋架。

⑫门式刚架屋架工程内容及工程量计算同折线型屋架。

⑬天窗架屋架工程内容及工程量计算同折线型屋架。

⑭平板工程内容：混凝土制作、运输、浇筑、振捣、养护，构件制作、运输，构件安装，升板提升，砂浆制作、运输，接头灌缝、养护。

平板工程量，按不同构件尺寸，安装高度，混凝土强度等级，砂浆强度等级，以构件的体积计算。计量单位：m^3。不扣除构件内钢筋、预埋铁件及单个尺寸 300mm × 300mm 以内的孔洞所占体积。

平板工程量，也可按数量计算。计量单位：块。

⑮空心板工程内容及工程量计算同平板。空心板体积中，应扣除空心板的空洞体积。

⑯槽形板工程内容及工程量计算同平板。

⑰网架板工程内容及工程量计算同平板。

⑱折线板工程内容及工程量计算同平板。

⑲带肋板工程内容及工程量计算同平板。

⑳大型板工程内容及工程量计算同平板。

㉑沟盖板、井盖板、井圈工程内容：混凝土制作、运输、浇筑、振捣、养护，构件制作、运输，构件安装，砂浆制作、运输，接头灌缝、养护。

沟盖板、井盖板、井圈工程量，按不同构件尺寸，安装高度，混凝土强度等级，砂浆强度等级，以构件的体积计算。计量单位：m^3。不扣除构件内钢筋、预埋铁件所占体积。

沟盖板、井盖板、井圈工程量，也可按数量计算，计量单位：块或套。

㉒楼梯工程内容：混凝土制作、运输、浇筑、振捣、养护，构件制作、运输，构件安装，砂浆制作、运输，接头灌缝、养护。

楼梯工程量，按不同楼梯类型，单件体积，混凝土强度等级，砂浆强度等级，以楼梯的体积计算。计量单位：m^3。不扣除楼梯内钢筋、预埋铁件所占体积。扣除空心踏步板空洞体积。

㉓烟道、垃圾道、通风道工程内容：混凝土制作、运输、浇筑、振捣、养护，构件制作、运输，构件安装，砂浆制作、运输，接头灌缝、养护。

烟道、垃圾道、通风道工程量，按不同构件类型，单件体积，安装高度，混凝土强度等级，砂浆强度等级，以构件的体积计算。计量单位：m^3。

构件体积中，不扣除构件内钢筋、预埋铁件及单个尺寸300mm×300mm以内的孔洞所占体积。应扣除烟道、垃圾道、通风道的孔洞所占体积。

㉔其他构件工程内容：混凝土制作、运输、浇筑、振捣、养护，构件制作、运输，构件安装。

其他构件工程量，按不同构件类型，单件体积，安装高度，混凝土强度等级，以构件的体积计算。计量单位：m^3。

构件体积中，不扣除构件内钢筋、预埋铁件及单个尺寸300mm×300mm以内的孔洞所占体积。

㉕水磨石构件工程内容：水磨石构件制作、运输，构件安装，接头灌缝、养护，酸洗、打蜡。

水磨石构件工程量，按不同构件类型，单件体积，水磨石面层厚度，安装高度，混凝土强度等级，水泥石子浆配合比，石子品种、规格、颜色，酸洗、打蜡要求，以水磨石构件的体积计算。计量单位：m^3。

水磨石构件体积中，不扣除构件内钢筋、预埋铁件及单个尺寸300mm×300mm以内的孔洞所占体积。

Ⅲ、混凝土构筑物

①贮水（油）池工程内容：混凝土制作、运输、浇筑、振捣、养护。

贮水（油）池工程量，按不同池类型，池规格，混凝土强度等级，混凝土拌和料要求，以贮水（油）池的混凝土体积计算。计量单位：m^3。

贮水（油）池的混凝土体积中，不扣除构件内钢筋、预埋铁件及单个面积0.3m^2以内的孔洞所占体积。

贮水（油）池的池底、池壁、池盖应分别计算工程量，有壁基梁的，应以壁基梁底为界，以上为池壁，以下为池底；无壁基梁的，锥形底应算至其上口，池壁下部的八字靴脚应并入池底体积内。无梁池盖的柱高应从池底上表面算至池盖下表面，柱帽和柱座应并入柱体积内。肋形池盖应包括主、次梁体积；球形池盖应以池壁顶面为界，边侧梁应并入球形池盖体积内。

②贮仓工程内容：混凝土制作、运输、浇筑、振捣、养护。

贮仓工程量，按不同类型，高度，混凝土强度等级，混凝土拌和料要求，以贮仓的混凝土体积计算，计量单位：m^3。

贮仓的混凝土体积中，不扣除构件内钢筋、预埋铁件及单个面积 $0.3m^2$ 以内的孔洞所占体积。

贮仓的立壁、漏斗应分别计算工程量。立壁与漏斗应以相互交点水平线为界，立壁上圈梁应并入漏斗体积内。

③水塔工程内容：混凝土制作、运输、浇筑、振捣、养护、预制倒圆锥形罐壳、组装、提升、就位，砂浆制作、运输，接头灌缝、养护。

水塔工程量，按不同类型，支筒高度，水箱容积，倒圆锥形罐壳厚度、直径，混凝土强度等级，混凝土拌和料要求，砂浆强度等级，以水塔的混凝土体积计算。计量单位：m^3。

水塔的混凝土体积中，不扣除构件内钢筋、预埋件及单个面积 $0.3m^2$ 以内的孔洞所占体积。

水塔的基础、塔身、水箱应分别计算工程量。

基础与塔身的划分，筒式塔身应以筒座上表面或基础底板上表面为界；柱式（框架式）塔身应以柱脚与基础底板或梁顶为界。以上为塔身，以下为基础。

塔身与水箱的划分，应以箱底相连接的圈梁下表面为界，以上为水箱，以下为塔身。

与基础板连接的梁应并入基础体积内。依附于塔身的过梁、雨篷、挑檐等应并入塔身体积内。柱式塔身的柱、梁体积合并计算。依附于水箱的柱、梁应并入水箱壁体积内。

④烟囱工程内容：混凝土制作、运输、浇筑、振捣、养护。

烟囱工程量，按不同高度，混凝土强度等级，混凝土拌和料要求，以烟囱的混凝土体积计算。计量单位：m^3。

烟囱的混凝土体积中，不扣除构件内钢筋、预埋铁件及单个面积 $0.3m^2$ 以内的孔洞所占体积。

烟囱的基础、筒身应分别计算工程量。基础与筒身应以基础底板顶面为界，以上为筒身，以下为基础。

(2) 计算公式

〈基础定额工程量计算公式〉

①带形基础

a. 外墙基础体积 = 外墙基础中心线长度 × 基础断面面积。

b. 内墙基础体积 = 内墙基础底净长度 × 基础断面积 + T 形搭接头体积，其中 T 形接头搭接部分如图 7-94 和图 7-95 所示。

每个阶梯形搭接头体积 = 各阶接头体积之和。

T 形接头搭接部分体积计算如下：

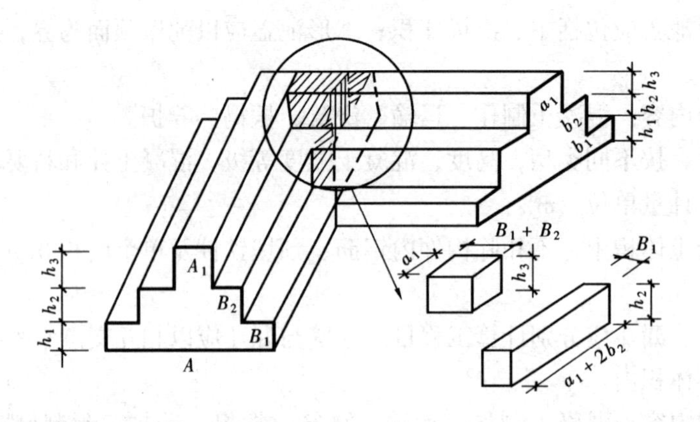

图 7-94　基础搭接头一

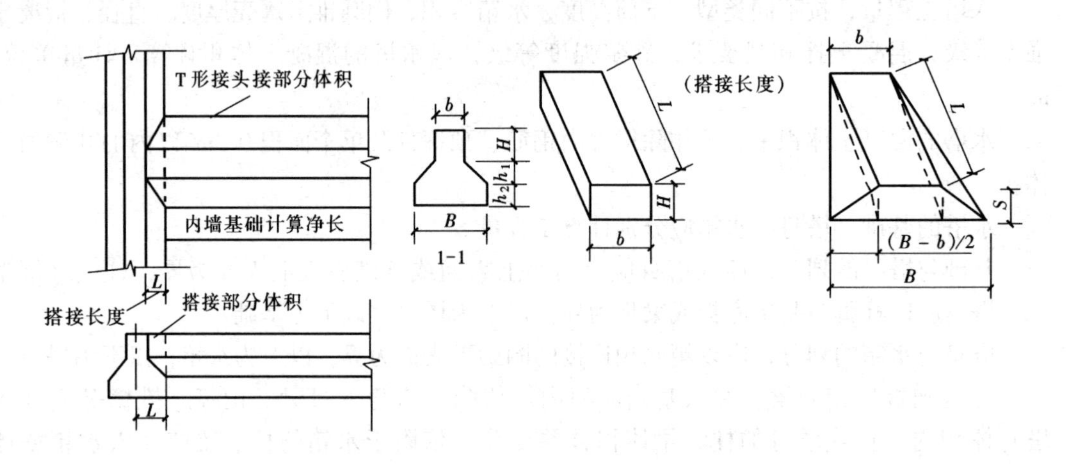

图 7-95　基础搭接头二

$$V_1 = LbH$$

$$V_2 = L \times \left[\frac{bh_1}{2} + 2\left(\frac{B - b}{2} \times \frac{h_1}{2} \times \frac{1}{3} \right) \right] = Lh_1\left(\frac{2b + B}{6} \right)$$

②独立基础

a. 矩形基础:

$$V = 长 \times 宽 \times 高$$

b. 阶梯形基础（见图 7-96）:

$$V = \Sigma 各阶（长 \times 宽 \times 高）$$

c. 锥形基础（见图 7-97）:

$$V = ABh_1 + \frac{h - h_1}{6}[AB + (A + a)(B + b) + ab]$$

③杯形基础（见图 7-98）:

V = 下部立方体 + 中部棱台体 + 上部立方体 − 杯口空心棱台体

④柱

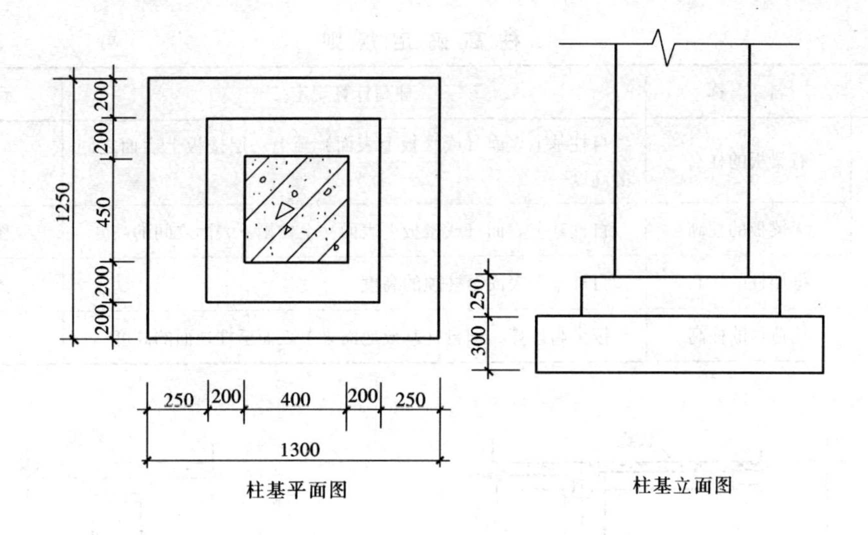

图 7-96　柱基示意图

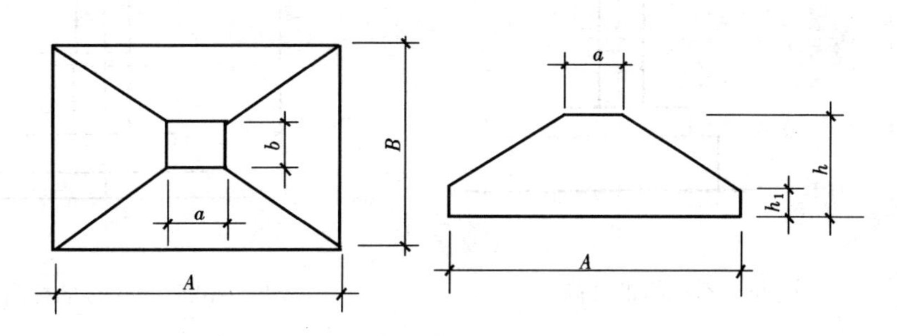

图 7-97　锥形独立基础

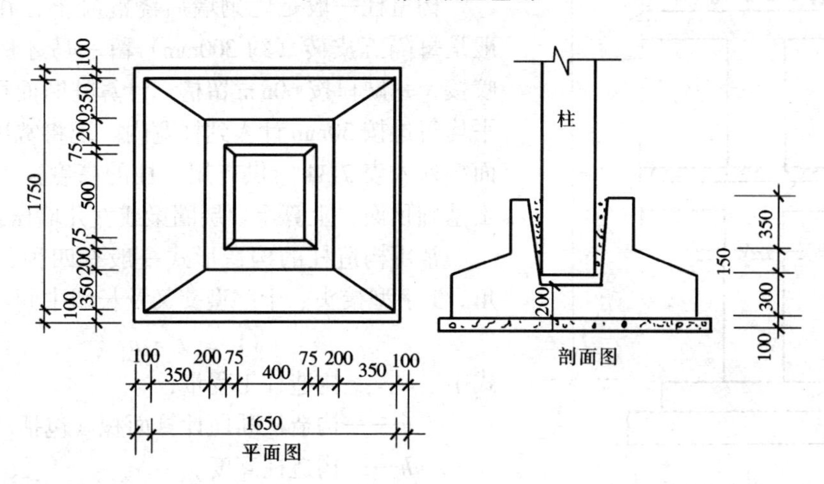

图 7-98　杯形基础

$$V = F \cdot h$$

式中　V——混凝土柱的工程量；

F——柱的断面面积；

h——柱的高度（见表 7-33）。

柱高确定规则 **表 7-33**

序号	名　　称	柱高计算规定	示　　图
1	有梁板的柱高	自柱基上表面（或楼板上表面）至上一层楼板上表面之间的高度	图 7-99
2	无梁板的柱高	自柱基上表面（或楼板上表面）至柱帽下表面之间的高度	图 7-100
3	框架柱的柱高	自柱基上表面至柱顶的高度	图 7-101
4	构造柱的柱高	按全高计算，即自柱基或地面梁上表面至柱顶面的高度	

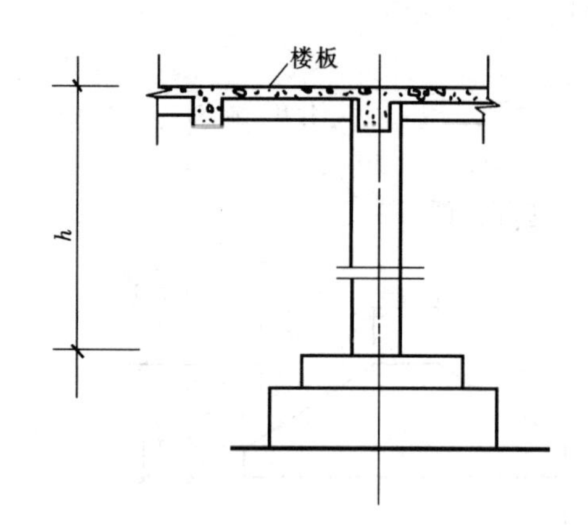

图 7-99　有梁板的柱高

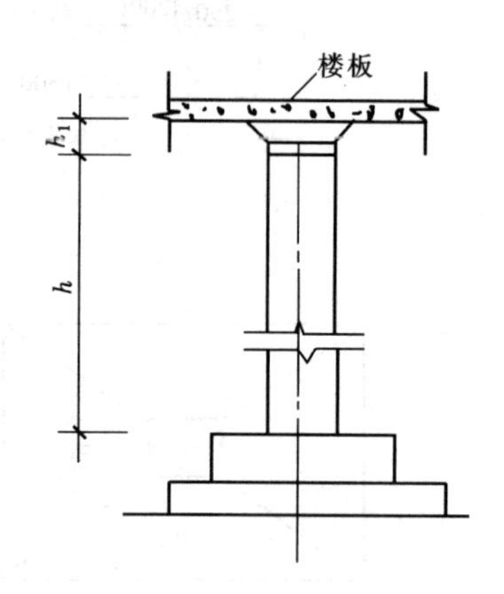

图 7-100　无梁板的柱高

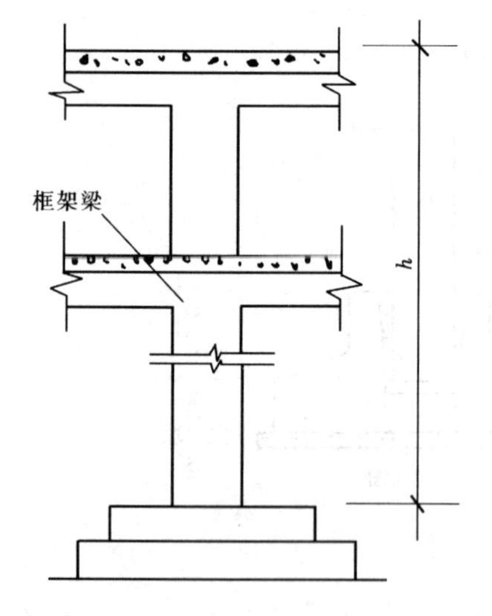

图 7-101　框架柱的柱高

⑤构造柱

构造柱一般是先砌墙后浇混凝土，在砌墙时一般是每隔五皮砖（约 300mm）留一马牙槎缺口以便咬接，每缺口按 60mm 留槎。计算柱断面积时，槎口平均每边按 30mm 计入到柱宽内。现将常用构造柱断面积列入表 7-34 内供查用。柱的高度：下算至混凝土基础顶面，上算至顶层圈梁或女儿墙压顶下口。

常用构造柱的构造形式一般有四种，即 L 型拐角、T 字型接头、十字型交叉及长墙中间“一字型”。

$$V = F \cdot h$$

式中　V——构造柱工程量；

F——构造柱断面计算面积（包括马牙部分）；

h——构造柱高度。

上式中：

$$F = \text{构造柱断面面积} + \text{马牙部分面积} = d_1 d_2 + 0.03 n_1 d_1 + 0.03 n_2 d_2$$

式中　d_1，d_2——构造柱断面两个边长；

n_1，n_2——相应于 d_1，d_2 方向上的咬接边数（0 或 1 或 2）。

以 $d_1 \times d_2 = 0.24 \times 0.24$ 构造柱为例，计算结果见表 7-35。

构造柱断面积表 表 7-34

构造柱的平面形式	构造柱计算断面积 $d_1 \times d_2$ (m^2)			
	0.24×0.24	0.24×0.365	0.365×0.24	0.365×0.365
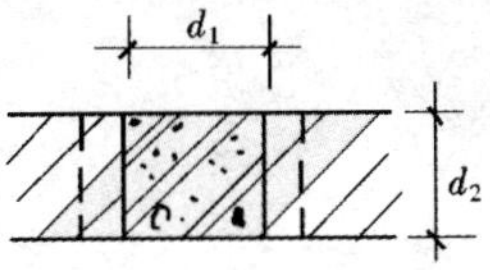	0.072	0.1095	0.1020	0.1551
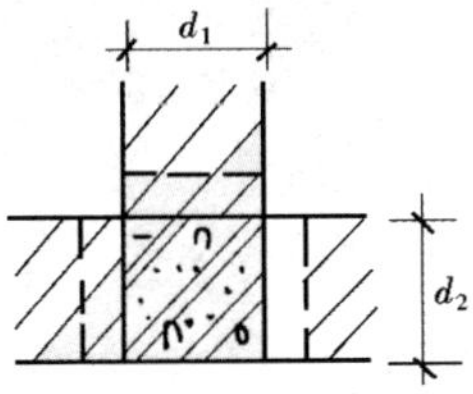	0.0792	0.1167	0.1130	0.1661
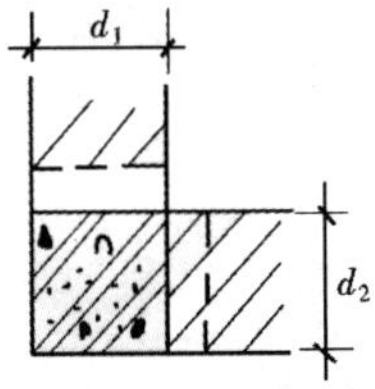	0.072	0.1058	0.1058	0.1551
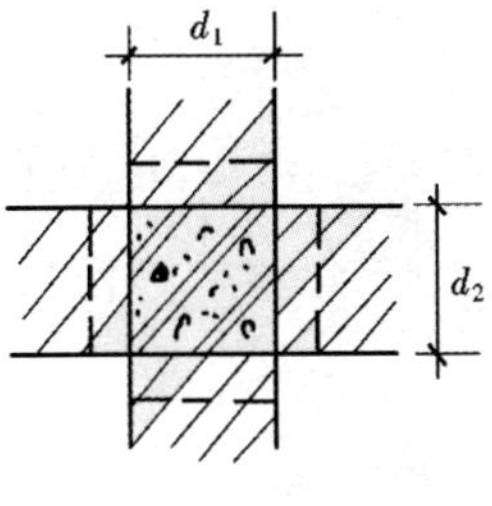	0.0864	0.1239	0.1239	0.1770

构造柱工程量计算表 表 7-35

柱构造形式	咬 接 边 数		柱断面 (m^2)	计算断面积 (m^2)	工 程 量 (m^3，柱高 h)
	n_1	n_2			
一　　型	0	2	0.24×0.24	0.072	$0.072h$
T　　型	1	2		0.0792	$0.0792h$
L　　型	1	1		0.072	$0.072h$
十　　型	2	2		0.0864	$0.0864h$

⑥梁

a. 一般梁的计算公式（梁头有现浇梁垫者，其体积并入梁内计算）

$$V = Lhb$$

式中　V——梁体积（m^3）；

h——梁高（m）；

b——梁宽（m）；

L——梁长（m）。

b. 异形梁（L、T、十字型等梁）

$$V = L \cdot F$$

式中　V——异形梁体积（m^3）；

L——梁长（m）；

F——异形梁截面积（m^2）。

c. 圈梁

$$圈梁体积\ V = 圈梁长 \times 圈梁高 \times 圈梁宽$$

d. 基础梁

$$V = L \times 基础梁断面积$$

式中　V——基础梁体积（m^3）；

L——基础梁长度（m）。

⑦板

a. 有梁板（肋形板、密肋板、井字楼板）

$$V = V_{主梁} + V_{次梁} + V_{板}$$

式中　V——梁、板体积总和（m^3）；

$V_{主梁}$——主梁体积（m^3）；

$V_{次梁}$——次梁体积（m^3）；

$V_{板}$——楼盖板的体积（m^3）。

b. 无梁板（直接用柱支撑的板）

$$V = V_{板} + V_{柱帽}$$

式中　V——无梁板体积总和（m^3）；

$V_{板}$——楼盖板的体积（m^3）；

$V_{柱帽}$——柱帽体积（m^3）。

⑧墙

现浇钢筋混凝土墙（间壁墙、电梯井壁、挡土墙，地下室墙）

$$V = L \cdot H \cdot d$$

式中　V——现浇钢筋混凝土墙体积（m^3）；

L——墙的长度（m）；

H——墙高（m）；

d——墙厚（m）。

〈工程量清单工程量计算公式〉

计算公式同基础定额工程量计算公式。

（3）计算举例

【例 42】　如图 7-102 所示，按断面 1-1 所示 3 种情况计算带形基础工程量。

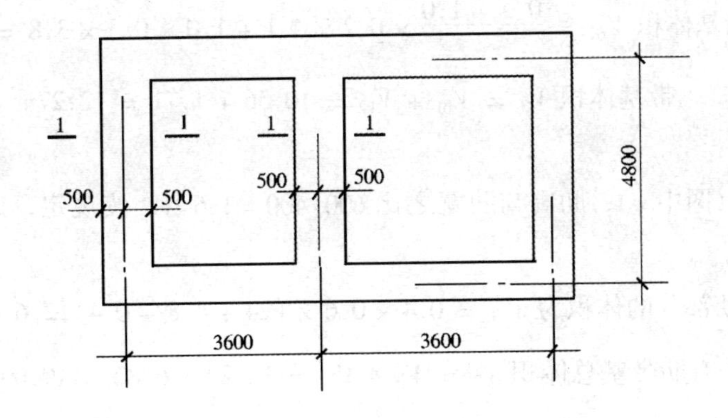

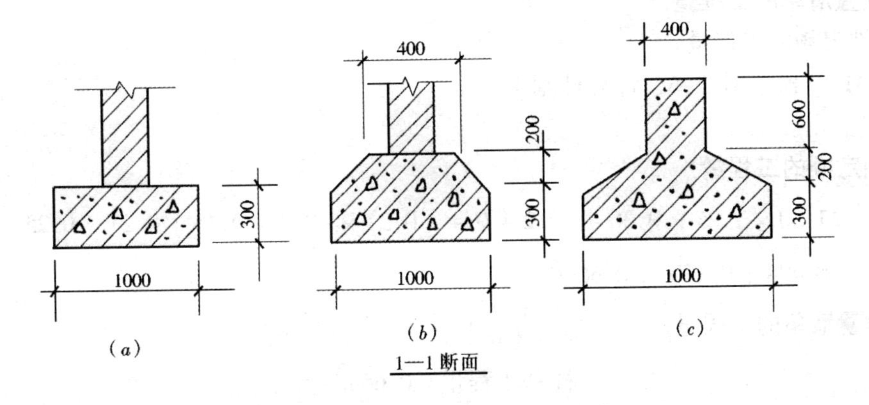

图 7-102

【解】

〈基础定额的工程量〉

情况①：

矩形断面（图中 a）

外墙基长：

$$(7.2+4.8)\times 2=24\text{m}$$

内墙基长：

$$(4.8-1.0)=3.8\text{m}$$

带基体积：

$$V_1 = 1.0\times 0.3\times(24+3.8) = 8.34\text{m}^3$$

情况②：

锥形断面（图中 b）

$$\text{外墙基体积 } V_{b1} = \left(1.0\times 0.3+\frac{0.4+1.0}{2}\times 0.2\right)\times 24 = 10.56\text{m}^3$$

内墙基长：其断面部分的宽取梯形中线长，即$\frac{0.4+1.0}{2}=0.7\text{m}$。

则锥形部分长为：

$$(4.8-0.7) = 4.1\text{m}$$

$$内墙基体积\ V_{b2} = \frac{0.4 + 1.0}{2} \times 0.2 \times 4.1 + 1.0 \times 0.3 \times 3.8 = 1.72m^3$$

$$带基体积\ V_2 = V_{b1} + V_{b2} = 10.56 + 1.71 = 12.27m^3$$

情况③:

有肋带基（图中 c），肋高与肋宽之比 600∶400 = 1.5∶1，按规定，此带基按有肋带基计算。

$$肋部分的体积为\ V_{c1} = 0.4 \times 0.6 \times (24 + 4.8 - 0.4) = 6.82m^3$$

$$有肋带基总体积\ V_3 = V_2 + V_{c1} = 12.27 + 6.82 = 19.09m^3$$

〈工程量清单的工程量〉

同基础定额的工程量。

【例 43】 根据图 7-96，计算柱基工程量。

【解】

〈基础定额的工程量〉

$$V = 1.30 \times 1.25 \times 0.30 + (0.2 + 0.4 + 0.2) \times (0.2 + 0.45 + 0.2) \times 0.25$$
$$= 0.488 + 0.170 \approx 0.66m^3$$

〈工程量清单的工程量〉

$$柱基工程量 = 0.66m^3$$

【例 44】 根据图 7-98，计算现浇钢筋混凝土杯形基础工程量。

【解】

〈基础定额的工程量〉

$$V = 1.65 \times 1.75 \times 0.30 + \frac{1}{3} \times 0.15 \times (1.65 \times 1.75 + 0.95 \times 1.05 + \sqrt{(1.65 \times 1.75) \times (0.95 \times 1.05)}) + 0.95 \times 1.05 \times 0.35 - \frac{1}{3} \times (0.8 - 0.2) \times (0.4 \times 0.5 + 0.55 \times 0.65 + \sqrt{(0.4 \times 0.5) \times (0.55 \times 0.65)})$$
$$= 0.866 + 0.279 + 0.349 - 0.165 \approx 1.33m^3$$

〈工程量清单的工程量〉

$$杯形基础工程量 = 1.33m^3$$

【例 45】 如图 7-103 所示及下列数据，计算构造柱工程量。

90°转角型：墙厚 240，柱高 12.0m

T 形接头：墙厚 240，柱高 15.0m

十字形接头：墙厚 365，柱高 18.0m

一字形：墙厚 240，柱高 9.5m

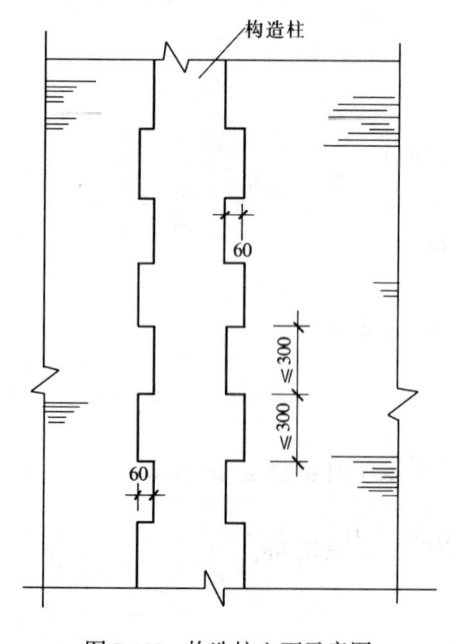

图 7-103 构造柱立面示意图

【解】

〈基础定额的工程量〉

①90°转角

$$V = 12.0 \times (0.24 \times 0.24 + 0.03 \times 0.24 \times 2) = 0.864\text{m}^3$$

②T形

$$V = 15.0 \times (0.24 \times 0.24 + 0.03 \times 0.24 \times 3) = 1.188\text{m}^3$$

③十字形

$$V = 18.0 \times (0.365 \times 0.365 + 0.03 \times 0.365 \times 4) \approx 3.186\text{m}^3$$

④一字形

$$V = 9.5 \times (0.24 \times 0.24 + 0.03 \times 0.24 \times 2) = 0.684\text{m}^3$$

小计：$0.864 + 1.188 + 3.186 + 0.684 \approx 5.92\text{m}^3$

〈工程量清单的工程量〉

工程量 = 5.92m^3

【例 46】 如图 7-104 所示，圈梁断面为 240×240，墙上均设圈梁，门窗洞口处为圈梁代过梁，计算过梁和圈梁工程量。

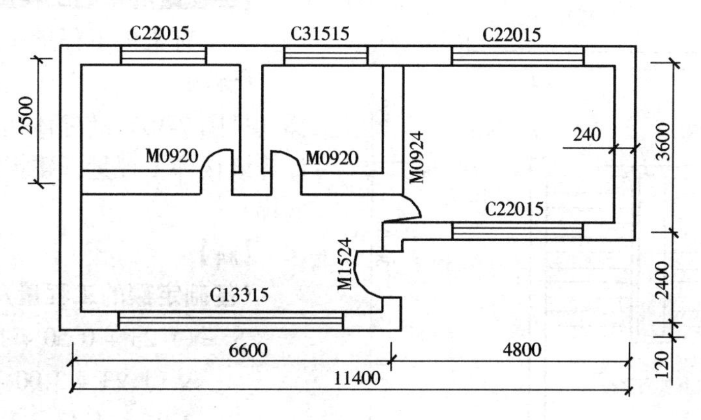

图 7-104

【解】

〈基础定额的工程量〉

$$\text{圈梁代过梁} = [(3.3 + 0.5) + (2.0 + 0.5) \times 3 + (1.5 + 0.5) + (0.9 + 0.5) \times 3 + (1.5 + 0.5)] \times 0.24 \times 0.24$$

$$= (3.8 + 7.5 + 2 + 4.2 + 2) \times 0.24 \times 0.24 = 1.1232 \approx 1.12\text{m}^3$$

$$\text{圈梁工程量} = 0.24 \times 0.24 \times [(11.4 + 6.0) \times 2 + 6.6 + 3.6 + 2.5 - 0.24 \times 3] - 1.123$$

$$= 0.24 \times 0.24 \times (34.8 + 11.98) - 1.123 \approx 1.57\text{m}^3$$

〈工程量清单的工程量〉

过梁工程量 = 1.12m^3

圈梁工程量 = 1.57m^3

【例 47】 如钢筋工程中【例 46】图 7-93 所示，计算现浇钢筋混凝土板工程量。

【解】

〈基础定额的工程量〉

由图可见，该钢筋混凝土板为有梁板，分别计算板和肋梁的工程量。

1. 板　平面尺寸为（2.5+0.24）（3.06-0.24），板厚80mm，则

$$V_1 = 2.74 \times 2.82 \times 0.08 \approx 0.618\text{m}^3$$

2. 梁

1-1断面处梁，2根

$$V_2 = (0.24^2 - 0.12^2) \times (2.5 + 0.24) \times 2 \approx 0.237\text{m}^3$$

2-2断面处梁，梁高0.16m，梁长(3.06-0.24)=2.82m

$$V_3 = 0.16 \times 2.82 \times 0.24 \approx 0.108\text{m}^3$$

2′-2′断面处梁，梁高0.16m，梁长2.5m

$$V_4 = 0.16 \times 2.5 \times 0.12 = 0.048\text{m}^3$$

3. 该有梁板的混凝土工程量

$$V = 0.618 + 0.237 + 0.108 + 0.048 \approx 1.01\text{m}^3$$

〈工程量清单的工程量〉

有梁板工程量 = 1.01m^3

【例48】　某工程现浇钢筋混凝土楼梯（见图7-105）包括休息平台至平台梁，计算该楼梯工程量（建筑物4层，共3层楼梯）。

【解】

〈基础定额的工程量〉

$$\begin{aligned} S &= (1.23 + 0.50 + 1.23) \\ &\quad \times (1.23 + 3.00 + 0.20) \times 3 \\ &= 2.96 \times 4.43 \times 3 \\ &= 13.113 \times 3 \approx 39.34\text{m}^2 \end{aligned}$$

〈工程量清单的工程量〉

楼梯工程量 = 39.34m^2

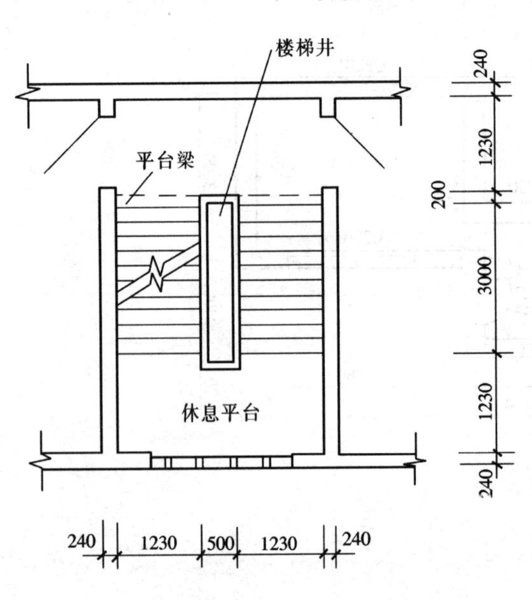

图7-105　楼梯平面图

【例49】　根据图7-106计算6根预制工字形柱的工程量。

【解】

〈基础定额的工程量〉

V =（上柱体积 + 牛腿部分体积 + 下柱外形体积 - 工字形槽口体积）× 根数

$$\begin{aligned} &= \left\{(0.40 \times 0.40 \times 2.40) + \left[0.40 \times (1.0 + 0.80) \times \frac{1}{2} \times 0.20 + 0.40 \times 1.0 \times 0.40\right]\right. \\ &\quad \left. + (10.8 \times 0.80 \times 0.40) - \frac{1}{2} \times (8.5 \times 0.50 + 8.45 \times 0.45) \times 0.15 \times 2\right\} \times 6 \\ &= (0.384 + 0.232 + 3.456 - 1.208) \times 6 \\ &= 2.864 \times 6 \approx 17.18\text{m}^3 \end{aligned}$$

〈工程量清单的工程量〉

工字形柱工程量 = 17.18m^3

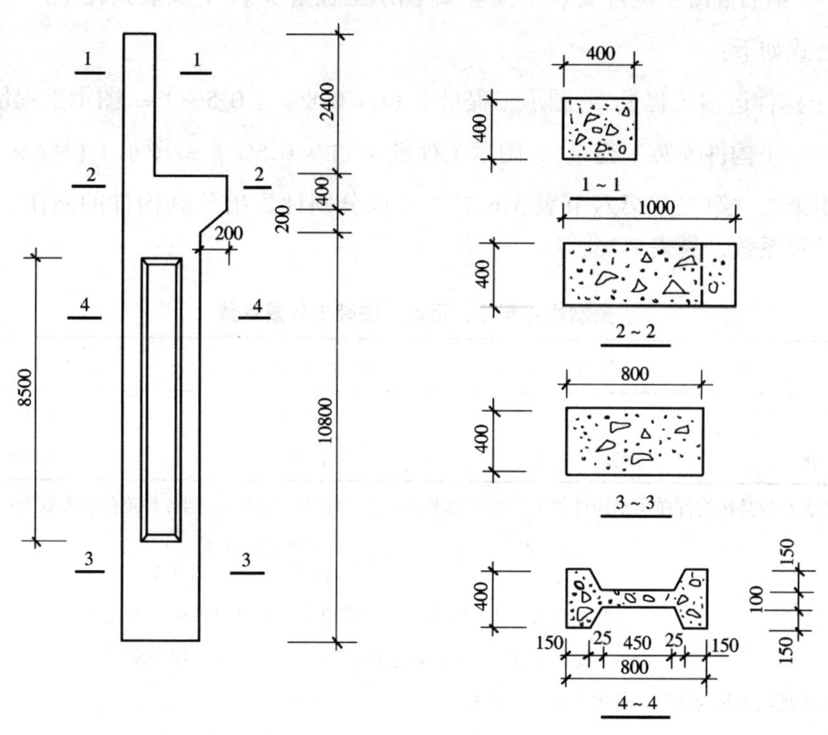

图 7-106　预制工字形柱

第九节　构件运输及安装工程量计算

一、构件运输及安装工程基础定额说明（见附录一）

二、基础定额构件运输及安装工程量计算规则（见附录二）

三、工程量清单构件运输及安装工程量计算规则

构件运输及安装的工程内容已包括在工程量清单中相应的分部分项工程项目中，不需单独计算。所以，这里只介绍基础定额的构件运输及安装工程量计算。

四、构件运输及安装工程量计算

（一）分部工程主要内容

1. 构件运输

2. 预制混凝土构件安装

3. 金属结构构件安装

（二）主要分项工程量计算方法

1. 预制混凝土构件的运输及安装

(1) 计算规定

见“规则”第 1、2、3、4 条。

(2) 计算公式

钢筋混凝土构件运输工程量 = 图示工程量 ×（1 + 运输堆放损耗率 + 安装损耗率）

钢筋混凝土构件安装工程量 = 图示工程量 ×（1 + 安装损耗率）

推导公式如下：

钢筋混凝土构件运输工程量 = 图示工程量 ×（1 + 0.8% + 0.5%）= 图示工程量 × 1.013

钢筋混凝土构件安装工程量 = 图示工程量 ×（1 + 0.5%）= 图示工程量 × 1.005

根据附录二“第三章第六节表 3.6.2”，可以分别计算出预制构件的制作、运输、安装工程量计算系数，见表 7-36。

预制构件制作、运输、安装工程量系数 **表 7-36**

构件类别	制作工程量	运输工程量	安装（打桩）工程量
各类预制构件	1.015	1.013	1.005
预制桩	1.02	1.019	1.015

注：1. 本表系数是按构件在预制构件加工厂制作考虑的，设构件净体积为 1，则各种工程量系数为：

制作工程量系数 = 1 + 制作废品率 + 运输堆放损耗率 + 安装（打桩）损耗率

运输工程量系数 = 1 + 运输堆放损耗率 + 安装（打桩）损耗率

安装（打桩）工程量系数 = 1 + 安装（打桩）损耗率

2. 若为现场预制构件时，各种工程量系数为：

制作工程量系数 = 1 + 制作废品率 + 安装（打桩）损耗率

安装（打桩）工程量系数 = 1 + 安装（打桩）损耗率

（3）计算举例

【例 50】 某工程在预制构件加工厂预制空心板 $200m^3$，计算空心板的制作、运输、安装工程量。

【解】

$$制作工程量 = 200 \times 1.015 = 203m^3$$

$$运输工程量 = 200 \times 1.013 = 202.6m^3$$

$$安装工程量 = 200 \times 1.005 = 201m^3$$

2. 金属结构构件的运输及安装

（1）计算规定

见“规则”第 1、3、5 条。

（2）计算公式

钢构件的运输和安装工程量均按图示钢材重量以吨计算。

附属加工厂制作的铝合金门窗运输，以及外购成品铝合金、钢门窗从堆放点至施工点的水平运输，均可按 3 类金属构件项目执行。铝合金窗平均按 $25kg/m^2$、带纱窗按 $28kg/m^2$；铝合金门平均按 $32kg/m^2$、带纱门按 $35kg/m^2$ 计算。

（3）计算举例

【例 51】 某工业厂房柱间钢支撑每一副制作工程量为 90.60kg，共 80 副，运距 10km，求运输及安装工程量。

【解】

钢支撑属Ⅱ类运输构件。

$$钢支撑运输工程量 = 90.60 \times 80 \approx 7.25t$$

$$钢支撑安装工程量 = 7.25t$$

3. 木门窗的运输

(1) 计算规定

见“规则”第 1、2 条。

(2) 计算公式

木门窗的运输工程量按外框面积以平方米计算。

(3) 计算举例

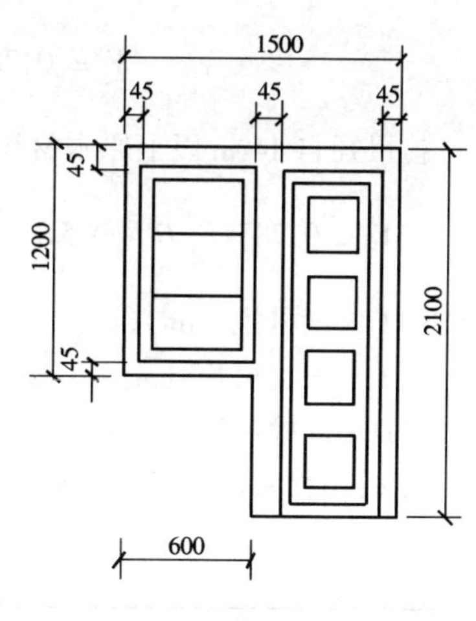

图 7-107 门连窗

【例 52】 如图 7-107 所示，门连窗系加工厂制作，共 20 樘，用汽车运输，运距 10km，计算门窗的运输工程量。

【解】

$$S = (1.2 \times 0.6 + 0.9 \times 2.1) \times 20 = 52.2m^2$$

第十节 门窗及木结构工程量计算

一、门窗及木结构工程基础定额说明（见附录一）

二、基础定额门窗及木结构工程量计算规则（见附录二）

三、工程量清单门窗及木结构工程量计算规则

工程量清单把土建工程与装饰装修工程分开，成为并列的两个清单项目，木结构工程属于前者，门窗工程属于后者，这里为了计算方便，将两者结合起来介绍。

四、门窗及木结构工程量计算

(一) 分部工程主要内容

〈基础定额分部工程主要内容〉

分部工程主要包括门窗、屋面木构造。

〈工程量清单分部工程主要内容〉

1. 厂库房大门、特种门
2. 木屋架
3. 木构件
4. 木门窗（属装饰装修工程）

(二) 计算工程量的有关资料

1. 原木材积表

圆木材积是根据尾径计算的，国家标准“GM 4814—84”规定了原木材积的计算方法和计算公式。在实际工作中，一般都采取查表的方式来确定圆木屋架的材积。

标准规定，检尺径自 4～12cm 的小径原木材积公式为：

$$V = 0.7854L(D + 0.45L + 0.2)^2 \div 10000$$

检尺径自 14cm 以上原木材积公式为：

$$V = 0.7854L[D + 0.5L + 0.005L^2 + 0.000125L(14 - L)^2(D - 10)]^2 \div 10000$$

式中 V——材积（m^3）；

L——检尺长（m）；

D——检尺径（cm）。

2. 板枋材常用规格表（见表 7-37）

板枋材常用规格表 **表 7-37**

材种		厚度（mm）	宽度（mm）													材种	
			50	60	70	80	90	100	120	150	180	210	240	270	300		
板材		10	—	—	—	—	—	—	—	—						薄板	板材
		12	—	—	—	—	—	—	—	—	—	—					
		15	—	—	—	—	—	—	—	—	—	—	—				
方材	小方	18	□	—	—	—	—	—	—	—	—	—	—				
		21	□	□	—	—	—	—	—	—	—	—	—	—		中板	
		25	□	□	□	—	—	—	—	—	—	—	—	—			
		30	□	□	□	□	—	—	—	—	—	—	—	—	—		
		35	□	□	□	□	□	□	—	—	—	—	—	—	—		
		40	□	□	□	□	□	□	—	—	—	—	—	—	—	厚板	
		45	□	□	□	□	□	□	□	—	—	—	—	—	—		
		50	□	□	□	□	□	□	□	—	—	—	—	—	—		
		55		□	□	□	□	□	□	□	—	—	—	—	—		
		60		□	□	□	□	□	□	□	—	—	—	—	—		
		65			□	□	□	□	□	□	□	—	—	—	—		
		70			□	□	□	□	□	□	□	—	—	—	—	特厚板	
		75				□	□	□	□	□	□	□	—	—	—		
	中方	80				□	□	□	□	□	□	□	—	—	—		
		85					□	□	□	□	□	□	□	—	—		
		90					□	□	□	□	□	□	□	—	—		
		100						□	□	□	□	□	□	□	—		
	大方	120							□	□	□	□	□	□	□	方材	
		150								□	□	□	□	□			
	特大方	160									□	□	□	□			
		180									□	□	□	□			
		200										□	□	□			
		220											□	□			
		240											□	□			
		250												□			
		270												□			
		300													□		

注：□方材，—板材。

3. 屋架杆件长度系数表（见表 7-38）

屋架杆件长度系数表　　　　**表 7-38**

形式	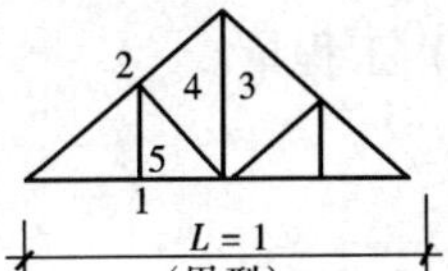 L = 1（甲型）				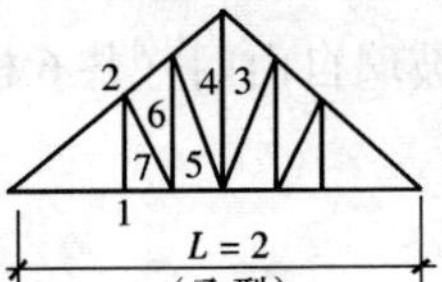 L = 2（乙型）				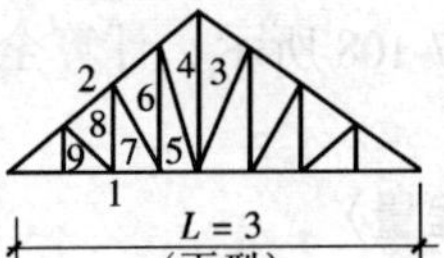 L = 3（丙型）				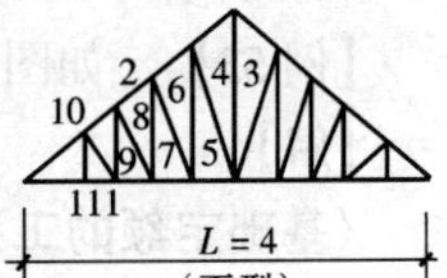 L = 4（丁型）			
坡度	1/1.732	1/2	1/2.5	1/3	1/1.732	1/2	1/2.5	1/3	1/1.732	1/2	1/2.5	1/3	1/1.732	1/2	1/2.5	1/3
杆件	30°	26°34′	21°41′	18°26′	30°	26°34′	21°41′	18°26′	30°	26°34′	21°41′	18°26′	30°	26°34′	21°41′	18°26′
1	1	1	1	1	1	1	1	1	1	1	1	1	1	1	1	1
2	0.577	0.559	0.539	0.527	0.577	0.559	0.539	0.527	0.577	0.559	0.539	0.527	0.577	0.559	0.539	0.527
3	0.289	0.250	0.200	0.167	0.289	0.250	0.200	0.167	0.289	0.250	0.200	0.167	0.289	0.250	0.200	0.167
4	0.289	0.280	0.270	0.264		0.236	0.213	0.200	0.250	0.225	0.195	0.177	0.252	0.224	0.189	0.167
5	0.144	0.125	0.100	0.083	0.192	0.167	0.133	0.111	0.216	0.188	0.150	0.125	0.231	0.200	0.160	0.133
6					0.192	0.186	0.180	0.176	0.181	0.177	0.160	0.150	0.200	0.180	0.156	0.141
7					0.095	0.083	0.067	0.056	0.144	0.125	0.100	0.083	0.173	0.150	0.120	0.100
8									0.144	0.140	0.135	0.132	0.153	0.141	0.128	0.120
9									0.070	0.063	0.050	0.042	0.116	0.100	0.080	0.067
10													0.110	0.112	0.108	0.105
11													0.058	0.050	0.040	0.033

（三）主要分项工程量计算方法

1. 门、窗

(1) 计算规定

〈基础定额的计算规定〉

见“规则”第 1、3 条。

“规则”第 2 条所列的铝合金门窗、塑钢门窗等项目，已列入 2002 年 1 月 1 日施行的《全国统一建筑装饰装修工程消耗量定额》，这里不再做介绍。

〈工程量清单的计算规定〉

木质门窗工程内容：门窗制作、运输、安装，五金、玻璃安装，刷防护材料、油漆。

木质门窗工程量，按不同门窗类型，框截面尺寸，单扇面积，骨架材料种类，面层材料品种、规格、品牌、颜色，玻璃品种、厚度，五金材料品种、规格，防护材料种类，油漆品种，刷漆遍数，以木质门窗的数量计算。计量单位：樘。

(2) 计算公式

〈基础定额工程量计算公式〉

$$S = b \times h$$

式中　S——各类门、窗工程量；

b——门、窗洞口宽度；

h——门、窗洞口高度。

〈**工程量清单工程量计算公式**〉

计算公式同基础定额工程量计算公式。

(3) 计算举例

【例 53】 如图 7-108 所示，计算全玻璃自由门（共 6 樘）工程量。

【解】

〈**基础定额的工程量**〉

$$S = 1.5 \times 2.7 \times 6 = 24.30\text{m}^2$$

〈**工程量清单的工程量**〉

工程量 = 6 樘

【例 54】 如图 7-109 所示，计算门连窗（共 60 樘）工程量。

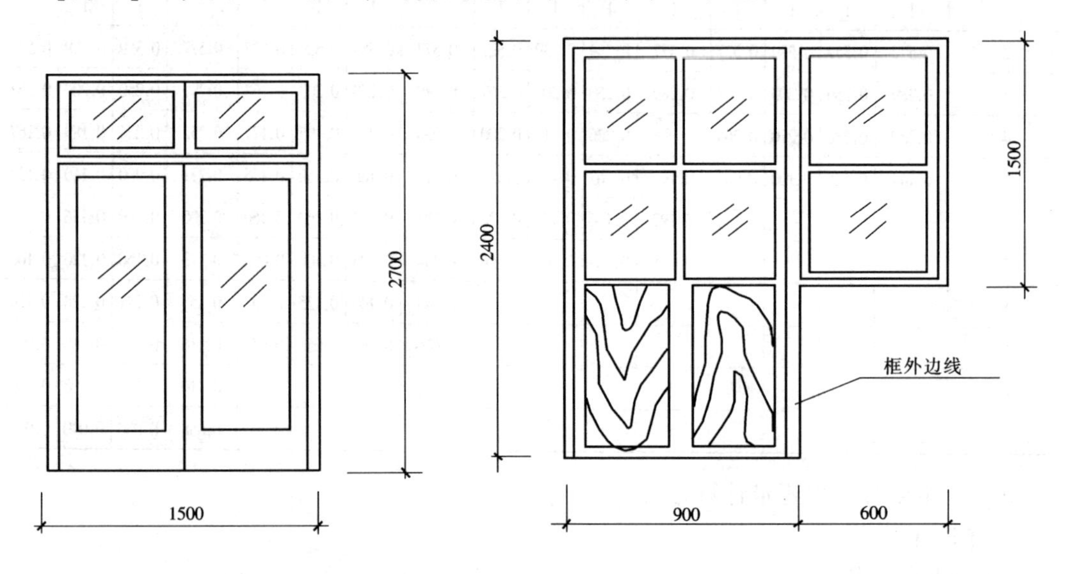

图 7-108 全玻璃自由门（洞口尺寸）

图 7-109 门连窗（洞口尺寸）

【解】

〈**基础定额的工程量**〉

$$S = (0.9 \times 2.4 + 0.6 \times 1.5) \times 60 = 183.60\text{m}^2$$

〈**工程量清单的工程量**〉

工程量 = 60 樘

【例 55】 如图 7-110 所示，计算带亮胶板门（共 80 樘）工程量。

【解】

〈**基础定额的工程量**〉

$$S = 0.7 \times 2.4 \times 80 = 134.40\text{m}^2$$

〈**工程量清单的工程量**〉

工程量 = 80 樘

【例 56】 如图 7-111 所示，计算半圆窗（共 20 樘）工程量。

【解】

〈基础定额的工程量〉

$$S = (1.2 \times 0.9 + 3.1416 \times 0.6 \times 0.6 \times 0.5) \times 20 \approx 32.91\text{m}^2$$

〈工程量清单的工程量〉

工程量 = 20 樘

2. 屋面木构造

(1) 计算规定

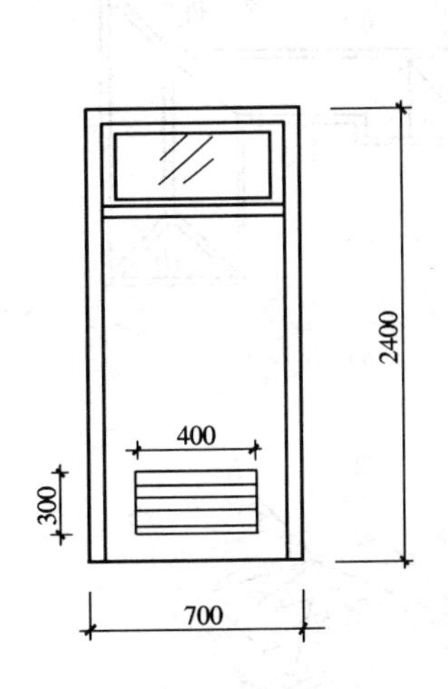

图 7-110 带亮胶合板门（洞口尺寸）

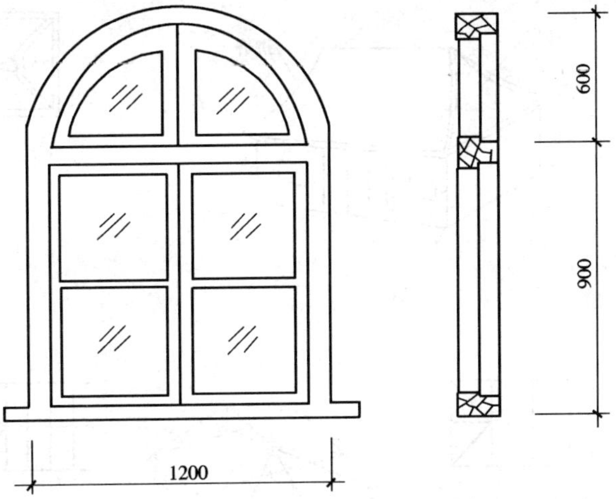

图 7-111 半圆窗（洞口尺寸）

〈基础定额的计算规定〉

见“规则”第 5、6、7、8、9 条。

〈工程量清单的计算规定〉

①木屋架工程内容：制作、运输、安装，刷防护材料、油漆。

木屋架工程量，按不同跨度，安装高度，材料品种、规格，刨光要求，防护材料种类，油漆品种、刷漆遍数，以木屋架的数量计算。计量单位：榀。

②钢木屋架工程内容及工程量计算同木屋架。

(2) 计算公式

〈基础定额工程量计算公式〉

①木屋架

$$V = \Sigma V_{杆} + \Sigma V_{檐} + \Sigma V_{半}$$

式中 V——木屋架工程量；

$V_{杆}$——屋架上弦杆、下弦杆、竖杆、斜杆的体积。其中：

$$V_{方木杆} = 杆件断面面积 \times 屋架跨度 \times 杆件长度系数$$

$$V_{圆木杆}(D \leqslant 12\text{cm}) = 0.7854L(D + 0.45L + 0.2)^2 \div 10000$$

$$V_{圆木杆}(D > 14\text{cm}) = 0.7854L[D + 0.50L + 0.005L^2 + 0.000125L(14 - L)^2 \times (D - 10)]^2 \div 10000$$

$V_{檐}$——屋架挑檐木的体积（方木 × 1.70 = 圆木）；

$V_{半}$——半屋架折合正屋架的体积。

②半屋架（马尾、折角、正交屋架）

一般坡屋面为前后两面坡水，另一种屋面作成四坡水形式，这两端坡水称为马尾，它由两个半屋架组成折角而成。此屋架体积与正屋架体积合并为一个工程量套用定额。

屋架的马尾、折角和正交部分半屋架如图 7-112 所示，在计算其体积时，不单独列项套定额，而应并入相连接屋架的体积内计算。

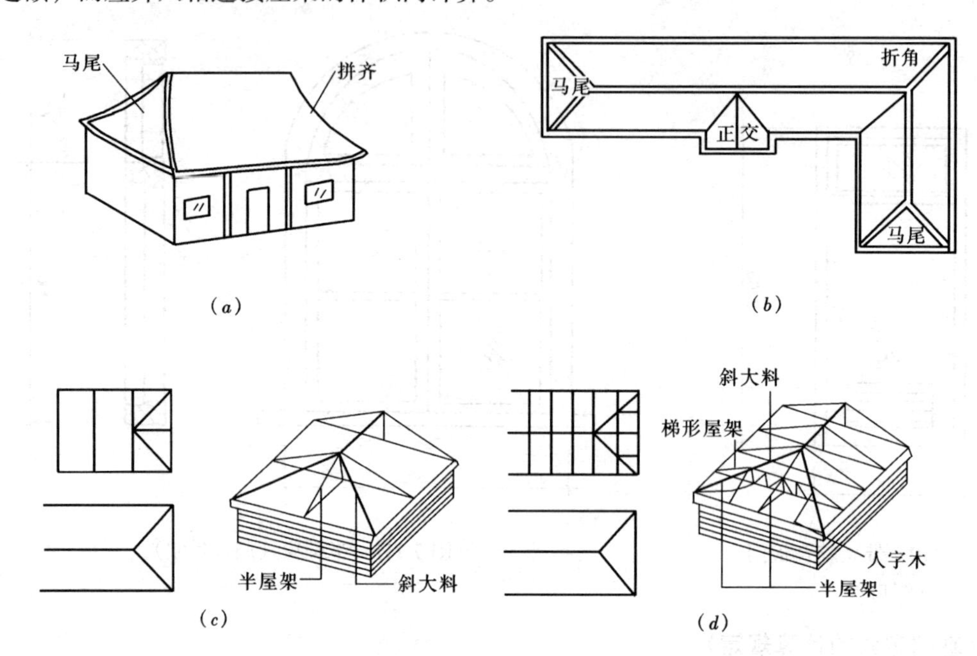

图 7-112　屋架

(a) 四坡屋顶；(b) 屋架平面图；(c)、(d) 半屋架

带气楼屋架的气楼部分及马尾、燕尾、折角、正交部分的半屋架及其与之相连接的止屋架，运用经验公式折合成正屋架的榀数后，根据正屋架的竣工木料体积计算单位工程木屋架的竣工材积。其计算公式为：

$$\begin{array}{c}\text{气楼、马尾(燕尾、折角、正交)}\\ \text{部分折合正屋架的榀数}\end{array} = \frac{\text{气楼、马尾(燕尾、折角、正交) 部分投影面积}}{\text{每榀正屋架负重投影面积}} \times 1.8$$

③钢木屋架

钢木屋架是以成型屋架的木材构件（包括各种杆件、夹板、垫木、风撑、挑檐木等）的体积计算的，定额中已综合考虑了屋架所用的铁件和用钢量，故除设计者特别要求外，不再另行计算。

④屋面木基层

$$S = S_{平} \times 延尺系数\ C$$

式中　S——屋面木基层工程量（斜面积）；

$S_{平}$——屋面水平投影面积。

⑤封檐板

$$两坡水：L = (b + 2檐宽) \times 2$$

式中　L——封檐板工程量；

b——一面墙的长度。

四坡水：$$L = L_{外} + 8_{檐宽}$$

⑥搏风板

$$L = (a + 2檐宽) \times 2 \times 延尺系数 C + 2$$

式中　L——搏风板工程量（斜长）；

a——一面山墙的长度；

2——2m，大刀头 0.5m×4。

〈工程量清单工程量计算公式〉

$$屋架工程量 = 屋架榀数$$

（3）计算举例

【例 57】　如图 7-113 所示，圆木屋架设计坡水为$\frac{1}{2}$，计算 1 榀木屋架工程量。

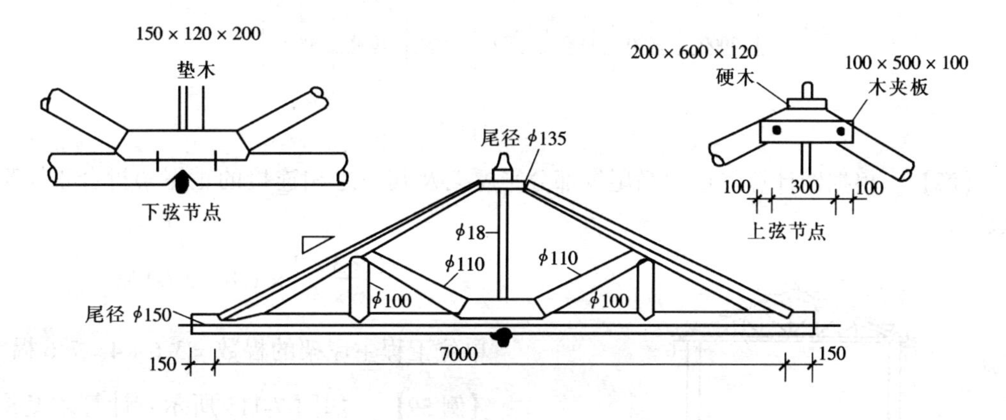

图 7-113　木屋架实例

【解】

〈基础定额的工程量〉

各杆件长度（查表）计算如下：

上弦杆　　$7 \times 0.559 = 3.913\text{m}$

下弦杆　　$7 + 0.15 \times 2 = 7.3\text{m}$

斜杆　　$7 \times 0.222 = 1.554\text{m}$

竖杆　　$7 \times 0.123 = 0.861\text{m}$

根据各杆件长查材积表。

上弦杆材积按 ϕ140，长 3.8m 查表得：

$$材积 = 0.078 \times 2 = 0.156\text{m}^3$$

下弦杆材积按 ϕ160，长 7.2m 查表得材积为 0.229m^3。

斜杆材积按 ϕ120，长 1.6m 计算：

$$一根材积 = \frac{0.7854 \times 1.6 \times (12.2 + 0.45 \times 1.6)^2}{10000} \approx 0.021\text{m}^3$$

则　　　　　　　　两根斜杆材积 $=0.021\times2=0.042\text{m}^3$

竖杆材积按 $\phi100$，长 0.8m 计算：

$$一根材积=\frac{0.7854\times0.8\times(10.2+0.45\times0.8)^2}{10000}\approx0.007\text{m}^3$$

则　　　　　　　　两根斜杆材积 $=0.007\times2=0.014\text{m}^3$

$$木屋架材积=0.156+0.229+0.042+0.014=0.441(\text{m}^3)$$

〈工程量清单的工程量〉

$$工程量=1 榀$$

【例 58】 如图 7-114 所示，计算木屋架主屋架榀数。

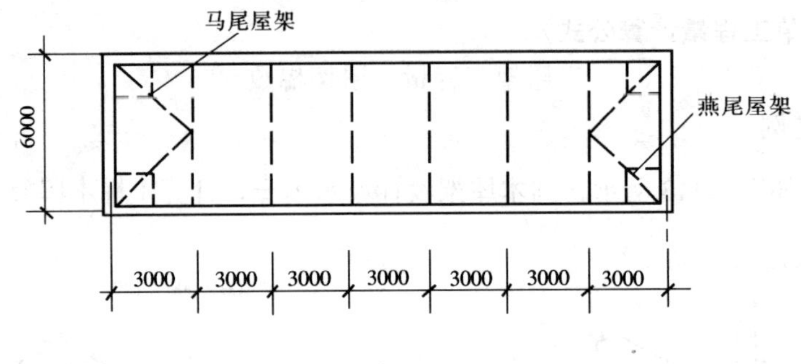

图 7-114

【解】 根据图计算气楼、马尾等部分半屋架及其与之相连接的正屋架折合正屋架的榀数为：

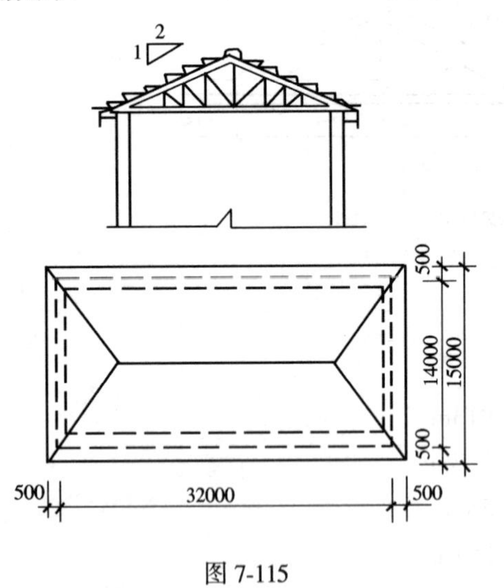

图 7-115

$$\frac{6\times3\times2}{6\times3}\times1.8=3.60 榀$$

$$单位工程主屋架的榀数=3.6+4=7.6 榀$$

【例 59】 如图 7-115 所示，计算木基层工程量。

【解】

〈基础定额的工程量〉

木基层是指檩木以上，瓦以下的结构层，完整的木基层包括椽子、望板、油毡、顺水条和挂瓦条等，工程量按屋面的斜面积计算。其工程量计算如下：

根据上述条件，查屋面坡度系数表，$c=1.118$。

木基层工程量为：

$$\begin{aligned}S&=(32.00+0.50\times2)\times(14.00+0.50\times2)\times1.118\\&=553.41\text{m}^2\end{aligned}$$

〈工程量清单的工程量〉

层面木基层的工程内容全部包括在“屋面及防水工程”中的“瓦屋面”项目中，这里不单独计算。

【例 60】 如图 7-115 所示，计算封檐板工程量。

【解】

〈基础定额的工程量〉

$$L = (32 + 14) \times 2 + 8 \times 0.5 = 96\text{m}$$

〈工程量清单的工程量〉

工程量 = 96m

【例 61】 如图 7-116 所示,设计坡水为$\frac{1}{2}$,板高 200mm,计算封檐板和搏风板工程量。

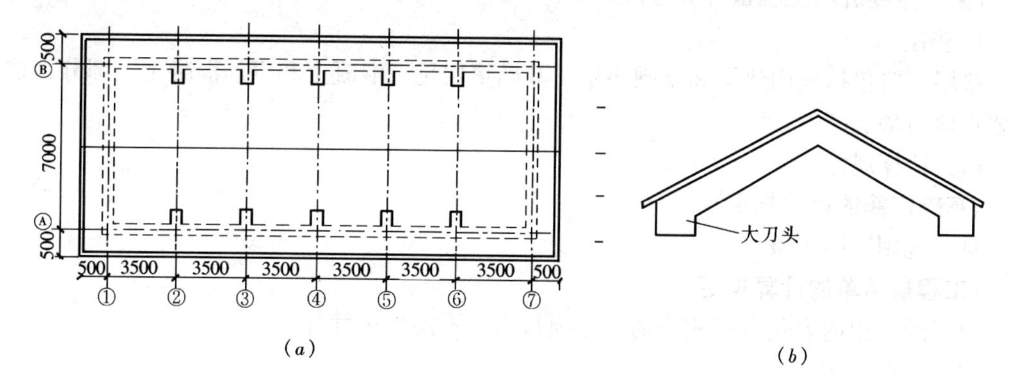

图 7-116

【解】

〈基础定额的工程量〉

封檐板工程量:

$$L = (3.5 \times 6 + 2 \times 0.5) \times 2 = 44\text{m}$$

搏风板工程量:

$$L = (7 + 2 \times 0.5) \times 2 \times 1.118 + 2 \approx 19.89\text{m}$$

合计:63.89m

〈工程量清单的工程量〉

工程量 = 63.89m

第十一节 楼地面工程量计算

一、楼地面工程基础定额说明(见附录一)

二、基础定额楼地面工程量计算规则(见附录二)

基础定额中的水磨石面层、块料面层以及栏杆、扶手等项目,已列入《全国统一建筑装饰装修工程消耗量定额》中,因此,这里不再作介绍。

三、工程量清单楼地面工程量计算规则

工程量清单把“楼地面工程”列入“装饰装修工程工程量清单项目”,为了计算方便,其工程量计算规则,在这里予以引用。

四、楼地面工程量计算

(一) 分部工程主要内容

〈基础定额分部工程主要内容〉

分部工程主要包括：垫层、结合层、面层。

〈工程量清单分部工程主要内容〉

1. 水泥砂浆楼地面

2. 水泥砂浆楼梯面

3. 水泥砂浆台阶面

（二）主要分项工程量计算方法

1. 垫层

垫层主要包括地面垫层和基础垫层，基础垫层见“混凝土和钢筋混凝土”部分，这里主要指地面垫层。

（1）计算规定

〈基础定额的计算规定〉

见“规则”第1条。

〈工程量清单的计算规定〉

垫层的工程内容包含在相应的面层项目内，不需单独计算。

（2）计算公式

〈基础定额工程量计算公式〉

$$V = F_{净} \times h$$

式中 V——地面垫层工程量；

$F_{净}$——主墙间净面积（主墙主要是指有基础的承重墙）；

h——垫层厚度。

〈工程量清单工程量计算公式〉

不单独计算

（3）计算举例

【例62】 如图7-117所示，地面垫层厚度为100mm，设计采用C10素混凝土，计算垫层工程量。

【解】

〈基础定额的工程量〉

室内主墙间净面积 $= (3.5-0.24)\times(3.5-0.24)+(4.5-0.24)\times(3.5-0.24)+(2.8-0.24)\times(4.5-0.24)+(3-0.24)\times(3.16-0.24)\times2+(1.34-0.24)\times6$

$= 58.14\text{m}^2$

室内垫层工程量 $= 58.14\times0.1\approx5.81\text{m}^3$

〈工程量清单的工程量〉

工程量不单独计算。

2. 整体面层

（1）计算规定

〈基础定额的计算规定〉

见“规则”第2条。

〈工程量清单的计算规定〉

水泥砂浆楼地面工程内容：基层清理、垫层铺设、抹找平层、防水层铺设、抹面层、材料运输。

水泥砂浆楼地面工程量，按不同垫层材料种类、厚度，找平层厚度，砂浆配合比，防水层厚度，材料种类，面层厚度、砂浆配合比，以水泥砂浆铺设楼地面的面积计算。计量单位：m^2。

水泥砂浆楼地面的面积中，应扣除凸出地面的构筑物、设备基础、室内铁道、地沟等所占地面积；不扣除隔墙和 $0.3m^2$ 以内的柱、垛、附墙烟囱及孔洞所占面积；不增加门洞、空圈、暖气包槽、壁龛的开口部分的面积。

(2) 计算公式

〈基础定额工程量计算公式〉

$$S = F_{净}$$

式中 S——整体面层工程量；

$F_{净}$——主墙间净面积。

〈工程量清单工程量计算公式〉

计算公式同基础定额工程量计算公式。

(3) 计算举例

【例 63】 如图 7-117 所示，地面为水泥砂浆面层，计算面层工程量。

【解】

〈基础定额的工程量〉

$$S = 58.14m^2 \text{（见前例）}$$

〈工程量清单的工程量〉

$$\text{工程量} = 58.14m^2$$

【例 64】 如图 7-117 所示，地面为水泥砂浆找平层，计算找平层工程量。

【解】

〈基础定额的工程量〉

$$S = 58.14m^2$$

〈工程量清单的工程量〉

找平层包括在“面层”项目内，不单独计算。

3. 楼梯面层

(1) 计算规定

〈基础定额的计算规定〉

见“规则”第 4 条。

〈工程量清单的计算规定〉

水泥砂浆楼梯面层工程内容：基层清理、抹找平层、抹面层、抹防滑条、材料运输。

水泥砂浆楼梯面层工程量，按不同找平层厚度、砂浆配合比，面层厚度、砂浆配合比，防滑条材料种类、规格，以楼梯（包括踏步、休息平台及宽度 500mm 以内的楼梯井）水平投影面积计算，计量单位：m^2。

(2) 计算公式

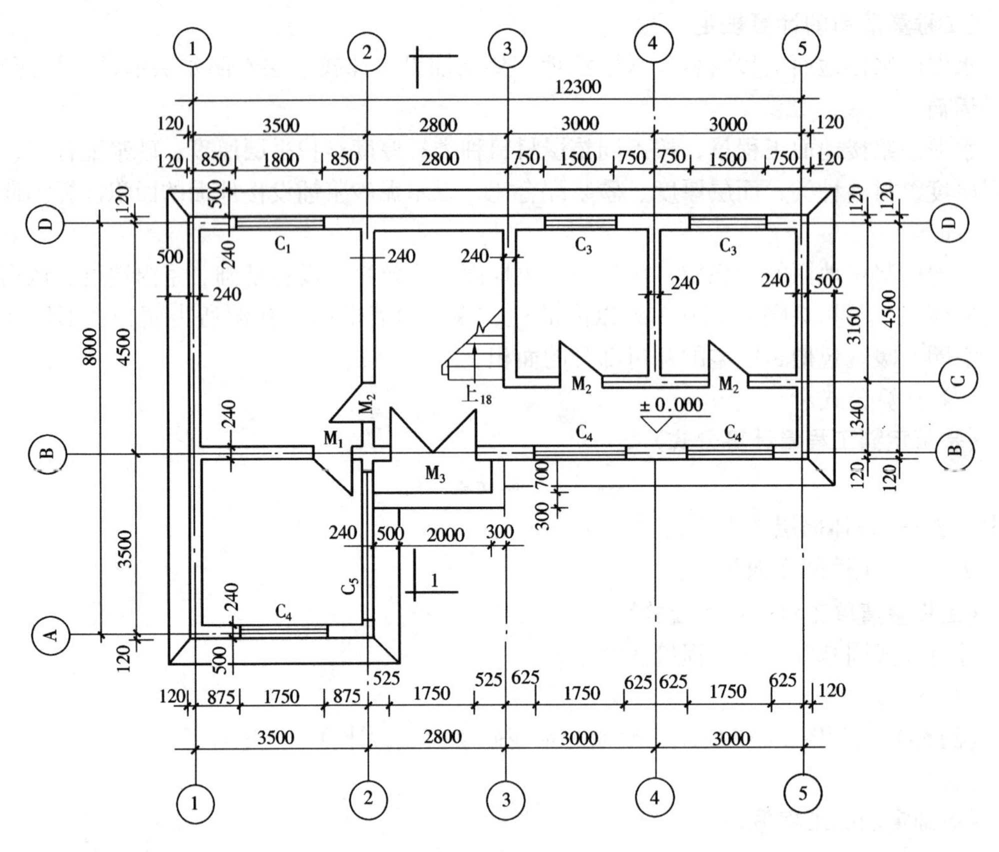

图 7-117　底层平面图

〈基础定额工程量计算公式〉

按水平投影面积计算。

〈工程量清单工程量计算公式〉

按水平投影面积计算。

(3) 计算举例

【例 65】　如图 7-118 所示，设计为水泥砂浆面层，建筑物 5 层，楼梯不通屋面，梯

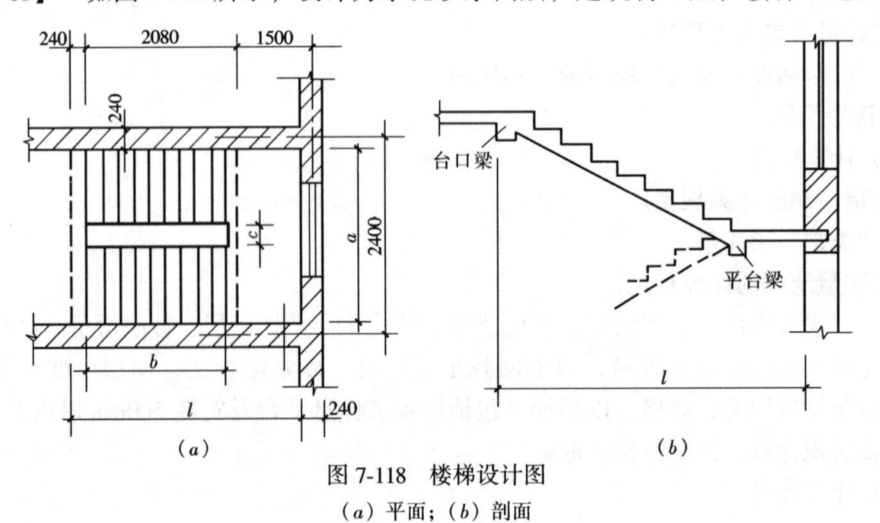

图 7-118　楼梯设计图

(a) 平面；(b) 剖面

井宽度 200mm，计算楼梯面层工程量。

【解】

〈基础定额的工程量〉

$$S_1 = (2.4 - 0.24) \times (0.24 + 2.08 + 1.5 - 0.12) \approx 7.99\text{m}^2$$

$$S_{总} = 7.99 \times (5 - 1) = 31.96\text{m}^2$$

〈工程量清单的工程量〉

$$工程量 = 31.96\text{m}^2$$

第十二节　屋面及防水工程量计算

一、屋面及防水工程基础定额说明（见附录一）

二、基础定额屋面及防水工程量计算规则（见附录二）

三、工程量清单屋面及防水工程量计算规则（见光盘中附录三）

四、屋面及防水工程量计算

（一）分部工程主要内容

〈基础定额分部工程主要内容〉

分部工程主要包括屋面、防水和变形缝。

〈工程量清单分部工程主要内容〉

1. 瓦、型材屋面

2. 屋面防水

3. 墙、地面防水、防潮

（二）工程量计算的有关规定及资料

1. 屋面坡度与屋面材料的选用

各种屋面的坡度主要与屋面的防水材料有关。例如瓦材每块面积小，互相搭接有缝，要求屋面有较大的坡度，以便迅速排除雨水。卷材接缝密封粘结，因此屋面坡度可以降低，常用的屋面材料和坡度见表 7-39 图 7-119。

屋面坡度选用表　表 7-39

屋面类型	屋 面 名 称	最小坡度
坡屋面	粘土瓦屋面	1:2.5
	波形瓦屋面	1:3
	小青瓦屋面	1:1.8
	石板瓦屋面	1:2
	构件自防水屋面	1:4
平 屋 面	油毡平屋面	1:50
	乳化沥青屋面	1:30
	刚性防水屋面	1:30
	石灰炉渣屋面	1:25
其他屋面	网架结构金属薄板屋面	1:25
	网架结构油毡屋面	1:30
	悬索结构金属薄板屋面	1:25

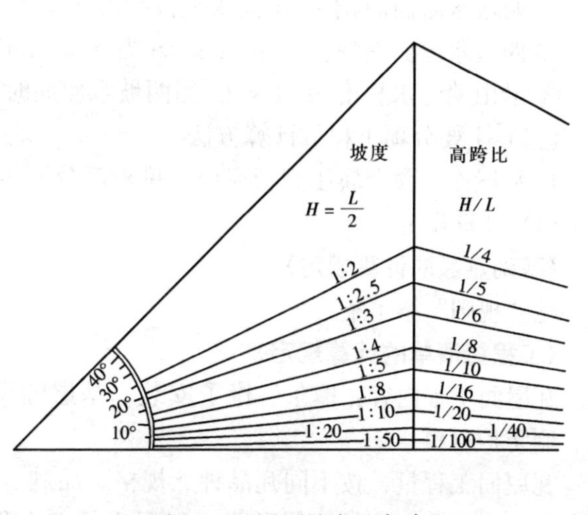

图 7-119　屋顶坡度及高跨比

2. 屋面坡度系数

(1) 屋面坡度的表示方法（见附录二）

①屋顶高与半跨之比（B/A），其比值即通称的几分水，如 $B/A=0.5$ 即五分水，$B/A=0.6$ 即六分水。

②屋顶高度与跨度之比，如图中 $B/2A$，即高跨比，如表中 $B/2A=1/4$、$B/2A=1/5$ 等。

③屋面斜面与水平面之间的夹角，即图中的 θ 角，如表中的 $\theta=26°58'$、$\theta=21°48'$。

(2) 屋面坡度用系数表示，称为屋面坡度系数

①两坡屋面的坡度系数，简称为屋面系数（延尺系数）C，计算如下：

由 $$C/A=\sec\theta$$

得 $$C=A\sec\theta$$

当 $A=1$ 时 $$C=\sec\theta$$

②四坡屋面斜脊长度系数，简称为屋脊系数（隅延尺系数）D，计算如下：

由
$$E=\sqrt{A^2+A^2}=\sqrt{2}A$$
$$D=\sqrt{B^2+E^2}$$
$$B=A\tan\theta$$

得 $$D=\sqrt{(A\tan\theta)^2+(\sqrt{2}A)^2}$$

当 $A=1$ 时 $$D=\sqrt{\tan^2\theta+2}$$

③折板屋面计算同两坡屋面（见表 7-40）

折板屋面面积计算系数表 **表 7-40**

倾　角	高跨比 H/L	坡度系数 C	倾　角	高跨比 H/L	坡度系数 C
38°	0.7813/2.00	1.27	33°	0.6532/2.06	1.192
38°	0.170/3.06	1.27	33°	0.9748/3.00	1.193

(3) 根据屋面坡度系数计算有关工程量的公式

① 两坡水屋面面积 = 屋面水平投影面积 × 延尺系数 C；

② 四坡水屋面斜脊长度 = $A\times D$(当 $S=A$ 时)；

③ 沿山墙泛水长度 = $A\times C$(当两坡水屋面时)。

(三) 主要分项工程量计算方法

1. 瓦屋面（含金属压型板屋面、挑檐部分）

(1) 计算规定

〈基础定额的计算规定〉

见“规则”第 1 条。

〈工程量清单的计算规定〉

瓦屋面工程内容：檩条、椽子安装，基层铺设，铺防水层，安顺水条和挂瓦条，安瓦，刷防护材料。

瓦屋面工程量，按不同瓦品种、规格、品牌、颜色，防水材料种类，基层材料种类，檩条种类、截面，防护材料种类，以屋面的斜面积计算。计量单位：m^2。不扣除房上烟

囱、风帽底座、风道、小气窗、斜沟等所占面积；不增加小气窗出檐部分面积。

(2) 计算公式

〈基础定额工程量计算公式〉

$$S_W = (F_t + F_c) \times C$$

式中 S_W——瓦屋面、金属压型板屋面的工程量；

F_t——瓦屋面、金属压型板屋面的水平投影面积；

F_c——与屋面重叠部分增加面积的水平投影，例如天窗出檐部分与屋面重叠的面积；

C——屋面坡度系数（或称延尺系数）。

〈工程量清单工程量计算公式〉

计算公式同基础定额工程量计算公式

(3) 计算举例

【例 66】 如图 7-120 所示，四坡水黏土瓦屋面，带小汽窗，计算屋面工程量。

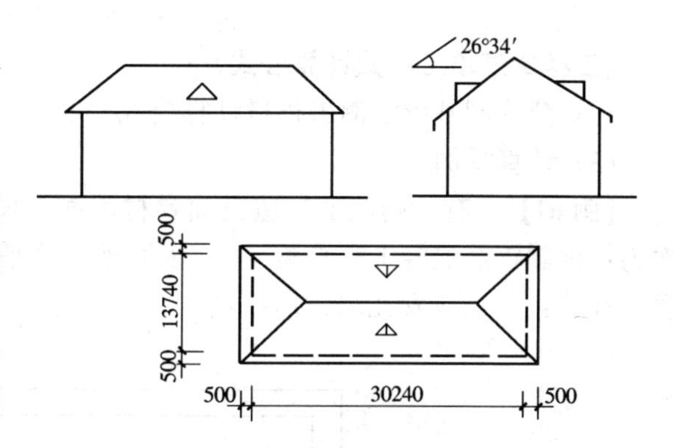

图 7-120 带屋面小气窗的四坡水屋面

【解】 屋面工程量：按图示尺寸乘屋面坡度延尺系数，屋面小气窗不扣除，与屋面重叠部分面积不增加。由系数表，$C = 1.1180$。

〈基础定额的工程量〉

$$S_W = (30.24 + 0.5 \times 2) \times (13.74 + 0.5 \times 2) \times 1.1180 \approx 514.81\text{m}^2$$

〈工程量清单的工程量〉

$$\text{工程量} = 514.81\text{m}^2$$

2. 卷材屋面

(1) 计算规定

〈基础定额的计算规定〉

见“规则”第 2 条。

〈工程量清单的计算规定〉

屋面卷材防水工程内容：基层处理、抹找平层、刷底油、铺防水卷材、接缝、嵌缝，铺保护层。

屋面卷材防水工程量，按卷材品种、规格，防水层做法，嵌缝材料种类，防护材料种类，以卷材铺设面积计算。计量单位：m^2。

卷材铺设面积计算方法：

①坡屋面按屋面斜面积计算。

②平屋面按屋面水平投影面积计算。

③屋面的女儿墙、伸缩缝和天窗等处的弯起部分面积，并入屋面卷材铺设面积内。

④不扣除房上烟囱、风帽底座、风道、屋面小气窗和斜沟所占面积。

(2) 计算公式

〈**基础定额工程量计算公式**〉

①卷材坡屋面

计算公式与瓦屋面相同，可写为：

$$S_{ju} = F_t \times C + F_{wan}$$

式中 F_{wan}——卷材弯起部分增加面积。

②卷材平屋面

一般情况下，卷材屋面多为平屋面，当卷材屋面为平屋面时，其坡度很小，常为3%左右，可视为平坦的，其 $C=1$，则：

$$S_{ju} = F_t + F_{wan}$$

〈**工程量清单工程量计算公式**〉

计算公式同基础定额工程量计算公式。

(3) 计算举例

【例67】 有一两坡水二毡三油卷材屋面，尺寸如图7-121所示。屋面防水层构造层次为：预制钢筋混凝土空心板、1:2水泥砂浆找平层、冷底子油一道、二毡三油一砂防水层。计算：①当有女儿墙，屋面坡度为1:4时的工程量；②当有女儿墙坡度为2%时的工

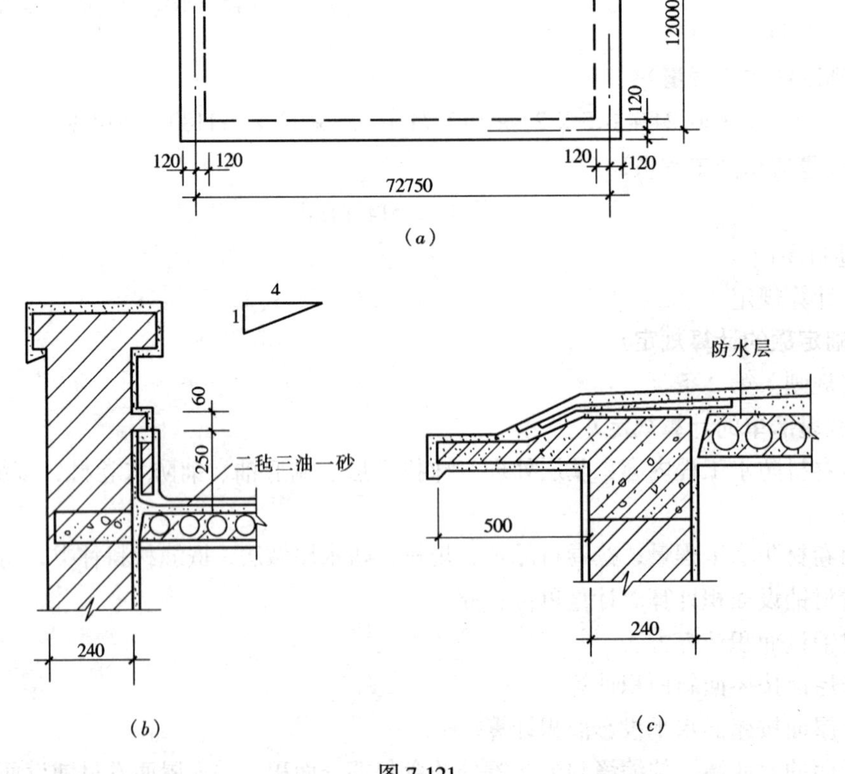

图7-121

(a) 平面；(b) 女儿墙；(c) 挑檐

程量；③当无女儿墙有挑檐，坡度为2%时的工程量。

【解】

〈基础定额的工程量〉

①卷材坡屋面（有女儿墙）：屋面坡度为1∶4时，相应的角度为14°12′，延尺系数 $C=1.0308$，按瓦屋面公式计算则：

$$S_{ju}=(72.75-0.24)\times(12-0.24)\times1.0308+0.25\times(72.75-0.24+12.0-0.24)\times2$$
$$\approx878.98+42.14=921.12m^2$$

②卷材平屋面：有女儿墙无挑檐，$i=2\%$，则：

$$S_{ju}=S_1-\text{女儿墙厚度}\times\text{女儿墙中心线长}+F_{wan}$$
$$S_{ju}=(72.75-0.24)(12-0.24)+(72.75+12-0.48)\times2\times0.25$$
$$\approx852.72+42.14=894.86m^2$$

或 $$(72.75+0.24)(12+0.24)-(72.75+12)\times2\times0.24$$
$$+(72.75+12-0.48)\times2\times0.25\approx894.85m^2$$

③卷材平屋面：无女儿墙有挑檐，$i=2\%$，则：

$$S_{ju}=S_1+(L_{外}+4\times\text{檐宽})\times\text{檐宽}$$
$$S_{ju}=(72.75+0.24)(12+0.24)+[(72.75+12+0.48)\times2+4\times0.5]\times0.5$$
$$\approx979.63(m^2)$$

④卷材平屋面：有女儿墙有挑檐，$i=2\%$，则：

$$S_{ju}=S_1+(L_{外}+4\times\text{檐宽})\times\text{檐宽}-\text{女儿墙厚度}\times\text{女儿墙中心线长}+F_{wan}$$

〈工程量清单的工程量〉

工程量计算结果同上。

3. 涂膜屋面

(1) 计算规定

〈基础定额的计算规定〉

见“规则”第3条。

〈工程量清单的计算规定〉

屋面涂膜防水工程内容：基层处理、抹找平层、涂防水膜、铺保护层。

屋面涂膜防水工程量，按不同防水膜品种，涂膜厚度、遍数，增强材料种类，嵌缝材料种类，防护材料种类，以涂膜铺设面积计算。计量单位：m^2。

涂膜铺设面积计算方法同卷材铺设面积计算方法。

(2) 计算公式

〈基础定额工程量计算公式〉

同卷材屋面。

〈工程量清单工程量计算公式〉

同卷材屋面。

(3) 计算举例（略）

4. 屋面保温层

(1) 计算规定

〈基础定额的计算规定〉

见附录二

〈工程量清单的计算规定〉

保温隔热屋面工程内容：基层清理、铺粘保温层、刷防护材料。

保温隔热屋面工程量，按不同保温隔热部位，保温隔热方式，保温隔热材料品种、规格，粘结材料种类，防护材料种类，以屋面保温隔热层铺设面积计算。计量单位：m^2。

（2）计算公式

〈基础定额工程量计算公式〉

均按设计实铺厚度以立方米计算。平屋面保温层既有保温作用也有找坡作用，所以也可以称为保温找坡层。

$$V = S_{实} \times (h + 最薄处厚度)$$

式中 V——保温层工程量；

$S_{实}$——保温层的实铺面积；

h——保温层找坡部分的平均厚度；

最薄处厚度——见图 7-122。

其中：
$$h = \frac{i \cdot A}{2}$$

式中 i——保温层找坡的坡度系数；

A——铺设保温层的屋面半跨长（坡宽）。

〈工程量清单工程量计算公式〉

屋面保温层工程量 = 屋面保温层实铺面积。

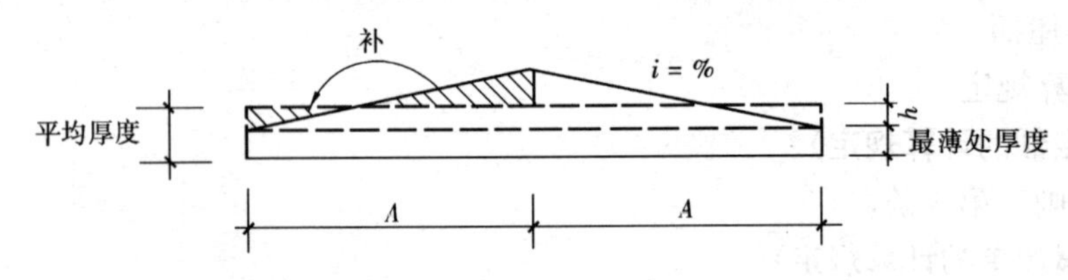

图 7-122　屋面找坡层平均厚度计算示意图

（3）计算举例

【例 68】　如图 7-123 所示，计算屋面保温层工程量。

【解】

〈基础定额的工程量〉

①计算加权平均厚

$$A 区\begin{cases}面积:15 \times 4 = 60(m^2)\\平均厚:4.0 \times 2\% \times \frac{1}{2} + 0.03 = 0.07(m)\end{cases}$$

$$B 区\begin{cases}面积:12 \times 5 = 60(m^2)\\平均厚:5.0 \times 2\% \times \frac{1}{2} + 0.03 = 0.08(m)\end{cases}$$

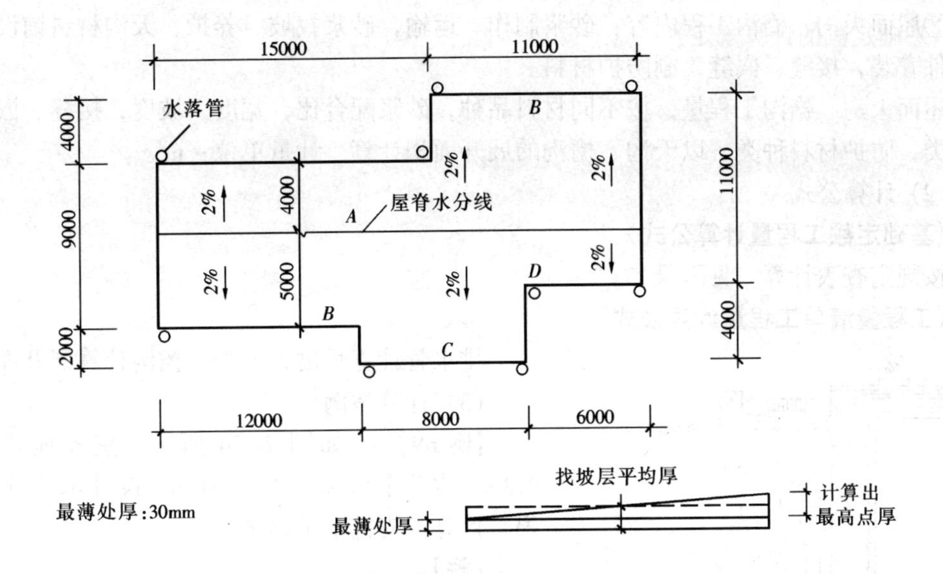

图 7-123　平屋面找坡示意图

$$C\text{ 区}\begin{cases}\text{面积}:8\times(5+2)=56(\text{m}^2)\\ \text{平均厚}:7\times 2\%\times\dfrac{1}{2}+0.03=0.10(\text{m})\end{cases}$$

$$D\text{ 区}\begin{cases}\text{面积}:6\times(5+2-4)=18(\text{m}^2)\\ \text{平均厚}:3\times 2\%\times\dfrac{1}{2}+0.03=0.06(\text{m})\end{cases}$$

$$E\text{ 区}\begin{cases}\text{面积}:11\times(4+4)=88(\text{m}^2)\\ \text{平均厚}:8\times 2\%\times\dfrac{1}{2}+0.03=0.11(\text{m})\end{cases}$$

$$\text{加权平均厚}=\frac{60\times0.07+60\times0.08+56\times0.10+18\times0.06+88\times0.11}{60+60+56+18+88}=\frac{25.36}{282}$$

$$=0.0899\approx0.09\text{m}$$

②屋面找坡层体积

$$V=\text{屋面面积}\times\text{平均厚}=282\times0.09=25.38\text{m}^3$$

〈工程量清单的工程量〉

$$\text{屋面保温层工程量}=282\text{m}^2$$

5. 屋面排水

(1) 计算规定

〈基础定额的计算规定〉

见“规则”第 4 条。

〈工程量清单的计算规定〉

①屋面排水管工程内容:排水管及配件安装、固定,雨水斗、雨水箅子安装,接缝、嵌缝。

屋面排水管工程量，按不同排水管品种、规格、品牌、颜色，接缝、嵌缝材料种类，油漆品种、刷漆遍数，以排水管的长度计算。计量单位：m。

排水管长度以檐口至设计室外散水上表面垂直距离计算。

②屋面天沟、檐沟工程内容：砂浆制作、运输，砂浆找坡、养护，天沟材料铺设，天沟配件安装，接缝、嵌缝，刷防护材料。

屋面天沟、檐沟工程量，按不同材料品种，砂浆配合比，宽度、坡度，接缝、嵌缝材料种类，防护材料种类，以天沟、檐沟的展开面积计算。计量单位：m^2。

（2）计算公式

〈基础定额工程量计算公式〉

按规定查表计算。见附录二。

〈工程量清单工程量计算公式〉

排水管计算长度，天沟、檐沟计算展开面积。

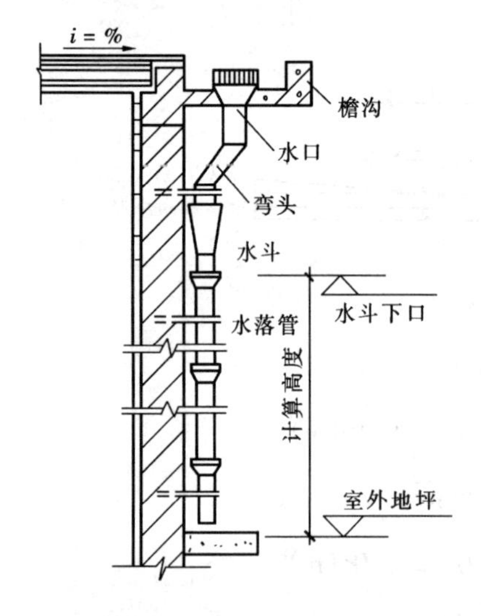

图 7-124　水落管计算示意图

（3）计算举例

【例 69】　如图 7-124 所示，室外地坪为 -0.3m，水斗下口标高为 19.60m，设计水落管共 18 根，计算铁皮排水工程量。

【解】

〈基础定额的工程量〉

（1）铁皮水落管工程量

$$0.32 \times (19.6 + 0.3) \times 18 \approx 114.62\text{m}^2$$

（2）雨水口工程量

$$0.45 \times 18 = 8.1\text{m}^2$$

（3）水斗工程量

$$0.4 \times 18 = 7.2\text{m}^2$$

（4）工程量合计

$$114.62 + 8.1 + 7.2 = 129.92\text{m}^2$$

〈工程量清单的工程量〉

$$\text{水落管工程量} = (19.6 + 0.3) \times 18 = 358.20\text{(m)}$$

（含水口、水斗等配件）

6. 防水工程

（1）计算规定

〈基础定额的计算规定〉

见“规则”第 5 条。

〈工程量清单的计算规定〉

①卷材防水工程内容：基层处理、抹找平层、刷粘结剂、铺防水卷材、铺保护层、接缝、嵌缝。

卷材防水工程量，按不同卷材品种，防水部位、防水做法，接缝、嵌缝材料种类，防护材料种类，以卷材防水的面积计算。计量单位：m^2。

地面卷材防水面积，按主墙间净空面积计算，扣除凸出地面的构筑物、设备基础等所占面积；不扣除隔墙及单个 $0.3m^2$ 以内的柱、垛、烟囱和孔洞所占面积。

墙基卷材防水面积，按防水层宽度乘以防水层长度计算。外墙基防水层长度按中心线长度计算；内墙基防水层长度按净长计算。

②涂膜防水、砂浆防水（潮）面积的计算方法同卷材防水。计量单位：m^2。

(2) 计算公式

〈基础定额工程量计算公式〉

地面防潮层：

$$S = S_{净}$$

式中 S——地面防潮层工程量；

$S_{净}$——主墙间净面积。

墙基防潮层：

$$S = (外墙厚 \times L_{中} + 内墙厚 \times L_{内})$$

〈工程量清单工程量计算公式〉

计算公式同基础定额工程量计算公式。

(3) 计算举例

【例 70】 某工程 $S_1 = 1600m^2$，$L_{中} = 800m$，$L_{内} = 600m$，地面和墙基均为防水砂浆防潮层，计算防潮层工程量（外墙 365mm，内墙 240mm）。

【解】

〈基础定额的工程量〉

地面防潮层：

$$S = 1600 - (800 \times 0.365 + 600 \times 0.24) = 1600 - 436 = 1164m^2$$

墙基防潮层：

$$S = 800 \times 0.365 + 600 \times 0.24 = 436m^2$$

〈工程量清单的工程量〉

$$地面防潮层工程量 = 1164m^2$$

$$墙基防潮层工程量 = 436m^2$$

【例 71】 如图 7-125 所示，地下室外防水，计算外防水层工程量。

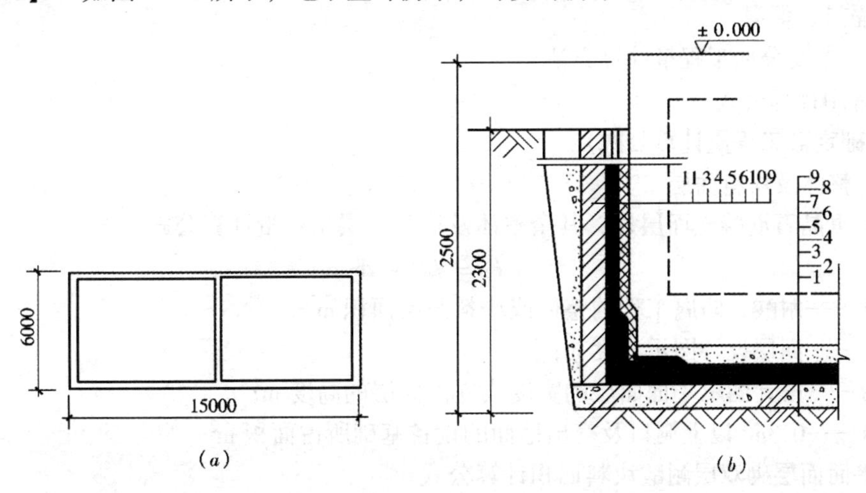

图 7-125 地下室工程平面（a）及卷材防水构造图（b）

（a）平面；（b）局部大样

1—素土夯实；2—素混凝土垫层；3—水泥砂浆找平面；4—基层处理剂；5—基层胶粘剂；6—合成高分子卷材防水层；7—油毡保护隔离层；8—细石混凝土保护层；9—钢筋混凝土结构层；10—保护层；11—永久性保护墙

【解】

〈基础定额的工程量〉

平面部分防水层：

$$S = 15 \times 6 = 90\text{m}^2$$

立面部分防水层：

$$S = (15 + 6) \times 2 \times 2.3 = 96.6\text{m}^2$$

〈工程量清单的工程量〉

平面防水层工程量 = 90m^2

立面防水层工程量 = 96.60m^2

第十三节　防腐、保温、隔热工程量计算

一、防腐、保温、隔热工程基础定额说明（见附录一）

二、基础定额防腐、保温、隔热工程量计算规则（见附录二）

三、工程量清单防腐、保温、隔热工程量计算规则（见光盘中附录三）

四、防腐、保温、隔热工程量计算

（一）分部工程主要内容

〈基础定额分部工程主要内容〉

主要为防腐工程、保温隔热工程两项内容。

〈工程量清单分部工程主要内容〉

1. 防腐面层

2. 其他防腐

3. 隔热、保温

（二）主要分项工程量计算方法

1. 常用计算公式

〈基础定额工程量计算公式〉

（1）整体及块料面层

①除重晶石混凝土面层外，其余整体及块料面层工程量计算公式

$$F = LB - A$$

式中　F——耐酸、防腐工程的整体或块料面层面积 m^2；

L——面层设计图示长度 m；

B——设计图示平面面层的宽度或立面面层的高度 m；

A——0.3m^2 以上洞口及突出地面的设备基础所占面积 m^2。

②平面面层砌双层耐酸块料面积计算公式

$$F = 2(LB - A)$$

式中　F——平面面层砌双层耐酸块料面积（m^2）。

③重晶石混凝土工程量计算公式

$$V = d(LB - A)$$

式中　V——重晶石混凝土体积 m^3；

d——重晶石混凝土厚度 m。

（2）踢脚线工程量计算公式

$$F = h(L_1 - L_2 + L_3)$$

式中　F——踢脚线工程量 m^2；

L_1——设计净长 m；

L_2——门洞口宽度合计长度 m；

L_3——侧壁合计长度 m；

h——踢脚线高度 m。

（3）保温隔热工程

①软木、泡沫塑料板、沥青谷壳包柱子工程量计算公式

$$V = Lhd$$

式中　V——软木、泡沫塑料板或沥青谷壳包柱子体积 m^3；

L——隔热材料展开中心线长度 m；

h——隔热材料高度 m；

d——隔热材料厚度 m。

②软木、泡沫塑料板铺贴吊顶工程量计算公式

$$V = LBd$$

式中　V——软木或泡沫塑料板铺贴吊顶体积 m^3；

L——图示吊顶长度 m；

B——图示吊顶宽度 m；

d——软木或泡沫塑料板的厚度 m。

③零星隔热工程

池、槽隔热：工程量应按池槽壁和底分别计算。

a. 池壁：套用隔热墙体定额，计算式如下：

$$V = Lhd$$

式中　V——池槽壁隔热体积 m^3；

L——池槽壁四周展开中心线长度 m；

h——池槽壁高度 m；

d——池槽壁隔热厚度 m。

b. 池槽底：套用隔热地坪定额，计算式如下：

$$V = LBd$$

式中　V——池槽底隔热体积 m^3；

L——池槽底长度 m；

B——池槽底宽度 m；

d——池槽底隔热厚度 m。

〈工程量清单工程量计算公式〉

本分部除了“砌筑沥青浸渍砖”项目按砌体体积以 m^3 计算外，所有防腐、保温、隔

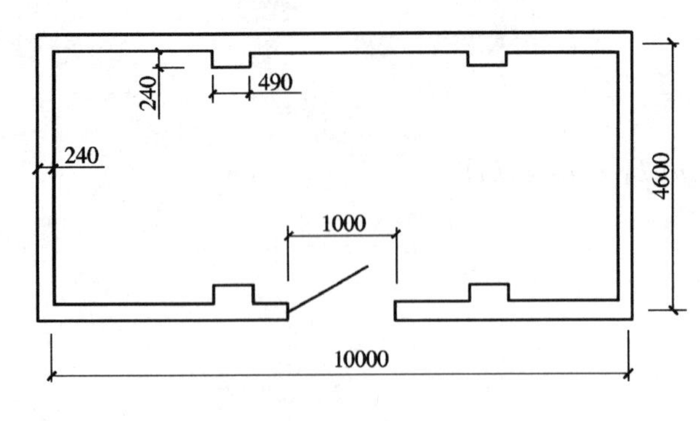

图 7-126　某工程平面图

热项目，均按铺设面积以 m^2 计算。所以其计算公式，只要将保温、隔热工程中的体积公式改为面积公式，即可通用。

2. 环氧砂浆地面面层工程量计算

防腐工程项目应区分不同防腐材料种类及其厚度，按设计实铺面积以 m^2 计算。应扣除凸出地面的构筑物、设备基础等所占的面积，砖垛等突出墙面部分，按展开面积计算并入墙面防腐工程量之内。

【例 72】 如图 7-126 所示，求环氧砂浆地面面层工程量（设计为 8mm 厚）。

【解】

〈基础定额的工程量〉

$$地面面积 = (10.0 - 0.24) \times (4.6 - 0.24) - 0.24 \times 0.49 \times 4 + 1.0 \times 0.12$$
$$= 42.55 - 0.47 + 0.12 = 42.20m^2$$

〈工程量清单的工程量〉

$$工程量 = 42.20m^2$$

3. 环氧砂浆踢脚工程量计算

踢脚板按实铺长度乘以高度以 m^2 计算，应扣除门洞所占面积并相应增加侧壁展开面积。

【例 73】 如图 7-126 所示，求环氧砂浆踢脚工程量（该工程使用环氧砂浆 20mm 厚，高为 15cm）。

【解】

〈基础定额的工程量〉

$$踢脚面积 = [(10.0 - 0.24) + (4.6 - 0.24)] \times 2 \times 0.15$$
$$+ (0.24 \times 4 \times 2 + 0.12 \times 2 - 1) \times 0.15$$
$$= 4.24 + 0.174 = 4.41m^2$$

〈工程量清单的工程量〉

$$工程量 = 4.41m^2$$

4. 花岗岩面层耐酸沥青砂浆砌铺工程量计算

【例 74】 如图 7-127 所示，求花岗岩面层耐酸沥青砂浆砌铺工程量。

【解】

〈基础定额的工程量〉

$$地面工程量 = (3.0 - 0.25) \times (1.5 - 0.25) = 2.75 \times 1.25 \approx 3.44m^2$$

〈工程量清单的工程量〉

$$工程量 = 3.44m^2$$

5. 冷库室内软木保温层工程量计算

保温隔热层应区别不同保温材料，除另有规定者外，均按设计实铺厚度以 m^3 计算，

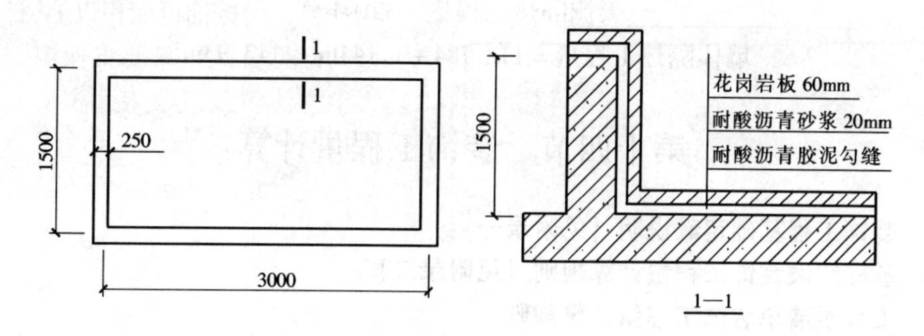

图 7-127 地面铺花岗岩示意图

保温隔热层的厚度按隔热材料（不包括胶结材料）净厚计算。

地面隔热层按围护结构墙体净面积乘以设计厚度以 m^3 计算，不扣除柱、垛所占体积。

墙体隔热层，外墙按隔热层中心线、内墙按隔热层净长乘以图示尺寸的高度及厚度以 m^3 计算，应扣除冷藏门洞口和管道穿墙洞口所占的体积。

【例 75】 如图 7-128 所示，内墙门洞口尺寸为 800×2000，求冷库室内软木保温层工程量。

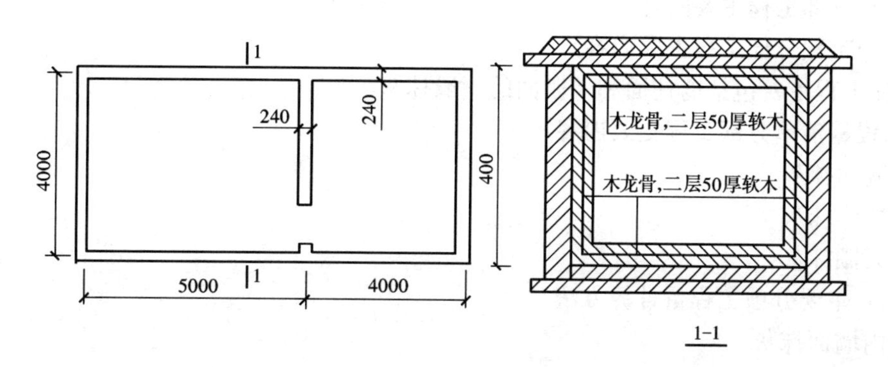

图 7-128 某小型冷库保温隔热示意图

【解】

〈基础定额的工程量〉

$$地面隔热层 = [(5.0 + 4.0 - 0.24 \times 2) \times (4.0 - 0.24) + 0.8 \times 0.24] \times 0.1$$

$$\approx 32.227 \times 0.1 \approx 3.22m^3$$

$$天棚隔热 = (5.0 + 4.0 - 0.24 \times 2) \times (4.0 - 0.24) \times 0.1$$

$$\approx 32.035 \times 0.1 \approx 3.20m^3$$

$$墙体隔热 = [(9 - 0.24 - 0.24) \times 2 + (4 - 0.24 - 0.1 \times 2) \times 4 - 0.8 \times 2]$$

$$\times (4 - 0.1 \times 2) \times 0.1 = 29.68 \times 3.8 \times 0.1 = 112.784 \times 0.1 \approx 11.28m^3$$

$$门侧 = [0.8 + (2 - 0.1 \times 2) \times 2] \times (0.24 + 0.1 \times 2) \times 0.1$$

$$= 4.4 \times 0.26 \times 0.1 = 1.144 \times 0.1 \approx 0.11m^3$$

$$墙体合计 = 11.28 + 0.11 = 11.39m^3$$

〈工程量清单的工程量〉

$$地面隔热工程量 = 32.23m^2$$

$$天棚隔热工程量 = 32.04m^2$$

$$墙体隔热工程量 = 112.784 + 1.144m^2 \approx 113.93m^2$$

第十四节　装饰工程量计算

一、装饰工程基础定额说明（见附录一）

二、基础定额装饰工程量计算规则（见附录二）

三、工程量清单装饰工程量计算规则

（一）基础定额中的“装饰工程”绝大部分项目都装入了《全国统一建筑装饰装修工程消耗量定额》，只剩下了“一般抹灰”项目。

（二）工程量清单中的“一般抹灰”项目又列在“装饰装修工程工程量清单项目”中，不属于土建工程。

（三）这里只介绍“一般抹灰”工程量，为了计算方便，将基础定额中的“一般抹灰”项目与工程量清单中的“一般抹灰”项目结合起来介绍。

四、装饰工程量计算

（一）分部工程主要内容

〈基础定额分部工程主要内容〉

装饰工程主要包括墙柱面和天棚面的一般抹灰。

〈工程量清单分部工程主要内容〉

1. 墙面抹灰

2. 柱面抹灰

3. 天棚抹灰

（二）主要分项工程量计算方法

1. 内墙面抹灰

(1) 计算规定

〈基础定额的计算规定〉

见“规则”第1条。

〈工程量清单的计算规定〉

墙面抹灰包括一般抹灰、装饰抹灰和墙面勾缝，其工程量计算规则都是一样的。

墙面一般抹灰工程内容：基层清理，砂浆制作、运输，底层抹灰，抹面层、勾分格缝。

墙面一般抹灰工程量，按不同墙体类型，底层厚度，砂浆配合比，面层厚度、砂浆配合比，分格缝宽度、材料种类，以墙面一般抹灰面积计算。计量单位：m^2。

墙面一般抹灰按设计图示尺寸以面积计算。扣除墙裙、门窗洞口及单个 $0.3m^2$ 以外的孔洞面积，不扣除踢脚线、挂镜线和墙与构件交接处的面积，门窗洞口和孔洞的侧壁及顶面面积不增加。附墙柱、梁、垛、烟囱侧壁并入相应的墙面面积内。

①外墙抹灰面积按外墙垂直投影面积计算

②外墙裙抹灰面积按其长度乘以高度计算

③内墙抹灰面积按主墙间的净长乘以高度计算

a　无墙裙的，高度按室内楼地面至天棚底面计算

b　有墙裙的，高度按墙裙顶至天棚底面计算

④内墙初抹灰面积按内墙净长乘以高度计算

（2）计算公式

〈基础定额工程量计算公式〉

$$S = L \cdot H - S_{扣} + S_{并}$$

式中　S——内墙面抹灰工程量；

L——内墙面抹灰长度；

H——内墙面抹灰高度；

$S_{扣}$——应扣除的面积；

$S_{并}$——应并入的面积。

〈工程量清单工程量计算公式〉

计算公式同基础定额工程量计算公式。

（3）计算举例

【例 76】　如图 7-129、图 7-130 所示，求内墙抹混合砂浆工程量（做法：内墙做 1∶1∶6 混合砂浆抹灰 $\delta = 15$，1∶1∶4 混合砂浆抹灰 $\delta = 5$）。

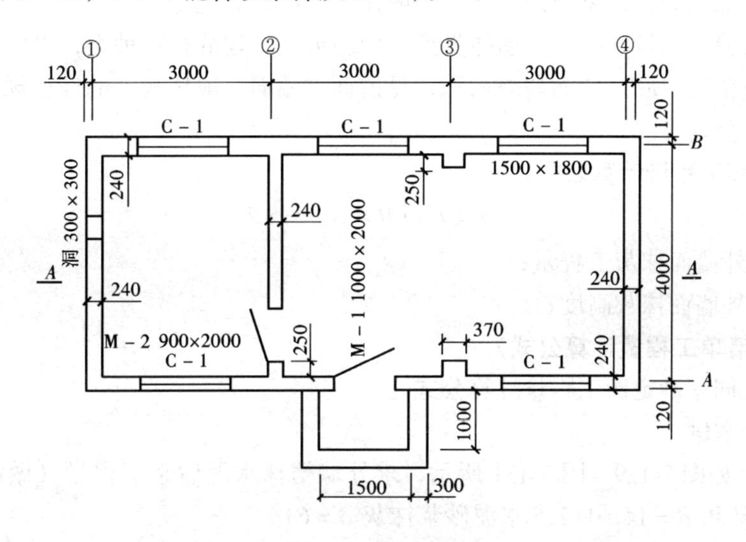

图 7-129　某工程平面示意图

【解】

〈基础定额的工程量〉

$$\begin{aligned} S = & (6 - 0.12 \times 2 + 0.25 \times 2 + 4 - 0.12 \times 2) \times 2 \times (3 + 0.1) - 1.5 \times 1.8 \times 3 - 1 \times 2 \\ & - 0.9 \times 2 + (3 - 0.12 \times 2 + 4 - 0.12 \times 2) \times 2 \times 3.6 \\ & - 1.5 \times 1.8 \times 2 - 0.9 \times 2 \times 1 \\ = & 89.97\text{m}^2 \end{aligned}$$

〈工程量清单的工程量〉

工程量 $= 89.97\text{m}^2$

2. 外墙面抹灰

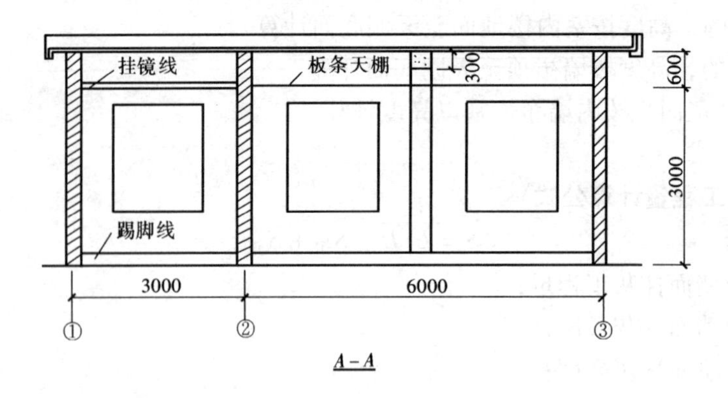

图 7-130　某工程剖面示意图

（1）计算规定

〈基础定额的计算规定〉

见“规则”第 2 条。

〈工程量清单的计算规定〉

①外墙面抹灰面积，见前面“墙面一般抹灰”的计算规定。

②外墙裙抹灰面积，见前面“墙面一般抹灰”的计算规定。

③墙面勾缝工程量，按不同墙体类型，勾缝形式，勾缝材料种类，以墙面垂直投影面积计算。计量单位：m^2。墙面勾缝面积，见前面“墙面一般抹灰”的计算规定。

（2）计算公式

〈基础定额工程量计算公式〉

$$S = L_{外} \cdot H - S_{扣} + S_{并}$$

式中　S——外墙面抹灰工程量；

H——外墙面抹灰高度；

〈工程量清单工程量计算公式〉

计算公式同基础定额工程量计算公式。

（3）计算举例

【例 77】　如图 7-129，图 7-131 所示，求外墙裙抹水泥砂浆工程量（做法：外墙裙做 1∶3水泥砂浆抹灰 $\delta = 14$，1∶2.5 水泥砂浆抹灰 $\delta = 6$）。

【解】

〈基础定额的工程量〉

$$外墙外边线长 = (9 + 0.24 + 4 + 0.24) \times 2 = 29.96\text{m}$$

$$\begin{aligned} S &= 26.96 \times 1.2 - 1 \times (1.2 - 0.15 \times 2) - (1 + 0.25 \times 2) \times 0.15 \\ &\quad - (1 + 0.25 \times 2 + 0.3 \times 2) \times 0.15 \\ &= 30.91\text{m}^2 \end{aligned}$$

〈工程量清单的工程量〉

$$工程量 = 30.91\text{m}^2$$

【例 78】　如图 7-129，图 7-131 所示，求外墙勾缝工程量。

【解】

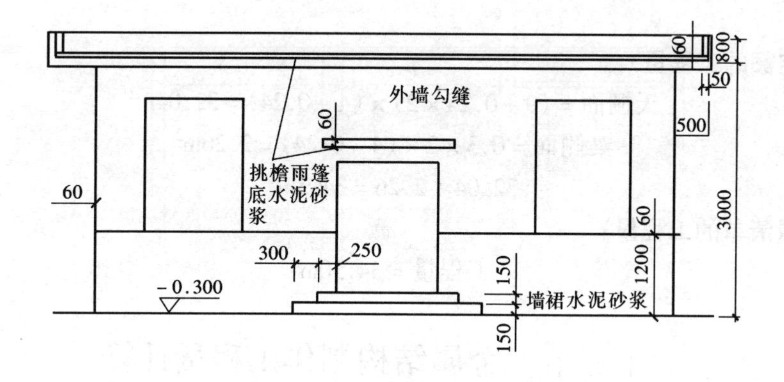

图 7-131　某工程立面示意图

〈基础定额的工程量〉

墙面勾缝按垂直投影面积计算，应扣除墙裙和墙面抹灰面积，不扣除门窗洞口、门窗套、腰线等零星抹灰所占面积，附墙柱和门窗洞口侧面的勾缝面积亦不增加。独立柱、房上烟囱勾缝，按图示尺寸以 m² 计算。

$$S=(9+0.24+4+0.24)\times2\times(3.9-1.2)=72.79\text{m}^2$$

〈工程量清单的工程量〉

$$\text{工程量}=72.79-1.5\times1.8\times5-1\times[2-(1.2-2\times0.15)]=58.19\text{m}^2$$

3. 天棚抹灰

(1) 计算规定

〈基础定额的计算规定〉

见“规则”第 11 条。

〈工程量清单的计算规定〉

天棚抹灰工程内容：基层清理、底层抹灰、抹面层、抹装饰线条。

天棚抹灰工程量，按不同基层类型，抹灰厚度，材料种类，装饰线条道数，砂浆配合比，以天棚的水平投影面积计算。计量单位：m²。不扣除隔墙、垛、柱、附墙烟囱、检查口和管道所占的面积。带梁天棚的梁两侧抹灰面积并入天棚面积内。

板式楼梯底面抹灰工程量，按楼梯底面的斜面积计算。计量单位：m²。

锯齿形楼梯底面抹灰工程量，按楼梯底面的展开面积计算。计量单位：m²。

(2) 计算公式。

〈基础定额工程量计算公式〉

$$S=S_{净}+S_{并}$$

式中　S——天棚抹灰工程量；

$S_{净}$——主墙间净面积；

$S_{并}$——应并入的面积。

〈工程量清单工程量计算公式〉

计算公式同基础定额工程量计算公式。

(3) 计算举例

【例 79】 如图 7-129、图 7-130 所示，若去掉板条天棚，计算天棚抹石灰砂浆工程量。

【解】

〈基础定额的工程量〉

$$天棚面 = (9 - 0.24 \times 2) \times (4 - 0.24) = 32.04m^2$$

$$梁侧面 = 0.3 \times 2 \times (4 - 0.24) = 2.26m^2$$

合计：

$$32.04 + 2.26 = 34.3m^2$$

〈工程量清单的工程量〉

$$工程量 = 34.30m^2$$

第十五节　金属结构制作工程量计算

一、金属结构制作工程基础定额说明（见附录一）

二、基础定额金属结构制作工程量计算规则（见附录二）

三、工程量清单金属结构制作工程量计算规则（见附录三）

四、金属结构制作工程量计算

（一）分部工程主要内容

〈基础定额分部工程主要内容〉

金属结构制作工程主要包括：钢柱制作，钢屋架制作，钢吊车梁制作，钢支撑、檩条、墙架制作，球节点钢网架制作。

〈工程量清单分部工程主要内容〉

1. 钢屋架、钢网架
2. 钢托架、钢桁架
3. 钢柱
4. 钢梁
5. 压型钢板楼板、墙板
6. 钢构件
7. 金属网

（二）主要分项工程量计算方法

1. 计算规定

〈基础定额的计算规定〉

见“规则”第1、2、3、4、5、6条。

〈工程量清单的计算规定〉

见附录光盘中五。基础定额项目只计算制作工程量，而工程量清单项目则包括了制作、运输、拼装、安装、探伤、刷油漆等全部工程内容。另外，工程量除“压型钢板楼板、墙板”“金属网”按面积（m^2）计算外，其余项目均按设计图示尺寸以质量计算。不扣除孔眼、切边、切肢的质量，焊条、铆钉、螺栓等不另增加质量，不规则或多边形钢板以其外接矩形面积乘以厚度乘以单位理论质量计算。

2. 计算公式

〈基础定额工程量计算公式〉

(1) 金属结构件工程量 = 该构件各种型钢总重量 + 该构件各种钢板（圆钢）总重量

其中：每种型钢杆件的重量＝该种型钢单位重量×型钢图示延长米长度

每种钢板重量＝该种钢板的单位重量×钢板图示计算面积

每种圆钢重量＝该种圆钢单位重量×圆钢长度

这里，型钢、钢板、圆钢、方钢均应分钢材品种、规格计算其长度或面积，即

型钢：分角钢、工字钢、槽钢等，按设计尺寸求出延长米 m。

钢板：分不同厚度，按计算规则计算其矩形面积 m^2。

扁钢：分不同厚度和宽度，计算出延长米（m）。

方（圆）钢：分不同直径或边长，分钢材材质种类分别计算出延长米（m）。

型钢、钢板、方（圆）钢的单位重量查《常用钢材重量表》即可得，或按“表 7-41”的公式计算。

（2）钢结构各种型钢杆件长的计算

钢结构件常为空间构架，依据各杆件在空间的相对位置状况可分为 3 种情况：

①直杆，系指沿长、宽、高任一方向布置的水平杆件或垂直杆件，它们包括梁、柱的主体杆件，屋架的下弦杆件等。

若设杆件的长度为 l，杆件两端点的空间坐标值为 x、y、z；则直杆件的长度等于图示 x、y、z 中任一方面的净尺寸，即：

$$l = x \text{ 或 } l = y \text{ 或 } l = z$$

②平面斜杆：系指沿 x、y、z 轴 3 个方向中任意两个坐标轴所组成的平面上倾斜杆件，包括屋架、平面钢架，钢楼梯中的各类斜杆。平面斜杆长度等于 x、y、z 中任意两个方面所决定的净长度，计算公式为：

$$l = \sqrt{x^2 + y^2} \text{ 或 } l = \sqrt{y^2 + z^2} \text{ 或 } l = \sqrt{x^2 + z^2}$$

③空间斜杆：空间斜杆系指在空间 x、y、z 3 个方面中任意倾斜的杆件，包括空间桁架、屋架上弦、水平支撑等空间任意位置的斜杆。空间斜杆的长度计算公式为：

$$l = \sqrt{(x_1 + x_0)^2 + (y_1 + y_0)^2 + (z_1 + z_0)^2}$$

应当注意的是，在计算各类金属杆件长度时，应求得杆件的图示净长度，而不能用轴线长度代替计算长度，为此应根据杆件在各节点的构造情况，对轴线长度进行调整，使其转换成计算长度，然后，再按公式计算钢材重量。

〈工程量清单工程量计算公式〉

计算公式同基础定额工程量计算公式。

3. 计算举例

【例 80】 计算 10 块多边形连接钢板的工程量，如图 7-132 所示，最大对角线长为 540mm，最大宽度 350mm，板厚为 3.8mm。

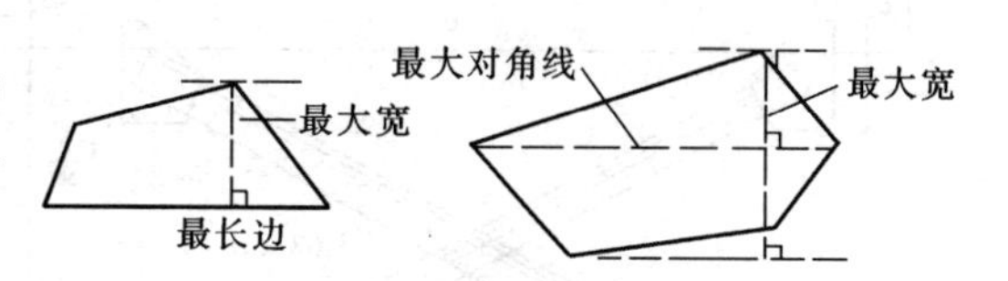

图 7-132 多边形钢板计算

【解】

〈基础定额的工程量〉

（1）依据金属结构制作工程量计算规则，连接钢板应按外接矩形面积计算：

该钢板（即主材）面积： $0.54 \times 0.35 = 0.189 m^2$

该钢板 $1m^2$ 理论重量：$7850 \times 1.0 \times 1.0 \times 0.0038 = 29.83 kg$

(2) 理论重量为：$0.189\times29.83\times10\approx56.38$kg（即工程量）。

〈**工程量清单的工程量**〉

$$工程量=56.38\text{kg}$$

金属材料理论重量简易计算方法表 **表 7-41**

序号	品种	理论重量简易计算方法
1	圆　钢	每 m 重量(kg) = 0.00617 × 直径 × 直径
2	方　钢	每 m 重量(kg) = 0.00785 × 边宽 × 边宽
3	六角钢	每 m 重量(kg) = 0.0068 × 对边直径 × 对边直径
4	螺纹钢	每 m 重量(kg) = 0.00617 × d_0 直径 × d_0 直径
5	扁　钢	每 m 重量(kg) = 0.00785 × 边宽 × 边宽
6	等边角钢	每 m 重量(kg) = 0.00795 × (边宽 + 边宽 − 边厚) × 边厚
7	不等边角钢	每 m 重量(kg) = 0.00795 × (长边宽 + 短边宽 − 边厚) × 边厚
8	槽钢(A)	每 m 重量(kg) = 0.00785 × 腰厚[高度 + 3.26(腿宽 − 腰厚)]
9	槽钢(B)	每 m 重量(kg) = 0.00785 × 腰厚[高度 + 2.44(腿宽 − 腰厚)]
10	槽钢(C)	每 m 重量(kg) = 0.00785 × 腰厚[高度 + 2.44(腿宽 − 腰厚)]
11	工字钢(A)	每 m 重量(kg) = 0.00785 × 腰厚[高度 + 3.34(腿宽 − 腰厚)]
12	工字钢(B)	每 m 重量(kg) = 0.00785 × 腰厚[高度 + 2.65(腿宽 − 腰厚)]
13	工字钢(C)	每 m 重量(kg) = 0.00785 × 腰厚[高度 + 2.26(腿宽 − 腰厚)]
14	薄板及中厚钢板	每 m^2 重量(kg) = 7.85 × 厚度
15	无缝钢管及接缝钢管	每 m 重量(kg) = 0.02466 × 壁厚 × (外径 − 壁厚)

【例 81】 如图 7-133 所示，计算上柱间支撑的工程量。

【解】

〈**基础定额的工程量**〉

(1) 求角钢重量：

①角钢长度按图示尺寸用勾股定理先求出中心线长度：

$$l=\sqrt{2.7^2+5.6^2}\approx6.22\text{m};$$

$$角钢净长=6.22-0.031-0.04\approx6.15\text{m}。$$

②角钢单位长度重量查表为 5.72kg/m；

如用公式求，

$$W=0.00795\times d\times(2b-d)$$
$$=0.00795\times6\times(63\times2-6)$$
$$\approx5.72\text{ kg/m}。$$

③角钢重量 = 6.15 × 2(肢) × 5.72 = 70.36kg

(2) 求节点重量：

①上节点板面积 = 0.145 × 0.175 ≈ 0.0254m^2

下节点板面积 = 0.145 × 0.17 ≈ 0.0247m^2

合计：(0.0254 + 0.0247) × 2 = 0.1002m^2

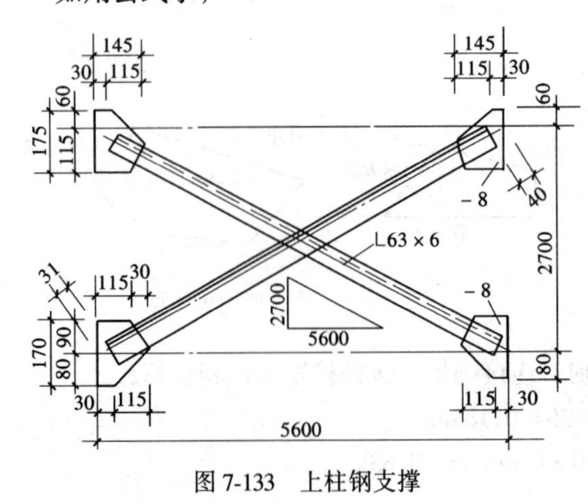

图 7-133　上柱钢支撑

②8mm 钢板单位面积重量，查表可得：62.80kg/m^2

如用公式计算为：

$$W = 7.85d = 7.85 \times 8 = 62.80\text{kg/m}^2$$

③节点板重量 = 0.1002 × 62.8≈6.29kg

（3）一副上柱支撑制作工程量 = 70.36 + 6.29 = 76.65(kg)≈0.08t

〈工程量清单的工程量〉

工程量 = 0.08t

【例 82】 某车间操作平台栏杆如图 7-134 所示，展开长度 4.80m，扶手用 ∟50 × 50 × 4 角钢制作，横衬用 – 50 × 5 扁铁两道，竖杆用 ϕ16 钢筋每隔 250mm 一道，竖杆长度（高）1.00m。计算栏杆工程量。

【解】

〈基础定额的工程量〉

栏杆长度为 4.80m，扁钢长度同扶手，竖杆共计 19 根（4.80 ÷ 0.25≈19）。

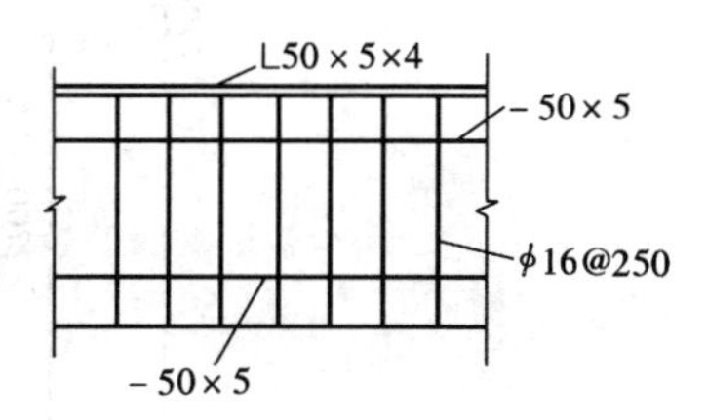

图 7-134 平台栏杆

（1）角钢扶手

∟50 × 50 × 4 每 m 重 3.059kg;

角钢重量 = 4.8 × 3.059≈14.68kg

（2）圆钢竖杆

ϕ16 圆钢每 m 重 1.58kg;

圆钢重量 = 1.00 × 19 × 1.58 = 30.02kg

（3）扁钢横衬

– 50 × 4 扁钢每 m 重 1.57kg;

扁钢重量 = 4.80 × 2 × 1.57≈15.07kg

整个钢栏杆工程量为：14.68 + 30.02 + 15.07 = 59.77kg≈0.06t

〈工程量清单的工程量〉

工程量 = 0.06t

【例 83】 如图 7-135 所示，计算踏步式钢梯工程量。

【解】

〈基础定额的工程量〉

按图示主材编号计算：

①2 × 0.18 × 4.16 × 47.1≈70.54kg

②9 × 0.2 × 0.7 × 39.25≈49.46kg

③2 × 0.12 × 15.12≈3.63kg

④4 × 0.12 × 42.34≈20.32kg

⑤6 × 0.62 × 3.77≈14.02kg

⑥2 × 0.18 × 3.77≈6.11kg

⑦2 × 4 × 3.77≈30.16kg

合计工程量 = 194.24kg≈0.19t

〈工程量清单的工程量〉

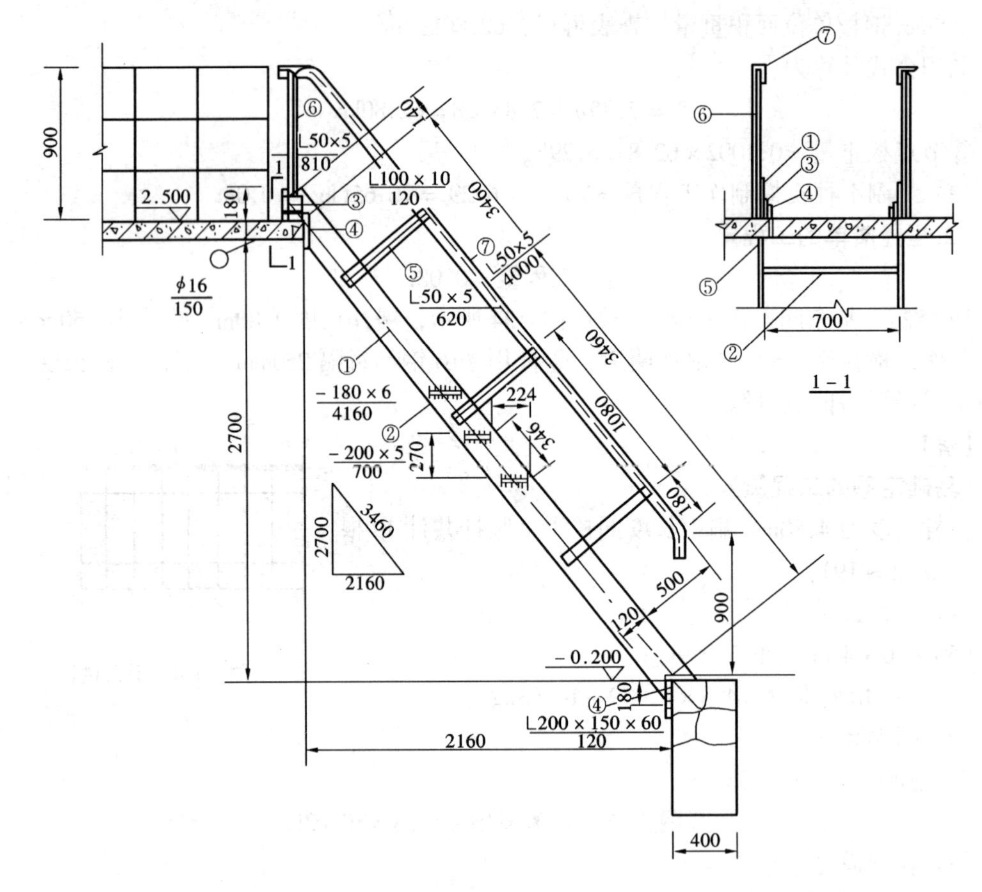

图 7-135　钢梯

工程量 = 0.19t

第十六节　建筑工程垂直运输和建筑物超高增加人工、机械定额

一、建筑工程垂直运输和建筑物超高增加人工、机械定额说明（见附录一）

二、建筑工程垂直运输和建筑物超高增加人工、机械定额工程量计算规则（见附录二）

三、工程量清单中该分部工程的规定

该分部工程在工程量清单中列为措施项目，所以，这里只介绍基础定额的工程量计算。

四、工程量计算

该分部工程在工程量清单中被列为措施项目，所以，这里只介绍该分部工程基础定额的计算方法。在实际工作中，可作为工程量清单中该措施项目的计算参考。

（一）分部工程主要内容

工程量计算包括：建筑垂直运输、建筑物超高增加人工和机械两部分内容。

（二）主要分项工程量计算方法

1. 建筑物垂直运输

(1) 计算规定

见“规则”第1条。

(2) 计算公式

按“建筑面积计算规则”计算。

(3) 计算举例

【例 84】 如图 7-136 所示，混合结构办公楼，计算：①垂直运输工程量；②采用塔式起重机施工的机械台班用量；③采用卷扬机施工的机械台班用量。

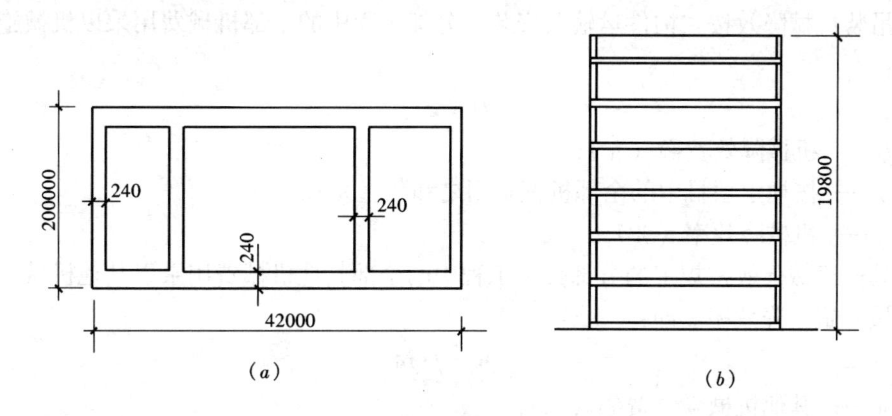

图 7-136　多层混合结构办公楼简图

【解】

①垂直运输工程量

$$42 \times 20 \times 6 = 5040\text{m}^2$$

②卷扬机台班数

按定额 13－3 有：单筒快速 2t 以内卷扬机，$12 \times 50.4 = 604.80$ 台班

③用塔式起重机作垂直运输时，按定额 13-25，其台班数为：

塔式起重机（6t 以内）：　　$2.4 \times 50.4 = 120.96$ 台班

卷扬机（单筒快速，2t 以内）：$8 \times 50.4 = 403.20$ 台班

2. 构筑物垂直运输

(1) 计算规定

见“规则”第2条。

(2) 计算公式

构筑物以“座”为单位计算。

(3) 计算举例

【例 85】 砌筑一座 30m^3 砖支筒保温水塔，水塔室外地坪以上高 20.47m，试计算施工垂直运输机械台班用量。

【解】 按计算规定，该水塔以 21m 计，其垂直运输机械台班按定额 13-157 及 13-158 计算为：单筒慢速 5t 以内卷扬机：$50.00 + 2.50 = 52.50$ 台班

3. 建筑物超高增加人工、机械

（1）计算规定

见“规则”有关条款。

（2）计算公式

①人工降效按规定工程项目的全部人工费用乘以人工施工降效率。

其计算方法用公式表达如下：

$$Y = p \cdot i$$

式中 Y——人工降效费额（元）；

p——按规定的分部分项工程人工费之和数（元）；

i——人工降效率（%）。

②吊装机械降效按“构件运输及安装”分部工程中的全部机械费用乘以机械施工降效率。即：

$$Q = g \cdot j$$

式中 Q——机械降效费额（元）；

g——按规定项目中的全部机械费用之和数（元）；

j——机械降效率（%）。

③其他机械降效按规定的分部分项工程中的全部其他机械费用乘以其他机械（不包括吊装机械）施工降效率。即：

$$W = f \cdot j_N$$

式中 W——其他机械降效费额（元）；

f——按规定项目中其他机械费用之和数（元）；

j_N——其他机械降效率（%）。

④建筑物超高加压水泵台班工程量，按建筑面积以平方米计算。

加压水泵台班数计算方法如下：

$$N = D \cdot F$$

式中 N——加压水泵增加台班数（“台班”或金额“元”）；

D——台班增加定额（台班）；

F——建筑面积（m^2）。

（3）计算举例

【例 86】 某现浇钢筋混凝土框架结构的宾馆，建筑面积及层数如图 7-137 所示，根据下列数据和定额计算建筑物超高人工、机械降效费和建筑物超高加压水泵台班费。

1～7层 ①～②轴线
- 人工费：202500 元
- 吊装机械费：67800 元
- 其他机械费：168500 元

1～17层 ②～④轴线
- 人工费：2176000 元
- 吊装机械费：707200 元
- 其他机械费：1360000 元

1～10层 ③～⑤轴线
- 人工费：450000 元
- 吊装机械费：120000 元
- 其他机械费：300000 元

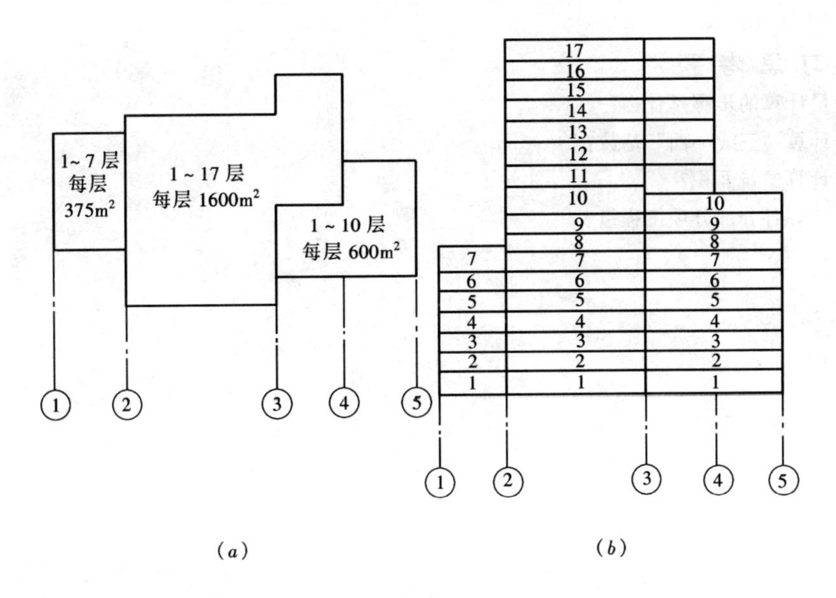

图 7-137　高层建筑示意图

(a) 平面示意；(b) 立面示意

【解】　(1) 人工降效费

①~②轴 + ③~⑤轴 × 定额 14-1
(202500 + 450000) × 3.33% = 21728.25

②~④轴 × 定额 14-4
2176000 × 13.33% = 290060.80

合计：311789.05 元

(2) 吊装机械降效费

①~②轴　③~⑤轴　定额 14-1
(67800 + 120000) × 7.67% = 14404.26

②~④轴　定额 14-4
707200 × 34% = 240448.00

合计：254852.26 元

(3) 其他机械降效费

①~②轴　③~⑤轴　定额 14-1
(168500 + 300000) × 3.33% = 15601.05

②~④轴　定额 14-4
1360000 × 13.33% = 181288.00

合计：196889.05 元

(4) 建筑物超高加压水泵台班费

①~②轴　③~⑤轴　定额 14-11
(375 × 7 层 + 600 × 10 层) × 0.88 元/m² = 7590

②~④轴　定额 14-14
1600 × 17 层 × 3.01 元/m² = 81872.00

合计：89462.00 元

■ 关键概念

工程量　工程量基数　建筑面积　首层建筑面积　挖沟槽　挖地抗　平整场地　挖土方

■复 习 思 考 题

1. 工程量计算的步骤是什么?
2. 怎样计算“三线一面”基数?
3. 怎样计算建筑面积?
4. 怎样计算各分部分项工程量?

第八章　工程概算造价

第一节　工程概算造价的基本概念

一、工程概算造价的含义

工程概算造价（初步设计概算或设计概算）是指在初步设计（或扩大初步设计）阶段，根据初步设计（或扩大初步设计）图纸、概算定额或概算指标以及费用定额等有关资料，确定某项工程全部建设费用的文件。它是确定拟建工程建设项目所需的投资额或费用，用以控制工程造价而编制的经济文件。它是初步设计文件的重要组成部分。设计概算造价包括建设项目从筹建到竣工投产或交付使用的全部建设费用。在报批初步设计文件的同时，必须同时报批设计概算。

设计单位应在批准的初步设计和总概算范围内进行施工图设计，应切实做好单项工程和单位工程的施工图设计，并与初步设计进行经济比较，精打细算、节约投资，从而使单项工程和单位工程投资额不突破概算。如果初步设计的建设规模、总平面布置、主要工艺流程、主要设备、建筑面积、工程结构等有较大变更而须修改设计时，设计单位应及时编制修正总概算，并报送原批准单位批准。

二、工程概算造价的组成

设计概算分为三级：单位工程概算、单项工程综合概算、建设项目总概算（见图8-1）。

（一）单位工程概算是指对单位工程编制的概算。它是确定某一单位工程建设费用的经济文件，它是设计概算的基本组成单元，也是单项工程综合概算的组成部分。

（二）单项工程综合概算是指对单项工程编制的概算。它是根据本单项工程内各个单位工程概算、本单项工程内的工程其他建设费用概算等汇总编制而成的。

（三）建设项目总概算是指建设项目所包括的各个单项工程综合概算的汇总。总概算是确定整个建设项目从筹建到竣工投产全过程中，总建设费用的经济文件；是国家或地方财政部门控制建设项目投资拨款或控制建设项目贷款总额的重要依据。

三、工程概算造价的编制依据

（一）经批准的可行性研究报告

工程建设项目的可行性研究报告，由国家或地方计划或建设主管部门批准，其内容随建设项目的性质而异。一般包括：建设目的、建设规模、建设理由、建设布局、建设内容、建设进度、建设投资、产品方案和原材料来源等。

（二）初步设计或扩大初步设计图纸和说明书

有了初步设计图纸和说明书，才能了解工程的具体设计内容和要求，并计算主要工程量。这些是编制设计概算的基础资料，并在此基础上制定概算的编制方案、编制内容和编制步骤。

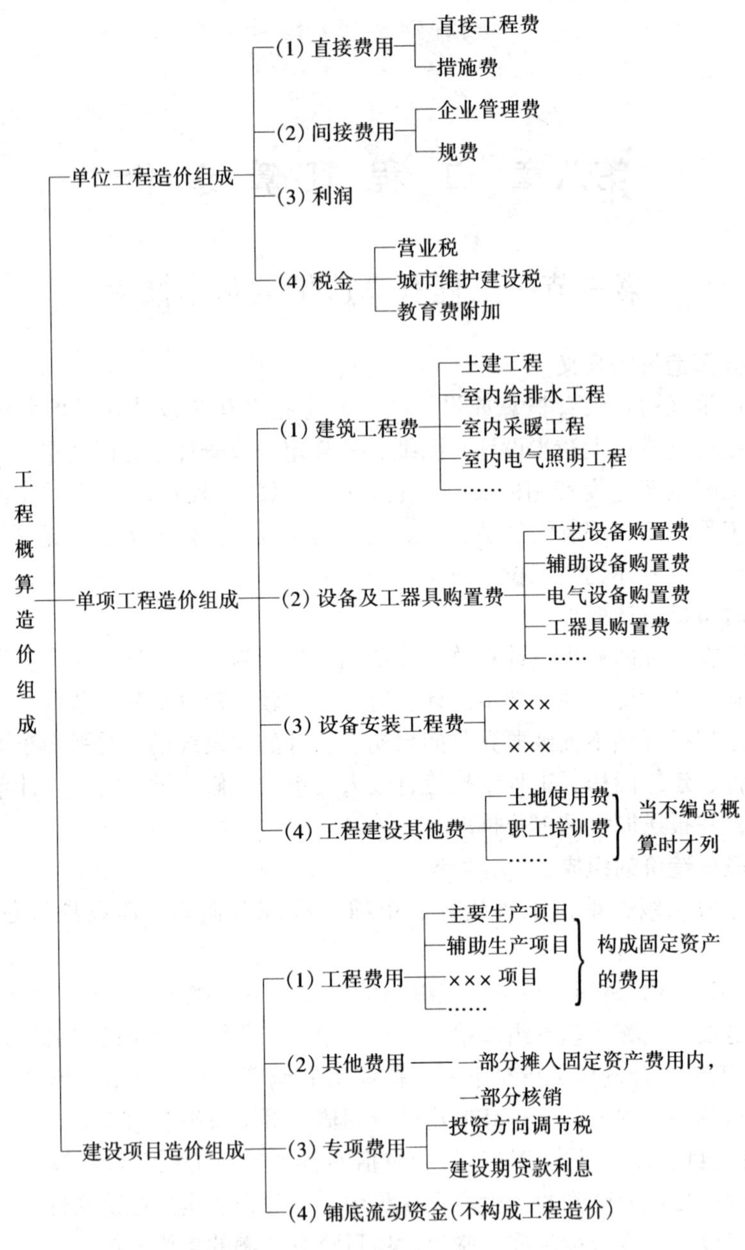

图 8-1　工程概算造价组成示意图

(三) 概算定额、概算指标

概算定额、概算指标是由国家或地方建设主管部门编制颁发的一种能综合反映某种类型的工程建设项目在建设过程中资源和资金消耗量的数量标准，这种数量标准的大小与一定时期社会平均的生产率发展水平以及生产效率水平相一致。所以，概算定额、概算指标是计算概算造价的依据，不足部分可参照与其相应的预算定额或其他有关资料进行补充。

(四) 设备价格资料

各种定型的标准设备（如各种用途的泵、空压机、蒸汽锅炉等）均按国家有关部门规定的现行产品出厂价格计算。非标准设备按制造厂的报价计算。此外，还应具备计算供销部门的手续费、包装费、运输费及采购保管费等费用的资料。

（五）地区材料价格、工资标准

用于编制设计概算的材料价格及人工工资标准一般是由国家或地方工程建设造价主管部门编制颁发的、能反映一定时期材料价格及工资标准一般水平的指导价格。

（六）有关取费标准和费用定额

地区规定的各种费用取费标准、计算范围、材差系数等有关文件内容，必须符合建设项目主管部门制定的基本原则。

（七）投资估算文件

经批准的投资估算是设计概算的最高额度标准。设计概算不得突破投资估算，投资估算应切实控制设计概算。根据国家有关规定，如果设计概算超过投资估算的10%以上，则要进行初步设计（或扩大初步设计）及概算的修正。

四、工程概算造价的编制程序

见图8-2。

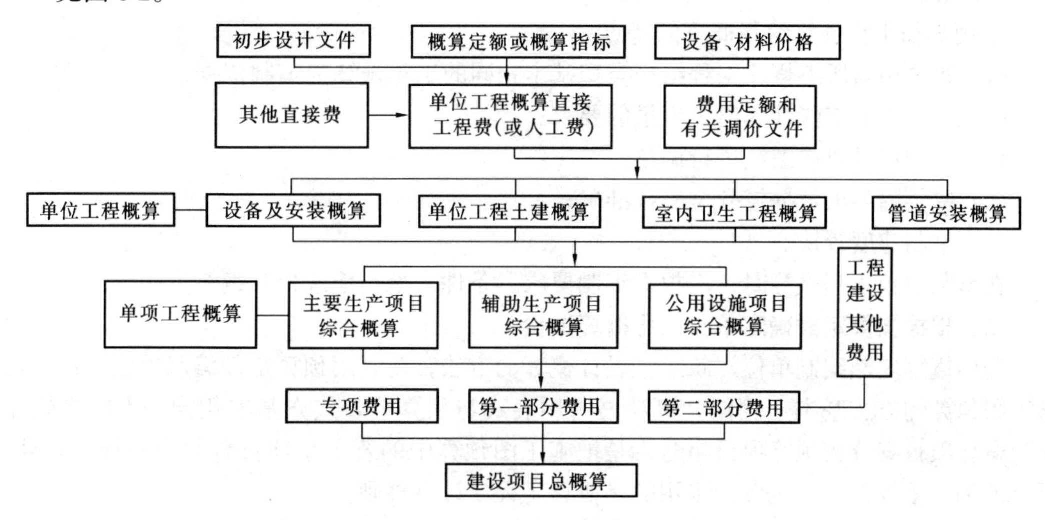

图8-2　初步设计概算编制程序示意图

第二节　单位工程概算造价

一、单位工程概算的编制方法及其特点

（一）单位工程概算的编制方法

单位工程概算的编制，一般采用3种方法：

1. 用概算定额编制概算；

2. 用概算指标编制概算；

3. 用类似工程预算编制概算。

单位工程概算的编制方法主要由编制依据决定。

单位工程概算的编制依据除了概算定额、概算指标、类似工程预算外，还必须有初步设计图纸（或施工图纸）、费用定额、地区材料预算价格、设备价目表等有关资料。

(二）单位工程概算编制方法的特点

1. 用概算定额编制概算的特点

(1）各项数据较齐全，结果较准确；

(2）用概算定额编制概算，必须计算工程量，故设计图纸要能满足工程量计算的需要；

(3）用概算定额编制概算，计算的工作量较大，所以，比用其他方法编制概算所用的时间要长一些。

2. 用概算指标编制概算的特点

(1）编制时必须选用与所编概算工程相近的单位工程概算指标；

(2）对所需要的设计图纸要求不高，只须满足符合结构特征、计算建筑面积的需要即可；

(3）数据不如用概算定额编制概算所提供的数据那么准确和全面；

(4）编制速度较快。

3. 用类似工程预算编制概算的特点

(1）要选用与所编概算工程结构类型基本相同的工程预算为编制依据；

(2）设计图纸应能计算出工程量的要求；

(3）个别项目要按图纸进行调整；

(4）提供的各项数据较齐全、较准确；

(5）编制速度较快。

在编制单位工程概算时，应根据编制要求、条件，恰当地选择其编制方法。

二、根据概算定额确定单位工程概算造价

利用概算定额编制单位建筑工程设计概算的方法，与利用预算定额编制单位建筑工程施工图预算的方法基本上相同。概算书所用表式与预算书表式亦基本相同。不同之处在于：概算项目划分较预算项目粗略，是把施工图预算中的若干个项目合并为一项。并且，所有的编制依据是概算定额，采用的是概算工程量计算规则。

利用概算定额编制设计概算的具体步骤如下：

(一）列出单位工程中分项工程或扩大分项工程项目名称，并计算其工程量。按照概算定额分部分项顺序，列出各分项工程的名称。工程量计算应按概算定额中规定的工程量计算规则进行，并将所算得的各分项工程量按概算定额编号顺序，填入工程概算表内。

由于概算中的项目内容比施工图预算中的项目内容扩大，在计算工程量时，必须熟悉概算定额中每个项目所包括的工程内容，避免重算和漏算，以便计算出正确的概算工程量。

(二）确定各分部分项工程项目的概算定额单价。工程量计算完毕后，查概算定额的相应项目，逐项套用相应定额单价、人工和材料消耗指标。然后，分别将其填入工程概算表和工料分析表。当设计图中的分项工程项目名称，内容与采用的概算定额手册中相应的项目完全一致时，即可直接套用定额进行计算；如遇设计图中的分项工程项目名称，内容与采用的概算定额手册中相应的项目有某些不相符时，则按规定对定额进行换算后方可套用定额进行计算。

(三）计算各分部分项工程的直接费用和总直接费用。将已算出的各分部分项工程项目的工程量及在概算定额中已查出的相应定额单价和单位人工，材料消耗指标，分别相乘，即可得出各分项工程的直接费和人工，材料消耗量，汇总各分项工程的直接费和人工，材料消耗量，即可得到该单位工程的直接费和工料的总消耗量，再汇总其他直接费即可得到该单位工程的总直接费。

如果规定有地区的人工费和材料价差调整指标，计算直接费时，还应按规定的调整系数进行调整计算。

（四）计算间接费用、利润和税金。根据总直接费、各项施工取费标准，分别计算间接费和利润、税金等费用。

（五）计算单位工程概算造价。

单位工程概算造价 = 总直接费 + 间接费 + 利润 + 税金

三、根据概算指标确定单位工程概算造价

概算指标是一种用建筑面积、体积或万元为单元的，以整幢建筑为依据而编制的指标，由于概算指标是一种估算方法，它的数据来自建筑工程的预决算资料，精确度较差。

（一）概算指标选用的几种情况

1. 初步设计无详图而只有一个概念性的轮廓时，可以选定一个与该工程相似类型的概算指标编制概算。

2. 设计方案急需造价估算时，选择一个相似结构类型的概算指标来编制概算。

3. 图样设计间隔很久后才实施，概算造价不适用于当前情况而又急需准备确定工程造价的情形下，可按当前概算指标来修正原有概算造价。

4. 定型通用图设计可组织编制定型通用图通用概算指标，来确定造价。

（二）概算指标编制方法常有以下两种

1. 直接套用概算指标编制概算。若某工程项目中，在结构与概算指标与某已建建筑物相符，则可套用概算指标进行编制，此时即以指标中所规定的土建工程 $100m^2$ 或 $1m^2$ 的造价或人工，主要材料消耗量乘以设计工程项目的概算相对应的工程量，可得全部概算价值和主要材料消耗量。计算公式如下：

$1m^2$ 建筑面积人工费 = 指标人工工日数 × 地区日工资标准

$1m^2$ 建筑面积主要材料费 = 主要材料数量 × 地区材料预算价格

$1m^2$ 建筑面积直接费 = 人工费 + 主要材料费 + 其他材料费 + 施工机械费用

$1m^2$ 概算单价 = 直接费 + 间接费 + 材料差价 + 税金

设计工程概算价值 = 设计工程建筑面积 × $1m^2$ 建筑面积概算单价

设计工程所需主要材料、人工数量 = 设计工程建筑面积 × $1m^2$ 主要材料、人工耗用量

2. 换算概算指标编制概算。在实际工作中，随着建筑技术的不断发展，新结构、新技术、新材料的应用，设计也在不断地发展和提高。因此，在套用概算指标时，设计的内容不可能完全符合相对滞后的概算指标中所规定的结构特征。此时，就不能简单地按照类似的或最相近的概算指标换算，而必须根据差别的具体情况，对其中某一项或某几项不符合设计要求的内容，分别加以修正或换算。经换算后的概算指标，方可使用。其换算方法如下：

单位建筑面积造价换算概算指标 = 原造价概算指标单价 − 换算结构构件单价

+换入结构构件单价

换出(或换入)结构构件单价=换出(或换入)结构构件工程量×相应的概算定额单价

四、根据类似工程预算确定单位工程概算造价

用类似工程概预算编制概算就是根据当地的具体情况，用与拟建工程相类似的在建或建成的工程预（决）算类比的方法，快速、准确的编制概算。对于已建工程的预（决）算或在建工程的预算与拟建工程差异的部分进行调整。

这些差异可分为两类，第一类是由于工程结构上的差异，第二类是人工、材料、机械使用费以及各种费率的差异。对于第一类差异可采取换算概算指标的方法进行换算，对于第二类差异可采用编制修正系数的方法予以解决。

在编制修正系数之前，应首先求出类似工程预算的人工、材料、机械使用费、其他直接费及综合费（指间接费与利润、税金之和）在预算造价中所占的比重（分别用 r_1、r_2、r_3、r_4、r_5 表示），然后再求出这五种因素的修正系数（分别用 K_1、K_2、K_3、K_4、K_5 表示），最后用下式求出预算造价总修正系数：

$$预算造价总修正系数 = r_1K_1 + r_2K_2 + r_3K_3 + r_4K_4 + r_5K_5$$

K_1、K_2、K_3、K_4、K_5 的计算公式如下：

人工费修正系数：

$$K_1 = \frac{编制预算地区一级工工资标准}{类似工程所在地区一级工工资标准}$$

材料费修正系数：

$$K_2 = \frac{\Sigma(类似工程主要材料数量 \times 编制概算地区材料预算价格)}{\Sigma 类似工程所在地区各主要材料费}$$

机械使用费修正系数：

$$K_3 = \frac{\Sigma(类似工程主要机械台班量 \times 编制概算地区机械台班费)}{\Sigma 类似工程主要机械使用费}$$

其他直接费修正系数：

$$K_4 = \frac{编制预算地区其他直接费率}{类似工程所在地区其他直接费率}$$

综合费修正系数：

$$K_5 = \frac{编制预算地区综合费率}{类似工程所在地区综合费率}$$

【例】 某拟建办公楼，建筑面积为 $3000m^2$，试用类似工程预算编制概算。类似工程的建筑面积为 $2800m^2$，预算造价 3200000 元，各种费用占预算造价的比重是：人工费 6%，材料费 55%，机械费 6%，其他直接费 3%，综合费 30%。

【解】 根据前面的公式计算出各种修正系数为人工费 $K_1 = 1.02$；材料费 $K_2 = 1.05$；机械费 $K_3 = 0.99$；其他直接费 $K_4 = 1.04$；综合费 $K_5 = 0.95$。

$$\begin{aligned}预算造价总修正系数 &= 6\% \times 1.02 + 55\% \times 1.05 + 6\% \times 0.99 + 3\% \times 1.04 + 30\% \times 0.95 \\ &= 1.013\end{aligned}$$

$$修正后的类似工程预算造价 = 3200000 \times 1.013 = 3241600 元$$

$$修正后的类似工程预算单方造价 = 3241600 元 \div 2800 \approx 1157.71 元/m^2$$

由此可得：

拟建办公楼概算造价 = 1157.71 元 × 3000 = 3473130 元

五、设备及安装工程概算造价的确定

设备及安装工程设计概算包括设备购置和设备安装费，编制依据是初步设计设备规格明细表、材料表及说明书。编制的步骤是：第一步，确定各种设备的台数、重量和安装工程量，并按照设备出厂价格或估价指标计算设备费；第二步，按照安装专业工程概算指标、间接费及其他工程费用定额，计算安装工程直接费、间接费与其他工程费以及利润。上述各项费用之和即为设备及安装工程概算。

（一）设备购置费概算方法

1. 国产标准设备原价一般是根据设备型号、规格、材质、数量及所附带的配件内容，套用主管部门规定的或工厂自行制定的现行产品出厂价格逐项计算。非主要标准设备的原价可按占主要设备总原价的百分比计算。

2. 国产非标准设备原价在初步设计阶段大致采用下列两种方法确定：

(1) 根据非标准设备的类别、性质、质量、材料等，按设备单位质量（t）规定的估价指标计算。估价时将设备重量乘以相应的单位重量设备的估价指标。

(2) 根据非标准设备的类别、质量、材质、精密程度及制造厂家，按每台设备规定的估价指标计算。设备运杂费按各部、省、市、自治区规定的运杂费率乘以设备原价计算。

（二）安装工程费概算方法

包括设备安装及与设备有关的其他安装费，例如连接设备的管道、电线电缆与设备附属配件，以及用原材料制作安装的设备和有关部件的安装费。

1. 预算单价法

当初步设计有详细设备清单时，可直接按预算定额单价编制设备安装单位工程概算。根据计算的设备安装工程量乘以安装工程预算综合单价，经汇总求和。用预算单价法编制概算，计算比较具体，精确性较高。

2. 扩大单价法

当初步设计的设备清单不完备时，或仅有成套设备的质量时，可采用主体设备、成套设备或工艺线的综合扩大安装单价编制概算。

3. 概算指标法

当初步设计的设备清单不完备，或安装预算单价及扩大综合单价不全，无法采用预算单价法和扩大单价法时，可采用概算指标编制概算。

(1) 安装费的计算

①按原价的百分比（安装费率）计算。计算公式如下：

设备安装工程费 = 设备原价 × 安装费率。

②按设备的净重以“吨（t）”或按“台”的安装费指标计算。计算公式如下：

设备安装工程费 = 设备净重 × 安装费指标(元/t 或元/台)

设备安装费指标是根据不同设备的类型分别制定的，所以设备安装费可按设备所属分类，采用相应的安装费指标（费率）计算。

(2) 需要安装材料（即工程结构）的安装费计算

首先按概算指标规定的计量单位计算工程量，然后套用规定的概算指标求得安装工程直接费，再按规定计算间接费、其他工程费和利润。

材料（即结构）的安装费也可以采取材料（即结构）预算价格的百分比来计算。

在使用设备安装工程概算指标时，应先弄懂指标应用说明，并熟悉指标项目，对大型设备的订货和到货情况也应有所了解。对于超限、超长、超宽、超高设备的运输，工艺设备的拼装、组对和吊装等内容，概算指标中是否已包括，都要弄清楚。

专业安装工程概算应采用表格计算，表8-1所列是一种习惯常用的表格计算形式。

安装工程概算表 **表8-1**

工程名称：

<table>
<tr><th rowspan="4">序号</th><th rowspan="4">定额编号</th><th rowspan="4">工程或费用名称</th><th rowspan="4">单位</th><th rowspan="4">数量</th><th colspan="4">单　价（元）</th><th colspan="4">单　价（元）</th></tr>
<tr><th rowspan="3">设备费</th><th colspan="3">安装费</th><th rowspan="3">设备费</th><th colspan="3">安装费</th></tr>
<tr><th rowspan="2">金额</th><th colspan="2">其　中</th><th rowspan="2">金额</th><th colspan="2">其　中</th></tr>
<tr><th>人工费</th><th>机械费</th><th>人工费</th><th>机械费</th></tr>
<tr><td></td><td></td><td></td><td></td><td></td><td></td><td></td><td></td><td></td><td></td><td></td><td></td><td></td></tr>
</table>

第三节　工程建设其他费用概算造价

工程建设其他费用概算是指与整个建设工程有关的且未包括在单项工程概算内的一切工程和费用文件。这些费用是建设某个工程项目必不可少的开支，一般将这部分费用单独编制概算列入总概算中。

一、编制依据

（一）经有关部门批准的设计任务书。

（二）初步设计文件中的现场总平面布置图。

（三）工程概算书中的直接费部分。

（四）国家或地区有关的费用定额、取费标准、指标等。

二、内容和计算方法

工程建设其他费用项目的内容和计算方法应根据工程所处地理位置、自然、社会等条件，结合实际发生情况，按照国家和各地区主管部门有关规定计算（详见第2章）。

第四节　综合概算造价和总概算造价

一、单项工程综合概算造价的确定

单项工程综合概算是以其对应的建筑工程概算表和设备安装概算表为基础汇总编制的。当建设项目只有一个单项工程时，工程综合概算（实为总概算）还应包括工程建设其他费用、建设期贷款利息、预备费和固定资产投资方向调节税的概算。

综合概算书是由各专业的单位工程概算书所组成，是确定单项工程建设费用的综合性文件，其内容一般包括综合概算汇总表前，编制说明、单位工程概算表和主要建筑材料表。

（一）综合概算编制说明

编制说明列在综合概算表前，其内容一般包括：

1. 编制依据，说明设计文件、定额、材料及费用计算的依据。

2. 编制方法，说明概算编制是利用概算指标还是概算定额或别的方法。

3. 主要材料和设备的数量，说明主要机械、电气、设备和主要建筑材料（木材、水泥、钢材等）。

4. 其他有关问题。

（二）综合概算表

综合概算表是根据单项工程内的各个单位工程概算等基础资料，按照统一规定的表格进行编制的，见表8-2。

综合概算表 **表8-2**

序号	工程和费用名称	概算价值						技术经济指标（元/m^2）	占投资额（%）	备注
		建筑工程费	安装工程费	设备购置	工、器具和生产家具购置	其他	总价值			
(1)	(2)	(3)	(4)	(5)	(6)	(7)	(8)	(9)	(10)	(11)
1	土建工程									
2	装饰工程									
3	采暖工程									
4	给排水工程									
5	照明工程									
6	合计									

二、建设项目总概算造价的确定

总概算是确定整个建设项目从筹建到建成预计花费的全部建设费用的文件，是根据所包括的各个单项工程综合概算及工程建设其他费用和预备费汇总编制而成的。

总概算书一般主要包括编制说明和总概算表，有的还列出单项工程综合概算表、单位工程概算表等。

（一）编制说明

1. 工程概况。说明建设项目的建设规模、建设范围、建设地点、建设条件以及期限。产量、生产品种及厂外工程的主要情况等。

2. 编制依据。说明设计任务书、设计文件等；编制时采用的概算定额、概算指标、材料概算价格及各种费用标准等编制依据。

3. 编制方法。说明概算编制采用的是概算定额还是概算指标或其他方法。

4. 投资分析。主要分析各项投资的比例，以及与类似工程比较，分析投资高低的原因，说明该设计是否经济合理。

5. 主要材料和设备数量。说明建设工程主要材料（木料、钢材、水泥）的数量和主要机械、电气设备的数量。

6. 其他有关问题。

（二）总概算造价的项目组成

1. 第一部分费用（工程费用）

(1) 主要生产和辅助生产项目的综合概算：主要生产项目根据建设项目的性质和设计要求确定；辅助生产项目有工具车间、机修车间、模型车间、中央试验室等。

(2) 公用设施工程项目的综合概算：包括公用工程，如变配电所、锅炉房、空压站、煤气站、水泵站等；运输及仓库工程，如铁路、道路、运输设备、机车库、汽车库、总仓库和各种专业仓库等；厂区管线和构筑物工程，如蒸汽管道、煤气管道、压缩空气管道、输电线路、室外照明、通讯系统、给排水管道等；厂外工程，如铁路专用线、道路、电源照明线路、水源管道。

(3) 生活、福利、文化、教育服务性工程项目的综合概算：包括生活福利设施及全厂服务性工程。生活福利设施，如住宅、宿舍、居住区所有建设等；其他全厂服务性工程，如办公室、消防站、围墙、大门、岗亭、自行车棚以及厂区食堂、浴池、医务室等福利设施。

2. 第二部分费用

工程建设其他费用（参见第二章）。

在第一、二部分费用合计之后列出预备费用（或称不可预见工程和费用）。

最后，列出总概算价值和回收金额。

（三）回收金额、技术经济指标和投资分析

1. 回收金额计算方法。为了合理使用建设资金，要正确计算“回收金额”，即拆除旧有房屋、构筑物和临时房屋、构筑物的残余价值，试车产品的收入，建设施工过程中得到的副产品等等。计算方法：

(1) 拆除房屋、构筑物的回收金额，按各主管部门和地方规定的残值指标计算，并需扣除销售费用。

(2) 试车产品收入等于试车产品的销售收入减试车费用。

(3) 施工副产品收入等于预计数量乘以销售价格减销售费用。

2. 技术经济指标的确定。整个建设工程的技术经济指标，应选择建设工程中最有代表性和最能说明投资效果的指标进行计算，以便与其他建设项目进行比较。

例如，民用建设工程中住宅的每平方米造价指标；医院每个床位造价指标；工业建设中产品每吨投资，产品每万元投资等。

3. 投资分析。在编制总概算时，应编制投资比例分析表、费用构成分析表，对基本建设投资分配、构成等情况进行分析，并列入总概算总说明中，说明设计的经济合理性。

4. 总概算表（见表8-3）。

总　概　算　表　　　　**表8-3**

建设单位：　　　　年　　月　　日

工程名称：　　　　初步设计阶段概算价值　　万元

序号	工程和费用名称	概算价值						技术经济指标/（元/m²）	占投资额（%）	备　注
		建设安装费	安装工程费	设备购置	工、器具和生产厂购置	其他	总价值			
1	第一部分费用（工程费用									
2	第二部分费用（工程建设其他费用）									

续表

序号	工程和费用名称	概算价值						技术经济指标/(元/m²)	占投资额(%)	备注
		建设安装费	安装工程费	设备购置	工、器具和生产厂购置	其他	总价值			
3	第一、二部分费用合计									
4	预备费									
5	回收金额									
6	建设项目总费用									
7	固定资产投资方向税									
8	建设期贷款利息									
9	建设项目总造价									
10	铺底流动资金									
11	投资比例									

■ 关键概念

工程概算造价　回收金额　建设项目总概算

■ 复习思考题

1. 工程概算造价由哪些费用所组成?
2. 工程概算造价的编制程序是什么?
3. 如何确定单位工程概算造价?
4. 如何确定建设项目总概算造价?

第九章 工程造价估算

第一节 工程造价估算概述

一、工程造价估算的含义

工程造价估算（亦称项目投资估算）是指在项目的投资决策阶段，依据有关资料和一定的方法，对建设项目未来可能发生的全部费用进行的预测和估算。

从世界范围来看，工程造价估算大体可分为两大体系，一种是由国家或地区主管基本建设有关部门制定和颁发估算指标、概算定额、预算定额以及与其配套使用的建筑材料预算价格和各种应取费用定额，再由工程技术人员依据设计技术资料和图纸，并结合工程的具体情况，套用估算指标和定额（包括各项应取费用定额），按照规定的计算程序，最后计算出拟建工程所需要的全部建设费用，即工程造价。另一种是工程造价估算不是依据国家和地区制定的统一定额，而是依据大量已建成类似工程的技术经济指标和实际造价资料，当时当地的市场价格信息和供求关系、工程具体情况、设计资料和图纸等等，在充分运用估算师的经验和技巧的基础上估算出拟建工程所需要的全部费用，即工程造价。

二、工程造价估算三个阶段的误差（见表 9-1）

不同阶段的工程造价估算 **表 9-1**

估算阶段	估算误差幅度	主 要 作 用
投资机会研究	±30%以内	估出概略投资，作为有关部门审批项目建议书的依据，据此可否定一个项目，但不能完全肯定一个项目
初步可行性研究	±20%以内	在项目方案初步明确的基础上，作出投资估算，为项目进行技术经济论证提供依据
详细可行性研究	±10%以内	为全面、详细、深入的技术经济分析论证提供依据，是决定项目可行性，也是编制设计文件、控制初步设计概算的依据

三、工程造价估算的分类

一项完整的建设项目一般都包括有建筑工程和设备安装工程两大类。因此，工程造价估算也就分为建筑工程估算和设备安装工程估算两大类。

（一）建筑工程

所谓建筑工程系指永久性和临时性的各种房屋和构筑物。如厂房、仓库、住宅、学校、剧院、矿井、桥梁、电站、铁路、码头、体育场等新建、扩建、改建或重建工程；各种民用管道和线路的敷设工程；设备基础、炉窑砌筑、金属结构构件（如支柱、操作台、钢梯、钢板栏杆等）工程，以及农田水利工程等等。

（二）设备安装工程

所谓设备安装工程系指永久性和临时性生产、动力、起重、运输、传动和医疗、实验、体育等设备的装配、安装工程，以及附属于被安装设备的管线敷设、绝缘、保温、刷油等工程。

上述两类工程通过施工活动才能实现，属于创造物质财富的生产性活动，是基本建设工作的重要组成部分。因此，也是估算内容的重要组成部分。

四、工程造价估算的依据

（一）项目特征

项目特征是指待建项目的类型、规模、建设地点、时间、总体建筑结构、施工方案、主要设备类型、建设标准等，它是进行投资估算的最根本的内容，该内容越明确，则估算结果相对越准确。

（二）同类工程的竣工决算资料

为投资估算提供可比资料。

（三）项目所在地区状况

该地区的地质、地貌、交通等情况等，是作为对同类投资资料调整的依据。

（四）时间条件

待建项目的开工日期、竣工日期，每段时间的投资比例等。因为不同时间有不同的价格标准、利率高低等。

（五）政策条件

投资中需缴哪些规费、税费及有关的取费标准等。

第二节　工程造价估算方法

一、工程造价的静态估算方法

（一）指标估算法

估算指标是一种比概算指标更为扩大的单位工程指标或单项工程指标。投资估算指标的表示形式较多，如以元/m、元/m^2、元/m^3、元/座（个）、元/t、元/kVA 等表示。根据这些投资估算指标，乘以拟建房屋、建筑物所需的面积、体积、座（个）、容量等，就可以求出相应的土建工程、室内给排水工程、电气照明工程、采暖工程、变配电工程等各单位工程的投资。在此基础上，可汇总成某一单项工程的投资。另外再估算工程建设其他费用及预备费等等，即可求得一个建设项目总投资。

对于房屋、建筑物等投资的估算，经常采用指标估算法，以元/m^2 或元/m^3 表示。

采用这种方法时，要根据国家有关规定、投资主管部门或地区颁布的估算指标，结合工程的具体情况编制。一方面要注意，若套用的指标与具体工程之间的标准或条件有差异时，应加以必要的换算或调整；另一方面要注意，使用的指标单位应密切结合每个单位工程的特点，能正确反映其设计参数，切勿盲目地单纯套用一种单位指标。

需要指出的是静态投资的估算，要按某一确定的时间来进行，一般以开工的前一年为基准年，以这一年的价格为依据计算，否则就会失去基准作用，影响投资估算的准确性。

（二）资金周转率法

资金周转率法是一种用资金周转率来推测投资额的简便方法，其公式如下：

$$资金周转率=\frac{年销售总额}{总投资}=\frac{产品的年产量\times产品单价}{总投资}$$

$$投资额=\frac{产品的年产量\times产品单价}{资金周转率}$$

拟建项目的资金周转率可以先根据已建类似项目的有关数据进行估计，然后再根据拟建项目的预计产品的年产量及单价，估算拟建项目的投资额。

这种方法比较简便快捷，但精确度较低，可用于投资机会研究及项目建议书阶段的投资估算。

（三）生产能力指数法

这种方法根据已建成的、性质类似的建设项目（或生产装置）的投资额和生产能力，以及拟建项目（或生产装置）的生产能力，估算拟建项目的投资额。计算公式为：

$$C_2 = C_1\left(\frac{Q_2}{Q_1}\right)^n \cdot f$$

式中 C_1——已建类似项目或装置的投资额；

C_2——拟建项目或装置的投资额；

Q_1——已建类似项目或装置的生产能力；

Q_2——拟建项目或装置的生产能力；

f——不同时期、不同地点的定额、单价、费用变更等的综合调整系数；

n——生产能力指数，$0 \leqslant n \leqslant 1$。

若已建类似项目或装置的规模和拟建项目或装置的规模相关不大，生产规模比值在0.5～2之间，则指数 n 的取值近似为1。

若已建类似项目或装置与拟建项目或装置的规模相差不大于50倍，且拟建项目规模的扩大仅靠增大设备规模来达到时，则 n 取值在0.6～0.7之间；若是靠增加相同规格设备的数量达到时，n 的取值在0.8～0.9之间。

采用这种方法，计算简单、速度快，但要求类似工程的资料可靠，条件基本相同，否则误差就会较大。

【例】 建设一座年产量50万吨的某生产装置的投资额为10亿元，现拟建一座年产100万吨的类似生产装置，试用生产能力指数法估算拟建生产装置的投资额是多少？（已知：$n=0.5$，$f=1$）

【解】 根据公式 $C_2 = C_1\left(\frac{Q_2}{Q_1}\right)^n \cdot f$ 得

$$C_2 = 10 \times \left(\frac{100}{50}\right)^{0.5} \times 1 \text{亿元} \approx 14.14 \text{亿元}$$

（四）比例估算法

比例估算法又分为两种：

1. 以拟建项目或装置的设备费为基数，根据已建成的类似项目或装置的建筑安装费和其他工程费用等占设备价值的百分比，求出拟建项目或装置相应的建筑安装费及其他工程费用等，再加上拟建项目的其他有关费用，其总和即为拟建项目或装置的投资。公式如下：

$$C = E(1 + f_1P_1 + f_2P_2 + f_3P_3 + \cdots\cdots) + I$$

式中 C——拟建项目或装置的投资额；

E——根据拟建项目或装置的设备清单按当时当地价格计算的设备费（包括运杂费）的总和。

$P_1, P_2, P_3 \cdots\cdots$ ——已建项目中建筑、安装及其他工程费用等占设备费的百分比；

$F_1, F_2, F_3 \cdots\cdots$ ——由于时间因素引起的定额、价格、费用标准等变化的综合调整系数；

I————拟建项目的其他费用。

2. 以拟建项目中的最主要、投资比重较大并与生产能力直接相关的工艺设备的投资（包括运杂费及安装费）为基数，根据同类型的已建项目的有关统计资料，计算出拟建项目的各专业工程（总图、土建、暖通、给排水、管道、电气及电信、自控及其他工程费用等）占工艺设备的百分比，据以求出各专业工程的投资，然后把各部分投资费用（包括工艺设备费）相加求和，再加上工程其他有关费用，即为项目的总费用。其表达式为：

$$C = E(1 + f_1 P'_1 + f_2 P'_2 + f_3 P'_3 + \cdots\cdots) + I$$

式中　P'_1, P'_2, P'_3——各专业工程费用占工艺设备费用的百分比。

（五）朗格系数法

这种方法是以设备费为基数，乘以适当系数来推算项目的建设费用，基本公式为：

$$D = C \cdot (1 + \Sigma K_i) \cdot K_c$$

式中　D——总建设费用；

C——主要设备费用；

K_i——管线、仪表、建筑物等项费用的估算系数；

K_c——管理费、合同费、应急费等间接费在内的总估算系数。

总建设费用与设备费用之比为朗格系数 K_L，即：

$$K_L = \frac{D}{C} = (1 + \Sigma K_i) \cdot K_c$$

表 9-2 是国外的流体加工系统的典型经验系数值。

流体加工系统的典型经验系数　　**表 9-2**

主设备交货费用	C	主设备交货费用	C
附属其他直接费用与 C 之比	K_i	通过直接费表示的间接费	
主设备安装人工费	0.10~0.20		
保温费	0.10~0.25	日常管理、合同费和利息	0.30
管线（碳钢）费	0.50~1.00		
基础	0.03~0.13	工程费	0.13
建筑物	0.07		
构架	0.05	不可预见费	0.13
防火	0.06~0.10		
电气	0.07~0.15	总体估算系数 K_i	1+0.56=1.56
油漆粉刷	0.06~0.10		
其他直接费用估算系数 ΣK_i	1.04~1.93	总费用 $D = (1 + \Sigma K_i) K_c C$	$(3.18 \sim 4.57) C$

这种方法比较简单，但没有考虑设备规格、材质的差异，所以精确度不高。

二、工程造价估算的动态估算方法

动态投资估算是指在估算过程中考虑了时间因素的计算方法，动态投资除了包括静态投资以外，还主要包括价格变动增加的投资额、建设期贷款利息和固定资产投资方向调节税等内容。如果是涉外项目，还应计算汇率的影响。动态投资的估算应以基准年静态投资的资金使用计划额为基础来计算以上各种变动因素，即：价、利、税。以下分别介绍涨价预备费、建设期贷款利息及固定资产投资方向调节税的估算方法。

（一）涨价预备费的估算方法

对于价格变动可能增加的投资额的估算，见第二章。

（二）汇率变化对涉外建设项目动态投资的影响及其计算方法

汇率是两种不同货币之间的兑换比率，或者说是以一种货币表示的另一种货币的价格。汇率的变化意味着一种货币相对于另一种货币的升值或贬值。在我国，人民币和外币之间的汇率采取以人民币表示外币价格的形式表示，如 1 美元 = 8.28 元人民币。由于涉外项目的投资中包含人民币以外的币种，需要按照相应的汇率把外币投资额换算为人民币投资额，所以汇率变化就会对涉外项目的投资额产生影响。

外币对人民币升值，则项目从国外市场购买设备材料所支付的外币金额不变，但换算成人民币的金额增加；从国外借款，本息所支付的货币金额不变，但换算成人民币的金额增加。反之则为外币对人民币贬值。

估计汇率变化对建设项目投资的影响大小，是通过预测汇率在项目建设期内的变动程度，以估算年份的投资额为基数而计算求得的。

（三）建设期贷款利息的估算方法

建设期贷款利息的估算方法见第二章。

（四）固定资产投资方向调节税的估算方法

固定资产投资方向调节税的计税方法，详见第二章。固定资产投资方向调节税估算时，计税基数为年度固定资产投资计划额，按分年的单位工程投资额乘以相应税率。

■ 关键概念

工程造价　动态投资估算

■ 复习思考题

1. 工程造价的静态估算方法有哪几种？
2. 工程造价的动态估算方法有哪几种？

第十章　工程竣工结算和决算

第一节　工 程 竣 工 结 算

一、竣工结算的含义

竣工结算是单位工程或单项工程完工，建设单位及工程质量监督部门验收合格，在交付生产或使用前，由施工单位根据合同价格和实际发生的增加或减少费用的变化等情况进行编制，并经建设单位签订的，以表达该项工程最终造价为主要内容，作为结算工程价款依据的经济文件。

竣工结算意味着承、发包双方经济关系的最后结束，因此承、发包双方的财务往来必须结清。结算应根据《工程竣工结算书》和《工程价款结算账单》进行。前者是施工单位根据合同造价、设计变更增（减）项和其他经济签证费用编制的确定工程最终造价的经济文件。表示向建设单位应收的全部工程价款。后者是表示承包单位已向建设单位收进的工程款，其中包括建设单位供应的器材（填报时必须将未付给建设单位的材料价款减除）。以上两者必须由施工单位在工程竣工验收点交后编制，送建设单位审查无误后，由承、发包单位共同办理竣工结算手续，才能进行工程结算。

二、竣工结算的作用和分类

（一）竣工结算的作用

1. 通过工程竣工结算办理已完工程的价款，确定施工企业的货币收入，补充施工生产过程中的资金消耗。

2. 工程竣工结算是统计施工企业完成生产计划和建设单位完成建设投资任务的依据。

3. 工程竣工结算是施工企业完成该工程项目的总货币收入，是企业内部编制工程决算进行成本核算，确定工程实际成本的重要依据。

4. 工程竣工结算是建设单位编制竣工决算的主要依据。

5. 工程竣工结算的完成，标志着施工企业和建设单位双方所承担的合同义务和经济责任的结束。

（二）竣工结算的分类（见图 10-1）

三、竣工结算的编制原则和依据

（一）竣工结算的编制原则

1. 严格遵守国家和地方的有关规定，以保证建筑产品价格的统一性和准确性。

2. 坚持实事求是的原则。

编制竣工结算书的项目，必须是具备结算条件的项目。对要办理竣工结算的工程项目内容，要进行全面清点，包括工程数量、质量等，都必须符合设计要求及施工验收规范。未完工程或工程质量不合格的，不能结算、需要返工的，应返修并经验收点交后，才能结算。

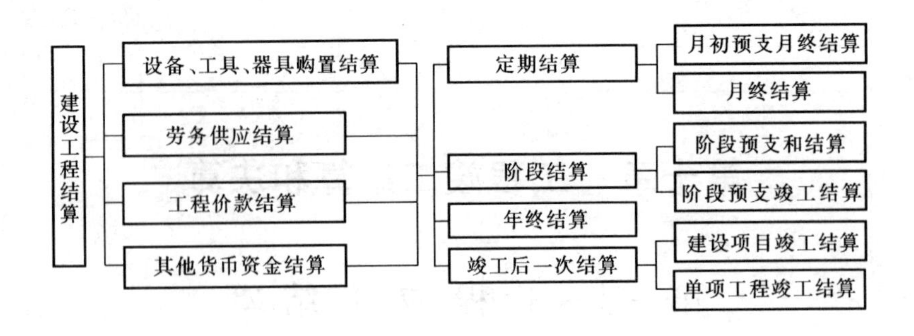

图 10-1 竣工结算分类

（二）竣工结算的编制依据

1. 工程竣工报告及工程竣工验收单；

2. 招投标文件和施工图预算以及经行政主管部门审查的工程施工合同或安装合同；

3. 设计变更通知单和施工现场工程变更洽商记录；

4. 按照有关部门规定及合同中有关条文规定持凭据进行结算的原始凭证；

5. 本地区现行的概预算定额、预算价格、费用定额及有关文件；

6. 其他有关技术资料。

四、竣工结算的编制方法

（一）竣工结算方式

1. 预算结算方式

在审定的施工图预算基础上，凡承包合同和文件规定允许调整，在施工活动中发生的而原施工图预算未包括的工程项目或费用，依据原始资料的计算，经建设单位审核签认的，在原施工图预算上作出调整。调整的内容一般有下列几个方面。

（1）工程量差。它是指由于设计变更或设计漏项而发生的增减工程量；设计标高与现场实际标高不符而产生的土方挖、填增减量；预见不到的增加量，如施工中出现的古墓坑挖填等；预算编制人员的疏忽造成的工程量差错等。这些量差应按合同的规定，根据建设单位与施工单位双方签证的现场记录进行调整。

（2）价差。它是指由于材料代用或材料价差等原因形成的价差。某些地区规定地方材料和市场采购材料由施工单位按预算价格包干，建设单位供应材料按预算价格划拨给施工单位的，在工程结算时不调整材料价差，其价差由建设单位单独核算，在工程竣工结算时摊入工程成本；由施工单位采购国拨、部管材料价差，应按承包合同和现行文件规定办理。

（3）费用调整。指由于工程量的增减，要相应地调整应取的各项费用。

2. 包干承包结算方式

由于招标承包制的推行，工程造价一次性包干、概算包干、施工图预算加系数包干、房屋建筑平方米造价包干等结算方式逐步代替了长期按预算结算的方式。包干承包结算方式，只需根据承包合同规定的“活口”，允许调整的进行调整，不允许调整的不得调整。此种结算方式，大大地简化了工程结算手续。

（二）编制竣工结算单（见表 10-1）。

竣工工程结算单 单位：元 **表 10-1**

<table>
<tr><td colspan="3">一、原预算造价</td><td></td></tr>
<tr><td rowspan="10">二、调整预算</td><td rowspan="5">增加部分</td><td>1. 补充预算</td><td></td></tr>
<tr><td>2.</td><td></td></tr>
<tr><td>3.</td><td></td></tr>
<tr><td>⋮</td><td></td></tr>
<tr><td>合计</td><td></td></tr>
<tr><td rowspan="5">减少部分</td><td>1.</td><td></td></tr>
<tr><td>2.</td><td></td></tr>
<tr><td>3.</td><td></td></tr>
<tr><td>⋮</td><td></td></tr>
<tr><td>合计</td><td></td></tr>
<tr><td colspan="3">三、竣工结算总造价</td><td></td></tr>
<tr><td rowspan="5">四、财务结算</td><td colspan="2">已收工程款</td><td></td></tr>
<tr><td colspan="2">报产值的甲供设备价值</td><td></td></tr>
<tr><td colspan="2">⋮</td><td></td></tr>
<tr><td colspan="2">⋮</td><td></td></tr>
<tr><td colspan="2">实际结算工程款</td><td></td></tr>
<tr><td>说　明</td><td colspan="3"></td></tr>
<tr><td colspan="2">建设单位：
经办人：

年　月　日</td><td colspan="2">施工单位：
经办人：

年　月　日</td></tr>
</table>

五、工程款的拨付

建设工程由于具有生产周期长、材料耗用量大和产品生产个体性强等特点，根据建设部的规定，发包与承包工程应坚持实施预付款制度。随着工程的进展支付工程进度款，到一定程度后扣减预付款，留有部分余款待工程竣工验收完毕以后，办理结算，结清尾款。

（一）建筑工程备料款的拨付

根据工程建设制度规定，甲、乙双方施工合同签订后，为了确保工程按时开工，甲方应按照合同规定，向乙方提供一定数量的工程备料款，用以备料和搭设临时设施以及其他施工准备工作等。这种预先支付的工程备料款，习惯上简称工程预付款。

工程备料款的支付金额，一般是以构成工程实体的材料需要量及其储备的时间长短来计算的。其支付数额可按下式计算。

$$\text{工程备料款的支付金额} = \frac{\text{工程造价} \times \text{材料费占比重}}{\text{合同工期}} \times \text{材料储备天数}$$

式中

$$\text{某材料的储备天数} = \frac{\text{经常储备量} + \text{安全储备量}}{\text{平均日需用量}}$$

计算出各种材料的储备天数后，取其中最大值，作为工程预付款金额公式中的材料储

备天数。在实际工作中，为简化计算，工程预付款金额，可用工程总造价乘以预付工程款额度求得。即

$$\text{工程预付款的金额}=\text{工程总造价}\times\text{工程预付款额度}$$

式中，工程预付额度，是根据各地区工程类别、施工工期以及供应条件来确定的。一般为工程总造价的25%左右。

【例1】 设某单位6号住宅楼施工图预算造价为300万元，计划工期为320d，预算价值中的材料费占65%，材料储备期为100d，计算甲方应向乙方预付备料款的金额为多少。

【解】 甲方应向乙方预付备料款的金额为：

$$\frac{300\times0.65}{320}\times100\approx60.94\ (\text{万元})$$

实际工作中，建设规模较大的工程（或者说跨年度的工程），备料款的预付额度为：建筑工程，一般不得超过当年建筑工程（包括水暖、电气等）工作量的30%，采用预制构件较多，以及工期在6个月以内的工程，可以适当增加；安装工程一般不得超过当年安装工作量的10%，安装材料用量较大的工程，可以适当增加。

按照合同规定由甲方供应的材料，这部分材料，乙方不得收取备料款。

（二）工程预付款的扣还

当工程进展到一定阶段，需要储备的材料越来越少，建设单位应将工程预付款逐渐从工程进度款中收回，并在工程竣工结算前全部收完。为此，工程预付款的扣还应解决以下两个问题。

1. 工程预付款的起扣造价。工程预付款的起扣造价是指工程预付款起扣时的工程造价。也就是说工程进行到什么时候，就应该开始起扣工程预付款。应当说当未完工程所需要的材料费，正好等于工程预付款时开始起扣。即

$$\text{未完工程材料费}=\text{工程预付款}$$

$$\text{未完工程材料费}=\text{未完工程造价}\times\text{材料费比重}$$

$$\text{未完工程造价}=\frac{\text{工程预付款}}{\text{材料费比重}}$$

$$\text{起扣造价}=\text{工程总造价}-\text{未完工程造价}$$

2. 工程预付款的起扣时间。工程预付款的起扣时间是指工程预付款起扣时的工程进度。

$$\text{工程预付款的起扣进度}=\frac{\text{工程预付款的起扣造价}}{\text{工程总造价}}\times100\%$$

（三）工程进度款的拨付

工程进度款是指建设单位按照工程施工的进度和合同规定，按时向施工单位支付的工程价款。

工程进度款的收取，一般是月初收取上期完成的工程进度款，此工程进度款额应等于施工图预算中所完成分项工程项目费用之和。当完成分项工程项目费用总和达到扣还工程预付款的起扣造价时，就要从每期工程进度款中减去应扣的数额。

$$\text{本期应收取的工程进度款额}=\text{本期完成分项工程费用总和}-\text{本期分项工程费用中材料费}$$

【例2】 设某土建单位工程的预算造价为900万元，材料费比重占61.5%，每月完成工程费用如表10-2所示。计算该工程的工程预付款额为多少？工程进度款应如何拨付？

逐月完成工程费用表　　单位：万元　**表 10-2**

一月	二月	三月	四月
214	259	315	112

【解】

$$工程预付款额 = 900 \times 25\% = 225 万元$$

$$未完工程造价 = \frac{22.5}{61.5\%} \approx 365.85 万元$$

$$预付款起扣造价 = 900 - 365.85 = 534.15 万元$$

每月工程进度款按以下数额拨付。

一月：214 万元；

二月：259 万元；

三月：$59.35 + 300 - 300 \times 61.5\% = 174.85$ 万元；

四月：$100 - 100 \times 61.5\% = 38.5$ 万元

第二节　工 程 竣 工 决 算

一、竣工决算的含义

竣工决算是建设项目或单项工程的全部工程完工，并经建设单位和工程质量监督部门等验收合格交工后，由建设单位根据各局部工程竣工结算和其他工程费等实际开支的情况，进行计算和编制的综合反映建设项目或单项工程从筹建到竣工投产或交付使用全部过程中，各项资金使用情况和建设成果的总结性经济文件。

国家有关规定，所有竣工验收的建设项目或单项工程在办理验收手续之前，应认真清理所有财产和物资，编好工程竣工决算，分析预（概）算执行情况，考核投资效果，报上级主管部门审查。

竣工决算是建设项目竣工验收报告的重要组成部分；是单项工程验收和全部验收的依据之一；是建设项目全面清理财务，做到工完账清的财务总结和财务监督的依据；是正确核定新增固定资产价值，考核和分析投资效果的依据。编好竣工决算有利于进行设计概算、施工图预算和竣工决算对比，积累技术经济资料，发现工程投资规律，总结经验，作为建设工作借鉴；有利于建设单位全面了解投资执行情况，正确计算固定资产折旧费，合理计算生产成本和利润，便于产品定价和经济核算。

在施工企业内部，承包的单位工程完工，经建设单位和工程质量监督部门等验收合格后，对所承包的单位工程进行工程成本决算，是建设项目竣工决算之外的另一种竣工决算。竣工成本决算是以单位工程竣工结算为依据编制，是施工企业内部对单位工程的预算成本、实际成本和成本降低额进行核算对比的技术经济文件。其目的在于进行实际成本分析，反映经营效果，总结经验教训，提高企业的管理水平。

二、竣工决算的编制

根据国家有关规定，竣工决算分大中型建设项目和小型建设项目进行编制。建设项目竣工决算一般由文字说明和决算报表两部分内容组成。

（一）文字说明

文字说明主要包括工程概况、设计概算和基本建设计划执行情况、各项技术指标完成情况、各项拨款使用情况、建设成本和投资效果分析以及建设过程中的主要经验、存在的问题和各项建议等。

（二）决算报表

竣工决算报表应根据建设项目的规模，分别编制大中型建设项目竣工决算表和小型建设项目竣工决算表。

1. 大中型建设项目竣工决算表。包括竣工工程概况表，见表 10-3；竣工财务决算表，见表 10-4；交付使用财产总表，见表 10-5。

竣工工程概况表是用设计概算所确定的主要指标与实际完成的各项主要指标进行对比，以说明大中型建设项目概况。其内容一般有占地面积、新增生产能力、建设时间、完成主要工程量、建筑面积和设备、收尾工程、建设成本、主要材料消耗、主要技术经济指标等。

竣工财务决算表采用基建资金来源合计等于基建资金运用合计的平衡表形式，来反映竣工的大中型建设项目的全部资金来源和资金运用情况。

交付使用财产总表反映竣工大中型建设项目交付使用固定资产和流动资产的详细内容。

2. 小型建设项目竣工决算表；包括竣工决算总表，见表 10-6，交付使用财产明细表，见表 10-7。

大中型建设项目竣工工程概况表 **表 10-3**

<table>
<tr><td colspan="2">建设项目名称</td><td colspan="3"></td></tr>
<tr><td colspan="2" rowspan="3">建设地址</td><td rowspan="3"></td><td colspan="2">占地面积</td></tr>
<tr><td>设 计</td><td>实 际</td></tr>
<tr><td></td><td></td></tr>
<tr><td rowspan="2">新增生产能力</td><td colspan="2">能力或效益名称</td><td>设 计</td><td>实 际</td></tr>
<tr><td colspan="2"></td><td></td><td></td></tr>
<tr><td rowspan="2">建设时间</td><td>计划</td><td colspan="3">从 年 月开工至 年 月 竣工</td></tr>
<tr><td>实际</td><td colspan="3">从 年 月开工至 年 月 竣工</td></tr>
<tr><td colspan="2">初步设计和概算
批准机关日期、文号</td><td colspan="3"></td></tr>
<tr><td rowspan="2">完成主要工程量</td><td colspan="2">名 称</td><td>单位</td><td>数 量</td></tr>
<tr><td colspan="2"></td><td></td><td></td></tr>
<tr><td colspan="2" rowspan="2">建筑面积和设备</td><td>m²</td><td rowspan="2">设计</td><td rowspan="2">实际</td></tr>
<tr><td>台/t</td></tr>
<tr><td rowspan="2">收尾工程</td><td>工程内容</td><td>投资额</td><td>负责单位</td><td>完成时间</td></tr>
<tr><td></td><td></td><td></td><td></td></tr>
</table>

<table>
<tr><td rowspan="5">建设成本</td><td>项 目</td><td>概算（元）</td><td>实际（元）</td><td>说明</td></tr>
<tr><td>建安工程</td><td></td><td></td><td></td></tr>
<tr><td>设备、工具、器具</td><td></td><td></td><td></td></tr>
<tr><td>其他基本建设
其中：土地征用费
生产职工培训费
施工机构迁移费
建设单位管理费
联合试车费
出国考查费
勘察设计费</td><td></td><td></td><td></td></tr>
<tr><td>合计</td><td></td><td></td><td></td></tr>
</table>

<table>
<tr><td rowspan="4">主要材料消耗</td><td>名 称</td><td>单 位</td><td>概 算</td><td>实 际</td><td></td></tr>
<tr><td>钢 材</td><td>t</td><td></td><td></td><td></td></tr>
<tr><td>木 材</td><td>m³</td><td></td><td></td><td></td></tr>
<tr><td>水 泥</td><td>t</td><td></td><td></td><td></td></tr>
</table>

主要技术经济指标：

大中型建设项目竣工财务决算表 **表 10-4**

建设项目名称：

资金来源	金 额（千元）	资金运用	金 额（千元）	
一、基建预算拨款		一、交付使用财产		
二、基建其他拨款		二、在建工程		补充资料
三、基建收入		三、应核销投资支出		基本建设收入
		1. 拨付其他单位基建款		总计
四、专项基金		2. 移交其他单位未完工程		其中：应上交财政
		3. 报废工程损失		已上交财政
五、应付款		四、应核销其他支出		支出
		1. 器材销售亏损		
		2. 器材折价损失		
		3. 设备报废盈亏		
		五、器材		
		1. 需要安装设备		
		2. 库存材料		
		六、专用基金财产		
		七、应收款		
		八、银行存款及现金		
合计		合计		

大中型建设项目交付使用财产总表 **表 10-5**

建设项目名称： 单位：元

工程项目名称	总 计	固定资产				流动资产
		合 计	建安工程	设 备	其他费用	

交付单位盖单 接收单位盖章

年 月 日 年 月 日

小型建设项目竣工决算总表 **表 10-6**

<table>
<tr><td>建设项目名称</td><td colspan="7"></td></tr>
<tr><td>建设地址</td><td colspan="4"></td><td>占地面积</td><td>设计</td><td>实际</td></tr>
<tr><td>新增生产能力</td><td colspan="2">能力或效益名称</td><td>设计</td><td>实际</td><td>初步设计或概算批准机关日期</td><td colspan="2"></td></tr>
<tr><td rowspan="2">建设时间</td><td>计划</td><td colspan="6">从 年 月开工至 年 月 竣工</td></tr>
<tr><td>实际</td><td colspan="6">从 年 月开工至 年 月 竣工</td></tr>
<tr><td rowspan="2">建设成本</td><td colspan="3">项 目</td><td colspan="2">概算（元）</td><td colspan="2">实际（元）</td></tr>
<tr><td colspan="3">建筑安装工程
设备、工具、器具
其他基本建设
1. 土地征用费
2. 生产职工培训费
3. 联合试车费
……
合计</td><td colspan="2"></td><td colspan="2"></td></tr>
</table>

	项 目	金额	主要事项说明
资金来源	1. 基建预算拨款 2. 基建其他拨款 3. 应付款 4.…… 合 计		
资金运用	1. 交付使用固定资产 2. 交付使用流动资产 3. 应核销投资支出 4. 应核销其他支出 5. 库存设备、材料 6. 银行存款及现金 7. 应收款 8.…… 合 计		

小型建设项目交付使用财产明细表 **表 10-7**

建设项目名称：

工程项目名称	建设工程			设备、器具、工具、家具					
	结构	面积（m^2）	价值（元）	名称	规格型号	单位	数量	价值（元）	设备安装费

交付单位盖章　　　　　　　　　　　　　　　　　　　　　　　　接收单位盖章

年　月　日　　　　　　　　　　　　　　　　　　　　　　　　　　年　月　日

竣工决算总表反映竣工小型建设项目的概况、全部资金来源和资金运用情况。其内容一般有占地面积、新增生产能力、建设时间、建设成本、资金来源、资金运用等。

支付使用财产明细表反映竣工小型建设项目交付使用的固定资产和器具、工具、家具的详细内容。

（三）施工企业单位工程竣工成本决算

施工企业单位工程竣工成本决算以表格形式表达，见表 10-8。反映了单位工程预算成本、实际成本和成本降低情况。

竣 工 成 本 决 算 **表 10-8**

建设单位：××××　　　　　　　　　　　　　　　　开工日期　年　月　日

工程名称：住宅

工程结构：砖混　建筑面积：2696.82m^2　　　　　　　　竣工日期　年　月　日

成本项目	预算成本	实际成本	降低额	降低率（%）	人工材料机械使用分析	预算用量	实际用量	实际用量与预算用量比较	
								节约或超支	节约或超支率(%)
人工费	88484	87799	685	0.8	材　料				
材料费	1078836	1052082	26754	2.5	钢　材	290t	286t	4	1.4
机械费	144183	156557	-12374	-8.6	木　材	195m^3	193m^3	2	1.0
其他直接费	5926	6197	-271	-4.6	水　泥	484t	491t	-7	-1.4
直接成本	1317429	1302635	14794	1.1	砖	1293 千匹	1277 千匹	16	1.2
施工管理费	239758	235008	4750	1.98	砂	544m^3	564m^3	-20	-3.7
其他间接费	79039	82252	-3213	-4.1	石	467t	483t	-16	-3.4
资　金		3921			沥　青	20t	19t	1	5
总　计	1636226	1623816	12410	0.75	生石灰	115t	109t	6	32
预算总造价 1752931 元（土建工程费用） 单方造价 650.00 元/ma^2 单位工程成本　预算成本 606.72 元/m^2 实际成本 602.12 元/m^2					人　工 机械费	18363 工日 144183	18510 工日 156557	-147 -12374	-0.8 -8.6

■ 关键概念

工程竣工结算　工程竣工决算　工程预付款　工程进度款

■ 复 习 思 考 题

1. 工程竣工结算编制的原则和依据是什么?
2. 工程竣工结算方式有哪几种?
3. 怎样进行工程备料款和工程进度款的拨付?
4. 怎样编制工程竣工决算表?

第十一章　工程造价的审查

第一节　工程造价审查概述

一、工程造价审查的意义

（一）有利于合理确定工程造价，提高投资效益。认真审核预算，正确确定建设工程造价，可以使国家或部门对基本建设资金做到合理分配和合理投向，充分发挥投资效益，促进我国社会主义现代化建设的发展。

（二）有利于对基本建设进行科学地管理和监督。通过对建设工程造价的审核，可以为基本建设提供所需要的人、财、物等方面的可靠数据。国家根据这些正确的数据，就能正确地实施基本建设拨款、贷款、计划、统计和成本核算以及制定合理的技术经济考核指标，从而提高对基本建设的科学管理与监督。

（三）有利于建筑市场的合理竞争。经过审核的预算，提供了正确的工程造价和主要材料及设备的需要数量。为建设项目的招标与投标奠定了基础。并能以此提出合理的标底价或投标报价，促进建设项目大包干和建筑市场的合理竞争。

（四）有利于促进施工企业提高经营管理水平。通过对建设工程预算的审核，核实了工程造价，确定了用工用料的数量，这将直接影响施工企业的货币收入。如果由于预算编制漏项或单价套低而少算，就会影响企业的经济效益；如果由于预算编制重项或单价套高而多算，使企业轻而易举的取得较多的收益，不费力气地完成降低成本的任务，而忽视管理水平的再提高。这种任意更改工程项目和价格的做法，会造成并掩盖企业的浪费现象。加强预算审核后，就能堵塞这些漏洞，促使企业认真采取降低成本的措施，加强经济核算，提高经营管理水平。

（五）有利于维护国家财经纪律。建设单位或业主获得批准的工程建设投资，必须按照国家或部门规定用于批准的计划内工程，不能擅自挪作他用。实施工程预算和结算审核制度，可以发现建设单位是否用计划内的项目投资，兴建计划外工程；是否将生产性建设项目的投资挪用于兴建非生产性项目。还可以发现建设单位、施工单位的各项费用支出，是否符合国家财经纪律，有无乘基建之机，钻管理上的漏洞，贪污、私分、请客送礼等挥霍国家建设资金的腐败情况。所以说，通过对工程造价的审核，有利于杜绝各种违纪活动，打击经济犯罪活动，维护财经纪律。

二、工程造价审查的依据

（一）国家或省（市）颁发的现行定额或补充定额以及费用定额。

（二）现行的地区材料预算价格、本地区工资标准及机械台班费用标准。

（三）现行的地区单位估价表或汇总表。

（四）初步设计或扩大初步设计图样及施工图纸。

（五）有关该工程的调查资料，地质钻探、水文气象等资料。

（六）甲乙双方签订的合同或协议书以及招标文件。

（七）工程资料，如施工组织设计等文件资料。

三、工程造价审查的形式

（一）会审。是由建设单位、设计单位、施工单位各派代表一起会审，这种审查发现问题比较全面，又能及时交换意见,因此审查的进度快、质量高,多用于重要项目的审查。

（二）单审。是由审计部门或主管工程造价工作的部门单独审查。这些部门单独审查后，各自将提出的修改意见，通知有关单位协商解决。

（三）建设单位审查。建设单位具备审查工程造价条件时，可以自行审查，对审查后提出的问题，同工程造价的编制单位协商解决。

（四）委托审查。随着造价师工作的开展，工程造价咨询机构应运而生，建设单位可以委托这些专门机构进行审查。

四、工程造价审查的步骤

（一）准备工作

1. 熟悉送审工程概预算和承发包合同。

2. 搜集并熟悉有关设计资料，核对与工程概预算有关的图样和标准图。

3. 了解施工现场情况，熟悉施工组织设计或技术措施方案，掌握与编制概预算有关的设计变更等情况。

4. 熟悉送审工程概预算所依据的定额、单位估价表、费用标准和有关文件。

（二）审查计算

根据工程规模、工程性质、审查时间和质量要求、审查力量情况等合理确定审查方法，然后按照选定的审查方法进行具体审查。在审查计算过程中，应将审查的问题做出详细的记录。

（三）交换审查意见

审查单位将审查记录中的疑点、错误、重复计算和遗漏项目等问题与工程概预算编制单位和建设单位交换意见，做进一步核对，以便更正。

（四）审查定案

根据交换意见确定的结果,将更正后的项目进行计算并汇总,填制工程预算调整表(表11-1和表11-2)。由编制单位责任人签字并加盖公章,且审查单位责任人也需签字并加盖公章。

定额直接费调整表　　年　月　日　　**表 11-1**

序　号	分部分项工程名　称	原　预　算							调整后预算							核减金额/元	核增金额/元
		定额编号	单位	工程量	直接费/元		人工费/元		定额编号	单位	工程量	直接费/元		人工费/元			
					单价	合计	单价	合计				单价	合计	单价	合计		
1																	
2																	
3																	
…																	

编制单位（印章）　　责任人：　　审查单位（印章）　　责任人：

工程预算费用调整表　　年　月　日　　　　**表 11-2**

序　号	费用名称	原　预　算			调整后预算			核减金额/元	核增金额/元
		费率(%)	计算基础	金额/元	费率(%)	计算基础	金额/元		
1									
2									
3									
…									

编制单位(印章)　　责任人:　　审查单位(印章)　　责任人:

第二节　工程造价审查的方法

一、全面审查法

全面审查法就是对送审的工程概预算逐项进行审查的一种方法。这种审核方法与编制工程概预算的方法与过程基本相同。全面审查法的优点是全面细致，审查质量高，效果好。缺点是工作量大，花费时间长。全面审查法适用于工程规模小、工艺比较简单的工程和经重点抽查和分解对比审查发现差错率较大的工程。

二、重点抽查法

重点抽查法就是抓住对工程造价影响比较大的项目和容易发生差错的项目重点进行审查。重点审查的内容主要有以下几个方面：

（一）工程量大而且费用比较高的分项工程的工程量是审核的重点。为此，一般土建工程应重点审核：砌体工程，混凝土及钢筋混凝土工程以及基础工程的工程量；高层结构工程应重点审核：基础工程，主体结构工程和内外装饰工程的工程量。

（二）工程量大而且费用高的分项工程的预算单价是审核的重点。对于工程量大而且费用高的重点审核分项工程的预算单价，应审查其所综合的工程内容与设计图纸要求的内容是否相符；不相符者是否进行过换算？换算的方法是否正确？另外，预算单价选套的是否合理，有无高套或低套的现象。

（三）补充定额单价是审核重点。补充定额一般均由编制单位自行编制的，它代表了编制单位的思想和意愿。因此，校审单位工程预算时，必须对补充定额逐一审查。审查其编制补充定额单价的依据和方法是否符合有关规定；材料用量和材料预算价格组成是否齐全和准确；人工工日单价和机械台班单价的确定是否合理。

（四）各项费用的计取是校审的重点。单位工程各项费用的计取与工程性质、承包方式以及企业性质和等级有着密切的关系，国家或地区有关部门分别规定了不同情况的费率标准和计算方法。但是，有些施工企业编制预（概）算时，有意无意地混淆上述区别。因此，审核各项费用的计取时，应首先审核取费的依据，即：结构类别、企业性质和等级以及承包方式；然后审核各项费用的取费基础和费率是否与之对应。

（五）市场采购材料的价差是校审的重点。各地区主管部门均规定市场采购材料可以计算价差，而建筑市场上这些材料的价格浮动幅度较大，致使其差价在工程预算造价中占有较大的比重。因此，审核市场采购材料的价差时，应重点审查市场采购材料的市场价格。审查时，应按照本地区物资部门规定的批发价格和运杂费标准核实。

三、对比审查法

分解对比审查法就是将一个单位工程造价分解为直接费和间接费（含利润、税金）两部分；然后再将直接费部分按分部工程和分项工程进行分解，计算出这些工程每平方米的直接费用或每平方米的工程数量（单位工程直接费/m^2，分部工程直接费/m^2，分项工程直接费/m^2，分项工程量/m^2；最后将计算所得指标与历年积累的各种工程实际造价指标和有关的技术经济指标进行比较，来判定拟审查工程概预算的质量水平。

分解对比审查法首先需要全面审核某种建筑物的定型标准施工图或复用施工图的工程概预算指标，或者搜集积累各种不同类型工程的造价指标和技术经济指标作为拟审查工程的对比依据，有了这些材料后按以下步骤进行操作：

（一）对比单位工程造价指标（元/m^2）。如果出入不大，可以认为本工程概预算问题不大，可不再继续审查下去了，如果出入较大，譬如超过已审定同类工程造价指标的1%或3%（各地规定不一样），则继续对比单位工程直接费指标。一般情况下，由于拟审工程与参照工程建造时间不同，费用标准可能要有所变化，这是应注意的问题，同时在审查时可以直接对比单位工程直接费指标。

（二）单位工程、分部工程、分项工程的分解。按单位工程、分部工程、分项工程进行分解，边分解边对比，哪一分部工程或分项工程指标出入较大，就重点进行审查。这种方法多用于审查概算。

四、经验审查法

它是根据以往审查类似工程的经验，只审查容易出现错误的费用项目，采用经验指标进行类比。它适用于具有类似工程概预算审查经验和资料的工程。这种方法的特点是速度快，但准确度一般。

五、统筹审查法（分组计算审查法）

统筹审查法是一种加速审查工程量的方法，是在长期工程概预算工作中总结出来的概预算编审规律的基础上，运用统筹法审查概预算的一种方法，具体操作步骤如下：

（一）项目分组。把概预算项目分为若干组，且把相邻的具有内在联系的项目编为一组，例如可以把利用轴线长度作为计算基础的工程项目划为一组；把利用建筑面积作为计算基础的划为一组；把能够利用手册计算的项目划为一组等。在每组中审查或计算某个分项工程量，利用工程量间具有相加或相似计算基础的关系，来推断同组其他几个分项工程量的准确程度。

（二）有减与被减关系的工程量。应先计算被减分项工程的工程量。例如在计算砌墙工程量时，应先计算应扣除的门窗洞口面积和钢筋混凝土圈梁、过梁等构件体积，后计算砌筑墙体体积。

（三）先计算可以作为其他计算数据基数的数据。这个数据可以多次重复使用，例如外墙外边线是一个基数，可以用它计算多层建筑物各层平面相同的建筑面积，无挑檐的平屋面面积，卷材防水层面积、保温层面积等。

这种方法适用于所有工程概预算审查，项目分组后一般与全面审查法结合运用，在编审人员充足的情况下，尤显得质量高、速度快。

六、筛选法

筛选法实质上是对比审查法的一种，一般适用于住宅工程。其操作过程就是计算出建筑物中各分部分项工程在单位面积上的工程量、造价、用工3个单方基本数值表和造价、用工数值调整表，并注明其适用的建筑标准，表中要考虑层高和建筑面积对单方基本数值的影响，简称“四表”，表中这些基本值或基本值的调整值可看成为“筛孔”，将审查的工程概预算也按分部分项工程分解为单位面积上工程量、造价、用工3个数值，用已有的基本值或基本值调整值来筛各分部分项工程，如果将要审查的分部分项工程在其范围之内，则该部分可不细审了；如果将要审查的分部分项工程不在其范围之内，则该部分应详细审查。筛选法具有简单易学、便于掌握、加快审查速度、发现问题快的优点，但要想解决差错，分析其原因尚需继续审查。使用这种方法时，该工程必须能确定出基本值，因此其适用范围不是很大。

第三节　工程造价审查的主要内容

工程造价审查，是落实工程造价管理的一个有力措施，不论采用全面审查法还是重点审查法，一般要从以下几个方面进行审查：

一、审查编制依据

（一）审查编制依据的合法性。工程造价中所采用的各种编制依据必须经过国家或授权机关的批准，符合国家的编制规定；未经批准的一律无效，不得采用。

（二）审查编制依据的时效性。编制概预算造价所采用的各种依据，如概算定额、概算指标、预算定额、预算价格、费用定额、地区单位估价表和标准都具有时效性，审查时应分析它们是否都在国家规定的有效期内按现行规定进行，有无调整和新规定。

（三）审查编制依据的适用范围。概预算造价所采用的各种依据都有规定的适用范围，如定额有国家定额、部门定额、地方定额之分，各主管部门规定的各种专业定额及其取费标准，只适用该部门规定的各种专业工程。各省市规定的各种定额及其取费标准，只适用于各省市的范围以内，尤其对于材料预算价格区域性更强。在编制概预算时造价，必须根据工程特点，各种定额、指标、价格和费用指标等的适用范围分别选用。

二、审查设计图样、施工组织设计及取费项目

审查时要注意设计图样是否齐全，有无缺漏现象，不同的工程，不同的企业施工水平，对各种工程的施工都有不同的施工组织设计，都有具体的施工方案和方法，如土方工程是采用人工还是机械挖运，构件吊装是采用哪种起重设备，预制构件是在加工厂制作还是现场制作等，这些都要与概预算书中所列项目和内容一致，审查时要着重注意。

三、审查技术经济指标和工程造价

建筑安装工程费用包括直接费、间接费、利润和税金，概预算书中所确定的工程造价，就意味着国家对该项工程将要支付的投资数额，审查工程造价必须认真仔细，严格执行国家有关文件规定，要审查工程造价是否控制在设计概算所规定的限额内，如超过概算定额，应对设计图样进行修改，以保证其造价不突破概算定额。审查的同时，要注意审查各项技术经济指标，如单方造价、每平方米建筑面积的钢材、木材、水泥和砖等的消耗量，以及各分部工程与总造价的百分比等，审查其是否越过同类工程的实物消耗量参考指标及造价指标（可参考表11-3，表11-4），如果发现与同类工程的各项参考指标有较大出入时，应进一步详细审查。

建筑工程的一般概念性经济指标 **表 11-3**

<table>
<tr><th>序号</th><th colspan="2">项　目</th><th colspan="8">所占造价的比例（%）</th></tr>
<tr><td rowspan="2">1</td><td rowspan="2" colspan="2">一般民用建筑和一般工业厂房土建与安装造价比重</td><td colspan="6">土建工程造价（不包括工艺设备投资）
占总造价 70~80</td><td colspan="2">水、电、暖、通风造价
占总造价 20~30</td></tr>
<tr><td colspan="2">土　建
上下水
电　照</td><td>88~89
8~8.8
1.5~2</td><td colspan="2">土　建
采　暖
上下水
电　照</td><td>85~88
4~5
4~6
2~3</td><td>土　建
采　暖
上下水
电　照
煤　气</td><td>85~87
4~4.5
4~5
2~3
1.5~1.8</td></tr>
<tr><td>2</td><td colspan="2">土建工程造价四项费用比重</td><td colspan="8">人工工资占：8~12
材料费占：64~68
机械费占：4~8
间接费占：20~26（即施工管理费）</td></tr>
<tr><td rowspan="2">3</td><td rowspan="2" colspan="2">分部工程造价所占的比例</td><td colspan="4">砖木结构</td><td colspan="4">钢筋混凝土混合结构</td></tr>
<tr><td colspan="4">基础部分占：8~12
墙体部分占：15~25
梁柱部分占：2~6
地面部分占：8~10
门窗部分占：6~10
屋盖部分占：30~35
其他部分占：4~6</td><td colspan="4">5~10
10~18
10~20
4~7
5~11
30~40
3~5</td></tr>
<tr><td rowspan="3">4</td><td rowspan="3">建筑物不同高度对造价的影响</td><td>单层</td><td colspan="8">单层多跨建筑物其高度增加 1m，造价增加 1.5~3</td></tr>
<tr><td rowspan="2">多层</td><td>层高（m）</td><td>2.8</td><td>3.0</td><td>3.2</td><td>3.4</td><td>3.6</td><td colspan="2">3.8</td></tr>
<tr><td>造　价</td><td>99</td><td>100</td><td>103</td><td>107</td><td>110</td><td colspan="2">113</td></tr>
<tr><td rowspan="2">5</td><td rowspan="2" colspan="2">建筑物不同层数对造价的影响</td><td>层　数</td><td>1</td><td>2</td><td>3</td><td>4</td><td>5</td><td colspan="2">6</td></tr>
<tr><td>造　价</td><td>100</td><td>90</td><td>84</td><td>80</td><td>82</td><td colspan="2">85</td></tr>
<tr><td rowspan="2">6</td><td rowspan="2" colspan="2">建筑物外形对造价的影响</td><td>外　形</td><td colspan="2">长方形</td><td>L形</td><td>H形</td><td>Y形</td><td colspan="2">圆形</td></tr>
<tr><td>造　价</td><td colspan="2">100</td><td>103~108</td><td>102~105</td><td>103~107</td><td colspan="2">107~113</td></tr>
<tr><td>7</td><td colspan="2">不同走廊形式对造价的影响</td><td>走廊形式
造　价</td><td colspan="2">内　廊
100</td><td>内外廊
101</td><td>梯　间
106</td><td>外　廊
107</td><td colspan="2">半内廊
110</td></tr>
<tr><td>8</td><td colspan="2">不同进深对造价的影响</td><td>进深（m）
造　价</td><td colspan="2">4.4
101</td><td>4.8
100</td><td>5.2
99</td><td>5.6
98</td><td colspan="2">6.0
97</td></tr>
<tr><td rowspan="2">9</td><td rowspan="2" colspan="2">不同户平均居住面积对造价影响</td><td>面积（m^2）</td><td>24</td><td>27</td><td>31</td><td>44</td><td>50</td><td>55</td><td>57</td></tr>
<tr><td>造　价</td><td>104</td><td>102</td><td>100</td><td>98</td><td>97</td><td>95</td><td>94</td></tr>
<tr><td rowspan="2">10</td><td rowspan="2" colspan="2">不同结构层高每增减 10cm 造价影响</td><td>结构类别</td><td>混　合</td><td>砖　木</td><td>混凝土</td><td colspan="4"></td></tr>
<tr><td>造　价</td><td>1.1</td><td>1.07</td><td>1.06</td><td colspan="4"></td></tr>
<tr><td rowspan="2">11</td><td rowspan="2" colspan="2">不同开间对造价的影响</td><td>开间（m）</td><td>2.8</td><td>3.0</td><td>3.2</td><td>3.4</td><td>3.6</td><td>3.8</td><td>4.0</td></tr>
<tr><td>造　价</td><td>107</td><td>104</td><td>102</td><td>100</td><td>99</td><td>97</td><td>96</td></tr>
<tr><td rowspan="2">12</td><td rowspan="2" colspan="2">单元组合不同对造价的影响</td><td>单　元</td><td>2</td><td>3</td><td>4</td><td>5</td><td>6</td><td colspan="2">7</td></tr>
<tr><td>造　价</td><td>100</td><td>96.8</td><td>95.2</td><td>94</td><td>93.4</td><td colspan="2">92.8</td></tr>
<tr><td rowspan="2">13</td><td rowspan="2" colspan="2">不同墙身材料对造价的影响</td><td>墙身材料</td><td>砖</td><td>硅酸块</td><td>多孔砖</td><td colspan="4">混凝土</td></tr>
<tr><td>造　价</td><td>1.00</td><td>0.994</td><td>0.970</td><td colspan="4">1.2~1.4</td></tr>
<tr><td rowspan="2">14</td><td rowspan="4" colspan="2">不同跨数对造价的影响</td><td>跨度（m）</td><td>9</td><td>12</td><td>18</td><td>24</td><td>30</td><td colspan="2">36</td></tr>
<tr><td>造　价</td><td>125</td><td>115</td><td>100</td><td>88</td><td>82</td><td colspan="2">79</td></tr>
<tr><td rowspan="2">15</td><td>跨　数</td><td>2</td><td>3</td><td>4</td><td>5</td><td colspan="3"></td></tr>
<tr><td>造　价</td><td>100</td><td>98</td><td>97</td><td>90.5</td><td colspan="3"></td></tr>
</table>

续表

序号	项目	所占造价的比例（%）					
16	不同高度对造价的影响	高度（m）	3.6	4.2	4.8	5.4	6.0
		造价	100	108.3	116.6	124.9	133.3
17	不同柱距对造价的影响	柱距（m）	6	12			
		造价	100	108～113			
18	不同跨度对柱的造价影响	跨度（m）	12	15	18	24	30
		造价	100	80	72	56	52

民用建筑工程（不包括室外工程）主要材料消耗量 **表 11-4**

工程名称	结构类别	1m² 材料消耗量				单元造价（元/m²）
		钢材(kg)	木材(m³)	水泥(kg)	砖(块)	
多层住宅	砖混	21	0.040	150	250	
	内浇外砌	28	0.045	190	130	
	滑模	48	0.045	240	30	
	全装配	32	0.045	240	35	
高层住宅	内浇外挂	45	0.035	230	15	
	框架	44	0.045	240	15	
	滑模	52	0.045	230	15	
	全装配	62	0.035	240	15	
多层单宿	砖混	19	0.040	135	242	
托幼		20	0.045	155	285	
中小学		23	0.040	165	245	
教学楼		25	0.040	175	260	
		48	0.045	235	17	
图书馆	框架	49	0.045	240	70	
办公楼	砖混	28	0.040	230	68	
	框架15层以下	60	0.055	225	17	
	框架15～20层	75	0.065	250	13	
实验楼	砖混	28	0.055	185	265	
	框架	53	0.065	245	17	
食堂	砖混	23	0.045	185	280	
医院	砖混	28	0.055	260	310	
	框架	58	0.085	280	20	
书店	砖混	28	0.055	230	260	
商业楼	砖混	32	0.055	200	230	
	框架	55	0.065	260	19	
礼堂	混合	42	0.095	210	190	
剧院		50	0.130	230	180	
电影院		48	0.090	220	190	
汽车库		25	0.040	200	250	
多层仓库		36	0.045	230	80	
锅炉房		24	0.040	220	450	

■关键概念

会审　单审　委托审查　全面审查法　重点抽查法　对比审查法

■复 习 思 考 题

1. 工程造价审查的重要意义是什么？
2. 工程造价审查的步骤有哪些？
3. 工程造价审查有哪些常用的方法？
4. 工程造价审查的主要内容有哪些？

附录一

全国统一建筑工程基础定额说明

总 说 明

一、建筑工程基础定额（以下简称本定额）是完成规定计量单位分项工程计价的人工、材料、施工机械台班消耗量标准。是统一全国建筑工程预算工程量计算规则、项目划分、计量单位的依据；是编制建筑工程（土建部分）地区单位估价表确定工程造价、编制概算定额及投资估算指标的依据；也可作为制定招标工程标底、企业定额和投标报价的基础。

二、本定额适用于工业与民用建筑的新建、扩建、改建工程。

三、本定额是按照正常的施工条件，目前多数建筑企业的施工机械装备程度，合理的施工工期、施工工艺、劳动组织为基础编制的，反映了社会平均消耗水平。

四、本定额是依据现行有关国家产品标准、设计规范和施工验收规范、质量评定标准、安全操作规程编制的，并参考了行业、地方标准，以及有代表性的工程设计、施工资料和其他资料。

五、人工工日消耗量的确定：

1. 本定额人工工日不分工种、技术等级，一律以综合工日表示。内容包括基本用工、超运距用工、人工幅度差、辅助用工。其中基本用工，参照现行全国建筑安装工程统一劳动定额为基础计算，缺项部分，参考地区现行定额及实际调查资料计算。凡依据劳动定额计算的，均按规定计入人工幅度差；根据施工实际需要计算的，未计人工幅度差。

2. 机械土、石方，桩基础，构件运输及安装等工程，人工随机械产量计算的，人工幅度差按机械幅度差计算。

3. 现行劳动定额允许各省、自治区、直辖市调整的部分，本定额内未予考虑。

六、材料消耗量的确定：

1. 本定额中的材料消耗包括主要材料、辅助材料、零星材料等凡能计量的材料、成品、半成品均按品种、规格逐一列出数量，并计入了相应损耗，其内容和范围包括：从工地仓库、现场集中堆放地点或现场加工地点至操作或安装地点的运输损耗、施工操作损耗、施工现场堆放损耗。其他材料费以该项目材料费之和的%表示。

2. 混凝土、砌筑砂浆、抹灰砂浆及各种胶泥等均按半成品消耗量以体积（m^3）表示，其配合比是按现行规范规定计算的，各省、自治区、直辖市可按当地材料质量情况调整其配合比和材料用量。

3. 施工措施性消耗部分，周转性材料按不同施工方法、不同材质分别列出一次使用量（在相应章后以附录列出）和一次摊销量。

4. 施工工具用具性消耗材料，归入建筑安装工程费用定额中工具用具使用费项下，不再列入定额消耗量之内。

七、施工机械台班消耗量的确定：

1. 挖掘机械、打桩机械、吊装机械、运输机械（包括推土机、铲运机及构件运输机械等）分别按机械、容量或性能及工作物对象，按单机或主机与配合辅助机械，分别以台班消耗量表示。

2. 随工人班组配备的中小型机械，其台班消耗量列入相应的定额项目内。

3. 定额中的机械类型、规格是按常用机械类型确定的，各省、自治区、直辖市、国务院有关部门如需重新选用机型、规格时，可按选用的机型、规格调整台班消耗量。

4. 定额中均已包括材料、成品、半成品从工地仓库、现场集中堆放地点或现场加工地点至操作安装地点的水平和垂直运输，所需的人工和机械消耗量。如发生再次搬运的，应在建筑安装工程费用定额中二次搬运费项下列支。预制钢筋混凝土构件和钢构件安装是按机械回转半径 15m 以内运距考虑的。

八、本定额除脚手架、垂直运输机械台班定额已注明其适用高度外，均按建筑物檐口高度 20m 以下编制的；檐口高度超过 20m 时，另按本定额建筑物超高增加人工、机械台班定额项目计算。

九、本定额适用海拔高程 2000m 以下，地震烈度七度以下地区，超过上述情况时，可结合高原地区的特殊情况和地震烈度要求，由各省、自治区、直辖市或国务院有关部门制定调整办法。

十、各种材料、构件及配件所需的检验试验应在建筑安装工程费用定额中的检验试验费项下列支，不计入本定额。

十一、本定额的工程内容中已说明了主要的施工工序，次要工序虽未说明，均已考虑在定额内。

十二、本定额中注有“XXX 以内”或“XXX 以下”者均包括 XXX 本身，“XXX 以外”或“XXX 以上”者，则不包括 XXX 本身。

分部工程说明

一、土石方工程

1. 土壤分类：详见“土壤、岩石分类表”。表列Ⅰ、Ⅱ类为定额中一、二类土壤（普通土）；Ⅲ类为定额中三类土壤（坚土）；Ⅳ类为定额中四类土壤（砂砾坚土）。人工挖地槽、地坑定额深度最深为 6m，超过 6m 时，可另作补充定额。

2. 人工土方定额是按干土编制的，如挖湿土时，人工乘以系数 1.18。干湿的划分，应根据地质勘测资料以地下常水位为准划分，地下常水位以上为干土，以下为湿土。

3. 人工挖孔桩定额，适用于在有安全防护措施的条件下施工。

4. 本定额未包括地下水位以下施工的排水费用，发生时另行计算。挖土方时如有地表水需要排除时，亦应另行计算。

5. 支挡土板定额项目分为密撑和疏撑，密撑是指满支挡土板；疏撑是指间隔支挡土板，实际间距不同时，定额不作调整。

6. 在有挡土板支撑下挖土方时，按实挖体积，人工乘系数 1.43。

7. 挖桩间土方时，按实挖体积（扣除桩体占用体积），人工乘以系数 1.5。

8. 人工挖孔桩，桩内垂直运输方式按人工考虑。如深度超过 12m 时，16m 以内按 12m 项目人工用量乘以系数 1.3；20m 以内乘以系数 1.5 计算。同一孔内土壤类别不同时，按定额加权计算，如遇有流砂、流泥时，另行处理。

9. 场地竖向布置挖填土方时，不再计算平整场地的工程量。

10. 石方爆破定额是按炮眼法松动爆破编制的，不分明炮、闷炮，但闷炮的覆盖材料应另行计算。

11. 石方爆破定额是按电雷管导电起爆编制的，如采用火雷管爆破时，雷管应换算，数量不变。扣除定额中的胶质导线，换为导火索，导火索的长度按每个雷管 2.12m 计算。

（二）机械土石方

1. 岩石分类，详见"土壤、岩石分类表"。表列Ⅴ类为定额中松石；Ⅵ—Ⅷ类为定额中次坚石；Ⅸ、Ⅹ类为定额中普坚石；Ⅺ—ⅩⅥ类为特坚石。

2. 推土机推土、推石碴，铲运机铲运土重车上坡时，如果坡度大于 5%时，其运距按坡度区段斜长乘下列系数计算。

坡度（%）	5～10	15 以内	20 以内	25 以内
系　数	1.75	20	2.25	2.50

3. 汽车、人力车，重车上坡降效因素，已综合在相应的运输定额项目中，不再另行计算。

4. 机械挖土方工程量，按机械挖土方 90%，人工挖土方 10%计算，人工挖土部分按相应定额项目人工乘以系数 2。

5. 土壤含水率定额是按天然含水率为准制定；

含水率大于 25%时，定额人工、机械乘以系数 1.15，若含水率大于 40%时另行计算。

6. 推土机推土或铲运机铲土土层平均厚度小于 300mm 时，推土机台班用量乘以系数 1.25；铲运机台班用量乘以系数 1.17。

7. 挖掘机在垫板上进行作业时，人工、机械乘以系数 1.25，定额内不包括垫板铺设所需的工料、机械消耗。

8. 推土机、铲运机，推、铲未经压实的积土时，按定额项目乘以系数 0.73。

9. 机械土方定额是按三类土编制的，如实际土壤类别不同时，定额中机械台班量乘以下列系数。

项　目	一、二类土壤	四类土壤	项　目	一、二类土壤	四类土壤
推土机推土方	0.84	1.18	自行铲运机铲运土方	0.86	1.09
铲运机铲运土方	0.84	1.26	挖掘机挖土方	0.84	1.14

10. 定额中的爆破材料是按炮孔中无地下渗水、积水编制的，炮孔中若出现地下渗水、积水时，处理渗水或积水发生的费用另行计算。定额内未计爆破时所需覆盖的安全网、草袋、架设安全屏障等设施，发生时另行计算。

11. 机械上下行驶坡道土方，合并在土方工程量内计算。

12. 汽车运土运输道路是按一、二、三类道路综合确定的，已考虑了运输过程中，道路清理的人工，如需要铺筑材料时，另行计算。

土壤及岩石（普氏）分类表

定额分类	普式分类	土壤及岩石名称	天然温度下平均容重（kg/m^3）	极限压碎强度（kg/cm^2）	用轻钻孔机钻进1m耗时（min）	开挖方法及工具	紧固系统（r）
一、二类土壤	Ⅰ	砂	1500			用尖锹开挖	0.5～0.6
		砂壤土	1600				
		腐殖土	1200				
		泥炭	600				
	Ⅱ	轻壤土和黄土类土	1600			用锹开挖并少数用镐开挖	0.6～0.8
		潮湿而松散的黄土，软的盐渍土和碱土	1600				
		平均15mm以内的松散而软的砾石	1700				
		含有草根的密实腐殖土	1400				
		含有直径在30mm以内根类的泥炭和腐殖土	1100				
		掺有卵石、碎石和石屑的砂和腐殖土	1650				
		含有卵石或碎石杂质的胶结成块的填土	1750				
		含有卵石、碎石和建筑料杂质的砂壤土	1900				
三类土壤	Ⅲ	肥粘土其中包括石炭纪，侏罗纪的粘土和冰粘土	1800			用尖锹并同时用镐开挖（30%）	0.81～1.0
		重壤土、粗砾石、粒径为15～40mm的碎石和卵石	1750				
		干黄土和掺有碎石或卵石的自然含水量黄土	1790				
		含有直径大于30mm根类的腐殖土或泥炭	1400				
		掺有碎石或卵石和建筑碎料的土壤	1900				
四类土壤	Ⅳ	土含碎石重黏土，其中包括侏罗纪和石炭纪的硬黏土	1950			用尖锹并同时用镐和撬棍开挖（30%）	1.0～1.5
		含有碎石、卵石、建筑碎料和重达25kg的顽石（总体积10%以内）等杂质的肥黏土和重壤土	1950				
		冰碛黏土，含有重量在50kg以内的巨砾，其含量为总体积10%以内	2000				
		泥板岩	2000				
		不含或含有重量达10kg的顽石	1950				
松石	Ⅴ	含有重量在50kg以内的巨砾（占体积10%以上）的冰碛石	2100	小于200	小于3.5	部分用手凿工具，部分用爆破来开挖	1.5～2.0
		砂浆岩和软白垩岩	1800				
		胶结力弱的砾岩	1900				
		各种不坚实的片岩	2600				
		石膏	2200				
次坚石	Ⅵ	混灰岩和浮石	1100	200～400	3.5	用风镐的爆破法来开挖	2～4
		松软多孔和裂隙严重的石灰岩和介质石灰岩	1200				
		中等硬变的片岩	2700				
		中等硬变的泥灰岩	2300				

续表

定额分类	普式分类	土壤及岩石名称	天然温度下平均容重（kg/m³）	极限压碎强度（kg/cm²）	用轻钻孔机钻进1m耗时（min）	开挖方法及工具	紧固系统（r）
次坚石	Ⅵ	石灰石胶结的带有卵石和沉积岩的砾石	2200	400～600	6.0	用爆破方法开挖	4～6
		风化的和有大裂隙的黏土质砂岩	2000				
		坚实的泥板岩	2800				
		坚实泥灰岩	2500				
	Ⅶ	砾质花岗岩	2300	600～800	8.5	用爆破方法开挖	6～8
		泥灰质石灰岩	2300				
		粘土质砂岩	2200				
		砂质云片岩	2300				
		硬石膏	2900				
普坚石	Ⅷ	严重风化的软弱的花岗岩、片麻岩和正长岩	2500	800～1000	11.5	用爆破方法开挖	8～10
		滑石化的蛇纹岩	2400				
		致密的石灰岩	2500				
		含有卵石、沉积岩的灰质胶结的砾岩	2500				
		砂岩	2500				
		砂质石灰质片岩	2500				
		菱镁矿	3000				
	Ⅹ	白云石	2700	1000～1200	15.0	用爆破方法开挖	10～12
		坚固的石灰岩	2700				
		大理岩	2700				
		石灰岩质胶结的致密砾石	2500				
		坚固砂质片岩	2500				
特坚石	Ⅺ	粗花岗岩	2800	1200～1400	18.5	用爆破方法开挖	12～14
		非常坚硬的白云岩	2900				
		蛇纹岩	2600				
		石灰质胶结的含有火成岩之卵石的砾石	2800				
		石英胶结的坚固砂岩	2700				
		粗粒正长岩	2700				
	Ⅻ	具有风化痕迹的安山岩和玄武岩	2700	1400～1600	22.0	用爆破方法开挖	14～16
		片麻岩	2600				
		非常坚固的石炭岩	2900				
		硅质胶结的含有火成岩之卵石的砾岩	2900				
		粗石岩	2600				
	XIII	中粒花岗岩	3100	1600～1800	27.5	用爆破方法开挖	16～18
		坚固的片麻岩	2800				
		辉绿岩	2700				
		玢岩	2500				
		坚固的粗面岩	2800				
		中粒正长岩	2800				
	XIV	非常坚硬的细粒花岗岩	3300	1800～2000	32.5	用爆破方法开挖	18～20
		花岗岩麻岩	2900				
		闪长岩	2900				
		高硬度的石灰岩	3100				
		坚固的玢岩	2700				

续表

定额分类	普式分类	土壤及岩石名称	天然温度下平均容重 (kg/m³)	极限压碎强度 (kg/cm²)	用轻钻孔机钻进1m耗时 (min)	开挖方法及工具	紧固系统 (r)
特坚石	XV	安山岩、玄武岩、坚固的角页岩 高硬度的辉绿岩和闪长岩 坚固的辉长岩和石英岩	3100 2900 2800	2000~2500	46.0	用爆破方法开挖	20~25
	XVI	拉长玄武岩和橄榄玄武岩 特别坚固的辉长辉绿岩、石英石和玢岩	3300 3000	大于2500	大于60	用爆破方法开挖	大于25

二、桩基础工程说明

（一）本定额适用于一般工业与民用建筑工程的桩基础，不适用于水工建筑、公路桥梁工程。

（二）本定额土壤级别的划分应根据工程地质资料中的土层构造和土壤物理、力学性能的有关指标，参考纯沉桩时间确定。凡遇有砂夹层者，应首先按砂层情况确定土级。无砂层者，按土壤物理力学性能指标并参考每米平均纯沉桩时间确定。用土壤力学性能指标鉴别土壤级别时，桩长在12m以内，相当于桩长的三分之一的土层厚度应达到所规定的指标。12m以外，按5m厚度确定。土质鉴别见附表。

（三）本定额除静力压桩外，均未包括接桩，如需接桩，除按相应打桩定额项目计算外，按设计要求另计算接桩项目。

（四）单位工程打（灌）桩工程量在下表规定数量以内时，其人工、机械量按相应定额项目乘以系数1.25计算。

项　目	单位工程的工程量	项　目	单位工程的工程量
钢筋混凝土方桩	150m³	打孔灌注混凝土桩	80m³
钢筋混凝土管桩	50m³	打孔灌注砂、石桩	60m³
钢筋混凝土板桩	50m³	钻孔灌注混凝土桩	100m³
钢　板　桩	50t	潜水钻孔灌注混凝土桩	100m³

（五）焊接桩接头钢材用量，设计与定额用量不同时，可按设计用量换算。

（六）打试验桩按相应定额项目的人工、机械乘以系数2计算。

（七）打桩、打孔，桩间净距小于4倍桩径（桩边长）的，按相应定额项目中的人工、机械乘以系数1.13。

（八）定额以打直桩为准，如打斜桩斜度在1:6以内者，按相应定额项目乘以系数1.25，如斜度大于1:6者，按相应定额项目人工、机械乘以系数1.43。

（九）定额以平地（坡度小于15°）打桩为准，如在堤坡上（坡度大于15°）打桩时，按相应定额项目人工、机械乘以系数1.15。如在基坑内（基坑深度大于1.5m）打桩或在地坪上打坑槽内（坑槽深度大于1m）桩时，按相应定额项目人工、机械乘以系数1.11。

（十）定额各种灌注的材料用量中，均已包括规定的充盈系数和材料损耗。

项目名称	充盈系数	损耗率（%）	项目名称	充盈系数	损耗率（%）
打孔灌注混凝土桩	1.25	1.5	打孔灌注砂桩	1.30	3
钻孔灌注混凝土桩	1.30	1.5	打孔灌柱砂石桩	1.30	3

其中灌注砂石桩除上述充盈系数和损耗率外，还包括级配密实系数1.334。

（十一）在桩间补桩或强夯后的地基打桩时，按相应定额项目人工、机械乘以系数1.15。

（十二）打送桩时可按相应打桩定额项目综合工日及机械台班乘以下表规定系数计算。

送桩深度	系　数	送桩深度	系　数	送桩深度	系　数
2m以内	1.25	4m以内	1.43	4m以上	1.67

土质鉴别表

内　容		土壤级别	
		一级土	二级土
砂夹层	砂层连续厚度	< 1m	> 1m
	砂层中卵石含量	—	< 15%
物理性能	压缩系数	> 0.02	< 0.02
	孔隙比	> 0.7	< 0.7
力学性能	静力触探值	< 50	> 50
	动力触探系数	< 12	> 12
每米纯沉桩时间平均值		< 2min	> 2min
说　明		桩经外力作用较易沉入的土，土壤中夹有较薄的砂层	桩经外力作用较难沉入的土，土壤中夹有不超过3m的连续厚度砂层

（十三）金属周转材料中包括桩帽、送桩器、桩帽盖、活辨桩尖、钢管、料斗等属于周转性使用的材料。

三、脚手架工程说明

（一）本定额外脚手架、里脚手架，按搭设材料分为木制、竹制、钢管脚手架；烟囱脚手架和电梯井字脚手架为钢管式脚手架。

（二）外脚手架定额中均综合了上料平台，护卫栏杆等。

（三）斜道是按依附斜道编制的，独立斜道按依附斜道定额项目人工、材料、机械乘以系数1.8。

（四）水平防护架和垂直防护架指脚手架以外单独搭设的，用于车辆通道、人行通道、临街防护和施工与其他物体隔离等的防护。

（五）烟囱脚手架综合了垂直运输架、斜道、缆风绳、地锚等。

（六）水塔脚手架按相应的烟囱脚手架人工乘以系数1.11，其他不变。

（七）架空运输道，以架宽2m为准，如架宽超过2m时，应按相应项目乘以系数1.2，超过3m时按相应项目乘以系数1.5。

（八）满堂基础套用满堂脚手架基本层定额项目的50%计算脚手架。

（九）外架全封闭材料按竹席考虑，如采用竹笆板时，人工乘以系数1.10；采用纺织布时，人工乘以系数0.80。

（十）高层钢管脚手架是按现行规范为依据计算的，如采用型钢平台加固时，由各地市自行补充。

四、砌筑工程说明

（一）砌砖、砌块

1. 定额中砖的规格，是按标准砖编制的；砌块、多孔砖规格是按常用规格编制的。规格不同时，可以换算。

2. 砖墙定额中已包括先立门窗框的调直用工以及腰线、窗台线、挑檐等一般出线用工。

3. 砖砌体均包括了原浆勾缝用工，加浆勾缝时，另按相应定额计算。

4. 填充墙以填炉渣、炉渣混凝土为准，如实际使用材料与定额不同时允许换算，其他不变。

5. 墙体必需放置的拉接钢筋，应按钢筋混凝土章节另行计算。

6. 硅酸盐砌块、加气混凝土砌块墙，是按水泥混合砂浆编制的，如设计使用水玻璃矿渣等粘结剂为胶合料时，应按设计要求另行换算。

7. 圆形烟囱基础按砖基础定额执行，人工乘以系数 1.2。

8. 砖砌挡土墙，2 砖以上执行砖基础定额；2 砖以内执行砖墙定额。

9. 零星项目系指砖砌小便池槽、明沟、暗沟、隔热板带砖墩、地板墩等。

10. 项目中砂浆系按常用规格、强度等级列出，如与设计不同时，可以换算。

（二）砌石

1. 定额中粗、细料石（砌体）墙按 400mm × 220mm × 200mm，柱按 450mm × 220mm × 200mm，踏步石按 400mm × 200mm × 100mm 规格编制的。

2. 毛石墙镶砖墙身按内背镶 1/2 砖编制的，墙体厚度为 600mm。

3. 毛石护坡高度超过 4m 时，定额人工乘以系数 1.15。

4. 砌筑圆弧形石砌体基础、墙（含砖石混合砌体）按定额项目人工乘以系数 1.1。

五、混凝土及钢筋混凝土工程说明

（一）模板

1. 现浇混凝土模板按不同构件，分别以组合钢模板、钢支撑、木支撑，复合木模板、钢支撑、木支撑，木模板、木支撑配制；模板不同时，可以编制补充定额。

2. 预制钢筋混凝土模板，按不同构件分别以组合钢模板、复合木模板、木模板、定型钢模、长线台钢拉模，并配制相应的砖地模，砖胎模、长线台混凝土地模编制的，使用其他模板时，可以换算。

3. 本定额中框架轻板项目，只适用于全装配式定型框架轻板住宅工程。

4. 模板工作内容包括：清理、场内运输、安装、刷隔离剂、浇灌混凝土时模板维护、拆模、集中堆放、场外运输。木模板包括制作（预制包括刨光，现浇不刨光），组合钢模板、复合木模板包括装箱。

5. 现浇混凝土梁、板、柱、墙是按支模高度（地面至板底）3.6m 编制的，超过 3.6m 时按超过部分工程量另按超高的项目计算。

6. 用钢滑升模板施工的烟囱、水塔及贮仓是按无井架施工计算的，并综合了操作平台。不再计算脚手架及竖井架。

7. 用钢滑升模板施工的烟囱、水塔、提升模板使用的钢爬杆用量是按 100%摊销计算的，贮仓是按 50%摊销计算的，设计要求不同时，另行换算。

8. 倒锥壳水塔塔身钢滑升模板项目，也适用于一般水塔塔身滑升模板工程。

9. 烟囱钢滑升模板项目均已包括烟囱筒身、牛腿、烟道口；水塔钢滑升模板均已包括直筒、门窗洞口等模板用量。

10. 组合钢模板、复合木模板项目，未包括回库维修费用。应按定额项目中所列摊销量的模板、零星夹具材料价格的8%计入模板预算价格之内。回库维修费的内容包括：模板的运输费、维修的人工、机械、材料费用等。

（二）钢筋

1. 钢筋工程按钢筋的不同品种、不同规格，按现浇构件钢筋、预制构件钢筋、预应力钢筋及箍筋分别列项。

2. 预应力构件中的非预应力钢筋按预制钢筋相应项目计算。

3. 设计图纸未注明的钢筋接头和施工损耗的，已综合在定额项目内。

4. 绑扎铁丝、成型点焊和接头焊接用的电焊条已综合在定额项目内。

5. 钢筋工程内容包括：制作、绑扎、安装以及浇灌混凝土时维护钢筋用工。

6. 现浇构件钢筋以手工绑扎，预制构件钢筋以手工绑扎、点焊分别列项，实际施工与定额不同时，不再换算。

7. 非预应力钢筋不包括冷加工，如设计要求冷加工时。另行计算。

8. 预应力钢筋如设计要求人工时效处理时，应另行计算。

9. 预制构件钢筋，如用不同直径钢筋点焊在一起时，按直径最小的定额项目计算，如粗细筋直径比在两倍以上时，其人工乘以系数1.25。

10. 后张法钢筋的锚固是按钢筋帮条焊、U型插垫编制的，如采用其他方法锚固时，应另行计算。

11. 下表所列的构件，其钢筋可按表列系数调整人工、机械用量。

<table>
<tr><td>项　目</td><td colspan="2">预制钢筋</td><td colspan="2">现浇钢筋</td><td colspan="4">构　筑　物</td></tr>
<tr><td rowspan="2">系数范围</td><td rowspan="2">拱梯型屋架</td><td rowspan="2">托架梁</td><td rowspan="2">小型构件</td><td rowspan="2">小型池槽</td><td rowspan="2">烟囱</td><td rowspan="2">水塔</td><td colspan="2">贮　仓</td></tr>
<tr><td>矩形</td><td>圆形</td></tr>
<tr><td>人工、机械调整系数</td><td>1.16</td><td>1.05</td><td>2</td><td>2.52</td><td>1.7</td><td>1.7</td><td>1.25</td><td>1.50</td></tr>
</table>

（三）混凝土

1. 混凝土的工作内容包括：筛砂子、筛洗石子、后台运输、搅拌，前台运输、清理、润湿模板、浇灌、捣固、养护。

2. 毛石混凝土，系按毛石占混凝土体积20%计算的。如设计要求不同时，可以换算。

3. 小型混凝土构件，系指每件体积在 $0.05m^3$ 以内的未列出定额项目的构件。

4. 预制构件厂生产的构件，在混凝土定额项目中考虑了预制厂内构件运输、堆放、码垛、装车运出等的工作内容。

5. 构筑物混凝土按构件选用相应的定额项目。

6. 轻板框架的混凝土梅花柱按预制异型柱；叠合梁按预制异型梁；楼梯段和整间大楼板按相应预制构件定额项目计算。

7. 现浇钢筋混凝土柱、墙定额项目，均按规范规定综合了底部灌注1:2水泥砂浆的用量。

8. 混凝土已按常用列出强度等级，如与设计要求不同时，可以换算。

六、构件运输及安装工程说明

（一）构件运输

1. 本定额包括混凝土构件运输，金属结构构件运输及木门窗运输。

2. 本定额适用于由构件堆放场地或构件加工厂至施工现场的运输。

3. 本定额按构件的类型和外形尺寸划分。混凝土构件分为六类；金属结构构件分为三类。见下附表。

预制混凝土构件分类

类 别	项 目
1	4m以内空心板、实心板
2	6m以内的桩、屋面板、工业楼板、进深梁、基础梁、吊车梁、楼梯休息板、楼梯段、阳台板
3	6m以上至14m梁、板、柱、桩，各类屋架、桁架、托架（14m以上另行处理）
4	天窗架、挡风架、侧板、端壁板、天窗上下档、门框及单件体积在$0.1m^3$以内小构件
5	装配式内、外墙板、大楼板、厕所板
6	隔墙板（高层用）

金属结构构件分类

类 别	项 目
1	钢柱、屋架、托架梁、防风桁架
2	吊车梁、制动梁、型钢檩条、钢支撑、上下档、钢拉杆栏杆、盖板、垃圾出灰门、倒灰门、箅子、爬梯、零星构件平台、操作台、走道休息台、扶梯、钢吊车梯台、烟囱紧固箍
3	墙架、挡风架、天窗架、组合檩条、轻型屋架、滚动支架、悬挂支架、管道支架

4. 本定额综合考虑了城镇、现场运输道路等级、重车上下坡等各种因素，不得因道路条件不同而修改定额。

5. 构件运输过程中，如遇路桥限载（限高），而发生的加固、拓宽等费用及有电车线路和公安交通管理部门的保安护送费用，应另行处理。

（二）构件安装

1. 本定额是按单机作业制定的。

2. 本定额是按机械起吊点中心回转半径15m以内的距离计算的。如超出15m时，应另按构件1km运输定额项目执行。

3. 每一工作循环中，均包括机械的必要位移。

4. 本定额是按履带式起重机、轮胎式起重机、塔式起重机分别编制的。如使用汽车式起重机时，按轮胎式起重机相应定额项目计算，乘以系数1.05。

5. 本定额不包括起重机械、运输机械行驶道路的修整、铺垫工作的人工、材料和机械。

6. 柱接柱定额未包括钢筋焊接。

7. 小型构件安装系指单体小于$0.1m^3$的构件安装；

8. 升板预制柱加固系指预制柱安装后，至楼板提升完成期间，所需的加固搭设费。

9. 定额内未包括，金属构件拼接和安装所需的连接螺栓。

10. 钢屋架单榀重量在1t以下者，按轻钢屋架定额计算。

11. 钢柱、钢屋架、天窗架安装定额中，不包括拼装工序，如需拼装时，按拼装定额项目计算。

12. 凡单位一栏中注有“%”者，均指该项费用占本项定额总价的百分数。

13. 预制混凝土构件若采用砖模制作时，其安装定额中的人工、机械乘以系数1.1。

14. 预制混凝土构件和金属构件安装定额均不包括为安装工程所搭设的临时性脚手架，若发生应另按有关规定计算。

15. 定额中的塔式起重机台班均已包括在垂直运输机械费定额中。

16. 单层房屋盖系统构件必须在跨外安装时，按相应的构件安装定额的人工、机械台班乘系数1.18，用塔式起重机、卷扬机时不乘此系数。

17. 本定额综合工日不包括机械驾驶人工工日。

18. 钢柱安装在混凝土柱上，其人工、机械乘以系数1.43。

19. 钢构件的安装螺栓均为普通螺栓，若使用其他螺栓时，应按有关规定进行调整。

20. 预制混凝土构件、钢构件，若需跨外安装时，其人工、机械乘以系数1.18。

21. 钢网架拼装定额不包括拼装后所用材料，使用本定额时，可按实际施工方案进行补充。

22. 钢网架定额是按焊接考虑的，安装是按分体吊装考虑的，若施工方法与定额不同时，可另行补充。

七、门窗及木结构工程说明

（一）本定额是按机械和手工操作综合编制的。不论实际采取何种操作方法，均按定额执行。

（二）本定额木材木种分类如下：

一类：红松、水桐木、樟子松。

二类：白松（方杉、冷杉）、杉木、杨木、柳木、椴木。

三类：青松、黄花松、秋子木、马尾松、东北榆木、柏木、苦楝木、梓木、黄菠萝、椿木、楠木、柚木、樟木。

四类：栎木（柞木）、檀木、色木、槐木、荔木、麻栗木、（麻栎、青刚）、桦木、荷木、水曲柳、华北榆木。

（三）本节木材木种均以一、二类木种为准，如采用三、四类木种时，分别乘以下列系数：木门窗制作，按相应项目人工和机械乘以系数1.3；木门窗安装，按相应项目的人工和机械乘以系数1.16；其他项目按相应项目人工和机械乘以系数1.35。

（四）定额中木材以自然干燥条件下含水率为准编制的，需人工干燥时，其费用可列入木材价格内由各地区另行确定。

（五）本定额板、方材规格，分类如下表。

项目	按宽厚尺寸比例分类	按板材厚度、方材宽、厚乘积				
板材	宽≥3×厚	名称	薄板	中板	厚板	特厚板
		厚度（mm）	<18	19~35	36~65	≥66
方材	宽<3×厚	名称	小方	中方	大方	特大方
		宽×厚 cm^2	<54	55~100	101~225	≥225

（六）定额中所注明的木材断面或厚度均以毛料为准。如设计图纸注明的断面或厚度

为净料时，应增加刨光损耗；板、方材一面刨光增加 3mm；两面刨光增加 5mm；圆木每立方米材积增加 0.05m³。

（七）定额中木门窗框、扇断面取定如下：

无纱镶板门框：60mm × 100mm

有纱镶板门框：60mm × 120mm

无纱窗框：60mm × 90mm

有纱窗框：60mm × 110mm

无纱镶板门扇：45mm × 100mm

有纱镶板门扇：45mm × 100mm + 35mm × 100mm

无纱窗扇：45mm × 60mm

有纱窗扇：45mm × 60mm + 35mm × 60mm

胶合板门扇：38mm × 60mm

定额取定的断面与设计规定不同时，应按比例换算。框断面以边框断面为准（框裁口如为钉条者加贴条的断面）；扇料以主挺断面为准。换算公式为：

$$\frac{\text{设计断面（加刨光损耗）}}{\text{定额断面}} \times \text{定额材积}$$

（八）定额所附普通木门窗小五金表，仅作备料参考。

（九）弹簧门、厂库大门、钢木大门及其他特种门，定额所附五金铁件表均按标准图用量计算列出，仅作备料参考。

（十）保温门的填充料与定额不同时，可以换算，其他工料不变。

（十一）厂库房大门及特种门的钢骨架制作，以钢材重量表示，已包括在定额项目中，不再另列项目计算。

（十二）木门窗不论现场或附属加工厂制作，均执行本定额，现场外制作点至安装地点的运输另行计算。

（十三）本定额普通木门窗、天窗，按框制作、框安装、扇制作、扇安装分列项目；厂库房大门，钢木大门及其他特种门按扇制作、扇安装分列项目。

（十四）定额中的普通木窗、钢窗、铝合金窗、塑料窗、彩板组角钢窗等适用于平开式，推拉式，中转式，上、中、下悬式。

（十五）铝合金门窗制作兼安装项目，是按施工企业附属加工厂制作编制的。加工厂至现场堆放点的运输，另行计算。

（十六）铝合金地弹门制作（框料）型材是按 101.6mm × 44.5mm，厚 1.5mm 方管编制的；单扇平开门，双扇平开窗是按 38 系列编制的；推拉窗按 90 系列编制的。如型材断面尺寸及厚度与定额规定不同时，可按附表调整铝合金型材用量，附表中“（ ）”内数量为定额取定量。

（十七）铝合金卷闸门（包括卷筒、导轨）、彩板组角钢门窗、塑料门窗、钢门窗安装以成品安装编制的。由供应地至现场的运杂费，应计入预算价格中。

（十八）玻璃厚度、颜色、密封油膏，软填料，如设计与定额不同时可以调整。

（十九）铝合金门窗、彩板组角钢门窗、塑料门窗和钢门窗成品安装，如每 100m² 门窗实际用量超过定额含量 1% 以上时，可以换算，但人工、机械用量不变。门窗成品包括五金配件在内。

（二十）钢门，钢材含量与定额不同时，钢材用量可以换算，其他不变。

（二十一）铝合金门窗制作、安装（7—259～283项）综合机械台班是以机械折旧费68.26元、大修理费5元、经常修理费12.83元、电力183.94kW·h组成。

八、楼地面工程说明

（一）本节水泥砂浆、水泥石子浆、混凝土等的配合比，如设计规定与定额不同时，可以换算。

（二）整体面层、块料面层中的楼地面项目，均不包括踢脚板工料；楼梯不包括踢脚板、侧面及板底抹灰，另按相应定额项目计算。

（三）踢脚板高度是按150mm编制的。超过时材料用量可以调整，人工、机械用量不变。

（四）菱苦土地面、现浇水磨石定额项目已包括酸洗打蜡工料，其余项目均不包括酸洗打蜡。

（五）扶手、栏杆、栏板适用于楼梯、走廊、回廊及其他装饰性栏杆、栏板。扶手不包括弯头制安，另按弯头单项定额计算。

（六）台阶不包括牵边、侧面装饰。

（七）定额中的“零星装饰”项目，适用于小便池、蹲位、池槽等。本定额来列的项目，可按、墙、柱面中相应项目计算。

（八）木地板中的硬、杉、松木板，是按毛料厚度25mm编制的，设计厚度与定额厚度不同时，可以换算。

（九）地面伸缩缝按第九章相应项目及规定计算。

（十）碎石、砾石灌沥青垫层按第十章相应项目计算。

（十一）钢筋混凝土垫层按混凝土垫层项目执行，其钢筋部分按第八节相应项目及规定计算。

（十二）各种明沟平均净空断面（深×宽）均按190mm×260mm计算的，断面不同时允许换算。

九、屋面及防水工程说明

（一）水泥瓦、粘土瓦、小青瓦、石棉瓦规格与定额不同时，瓦材数量可以换算，其他不变。

（二）高分子卷材厚度，再生橡胶卷材按1.5mm；其他均按1.2mm取定。

（三）防水工程也适用于楼地面、墙基、墙身、构筑物、水池、水塔及室内厕所、浴室等防水，建筑物±0.00以下的防水、防潮工程按防水工程相应项目计算。

（四）三元乙丙丁基橡胶卷材屋面防水，按相应三元乙丙橡胶卷材屋面防水项目计算。

（五）氯丁冷胶“二布三涂”项目，其“三涂”是指涂料构成防水层数并非指涂刷遍数；每一层“涂层”刷二遍至数遍不等。

（六）本定额中沥青、玛琋脂均指石油沥青、石油沥青玛琋脂。

（七）变形缝填缝：建筑油膏聚氯乙烯胶泥断面取定3cm×2cm；油浸木丝板取定为2.5cm×15cm；紫铜板止水带系2mm厚，展开宽45cm；氯丁橡胶带30cm，涂刷式氯丁胶贴玻璃止水片宽35cm。其余均为15cm×3cm。如设计断面不同时，用料可以换算，人工不变。

（八）盖缝：木板盖缝断面为 20cm×2.5cm，如设计断面不同时，用料可以换算，人工不变。

（九）屋面砂浆找平层，面层按楼地面相应定额项目计算。

十、防腐、保温、隔热工程说明

（一）耐酸防腐

1. 整体面层、隔离层适用于平面、立面的防腐耐酸工程，包括沟、坑、槽。

2. 块料面层以平面砌为准，砌立面者按平面砌相应项目，人工乘以系数 1.38，踢脚板人工乘以系数 1.56，其他不变。

3. 各种砂浆、胶泥、混凝土材料的种类，配合比及各种整体面层的厚度，如设计与定额不同时，可以换算，但各种块料面层的结合层砂浆或胶泥厚度不变。

4. 本节的各种面层，除软聚氯乙烯塑料地面外，均不包括踢脚板。

5. 花岗岩板以六面剁斧的板材为准。如底面为毛面者，水玻璃砂浆增加 $0.38m^3$；耐酸沥青砂浆增加 $0.44m^3$。

（二）保温隔热

1. 本定额适用于中温、低温及恒温的工业厂（库）房隔热工程，以及一般保温工程。

2. 本定额只包括保温隔热材料的铺贴，不包括隔气防潮、保护层或衬墙等。

3. 隔热层铺贴，除松散稻壳、玻璃棉、矿渣棉为散装外，其他保温材料均以石油沥青（$30^{\#}$）作胶结材料。

4. 稻壳已包括装前的筛选、除尘工序，稻壳中如需增加药物防虫时，材料另行计算，人工不变。

5. 玻璃棉、矿渣棉包装材料和人工均已包括在定额内。

6. 墙体铺贴块体材料，包括基层涂沥青一遍。

十一、装饰工程说明

（一）墙、柱面装饰

1. 本节定额凡注明砂浆种类、配合比、饰面材料型号规格的（含型材）如与设计规定不同时，可按设计规定调整，但人工数量不变。

2. 墙面抹石灰砂浆分二遍、三遍、四遍，其标准如下：

（1）二遍：一遍底层，一遍面层。

（2）三遍：一遍底层，一遍中层，一遍面层。

（3）四遍：一遍底层，一遍中层，二遍面层。

3. 抹灰等级与抹灰遍数、工序、外观质量的对应关系如下表。

名　称	普通抹灰	中级抹灰	高级抹灰
遍　数	二　遍	三　遍	四　遍
主要工序	分层找平、修整、表面压光	阳角找方、设置标筋、分层找平、修整、表面压光	阳角找方、设置标筋、分层找平、修整、表面压光
外观质量	表面光滑、洁净、接槎平整	表面光滑、洁净、接槎平整、压线、清晰、顺直	表面光滑、洁净、颜色均匀、无抹纹压线、平直方正、清晰美观

4. 抹灰厚度，如设计与定额取定不同时，除定额项目有注明可以换算外，其他一律不作调整，抹灰厚度，按不同的砂浆分别列在定额项目中，同类砂浆列总厚度，不同砂浆分别列出厚度，如定额项目中 18 + 6mm 即表示两种不同砂浆的各自厚度。

5. 圆弧形、锯齿形、不规则墙面抹灰、镶贴块料、饰面、按相应项目人工乘以系数 1.15。

6. 外墙贴块料釉面砖、劈离砖和金属面砖项目灰缝宽分密缝、10mm 以内和 20mm 以内列项，其人工、材料已综合考虑。如灰缝超过 20mm 以上者，其块料及灰缝材料用量允许调整，其他不变。

7. 定额木材种类除注明者外，均以一、二类木种为准，如采用三、四类木种，其人工及木工机械乘以系数 1.3。

8. 面层、隔墙（间壁）、隔断定额内，除注明者外均未包括压条、收边、装饰线（板），如设计要求时，应按本节相应定额计算。

9. 面层、木基层均未包括刷防火涂料、如设计要求时，另按相应定额计算。

10. 幕墙、隔墙（间壁）、隔断所用的轻钢、铝合金龙骨，如设计要求与定额规定不同时允许按设计调整，但人工不变。

11. 块料镶贴和装饰抹灰的“零星项目”适用于挑檐、天沟、腰线、窗台线、门窗套、压顶、栏板、扶手、遮阳板、雨篷周边等。一般抹灰的“零星项目”适用于各种壁柜、碗柜、过人洞、暖气壁龛、池槽、花台以及 $1m^2$ 以内的抹灰。抹灰的“装饰线条”适用于门窗套、挑檐腰线、压顶、遮阳板、楼梯边梁、宣传栏边框等凸出墙面或灰面展开宽度小于 300mm 以内的竖、横线条抹灰。超过 300mm 的线条抹灰按“零星项目”执行。

12. 压条、装饰条以成品安装为准。如在现场制作木压条者，每 10m 增加 0.25 工日。木材按净断面加刨光损耗计算。如在木基层天棚面上钉压条、装饰条者，其人工乘以系数 1.34；在轻钢龙骨天棚板面钉压装饰条者，其人工乘以系数 1.68；木装饰条做图案者，人工乘以系数 1.8。

13. 木龙骨基层是按双向计算的，设计为单向时，材料、人工用量乘以系数 0.55；木龙骨基层用于隔断、隔墙时每 $100m^2$ 木砖改按木材 $0.07m^3$ 计算。

14. 玻璃幕墙、隔墙如设计有干、推拉窗者，扣除平、推拉窗面积另按门窗工程相应定额执行。

15. 木龙骨如采用膨胀螺栓固定者，均按定额执行。

16. 墙柱面抹灰，装饰项目均包括 3.6m 以下简易脚手架的搭设及拆除。

（二）天棚面装饰

1. 本定额凡注明了砂浆种类和配合比、饰面材料型号规格的，如与设计不同时，可按设计规定调整。

2. 本节龙骨是按常用材料及规格组合编制的，如与设计规定不同时，可以换算，人工不变。

3. 定额中木龙骨规格，大龙骨为 50mm × 70mm，中、小龙骨为 50mm × 50mm，吊木筋为 50mm × 50mm，设计规格不同时，允许换算，人工及其他材料不变。

4. 天棚面层在同一标高者为一级天棚；天棚面层不在同一标：高者，且高差在 200mm 以上者为二级或三级天棚。

5. 天棚骨架、天棚面层分别列项，按相应项目配套使用。对于二级或三级以上造型的天棚，其面层人工乘以系数1.3。

6. 吊筋安装，如在混凝土板上钻眼、挂筋者，按相应项目每$100m^2$增加人工3.4工日；如在砖墙上打洞搁放骨架者，按相应天棚项目$100m^2$增加人工1.4工日。上人型天棚骨架吊筋为射钉者，每$100m^2$减少人工0.25工日，吊筋3.8kg；增加钢板27.6kg，射钉585个。

7. 装饰天棚顶项目已包括3.6m以下简易脚手架搭设及拆除。

（三）油漆、喷涂、裱糊

1. 本定额刷涂、刷油采用手工操作，喷塑、喷涂、喷油采用机械操作，操作方法不同时不另调整。

2. 油漆浅、中、深各种颜色已综合在定额内，颜色不同，不另调整。

3. 本定额在同一平面上的分色及门窗内外分色已综合考虑。如需做美术图案者另行计算。

4. 定额规定的喷、涂、刷遍数，如与设计要求不同时，可按每增加一遍定额项目进行调整。

5. 喷塑（一塑三油）：底油、装饰漆、面油，其规格划分如下：

（1）大压花：喷点压平，点面积在$1.2cm^2$以上；

（2）中压花：喷点压平，点面积在$1\sim1.2cm^2$；

（3）喷中点、幼点：喷点面积在$1cm^2$以下。

十二、金属结构制作工程说明

（一）本定额适用于现场加工制作，亦适用于企业附属加工厂制作的构件。

（二）本定额的制作，均按焊接编制的。

（三）构件制作，包括分段制作和整体预装配的人工材料及机械台班用量，整体预装配用的螺栓及锚固杆件用的螺栓，已包括在定额内。

（四）本定额除注明者外，均包括现场内（工厂内）的材料运输，号料、加工、组装及成品堆放、装车出厂等全部工序。

（五）本定额未包括加工点至安装点的构件运输，应另按第九节构件运输定额相应项目计算。

（六）本定额构件制作项目中，均已包括刷一遍防锈漆工料。

（七）钢筋混凝土组合屋架钢拉杆，按屋架钢支撑计算。

（八）定额编号12—1至12—45项，其他材料费（以*表示）均以下列材料组成；木脚手板$0.03m^2$；木垫块$0.01m^3$；铁丝$8^{\#}$0.40kg；砂轮片0.2g片；铁砂布0.07张；机油0.04公斤；洗油0.03kg；铅油0.80kg；棉纱头0.11kg。其他机械费（以*表示）由下列机械组成：座式砂轮机0.56台班；手动砂轮机0.56台班；千斤顶0.56台班；手动葫芦0.56台班；手电钻0.56台班。各部门、地区编制价格表时以此计入。

十三、建筑工程垂直运输定额说明

（一）建筑物垂直运输

1. 檐高是指设计室外地坪至檐口的高度，突出主体建筑屋顶的电梯间、水箱间等不计入檐口高度之内。

2. 本定额工作内容，包括单位工程在合理工期内完成全部工程项目所需的垂直运输机械台班，不包括机械的场外往返运输，一次安拆及路基铺垫和轨道铺拆等的费用。

3. 同一建筑物多种用途（或多种结构），按不同用途（或结构）分别计算。分别计算后的建筑物檐高均应以该建筑物总檐高为准。

4. 本定额中现浇框架系指柱、梁全部为现浇的钢筋混凝土框架结构，如部分现浇时按现浇框架定额乘以 0.96 系数，如楼板也为现浇混凝土时，按现浇框架定额乘以 1.04 系数。

5. 预制钢筋混凝土柱、钢屋架的单层厂房按预制排架定额计算。

6. 单身宿舍按住宅定额乘以 0.9 系数。

7. 本定额是按Ⅰ类厂房为准编制的，Ⅱ类厂房定额乘以 1.14 系数。厂房分类如下表。

Ⅰ类	Ⅱ类
机加工、机修、五金缝纫、一般纺织（粗纺、制条、洗毛等）及无特殊要求的车间	厂房内设备基础及工艺要求较复杂、建筑设备或建筑标准较高的车间。如铸造、锻压、电镀、酸碱、电子、仪表、手表、电视、医药、食品等车间

注：建筑标准较高的车间，指车间有吊顶或油漆的顶棚、内墙面贴墙纸（布）或油漆墙面、水磨石地面等三项，其中一项所占建筑面积达到全车间建筑面积 50% 及以上者，即为建筑标准较高的车间。

8. 服务用房系指城镇、街道、居民区具有较小规模综合服务功能的设施。其建筑面积不超过 $1000m^2$，层数不超过三层的建筑，如副食、百货、饮食店等。

9. 檐高 3.6m 以内的单层建筑，不计算垂直运输机械台班。

10. 本定额项目划分是以建筑物的檐高及层数两个指标同时界定时，凡檐高达到上限而层数未达到时，以檐高为准；如层数达到上限而檐高未达到时以层数为准。

11. 本定额是按全国统一《建筑安装工程工期定额》中规定的Ⅱ类地区标准编制的，Ⅰ、Ⅲ类地区按相应定额乘以下表规定系数。

项目	Ⅰ类地区	Ⅱ类地区
建筑物	0.95	1.10
构筑物	1	1.11

（二）构筑物垂直运输

1. 构筑物的高度，从设计室外地坪至构筑物的顶面高度为准。

十四、建筑物超高增加人工、机械定额说明

（一）本定额适用于建筑物檐高 20m（层数 6 层）以上的工程

（二）檐高是指设计室外地坪至檐口的高度。突出主体建筑层顶的电梯间，水箱间等不计入檐高之内。

（三）同一建筑物高度不同时，按不同高度的建筑面积，分别按相应项目计算。

（四）加压水泵选用电动多级离心清水泵，规格如下表：

建筑物檐高	水泵规格
20m 以上～40m 以内	ϕ50m 以内
40m 以上～80m 以内	ϕ100m 以内
80m 以上～120m 以内	ϕ150m 以内

附录二

全国统一建筑工程预算工程量计算规则（土建工程）GJDGZ—101—95

第一章　总　　则

第 1.0.1 条　为统一工业与民用建筑工程预算工程量的计算，制定本规则。

第 1.0.2 条　本规则适用于工业与民用房屋建筑及构筑物施工图设计阶段编制工程预算及工程量清单，也适用于工程设计变更后的工程量计算。本规则与《全国统一建筑工程基础定额》相配套，作为确定建筑工程造价及其消耗量的依据。

第 1.0.3 条　建筑工程预算工程量除依据《全国统一建筑工程基础定额》及本规则各项规定外，尚应依据以下文件：

1. 经审定的施工图纸及其说明；
2. 经审定的施工组织设计或施工技术措施方案；
3. 经审定的其他有关技术经济文件。

第 1.0.4 条　本规则的计算尺寸，以设计图纸表示的尺寸或设计图纸能读出的尺寸为准。除另有规定外，工程量的计量单位应按下列规定计算：

1. 以体积计算的为立方米　　　　(m^3)；
2. 以面积计算的为平方米　　　　(m^2)；
3. 以长度计算的为米　　　　　　(m)；
4. 以重量计算的为吨或千克　　　(t 或 kg)；
5. 以件（个或组）计算的为件　　(个或组)。

汇总工程量时，其准确度取值：立方米、平方米、米以下取两位；吨以下取三位；千克、件取整数。

第 1.0.5 条　计算工程量时，应依据施工图纸顺序，分部、分项，依次计算，并尽可能采用计算表格及计算机计算，简化计算过程。

第二章　建筑面积计算规则

第一节　计算建筑面积的范围

第 2.1.1 条　单层建筑物不论其高度如何，均按一层计算建筑面积。其建筑面积按建筑物外墙勒脚以上结构的外围水平面积计算。单层建筑物内设有部分楼层者，首层建筑面积已包括在单层建筑物内，二层及二层以上应计算建筑面积。高低联跨的单层建筑物，需分别计算建筑面积时，应以结构外边线为界分别计算。

第 2.1.2 条　多层建筑物建筑面积，按各层建筑面积之和计算，其首层建筑面积按外墙勒脚以上结构的外围水平面积计算，二层及二层以上按外墙结构的外围水平面积计算。

第2.1.3条 同一建筑物如结构、层数不同时，应分别计算建筑面积。

第2.1.4条 地下室、半地下室、地下车间、仓库、商店、车站、地下指挥部等及相应的出入口建筑面积，按其上口外墙（不包括采光井、防潮层及其保护墙）外围水平面积计算。

第2.1.5条 建于坡地的建筑物利用吊脚空间设置架空层和深基础地下架空层设计加以利用时，其层高超过2.2m，按围护结构外围水平面积计算建筑面积。

第2.1.6条 穿过建筑物的通道，建筑物内的门厅、大厅，不论其高度如何均按一层计算建筑面积。门厅、大厅内设有回廊时，按其自然层的水平投影面积计算建筑面积。

第2.1.7条 室内楼梯间、电梯井、提物井、垃圾道、管道井等均按建筑物的自然层计算建筑面积。

第2.1.8条 书库、立体仓库设有结构层的，按结构层计算建筑面积，没有结构层的，按承重书架层或货架层计算建筑面积。

第2.1.9条 有围护结构的舞台灯光控制室，按其围护结构外围水平面积乘以层数计算建筑面积。

第2.1.10条 建筑物内设备管道层、贮藏室其层高超过2.2m时，应计算建筑面积。

第2.1.11条 有柱的雨篷、车棚、货棚、站台等，按柱外围水平面积计算建筑面积；独立柱的雨篷、单排柱的车棚、货棚、站台等，按其顶盖水平投影面积的一半计算建筑面积。

第2.1.12条 屋面上部有围护结构的楼梯间、水箱间、电梯机房等，按围护结构外围水平面积计算建筑面积。

第2.1.13条 建筑物外有围护结构的门斗、眺望间、观望电梯间、阳台、橱窗、挑廊、走廊等，按其围护结构外围水平面积计算建筑面积。

第2.1.14条 建筑物外有柱和顶盖走廊、檐廊，按柱外围水平面积计算建筑面积；有盖无柱的走廊、檐廊挑出墙外宽度在1.5m以上时，按其顶盖投影面积一半计算建筑面积。无围护结构的凹阳台、挑阳台，按其水平面积一半计算建筑面积。建筑物间有顶盖的架空走廊，按其顶盖水平投影面积计算建筑面积。

第2.1.15条 室外楼梯，按自然层投影面积之和计算建筑面积。

第2.1.16条 建筑物内变形缝、沉降缝等，凡缝宽在300mm以内者，均依其缝宽按自然层计算建筑面积，并入建筑物建筑面积之内计算。

第二节 不计算建筑面积的范围

第2.2.1条 突出外墙的构件、配件、附墙柱、垛、勒脚、台阶、悬挑雨篷、墙面抹灰、镶贴块材、装饰面等。

第2.2.2条 用于检修、消防等室外爬梯。

第2.2.3条 层高2.2m以内设备管道层、贮藏室、设计不利用的深基础架空层及吊脚架空层。

第 2.2.4 条 建筑物内操作平台、上料平台、安装箱或罐体平台；没有围护结构的屋顶水箱、花架、凉棚等。

第 2.2.5 条 独立烟囱、烟道、地沟、油（水）罐、气柜、水塔、贮油（水）池、贮仓、栈桥、地下人防通道等构筑物。

第 2.2.6 条 单层建筑物内分隔的单层房间，舞台及后台悬挂的幕布、布景天桥、挑台。

第 2.2.7 条 建筑物内宽度大于 300mm 的变形缝、沉降缝。

第三章 土建工程预算工程量计算规则

第一节 土 石 方 工 程

第 3.1.1 条 计算土石方工程量前，应确定下列各项资料：

1. 土壤及岩石类别的确定：

土石方工程土壤及岩石类别的划分，依工程勘测资料与《土壤及岩石分类表》对照后确定（见表 3.1.1）；

2. 地下水位标高及排（降）水方法；
3. 土方、沟槽、基坑挖（填）起止标高、施工方法及运距；
4. 岩石开凿、爆破方法、石碴清运方法及运距；
5. 其他有关资料。

土壤及岩石（普氏）分类表 **表 3.1.1**

定额分类	普氏分类	土壤及岩石名称	天然湿度下平均容重（kg/m^3）	极限压碎强度（MPa）	用轻钻孔机钻进 1m 耗时（min）	开挖方法及工具	紧固系数（f）
一、二类土壤	Ⅰ	砂 砂壤土 腐殖土 泥炭	1500 1600 1200 600			用尖锹开挖	0.5～0.6
	Ⅱ	轻壤土和黄土类土 潮湿而松散的黄土，软的盐渍土和碱土 平均 15mm 以内的松散而软的砾石 含有草根的密实腐殖土 含有直径在 30mm 以内根类的泥炭和腐殖土 掺有卵石、碎石和石屑的砂和腐殖土 含有卵石或碎石杂质的胶结成块的填土 含有卵石、碎石和建筑料杂质的砂壤土	1600 1600 1700 1400 1100 1650 1750 1900			用锹开挖并少数用镐开挖	0.6～0.8

续表

定额分类	普氏分类	土壤及岩石名称	天然湿度下平均容重（kg/m³）	极限压碎强度（MPa）	用轻钻孔机钻进1m耗时（min）	开挖方法及工具	紧固系数（f）
三类土壤	Ⅲ	肥黏土其中本来石炭纪、侏罗纪的黏土和冰黏土	1800			用尖锹并同时用镐开挖（30%）	0.81 ~ 1.0
		重壤土、粗砾石，粒径为15 ~ 40mm的碎石和卵石	1750				
		干黄土和掺有碎石或款式的自然含水量黄土	1790				
		含有直径 > 30mm 根类的腐殖土或泥炭	1400				
		掺有碎石或卵石和建筑碎料的土壤	1900				
四类土壤	Ⅳ	土含碎石重黏土，其中包括侏罗纪和石炭纪的硬黏土	1950			用尖锹并同时用镐和撬棍开挖（30%）	1.0 ~ 1.5
		含有碎石、卵石、建筑碎料和重达25kg的顽石（总体积10%以内）等杂质的肥黏土和重壤土	1950				
		冰碛黏土，含有重量在50kg以内的巨砾，其含量为总体积10%以内	2000				
		泥板岩	2000				
		不含或含有重达10kg的顽石	1950				
松石	Ⅴ	含有重量在50kg以内的巨砾（占体积10%以上）的冰碛石	2100	< 20	< 3.5	部分用手凿工具，部分用爆破来开挖	1.5 ~ 2.0
		矽藻岩和软白垩岩	1800				
		胶结力弱的砾岩	1900				
		各种不坚实的片岩	2600				
		石膏	2200				
次坚石	Ⅵ	凝灰岩和浮石	1100	20 ~ 40	3.5	用风镐和爆破法来开挖	2 ~ 4
		松软多孔和裂隙严重的石灰岩和介质石灰岩	1200				
		中等硬变的片岩	2700				
		中等变硬的泥灰岩	2300				
	Ⅶ	石灰石胶结的带有卵石和沉积岩的砾石	2200	40 ~ 60	6.0	用爆破方法开挖	4 ~ 6
		风化的和有大裂缝的黏土质砂岩	2000				
		坚实的泥板岩	2800				
		坚实的泥灰岩	2500				
	Ⅷ	砾质花岗岩	2300	60 ~ 80	8.5	用爆破方法开挖	6 ~ 8
		泥灰质石灰岩	2300				
		黏土质砂岩	2200				
		砂质云母片岩	2300				
		硬石膏	2900				

续表

定额分类	普氏分类	土壤及岩石名称	天然湿度下平均容重（kg/m^3）	极限压碎强度（MPa）	用轻钻孔机钻进1m耗时（min）	开挖方法及工具	紧固系数（f）
普坚石	Ⅸ	严重风化的软弱的花岗岩、片麻岩和正长岩	2500	800～1000	11.5	用爆破方法开挖	8～10
		滑石化的蛇纹岩	2400				
		致密的石灰岩	2500				
		含有卵石、沉积岩的碴质胶结的砾岩	2500				
		砂岩	2500				
		砂质石灰质片岩	2500				
		菱镁矿	3000				
	Ⅹ	白云石	2700	100～120	15.0	用爆破方法开挖	10～12
		坚固的石灰岩	2700				
		大理石	2700				
		石灰质胶结的致密砾石	2600				
		坚固砂质片岩	2600				
	Ⅺ	粗花岗岩	2800	120～140	18.5	用爆破方法开挖	12～14
		非常坚硬的白云岩	2900				
		蛇纹岩	2600				
		石灰质胶结的含有火成岩之卵石的砾石	2800				
		石英胶结的坚固砂岩	2700				
		粗粒正长岩	2700				
	Ⅻ	具有风化痕迹的安山岩和玄武岩	2700	140～160	22.0	用爆破方法开挖	14～16
		片麻岩	2600				
		非常坚固的石炭岩	2900				
		硅质胶结的含有火成岩之卵石的砾岩	2900				
		粗石岩	2600				
	XIII	中粒花岗岩	3100	160～180	27.5	用爆破方法开挖	16～18
		坚固的片麻岩	2800				
		辉绿岩	2700				
		玢岩	2500				
		坚固的粗面岩	2800				
		中粒正长岩	2800				
	XIV	非常坚硬的细粒花岗岩	3300	180～200	32.5	用爆破方法开挖	18～20
		花岗岩麻岩	2900				
		闪长岩	2900				
		高硬度的石灰岩	3100				
		坚固的玢岩	2700				
	XV	安山岩、玄武岩、坚固的角页岩	3100	200～250	46.0	用爆破方法开挖	20～25
		高硬度的辉绿岩和闪长岩	2900				
		坚固的辉长岩和石英岩	2800				
	XVI	拉长玄武岩和橄榄玄武岩	3300	＞250	＞60	用爆破方法开挖	＞25
		特别坚固的辉长岩、辉绿岩、石英石和玢岩	3000				

第3.1.2条 土石方工程量计算一般规则：

1. 土方体积，均以挖掘前的天然密实体积为准计算。如遇有必须以天然密实体积折算时，可按表3.1.2所列数值换算。

2. 挖土一律以设计室外地坪标高为准计算。

土方体积折算表　　表3.1.2

虚方体积	天然密实体积	夯实后体积	松填体积
1.00	0.77	0.67	0.83
1.30	1.00	0.87	1.08
1.50	1.15	1.00	1.25
1.20	0.92	0.80	1.00

第3.1.3条　平整场地及辗压工程量，按下列规定计算：

1. 人工平整场地是指建筑场地挖、填土方厚度在±30cm以内及找平。挖、填土方厚度超过±30cm以外时，按场地土方平衡竖向布置图另行计算。

2. 平整场地工程量按建筑物外墙外边线每边各加2m，以m^2计算。

3. 建筑场地原土碾压以m^2计算，填土碾压按图示填土厚度以m^3计算。

第3.1.4条　挖掘沟槽、基坑土方工程量，按下列规定计算：

1. 沟槽、基坑划分：

凡图示沟槽底宽在3m以内，且沟槽长大于槽宽3倍以上的，为沟槽。

凡图示基坑底面积在20m^2以内的为基坑。

凡图示沟槽底宽3m以外，坑底面积20m^2以外，平整场地挖土方厚度在30cm以外，均按挖土方计算。

2. 计算挖沟槽、基坑、土方工程量需放坡时，放坡系数按表3.1.4-1规定计算。

放坡系数表　　表3.1.4-1

土壤类别	放坡起点（m）	人工挖土	机械挖土	
			在坑内作业	在坑上作业
一、二类土	1.20	1:0.5	1:0.33	1:0.75
三类土	1.50	1:0.33	1:0.25	1:0.67
四类土	2.00	1:0.25	1:0.10	1:0.33

注：1. 沟槽、基坑中土壤类别不同时，分别按其放坡起点、放坡系数、依不同土壤厚度加权平均计算。

2. 计算放坡时，在交接处的重复工程量不予扣除，原槽、坑作基础垫层时，放坡自垫层上表面开始计算。

3. 挖沟槽、基坑需支挡土板时，其宽度按图示沟槽、基坑底宽，单面加10cm，双面加20cm计算。挡土板面积，按槽、坑垂直支撑面积计算，支挡土板后，不得再计算放坡。

4. 基础施工所需工作面，按表3.1.4-2规定计算。

基础施工所需工作面宽度计算表　　表3.1.4-2

基础材料	每边各增加工作面宽度（mm）	基础材料	每边各增加工作面宽度（mm）
砖基础	200	混凝土基础支模板	300
浆砌毛石、条石基础	150	基础垂直面做防潮层	800（防水层面）
混凝土基础垫层支模板	300		

5. 挖沟槽长度，外墙按图示中心线长度计算；内墙按图示基础底面之间净长线长度计算；内外突出部分（垛、附墙烟囱等）体积并入沟槽土方工程量内计算。

6. 人工挖土方深度超过 1.5m 时，按下表增加工日。

人工挖土方超深增加工日表　　单位：$100m^3$

深 2m 以内	深 4m 以内	深 6m 以内
5.55 工日	17.60 工日	26.16 工日

7. 挖管道沟槽按图示中心线长度计算，沟底宽度，设计有规定的，按设计规定尺寸计算，设计无规定的，可按表 3.1.4－3 规定宽度计算。

管道沟槽沟底宽度计算表　　表 3.1.4－3

管径（mm）	铸铁管、钢管、石棉水泥管	混凝土、钢筋混凝土、预应力混凝土管	陶　土　管
50～70	0.60	0.80	0.70
100～200	0.70	0.90	0.80
250～350	0.80	1.00	0.90
400～450	1.00	1.30	1.10
500～600	1.30	1.50	1.40
700～800	1.60	1.80	
900～1000	1.80	2.00	
1100～1200	2.00	2.30	
1300～1400	2.20	2.60	

注：1. 按上表计算管道沟槽土方工程量时，各种井类及管道（不含铸铁给排水管）接口等处需加宽增加的土方量不另行计算，底面积大于 $20m^2$ 的井类，其增加工程量并入管沟土方内计算。

2. 敷设铸铁给排水管道时其接口等处土方增加量，可按铸铁给排水管道地沟土方总量的 2.5%计算。

8. 沟槽、基坑深度，按图示槽、坑底面至室外地坪深度计算；管道地沟按图示沟底至室外地坪深度计算。

第 3.1.5 条　人工挖孔桩土方量按图示桩断面积乘以设计桩孔中心线深度计算。

第 3.1.6 条　岩石开凿及爆破工程量，区别石质按下列规定计算：

1. 人工凿岩石，按图示尺寸以 m^3 计算。

2. 爆破岩石按图示尺寸以 m^3 计算，其沟槽、基坑深度、宽度允许超挖量：

次坚石：200mm

特坚石：150mm

超挖部分岩石并入岩石挖方量之内计算。

第 3.1.7 条　回填土分夯填、松填按图示回填体积并依下列规定，以 m^3 计算：

1. 沟槽、基坑回填土，沟槽、基坑回填体积以挖方体积减去设计室外地坪以下埋设砌筑物（包括：基础垫层、基础等）体积计算。

2. 管道沟槽回填，以挖方体积减去管径所占体积计算。管径在 500mm 以下的不扣除管道所占体积；管径超过 500mm 以上时按表 3.1.7 规定扣除管道所占体积计算。

3. 房心回填土，按主墙之间的面积乘以回填土厚度计算。

4. 余土或取土工程量，可按下式计算：

余土外运体积＝挖土总体积－回填土总体积

式中计算结果为正值时为余土外运体积，负值时为须取土体积。

管道扣除土方体积表　　表 3.1.7

管道名称	管道直径（mm）					
	501～600	601～800	801～1000	1001～1200	1201～1400	1401～1600
钢　管	0.21	0.44	0.71			
铸铁管	0.24	0.49	0.77			
混凝土管	0.33	0.60	0.92	1.15	1.35	1.55

第 3.1.8 条　土方运距，按下列规定计算：

1. 推土机推土运距：按挖方区重心至回填区重心之间的直线距离计算。

2. 铲运机运土运距：按挖方区重心至卸土区重心加转向距离 45m 计算。

3. 自卸汽车运土运距：按挖方区重心至填土区（或堆方地点）重心的最短距离计算。

第 3.1.9 条　地基强夯按设计图示强夯面积，区分夯击能量，夯击遍数以 m^2 计算。

第 3.1.10 条　井点降水区别轻型井点、喷射井点、大口径井点、电渗井点、水平井点，按不同井管深度的井管安装、拆除，以根为单位计算，使用按套、天计算。

井点套组成：

轻型井点：50 根为一套；

喷射井点：30 根为一套；

大口径井点：45 根为一套；

电渗井点阳极：30 根为一套；

水平井点：10 根为一套。

井管间距应根据地质条件和施工降水要求，依施工组织设计确定，施工组织设计没有规定时，可按轻型井点管距 0.8～1.6m，喷射井点管距 2～3m 确定。

使用天数以每昼夜 24h 为一天，使用天数应按施工组织设计规定的使用天数计算。

第二节　桩 基 础 工 程

第 3.2.1 条　计算打桩（灌注桩）工程量前应确定下列事项：

1. 确定土质级别：依工程地质资料中的土层构造，土壤物理、化学性质及每米沉桩时间鉴别适用定额土质级别。

2. 确定施工方法、工艺流程，采用机型，桩、土壤泥浆运距。

第 3.2.2 条　打预制钢筋混凝土桩的体积，按设计桩长（包括桩尖，不扣除桩尖虚体积）乘以桩截面面积计算。管桩的空心体积应扣除。如管桩的空心部分按设计要求灌注混凝土或其他填充材料时，应另行计算。

第 3.2.3 条　接桩：电焊接桩按设计接头，以个计算；硫磺胶泥接桩按桩断面以 m^2 计算。

第 3.2.4 条　送桩：按桩截面面积乘以送桩长度（即打桩机架底至桩顶面高度或自桩顶面至自然地坪面另加 0.5m）计算。

第 3.2.5 条　打拔钢板桩按钢板桩重量以 t 计算。

第 3.2.6 条　打孔灌注桩：

1. 混凝土桩、砂桩、碎石桩的体积，按设计规定的桩长（包括桩尖，不扣除桩尖虚体积）乘以钢管管箍外径截面面积计算。

2. 扩大桩的体积按单桩体积乘以次数计算。

3. 打孔后先埋入预制混凝土桩尖，再灌注混凝土者，桩尖按钢筋混凝土章节规定计算体积，灌注桩按设计长度（自桩尖顶面至桩顶面高度）乘以钢管管箍外径截面面积计算。

第3.2.7条 钻孔灌注桩，按设计桩长（包括桩尖，不扣除桩尖虚体积）增加0.25m乘以设计断面面积计算。

第3.2.8条 灌注混凝土桩的钢筋笼制作依设计规定，按钢筋混凝土章节相应项目以吨计算。

第3.2.9条 泥浆运输工程量按钻孔体积以m^3计算。

第3.2.10条 其他：

1. 安、拆导向夹具，按设计图纸规定的水平延长米计算。

2. 桩架90°调面只适用轨道式、走管式、导杆、筒式柴油打桩机，以次计算。

第三节 脚手架工程

第3.3.1条 脚手架工程量计算一般规则：

1. 建筑物外墙脚手架，凡设计室外地坪至檐口（或女儿墙上表面）的砌筑高度在15m以下的按单排脚手架计算；砌筑高度在15m以上的或砌筑高度虽不足15m，但外墙门窗及装饰面积超过外墙表面积60%以上时，均按双排脚手架计算。

采用竹制脚手架时，按双排计算。

2. 建筑物内墙脚手架，凡设计室内地坪至顶板下表面（或山墙高度的1/2处）的砌筑高度在3.6m以下的，按里脚手架计算；砌筑高度超过3.6m以上时，按单排脚手架计算。

3. 石砌墙体，凡砌筑高度超过1.0m以上时，按外脚手架计算。

4. 计算内、外墙脚手架时，均不扣除门、窗洞口、空圈洞口等所占的面积。

5. 同一建筑物高度不同时，应按不同高度分别计算。

6. 现浇钢筋混凝土框架柱、梁按双排脚手架计算。

7. 围墙脚手架，凡室外自然地坪至围墙顶面的砌筑高度在3.6m以下的，按里脚手架计算；砌筑高度超过3.6m以上时，按单排脚手架计算。

8. 室内天棚装饰面距设计室内地坪在3.6m以上时，应计算满堂脚手架，计算满堂脚手架后，墙面装饰工程则不再计算脚手架。

9. 滑升模板施工的钢筋混凝土烟囱、筒仓，不另计算脚手架。

10. 砌筑贮仓，按双排外脚手架计算。

11. 贮水（油）池，大型设备基础，凡距地坪高度超过1.2m以上的，均按双排脚手架计算。

12. 整体满堂钢筋混凝土基础，凡其宽度超过3m以上时，按其底板面积计算满堂脚手架。

第3.3.2条 砌筑脚手架工程量计算：

1. 外脚手架按外墙外边线长度，乘以外墙砌筑高度以m^2计算，突出墙外宽度在24cm以内的墙垛，附墙烟囱等不计算脚手架；宽度超过24cm以外时按图示尺寸展开计算，并入外脚手架工程量之内。

2. 里脚手架按墙面垂直投影面积计算。

3. 独立柱按图示柱结构外围周长另加 3.6m，乘以砌筑高度以 m^2 计算，套用相应外脚手架定额。

第 3.3.3 条 现浇钢筋混凝土框架脚手架工程量计算：

1. 现浇钢筋混凝土柱，按柱图示周长尺寸另加 3.6m，乘以柱高以 m^2 计算，套用相应外脚手架定额。

2. 现浇钢筋混凝土梁、墙，按设计室外地坪或楼板上表面至楼板底之间的高度，乘以梁、墙净长以 m^2 计算，套用相应双排外脚手架定额。

第 3.3.4 条 装饰工程脚手架工程量计算：

1. 满堂脚手架，按室内净面积计算，其高度在 3.6～5.2m 之间时，计算基本层，超过 5.2m 时，每增加 1.2m 按增加一层计算，不足 0.6m 的不计。计算式表示如下：

$$满堂脚手架增加层 = \frac{室内净高度 - 5.2\ (m)}{1.2\ (m)}$$

2. 挑脚手架，按搭设长度和层数，以延长米计算。

3. 悬空脚手架，按搭设水平投影面积以 m^2 计算。

4. 高度超过 3.6m 墙面装饰不能利用原砌筑脚手架时，可以计算装饰脚手架。装饰脚手架按双排脚手架乘以 0.3 计算。

第 3.3.5 条 其他脚手架工程量计算：

1. 水平防护架，按实际铺板的水平投影面积，以 m^2 计算。

2. 垂直防护架，按自然地坪至最上一层横杆之间的搭设高度，乘以实际搭设长度，以 m^2 计算。

3. 架空运输脚手架，按搭设长度以延长米计算。

4. 烟囱、水塔脚手架，区别不同搭设高度，以座计算。

5. 电梯井脚手架，按单孔以座计算。

6. 斜道，区别不同高度以座计算。

7. 砌筑贮仓脚手架，不分单筒或贮仓组均按单筒外边线周长，乘以设计室外地坪至贮仓上口之间的高度，以 m^2 计算。

8. 贮水（油）池脚手架，按外壁周长乘以室外地坪至池壁顶面之间高度，以 m^2 计算。

9. 大型设备基础脚手架，按其外形周长乘以地坪至外形顶面边线之间高度，以 m^2 计算。

10. 建筑物垂直封闭工程量按封闭面的垂直投影面积计算。

第 3.3.6 条 安全网工程量计算：

1. 立挂式安全网按架网部分的实挂长度乘以实挂高度计算。

2. 挑出式安全网按挑出的水平投影面积计算。

第四节　砌　筑　工　程

第 3.4.1 条 砌筑工程量一般规则：

1. 计算墙体时，应扣除门窗洞口、过人洞、空圈、嵌入墙身的钢筋混凝土柱、梁（包括过梁、圈梁、挑梁）、砖平碹、平砌砖过梁和暖气包壁龛及内墙板头的体积，不扣除梁头、外墙板头、檩头、垫木、木楞头、沿椽木、木砖、门窗走头、砖墙内的加固钢筋、木筋、铁件、钢管及单个面积在 0.3m² 以下的孔洞等所占的体积，突出墙面的窗台虎头砖、压顶线、山墙泛水、烟囱根、门窗套及三皮砖以内的腰线和挑檐等体积亦不增加。

2. 砖垛、三皮砖以上的腰线和挑檐等体积并入墙身体积内计算。

3. 附墙烟囱（包括附墙通风道、垃圾道）按其外形体积计算，并入所依附的墙体积内，不扣除每一个孔洞横截面在 0.1m² 以下的体积，但孔洞内的抹灰工程量亦不增加。

4. 女儿墙高度，自外墙顶面至图示女儿墙顶面高度，分别不同墙厚并入外墙计算。

5. 砖平碹平砌砖过梁按图示尺寸以 m³ 计算。如设计无规定时，砖平碹按门窗洞口宽度两端共加 100mm，乘以高度（门窗洞口宽度小于 1500mm 时，高度为 240mm，大于 1500mm 时，高度为 365mm）计算；平砌砖过梁按门窗洞口宽度两端共加 500mm，高度按 440mm 计算。

第 3.4.2 条 砌体厚度，按如下规定计算：

1. 标准砖以 240mm × 115mm × 53mm 为准，其砌体计算厚度，按表 3.4.2 计算。

标准砖砌体计算厚度表 **表 3.4.2**

砖数（厚度）	1/4	1/2	3/4	1	1.5	2	2.5	3
计算厚度（mm）	53	115	180	240	365	490	615	740

2. 使用非标准砖时，其砌体厚度应按砖实际规格和设计厚度计算。

第 3.4.3 条 基础与墙身（柱身）的划分：

1. 基础与墙（柱）身使用同一种材料时，以设计室内地面为界（有地下室者，以地下室室内设计地面为界），以下为基础，以上为墙（柱）身。

2. 基础与墙身使用不同材料时，位于设计室内地面 ± 300mm 以内时，以不同材料为分界线，超过 ± 300mm 时，以设计室内地面为分界线。

3. 砖、石围墙，以设计室外地坪为界线，以下为基础，以上为墙身。

第 3.4.4 条 基础长度：外墙墙基按外墙中心线长度计算；内墙墙基按内墙基净长计算。基础大放脚 T 型接头处的重叠部分以及嵌入基础的钢筋、铁件、管道、基础防潮层及单个面积在 0.30m² 以内孔洞所占体积不予扣除，但靠墙暖气沟的挑檐亦不增加。附墙垛基础宽出部分体积应并入基础工程量内。

砖砌挖孔桩护壁工程量按实砌体积计算。

第 3.4.5 条 墙的长度：外墙长度按外墙中心线长度计算，内墙长度按内墙净长线计算。

第 3.4.6 条 墙身高度按下列规定计算：

1. 外墙墙身高度：斜（坡）屋面无檐口天棚者算至屋面板底；有屋架，且室内外均有天棚者，算至屋架下弦底面另加 200mm；无天棚者算至屋架下弦底加 300mm，出檐宽度超过 600mm 时，应按实砌高度计算；平屋面算至钢筋混凝土板底。

2. 内墙墙身高度：位于屋架下弦者，其高度算至屋架底；无屋架者算至天棚底另加 100mm；有钢筋混凝土楼板隔层者算至板底；有框架梁时算至梁底面。

3. 内、外山墙，墙身高度：按其平均高度计算。

第 3.4.7 条 框架间砌体，分别内外墙以框架间的净空面积乘以墙厚计算，框架外表镶贴砖部分亦并入框架间砌体工程量内计算。

第 3.4.8 条 空花墙按空花部分外形体积以 m^3 计算，空花部分不予扣除，其中实体部分以 m^3 另行计算。

第 3.4.9 条 空斗墙按外形尺寸以 m^3 计算，墙角、内外墙交接处，门窗洞口立边，窗台砖及屋檐处的实砌部分已包括在定额内，不另行计算，但窗间墙、窗台下、楼板下、梁头下等实砌部分，应另行计算，套零星砌体定额项目。

第 3.4.10 条 多孔砖、空心砖按图示厚度以 m^3 计算，不扣除其孔、空心部分体积。

第 3.4.11 条 填充墙按外形尺寸以 m^3 计算，其中实砌部分已包括在定额内，不另计算。

第 3.4.12 条 加气混凝土墙、硅酸盐砌块墙、小型空心砌块墙，按图示尺寸以 m^3 计算，按设计规定需要镶嵌砖砌体部分已包括在定额内，不另计算。

第 3.4.13 条 其他砖砌体：

1. 砖砌锅台、炉灶，不分大小，均按图示外形尺寸以 m^3 计算，不扣除各种空洞的体积。

2. 砖砌台阶（不包括梯带）按水平投影面积以 m^2 计算。

3. 厕所蹲台、水槽腿、灯箱、垃圾箱、台阶挡墙或梯带、花台、花池、地垄墙及支撑地楞的砖墩，房上烟囱、屋面架空隔热层砖墩及毛石墙的门窗立边、窗台虎头砖等实砌体积，以 m^3 计算，套用零星砌体定额项目。

4. 检查井及化粪池不分壁厚均以 m^3 计算，洞口上的砖平拱碹等并入砌体体积内计算。

5. 砖砌地沟不分墙基、墙身合并以 m^3 计算。石砌地沟按其中心线长度以延长米计算。

第 3.4.14 条 砖烟囱：

1. 筒身，圆形、方形均按图示筒壁平均中心线周长乘以厚度并扣除筒身各种孔洞、钢筋混凝土圈梁、过梁等体积以 m^3 计算，其筒壁周长不同时可按下式分段计算。

$$V = \Sigma H \times C \times \pi D$$

式中 V——筒身体积；

H——每段筒身垂直高度；

C——每段筒壁厚度；

D——每段筒壁中心线的平均直径。

2. 烟道、烟囱内衬按不同内衬材料并扣除孔洞后，以图示实体积计算。

3. 烟囱内壁表面隔热层，按筒身内壁并扣除各种孔洞后的面积以 m^2 计算；填料按烟囱内衬与筒身之间的中心线平均周长乘以图示宽度和筒高，并扣除各种孔洞所占体积（但不扣除连接横砖及防沉带的体积）后以 m^3 计算。

4. 烟道砌砖：烟道与炉体的划分以第一道闸门为界，炉体内的烟道部分列入炉体工程量计算。

第 3.4.15 条 砖砌水塔：

1. 水塔基础与塔身的划分：以砖砌体的扩大部分顶面为界，以上为塔身，以下为基础，分别套相应基础砌体定额。

2. 塔身以图示实砌体积计算，并扣除门窗洞口和混凝土构件所占的体积，砖平拱碹及砖出檐等并入塔身体积内计算，套水塔砌筑定额。

3. 砖水箱内外壁，不分壁厚，均以图示实砌体积计算，套相应的内外砖墙定额。

第 3.4.16 条 砌体内的钢筋加固应根据设计规定，以吨计算，套钢筋混凝土章节相应项目。

第五节 混凝土及钢筋混凝土工程

第 3.5.1 条 现浇混凝土及钢筋混凝土模板工程量，按以下规定计算：

1. 现浇混凝土及钢筋混凝土模板工程量，除另有规定者外，均应区别模板的不同材质，按混凝土与模板接触面的面积，以 m^2 计算。

2. 现浇钢筋混凝土柱、梁、板、墙的支模高度（即室外地坪至板底或板面至板底之间的高度）以 3.6m 以内为准，超过 3.6m 以上部分，另按超过部分计算增加支撑工程量。

3. 现浇钢筋混凝土墙、板上单孔面积在 $0.3m^2$ 以内的孔洞，不予扣除，洞侧壁模板亦不增加；单孔面积在 $0.3m^2$ 以外时，应予扣除，洞侧壁模板面积并入墙、板模板工程量之内计算。

4. 现浇钢筋混凝土框架分别按梁、板、柱、墙有关规定计算，附墙柱，并入墙内工程量计算。

5. 杯形基础杯口高度大于杯口大边长度的，套高杯基础定额项目。

6. 柱与梁、柱与墙、梁与梁等连接的重叠部分以及伸入墙内的梁头、板头部分，均不计算模板面积。

7. 构造柱外露面均应按图示外露部分计算模板面积。构造柱与墙接触面不计算模板面积。

8. 现浇钢筋混凝土悬挑板（雨篷、阳台）按图示外挑部分尺寸的水平投影面积计算。挑出墙外的牛腿梁及板边模板不另计算。

9. 现浇钢筋混凝土楼梯，以图示露明面尺寸的水平投影面积计算，不扣除小于 500mm 楼梯井所占面积。楼梯的踏步、踏步板、平台梁等侧面模板，不另计算。

10. 混凝土台阶不包括梯带，按图示台阶尺寸的水平投影面积计算，台阶端头两侧不另计算模板面积。

11. 现浇混凝土小型池槽按构件外围体积计算，池槽内、外侧及底部的模板不应另计算。

第 3.5.2 条 预制钢筋混凝土构件模板工程量，按以下规定计算：

1. 预制钢筋混凝土模板工程量，除另有规定者外均按混凝土实体体积以 m^3 计算。

2. 小型池槽按外形体积以 m^3 计算。

3. 预制桩尖按虚体积（不扣除桩尖虚体积部分）计算。

第 3.5.3 条 构筑物钢筋混凝土模板工程量，按以下规定计算：

1. 构筑物工程的模板工程量，除另有规定者外，区别现浇、预制和构件类别，分别按第 3.5.1 条和第 3.5.2 条的有关规定计算。

2. 大型池槽等分别按基础、墙、板、梁、柱等有关规定计算并套相应定额项目。

3. 液压滑升钢模板施工的烟囱、水塔塔身、贮仓等，均按混凝土体积，以 m^3 计算。预制倒圆锥形水塔罐壳模板按混凝土体积，以 m^3 计算。

4. 预制倒圆锥形水塔罐壳组装、提升、就位，按不同容积以座计算。

第 3.5.4 条 钢筋工程量，按以下规定计算：

1. 钢筋工程，应区别现浇、预制构件、不同钢种和规格，分别按设计长度乘以单位重量，以 t 计算。

2. 计算钢筋工程量时，设计已规定钢筋搭接长度的，按规定搭接长度计算；设计未规定搭接长度的，已包括在钢筋的损耗率之内，不另计算搭接长度。钢筋电渣压力焊接、套筒挤压等接头，以个计算。

3. 先张法预应力钢筋，按构件外形尺寸计算长度，后张法预应力钢筋按设计图纸规定的预应力钢筋预留孔道长度，并区别不同的锚具类型，分别按下列规定计算：

（1）低合金钢筋两端采用螺杆锚具时，预应力钢筋按预留孔道长度减 0.35m，螺杆另行计算。

（2）低合金钢筋一端采用镦头插片，另一端采用螺杆锚具时，预应力钢筋长度按预留孔道长度计算，螺杆另行计算。

（3）低合金钢筋一端采用镦头插片，另一端采用帮条锚具时，预应力钢筋增加 0.15m，两端均采用帮条锚具时预应力钢筋共增加 0.3m 计算。

（4）低合金钢筋采用后张混凝土自锚时，预应力钢筋长度增加 0.35m 计算。

（5）低合金钢筋或钢绞线采用 JM、XM、QM 型锚具，孔道长度在 20m 以内时，预应力钢筋长度增加 1m；孔道长度 20m 以上时预应力钢筋长度增加 1.8m 计算。

（6）碳素钢丝采用锥型锚具，孔道长在 20m 以内时，预应力钢筋长度增加 1m；孔道长在 20m 以上时，预应力钢筋长度增加 1.8m。

（7）碳素钢丝两端采用镦粗头时，预应力钢丝长度增加 0.35m 计算。

第 3.5.5 条 钢筋混凝土构件预埋铁件工程量，按设计图示尺寸，以 t 计算。

第 3.5.6 条 现浇混凝土工程量，按以下规定计算：

1. 混凝土工程量除另有规定者外，均按图示尺寸实体体积以 m^3 计算。不扣除构件内钢筋、预埋铁件及墙、板中 $0.3m^2$ 内的孔洞所占体积。

2. 基础：

（1）有肋带形混凝土基础，其肋高与肋宽之比在 4:1 以内的按有肋带形基础计算。超过 4:1 时，其基础底按板式基础计算，以上部分按墙计算。

（2）箱式满堂基础应分别按无梁式满堂基础、柱、墙、梁、板有关规定计算，套相应定额项目。

（3）设备基础除块体以外，其他类型设备基础分别按基础、梁、柱、板、墙等有关规定计算，套相应的定额项目计算。

3. 柱：按图示断面尺寸乘以柱高以 m^3 计算。柱高按下列规定确定：

（1）有梁板的柱高，应自柱基上表面（或楼板上表面）至上一层楼板上表面之间的高度计算。

（2）无梁板的柱高，应自柱基上表面（或楼板上表面）至柱帽下表面之间的高度计算。

(3) 框架柱的柱高应自柱基上表面至柱顶高度计算。

(4) 构造柱按全高计算，与砖墙嵌接部分的体积并入柱身体积内计算。

(5) 依附柱上的牛腿，并入柱身体积内计算。

4. 梁：按图示断面尺寸乘以梁长以 m^3 计算。梁长按下列规定确定：

(1) 梁与柱连接时，梁长算至柱侧面；

(2) 主梁与次梁连接时，次梁长算至主梁侧面。

伸入墙内梁头、梁垫体积并入梁体积内计算。

5. 板：按图示面积乘以板厚以 m^3 计算，其中：

(1) 有梁板包括主、次梁与板，按梁、板体积之和计算。

(2) 无梁板按板和柱帽体积之和计算。

(3) 平板按板实体体积计算。

(4) 现浇挑檐天沟与板（包括屋面板、楼板）连接时，以外墙为分界线，与圈梁（包括其他梁）连接时，以梁外边线为分界线。外墙边线以外或梁外边线以外为挑檐天沟。

(5) 各类板伸入墙内的板头并入板体积内计算。

6. 墙：按图示中心线长度乘以墙高及墙厚以 m^3 计算，应扣除门窗洞口及 $0.3m^2$ 以外洞口的体积，墙垛及突出部分并入墙体积内计算。

7. 整体楼梯包括休息平台、平台梁、斜梁及楼梯的连接梁，按水平投影面积计算，不扣除宽度小于 500mm 的楼梯井，伸入墙内部分不另增加。

8. 阳台、雨篷（悬挑板），按伸出外墙的水平投影面积计算，伸出外墙的牛腿不另计算。带反挑檐的雨篷按展开面积并入雨篷内计算。

9. 栏杆按净长度以延长米计算。伸入墙内的长度已综合在定额内。栏板以 m^3 计算，伸入墙内的栏板，合并计算。

10. 预制板补现浇板缝时，按平板计算。

11. 预制钢筋混凝土框架柱现浇接头（包括梁接头）按设计规定断面和长度以 m^3 计算。

第 3.5.7 条 预制混凝土工程量，按以下规定计算：

1. 混凝土工程量按图示尺寸实体体积以 m^3 计算，不扣除构件内钢筋、铁件及小于 300mm×300mm 以内孔洞面积。

2. 预制桩按桩全长（包括桩尖）乘以桩断面（空心桩应扣除孔洞体积）以 m^3 计算。

3. 混凝土与钢杆件组合的构件，混凝土部分按构件实体体积以 m^3 计算，钢构件部分按 t 计算，分别套相应的定额项目。

第 3.5.8 条 固定预埋螺栓、铁件的支架，固定双层钢筋的铁马凳、垫铁件，按审定的施工组织设计规定计算，套相应定额项目。

第 3.5.9 条 构筑物钢筋混凝土工程量，按以下规定计算：

1. 构筑物混凝土除另规定者外，均按图示尺寸扣除门窗洞口及 $0.3m^2$ 以外孔洞所占体积以实体体积计算。

2. 水塔：

(1) 筒身与槽底以槽底连接的圈梁底为界，以上为槽底，以下为筒身。

(2) 筒式塔身及依附于筒身的过梁、雨篷挑檐等并入筒身体积内计算；柱式塔身、柱、梁合并计算。

(3) 塔顶及槽底，塔顶包括顶板和圈梁，槽底包括底板挑出的斜壁板和圈梁等合并计算。

3. 贮水池不分平底、锥底、坡底，均按池底计算；壁基梁、池壁不分圆形壁和矩形壁，均按池壁计算；其他项目均按现浇混凝土部分相应项目计算。

第 3.5.10 条 钢筋混凝土接头灌缝。

1. 钢筋混凝土构件接头灌缝：包括构件座浆、灌缝、堵板孔、塞板梁缝等。均按预制钢筋混凝土构件实体体积以 m^3 计算。

2. 柱与柱基的灌缝，按首层柱体积计算；首层以上柱灌缝按各层柱体积计算。

3. 空心板堵孔的人工材料，已包括在定额内。如不堵孔时每 $10m^3$ 空心板体积应扣除 $0.23m^3$ 预制混凝土块和 2.2 工日。

第六节 构件运输及安装工程

第 3.6.1 条 预制混凝土构件运输及安装均按构件图示尺寸，以实体积计算；钢构件按构件设计图示尺寸以吨计算，所需螺栓、电焊条等重量不另计算。木门窗以框外围面积以 m^2 计算。

第 3.6.2 条 预制混凝土构件运输及安装的损耗率，按表 3.6.2 规定计算后并入构件工程量内。其中预制混凝土屋架、桁架、托架及长度在 9m 以上的梁、板、柱不计算损耗率。

预制钢筋混凝土构件制作、运输、安装损耗率表 **表 3.6.2**

名　称	制作废品率	运输堆放损耗	安装（打桩）损耗
各类预制构件	0.2%	0.8%	0.5%
预制钢筋混凝土桩	0.1%	0.4%	1.5%

第 3.6.3 条 构件运输：

1. 预制混凝土构件运输的最大运输距离取 50km 以内；钢构件和木门窗的最大运输距离 20km 以内；超过时另行补充。

2. 加气混凝土板（块）、硅酸盐块运输每 m^3 折合钢筋混凝土构件体积 $0.4m^3$ 按一类构件运输计算。

第 3.6.4 条 预制混凝土构件安装：

1. 焊接形成的预制钢筋混凝土框架结构，其柱安装按框架柱计算，梁安装按框架梁计算；节点浇注形成的框架，按连体框架梁、柱计算。

2. 预制钢筋混凝土工字型柱、矩形柱、空腹柱、双肢柱、空心柱、管道支架等安装，均按柱安装计算。

3. 组合屋架安装，以混凝土部分实体体积计算，钢杆件部分不另计算。

4. 预制钢筋混凝土多层柱安装，首层柱按柱安装计算，二层及二层以上按柱接柱计算。

第 3.6.5 条 钢构件安装：

1. 钢构件安装按图示构件钢材重量以 t 计算。

2. 依附于钢柱上的牛腿及悬臂梁等，并入柱身主材重量计算。

3. 金属结构中所用钢板，设计为多边形者，按矩形计算，矩形的边长以设计尺寸中互相垂直的最大尺寸为准。

第七节　门窗及木结构工程

第 3.7.1 条　各类门、窗制作、安装工程量均按门、窗洞口面积计算。

1. 门、窗盖口条、贴脸、披水条，按图示尺寸以延长米计算，执行木装修项目。

2. 普通窗上部带有半圆窗的工程量应分别按半圆窗和普通窗计算。其分界线以普通窗和半圆窗之间的横框上裁口线为分界线。

3. 门窗扇包镀锌铁皮，按门、窗洞口面积以 m^2 计算；门窗框包镀锌铁皮，钉橡皮条、钉毛毡，按图示门窗洞口尺寸以延长米计算。

第 3.7.2 条　铝合金门窗制作、安装，铝合金、不锈钢门窗、彩板组角钢门窗、塑料门窗、钢门窗安装，均按设计门窗洞口面积计算。

第 3.7.3 条　卷闸门安装按洞口高度增加 600mm 乘以门实际宽度以 m^2 计算。电动装置安装以套计算，小门安装以个计算。

第 3.7.4 条　不锈钢片包门框按框外表面面积以 m^2 计算；彩板组角钢门窗附框安装按延长米计算。

第 3.7.5 条　木屋架的制作安装工程量，按以下规定计算：

1. 木屋架制作安装均按设计截面竣工木料以 m^3 计算，其后备长度及配制损耗均不另外计算。

2. 方木屋架一面刨光时增加 3mm，两面刨光时增加 5mm，圆木屋架按屋架刨光时木材体积每 m^3 增加 $0.05m^3$ 计算。附属于屋架的夹板、垫木等已并入相应的屋架制作项目中，不另计算；与屋架连接的挑檐木、支撑等，其工程量并入屋架竣工木料体积内计算。

3. 屋架的制作安装应区别不同跨度，其跨度应以屋架上下弦杆的中心线交点之间的长度为准。带气楼的屋架并入所依附屋架的体积内计算。

4. 屋架的马尾、折角和正交部分半屋架，应并入相连接屋架的体积内计算。

5. 钢木屋架区分圆、方木，按竣工木料以 m^3 计算。

第 3.7.6 条　圆木屋架连接的挑檐木、支撑等如为方木时，其方木部分应乘以系数 1.7 折合成圆木并入屋架竣工木料内，单独的方木挑檐，按矩形檩木计算。

第 3.7.7 条　檩木按竣工木料以 m^3 计算。简支檩长度按设计规定计算，如设计无规定者，按屋架或山墙中距增加 200mm 计算，如两端出山，檩条长度算至博风板；连续檩条的长度按设计长度计算，其接头长度按全部连续檩木总体积的 5%计算。檩条托木已计入相应的檩木制作安装项目中，不另计算。

第 3.7.8 条　屋面木基层，按屋面的斜面积计算。天窗挑檐重叠部分按设计规定计算，屋面烟囱及斜沟部分所占面积不扣除。

第 3.7.9 条　封檐板按图示檐口外围长度计算，博风板按斜长度计算，每个大刀头增加长度 500mm。

第 3.7.10 条　木楼梯按水平投影面积计算，不扣除宽度小于 300mm 的楼梯井，其踢脚线、平台和伸入墙内部分，不另计算。

第八节 楼地面工程

第 3.8.1 条 地面垫层按室内主墙间净空面积乘以设计厚度以 m^3 计算。应扣除凸出地面的构筑物、设备基础、室内铁道、地沟等所占体积，不扣除柱、垛、间壁墙、附墙烟囱及面积在 0.3m^2 以内孔洞所占体积。

第 3.8.2 条 整体面层、找平层均按主墙间净空面积以 m^2 计算。应扣除凸出地面的构筑物、设备基础、室内管道、地沟等所占面积，不扣除柱、垛、间壁墙、附墙烟囱及面积在 0.3m^2 以内孔洞所占面积，但门洞、空圈、暖气包槽、壁龛的开口部分亦不增加。

第 3.8.3 条 块料面层，按图示尺寸实铺面积以 m^2 计算，门洞、空圈、暖气包槽和壁龛的开口部分的工程量并入相应的面层内计算。

第 3.8.4 条 楼梯面层（包括踏步、平台以及小于 500mm 宽的楼梯井）按水平投影面积计算。

第 3.8.5 条 台阶面层（包括踏步及最上一层踏步沿 300mm）按水平投影面积计算。

第 3.8.6 条 其他：

1. 踢脚板按延长米计算，洞口、空圈长度不予扣除，洞口、空圈、垛、附墙烟囱等侧壁长度亦不增加。
2. 散水、防滑坡道按图示尺寸以 m^2 计算。
3. 栏杆、扶手包括弯头长度按延长米计算。
4. 防滑条按楼梯踏步两端距离减 300mm 以延长米计算。
5. 明沟按图示尺寸以延长米计算。

第九节 屋面及防水工程

第 3.9.1 条 瓦屋面，金属压型板（包括挑檐部分）均按图 3.9.1 中尺寸的水平投影面积乘以屋面坡度系数（见表 3.9.1），以 m^2 计算。不扣除房上烟囱、风帽底座、风道、屋面小气窗、斜沟等所占面积，屋面小气窗的出檐部分亦不增加。

屋面坡度系数表 **表 3.9.1**

坡度 B ($A=1$)	坡度 $B/2A$	坡度 角度（α）	延尺系数 C ($A=1$)	隅延尺系数 D ($A=1$)
1	1/2	45°	1.4142	1.7321
0.75		36°52′	1.2500	1.6008
0.70		35°	1.2207	1.5779
0.666	1/3	33°40′	1.2015	1.5620
0.65		33°01′	1.1926	1.5564
0.60		30°58′	1.1662	1.5362
0.577		30°	1.1547	1.5270
0.55		28°49′	1.1413	1.5170
0.50	1/4	26°34′	1.1180	1.5000

续表

坡　度 B（A=1）	坡　度 B/2A	坡　度 角度（α）	延尺系数 C （A=1）	隅延尺系数 D （A=1）
0.45		24°14′	1.0966	1.4839
0.40	1/5	21°48′	1.0770	1.4697
0.35		19°17′	1.0594	1.4569
0.30		16°42′	1.0440	1.4457
0.25		14°02′	1.0308	1.4362
0.20	1/10	11°19′	1.0198	1.4283
0.15		8°32′	1.0112	1.4221
0.125		7°8′	1.0078	1.4191
0.100	1/20	5°42′	1.0050	1.4177
0.083		4°45′	1.0035	1.4166
0.066	1/30	3°49′	1.0022	1.4517

注：1. 两坡排水屋面面积为屋面水平投影面积乘以延尺系数 C；

2. 四坡排水屋面斜脊长度 $= A \times D$（当 $S = A$ 时）；

3. 沿山墙泛水长度 $= A \times C$

第 3.9.2 条　卷材屋面，工程量按以下规定计算：

1. 卷材屋面按图示尺寸的水平投影面积乘以规定的坡度系数（见表 3.9.1）以 m^2 计算。但不扣除房上烟囱、风帽底座、风道、屋面小气窗和斜沟等所占的面积，屋面的女儿墙、伸缩缝和天窗等处的弯起部分，按图示尺寸并入屋面工程量计算。如图纸无规定时，伸缩缝、女儿墙的弯起部分可按 250mm 计算，天窗弯起部分可按 500mm 计算。

2. 卷材屋面的附加层、接缝、收头、找平层的嵌缝、冷底子油已计入定额内，不另计算。

第 3.9.3 条　涂膜屋面的工程量计算同卷材屋面。涂膜屋面的油膏嵌缝、玻璃布盖缝、屋面分格缝，以延长米计算。

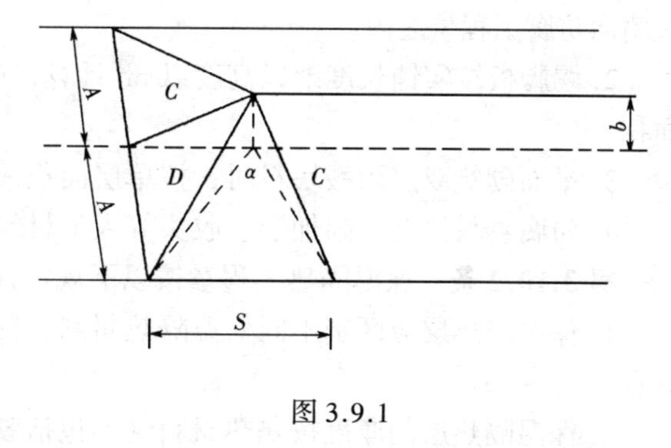

图 3.9.1

第 3.9.4 条　屋面排水工程量按以下规定计算：

1. 铁皮排水按图示尺寸以展开面积计算，如图纸没有注明尺寸时，可按表 3.9.4 计算。咬口和搭接等已计入定额项目中，不另计算。

2. 铸铁、玻璃钢落水管区别不同直径按图示尺寸以延长米计算，雨水口、水斗、弯头、短管以个计算。

铁皮排水单体零件折算表　　表 3.9.4

<table>
<tr><td colspan="2">名　称</td><td>单位</td><td>水落管（m）</td><td>檐沟（m）</td><td>水斗（个）</td><td>漏斗（个）</td><td>下水口（个）</td><td></td><td></td></tr>
<tr><td rowspan="3">铁皮排水</td><td>水落管，檐沟，水斗，漏斗，下水口</td><td>m^2</td><td>0.32</td><td>0.30</td><td>0.40</td><td>0.16</td><td>0.45</td><td></td><td></td></tr>
<tr><td rowspan="2">天沟，斜沟，天窗窗台泛水，天窗侧面泛水，烟囱泛水，通气管泛水，滴水檐头泛水，滴水</td><td rowspan="2">m^2</td><td>天沟（m）</td><td>斜沟天窗窗台泛水（m）</td><td>天窗侧面泛水（m）</td><td>烟囱泛水（m）</td><td>通气管泛水（m）</td><td>滴水檐头泛水（m）</td><td>滴水（m）</td></tr>
<tr><td>1.30</td><td>0.50</td><td>0.70</td><td>0.80</td><td>0.22</td><td>0.24</td><td>0.11</td></tr>
</table>

第 3.9.5 条　防水工程工程量按以下规定计算：

1. 建筑物地面防水、防潮层，按主墙间净空面积计算，扣除凸出地面的构筑物、设备基础等所占的面积，不扣除柱、垛、间壁墙、烟囱及 $0.3m^2$ 以内孔洞所占面积，与墙连接处高度在 500mm 以内者按展开面积计算，并入平面工程量内，超过 500mm 时，按立面防水层计算。

2. 建筑物墙基防水、防潮层、外墙长度按中心线、内墙按净长乘以宽度以 m^2 计算。

3. 构筑物及建筑物地下室防水层，按实铺面积计算，但不扣除 $0.3m^2$ 以内的孔洞面积。平面与立面交接处的防水层，其上卷高度超过 500mm 时，按立面防水层计算。

4. 防水卷材的附加层、接缝、收头、冷底子油等人工材料均已计入定额内，不另计算。

5. 变形缝按延长米计算。

第十节　防腐、保温、隔热工程

第 3.10.1 条　防腐工程量按以下规定计算：

1. 防腐工程项目应区分不同防腐材料种类及其厚度，按设计实铺面积以 m^2 计算。应扣除凸出地面的构筑物、设备基础等所占的面积，砖垛等突出墙面部分按展开面积计算并入墙面防腐工程量之内。

2. 踢脚板按实铺长度乘以高度以 m^2 计算，应扣除门洞所占面积并相应增加侧壁展开面积。

3. 平面砌筑双层耐酸块料时，按单层面积乘以系数 2 计算。

4. 防腐卷材接缝、附加层、收头等人工材料，已计入在定额中，不再另行计算。

第 3.10.2 条　保温隔热工程量按以下规定计算：

1. 保温隔热层应区别不同保温隔热材料，除另有规定者外，均按设计实铺厚度以 m^3 计算。

2. 保温隔热层的厚度按隔热材料（不包括胶结材料）净厚度计算。

3. 地面隔热层按围护结构墙体间净面积乘以设计厚度以 m^3 计算，不扣除柱、垛所占的体积。

4. 墙体隔热层，外墙按隔热层中心线、内墙按隔热层净长乘以图示尺寸的高度及厚

度以 m^3 计算。应扣除冷藏门洞口和管道穿墙洞口所占的体积。

5. 柱包隔热层，按图示柱的隔热层中心线的展开长度乘以图示尺寸高度及厚度以 m^3 计算。

6. 其他保温隔热：

(1) 池槽隔热层按图示池槽保温隔热层的长、宽及其厚度以 m^3 计算。其中池壁按墙面计算，池底按地面计算。

(2) 门洞口侧壁周围的隔热部分，按图示隔热层尺寸以 m^3 计算，并入墙面的保温隔热工程量内。

(3) 柱帽保温隔热层按图示保温隔热层体积并入天棚保温隔热层工程量内。

第十一节 装 饰 工 程

第 3.11.1 条 内墙抹灰工程量按以下规定计算：

1. 内墙抹灰面积，应扣除门窗洞口和空圈所占的面积，不扣除踢脚板 、挂镜线、$0.3m^2$ 以内的孔洞和墙与构件交接处的面积，洞口侧壁和顶面亦不增加。墙垛和附墙烟囱侧壁面积与内墙抹灰工程量合并计算。

2. 内墙面抹灰的长度，以主墙间的图示净长尺寸计算。其高度确定如下：

(1) 无墙裙的，其高度按室内地面或楼面至天棚底面之间距离计算。

(2) 有墙裙的，其高度按墙裙顶至天棚底面之间距离计算。

(3) 钉板条天棚的内墙面抹灰，其高度按室内地面或楼面至天棚底面另加 100mm 计算。

3. 内墙裙抹灰面积按内墙净长乘以高度计算。应扣除门窗洞口和空圈所占的面积，门窗洞口和空圈的侧壁面积不另增加，墙垛、附墙烟囱侧壁面积并入墙裙抹灰面积内计算。

第 3.11.2 条 外墙抹灰工程量按以下规定计算：

1. 外墙抹灰面积，按外墙面的垂直投影面积以 m^2 计算。应扣除门窗洞口、外墙裙和大于 $0.3m^2$ 孔洞所占面积，洞口侧壁面积不另增加。附墙垛、梁、柱侧面抹灰面积并入外墙面抹灰工程量内计算。栏板、栏杆、窗台线、门窗套、扶手、压顶、挑檐、遮阳板、突出墙外的腰线等，另按相应规定计算。

2. 外墙裙抹灰面积按其长度乘以高度计算，扣除门窗洞口和大于 $0.3m^2$ 孔洞所占的面积，门窗洞口及孔洞的侧壁不增加。

3. 窗台线、门窗套、挑檐、腰线、遮阳板等展开宽度在 300mm 以内者，按装饰线以延长米计算，如展开宽度超过 300mm 以上时，按图示尺寸以展开面积计算，套零星抹灰定额项目。

4. 栏板、栏杆（包括立柱、扶手或压顶等）抹灰按立面垂直投影面积乘以系数 2.2 以 m^2 计算。

5. 阳台底面抹灰按水平投影面积以 m^2 计算，并入相应天棚抹灰面积内。阳台如带悬臂梁者，其工程量乘以系数 1.30。

6. 雨篷底面或顶面抹灰分别按水平投影面积以 m^2 计算，并入相应天棚抹灰面积内。雨篷顶面带反沿或反梁者，其工程量乘以系数 1.20；底面带悬臂梁者，其工程量乘以系数 1.20。雨篷外边线按相应装饰或零星项目执行。

7. 墙面勾缝按垂直投影面积计算，应扣除墙裙和墙面抹灰的面积，不扣除门窗洞口、门窗套、腰线等零星抹灰所占的面积，附墙柱和门窗洞口侧面的勾缝面积亦不增加。独立柱、房上烟囱勾缝，按图示尺寸以 m^2 计算。

第 3.11.3 条 外墙装饰抹灰工程量按以下规定计算：

1. 外墙各种装饰抹灰均按图示尺寸以实抹面积计算。应扣除门窗洞口和空圈的面积，其侧壁面积不另增加。

2. 挑檐、天沟、腰线、栏板、栏杆、窗台线、门窗套、压顶等均按图示尺寸展开面积以 m^2 计算，并入相应的外墙面积内。

第 3.11.9 条 独立柱：

1. 一般抹灰、装饰抹灰、镶贴块料按结构断面周长乘以柱的高度以 m^2 计算。

2. 柱面装饰按柱外围饰面尺寸乘以柱的高以 m^2 计算。

第 3.11.10 条 各种“零星项目”均按图示尺寸以展开面积计算。

第 3.11.11 条 天棚抹灰工程量按以下规定计算：

1. 天棚抹灰面积，按主墙间的净面积计算，不扣除间壁墙、垛、柱、附墙烟囱、检查口和管道所占的面积。带梁天棚，梁两侧抹灰面积，并入天棚抹灰工程量内计算。

2. 密肋梁和井字梁天棚抹灰面积，按展开面积计算。

3. 天棚抹灰如带有装饰线时，区别三道线以内或五道线以内按延长米计算，线角的道数以一个突出的棱角为一道线。

4. 檐口天棚的抹灰面积，并入相同的天棚抹灰工程量内计算。

5. 天棚中的折线、灯槽线、圆弧形线、拱形线等艺术形式的抹灰，按展开面积计算。

第十二节　金属结构制作工程

第 3.12.1 条 金属结构制作按图示钢材尺寸以 t 计算，不扣除孔眼、切边的重量，焊条、铆钉、螺栓等重量，已包括在定额内不另计算。在计算不规则或多边形钢板重量时，均以其最大对角线乘最大宽度的矩形面积计算。

第 3.12.2 条 实腹柱、吊车梁、H 型钢按图示尺寸计算，其中腹板及翼板宽度按每边增加 25mm 计算。

第 3.12.3 条 制动梁的制作工程量包括制动梁、制动桁架、制动板重量；墙架的制作工程量包括墙架柱、墙架梁及连接柱杆重量；钢柱制作工程量包括依附于柱上的牛腿及悬臂梁重量。

第 3.12.4 条 轨道制作工程量，只计算轨道本身重量，不包括轨道垫板、压板、斜垫、夹板及连接角钢等重量。

第 3.12.5 条 铁栏杆制作，仅适用于工业厂房中平台、操作台的钢栏杆。民用建筑中铁栏杆等按本定额其他章节有关项目计算。

第 3.12.6 条 钢漏斗制作工程量，矩形按图示分片，圆形按图示展开尺寸，并依钢板宽度分段计算，每段均以其上口长度（圆形以分段展开上口长度）与钢板宽度，按矩形计算，依附漏斗的型钢并入漏斗重量内计算。

第十三节　建筑工程垂直运输

第 3.13.1 条　建筑物垂直运输机械台班用量，区分不同建筑物的结构类型及高度按建筑物面积以 m^2 计算。建筑面积按本规定第二章规定计算。

第 3.13.2 条　构筑物垂直运输机械台班以座计算。超过规定高度时再按每增高 1m 定额项目计算，其高度不足 1m 时，亦按 1m 计算。

第十四节　建筑物超高增加人工、机械定额

第 3.14.1 条　各项降效系数中包括的内容指建筑物基础以上的全部工程项目，但不包括垂直运输、各类构件的水平运输及各项脚手架。

第 3.14.2 条　人工降效按规定内容中的全部人工费乘以定额系数计算。

第 3.14.3 条　吊装机械降效按第六章吊装项目中的全部机械费乘以定额系数计算。

第 3.14.4 条　其他机械降效按规定内容中的全部机械费（不包括吊装机械）乘以定额系数计算。

第 3.14.5 条　建筑物施工用水加压增加的水泵台班，按建筑面积以 m^2 计算。

附录三

A 建筑工程工程量清单项目及计算规则

A.1 土（石）方工程

A.1.1 土方工程。工程量清单项目设置及工程量计算规则，应按表 A.1.1 的规定执行。

土方工程（编码：010101） **表 A.1.1**

项目编码	项目名称	项目特征	计量单位	工程量计算规则	工程内容
010101001	平整场地	1. 土壤类别 2. 弃土运距 3. 取土运距	m^2	按设计图示尺寸以建筑物首层面积计算	1. 土方挖填 2. 场地找平 3. 运输
010101002	挖土方	1. 土壤类别 2. 挖土平均厚度 3. 弃土运距	m^3	按设计图示尺寸以体积计算	1. 排地表水 2. 土方开挖 3. 挡土板支拆 4. 截桩头 5. 基底钎探 6. 运输
010101003	挖基础土方	1. 土壤类别 2. 基础类型 3. 垫层底宽、底面积 4. 挖土深度 5. 弃土运距		按设计图示尺寸以基础垫层底面积乘以挖土深度计算	
010101004	冻土开挖	1. 冻土厚度 2. 弃土运距		按设计图示尺寸开挖面积乘以厚度以体积计算	1. 打眼、装药、爆破 2. 开挖 3. 清理 4. 运输
010101005	挖淤泥、流砂	1. 挖掘深度 2. 弃淤泥、流砂距离		按设计图示位置、界限以体积计算	1. 挖淤泥、流砂 2. 弃淤泥、流砂
010101006	管沟土方	1. 土壤类别 2. 管外径 3. 挖沟平均深度 4. 弃土石运距 5. 回填要求	m	按设计图示以管道中心线长度计算	1. 排地表水 2. 土方开挖 3. 挡土板支拆 4. 运输 5. 回填

A.1.2 石方工程。工程量清单项目设置及工程量计算规则。应按表 A.1.2 的规则执行。

石方工程（编码：010102） **表 A.1.2**

项目编码	项目名称	项目特征	计量单位	工程量计算规则	工程内容
010102001	预裂爆破	1. 岩石类别 2. 单孔深度 3. 单孔装药量 4. 炸药品种、规格 5. 雷管品种、规格	m	按设计图示以钻孔总长度计算	1. 打眼、装药、放炮 2. 处理渗水、积水 3. 安全防护、警卫
010102002	石方开挖	1. 岩石类别 2. 开凿深度 3. 弃碴运距 4. 光面爆破要求 5. 基底摊座要求 6. 爆破石块直径要求	m^3	按设计图示尺寸以体积计算	1. 打眼、装药、放炮 2. 处理渗水、积水 3. 解小 4. 岩石开凿 5. 摊座 6. 清理 7. 运输 8. 安全防护、警卫
010102003	管沟石方	1. 岩石类别 2. 管外径 3. 开凿深度 4. 弃碴运距 5. 基底摊座要求 6. 爆破石块直径要求	m	按设计图示以管道中心线长度计算	1. 石方开凿、爆破 2. 处理渗水、积水 3. 解小 4. 摊座 5. 清理、运输、回填 6. 安全防护、警卫

A.1.3 土石运输与回填。工程量清单项目设置及工程量计算规则，应按表 A.1.3 的规定执行。

土石方回填（编码：010103） **表 A.1.3**

项目编码	项目名称	项目特征	计量单位	工程量计算规则	工程内容
010103001	土（石）方回填	1. 土质要求 2. 密实度要求 3. 粒径要求 4. 夯填（碾压） 5. 松填 6. 运输距离	m^3	按设计图示尺寸以体积计算 注：1. 场地回填：回填面积乘以平均回填厚度 2. 室内回填：主墙间净面积乘以回填厚度 3. 基础回填：挖方体积减去设计室外地坪以下埋设的基础体积（包括基础垫层及其他构筑物）	1. 挖土方 2. 装卸、运输 3. 回填 4. 分层碾压、夯实

A.1.4 其他相关问题应按下列规定处理：

1 土壤及岩石的分类应按表 A.1.4-1 确定。

土壤及岩石（普氏）分类表 **表 A.1.4-1**

土石分类	普氏分类	土壤及岩石名称	天然湿度下平均容量（kg/m³）	极限压碎强度（kg/cm²）	用轻钻孔机钻进1m耗时（min）	开挖方法及工具	紧固系数 f
一、二类土壤	Ⅰ	砂	1500			用尖锹开挖	0.5～0.6
		砂壤土	1600				
		腐殖土	1200				
		泥炭	600				
	Ⅱ	轻壤和黄土类土	1600			用锹开挖并少数用镐开挖	0.6～0.8
		潮湿而松散的黄土，软的盐渍土和碱土	1600				
		平均15mm以内的松散而软的砾石	1700				
		含有草根的密实腐殖土	1400				
		含有直径在30mm以内根类的泥炭和腐殖土	1100				
		掺有卵石、碎石和石屑的砂和腐殖土	1650				
		含有卵石或碎石杂质的胶结成块的填土	1750				
		含有卵石、碎石和建筑料杂质的砂壤土	1900				
三类土壤	Ⅲ	肥黏土其中包括石炭纪、侏罗纪的黏土和冰黏土	1800			用尖锹并同时用镐开挖（30%）	0.8～1.0
		重壤土、粗砾石，粒径为15～40mm的碎石和卵石	1750				
		干黄土和掺有碎石或卵石的自然含水量黄土	1790				
		含有直径大于30mm根类的腐殖土或泥炭	1400				
		掺有碎石或卵石和建筑碎料的土壤	1900				
四类土壤	Ⅳ	土含碎石重黏土其中包括侏罗纪和石英纪的硬黏土	1950			用尖锹并同时用镐和撬棍开挖（30%）	1.0～1.5
		含有碎石、卵石、建筑碎料和重达25kg的顽石（总体积10%以内）等杂质的肥黏土和重壤土	1950				
		冰碛黏土，含有重量在50kg以内的巨砾其含量为总体积10%以内	2000				
		泥板岩	2000				
		不含或含有重量达10kg的顽石	1950				
松石	Ⅴ	含有重量在50kg以内的巨砾（占体积10%以上）的冰碛石	2100	<200	<3.5	部分用手凿工具部分用爆破来开挖	1.5～2.0
		矽藻岩和软白垩岩	1800				
		胶结力弱的砾岩	1900				
		各种不坚实的片岩	2600				
		石膏	2200				

续表

土石分类	普氏分类	土壤及岩石名称	天然湿度下平均容量 (kg/m³)	极限压碎强度 (kg/cm²)	用轻钻孔机钻进1m耗时（min）	开挖方法及工具	紧固系数 f
次坚石	Ⅵ	凝灰岩和浮石 松软多孔和裂隙严重的石灰岩和介质石灰岩 中等硬变的片岩 中等硬变的泥灰岩	1100 1200 2700 2300	200～400	3.5	用风镐和爆破法来开挖	2～4
	Ⅶ	石灰石胶结的带有卵石和沉积岩的砾石 风化的和有大裂缝的黏土质砂岩 坚实的泥板岩 坚实的泥灰岩	2200 2000 2800 2500	400～600	6.0	用爆破方法开挖	4～6
	Ⅷ	砾质花岗岩 泥灰质石灰岩 黏土质砂岩 砂质云母片岩 硬石膏	2300 2300 2200 2300 2900	600～800	8.5	用爆破方法开挖	6～8
普坚石	Ⅸ	严重风化的软弱的花岗岩、片麻岩和正长岩 滑石化的蛇纹岩 致密的石灰岩 含有卵石、沉积岩的渣质胶结的砾岩 砂岩 砂质石灰质片岩 菱镁矿	2500 2400 2500 2500 2500 2500 3000	800～1000	11.5	用爆破方法开挖	8～10
	Ⅹ	白云石 坚固的石灰岩 大理石 石灰胶结的致密砾石 坚固砂质片岩	2700 2700 2700 2600 2600	1000～1200	15.0	用爆破方法开挖	10～12
	Ⅺ	粗花岗岩 非常坚硬的白云岩 蛇纹岩 石灰质胶结的含有火成岩之卵石的砾石 石英胶结的坚固砂岩 粗粒正长岩	2800 2900 2600 2800 2700 2700	1200～1400	18.5	用爆破方法开挖	12～14
	Ⅻ	具有风化痕迹的安山岩和玄武岩 片麻岩 非常坚固的石炭岩 硅质胶结的含有火成岩之卵石的砾岩 粗石岩	2700 2600 2900 2900 2600	1400～1600	22.0	用爆破方法开挖	14～16
	XIII	中粒花岗岩 坚固的片麻岩 辉绿岩 玢岩 坚固的粗面岩 中粒正长岩	3100 2800 2700 2500 2800 2800	1600～1800	27.5	用爆破方法开挖	16～18

续表

土石分类	普氏分类	土壤及岩石名称	天然湿度下平均容量（kg/m³）	极限压碎强度（kg/cm²）	用轻钻孔机钻进1m耗时（min）	开挖方法及工具	紧固系数 f
普坚石	XIV	非常坚硬的细粒花岗岩 花岗岩麻岩 闪长岩 高硬度的石灰岩 坚固的玢岩	3300 2900 2900 3100 2700	1800～2000	32.5	用爆破方法开挖	18～20
	XV	安山岩、玄武岩、坚固的角页岩 高硬度的辉绿岩和闪长岩 坚固的辉长岩和石英岩	3100 2900 2800	2000～2500	46.0	用爆破方法开挖	20～25
	XVI	拉长玄武岩和橄榄玄武岩 特别坚固的辉长辉绿岩、石英石和玢岩	3300 3300	＞2500	＞60	用爆破方法开挖	＞25

2 土石方体积应按挖掘前的天然密实体积计算。如需按天然密实体积折算时，应按表 A.1.4-2 系数计算。

土石方体积折算系数表 **表 A.1.4-2**

天然密实度体积	虚方体积	夯实后体积	松填体积
1.00	1.30	0.87	1.08
0.77	1.00	0.67	0.83
1.15	1.49	1.00	1.24
0.93	1.20	0.81	1.00

3 挖土方平均厚度应按自然地面测量标高至设计地坪标高间的平均厚度确定。基础土方、石方开挖深度应按基础垫层底表面标高至交付施工场地标高确定，无交付施工场地标高时，应按自然地面标高确定。

4 建筑物场地厚度在±30cm以内的挖、填、运、找平，应按 A.1.1 中平整场地项目编码列项。±30cm 以外的竖向布置挖土或山坡切土，应按 A.1.1 中挖土方项目编码列项。

5 挖基础土方包括带形基础、独立基础、满堂基础（包括地下室基础）及设备基础、人工挖孔桩等的挖方。带形基础应按不同底宽和深度，独立基础和满堂基础应按不同底面积和深度分别编码列项。

6 管沟土（石）方工程量应按设计图示尺寸以长度计算。有管沟设计时，平均深度以沟垫层底表面标高至交付施工场地标高计算；无管沟设计时，直埋管深度应按管底外表面标高至交付施工场地标高的平均高度计算。

7 设计要求采用减震孔方式减弱爆破震动波时，应按 A.1.2 中预裂爆破项目编码列项。

8 湿土的划分应按地质资料提供的地下常水位为界，地下常水位以下为湿土。

9　挖方出现流砂、淤泥时，可根据实际情况由发包人与承包人双方认证。

A.2　桩与地基基础工程

A.2.1　混凝土桩。工程量清单项目设置及工程量计算规则，应按表 A.2.1 的规定执行。

混凝土桩（编码：010201）　　　　**表 A.2.1**

项目编码	项目名称	项目特征	计量单位	工程量计算规则	工程内容
010201001	预制钢筋混凝土桩	1. 土壤级别 2. 单桩长度、根数 3. 桩截面 4. 板桩面积 5. 管桩填充材料种类 6. 桩倾斜度 7. 混凝土强度等级 8. 防护材料种类	m/根	按设计图示尺寸以桩长（包括桩尖）或根数计算	1. 桩制作、运输 2. 打桩、试验桩、斜桩 3. 送桩 4. 管桩填充材料、刷防护材料 5. 清理、运输
010201002	接桩	1. 桩截面 2. 接头长度 3. 接桩材料	个/m	按设计图示规定以接头数量（板桩按接头长度）计算	1. 桩制作、运输 2. 接桩、材料运输
010201003	混凝土灌注桩	1. 土壤级别 2. 单桩长度、根数 2. 桩截面 3. 成孔方法 4. 混凝土强度等级	m/根	按设计图示尺寸以桩长（包括桩尖）或根数计算	1. 成孔、固壁 2. 混凝土制作、运输、灌注、振捣、养护 3. 泥浆池及沟槽砌筑、拆除 4. 泥浆制作、运输 5. 清理、运输

A.2.2　其他桩。工程量清单项目设置及工程量计算规则，应按表 A.2.2 的规定执行。

其他桩（编码：010202）　　　　**表 A.2.2**

<table>
<tr><th>项目编码</th><th>项目名称</th><th>项目特征</th><th>计量单位</th><th>工程量计算规则</th><th>工程内容</th></tr>
<tr><td>010202001</td><td>砂石灌柱桩</td><td>1. 土壤级别
2. 桩长
3. 桩截面
4. 成孔方法
5. 砂石级配</td><td rowspan="4">m</td><td rowspan="4">按设计图示尺寸以桩长（包括桩尖）计算</td><td>1. 成孔
2. 砂石运输
3. 填充
4. 振实</td></tr>
<tr><td>010202002</td><td>灰土挤密桩</td><td>1. 土壤级别
2. 桩长
3. 桩截面
4. 成孔方法
5. 灰土级配</td><td>1. 成孔
2. 灰土拌和、运输
3. 填充
4. 夯实</td></tr>
<tr><td>010202003</td><td>旋喷桩</td><td>1. 桩长
2. 桩截面
3. 水泥强度等级</td><td>1. 成孔
2. 水泥浆制作、运输
3. 水泥浆旋喷</td></tr>
<tr><td>010202004</td><td>喷粉桩</td><td>1. 桩长
2. 桩截面
3. 粉体种类
4. 水泥强度等级
5. 石灰粉要求</td><td>1. 成孔
2. 粉体运输
3. 喷粉固化</td></tr>
</table>

A.2.3 地基与边坡处理。工程量清单项目设置及工程量计算规则。应按表 A.2.3 的规定执行。

地基与边坡处理（编码：010203） **表 A.2.3**

项目编码	项目名称	项目特征	计量单位	工程量计算规则	工程内容
010203001	地下连续墙	1. 墙体厚度 2. 成槽深度 3. 混凝土强度等级	m^3	按设计图示墙中心线长乘以厚度乘以槽深以体积计算	1. 挖土成槽、余土运输 2. 导墙制作、安装 3. 锁口管吊拔 4. 浇筑混凝土连续墙 5. 材料运输
010203002	振冲灌注碎石	1. 振冲深度 2. 成孔直径 3. 碎石级配		按设计图示孔深乘以孔截面积以体积计算	1. 成孔 2. 碎石运输 3. 灌注、振实
010203003	地基强夯	1. 夯击能量 2. 夯击遍数 3. 地耐力要求 4. 夯填材料种类	m^2	按设计图示尺寸以面积计算	1. 铺夯填材料 2. 强夯 3. 夯填材料运输
010203004	锚杆支护	1. 锚孔直径 2. 锚孔平均深度 3. 锚固方法、浆液种类 4. 支护厚度、材料种类 5. 混凝土强度等级 6. 砂浆强度等级		按设计图示尺寸以支护面积计算	1. 钻孔 2. 浆液制作、运输、压浆 3. 张拉锚固 4. 混凝土制作、运输、喷射、养护 5. 砂浆制作、运输、喷射、养护
010203005	土钉支护	1. 支护厚度、材料种类 2. 混凝土强度等级 3. 砂浆强度等级		按设计图示尺寸以支护面积计算	1. 钉土钉 2. 挂网 3. 混凝土制作、运输、喷射、养护 4. 砂浆制作、运输、喷射、养护

A.2.4 其他相关问题应按下列规定处理：

1 土壤级别按表 A.2.4 确定。

土 质 鉴 别 表 **表 A.2.4**

内 容		土 壤 级 别	
		一 级 土	二 级 土
砂夹层	砂层连续厚度	<1m	>1m
	砂层中卵石含量	—	<15%
物理性能	压缩系数	>0.02	<0.02
	孔隙比	>0.7	<0.7
力学性能	静力触探值	<50	>50
	动力触探系数	<12	>12
每米纯沉桩时间平均值		<2min	>2min
说 明		桩经外力作用较易沉入的土，土壤中夹有较薄的砂层	桩经外力作用较难沉入的土，土壤中夹有不超过 3m 的连续厚度砂层

2　混凝土灌注桩的钢盘笼、地下连续墙的制作、安装，应按 A.4 中相关项目编码列项。

A.3　砌　筑　工　程

A.3.1　砖基础。工程量清单项目设置及工程量计算规则，应按表 A.3.1 的规定执行。

砖基础（编码：010301）　　**表 A.3.1**

项目编码	项目名称	项目特征	计量单位	工程量计算规则	工程内容
010301001	砖基础	1. 垫层材料种类、厚度 2. 砖品种、规格、强度等级 3. 基础类型 4. 基础深度 5. 砂浆强度等级	m^3	按设计图示尺寸以体积计算。包括附墙垛基础宽出部分体积，扣除地梁（圈梁）、构造柱所占体积，不扣除基础大放脚T形接头处的重叠部分及嵌入基础内的钢筋、铁件、管道、基础砂浆防潮层和单个面积 $0.3m^2$ 以内的孔洞所占体积，靠墙暖气沟的挑檐不增加 基础长度：外墙按中心线，内墙按净长线计算	1. 砂浆制作、运输 2. 铺设垫层 3. 砌砖 4. 防潮层铺设 5. 材料运输

A.3.2　砖砌体。工程量清单项目设置及工程量计算规则。应按表 A.3.2 的规定执行。

砖砌体（编码：010302）　　**表 A.3.2**

项目编码	项目名称	项目特征	计量单位	工程量计算规则	工程内容
010302001	实心砖墙	1. 砖品种、规格、强度等级 2. 墙体类型 3. 墙体厚度 4. 墙体高度 5. 勾缝要求 6. 砂浆强度等级、配合比	m^3	按设计图示尺寸以体积计算。扣除门窗洞口、过人洞、空圈、嵌入墙内的钢筋混凝土柱、梁、圈梁、挑梁、过梁及凹进墙内的壁龛、管槽、暖气槽、消火栓箱所占体积。不扣除梁头、板头、檩头、垫木、木楞头、沿缘木、木砖、门窗走头、砖墙内加固钢筋、木筋、铁件、钢管及单个面积 $0.3m^2$ 以内的孔洞所占体积。凸出墙面的腰线、挑檐、压顶、窗台线、虎头砖、门窗套的体积亦不增加。凸出墙面的砖垛并入墙体体积内计算 1. 墙长度：外墙按中心线，内墙按净长计算； 2. 墙高度： (1) 外墙：斜（坡）屋面无檐口天棚者算至屋面板底；有屋架且室内外均有天棚者算至屋架下弦底另加 200mm；无天棚者算至屋架下弦底另加 300mm，出檐宽度超过 600mm 时按实砌高度计算；平屋面算至钢筋混凝土板底 (2) 内墙：位于屋架下弦者，算至屋架下弦底；无屋架者算至天棚底另加 100mm；有钢筋混凝土楼板隔层者算至楼板顶；有框架梁时算至梁底 (3) 女儿墙：从屋面板上表面算至女儿墙顶面（如有混凝土压顶时算至压顶下表面） (4) 内、外山墙：按其平均高度计算 3. 围墙：高度算至压顶上表面（如有混凝土压顶时算至压顶下表面），围墙柱并入围墙体积内	1. 砂浆制作、运输 2. 砌砖 3. 勾缝 4. 砖压顶砌筑 5. 材料运输

续表

项目编码	项目名称	项目特征	计量单位	工程量计算规则	工程内容
010302002	空斗墙	1. 砖品种、规格、强度等级 2. 墙体类型 3. 墙体厚度 4. 勾缝要求 5. 砂浆强度等级、配合比	m³	按设计图示尺寸以空斗墙外形体积计算。墙角、内外墙交接处、门窗洞口立边、窗台砖、屋檐处的实砌部分体积并入空斗墙体积内	1. 砂浆制作、运输 2. 砌砖 3. 装填充料 4. 勾缝 5. 材料运输
010302003	空花墙	1. 砖品种、规格、强度等级 2. 墙体类型 3. 墙体厚度 4. 勾缝要求 5. 砂浆强度等级		按设计图示尺寸以空花部分外形体积计算，不扣除空洞部分体积	
010302004	填充墙	1. 砖品种、规格、强度等级 2. 墙体厚度 3. 填充材料种类 4. 勾缝要求 5. 砂浆强度等级		按设计图示尺寸以填充墙外形体积计算	
010302005	实心砖柱	1. 砖品种、规格、强度等级 2. 柱类型 3. 柱截面 4. 柱高 5. 勾缝要求 6. 砂浆强度等级、配合比		按设计图示尺寸以体积计算。扣除混凝土及钢筋混凝土梁垫、梁头、板头所占体积	1. 砂浆制作、运输 2. 砌砖 3. 勾缝 4. 材料运输
010302006	零星砌砖	1. 零星砌砖名称、部位 2. 勾缝要求 3. 砂浆强度等级、配合比	m³（m²、m、个）		

A.3.3 砖构筑物。工程量清单项目设置及工程量计算规则，应按表 A.3.3 的规定执行。

砖构筑物（编码：010303） **表 A.3.3**

项目编码	项目名称	项目特征	计量单位	工程量计算规则	工程内容
010303001	砖烟囱、水塔	1. 筒身高度 2. 砖品种、规格、强度等级 3. 耐火砖品种、规格 4. 耐火泥品种 5. 隔热材料种类 6. 勾缝要求 7. 砂浆强度等级、配合比	m³	按设计图示筒壁平均中心线周长乘以厚度乘以高度以体积计算。扣除各种孔洞、钢筋混凝土圈梁、过梁等的体积	1. 砂浆制作、运输 2. 砌砖 3. 涂隔热层 4. 装填充料 5. 砌内衬 6. 勾缝 7. 材料运输

续表

项目编码	项目名称	项目特征	计量单位	工程量计算规则	工程内容
010303002	砖烟道	1. 烟道截面形状、长度 2. 砖品种、规格、强度等级 3. 耐火砖品种规格 4. 耐火泥品种 5. 勾缝要求 6. 砂浆强度等级、配合比	m^3	按图示尺寸以体积计算	1. 砂浆制作、运输 2. 砌砖 3. 涂隔热层 4. 装填充料 5. 砌内衬 6. 勾缝 7. 材料运输
010303003	砖窨井、检查井	1. 井截面 2. 垫层材料种类、厚度 3. 底板厚度 4. 勾缝要求 5. 混凝土强度等级 6. 砂浆强度等级、配合比 7. 防潮层材料种类	座	按设计图示数量计算	1. 土方挖运 2. 砂浆制作、运输 3. 铺设垫层 4. 底板混凝土制作、运输、浇筑、振捣、养护 5. 砌砖 6. 勾缝 7. 井池底、壁抹灰 8. 抹防潮层 9. 回填 10. 材料运输
010303004	砖水池、化粪池	1. 池截面 2. 垫层材料种类、厚度 3. 底板厚度 4. 勾缝要求 5. 混凝土强度等级 6. 砂浆强度等级、配合比			

A.3.4 砌块砌体。工程量清单项目设置及工程量计算规则，应按表 A.3.4 的规定执行。

砌块砌体（编码：010304） **表 A.3.4**

项目编码	项目名称	项目特征	计量单位	工程量计算规则	工程内容
010304001	空心砖墙、砌块墙	1. 墙体类型 2. 墙体厚度 3. 空心砖、砌块品种、规格、强度等级 4. 勾缝要求 5. 砂浆强度等级、配合比	m^3	按设计图示尺寸以体积计算。扣除门窗洞口、过人洞、空圈、嵌入墙内的钢筋混凝土柱、梁、圈梁、挑梁、过梁及凹进墙内的壁龛、管槽、暖气槽、消火栓箱所占体积，不扣除梁头、板头、檩头、垫木、木楞头、沿缘木、木砖、门窗走头、砖墙内加固钢筋、木筋、铁件、钢管及单个面积 $0.3m^2$ 以内的孔洞所占体积，凸出墙面的腰线、挑檐、压顶、窗台线、虎头砖、门窗套的体积不增加，凸出墙面的砖垛并入墙体体积内 1. 墙长度：外墙按中心线，内墙按净长计算 2. 墙高度： （1）外墙：斜（坡）屋面无檐口天棚者算至屋面板底；有屋架且室内外均有天棚者算至屋架下弦底另加 200mm；无天棚者算至屋架下弦底另加 300mm，出檐宽度超过 600mm 时按实砌高度计算；平屋面算至钢筋混凝土板底 （2）内墙：位于屋架下弦者，算至屋架下弦底；无屋架者算至天棚底另加 100mm；有钢筋混凝土楼板隔层者算至楼板顶；有框架梁时算至梁底 （3）女儿墙：从屋面板上表面算至女儿墙顶面（如有压顶时算至压顶下表面） （4）内、外山墙：按其平均高度计算 3. 围墙：高度算至压顶上表面（如有混凝土压顶时算至压顶下表面），围墙柱并入围墙体积内	1. 砂浆制作、运输 2. 砌砖、砌块 3. 勾缝 4. 材料运输

续表

项目编码	项目名称	项目特征	计量单位	工程量计算规则	工程内容
010304002	空心砖柱、砌块柱	1. 柱高度 2. 柱截面 3. 空心砖、砌块品种、规格、强度等级 4. 勾缝要求 5. 砂浆强度等级、配合比	m^3	按设计图示尺寸以体积计算。扣除混凝土及钢筋混凝土梁垫、梁头、板头所占体积	1. 砂浆制作、运输 2. 砌砖、砌块 3. 勾缝 4. 材料运输

A.3.5 石砌体。工程量清单项目设置及工程量计算规则，按表 A.3.5 的规定执行。

石砌体（编码：010305） **表 A.3.5**

项目编码	项目名称	项目特征	计量单位	工程量计算规则	工程内容
010305001	石基础	1. 垫层材料种类、厚度 2. 石料种类、规格 3. 基础深度 4. 基础类型 5. 砂浆强度等级、配合比	m^3	按设计图示尺寸以体积计算。包括附墙垛基础宽出部分体积，不扣除基础砂浆防潮层及单个面积 0.3m^2 以内的孔洞所占体积，靠墙暖气沟的挑檐不增加体积。基础长度：外墙按中心线，内墙按净长计算	1. 砂浆制作、运输 2. 铺设垫层 3. 砌石 4. 防潮层铺设 5. 材料运输
010305002	石勒脚	1. 石料种类、规格 2. 石表面加工要求 3. 勾缝要求 4. 砂浆强度等级、配合比		按设计图示尺寸以体积计算。扣除单个 0.3m^2 以外的孔洞所占的体积	
010305003	石墙	1. 石料种类、规格 2. 墙厚 3. 石表面加工要求 4. 勾缝要求 5. 砂浆强度等级、配合比		按设计图示尺寸以体积计算。扣除门窗洞口、过人洞、空圈、嵌入墙内的钢筋混凝土柱、梁、圈梁、挑梁、过梁及凹进墙内的壁龛、管槽、暖气槽、消火栓箱所占体积，不扣除梁头、板头、檩头、垫木、木楞头、沿缘木、木砖、门窗走头、砖墙内加固钢筋、木筋、铁件、钢管及单个面积 0.3m^2 以内的孔洞所占体积，凸出墙面的腰线、挑檐、压顶、窗台线、虎头砖、门窗套不增加体积，凸出墙面的砖垛并入墙体体积内 1. 墙长度：外墙按中心线，内墙按净长计算 2. 墙高度： (1)外墙：斜(坡)屋面无檐口天棚者算至屋面板底；有屋架且室内外均有天棚者算至屋架下弦底另加 200mm；无天棚者算至屋架下弦底另加 300mm，出檐宽度超过 600mm 时按实砌高度计算；平屋面算至钢筋混凝土板底 (2)内墙：位于屋架下弦者，算至屋架下弦底；无屋架者算至天棚底另加 100mm；有钢筋混凝土楼板隔层者算至楼板顶；有框架梁时算至梁底 (3)女儿墙：从屋面板上表面算至女儿墙顶面(如有压顶时算至压顶下表面) (4)内、外山墙：按其平均高度计算 3. 围墙：高度算至压顶上表面(如有混凝土压顶时算至压顶下表面)，围墙柱、砖压顶并入围墙体积内	1. 砂浆制作、运输 2. 砌石 3. 石表面加工 4. 勾缝 5. 材料运输

续表

<table>
<tr><th>项目编码</th><th>项目名称</th><th>项目特征</th><th>计量单位</th><th>工程量计算规则</th><th>工程内容</th></tr>
<tr><td>010305004</td><td>石挡土墙</td><td>1. 石料种类、规格
2. 墙厚
3. 石表面加工要求
4. 勾缝要求
5. 砂浆强度等级、配合比</td><td rowspan="2">m^3</td><td rowspan="2">按设计图示尺寸以体积计算</td><td>1. 砂浆制作、运输
2. 砌石
3. 压顶抹灰
4. 勾缝
5. 材料运输</td></tr>
<tr><td>010305005</td><td>石柱</td><td rowspan="2">1. 石料种类、规格
2. 柱截面
3. 石表面加工要求
4. 勾缝要求
5. 砂浆强度等级、配合比</td><td rowspan="2">1. 砂浆制作、运输
2. 砌石
3. 石表面加工
4. 勾缝
5. 材料运输</td></tr>
<tr><td>010305006</td><td>石栏杆</td><td>m</td><td>按设计图示以长度计算</td></tr>
<tr><td>010305007</td><td>石护坡</td><td rowspan="3">1. 垫层材料种类、厚度
2. 石料种类、规格
3. 护坡厚度、高度
4. 石表面加工要求
5. 勾缝要求
6. 砂浆强度等级、配合比</td><td rowspan="2">m^3</td><td rowspan="2">按设计图示尺寸以体积计算</td><td rowspan="3">1. 铺设垫层
2. 石料加工
3. 砂浆制作、运输
4. 砌石
5. 石表面加工
6. 勾缝
7. 材料运输</td></tr>
<tr><td>010305008</td><td>石台阶</td></tr>
<tr><td>010305009</td><td>石坡道</td><td>m^2</td><td>按设计图示尺寸以水平投影面积计算</td></tr>
<tr><td>010305010</td><td>石地沟、石明沟</td><td>1. 沟截面尺寸
2. 垫层种类、厚度
3. 石料种类、规格
4. 石表面加工要求
5. 勾缝要求
6. 砂浆强度等级、配合比</td><td>m</td><td>按设计图示以中心线长度计算</td><td>1. 土石挖运
2. 砂浆制作、运输
3. 铺设垫层
4. 砌石
5. 石表面加工
6. 勾缝
7. 回填
8. 材料运输</td></tr>
</table>

A.3.6 砖散水、地坪、地沟。工程量清单项目设置及工程计算规则，应按表 A.3.6 的规定执行。

砖散水、地坪、地沟（编码：010306） **表 A.3.6**

项目编码	项目名称	项目特征	计量单位	工程量计算规则	工程内容
010306001	砖散水、地坪	1. 垫层材料种类、厚度 2. 散水、地坪厚度 3. 面层种类、厚度 4. 砂浆强度等级、配合比	m^2	按设计图示尺寸以面积计算	1. 地基找平、夯实 2. 铺设垫层 3. 砌砖散水、地坪 4. 抹砂浆面层

续表

项目编码	项目名称	项目特征	计量单位	工程量计算规则	工程内容
010306002	砖地沟、明沟	1. 沟截面尺寸 2. 垫层材料种类、厚度 3. 混凝土强度等级 4. 砂浆强度等级、配合比	m	按设计图示以中心线长度计算	1. 挖运土石 2. 铺设垫层 3. 底板混凝土制作、运输、浇筑、振捣、养护 4. 砌砖 5. 勾缝、抹灰 6. 材料运输

A.3.7 其他相关问题应按下列规定处理：

1 基础垫层包括在基础项目内。

2 标准砖尺寸应为 240mm×115mm。标准砖墙厚度应按表 A.3.7 计算：

标准墙计算厚度表 **表 A.3.7**

砖数（厚度）	1/4	1/2	3/4	1	$1\frac{1}{2}$	2	$2\frac{1}{2}$	3
计算厚度（mm）	53	115	180	240	365	490	615	740

3 砖基础与砖墙（身）划分应以设计室内地坪为界（有地下室的按地下室室内设计地坪为界），以下为基础，以上为墙（柱）身。基础与墙身使用不同材料，位于设计室内地坪±300mm 以内时以不同材料为界，超过±300mm，应以设计室内地坪为界。砖围墙应以设计室外地坪为界，以下为基础，以上为墙身。

4 框架外表面的镶贴砖部分，应单独按 A.3.2 中相关零星项目编码列项。

5 附墙烟囱、通风道、垃圾道，应按设计图示尺寸以体积（扣除孔洞所占体积）计算，并入所依附的墙体体积内。当设计规定孔洞内需抹灰时，应按 B.2 中相关项目编码列项。

6 空斗墙的窗间墙、窗台下、楼板下等的实砌部分，应按 A.3.2 中零星砌砖项目编码列项。

7 台阶、台阶挡墙、梯带、锅台、炉灶、蹲台、池槽、池槽腿、花台、花池、楼梯栏板、阳台栏板、地垄墙、屋面隔热板下的砖墩、$0.3m^2$ 孔洞填塞等，应按零星砌砖项目编码列项。砖砌锅台与炉灶可按外形尺寸以个计算，砖砌台阶可按水平投影面积以平方米计算，小便槽、地垄墙可按长度计算，其他工程量按立方米计算。

8 砖烟囱应按设计室外地坪为界，以下为基础，以上为筒身。

9 砖烟囱体积可按下式分段计算：$V=\Sigma H\times C\times\pi D$。式中：$V$ 表示筒身体积，H 表示每段筒身垂直高度，C 表示每段筒壁厚度，D 表示每段筒壁平均直径。

10 砖烟道与炉体的划分应按第一道闸门为界。

11 水塔基础与塔身划分应以砖砌体的扩大部分顶面为界，以上为塔身，以下为基础。

12 石基础、石勒脚、石墙身的划分：基础与勒脚应以设计室外地坪为界，勒脚与墙身应以设计室内地坪为界。石围墙内外地坪标高不同时，应以较低地坪标高为界，以下为基础；内外标高之差为挡土墙时，挡土墙以上为墙身。

13 石梯带工程量应计算在石台阶工程量内。

14 石梯膀应按 A.3.5 石挡土墙项目编码列项。

15 砌体内加筋的制作、安装，应按 A.4 相关项目编码列项。

A.4 混凝土及钢筋混凝土工程

A.4.1 现浇混凝土基础。工程量清单设置及工程量计算规则,应按表A.4.1的规定执行。

现浇混凝土基础(编码:010401) **表 A.4.1**

项目编码	项目名称	项目特征	计量单位	工程量计算规则	工程内容
010401001	带形基础	1. 垫层材料种类、厚度 2. 混凝土强度等级 3. 混凝土拌和料要求 4. 砂浆强度等级	m^3	按设计图示尺寸以体积计算。不扣除构件内钢筋、预埋铁件和伸入承台基础的桩头所占体积	1. 铺设垫层 2. 混凝土制作、运输、浇筑、振捣、养护 3. 地脚螺栓二次灌浆
010401002	独立基础				
010401003	满堂基础				
010401004	设备基础				
010401005	桩承台基础				

A.4.2 现浇混凝土柱。工程量清单项目设置及工程量计算规则,应按表A.4.2的规定执行。

现浇混凝土柱(编码:010402) **表 A.4.2**

项目编码	项目名称	项目特征	计量单位	工程量计算规则	工程内容
010402001	矩形柱	1. 柱高度 2. 柱截面尺寸 3. 混凝土强度等级 4. 混凝土拌和料要求	m^3	按设计图示尺寸以体积计算。不扣除构件内钢筋、预埋铁件所占体积 柱高: 1. 有梁板的柱高,应自柱基上表面(或楼板上表面)至上一层楼板上表面之间的高度计算 2. 无梁板的柱高,应自柱基上表面(或楼板上表面)至柱帽下表面之间的高度计算 3. 框架柱的柱高,应自柱基上表面至柱顶高度计算 4. 构造柱按全高计算,嵌接墙体部分并入柱身体积 5. 依附柱上的牛腿和升板的柱帽,并入柱身体积计算	混凝土制作、运输、浇筑、振捣、养护
010402002	异形柱				

A.4.3 现浇混凝土梁。工程量清单项目设置及工程量计算规则,应按表A.4.3的规定执行。

现浇混凝土梁(编码:010403) **表 A.4.3**

项目编码	项目名称	项目特征	计量单位	工程量计算规则	工程内容
010403001	基础梁	1. 梁底标高 2. 梁截面 3. 混凝土强度等级 4. 混凝土拌和料要求	m^3	按设计图示尺寸以体积计算。不扣除构件内钢筋、预埋铁件所占体积,伸入墙内的梁头、梁垫并入梁体积内 梁长: 1. 梁与柱连接时,梁长算至柱侧面 2. 主梁与次梁连接时,次梁长算至主梁侧面	混凝土制作、运输、浇筑、振捣、养护
010403002	矩形梁				
010403003	异形梁				
010403004	圈梁				
010403005	过梁				
010403006	弧形、拱形梁				

A.4.4 现浇混凝土墙。工程量清单项目设置及工程量计算规则，应按表A.4.4的规定执行。

现浇混凝土墙（编码：010404） **表A.4.4**

项目编码	项目名称	项目特征	计量单位	工程量计算规则	工程内容
010404001	直形墙	1. 墙类型 2. 墙厚度 3. 混凝土强度等级 4. 混凝土拌和料要求	m^3	按设计图示尺寸以体积计算。不扣除构件内钢筋、预埋铁件所占体积，扣除门窗洞口及单个面积0.3m²以外的孔洞所占体积，墙垛及突出墙面部分并入墙体体积计算内	混凝土制作、运输、浇筑、振捣、养护
010404002	弧形墙				

A.4.5 现浇混凝土板。工程量清单项目设置及工程量计算规则，应按表A.4.5的规定执行。

现浇混凝土板（编码：010405） **表A.4.5**

项目编码	项目名称	项目特征	计量单位	工程量计算规则	工程内容
010405001	有梁板	1. 板底标高 2. 板厚度 3. 混凝土强度等级 4. 混凝土拌和料要求	m^3	按设计图示尺寸以体积计算。不扣除构件内钢筋、预埋铁件及单个面积0.3m²以内的孔洞所占体积。有梁板（包括主、次梁与板）按梁、板体积之和计算，无梁板按板和柱帽体积之和计算，各类板伸入墙内的板头并入板体积内计算，薄壳板的肋、基梁并入薄壳体积内计算	混凝土制作、运输、浇筑、振捣、养护
010405002	无梁板				
010405003	平板				
010405004	拱板				
010405005	薄壳板				
010405006	栏板				
010405007	天沟、挑檐板	1. 混凝土强度等级 2. 混凝土拌和料要求		按设计图示尺寸以体积计算	
010405008	雨篷、阳台板			按设计图示尺寸以墙外部分体积计算。包括伸出墙外的牛腿和雨篷反挑檐的体积	
010405009	其他板			按设计图示尺寸以体积计算	

A.4.6 现浇混凝土楼梯。工程量清单项目设置及工程量计算规则，应按表A.4.6的规定执行。

现浇混凝土楼梯（编码：010406） **表A.4.6**

项目编码	项目名称	项目特征	计量单位	工程量计算规则	工程内容
010406001	直形楼梯	1. 混凝土强度等级 2. 混凝土拌和料要求	m^2	按设计图示尺寸以水平投影面积计算。不扣除宽度小于500mm的楼梯井，伸入墙内部分不计算	混凝土制作、运输、浇筑、振捣、养护
010406002	弧形楼梯				

A.4.7 现浇混凝土其他构件。工程量清单项目设置及工程量计算规则，应按表A.4.7的规定执行。

现浇混凝土其他构件（编码：010407） 表 A.4.7

项目编码	项目名称	项目特征	计量单位	工程量计算规则	工程内容
010407001	其他构件	1. 构件的类型 2. 构件规格 3. 混凝土强度等级 4. 混凝土拌和料要求	m^3 （m^2、m）	按设计图示尺寸以体积计算。不扣除构件内钢筋、预埋铁件所占体积	混凝土制作、运输、浇筑、振捣、养护
010407002	散水、坡道	1. 垫层材料种类、厚度 2. 面层厚度 3. 混凝土强度等级 4. 混凝土拌和料要求 5. 填塞材料种类	m^2	按设计图示尺寸以面积计算。不扣除单个 0.3m^2 以内的孔洞所占面积	1. 地基夯实 2. 铺设垫层 3. 混凝土制作、运输、浇筑、振捣、养护 4. 变形缝填塞
010407003	电缆沟、地沟	1. 沟截面 2. 垫层材料种类、厚度 3. 混凝土强度等级 4. 混凝土拌和料要求 5. 防护材料种类	m	按设计图示以中心线长度计算	1. 挖运土石 2. 铺设垫层 3. 混凝土制作、运输、浇筑、振捣、养护 4. 刷防护材料

A.4.8 后浇带。工程量清单项目设置及工程量计算规则，应按表 A.4.8 的规定执行。

后浇带（编码：010408） 表 A.4.8

项目编码	项目名称	项目特征	计量单位	工程量计算规则	工程内容
010408001	后浇带	1. 部位 2. 混凝土强度等级 3. 混凝土拌和料要求	m^3	按设计图示尺寸以体积计算	混凝土制作、运输、浇筑、振捣、养护

A.4.9 预制混凝土柱。工程量清单项目设置及工程量计算规则，应按表 A.4.9 的规定执行。

预制混凝土柱（编码：010409） 表 A.4.9

项目编码	项目名称	项目特征	计量单位	工程量计算规则	工程内容
010409001	矩形柱	1. 柱类型 2. 单件体积 3. 安装高度 4. 混凝土强度等级 5. 砂浆强度等级	m^3 （根）	1. 按设计图示尺寸以体积计算。不扣除构件内钢筋、预埋铁件所占体积 2. 按设计图示尺寸以“数量”计算	1. 混凝土制作、运输、浇筑、振捣、养护 2. 构件制作、运输 3. 构件安装 4. 砂浆制作、运输 5. 接头灌缝、养护
010409002	异形柱				

A.4.10 预制混凝土梁。工程量清单项目设置及工程量计算规则，应按表 A.4.10 的规定执行。

预制混凝土梁（编码：010410）　　**表 A.4.10**

项目编码	项目名称	项目特征	计量单位	工程量计算规则	工程内容
010410001	矩形梁	1. 单件体积 2. 安装高度 3. 混凝土强度等级 4. 砂浆强度等级	m^3 （根）	按设计图示尺寸以体积计算。不扣除构件内钢筋、预埋铁件所占体积	1. 混凝土制作、运输、浇筑、振捣、养护 2. 构件制作、运输 3. 构件安装 4. 砂浆制作、运输 5. 接头灌缝、养护
010410002	异形梁				
010410003	过梁				
010410004	拱形梁				
010410005	鱼腹式吊车梁				
010410006	风道梁				

A.4.11　预制混凝土架。工程量清单项目设置及工程量计算规则，应按表 A.4.11 的规定执行。

预制混凝土屋架（编码：010411）　　**表 A.4.11**

项目编码	项目名称	项目特征	计量单位	工程量计算规则	工程内容
010411001	折线型屋架	1. 屋架的类型、跨度 2. 单件体积 3. 安装高度 4. 混凝土强度等级 5. 砂浆强度等级	m^3 （榀）	按设计图示尺寸以体积计算。不扣除构件内钢筋、预埋铁件所占体积	1. 混凝土制作、运输、浇筑、振捣、养护 2. 构件制作、运输 3. 构件安装 4. 砂浆制作、运输 5. 接头灌缝、养护
010411002	组合屋架				
010411003	薄腹屋架				
010411004	门式刚架屋架				
010411005	天窗架屋架				

A.4.12　预制混凝土板。工程量清单项目设置及工程量计算规则，应按表 A.4.12 的规定执行。

预制混凝土板（编码：010412）　　**表 A.4.12**

项目编码	项目名称	项目特征	计量单位	工程量计算规则	工程内容
010412001	平板	1. 构件尺寸 2. 安装高度 3. 混凝土强度等级 4. 砂浆强度等级	m^3 （块）	按设计图示尺寸以体积计算。不扣除构件内钢筋、预埋铁件及单个尺寸 300mm × 300mm 以内的孔洞所占体积，扣除空心板空洞体积	1. 混凝土制作、运输、浇筑、振捣、养护 2. 构件制作、运输 3. 构件安装 4. 升板提升 5. 砂浆制作、运输 6. 接头灌缝、养护
010412002	空心板				
010412003	槽形板				
010412004	网架板				
010412005	折线板				
010412006	带肋板				
010412007	大型板				
010412008	沟盖板、井盖板、井圈	1. 构件尺寸 2. 安装高度 3. 混凝土强度等级 4. 砂浆强度等级	m^3 （块、套）	按设计图示尺寸以体积计算。不扣除构件内钢筋、预埋铁件所占体积	1. 混凝土制作、运输、浇筑、振捣、养护 2. 构件制作、运输 3. 构件安装 4. 砂浆制作、运输 5. 接头灌缝、养护

A.4.13　预制混凝土楼梯。工程量清单项目设置及工程量计算规则，应按表 A.4.13 的规定执行。

预制混凝土楼梯（编码：010413） 表 A.4.13

项目编码	项目名称	项目特征	计量单位	工程量计算规则	工程内容
010413001	楼梯	1. 楼梯类型 2. 单件体积 3. 混凝土强度等级 4. 砂浆强度等级	m^3	按设计图示尺寸以体积计算。不扣除构件内钢筋、预埋铁件所占体积，扣除空心踏步板空洞体积	1. 混凝土制作、运输、浇筑、振捣、养护 2. 构件制作、运输 3. 构件安装 4. 砂浆制作、运输 5. 接头灌缝、养护

A.4.14 其他预制构件。工程量清单项目设置及工程量计算规则，应按表 A.4.14 的规定执行。

其他预制构件（编码：010414） 表 A.4.14

项目编码	项目名称	项目特征	计量单位	工程量计算规则	工程内容
010414001	烟道、垃圾道、通风道	1. 构件类型 2. 单件体积 3. 安装高度 4. 混凝土强度等级 5. 砂浆强度等级	m^3	按设计图示尺寸以体积计算。不扣除构件内钢筋、预埋铁件及单个尺寸 300mm × 300mm 以内的孔洞所占体积，扣除烟道、垃圾道、通风道的孔洞所占体积	1. 混凝土制作、运输、浇筑、振捣、养护 2.（水磨石）构件制作、运输 3. 构件安装 4. 砂浆制作、运输 5. 接头灌缝、养护 6. 酸洗、打蜡
010414002	其他构件	1. 构件的类型 2. 单件体积 3. 水磨石面层厚度 4. 安装高度 5. 混凝土强度等级 6. 水泥石子浆配合比 7. 石子品种、规格、颜色 8. 酸洗、打蜡要求			
010414003	水磨石构件				

A.4.15 混凝土构筑物。工程量清单项目设置及工程量计算规则，应按表 A.4.15 的规定执行。

混凝土构筑物（编码：010415） 表 A.4.15

项目编码	项目名称	项目特征	计量单位	工程量计算规则	工程内容
010415001	贮水（油）池	1. 池类型 2. 池规格 3. 混凝土强度等级 4. 混凝土拌和料要求	m^3	按设计图示尺寸以体积计算。不扣除构件内钢筋、预埋铁件及单个面积 $0.3m^2$ 以内的孔洞所占体积	混凝土制作、运输、浇筑、振捣、养护
010415002	贮仓	1. 类型、高度 2. 混凝土强度等级 3. 混凝土拌和料要求			
010415003	水塔	1. 类型 2. 支筒高度、水箱容积 3. 倒圆锥形罐壳厚度、直径 4. 混凝土强度等级 5. 混凝土拌和料要求 6. 砂浆强度等级			1. 混凝土制作、运输、浇筑、振捣、养护 2. 预制倒圆锥形罐壳、组装、提升、就位 3. 砂浆制作、运输 4. 接头灌缝、养护
010415004	烟囱	1. 高度 2. 混凝土强度等级 3. 混凝土拌和料要求			混凝土制作、运输、浇筑、振捣、养护

A.4.16 钢筋工程。工程量清单项目设置及工程量计算规则，应按表 A.4.16 的规定执行。

钢筋工程（编码：010416） 表 A.4.16

项目编码	项目名称	项目特征	计量单位	工程量计算规则	工程内容
010416001	现浇混凝土钢筋	钢筋种类、规格	t	按设计图示钢筋（网）长度（面积）乘以单位理论质量计算	1. 钢筋（网、笼）制作、运输 2. 钢筋（网、笼）安装
010416002	预制构件钢筋				
010416003	钢筋网片				
010416004	钢筋笼				
010416005	先张法预应力钢筋	1. 钢筋种类、规格 2. 锚具种类		按设计图示钢筋长度乘以单位理论质量计算	1. 钢筋制作、运输 2. 钢筋张拉
010416006	后张法预应力钢筋	1. 钢筋种类、规格 2. 钢丝束种类、规格 3. 钢绞线种类、规格 4. 锚具种类 5. 砂浆强度等级		按设计图示钢筋（丝束、绞线）长度乘以单位理论质量计算。 1. 低合金钢筋两端均采用螺杆锚具时，钢筋长度按孔道长度减 0.35m 计算，螺杆另行计算 2. 低合金钢筋一端采用镦头插片、另一端采用螺杆锚具时，钢筋长度按孔道长度计算，螺杆另行计算 3. 低合金钢筋一端采用镦头插片、另一端采用帮条锚具时，钢筋增加 0.15m 计算；两端均采用帮条锚具时，钢筋长度按孔道长度增加 0.3m 计算 4. 低合金钢筋采用后张混凝土自锚时，钢筋长度按孔道长度增加 0.35m 计算 5. 低合金钢筋（钢绞线）采用 JM、XM、QM 型锚具，孔道长度在 20m 以内时，钢筋长度增加 1m 计算；孔道长度 20m 以外时，钢筋（钢绞线）长度按孔道长度增加 1.8m 计算 6. 碳素钢丝采用锥形锚具，孔道长度在 20m 以内时，钢丝束长度按孔道长度增加 1m 计算；孔道长在 20m 以上时，钢丝束长度按孔道长度增加 1.8m 计算 7. 碳素钢丝束采用镦头锚具时，钢丝束长度按孔道长度增加 0.35m 计算	1. 钢筋、钢丝束、钢绞线制作、运输 2. 钢筋、钢丝束、钢绞线安装 3. 预埋管孔道铺设 4. 锚具安装 5. 砂浆制作、运输 6. 孔道压浆、养护
010416007	预应力钢丝				
010416008	预应力钢绞线				

A.4.17 螺栓、铁件。工程量清单项目设置及工程量计算规则，应按表 A.4.17 的规定执行。

螺栓、铁件（编码：010417） **表 A.4.17**

项目编码	项目名称	项目特征	计量单位	工程量计算规则	工程内容
010417001	螺栓	1. 钢材种类、规格 2. 螺栓长度 3. 铁件尺寸	t	按设计图示尺寸以质量计算	1. 螺栓（铁件）制作、运输 2. 螺栓（铁件）安装
010417002	预埋铁件				

A.4.18 其他相关问题应按下列规定处理：

1 混凝土垫层包括在基础项目内。

2 有肋带形基础、无肋带形基础应分别编码（第五级编码）列项，并注明肋高。

3 箱式满堂基础，可按 A.4.1、A.4.2、A.4.3、A.4.4、A.4.5 中满堂基础、柱、梁、墙、板分别编码列项；也可利用 A.4.1 的第五级编码分别列项。

4 框架式设备基础，可按 A.4.1、A.4.2、A.4.3、A.4.4、A.4.5 中设备基础、柱、梁、墙、板分别编码列项；也可利用 A.4.1 的第五级编码分别列项。

5 构造柱应按 A.4.2 中矩形柱项目编码列项。

6 现浇挑檐、天沟板、雨篷、阳台与板（包括屋面板、楼板）连接时，以外墙外边线为分界线；与圈梁（包括其他梁）连接时，以梁外边线为分界线。外边线以外为挑檐、天沟、雨篷或阳台。

7 整体楼梯（包括直形楼梯、弧形楼梯）水平投影面积包括休息平台、平台梁、斜梁和楼梯的连接梁。当整体楼梯与现浇楼板无梯梁连接时，以楼梯的最后一个踏步边缘加300Hml 为界。

8 现浇混凝土小型池槽、压顶、扶手、垫块、台阶、门框等，应按 A.4.7 中其他构件：项目编码列项。其中扶手、压顶（包括伸入墙内的长度）应按延长米计算，台阶应按水平投影面积计算。

9 三角形屋架应按 A.4.11 中折线型屋架项目编码列项。

10 不带肋的预制遮阳板、雨篷板、挑檐板、栏板等，应按 A.4.12 中平板项目编码列项。

11 预制 F 形板、双 T 形板、单肋板和带反挑檐的雨篷板、挑檐板、遮阳板等，应按 A.4.12 中带肋板项目编码列项。

12 预制大型墙板、大型楼板、大型屋面板等，应按 A.4.12 中大型板项目编码列项。

13 预制钢筋混凝土楼梯，可按斜梁、踏步分别编码（第五级编码）列项。

14 预制钢筋混凝土小型池槽、压顶、扶手、垫块、隔热板、花格等，应按 A.4.14 中其他构件项目编码列项。

15 贮水（油）池的池底、池壁、池盖可分别编码（第五级编码）列项。有壁基梁的，应以壁基梁底为界，以上为池壁、以下为池底；无壁基梁的，锥形坡底应算至其上口，池壁下部的八字靴脚应并入池底体积内。无梁池盖的柱高应从池底上表面算至池盖下表面，柱帽和柱座应并在柱体积内。肋形池盖应包括主、次梁体积；球形池盖应以池壁顶面为界，边侧梁应并入球形池盖体积内。

16　贮仓立壁和贮仓漏斗可分别编码（第五级编码）列项，应以相互交点水平线为界壁上圈梁应并入漏斗体积内。

17　滑模筒仓按A.4.15中贮仓项目编码列项。

18　水塔基础、塔身、水箱可分别编码（第五级编码）列项。筒式塔身应以筒座上表面或基础底板上表面为界；柱式（框架式）塔身应以柱脚与基础底板或梁顶为界，与基础板连接的梁应并入基础体积内。塔身与水箱应以箱底相连接的圈梁下表面为界，以上为水箱，以下为塔身。依附于塔身的过梁、雨篷、挑檐等，应并入塔身体积内；柱式塔身应不分柱、梁合并计算。依附于水箱壁的柱、梁，应并入水箱壁体积内。

19　现浇构件中固定位置的支撑钢筋、双层钢筋用的“铁马”、伸出构件的锚固钢筋、预制构件的吊钩等，应并入钢筋工程量内。

A.5　厂库房大门、特种门、木结构工程

A.5.1　厂库房大门、特种门。工程量清单项目设置及工程量计算规则，应按表A.5.1的规定执行。

厂库房大门、特种门（编码：010501）　　**表A.5.1**

项目编码	项目名称	项目特征	计量单位	工程量计算规则	工程内容
010501001	木板大门	1. 开启方式 2. 有框、无框 3. 含门扇数 4. 材料品种、规格 5. 五金种类、规格 6. 防护材料种类 7. 油漆品种、刷漆遍数	樘	按设计图示数量计算	1. 门（骨架）制作、运输 2. 门、五金配件安装 3. 刷防护材料、油漆
010501002	钢木大门				
010501003	全钢板大门				
010501004	特种门				
010501005	围墙铁丝门				

A.5.2　木屋架。工程量清单项目设置及工程量计算规则，应按表A.5.2的规定执行。

木屋架（编码：010502）　　**表A.5.2**

项目编码	项目名称	项目特征	计量单位	工程量计算规则	工程内容
010502001	木屋架	1. 跨度 2. 安装高度 3. 材料品种、规格 4. 刨光要求 5. 防护材料种类 6. 油漆品种、刷漆遍数	榀	按设计图示数量计算	1. 制作、运输 2. 安装 3. 刷防护材料、油漆
010502002	钢木屋架				

A.5.3　木构件。工程量清单项目设置及工程量计算规则，应按表A.5.3的规定执行。

木构件（编码：010503） 表 A.5.3

项目编码	项目名称	项 目 特 征	计量单位	工程量计算规则	工程内容
010503001	木柱	1. 构件高度、长度 2. 构件截面 3. 木材种类 4. 刨光要求 5. 防护材料种类 6. 油漆品种、刷漆遍数	m^3	按设计图示尺寸以体积计算	1. 制作 2. 运输 3. 安装 4. 刷防护材料、油漆
010503002	木梁				
010503003	木楼梯	1. 木材种类 2. 刨光要求 3. 防护材料种类 4. 油漆品种、刷漆遍数	m^2	按设计图示尺寸以水平投影面积计算。不扣除宽度小于 300mm 的楼梯井，伸入墙内部分不计算	
010503004	其他木构件	1. 构件名称 2. 构件截面 3. 木材种类 4. 刨光要求 5. 防护材料种类 6. 油漆品种、刷漆遍数	m^3 （m）	按设计图示尺寸以体积或长度计算	

A.5.4 其他相关问题应按下列规定处理：

1 冷藏门、冷冻间门、保温门、变电室门、隔音门、防射线门、人防门、金库门等，应按 A.5.1 中特种门项目编码列项。

2 屋架的跨度应以上、下弦中心线两交点之间的距离计算。

3 带气楼的屋架和马尾、折角以及正交部分的半屋架，应按相关屋架项目编码列项。

4 木楼梯的栏杆（栏板）、扶手，应按 B.1.7 中相关项目编码列项。

A.6 金 属 结 构 工 程

A.6.1 钢屋架、钢网架。工程量清单项目设置及工程量计算规则，应按表 A.6.1 的规定执行。

钢屋架、钢网架（编码：010601） 表 A.6.1

项目编码	项目名称	项目特征	计量单位	工程量计算规则	工程内容
010601001	钢屋架	1. 钢材品种、规格 2. 单榀屋架的重量 3. 屋架跨度、安装高度 4. 探伤要求 5. 油漆品种、刷漆遍数	t （榀）	按设计图示尺寸以质量计算。不扣除孔眼、切边、切肢的质量，焊条、铆钉、螺栓等不另增加质量，不规则或多边形钢板以其外接矩形面积乘以厚度乘以单位理论质量计算	1. 制作 2. 运输 3. 拼装 4. 安装 5. 探伤 6. 刷油漆
010601002	钢网架	1. 钢材品种、规格 2. 网架节点形式、连接方式 3. 网架跨度、安装高度 4. 探伤要求 5. 油漆品种、刷漆遍数			

A.6.2 钢屋架、钢桁架。工程量清单项目设置及工程量计算规则，应按表 A.6.2 的规定执行。

钢托架、钢桁架（编码：010602） **表 A.6.2**

项目编码	项目名称	项目特征	计量单位	工程量计算规则	工程内容
010602001	钢托架	1. 钢材品种、规格 2. 单榀重量 3. 安装高度 4. 探伤要求 5. 油漆品种、刷漆遍数	t	按设计图示尺寸以质量计算。不扣除孔眼、切边、切肢的质量，焊条、铆钉、螺栓等不另增加质量，不规则或多边形钢板，以其外接矩形面积乘以厚度乘以单位理论质量计算	1. 制作 2. 运输 3. 拼装 4. 安装 5. 探伤 6. 刷油漆
010602002	钢桁架				

A.6.3 钢柱。工程量清单项目设置及工程量计算规则，应按表 A.6.3 的规定执行。

钢　　柱（编码：010603） **表 A.6.3**

项目编码	项目名称	项目特征	计量单位	工程量计算规则	工程内容
010603001	实腹柱	1. 钢材品种、规格 2. 单根柱重量 3. 探伤要求 4. 油漆品种、刷漆遍数	t	按设计图示尺寸以质量计算。不扣除孔眼、切边、切肢的质量，焊条、铆钉、螺栓等不另增加质量，不规则或多边形钢板，以其外接矩形面积乘以厚度乘以单位理论质量计算，依附在钢柱上的牛腿及悬臂梁等并入钢柱工程量内	1. 制作 2. 运输 3. 拼装 4. 安装 5. 探伤 6. 刷油漆
010603002	空腹柱				
010603003	钢管柱	1. 钢材品种、规格 2. 单根柱重量 3. 探伤要求 4. 油漆种类、刷漆遍数		按设计图示尺寸以质量计算。不扣除孔眼、切边、切肢的质量，焊条、铆钉、螺栓等不另增加质量，不规则或多边形钢板，以其外接矩形面积乘以厚度乘以单位理论质量计算，钢管柱上的节点板、加强环、内衬管、牛腿等并入钢管柱工程量内	1. 制作 2. 运输 3. 安装 4. 探伤 5. 刷油漆

A.6.4 钢梁。工程量清单项目设置及工程量计算规则，应按表 A.6.4 的规定执行。

钢　　梁（编码：010604） **表 A.6.4**

项目编码	项目名称	项目特征	计量单位	工程量计算规则	工程内容
010604001	钢梁	1. 钢材品种、规格 2. 单根重量 3. 安装高度 4. 探伤要求 5. 油漆品种、刷漆遍数	t	按设计图示尺寸以质量计算。不扣除孔眼、切边、切肢的质量，焊条、铆钉、螺栓等不另增加质量，不规则或多边形钢板，以其外接矩形面积乘以厚度乘以单位理论质量计算，制动梁、制动板、制动桁架、车档并入钢吊车梁工程量内	1. 制作 2. 运输 3. 安装 4. 探伤要求 5. 刷油漆
010604002	钢吊车梁				

A.6.5 压型钢板楼板、墙板。工程量清单项目设置及工程量计算规则，应按表 A.6.5 的规定执行。

压型钢板楼板、墙板（编码：010605） **表 A.6.5**

项目编码	项目名称	项目特征	计量单位	工程量计算规则	工程内容
010605001	压型钢板楼板	1. 钢材品种、规格 2. 压型钢板厚度 3. 油漆品种、刷漆遍数	m^2	按设计图示尺寸以铺设水平投影面积计算。不扣除柱、垛及单个 $0.3m^2$ 以内的孔洞所占面积	1. 制作 2. 运输 3. 安装 4. 刷油漆
010605002	压型钢板墙板	1. 钢材品种、规格 2. 压型钢板厚度、复合板厚度 3. 复合板夹心材料种类、层数、型号、规格		按设计图示尺寸以铺挂面积计算。不扣除单个 $0.3m^2$ 以内的孔洞所占面积，包角、包边、窗台泛水等不另增加面积	

A.6.6 钢构件。工程量清单项目设置及工程量计算规则，应按表 A.6.6 的规定执行。

钢构件（编码：010606） **表 A.6.6**

项目编码	项目名称	项目特征	计量单位	工程量计算规则	工程内容
010606001	钢支撑	1. 钢材品种、规格 2. 单式、复式 3. 支撑高度 4. 探伤要求 5. 油漆品种、刷漆遍数	t	按设计图示尺寸以质量计算。不扣除孔眼、切边、切肢的质量，焊条、铆钉、螺栓等不另增加质量，不规则或多边形钢板以其外接矩形面积乘以厚度乘以单位理论质量计算	1. 制作 2. 运输 3. 安装 4. 探伤 5. 刷油漆
010606002	钢檩条	1. 钢材品种、规格 2. 型钢式、格构式 3. 单根重量 4. 安装高度 5. 油漆品种、刷漆遍数			
010606003	钢天窗架	1. 钢材品种、规格 2. 单榀重量 3. 安装高度 4. 探伤要求 5. 油漆品种、刷漆遍数			
010606004	钢挡风架	1. 钢材品种、规格 2. 单榀重量 3. 探伤要求 4. 油漆品种、刷漆遍数			
010606005	钢墙架				
010606006	钢平台	1. 钢材品种、规格 2. 油漆品种、刷漆遍数			
010606007	钢走道				
010606008	钢梯	1. 钢材品种、规格 2. 钢梯形式 3. 油漆品种、刷漆遍数			
010606009	钢栏杆	1. 钢材品种、规格 2. 油漆品种、刷漆遍数			

续表

<table>
<tr><th>项目编码</th><th>项目名称</th><th>项目特征</th><th>计量单位</th><th>工程量计算规则</th><th>工程内容</th></tr>
<tr><td>010606010</td><td>钢漏斗</td><td>1. 钢材品种、规格
2. 方形、圆形
3. 安装高度
4. 探伤要求
5. 油漆品种、刷漆遍数</td><td rowspan="3">t</td><td>按设计图示尺寸以重量计算。不扣除孔眼、切边、切肢的质量，焊条、铆钉、螺栓等不另增加质量，不规则或多边形钢板以其外接矩形面积乘以厚度乘以单位理论质量计算，依附漏斗的型钢并入漏斗工程量内</td><td rowspan="3">1. 制作
2. 运输
3. 安装
4. 探伤
5. 刷油漆</td></tr>
<tr><td>010606011</td><td>钢支架</td><td>1. 钢材品种、规格
2. 单件重量
3. 油漆品种、刷漆遍数</td><td rowspan="2">按设计图示尺寸以质量计算。不扣除孔眼、切边、切肢的质量，焊条、铆钉、螺栓等不另增加质量，不规则或多边形钢板以其外接矩形面积乘以厚度乘以单位理论质量计算</td></tr>
<tr><td>010606012</td><td>零星钢构件</td><td>1. 钢材品种、规格
2. 构件名称
3. 油漆品种、刷漆遍数</td></tr>
</table>

A.6.7 金属网。工程量清单项目设置及工程量计算规则，应按表 A.6.7 的规定执行。

金属网（编码：010607） **表 A.6.7**

项目编码	项目名称	项目特征	计量单位	工程量计算规则	工程内容
010607001	金属网	1. 材料品种、规格 2. 边框及立柱型钢品种、规格 3. 油漆品种、刷漆遍数	m^2	按设计图示尺寸以面积计算	1. 制作 2. 运输 3. 安装 4. 刷油漆

A.6.8 其他相关问题应按下列规定处理：

1 型钢混凝土柱、梁浇筑混凝土和压型钢板楼板上浇筑钢筋混凝土，混凝土和钢筋应按工 A.4 中相关项目编码列项。

2 钢墙架项目包括墙架柱、墙架梁和连接杆件；

3 加工铁件等小型构件，应按 A.6.6 中零星钢构件项目编码列项。

A.7 屋面及防水工程

A.7.1 瓦、型材屋面。工程量清单项目设置及工程量计算规则，应按表 A.7.1 的规定执行。

瓦、型材屋面（编码：010701） **表 A.7.1**

项目编码	项目名称	项目特征	计量单位	工程量计算规则	工程内容
010701001	瓦屋面	1. 瓦品种、规格、品牌、颜色 2. 防水材料种类 3. 基层材料种类 4. 檩条种类、截面 5. 防护材料种类	m^2	按设计图示尺寸以斜面积计算。不扣除房上烟囱、风帽底座、风道、小气窗、斜沟等所占面积，小气窗的出檐部分不增加面积	1. 檩条、椽子安装 2. 基层铺设 3. 铺防水层 4. 安顺水条和挂瓦条 5. 安瓦 6. 刷防护材料

续表

项目编码	项目名称	项目特征	计量单位	工程量计算规则	工程内容
010701002	型材屋面	1. 型材品种、规格、品牌、颜色 2. 骨架材料品种、规格 3. 接缝、嵌缝材料种类	m²	按设计图示尺寸以斜面积计算。不扣除房上烟囱、风帽底座、风道、小气窗、斜沟等所占面积，小气窗的出檐部分不增加面积	1. 骨架制作、运输、安装 2. 屋面型材安装 3. 接缝、嵌缝
010701003	膜结构屋面	1. 膜布品种、规格、颜色 2. 支柱（网架）钢材品种、规格 3. 钢丝绳品种、规格 4. 油漆品种、刷漆遍数		按设计图示尺寸以需要覆盖的水平面积计算	1. 膜布热压胶结 2. 支柱（网架）制作、安装 3. 膜布安装 4. 穿钢丝绳、锚头锚固 5. 刷油漆

A.7.2 屋面防水。工程量清单项目设置及工程量计算规则，应按表A.7.2的规定执行。

屋面防水（编码：010702） **表A.7.2**

项目编码	项目名称	项目特征	计量单位	工程量计算规则	工程内容
010702001	屋面卷材防水	1. 卷材品种、规格 2. 防水层做法 3. 嵌缝材料种类 4. 防护材料种类	m²	按设计图示尺寸以面积计算 1. 斜屋顶（不包括平屋顶找坡）按斜面积计算，平屋顶按水平投影面积计算 2. 不扣除房上烟囱、风帽底座、风道、屋面小气窗和斜沟所占面积 3. 屋面的女儿墙、伸缩缝和天窗等处的弯起部分，并入屋面工程量内	1. 基层处理 2. 抹找平层 3. 刷底油 4. 铺油毡卷材、接缝、嵌缝 5. 铺保护层
010702002	屋面涂膜防水	1. 防水膜品种 2. 涂膜厚度、遍数、增强材料种类 3. 嵌缝材料种类 4. 防护材料种类			1. 基层处理 2. 抹找平层 3. 涂防水膜 4. 铺保护层
010702003	屋面刚性防水	1. 防水层厚度 2. 嵌缝材料种类 3. 混凝土强度等级		按设计图示尺寸以面积计算。不扣除房上烟囱、风帽底座、风道等所占面积	1. 基层处理 2. 混凝土制作、运输、铺筑、养护
010702004	屋面排水管	1. 排水管品种、规格、品牌、颜色 2. 接缝、嵌缝材料种类 3. 油漆品种、刷漆遍数	m	按设计图示尺寸以长度计算。如设计未标注尺寸，以檐口至设计室外散水上表面垂直距离计算	1. 排水管及配件安装、固定 2. 雨水斗、雨水箅子安装 3. 接缝、嵌缝
010702005	屋面天沟、沿沟	1. 材料品种 2. 砂浆配合比 3. 宽度、坡度 4. 接缝、嵌缝材料种类 5. 防护材料种类	m²	按设计图示尺寸以面积计算。铁皮和卷材天沟按展开面积计算	1. 砂浆制作、运输 2. 砂浆找坡、养护 3. 天沟材料铺设 4. 天沟配件安装 5. 接缝、嵌缝 6. 刷防护材料

A.7.3 墙、地面防水、防潮。工程量清单项目设置及工程量计算规则，应按表A.7.3的规定执行。

墙、地面防水、防潮（编码：010703） 表表 A.7.3

项目编码	项目名称	项目特征	计量单位	工程量计算规则	工程内容
010703001	卷材防水	1. 卷材、涂膜品种 2. 涂膜厚度、遍数、增强材料种类 3. 防水部位 4. 防水做法 5. 接缝、嵌缝材料种类 6. 防护材料种类	m^2	按设计图示尺寸以面积计算 1. 地面防水：按主墙间净空面积计算，扣除凸出地面的构筑物、设备基础等所占面积，不扣除间壁墙及单个 $0.3m^2$ 以内的柱、垛、烟囱和孔洞所占面积 2. 墙基防水：外墙按中心线，内墙按净长乘以宽度计算	1. 基层处理 2. 抹找平层 3. 刷黏结剂 4. 铺防水卷材 5. 铺保护层 6. 接缝、嵌缝
010703002	涂膜防水				1. 基层处理 2. 抹找平层 3. 刷基层处理剂 4. 铺涂膜防水层 5. 铺保护层
010703003	砂浆防水（潮）	1. 防水（潮）部位 2. 防水（潮）厚度、层数 3. 砂浆配合比 4. 外加剂材料种类			1. 基层处理 2. 挂钢丝网片 3. 设置分格缝 4. 砂浆制作、运输、摊铺、养护
010703004	变形缝	1. 变形缝部位 2. 嵌缝材料种类 3. 止水带材料种类 4. 盖板材料 5. 防护材料种类	m	按设计图示以长度计算	1. 清缝 2. 填塞防水材料 3. 止水带安装 4. 盖板制作 5. 刷防护材料

A.7.4 其他相关问题应按下列规定处理：

1 小青瓦、水泥平瓦、琉璃瓦等，应按 A.7.1 中瓦屋面项目编码列项。

2 压型钢板、阳光板、玻璃钢等，应按 A.7.1 中型材屋面编码列项。

A.8 防腐、隔热、保温工程

A.8.1 防腐面层。工程量清单项目设置及工程量计算规则，应按表 A.8.1 的规定执行。

防腐面层（编码：010801） 表 A.8.1

项目编码	项目名称	项目特征	计量单位	工程量计算规则	工程内容
010801001	防腐混凝土面层	1. 防腐部位 2. 面层厚度 3. 砂浆、混凝土、胶泥种类	m2	按设计图示尺寸以面积计算 1. 平面防腐：扣除凸出地面的构筑物、设备基础等所占面积 2. 立面防腐：砖垛等突出部分按展开面积并入墙面积内	1. 基层清理 2. 基层刷稀胶泥 3. 砂浆制作、运输、摊铺、养护 4. 混凝土制作、运输、摊铺、养护
010801002	防腐砂浆面层				

续表

项目编码	项目名称	项目特征	计量单位	工程量计算规则	工程内容
010801003	防腐胶泥面层	1. 防腐部位 2. 面层厚度 3. 砂浆、混凝土、胶泥种类	m^2	按设计图示尺寸以面积计算 1. 平面防腐：扣除凸出地面的构筑物、设备基础等所占面积 2. 立面防腐：砖垛等突出部分按展开面积并入墙面积内	1. 基层清理 2. 胶泥调制、摊铺
010801004	玻璃钢防腐面层	1. 防腐部位 2. 玻璃钢种类 3. 贴布层数 4. 面层材料品种			1. 基层清理 2. 刷底漆、刮腻子 3. 胶浆配制、涂刷 4. 粘布、涂刷面层
010801005	聚氯乙烯板面层	1. 防腐部位 2. 面层材料品种 3. 黏结材料种类		按设计图示尺寸以面积计算 1. 平面防腐：扣除凸出地面的构筑物、设备基础等所占面积 2. 立面防腐：砖垛等突出部分按展开面积并入墙面积内 3. 踢脚板防腐：扣除门洞所占面积并相应增加门洞侧壁面积	1. 基层清理 2. 配料、涂胶 3. 聚氯乙烯板铺设 4. 铺贴踢脚板
010801006	块料防腐面层	1. 防腐部位 2. 块料品种、规格 3. 粘结材料种类 4. 勾缝材料种类			1. 基层清理 2. 砌块料 3. 胶泥调制、勾缝

A.8.2 其他防腐。工程量清单项目设置及工程量计算规则，应按表 A.8.2 的规定执行。

其他防腐（编码：010802） **表 A.8.2**

项目编码	项目名称	项目特征	计量单位	工程量计算规则	工程内容
010802001	隔离层	1. 隔离层部位 2. 隔离层材料品种 3. 隔离层做法 4. 黏贴材料种类	m^2	按设计图示尺寸以面积计算 1. 平面防腐：扣除凸出地面的构筑物、设备基础等所占面积 2. 立面防腐：砖垛等突出部分按展开面积并入墙面积内	1. 基层清理、刷油 2. 煮沥青 3. 胶泥调制 4. 隔离层铺设
010802002	砌筑沥青浸渍砖	1. 砌筑部位 2. 浸渍砖规格 3. 浸渍砖砌法(平砌、立砌)	m^3	按设计图示尺寸以体积计算	1. 基层清理 2. 胶泥调制 3. 浸渍砖铺砌
010802003	防腐涂料	1. 涂刷部位 2. 基层材料类型 3. 涂料品种、刷涂遍数	m^2	按设计图示尺寸以面积计算 1. 平面防腐：扣除凸出地面的构筑物、设备基础等所占面积 2. 立面防腐：砖垛等突出部分按展开面积并入墙面积内	1. 基层清理 2. 刷涂料

A.8.3 隔热、保温。工程量清单项目设置及工程量计算规则，应按表 A.8.3 的规定执行。

隔热、保温（编码：010803）　　表 A.8.3

项目编码	项目名称	项目特征	计量单位	工程量计算规则	工程内容
010803001	保温隔热屋面	1. 保温隔热部位 2. 保温隔热方式（内保温、外保温、夹心保温） 3. 踢脚线、勒脚线保温做法 4. 保温隔热面层材料品种、规格、性能 5. 保温隔热材料品种、规格 6. 隔汽层厚度 7. 粘结材料种类 8. 防护材料种类	m^2	按设计图示尺寸以面积计算。不扣除柱、垛所占面积	1. 基层清理 2. 铺贴保温层 3. 刷防护材料
010803002	保温隔热天棚				
010803003	保温隔热墙			按设计图示尺寸以面积计算。扣除门窗洞口所占面积；门窗洞口侧壁需做保温时，并入保温墙体工程量内	1. 基层清理 2. 底层抹灰 3. 粘贴龙骨 4. 填贴保温材料 5. 粘贴面层 6. 嵌缝 7. 刷防护材料
010803004	保温柱			按设计图示以保温层中心线展开长度乘以保温层高度计算	
010803005	隔热楼地面			按设计图示尺寸以面积计算。不扣除柱、垛所占面积	1. 基层清理 2. 铺设粘贴材料 3. 铺贴保温层 4. 刷防护材料

A.8.4 其他相关问题应按下列规定处理：

1　保温隔热墙的装饰面层，应按 B.2 中相关项目编码列项。

2　柱帽保温隔热应并入天棚保温隔热工程量内。

3　池槽保温隔热，池壁、池底应分别编码列项，池壁应并入墙面保温隔热工程量内，池底应并入地面保温隔热工程量内。

主 要 参 考 文 献

1. 中华人民共和国建设部标准定额司．全国统一建筑工程基础定额．北京：中国计划出版社，1995
2. 中华人民共和国建设部标准定额司．全国统一建筑工程预算工程量计算规则．北京：中国计划出版社，1995
3. 中华人民共和国建设部．建设工程工程量清单计价规范．北京：中国计划出版社，2003
4. 建设部标准定额司．全国统一建筑工程基础定额编制说明．1997．有关应用问题解释．哈尔滨，黑龙江科学技术出版社，1999
5. 建设部标准定额司．建设工程造价计价工作实用手册．北京：中国建筑工业出版社，1993
6. 全国造价工程师执业资格考试培训教材编审委员会．工程造价计价与控制．北京：中国计划出版社，2004
7. 许焕兴．工程造价．大连，东北财经大学出版社，2003
8. 庞永师、陈怠义．建筑工程造价手册．广州：华南理工大学出版社，2002
9. 王朝霞．建筑工程定额与计价．北京：中国电力出版社，2004
10. 徐南．建筑工程定额与预算．北京：化学工业出版社，2004
11. 刘钟莹、徐红．建筑工程造价与投标报价．南京：东南大学出版社，2002
12. 戎贤．土木工程概预算．北京：中国建材工业出版社，2001
13. 张月明．工程造价常识与示例．北京：中国建筑工业出版社，2001
14. 邢莉燕．工程量清单的编制与投标报价．济南：山东科学技术出版社，2004
15. 罗福周．建筑工程概论．北京：中国建材工业出版社，2002
16. 丛培凤、孙刚等．全国统一建筑工程基础定额应用百例图解．济南：山东科学技术出版社，2001

主 要 参 考 文 献